Franz X. Geiger

Den Sternen plötzlich so nah

Zwei Freunde entdecken das Fenster zum Kosmos.

Ein Science-fiction-Roman, der eine prinzipielle Möglichkeit beschreibt, im Universum mit seiner relativen Unendlichkeit Fuß zu fassen.

Bibliografische Information der Deutschen Nationalbibliothek

Die Deutsche Nationalbibliothek verzeichnet diese Publikation in der
Deutschen Nationalbibliografie;
detaillierte bibliografische Daten sind im Internet über
http://dnb.ddb.de abrufbar.

Book Print Verlag
Karlheinz Seifried
Weseler Straße 34
47574 Goch
http://www.verlegdeinbuch.de

Hergestellt in Deutschland • 1. Auflage 2007

© Book Print Verlag, Karlheinz Seifried, 47574 Goch

© Alle Rechte beim Autor: Franz X. Geiger

Cover: © Franz X. Geiger, Collage aus freien Wallpaper

ISBN: 978-3-940754-01-1

VORWORT

Zugegeben. Ich habe viele Science-fiction-Romane gelesen.

Dabei habe ich mich aber auch immer wieder darüber gewundert, wie wenig sich Autoren, die diese Art von Lektüre gestalten, sich mit der dazu notwendigen Technik befassen. Die Einen fliegen in ein schwarzes Loch, um größere Entfernungen zu überbrücken, ohne zu erklären, wie sie wenigstens bis dorthin kommen, von wegen dann auch ein Rückflug! Schließlich wollen die meisten Reisenden ja irgendwann mal wieder nach Hause!

Andere beschreiben einen „Warp-Antrieb", bauen diesen in einen filigran anmutenden Raumflugkörper ein, beschleunigen auf mehrfache Lichtgeschwindigkeit innerhalb von Sekundenbruchteilen und nichts zerbricht oder verformt sich.

Auch der Hyperraum wird als Transportmedium eingesetzt. Doch jede weitere Erklärung, was dies nun sein sollte, fehlt ebenfalls.

Eine simple Erklärung wie: Ein übergeordnetes Kontinuum reicht mir dabei aber sicher nicht!

Sicherlich sind viele dieser Science-Fiction für das Fernsehen aufbereitet und sollen einen unterhaltsamen Charakter bieten, das ist sicher mehrfach gelungen. Inhaltlich unterscheiden sich dann aber auch die verschiedenen Versionen und bieten großteils nur noch den Abklatsch einer „irdischen" Novelle.

Unser technischer Kenntnisstand heute beinhaltet aber Fakten wie die Einsteinsche Relativitätstheorie oder auch die Raumkrümmung, besonders problematisch wäre bei „echten" räumlichen Reisen mit annähender Lichtgeschwindigkeit die Dilatation, also der Effekt, sodass innerhalb eines Raumschiffes, welches fast wie Licht bewegt wird, die Zeit nahezu stillsteht, außerhalb aber Tausende, oder auch Millionen Jahre vergehen würden! Abgesehen davon reicht auch die einfache Lichtgeschwindigkeit bei weitem wieder nicht aus, den Kosmos auch nur zu einem Bruchteil zu erkunden!

Das würde unseren Eroberungs- oder Kolonisierungsinstinkt kaum einen Impuls verleihen.

Doch wie sollte dann eine intersolare, extrasolare oder auch interstellare Reise vor sich gehen? Dazu auch noch mit energetisch und physikalisch vertretbaren Möglichkeiten, ohne mit den Effekten, die sich aus den Einsteinschen Raum-Zeit-Gesetzen ergeben würden?

Hier beschreibe ich einen Weg, an dessen Möglichkeiten ich in so einer oder einer äquivalenten Form auch glaube!
Das Universum kann Geheimnisse nur solange zurückhalten, bis wir sie entdeckt haben, aber dann gibt es kein Entrinnen mehr – dann müssen wir weitermachen – dann werden wir weitermachen!

Schließlich wurde ja auch schon behauptet: „Fliegen schwerer als Luft ist ein Ding der Unmöglichkeit!"
Einen großen Dank nachträglich noch an alle, die sich von solchen Aussagen nicht beirren ließen und forschten, experimentierten, auch das Leben dafür opferten!

Wenn wir heute in den Himmel schauen, vergeht kein Tag mehr, an dem wir nicht mindestens eine dieser „Unmöglichkeiten" zu sehen bekommen.

Was wäre, wenn wir nun eine vorhandene Energieform zu nutzen lernen, die uns mitnehmen, transportieren könnte?
Und diese Energieform muss es geben! Ansonsten hätte sich der Kosmos wohl kaum derart „aufgebläht"...

Dann wären wir „den Sternen plötzlich so nah"!

Begleiten Sie mich in eine mögliche Zukunft!

1. Kapitel
Zwei Freunde stellen sich vor

Maximilian Rudolph

Mein Name ist Maximilian Rudolph, ich bin schon seit einigen Jahren Mitarbeiter des deutschen Zentrums für Luft- und Raumfahrt in Oberpfaffenhofen. Ich wurde am 31.12.2059 im bayrischen Deggendorf geboren. Meine Eltern betrachteten mich sicher als sehr schwer erziehbar, darum wurde ich noch für ein paar Jahre in eine Klosterschule gesteckt, bis diese dann um 2070 wegen Personalmangels geschlossen wurde. Deutschland wurde fast ein Land der Atheisten. Doch auch mein Genstatusprogramm gestaltete meine Ausbildungen mit. Ich gehöre zur so genannten „zweiten Generation der Genkorrigierten", was bedeutet, dass mein Intelligenzquotient nach der Eimanipulation per Trägervirus bereits angereichert und vorausberechnet wurde und die weiterführenden und geeigneten Schulen bereits nach meiner Geburt schon gebucht wurden. So erklomm ich die notwendigen Stufen diesbezüglich, aber nicht leicht, denn von einem Genkorrigierten wurde auch immer mehr verlangt! Der weitere Vorteil meiner Korrektur wurde mir erst klar, als ich einmal in einem Krankenhaus die Unkorrigierten beobachten konnte, die in den letzten Jahren wiederum häufiger an Krebs erkrankten. Schließlich war die Atmosphäre nun nach dem atomaren Blitzkrieg in einem Strahlungsbereich von dem fast Fünfzigfachen der natürlichen Radioaktivität! Ich war nun zu 98,6 Prozent statistisch dagegen immun und meine Lebenserwartung erhöhte sich auch statistisch auch auf fast hundertundsechzig Jahre. Die „erste Generation der Genkorrigierten" dagegen befindet sich heute fast ausschließlich in eigens dafür präparierten Heimen. Durch die hohe Ausreizung der so genannten „Brainkapazität", also der programmierte Versuch, das sich entwickelnde Gehirn in vollem Umfang nutzen zu können, ergo gentechnisch dazu vorzubereiten, zerstörte den Spieltrieb der damaligen Kleinkinder, führte zu einer Vereinsamung dieser Individuen und sie fielen in schwerste Depressionen. Suizid war eine der Folgen dieser bedauernswerten Geschöpfe, denen ich aber meinen Status letztendlich zu verdanken habe. Meine Vorgänger werden heute mit einer Art LSD am Leben gehalten, die bereits von Nanobots, also mikroskopisch kleinen Robotern in deren Körpern, verabreicht wird, sodass die Dosierung nicht zu hoch und nicht zu niedrig sein könnte. Die Wenigen, die davon noch arbeiten, programmieren Computer mit streng logischen Programmen, meist für das globale Bankensystem. Nach meinen Studien absolvierte ich den Ingenieur für angewandte Technik sowie den Ingenieur für

Strahlungstechnik. Privat bin ich Hobbyastronom. Während meines Studiums lernte ich den fast gleichaltrigen Georg Versaaik kennen. Georgs Großeltern evakuierten so um 2039 von den Niederlanden nach Süddeutschland, als bei der schweren Flutkatastrophe die Dämme brachen und siebzig Prozent der Niederlande unwiderruflich überflutet wurden. Fast alle Gletscher kalbten die Jahre vorher überdurchschnittlich! Auch meine Großeltern und meine Eltern erzählten mir von dieser schrecklichen Zeit, die auch unser schönes Deutschland umgestalteten. Norddeutschland wurde damals fast komplett verwüstet, Sylt und Rügen sind im Vergleich zu damals, so kann man es noch aus alten Aufzeichnungen erkennen, nur noch weniger als halb so groß. Die großen Städte zogen sich in den Folgejahren mehr und mehr von den Küsten zurück. Städte wie Passau, Dresden und München, natürlich auch Innsbruck und viele andere Weltstädte, die an großen Flüssen liegen, erhielten ein Zwangsprogramm, sodass alle Gebäude des flussnahen Zentrums evakuiert und abgerissen wurden, um den jeweiligen Flüssen Platz zu machen. Darüber hinaus wurden neue und breite Abflusskanäle eingerichtet, die das Wasser des zweimal im Jahr eintretenden Monsuns ableiten können. Ach ja! Der Monsun war bis nach Europa gekommen! Nicht nur die Erderwärmung sorgte dafür, nein auch der chinesische Jangtsestaudamm! Nachdem dieser fertig gestellt wurde, veränderte sich bis 2035 die Erdachse, da Abermilliarden Tonnen Wasser in der Nordhalbkugel hoch gestaut waren und Masse bekanntlich zur Zentrifugalebene driftet, wenn sich ein Körper dreht; Ein Kreiseleffekt! Das führte dann aber zu einer Neigung der Alpenregion! Das hört sich sicher dumm an, aber die Polwanderung schlingerte anfangs sehr, damit hatten wir in unserer Region einmal Winter mit viel Schnee, dann wieder schneelose Winter, bis sich die Schlingerbewegung etwas stabilisierte, etwa so, als wenn ein Kreisel wieder beschleunigt wird; Der Pol wanderte aber um neun Grad, da der Staudamm der Chinesen in Richtung Äquator driftete und als europäisches Resultat hatte sich die östliche Alpenregion weiter nach Süden geneigt als die westliche. Knappe drei Grad! Nun also fast zweimal vierteljähriger Fön und zwei Monate Monsunregen. Leider auch häufige Tornados. Die großen Wissenschaftler befürchten einen baldigen Polsprung der Erde, also eine magnetisch Umpolung. Alles Sonstige, so aus meinem Geschichtsunterricht, war auch eine Folge der Umweltverschmutzung und des Ansteigens des Meeresspiegels wegen der globalen Erderwärmung. Georgie, so nannte ich meinen Freund, hatte ebenfalls eine Genkorrektur erfahren; Heute hofft die Menschheit auch auf diesem Wege, schneller an neue Techniken zu kommen, um den Planeten Erde noch zu retten. Auch das Projekt `Terraforming´ wurde gestartet! Der Versuch also, dem Mars mit modifizierten Blaualgen und anderen Pflanzen eine atembare

Atmosphäre zu geben, sowie mit Staubbomben einen Treibhauseffekt zu erzeugen, der die kalte Oberfläche anheizt! Seltsam; Was der Erde fast zum Verhängnis wurde, soll den Mars bewohnbar machen! Die Chinesen sind mit den Amerikanern zum roten Planeten geflogen und betreiben dort eine permanente Basis, wobei die technische Führung mittlerweile den Chinesen obliegt! In den Geschichtsbüchern hatte ich noch erfahren, dass einst die Amerikaner die Weltmacht Nummer eins innehatten, aber selbst die größten Umweltverschmutzer seinerzeit darstellten und ignorant über ihre naturbezogenen Verhältnisse lebten. Sie wurden vom globalen Gerichtshof für fünfundsechzig Prozent der Planetenschäden verantwortlich gemacht und dazu verpflichtet, fast weltweit prägnante Schäden zu reparieren und nur noch umweltneutrale Technologie anzuwenden. Jedwede andere schädliche Technik könnte sofort von einem der chinesischen Umweltsatelliten (mit meist deutscher Technik aus meinem Zuständigkeitsbereich) erkannt werden und zöge weitere Bestrafungen nach sich. Nun stellen die USA aber bereits wieder die beste Nutzung von alternativer Technik! Aber eben auch nicht ohne uns Deutschen! Denn wir hatten die fast letzten hundert Jahre schon in diese Richtung geforscht und waren zum Beispiel in der Nanotechnologie schon lange führend und als die „schwimmenden Holländer" kamen, (So nennen wir scherzhaft die Niederländer, die nach der Flutkatastrophe überwiegend nach Deutschland evakuierten) gab es noch einen großen Schub in dieser Richtung. So ist also mein Freund Georg Verkaaik eine Kapazität auf diesem Gebiet und er hatte schon bald seinen Platz im Fraunhofer Institut für Nano- und Computertechnologie in Dresden bekommen, wechselt oft zu uns nach München und diese Zeit nutzen wir dann, uns zu treffen, zu philosophieren und auch mal Einen zu heben. Die Genmanipulation beeinflusste noch nie die Geschmackspapillen, so gibt es auch heute, am 24. September 2093, gut drei Monate vor meinem vierunddreißigsten Geburtstag, nichts Wichtigeres für mich, mit Georgie, auf das Oktoberfest zu gehen und dort eine zünftige Maß zu heben. Dazu möchte ich mich bei ihm bald über mein IEP melden, um einen Treffpunkt zu vereinbaren.

Georg Verkaaik

Mein Freund der Max ist wieder so ein Plappermaul. Er hat sicher schon fast alles über mich verraten, aber gut; Ich erzähle dann eben noch ein bisschen über mich, den Rest sozusagen. Grad vorhin hatte er mich angerufen, dass wir uns auf dem Oktoberfest treffen. Dies war ohnehin schon seit vorgestern abgemacht und ich war ja auch schon mit einem

Ringtaxi dorthin unterwegs. Diese computergesteuerten umweltneutralen Elektrotaxis für Kurzstreckenverkehr mit Detektoren aller Art sind die einzige Möglichkeit, das Oktoberfest noch zu erreichen. Auch Fußgänger mussten mindestens fünfzig Meter mit einem Ringtaxi zurücklegen, bis ein Jeder entsprechend abgetastet war und sichergestellt wurde, dass kein Sprengstoff oder keine Waffe dorthin geschmuggelt werden sollte. Außerdem wurde die Identität mit dem GSW, dem *GolbalSecurityWatch* verglichen. Ach ja, so ein Ringtaxi kann man auch über das IEP anfordern, es hat kleine Rollen, die alle vier lenkbar sind und so hauptsächlich in den früheren Fußgängerzonen verkehren. Dabei begibt man sich in den variablen Innenraum einer Einheit und pro Passagier senkt sich ein flexibler Ring herab. Erst wenn die Identität des Passagiers mit dem Zentralcomputer verglichen ist, das dauert keine hundertstel Sekunde, rollt es los und während dieser Zeit wird der Detektorbericht verfasst. Befindet sich ein Illegaler oder ein Waffenträger auf dem Sitz, bläht sich der Ring ähnlich eines Airbags auf und liefert den `Gast´ in einer Sicherheitszelle der örtlichen GSW ab. Diese Ringtaxis können sich auch zu einem Pulk zusammenschließen, wobei dann nur nach Berechnung von simplen Steuerungscomputern zwei oder vier, nicht oft mehr, als Antriebseinheiten funktionieren. Nun wimmelte es bereits von diesen Einheiten. Als ich an einem der Eingänge zum Fest ankam, hob sich der Ring, die Gebühr wurde verbal von mir bestätigt, der Bordrechner bedankte sich mit einer weiblichen Stimme und teilte mir mit, dass diese nun auch bereits von meinem Konto abgebucht war. Ich wollte mit Max ins Nostalgiezelt gehen, denn nur noch hier gab es die alten Glaskrüge mit dem einen Liter an Gerstensaft, allerdings wurden die Besucher mit Identkameras aufs Schärfste beobachtet, damit keiner auf die Idee kommen könnte, so einen wertvollen Behälter als Wurfgeschoss zu verwenden. Schmunzelnd dachte ich daran, dass es in den Vierzigern einmal einen Regierungserlass gegeben hatte, öffentlichen Alkoholkonsum gänzlich zu verbieten, doch ausgerechnet die Intellektuellen gingen damals auf die Barrikaden, die gelegentliches Trinken als „Brainwash" bezeichneten, was der individuellen „Hoheit" der geistigen Freiheit zugerechnet werden müsste. Valdeque Müller dos Santos, der bekannteste Schriftsteller der Neuzeit, seine Mutter stammt aus Brasilien, beschrieb den Genuss des Alkohols folgendermaßen: „So wie wir aus den Atomen und Molekülen der Sterne entstanden waren, so wie wir uns über Nahrungsaufnahme alle sieben Jahre neu erschaffen und somit unseren Nanohaushalt ausgetauscht haben, sollten wir auch dem Alkohol erlauben, sich in angemessenen Mengen daran zu beteiligen! Auch ein weiterer Aspekt spricht dafür: Wie die Kanäle einer Stadt sauber geschwemmt werden müssen, hilft der Alkohol die müden Kanäle in unseren Gehirnen zu reinigen und nach einigem Kopfweh kehrt der Geist erholt und arbeitswillig zurück!"

Leider ist es nicht mehr allzu weit her mit der Individualität, seit es wieder über neun Milliarden Menschen auf der Welt gibt. Die große Flut 2039 hatte damals fast ein Drittel der Bevölkerung vernichtet, nicht zuletzt der atomare Blitzkrieg zwischen den arabischen Gottesstaaten unter Federführung des Irans und der ostafrikanischen Föderation, die 2055 unter Ausrufung des christlich-religiösen Grundsatzes gegründet wurde. Da waren dann aber auch noch die Russen involviert. Erst als die UNO warnte, sie würden die Kampfsatelliten aktivieren und die Kontrahenten von All aus mit Neutronengeschossen angreifen und somit kriegsunfähig schießen, kapitulierten die Parteien! Beide wurden vom Genfer Komitee aufgefordert, die Staatsform neutral zu gestalten, ohne religiöse Basen aber mit ethischen Grundsätzen; Religion intern ja, dann aber auch frei wählbar. Seitdem entwickelte sich sogar wieder ein einigermaßen guter Handelsverkehr, die Wirtschaft in dieser Region dort beginnt langsam wieder zu florieren, die alten Lastwagen fahren allerdings noch mit Biodiesel, wenigstens hatten die Industriestaaten kostenlose Aktivfilter für die Auspuffanlagen gestellt, aus dem Filtergut konnten die Leute dort sogar Schwefel und feinen Gips gewinnen, auch dies war ein Grund mehr, diese Filter zu verwenden!

Mein IEP meldete sich, mein guter Freund Max ruft an. Diese Technik war nun auch schon ein paar Jahrzehnte alt und funktionierte mittlerweile einwandfrei. Ein IEP, also ein *Implanted Ear Phone,* ein eingepflanztes Ohrtelefon war sekundär mit dem Hörnerv gekoppelt, man konnte dann aber auch mit dem eingepflanzten Kehlkopfsensor antworten, Schaltvorgänge wurden schon seit einiger Zeit von neuronalen Hirnimpulsen gesteuert. Die nächste Generation dieser Telefonie wurde schon erprobt! Ich wollte ohnehin bald umsteigen, denn dann konnte per Pseudotelepathie Konversation betrieben werden, also wurden zwar ein paar Elektroden mehr von den fleißigen Nanobots im Gehirn verankert, dafür brauchte man dann aber nicht mehr umständlich murmeln, so wie es mit meiner Version noch der Fall war, nein, ein Stimmengenerator misst die neuralen Steuerfunktionen des Gehirns an und gibt meine eigene, aber künstlich erzeugte Stimme aus. Der Gesprächspartner merkt nichts davon!
Doch wie gesagt, Max meldete sich und ich teilte ihm mit, dass ich bereits vor dem Eingang zum Nostalgiezelt auf ihn warten würde. Keine drei Minuten später stand der hochgewachsene Bayer mit dem ´unprogrammierten Bäuchlein´ auch schon vor mir! „Hallo Georgie, schon trocken hinter den Ohren?" Das war mal wieder typisch Max. Das ´trocken´ bezog sich mittlerweile auf uns scherzhaft bezeichneten ´schwimmenden

Holländer´. „Ich habe auch die Handtücher von meinen Großeltern geerbt, ich selber habe einen Ganzkörpertrockner zuhause, der kommt auch hinter die Ohren, mein Freund!" „Ich weiß Georgie, kennst mich ja in meinem jugendlichen Leichtsinn, nachdem für uns die Jugend ja bis ins nächste Jahrhundert reichen dürfte!" „Jetzt quatsch nicht soviel, lass uns endlich was trinken, oder meinst du, ich lasse meinen Bierkredit, der bereits abgebucht wurde, verfallen?" „Hast du auch die unlimitierte Aufenthaltskarte von deiner Gesellschaft bekommen? Die DLR gab mir eine!" „Habe ich! Hoffentlich gibt es nicht wieder so viele Neider wie letztes Jahr diese Australier, die die halbe Welt umrunden und dann nur noch diese Zweistundenkarten bekamen!" „Heuer hat der Festcomputer keine Australier in das Besucherprogramm genommen, sie werden erst nächstes Jahr wieder zugelassen. Heuer sind wieder Chinesen dran. Mittlerweile essen die ja auch Käse!" „Jaja, diese fleißigen Gelbmänner sind nun ja bereits überall, im Orbithangar für erdnahen Überwachungsflug, auf dem Mars und nun auch, das ist ja wohl das Schlimmste, auf dem Oktoberfest! Ist die Marsfracht eigentlich schon dort angekommen, die Lebensmittel für die dortige Basis?" „Soviel ich weiß noch nicht, wird wohl noch etwas dauern, denn die Steuerungseinheiten stammten von uns, wie du wohl weißt, waren etwas verspätet ausgeliefert; nächste Woche schaue ich gleich mal nach!"

So wanderten wir, Max und ich in das Nostalgiezelt zu den echten Glasmaßkrügen, denn diese feinen, transparenten Makrolonschaumkrüge könnten unsere Erwartungen, was unser Traditionsbewusstsein betraf, nicht erfüllen. Ein riesiges Hologramm über dem Haupteingang des Zeltes zeigte einen übergroßen Maßkrug, der ebenso übergroß überschäumte! Der Schaum schien an den Seiten des nostalgischen Behältnisses herabzulaufen und auf die Besucher zu regnen, doch kurz über den Köpfen der Personen endete die Projektion und wir kamen trocken ins Zelt.

Das gute Gespräch ist die Hebamme der Idee

Unsere Gesellschaften zahlen uns überdurchschnittlich gut, deshalb können wir uns auch das Nostalgiezelt leisten, in dem noch Mädel in Dirndln das Bier servieren und nicht von diesen arroganten Servierrobotern, die bereits nach Spracherkennung wissen, wie und von wo die Bestellung abgebucht werden konnte, sollte noch nicht vorausgebucht gewesen sein. Doch dann wüssten sie, wann das Guthaben schon erloschen sein würde. Dazu noch diese ekelhaften Makrolonschaumkrüge! Das Bier wird immer noch nach

dem Reinheitsgebot gebraut, wenn auch mittlerweile über ein beschleunigtes Brauverfahren, was auch Folge der pflanzlichen Genforschung war, die auch vor dem Hopfen nicht halt machte. Die so genannten `Gärstarter´ und `Gärstopper´ hatte man den Pflanzen schon einprogrammiert. Doch erwies sich diese Manipulation als relativ harmlos, auch vor allem deshalb, da mit den ersten Terabytecomputern schon die relativ einfachen Pflanzenstrukturen neu berechnet und simuliert werden konnten. Heute haben wir in unseren Instituten schon Transputer mit dreidimensionalen Molekularprozessoren, die sich selbst nach Rechenbedarf zusammenschalten können. Ein einfacher Arbeitsspeicher misst um die fünfhundertzwölf Terabyte; Würfelzuckergroße Kristallspeicher schaffen schon den hundertfachen Etabytebereich, wobei mechanisch unterstützte Massenspeicher bereits der Antike angehören. Ich sinnierte noch etwas über mein Geschichtsstudium, über die antike Technik, die zuerst die Umwelt zerstörte, dann aber selber die neue Technik mit hervorbrachte, um vielleicht die Welt wieder retten zu können. Eigentlich hatte die Erde wieder eine Chance bekommen! Heute hatte es noch einunddreißig Grad; Für Ende September war es damit im Vergleich zu den letzten Jahren schon wieder etwas kühler, die Jahresdurchschnittstemperatur sank geringfügig in den letzten fünfzehn Jahren. Es gab Prognosen, dass es vielleicht in zwanzig bis dreißig Jahren wieder Schnee in der Region geben könnte! Dann wären mein Kumpel Georgie und ich immer noch fit und könnten sogar einmal diesen Sport probieren, bei dem man sich diese Dinger anschnallen musste – wie hießen sie doch gleich? – Ach ja, Ski! Wieweit die Polverschiebung aber noch einen Schnee zulassen würde, konnte noch keiner sagen, doch die Chinesen hatten auch zu jammern, denn der Jangtse verliert bereits Wasser, hervorgerufen durch die Südneigung! So stoppte die weitere Polverschiebung vorläufig. Wieder ein Effekt, den die Natur sich selber einfallen ließ, um überstürzte menschliche Eingriffe zu bremsen!
Zum Glück lief das Besuchereinlassprogramm relativ langsam ab und wir mussten uns noch nicht durch Massen quälen. Georg bahnte sich vor mir den Weg durch einen Pulk von Chinesen, die mit je einem Maßkrug in der rechten Hand gesegnet eine Art Ringeltanz aufführten und dabei mit der linken den bayrischen Oktoberfest-Souvenir-Hut jeweils dem Vordermann auf den Kopf klatschen wollten. Der jeweilige Vordermann musste den Hut wieder von seinem Kopf nehmen und erneut dem Vordermann aufsetzen. Dabei lachten sie schrill und immer schriller, denn zum einen tat der Alkohol sein Übriges und zum anderen trafen sie die Köpfe immer weniger. Aus der Puste waren sie auch schon geraten. Höflich machten die Bedienungen den Weg frei, dabei blickten sie auf die eingeschalteten,

umgehängten Ausweiskarten, die das rückbestätigte Hologrammlogo, unserer Institutionen ein paar Zentimeter vor unserer Brust erzeugten. Von unseren Gesellschaften ausgestellt und als unlimitiert gekennzeichnet! Sollte uns jemand diese Ausweise stibitzen wollen, würde das Hologrammlogo sofort erlöschen, denn dieses baute sich nur in Rückkopplung mit unserem im Brustbein implantierten Personalchip auf. Schon wurde bei den bediensteten Damen genuschelt und diese warteten nur noch ab, bis wir dann einen dieser aufbereiteten nostalgischen Holztische erreicht hatten, die ausschließlich für unlimitierte Besucher bereitgehalten wurden; Als wir uns dort niederließen, wollte eine Jede die Erste sein, die unsere Bestellungen aufzunehmen hatte! Georg stand ausschließlich auf lang- und schwarzhaarige Damen, drum wusste ich schon bei welcher er seine Bestellung aufgeben würde! Da ich auch noch nicht wusste, wie viel Bier wir heute noch als Ausnahme bezeichnen werden, suchte ich mir das für mich hübscheste Mädchen heraus: Kastanienbraunes Haar, dunkelbraune Augen und das Dirndl versprach eine feste Oberweite. „Eine Nostalgiemaß, einen Gickerl und eine große Breze, bitte!" Auch Georg bestellte sich eine Maß, dann aber einen Käsepack, der ja heute für solche Anlässe nur noch synthetisch hergestellt wurde. „Ich habe heute schon etwas gegessen und sollte wieder auf mein Programmgewicht kommen, ich bin nämlich etwa fünf Prozent darüber!" So Georgs Erklärung. „Ich bin fast zehn Prozent über meinem Altersgewichtsprogramm nach der Genanalyse, bin auch stolz darauf, dass man unser bayrisches Bier hier noch nicht einberechnen kann", lachte ich und als wir uns versahen, hatten „unsere Mädels" die Bestellungen bereits geliefert. Als Lob für die schnelle Arbeit gaben wir den Damen, die meist hier umsonst arbeiteten, nur um Trinkgeldpunkte sammeln zu können, nach mittlerweile langjähriger Tradition einen Kuss auf die Stirn, sicherten so Punkte zu und die Damen ließen bereits erkennen, dass sie auch für Service nach Feierabend zur Verfügung stehen könnten. „Ich bin die Gabriella", hatte mein Mädel sich vorgestellt und ich erfuhr, dass sie argentinischer Abstammung war. Georgies Bedienung dagegen kam aus dem ebenfalls fast zerstörten und kaum wieder aufgebauten Bulgarien. Bulgarien wurde allerdings zum größten Reisproduzenten Europas! Rein deutsche Bedienungen, die auch noch in dieser Tracht arbeiten wollten, gab es kaum noch. „Silvana!" Stellte sich Georgies Bedienung vor und lächelte breit. Scheinbar war sie eine doch relativ gut verdienende Frau, denn man konnte erkennen, dass ihr Gebiss komplett nachgeklont wurde, also neue, aber körpereigene Zähne von programmierter Reinheit und Form.
Dann zogen sich die Damen zurück, wir waren ihre heutigen Erstbesteller, die auch in einer mittlerweile langjährigen Tradition mit Vorzug behandelt

würden. Klar! Die Mädels durften sicher auch andere Gäste bedienen, aber nicht mehr mit den gewissen Zusagen! Und es sollte auch nicht zum `Festbruch´ kommen. Doch sollten wir uns als „Erstbesteller" noch bestätigen, ansonsten könnten doch Andere noch diesen Titel erhaschen.
Georg trank eigentlich kaum Bier, aber zum Oktoberfest machte er immer eine Ausnahme und seine Kollegen vom Institut wussten schon, wenn dieses Traditionsfest war, dann dauerte es ein paar Tage, bis er wieder einsatzfähig war! Allerdings hatte das Institut dem Georg bereits eine Art Narrenfreiheit geschaffen, denn Georg hatte den sogenannten Nanoprinter perfektioniert! Noch war das Gerät etwas langsam, doch ich staunte, als Georgie mir nun am Biertisch etwas mitzuteilen hatte. Zuerst kamen aber noch mal die Mädels, als die erste Maß unsere Kehlen fluteten und ich den `Gickerl´ zum größten Teil schon dem Verdauungstrakt übergeben hatte. Gabriella sah mich flehend an, sie wollte doch die Sicherheit haben, dass ich sie anschließend einladen würde. Auch Silvana blickte mit nervösem Wimpernschlag zu meinem Freund und wollte eine Geste einer Einladung von ihm. Normalerweise sollte man mit diesen Gesten traditionsgemäß etwas warten, doch heute hatten wir einen guten Tag, auch Georg strahlte etwas Geheimnisvolles aus und wollte scheinbar sich auch für den nächsten Tag oder sogar für die nächsten Tage ins Vergnügen stürzen, so fragte ich erst einmal die Gabriella: „Wenn ich etwas zu viel von Eurem Edelstoff habe, würdest du mich dann nach Hause führen?" Das war das Stichwort und „meine Gabriella" lachte und freute sich, dass ihr sogar ein paar Tränen die Backen herunter liefen. Sie gefiel mir immer besser, diese Gabriella! Sie war relativ ungeschminkt, eine natürliche Schönheit, wie ich glaubte und sie roch nach Seife! Ich konnte parfümierte Damen nicht ausstehen! Ein reinliches Mädel roch meiner Ansicht nach ganz einfach nach Seife, hatte ja nichts zu überdecken! „Du könntest mich dann von der anderen Seite stützen, Silvana!" Meinte Georg zu seiner schwarzhaarigen, großen Südosteuropäerin, als diese es scheinbar nicht mehr erwarten konnte, auch einen Bescheid zu bekommen. Silvana war nun einmal gar nicht mein Fall, aber sie hatte ein sympathisches Äußeres, hatte auch nicht zu viel Parfüm aufgelegt, lediglich wirkten ihre Haare etwas fettig. Gabriella war mit geschätzten Einmeterzweiundachtzig etwas kleiner als Silvana. Doch die letzten Generationen holen die Frauen allgemein an Größe im Vergleich zu Männern auf, schließlich sollten diese in fünfhundert Jahren, so wurde eine Statistik erarbeitet, bis zu drei Meter groß werden, die Männer aber bei zwei Meter und vierzig stehen bleiben. Doch da war ich mir sicher, dass wir dies mit einem Puplikgenetikprogramm per Trinkwasserzugabe korrigieren werden.

Beide Mädchen schäkerten, waren glücklich und begaben sich wieder anderen Gästen zu, die auch bestellten, doch das momentane Herz war für heute, auch vielleicht für die nächsten Tage schon vergeben! Darum wurde von den Mädels auch fast kein Lächeln mehr weitergegeben, außer an uns!

„Max!" Georg wischte sich den Bierschaum vom Mund und ich spürte schon, dass er mir etwas Interessantes mitteilen wollte. „Mir ist es gelungen, den Nanoprinter um den Faktor siebentausend zu beschleunigen!" Ich verschluckte mich fast! „Spinnst du? Willst du mich veräppeln? Siebentausend? Wie soll den das gehen? Bist ja schon besoffen." „Nein Max", dem Georg war aber die erste schnelle Maß leicht anzukennen, „es ist wahr, der neue Nanoprinter läuft siebentausendmal schneller als der alte. Ich habe auf Elektrolyte umgestellt. Die Impulsprinternadel holt sich die Atome nicht mehr von Festkörpern, sondern von elektrolytisch gelösten Materialien, die in vakuumiertem Tritium eingelagert werden. Tritium trotz der relativen Explosionsgefahr, aber die quasi verflüssigten Metalle können eben wesentlich schneller vom Printer angefordert werden!" Ich überlegte, der Nanoprinter konnte alles Mögliche erschaffen. An der Computer- oder Transputeranlage des Fraunhoferinstituts setzte so ein Nanoprinter schon einmal eine ganze Autokarosse atomar zusammen. Man konnte ohne Schmelzvorgang über den Printer Molekül für Molekül etwas zusammenbauen, dabei brauchte man keine Formen mehr, keine Schweißvorgänge waren mehr nötig, alles aus einem Stück und mit viel Materialersparnis, es musste nichts geschliffen werden und je nach Schleuderkanal im Printer konnte man das Material auch veredeln, wenn es sein muss, mit einer Goldschicht von nur einer Molekulardicke. Dieser Nanoprinter war eine logische Weiterentwicklung des Rasterelektronenmikroskopes, welches ja auch unterhalb des optisch sichtbaren Bereich arbeiten konnte. Die Elektronen an einer schwingungselektrisch geladenen „Nadel" geführt, kanalisiert und so atomare Strukturen sichtbar gemacht werden. Der Nanoprinter arbeitet nach diesem Urprinzip, eigentlich fast umgekehrt, wobei dieser aber die Atome oder Moleküle „setzt", dazu brauchte er eine „vibrierende" Nadel. Die Vibrationen werden mit Mikrowellen erzeugt, so bleibt kein Molekül oder Atom an der Nadel „kleben". Die Nadellänge steht in Resonanz zu den Mikrowellen, wie eine Antenne und stößt bei einem Wellental das geladene Molekül ab. Somit konnte bei einer Frequenz von zum Beispiel den üblichen 120 Gigahertz einhundertzwanzig Milliarden Moleküle in der Sekunde „gesetzt" werden. Georg erkannte, dass ich sein Gesagtes erst einmal verdauen musste, er grinste breit, leerte seine restliche Maß fast in einem Zug, wischte sich den Schaum mit dem Unterarm ab und ließ einen

Rülpser dezent zwischen den Zähnen entweichen. Schon kamen Gabriella und Silvana näher, die uns „Erstbesteller" sichtlich den Vorrang geben wollten. „Nehmen wir noch eine", eher eine bestätigende Frage als eine Aufforderung und Georg nickte nur, nahm den Maßkrug ließ ihn kreisen, sodass sich eine Zentrifugalkraft bildete und der Bierrest neuen Schaum erzeugte, so führte der Freund das Riesenglas zum Mund und kippte die drei großen Schluck in sich hinein. Ich tat es ihm gleich, schon waren unsere Mädels wieder an unserer Seite, lächelten aufs herzlichste um neuen Braustoff zu holen. Wir warteten auf die neuen Krüge und beide Mädels legten uns ein Mini-Lebkuchenherz neben die Krüge, was bedeutete, dass sie mit ihrem Schicksal vollauf zufrieden wären und in jedem Falle nur auf uns warten wollten. Wieder gab es einen Kuss auf die Stirn der beiden Süßen, der nächste Kuss sollte dann schon eher direkter werden, auch so wollte es die Tradition, die Wahl wäre ja schon einmal getroffen, auch wir waren zufrieden mit dem, was uns das Schicksal hierbei eingebracht hatte. Doch nun erzählte Georg weiter: „Also Max, der neue Nanoprinter arbeitet mittlerweile mit einer Frequenz von siebzehn Terahertz, holt die Moleküle oder programmierbar, auch einzelne Atome aus dem Tritiumelektrolyt, beherrscht das ganze Periodensystem, bis hin zu angereicherten Atomen. Aktuell verarbeitet der Printer 119 Elemente, wobei die einzelnen getrennten Tritiumbehälter in einem Stickstofftank gelagert werden, um die Explosionsgefahr zu beseitigen. Damit schlug ich zwei Fliegen mit einer Klappe! Die Leiter zum Printer selber sind durch diese Kälte supraleitend! Also spezielle Kunststoffe, die bei normaler Temperatur nicht leitend sind, funktionieren nun also supraleitend. Damit ist die „Holgeschwindigkeit" enorm gestiegen, die Verarbeitungsgeschwindigkeit wie gesagt siebzehn Terahertz, jaja, siebzehn Billionen Schwingungen pro Sekunde, die „Bauzeit" der legendären Autokarosserie aus einem Stück sank von fast einem Jahr auf weniger als eine Stunde!" Mir blieb der Mund offen stehen! Bei dieser Gelegenheit goss ich aber auch gleich von diesem guten Bier nach, denn ich musste erst einmal verarbeiten, was mir Georg so glaubwürdig schilderte. Dann schüttelte ich den Kopf wie um eine Benommenheit loszuwerden und erwiderte: „Damit könnte auch der Energieverbrauch geringer geworden sein, denn was schneller ist . . ." Georg ließ mich gar nicht ausreden: „Nicht nur Energieeinsparung durch schnellere Abarbeitung, nein, der Nennverbrauch nahm in der Potenz ab, da die Supraleiter nur noch mit Mikroampere arbeiten. Nur die permanente Kühlung der Stickstoffsysteme verbraucht Energie, was aber einmal bei einem Dauereinsatz des Nanoprinters nicht mehr ins Gewicht fallen dürfte. Durch die parallele Ansteuerung der 119 Elektrolyte kann man nun auch Mischprodukte in einem Programmdurchgang erzeugen!" Wieder stand mir der Mund offen, wieder goss ich von meiner Maß nach, aber weniger, weil ich durstig war, sondern weil mich mein Freund dermaßen ins Staunen versetzte, dass ich das Glas an den Zähnen spüren wollte, um zu wissen, dass ich nicht träumte. Dabei verschluckte ich mich heftig, konnte meine Luftröhre nur noch mit einem Hustenanfall vom nicht mehr ganz so kühlem Blonden befreien, es verblieb dann ein hartnäckiger Schluckauf, der die lallenden Chinesen zwei Tische weiter zu wahren Lachanfällen verführte. Auch Georg lachte mich aus und Gabriella in Begleitung von Silvana kam an unseren Tisch, beide fragten freundlich, ob es nicht schon genug wäre und ob wir uns nicht eines anderen Vergnügens besinnen wollten, sie könnten sich bereits abmelden, denn es warteten weitere freiwillige Mädchen auf diese Dienstmöglichkeiten. Ich winkte mit meinem „unlimitierten" Ausweis, so dass das Hologramm optisch schwerelos zu schweben schien. Mir selbst fiel der Blick auf dieses Hologramm und dachte an das immer noch nicht entdeckte Geheimnis der theoretischen Schwerelosigkeit. „Meine süße Gabriella, du gefällst mir wirklich sehr gut und wir werden einige Stunden oder auch Tage zusammen verbringen, aber heute ist der Tag, an dem mein Freund Georg von tollen Entdeckungen berichtet, außerdem möchte ich wieder das Gefühl bekommen, wie Valdeque Müller schon zitierte. Auch brauche ich etwas „Brainwash"! Etwas enttäuscht schrumpfte ihr Lächeln, auch von Silvana, doch beide blickten auf unsere Krüge und wir nahmen erneut den Rest in uns auf. Mir half dies auch vorübergehend, den Schluckauf zu bekämpfen. Die Mädels eilten, um die beiden Krüge frisch aufzufüllen, kehrten auch sofort zurück und nun gab es auch die ersten richtigen Küsse für uns. Damit stellte sich für alle anderen Zeltbesucher klar heraus, dass Gabriella und Silvana „untergekommen" waren. Wir zogen den Bestätigungsbutton aus den Lebkuchenherzen heraus, aktivierten diesen als Flirtchip mit unseren Individualchips indem wir diese an das Brustbein hielten, per IEP den Code versenden ließen und steckten sie den Mädels an die Blusen. Nun schwang ein Hologrammherzchen ein paar Zentimeter vor ihren Brüsten mit unseren jeweiligen Initialen. Eine traditionell feste Bindung für mindestens drei Tage war die Folge! Nicht selten hielt eine derartige Allianz auch schon mal Jahre. Mit der Annahme dieser Symbolik von den Mädchen galten diese nun als absolut tabu für andere Männer. Ebenso traditionell wurde diese Form auch meist akzeptiert. Nun befreiten wir die Mädels noch von ihrer Verpflichtung, hier arbeiten zu müssen, sandten einen Abbuchungscode für die Trinkgeldpunkte per IEP, legten dann noch einige Punkte extra hinzu und Gabriella war mit Silvana nur noch für uns zuständig! Die Dienstkammerschleuse öffnete sich und zwei weitere entsprechende Damen konnten das Nostalgiezelt betreten um auch zu arbeiten und eventuell

Kontakte zu „Erstbestellern" zu knüpfen. Der Erstbesteller muss aber nicht mehr der alten Tradition nach auch derjenige sein, der zuerst bestellt, es kann sich auch um den ersten „Aktivator" der Lebkuchenherzen handeln. „Unsere" Damen waren sehr anständig und hörten erst nur zu, was wir sprachen, holten sich dann aber etwas zu Essen sowie auch jeweils ein Diätbier, bei dem der Alkohol sich aber schon kurz vor dem Magen zersetzte, da vorher noch eine entsprechende Tablette eingenommen werden musste. Georg fuhr nun mit seinen Erzählungen fort:
„Also Max, jetzt wird es noch mal interessant! Mit der Erhöhung der Printerfrequenz änderte sich auch die Materialbeschaffenheit der Printernadel. Dies erzeugte zuerst Probleme mit der Resonanz, bis ich einen VFO einbauen konnte. Einen Variablen-Frequenz-Oszillator." „Ich weiß was das ist!" Unterbrach ich Georg! „Ich weiß, dass du das weißt!"
Fast böse sah er mich an. Dann erhellte sich aber sein Gesichtsausdruck, allerdings gewann er weiter an feuchter Aussprache, das Bier gewann an Wirkung, ich lehnte mich mehr und mehr an die Schulter Gabriellas, auch um dem Tröpfchenregen aus dem Weg zu gehen und Silvana lehnte sich, als wäre es auch ein Signal für sie, an die Schulter Georgs, der dann daraufhin wieder lächelte und in seiner Erzählung fortfuhr: „Also, der VFO wird nicht mehr von Schwingquarzen erzeugt, sondern von einer Harmonischen der Materieeigenfrequenz. Ich benutzte dafür gekapselte Fluoratome. Eigentümlicherweise veränderte sich auch das Eigengewicht der Printernadel, kaum messbar, den die Printernadelgröße liegt ohnehin im Nanobereich. Mit einer höheren Frequenz könnte ich vielleicht auch einen theoretischen Schwerelosigkeitszustand erzeugen, was aber wiederum im Nanobereich wohl kaum jemanden nutzen würde. Doch zumindest konnte ich die Printernadel immer wieder in den Resonanzbereich bugsieren, somit diese nun in voller Geschwindigkeit durcharbeiten konnte. Ich baute noch einen Chip ein, der diese Resonanzkorrektur automatisch erledigen konnte!" „Du ha . . , du hast hast eine Gewichtsreduzierung bei gleicher Masse nachmessen können?" Ich kam ins Stottern! „Ja, was stört dich daran? Möchtest du vielleicht deinen Bierbauch gewichtsmäßig auf diese Weise der Genstatistik anpassen?" „Quatschkopf! Höchstens meinen schweren Kopf morgen früh! Aber könnte man da nicht eine Art Schwerelosefeld aufbauen?" Georg dachte kurz nach, „ich glaube nicht; es weiten sich auch die Atomzwischenräume aus, wie ich ebenfalls messen konnte. Also würde alles was leichter wird auch größer!" Ich blickte nachdenklich auf die renovierte Holztischplatte, die von Wasserringen der Maßkrüge dekoriert war. Ein wenig merkte ich schon von dem, was ich nun intus hatte und als wäre es ein Signal für meinen „Healthindicator", dem Gesundheitswarner im Identchip, meldete dieser per IEP: „Dein übermäßiger Alkoholgenuss

kann zu gesundheitsschädlichen Folgen führen. Deiner durchschnittlichen Lebenserwartung könnten heute bis zu zwei Minuten statistisch abgezogen werden." Ich murmelte vor mich hin: „Dann trainiere ich mit Gabriella wieder vier Minuten hinauf!" Gabriella zu mir: „Was willst du mit mir? Wo sollen wir vier Minuten hinauf?" „Ach Schatzi, ich unterhalte mich gerade mit meiner medizinischen Einheit, diese verlangt ein züchtigeres Leben von mir und ich habe ihr gerade versprochen, wenn du meinem Leben einen neuen Sinn verpasst, dass ich nach dem Oktoberfest wieder gesünder leben will!" Auch Georg scheint gerade eine entsprechende Warnung bekommen zu haben, denn er starrte ebenfalls in die Tischplatte. „Georg! Hast du vielleicht schon das pseudotelepatische IEP?" Er blickte mich an, als ob ich gerade den Müllcontainer von der Marsbasis geholt hätte. „Hab ich dir denn das noch nicht erzählt? Die neuen Nanoelektroden stammen ja von meinem neuen Nanoprinter, seit dem funktionieren diese ja auch wesentlich besser und es kommt nicht mehr zu falschen Übersetzungen aus dem neuralen Netz der Gehirne!" „Das hast du mit noch nicht erzählt!" Irgendwie rauchte es in mir, denn mit seiner Stellung konnte Georg diese Sachen immer wieder vor den offiziellen Einführungen ausprobieren und meist auch behalten. Also noch einen großen Schluck aus der Maß, dann mal aufstehen und dem Körper in Richtung Toilette bugsieren. Donnerwetter! Mein Healthindicator schien doch etwas Recht zu haben, denn die Toilettentüre war irgendwie doppelt vorhanden! Auch Georg begleitete mich, er schwankte aber auch schon merklich, fanden wir beide aber noch den richtigen Eingang und überantworteten uns dem Hygienecomputer, der die reinen Luftkissenpissoirs an unsere Körper schob, um eine geruchsneutrale Übernahme der Ausscheidungsflüssigkeit zu garantieren. Nach dieser Prozedur meldete sich das IEP: „Flüssigkeitsabgabe von einem Liter und zweihundertzwanzig Millilitern, Gebühr wurde abgebucht, der Dank erfolgte im Auftrag der Festbetreiber." „Das nächste Mal nehme ich eine Hygieneflasche mit, das kostet kaum die Hälfte!" Murmelte ich vor mich hin als Georg fluchte: „Schon wieder teuerer, nicht wahr? Kaum wird das Bier teuerer, wird die Hygieneabgabe auch teurer! Das ist ja Wucher!" „Ist Wucher, war Wucher und wird Wucher bleiben. Vor fast hundert Jahren haben die Leute gejammert, weil die Maß schon sieben Euro gekostet hatte, heute kostet die Maß umgerechnet fast zweihundert Euro und das Pinkeln extra!" „Naja, wir verdienen ja auch wieder mehr und die Hygienekostenabgaben kommen der Umwelt zugute!" „Soviel kostet die Umwelt nun auch wieder nicht mehr, da hängen schon einige „Pinkelbosse" dazwischen, die wortwörtlich mit Sch... Geld machen." „Auch das war schon immer so . . ."

Zurück auf unserem Tisch, hatten Gabriella und Silvana weitere zwei Maß füllen lassen, flehende Blicke wollten uns nun auffordern, es bei diesen dann belassen zu lassen. Wir bestellten dann noch „Crackcheese", hart gebackene Sojakäsechips mit Dickweindip, die dem Alkoholabbau dienlich sein sollten. Ich sinnierte noch etwas an der Schulter meiner Gabriella, starrte wieder in den Tisch und konnte mir aufgrund des Gehörten die Atomstruktur der Tischplatte vorstellen. Eine noch bislang nicht genau erklärte Kraft hält die Atome in den jeweiligen Formen zusammen. Im Größenvergleich war ein Atomkern vom anderen zweieinhalb Kilometer entfernt, nimmt man als Bezugsgröße einen Tennisball. Mir war, als könnte ich die Struktur erkennen, mir war als könnte ich die Materieeigenfrequenz spüren. „Materieeigenresonanzfrequenz!" Ein Gedankenblitz durchzuckte mein Gehirn! Neutralisieren der Materiefrequenz, der Materieeigenschwingung durch Resonanzstrahlung!

Damit würde sich zwar die Atomstruktur lösen lassen, also Materie auflösen, was aber wenn man ein Frequenz*feld* aufbauen könnte? Ein Strahlungsfeld, welches „vor" der Materie entsteht? Was entstünde? Eine Art Desintegrator, also eine Waffe, aber auch ein Werkzeug, mit dem man zum Beispiel Tunnel oder nur Löcher unmechanisch bohren könnte; Aber als Abschirmfeld konstruiert, könnte man damit nicht auch die Gravitation neutralisieren? Ich teilte meine Gedanken dem Freund mit, dieser meinte nur: „Ein Gespräch kann die Hebamme einer Idee sein! Wir werden wohl experimentieren müssen!" Daraufhin wurde ich fast nüchtern: „Beantrage eine befristete Zusammenlegung deiner Abteilung mit der meinen vom DLR, wir schalten die Transputer durch und bauen einen Nanoprinter deiner neuen Generation auf. Ich habe eine Idee! Ich bin Strahlungstechniker und werde variabel frequentierte Hornantennen für den Nanobereich berechnen, die mit der Eigenfrequenzstrahlung deiner gekapselten Fluoratome angesteuert werden! Damit könnten wir eine Platte printen lassen, die voll von diesen Hornantennen wären. Hornantennen sind Richtstrahler, bei entsprechender Zusammenschaltung ließe sich vielleicht ein Mischfeld erzeugen, welches „vor" dem Printbasiswafer entsteht und Gravitation abschirmen könnte.

Vielleicht entsteht so eine Art Antigravitationsplattform! Es wäre nicht auszudenken, was dies für eine technische Erleichterung für die Industrie oder auch für die Raumfahrt darstellen könnte!" Georg gab sich nun sehr nachdenklich. „Hornrichtstrahler, zusammengeschaltet und mit variablem Strahlungswinkel, alles im Nanobereich? Da könnte was passieren, ja! Wir probieren es! Ich gebe demnächst um die Genehmigung für diesen Plan ein! Aber zuvor müssen wir uns um unsere Gewinne kümmern!" Er sagte dies und gab seiner erstaunt zuhörenden Silvana einen langen Kuss! Auch

Gabriella fiel mir um den Hals, schob mir, nachdem ich auch die letzte Maß geleert hatte, einen Minzkaugummi in den Mund, dann standen wir auf und verließen das Nostalgiezelt. Wir trauten unseren Augen nicht! Es graute bereits der Morgen! Hatten wir solange in diesem Zelt verbracht? Der Betrieb ging ja rund um die Uhr, um allen internationalen Besuchern auch mehr Zeit gestatten zu können. Aber dass die Zeit so schnell verging, das war schon sensationell. Deutlich konnten wir die Smoghaube über München erkennen. Die Sonnenstrahlen durchbrachen diese mühsam und erzeugten ein unwirkliches braun-oranges Licht, oberhalb der „braunen" Schicht war eine graue Schicht zu erkennen. Wie wir wussten, handelte es sich dabei um statisch aufgeladene Schmutzteilchen, die sich in einem elektrisch neutralen Luftfeld stabilisierten und von der Seite gesehen wie eine Alufolie wirkte. Die Sonne, erst knapp über dem Horizont spiegelte sich darin, würde aber sich bald optisch auflösen, wenn der Stern an Höhe gewann. Münchens Smog nahm aber bereits wieder nachweislich ab! Die Welt wurde wieder besser! Am Haupteingang der Theresienwiese warteten wieder die Ringtaxis. Wir blickten noch mal auf die diesjährige Attraktion „Pullerball". Dort konnte man sich in eine Kugel aus transparenten, molekular gerichteten Polymerkunststoffen festschnallen lassen, diese werden dann über magnetisch beschleunigte Schubrohre abgeschossen und millimetergenau von einem gegenüberliegendem „Lauf" eingefangen. Die magnetische Energie erzeugte ein Wabennetz um die Kugel.
Dieses System diente auch der Steuerung und der Ortung über ein Transputersystem. Dabei bekamen die Nutzer einen Adrenalinstoss erster Güte! Diese Kugeln mit dem lebendigen Inhalt wurden immer so knapp aneinander vorbeigeschossen, dass nicht nur die Passagiere unwillkürlich den Atem anhielten! Wenn einmal um die hundertfünfzig Kugeln in der Luft waren, hin und her geschossen wurden, dies war dann sicher ein Erlebnis! Bis heute funktionierte doch alles tatsächlich ohne Zwischenfälle! Die Computerprogrammiertechnik war erster Güte und die Weiterentwicklung der „Fuzzy-Logik" bereitete auch für die Rechner einen Zugewinn von eigener Erfahrung, also selbstlernende Systeme. Vor jedem Abschuss einer Kugel wurde Gewicht und Lage des Passagiers im Bruchteil einer Mikrosekunde berechnet und die Abschussbahn entsprechend justiert. Die Abschuss- und Auffangkanonen waren auch relativ lange, da gesetzlich niemand über drei Gravos, also der dreifachen Anziehungskraft hinaus beschleunigt werden durfte und es wurde ebenso gesetzlich vorgeschrieben, dass die Gesundheitsindikatoren der Teilnehmer ständig abgefragt werden mussten. Sollte sich ein Konflikt bei einer Person einstellen, wurde dessen Kugel sofort in einen extragroßen Auslasstrichter bugsiert.

Wir vier nahmen also vier Ringtaxis, die sich sofort zusammenschlossen und schon waren wir in Richtung meines Apartments unterwegs.
Georg hatte ein Apartment in meiner Nähe angemietet, wir wollten aber schon morgen mit der neuen Idee ins Detail gehen, da uns diese entsprechend faszinierte und wir mit unseren Vorgesetzten über Genehmigungen einer diesbezüglicher Zusammenarbeit unterhalten wollten. Wir hatten schon ausreichend Kompetenzen, so dass unser eigenes Wort das meiste Gewicht für Entscheidungen beisteuertn konnte. Sowohl Georg beim Fraunhofer Institut als auch ich bei der DLR. Schließlich war Kompetenzabgabe an Mitarbeiter ein großer Teil von notwendiger Motivation und die „Genkorrigierten", wie wir durften obenauf noch einen Pluspunkt genießen. Nachdem nun die Ringtaxis an einen bereits fahrenden Variobus andockten, wir vier es uns dort bequem machten und in meinem Apartment in Gronsdorf ankamen, tranken wir doch noch oder schon einen „Gutenmorgenschluck". Es war ja schon fast egal, oder besser, wir waren fast schon wieder nüchtern, noch nicht müde, unsere Idee turnte uns schließlich an. Dann forderte ich Georg auf, nicht nach Hause zu gehen, sondern das Gästezimmer zu nehmen. Ich befahl „Henry", meinem Hauscomputer, Softrockmusik zu spielen, während sich die Damen duschten und vom Ganzkörpertrockner verwöhnen ließen. Ich traute meinen Augen kaum, als Gabriella mit einem „Fastnichts"-Negligee aus der Hygienezelle schwebte und mir einen phantastischen Körper präsentierte. Diese makellose Haut, die ich mich direkt gezwungen fühlte zu streicheln, veranlasste mich zu fragen: „Bist du auch von der zweiten Generation?" „Ja, mein Prinz!" „Warum arbeitest du dann auf dem Oktoberfest?" „Ich wollte mich von den Programmfesseln lösen, die meine Eltern mir nach der Genberechnung auferlegt hatten." Nun verstand ich. Nun duschte auch Georg, dann ich. Georg verschwand mit seiner Silvana im Gästezimmer und ich tat es ihm anschließend ähnlich, Gabriella schubste mich in mein Gelbett, lachte herzlich, ihre braungoldenen Augen strahlten unter dem künstlichen Sternenhimmel, den „Henry" angeschaltet hatte, dann lief sie aber noch in die Küche, bat den Kühlserver um Champagner, passend dazu fuhren zwei Gläser aus dem Utensiliendepot und während diese Schönheit mit dem Edelgetränk förmlich in das Schlafzimmer schwebte, verlor sie wie zufällig auch noch das „Fastnichts"! Der Hauscomputer stellte automatisch die Lichtplatten dunkler, ich wollte schon rufen „heller", da Gabriella sich als ein Ereignis herausstellte, doch hatte sie das Tablett schon abgestellt, auf mich geworfen und mir einen innigen Kuss verpasst, der mich verstummen ließ - und der mehr versprach. Gabriella setzte sich auf mich, schüttete das erste halbe Glas Champagner über ihr Brüste, schenkte nach, stieß mit mir an und senkte sich auf mich bis ich dachte, der Champagner würde zu

kochen beginnen. Plötzlich orderte sie meinen Hauscomputer: „Henry, Licht auf Glimmstufe!" Das Licht dimmte, bis ich nur noch silhouettenhaft ihren Körper wahrnehmen konnte. Ihre Haut wirkte nun wir Milchschokolade, ihr lockiges Haar wie Goldfäden und ihre Augen wie Teleskope zum Zentrum der Galaxis gerichtet.
Gabriella wusste, wie man einen Mann motivieren konnte, auch wenn dieser doch noch etwas zuviel intus hatte. Mit so einer Frau könnte man das Universum erobern, philosophierte ich und fühlte wie sich meine Batterien wieder luden. Irgendwie war ich schon ein bisschen verliebt, doch für eine konkretere Eigenbefragung lies mir Gabriella keine Gelegenheit. Eine Nacht in einer anderen Galaxie! Fast schon schwerelos. Woher wusste Gabriella eigentlich, dass mein Hauscomputer „Henry" hieß?

Schon mittags schlug ich wieder die Augen auf. „Henry" registrierte meinen Aufwachvorgang und öffnete die Jalousien zu fünfzehn Prozent. Sonnenlicht traf auch auf mein Gelbett und Gabriella lag vor mir in einer Seitenlage wie ein Traum aus Tausendundeinernacht, nur mit Mikrofaserlaken teilbedeckt, doch waren ihre straffen Brüste frei erkennbar, auch ihre schönen Beine bis zum Po. Ich nahm mir vor, so lange mit ihr zusammenzubleiben wie es nur möglich sein würde; Vielleicht war ich etwas verliebt? Verschlafen drehte Gabriella sich in meine Richtung, blinzelte mit den Augen, Henry registrierte dies und öffnete die Jalousien um weitere fünfzehn Prozent. Sie umarmte mich, zog sich weiter an mich heran und vergrub ihr Gesicht zwischen meinem Kopf und meiner Schulter. Das Laken rutschte dabei langsam von ihr und so konnte ich über ihren Hals bis zu ihren Füßen die komplette Rückansicht bewundern. Am Kontrolldisplay an der Wand konnte ich erkennen, das Georg auch schon erwachte, Henry zeigte an, dass das Gästezimmer auch schon teilgeöffnete Jalousien vorwies. „Guten Morgen, mein exotischer Engel!" Weckte ich meine Gefährtin. "Guten Morgen, mein bayrischer Bierprinz!" Gabriella flüsterte noch mit geschlossenen Augen, öffnete diese aber langsam als sie ihren Kopf zurücklegte, mich anstarrte und mir einen innigen Kuss verpasste. „Hehe! Ich hoffe, das machst du nicht alle Jahre mit dem `Erstbesteller´!" Sie rückte mit ihrem ganzen Körper zurück, sah mich mit geneigten Kopf strafend an und predigte: „Für was hältst du mich denn? Für eine Nutte?" „Meine Süße, ich kenne dich erst seit ein paar Stunden, ich schätze dich positiv ein, aber wissen tu ich natürlich nichts von dir!"
„Ich werde dir die nächsten knappen drei Tage, bevor du mich dann hinauswirfst, mehr von mir erzählen, dann kannst du dir sicher besser ein Bild machen. Ich arbeitete das erste Mal im Oktoberfest, das Los und gute Beziehungen brachten mich bald in das Nostalgiezelt!" Ich war angenehm

überrascht, als ich hörte, dass sie das erste Mal dort arbeitet, scheinbar war sie keine der Damen, die sich nur schnell mal einen Ingenieur angeln wollten. „Ich denke, wir können es etwas länger als die drei Tage probieren; Neben dir fühle ich mich wohl!" Sie schnalzte mit der Zunge und riss ihre traumhaften Augen ganz weit auf, schenkte mir ihr schönstes Lächeln, richtete ihren Oberkörper auf und fragte: „Wirklich? Kannst du das jetzt schon sagen?" „Wie gesagt, neben dir fühle ich mich wohl, nur wollte ich bislang keine feste Bindung mit einer Frau, da ich in meiner Arbeit vollkommen aufgehe. Ich will der gesamten Menschheit etwas Gutes tun, ich will mithelfen, dass dieser Planet wieder etwas Wert gewinnt und ihn lebenswerter macht!" „Ich verstehe dies und in deinen Spekulierphasen werde ich dich animieren, in deinen Nulldurchgängen werde ich dich alleine lassen oder nach Wunsch trösten und in deinen Hochphasen werde ich versuchen, deine Amplitude zu stärken und zu stabilisieren!" Eine ungewöhnliche Aussage für eine genkorrigierte Frau! Doch auch sie musste intelligenter sein als die Unkorrigierten! Wieso nahm sie nicht einen entsprechenden Job an? Ich wollte sie darüber etwas ausfragen, doch als ich den Mund öffnete, legte sie mir ihren Finger darüber, lächelte wissend, sagte nur: „Später!" Dann umarmte sie mich ein weiteres Mal mit beiden Armen, drehte sich auf mich und schlingerte auf mir mit ihrem Körper, dass ich alle Details davon mit in meiner Seele aufnehmen konnte. Sie war etwas ganz Besonderes, dass wurde mir nun schon einmal klar. Langsam zogen wir uns aus dem Bett zurück, gingen gemeinsam in die Hygienezelle, duschten und trockneten uns, besonders fiel mir auch auf, dass sie übermäßig sich mit Seife wusch, ließ sich anschließend von „Henry" die Haare richten und fönen, brachte nur leicht getönte Körpermilch auf, dann bestellte ich über meinen Hauscomputer frische Wäsche für sie. Sie gab ihre Wünsche an: Hotpants, Slip, Folienshirt, keinen BH, Biomol-Sportschuhe.

Ein Tag mit fast wieder dreißig Grad Außentemperatur erkannte ich weiter auf dem Display!
Zwölf Minuten später konnte sich die Schönheit bereits anziehen. Ein unbemannter Paketservice lieferte das Normpaket bis zum Briefkasten, der von Henry entleert und geöffnet wurde, der Normbehälter wurde wieder zurückgegeben.
Sie sah hinreißend aus, besonders das Folienshirt dehnte sich dezent um ihre steifen Brüste, ließ viel erkennen! Ich musste meinen Wunsch unterdrücken, ihr in Brust und Po zu beißen.
Im Wohnzimmer kamen wir vier endlich wieder zusammen. Georg hielt sich etwas den Kopf. „Was hast du denn, Georgie?" „Silvana wollte noch Wodka haben, also haben wir deinen Kühlserver um Wodka gebeten.

Nachdem der Wodka dann alle war, war mir auch schon alles wurscht und wir stellten auf Tequilla um. Ich habe es nicht fertig gebracht, Silvana unter den Tisch, respektable, unter das Bett zu trinken! Die hat vielleicht ein Naturell, das sag ich dir! Vor einer halben Stunde habe ich eine Aktivtablette genommen, nun geht's auch schon etwas besser." Silvana setzte sich neben Georg, legte ihre Hand auf seinen Schenkel, lächelte keck und meinte: „Konnte man ihm kaum anmerken, dass der Gesundheitschip ihn viermal gewarnt hatte!" Und Georg gab dieser Geschichte noch eines drauf: „Stell dir vor! Einmal warnte er mich, da war ich gerade in voller Aktion! Puls 244! Ich habe ihm ein Not-Aus befohlen!" Wir lachten, ich konnte mir diese Situation richtig vorstellen. „Heute machen wir erst einmal gar nichts!" So mein Vorschlag, als ich die Trauergestalt von Georg weiter betrachtete. „Erholen, Georg und Silvana! Ihr bleibt bitte weiter hier bei uns, heute Abend lassen wir uns Pizzas bringen, steigen auf leichte Weine um und sehen mal, was wir unseren Damen alles an Geheimnissen entlocken können. Morgen besprechen wir dann, wie wir unsere Idee zu einem Projekt werden lassen können, ja?" Georg sah mich dankbar an. „Ja Max! Trotz der Aktivtablette wäre ich wohl kaum zu einem klaren Gedanken fähig! Hätte Silvana mich nicht schon `Georg´ gerufen, dann wäre mir wohl mein Name heute noch nicht eingefallen!" Wieder ein verhaltenes Lachen von uns allen. Ich freute mich schon auf den Abend an Seite meiner Gabriella, auch die nächste Nacht dürfte uns ein weiteres Stück näher bringen. Der Funke war übergesprungen! Die Chemie stimmte, wie man schon früher sagte.

„Übrigens! Gabriella! Woher wusstest du, dass mein Hauscomputer auf den Namen `Henry´ hört?" Gabriella schmunzelte. „Ich hatte früher bei `Pride-Social-Computer-Systems´ als Programmiererin gearbeitet! Deinen `Henry´ kenne ich noch! Ich hatte ihm im Bad den Identifizierungscode vorgesprochen, jetzt weiß ich auch, wann du dieses Apartment gekauft hattest, wie oft du Frauenbesuche hattest, welchen Wein du bevorzugst und dass du ein Audi-Cabriolet mit Induktionsantrieb besitzt, umschaltbar auf Peroxyd, falls es mal querfeldein gehen sollte. Ein altes Vehikel, aber ich würde gerne mit dir mal in eines der geschützten Wäldchen fahren, wenn wir eine Genehmigung bekommen!" Jetzt war ich aber so etwas von baff! Wegen der Frauenbesuche müsste ich mich bestimmt nicht schämen, diese waren nicht zu häufig. Nach meinem ersten Ehevertrag, der ohnehin fast zwei Jahre überzogen wurde war ich öfters mit flüchtigen Bekanntschaften bei Georgie, aber dass Gabriella bei `Pride´ gearbeitet hatte! Eine renommierte Firma und sie arbeitete nicht mehr dort? Was bewog sie dort aufzuhören? Doch Gabriella las scheinbar aus meinen Gedanken, denn sie erklärte: „Ich habe mich zu meinen femininen Aufgaben bekannt und die

Lehren der chinesischen `Gokk´ angenommen. Das ist mein ganzes Geheimnis!" Jetzt verstand ich endgültig! Mit lief es fast kalt über den Rücken und betrachtete „meine Gabriella" mit neuen Augen. Die Lehrerin des `Gokk´, eine hoch dotierte chinesische Psychologin wollte beweisen, dass die menschliche Gesellschaft in Ethik und innerer Stabilität nur zu retten wäre, wenn die Frauen sich wieder als Stütze für ihre Partner verstehen würden. Forschung und Entwicklung voll in Männerhand belassen, nur den Mann in seinen Bestrebungen moralisch und liebevoll begleiten, animieren, umsorgen und mit viel Liebe, auch auf Basis des Kamasutra, der Seele des Partners Kraft spenden. Das `Gokk´ erklärt, dass, wenn jeder, also Mann und Frau einzeln arbeiten, erzeugten sie *nur knapp* >zwei Produkte<. Es fehle das stärkende Miteinander, wenn man dann nur eben normal zusammen war, dann widerte man sich nur an und jeder entledigt sich seines Frustes, wurde destruktiv; Stärkt eine Frau aber ihren Mann mit all ihren positiven Gaben und Energien, dann kann der Mann *über* >drei Produkte< erzeugen!
Ich war schon fast geneigt, Gabriella einen befristeten Ehevertrag anzubieten, doch dachte ich in mir, erst einmal weiter abwarten.

Der Abend wurde romantisch, wir begaben uns mit Henry in eine Musikwelt, quer durch die letzten dreihundert Jahre, die gelieferten Biopizzas schmeckten besser als ihr Ruf und die leichten Weine berauschten kaum, animierten aber für weitere traumhafte Stunden! Georg war auch sichtlich in Silvana verliebt; Noch wusste ich nicht, ob Silvana auch eine `Gokk-Tochter´ war. Wir gingen wieder zu Bett.
Gabriella überzeugte weiter mit ihrer Einstellung. Ich spürte ihre positiven `Energien´! Ich glaubte es fast nicht, noch Ende des einundzwanzigsten Jahrhunderts so spontan glücklich werden zu können. Immer dachte ich, das große Glück eines Genkorrigierten wartet fast hundert Jahre.

Eine gute Idee braucht weitere konstruktive Gespräche!

Am sechsundzwanzigsten September 2093 stellte ich meinen Logpuk, ein technischer Nachfolger der antiken Laptop- Computer auf den Tisch, um mit Georg unsere Grundideen festzuhalten. Unsere Freundinnen nahmen der Gokk-Lehre entsprechend Abstand zu uns und überließen uns dem „Brainstorming". Sie kümmerten sich um das alles, was der Hauscomputer nicht selbst erledigen konnte, dabei erkannte sich sogar, das Gabriella selbst

Hand anlegte und ein paar Kleinigkeiten abspülte. Scheinbar war Silvana keine reine Gokk-Tochter, aber diese Lehren dürften ihr zusagen!

„Meine Idee ist, nachdem dein Nanoprinter jetzt so schnell arbeiten kann, einen Wafer zu erzeugen, auf dem zirkular strahlende Hornantennen aufgebracht sind. Grundfrequenz erzeugen wir entsprechend deinem Printerprojekt mit gekapselten Fluoratomen, beziehungsweise, wir zapfen deren Frequenz an, arbeiten aber in einem Serialsystem, von immer drei Strahlern, aus denen die Mischfrequenz sich erst in einem gewissen Abstand vom Wafer ergibt. Wieder wiederholen wir die dreistrahlige Anordnung, alles natürlich im Nanobereich, mein Vorschlag wäre, einen Versuchswafer von ca. fünfzehn Zentimeter Durchmesser zu printen, diesen über einen Kondensator zu puffern, mit dem wir eine berechnete Energieladung für eine gewisse Zeitdauer abgeben könnten. Eine Dauerversorgung ist zu Versuchszwecken nicht sinnvoll, sollten sich Nebeneffekte ergeben, dann wäre ein Kondensator ohnehin bald leer. Mit einer Batterie oder einem Hybridkleinkraftwerk könnten wir vielleicht keine rechtzeitige Abschaltung herbeiführen." Georg schaute mich groß an, dann nach einigem Überlegen äußerte er sich dazu: „Du hast wohl die Pläne schon im Kopf, was?" „Nicht ganz, aber ich verstehe was von Strahlung und Nanoprinter ist für mich auch etwas Alltägliches! Die neuen Fakten, die du nanntest, habe ich schon in meinen Gedankengängen implementiert!" Ich gab Befehle an meinen Lokpuk weiter, dieser erzeugte ein Hologrammfeld zwischen Georg und mir und ich gab Details an ihn weiter, bis der Puk einen Nanoschnitt des Plans der Hornantennen sichtbar machte. „Dreierserie, je einmal mit der Eigenschwingung eines gekapselten Fluoratoms, variable Ansteuerung, weitere Dreierserien, theoretisch unendlich ankoppeln, Öffnungswinkel der Hornantennen, vorerst . . ." Ich überlegte und Georg unterbrach mich in meinen Gedankengängen: „Max! ich schlage vor, wir programmieren den Öffnungswinkel mit einer starren Hornhülle, dem Nanostrahler schieben wir ein paar Piezomoleküle unter, so dass sich der Öffnungswinkel variieren lässt, in dem mit Minimalspannung der Strahler per Piezo verschoben werden kann, so ändert sich auch der Strahlungswinkel und die Frequenz kann auch noch geringfügig verändert werden!" „Du bist ein Hund!" Musste ich ihm anerkennend zugestehen. Doch Georg fuhr fort: „Auch um zu verhindern, dass sich irgendein magnetisches oder anders geartetes Rotationsfeld aufbauen könnte, würde ich je einen Serienstrahler linkszirkulierend und dann einen rechtszirkulierend arbeiten lassen. Damit stabilisiert sich der Wafer in sich schon." Ich gab diese Merkmale an meinen Puk weiter und dieser erzeugte eine fantastische Ansicht. Danach befahl ich dem Rechner dieses Grundprogramm für einen Nanoprint umzurechnen und der Puk meldete:

„Fehlerhafte Angaben! Für Nanoprint werden Multilayerangaben benötigt. Waferbasis: Hochreines Aluminium-Inox-Zweischichtsystem, Polymerisolierungen. Wo soll Layertrennung eingesetzt werden?" Klar! Wie soll mein Puk schon wissen, dass es nun einen Nanoprinter gab, der 119 Elemente direkt ansteuern kann! „Theoretisches Treiberupdate für Multielementnanoprinter, Treiber wird später implementiert. Jetzt: Simulationstreiber. Bestätigen!" Mein Puk bestätigte und arbeitete vorzüglich weiter.

Als das Hologramm dann einen Testwafer von fast sechzehn Zentimeter darstellte, einen Polymerscheibenkondensator anlegte und ich „Simulation" befahl, antwortete mein Puk mit: „Sinn und Zweck nicht simulierbar, unzureichende Daten; Mischfrequenz kann Niveau der kosmischen Hintergrundstrahlung erreichen. Keine Daten und Auswirkung dieser hohen Mischfrequenz bekannt!" Eigentlich wollte ich ja auch gar nichts anderes hören! Gäbe es das alles schon, dann wäre es ja auch keine Erfindung!

„Interessant, interessant!" Kommentierte Georgie diese Simulation und den dreidimensionalen Plan. „Wie viele dieser Hornantennen sind denn nun auf diesem Wafer?" Der Puk antwortete direkt: „Sechzehn Milliarden je Serialstart linkszirkulierend, also achtundvierzig Milliarden, dann sechzehn Milliarden je Serialstart rechtszirkulierend, ebenfalls achtundvierzig Milliarden, komplette Testeinheit sechsundneunzig Milliarden. Algorithmisch optimierte Einzelspeisung durch atomare Erregerstraßen, per Überlagerung können die Piezoelemente angesprochen werden." Georg betrachtete diese schon im Hologramm schillernde Scheibe, die einer antiken Compact Disk nicht unähnlich war, als wir die Nanoauflösung zurückfuhren und eine Originalgröße dargestellt bekamen. „He Max! Kopiere diese Daten des Testwafers auf einen Kristallspeicher, den könnte ich vielleicht übermorgen schon printen lassen, wenn ich kurz nach Dresden gehe. Dort beantrage ich auch eine temporäre Versetzung zu euch nach Oberpfaffenhofen, mit einem weiteren neuen Nanoprinter." Ich legte einen Kristallstick an den Logpuk, dieser spielte die ersten Töne der „Unvollendeten", dann waren auch schon über achthundert Terabyte an Daten überspielt und mit unseren beiden Identsiegeln versehen. „Georgie, ich habe schon eine Nachricht an mein Institut durchgegeben, dort wurde unser Vorhaben schon genehmigt!" „Toll! Ich denke, nächste Woche können wir mit den Experimenten starten, zwischenzeitlich kannst du deine Gabriella besser kennenlernen, ich denke, ich nehme Silvana mit nach Dresden!" „Sie gefällt dir wohl sehr, nicht wahr?" „Scheint etwas vom Besten zu sein, was noch frei rumläuft!" „Auch ich denke von meiner Gabriella in dieser Richtung, vor allem beeindruckt mich besonders, dass sie eine überzeugte Gokk-Tochter ist." „Wie wahr!"

Als hätten es die Damen gespürt, dass sich hier etwas zusammenbraut, kamen beide an den Tisch, betrachteten noch das Hologramm, welches mein Puk erzeugte und dreidimensional um drei Achsen kreisen lies. Gabriella umarmte mich von hinten, küsste mich hinter beide Ohrläppchen und meinte scherzhaft: „Ein schönes Schmuckstück habt ihr hier kreiert, ich will auch so eines, ja?" Silvana: „Ich natürlich auch!" Damit wandten wir uns vom Puk ab, nahmen unsere Mädels auf den Schoss und ich spürte, wie die Liebe zu meiner exotischen Schönheit sich in der Brust meldete, ich ein Band der Zusammengehörigkeit spürte. Auch Georgie schien wieder glücklich zu wirken, er hatte einige Beziehungen hinter sich, die wegen seines Berufes oder besser wegen seiner Berufung platzten. Alle seine Frauen hatten eine grundmaterialistische Einstellung, als er oft Nächte durcharbeitete, seine Projekte dies ja verlangten, vergnügten sich seine jeweiligen Freundinnen mit anderen Männern aber mit seiner Kreditvollmacht und hatten nur eine letzte gemeinsame Ausrede: „Der Georg ist mit seiner Arbeit verheiratet!" Zum Glück hatte er aber auch noch keine Kinder, wir Genkorrigierten hatten dafür ja wesentlich länger Zeit zu überlegen.

Also wollten wir bis zur Genehmigung der Fraunhofer-Abteilung von Dresden warten, auf die Rückkehr Georgs und Silvana und auf den ersten Testwafer, den Georg dann schon mitbringen wollte. Die beiden packten nun schon ihre Sachen, mein Kumpel wollte noch in seinem angemieteten Apartment vorbeischauen und eventuell wegen einer Verlängerung des Vertrages anfragen, sollten unsere Forschungsarbeiten zusammengelegt werden können, was ich aber schon als sicher annahm. Arm in Arm verließen Silvana und Georg mein Apartment, nahmen für diesen kurzen Weg zuerst je ein Ringtaxi, welche sich gleich koppelten und an einen weiteren Pulk anhingen, wie Gabriella und ich aus dem Fenster beobachten konnten. Wir beide wollten uns noch ein paar schöne Tage machen, bis die Freunde zurückkommen würden. Ich spekulierte bereits über einen Ehevertrag mit meinem Goldhäschen nach, es könnte dann auch für Georg eine Überraschung sein! Ich bevorzugte eine stille und schnelle Heirat, ohne großen Aufwasch.

„Was meinst du Gabriella," ich nahm mein Mädchen an den Hüften, drehte sie direkt zu mir und sah ihr tief in ihre unendlichen Augen, „machen wir einen Ehetestvertrag oder willst du es gleich mal fünf Jahre mit mir versuchen?" Sie öffnete den Mund, strahlte mit den Augen, hielt die Luft an, dann sprang sie mich direkt an und verschränkte die Beine auf meinem Rücken. Dabei umarmte sie mich auch mit den Armen so fest, dass ich fast keine Luft mehr bekam. „Auf einen Mann wie dich habe ich mein Leben lang gewartet, ich werde dir eine gute Frau sein, ja ich werde dich in deinem

Wirken so unterstützen, wie ich es in meinen Gokk-Lehren angenommen habe. Wir beide werden durch das Universum schweben, mein lieber Maxi!"

Bei diesem Ausspruch wusste sie sicher noch nicht, wie wirklich diese Vision wohl werden konnte!

Schöne Tage hatten wir also erlebt und ich war mir so sicher, mit dieser Frau zusammenleben zu wollen, dass wir sofort am Montag den 28.09 2093 zum Vermählungsnotar gingen und unsere Ehe für fünf Jahre deklarierten. Gabriella gab sich überglücklich und ihre Art bewies mir, dass sie es doch sehr ehrlich meinte. Ich hatte so eine Frau gesucht wie sie es war und sie wollte ihren Aussagen entsprechend einen Mann, den sie zur `Entfaltung´ bringen konnte. Das wäre das Ziel und Sinn ihrer Existenz, so zitierte sie die Grundstrukturen der Gokk-Lehren. Unsere Liebe wurde immer intensiver in den nächsten Tagen. Wir holten noch ihre Utensilien aus dem Wohnkubus ihrer Eltern. Tatsächlich! Sie wohnte bislang noch zuhause! Gabriella war fast siebenundzwanzig Jahre alt und hatte erst eine registrierte Vorehe, allerdings nur mit einer Vertragsdauer von zwei Jahren und ohne gemeinsames Apartment mit dem Vertragsgatten. Ich erklärte ihr aber ganz genau, dass es für mich keine getrennten Wohnverhältnisse geben würde!

Wenn ich eine Frau liebe, dann möchte ich auch meine Freizeit mit ihr teilen wollen und sie gab mir nur zur Antwort, dass ihre Vorehe sie nicht erfüllte, sie nur aus diesem Grund mehr und mehr zu den Gokk-Statuten wechselte. Wenn sie mich in meinem Forscherdrang stärken wollte, konnte mir das nur gut tun.
Am Mittwoch meldete sich Georg über das IEP! Er teilte mir mit, dass er morgen, also am Donnerstag den 01.10.2093 wieder in München sein würde und dass die Chefs der Dresdner Niederlassung des Fraunhofer Instituts mit dem DLR bezüglich unserer Pläne erwartungsgemäß kooperieren wollten. Eine komplette Basisausstattung für einen weiteren Nanoprinter dieser neuen Generation war sozusagen auch schon unterwegs, wir hätten nur einen Vorvertrag zu unterzeichnen, welcher ein Patentsplitting vorsah, sollte unser Projekt zu einem Erfolg führen. Das Patent des neuen, ultraschnellen Nanoprinters hatte das Fraunhofer Institut bereits inne.

2. Kapitel
Kleine Experimente mit unabsehbaren, weltverändernden Wirkungen

Georg und ich bezogen eine alte Halle in Oberpfaffenhofen, die uns für unsere Experimente zur Verfügung gestellt wurde. Wir als Genkorrigierte hatten ohnehin schon mehr Befugnisse, da auch mehr von uns erwartet wurde. Die Container aus Dresden waren bereits angekommen und wurden von selbst steuernden Entlademaschinen geleert und die Einzelheiten in die Halle gebracht. Dabei konnten die Maschinen, eigentlich schon fast Roboter, die Einheiten schon nach einem Vorplan aufstellen, die Endmontage wollte aber Georg selbst mit seinem Assistenzroboter, der schon beim Zusammenbau seines `neuen´ Nanoprinters dabei war, machen. Nachdem aber das Energielabor bereits stand, Georg mir den Wafer zeigte, den er in Dresden bereits printen ließ, fühlte ich die Hitzewallungen eines ungeduldigen Forschers, der es nicht mehr erwarten konnte, bis sein Kind laufen konnte! „Langsam, Maxl! Wie sagst du immer? Vom Hudeln kommen die kleinen Taugenichtse. Wir stellen ein Floatdiagramm auf und legen uns damit einen Zeitplan zurecht. Erster Wafertest frühestens morgen Nachmittag, ich will die Sicherheitseinrichtungen zuerst installiert wissen! Wir werden ja schließlich Frequenzen erzeugen und hochmischen, die noch nie auf diesem Planeten strahlten, klar?" „Klar, Georgie, ich weiß ja. Übrigens, Gabriella und ich haben einen Ehevertrag geschlossen. Dieses Mädchen wollte ich einfach an mich binden, sie tut mir seelisch so gut, auch ihre anderen Künste sind Balsam für einen Mann!" „Soso! Naja, ich wollte es dir später sagen, aber Silvana und ich waren am Montag beim Vermählungsnotar in Dresden und hatten einen Fünfjahresvertrag geschlossen. So wie ich dich kenne, hast du nur einen vorsichtigen Zweijahresvertrag, nicht wahr?" „Irrtum mein Freund! Auch fünf Jahre und auch am Montag geschlossen!" „Donnerwetter!" „Wenn wir hier das Tor zusperren, treffen wir uns dann heute Abend wieder bei mir, ich möchte deiner Silvana auch gratulieren!" Georgie grinste breit: „Ich möchte auch deiner Gabriella gratulieren, ich konnte den Vertrag mit meiner Wohnung hier verlängern! Warum gehen wir nicht zu mir?" „Du hast ja nichts zuhause und bis dein Hauscomputer sich auf deine Gewohnheiten einstellt und Sachen kommen lässt, derweil haben wir unsere Damen bei mir schon wieder mehrfach verwöhnt. Bereite alles für nächste Woche mal vor, dann kommen wir bei dir zusammen." „Gut, aber die Abendessen und Weine wollen wir heute mal wieder persönlich einkaufen, in einem Lifeshopping-Center, Abbuchung erfolgt dann aber auf meinen Kontochip. Alles klar, mein Lieber?" „Klar und einverstanden!" Als wir am Abend soweit fertig waren, der Nanoprinter schon zu etwa dreißig Prozent verkabelt war, die

Stickstoffkühlung bereits lief und das Tritium kurz vor der Elekrolytanreicherung stand, übergaben wir nur noch unseren Experimentalwafer an den Sicherheitsroboter, ein Zweckgerät mit fünf Rollen, Hochenergielaser als Waffen und Rundumkameras, um Spione sofort auszumachen. Dieser fuhr damit sofort bis in die Mitte der Halle und stellte seine Systeme auf Alarmbereitschaft. Damit würde er sich auch über IEP melden, sollte etwas vorfallen, doch auch das DLR stellte teils menschliche Wachmannschaften in der Außenanlage ab. Scheinbar wurde unserer Idee doch eine Erfolgschance zugesprochen!

Anschließend fuhren wir mit meinem alten Induktions-Audi zum Lifemarkt. Ich selber wollte meinen Wagen steuern, schaltete die Selbststeuerung ab und die beiden vorderen Sitze drehten sich zu diesem Zweck in Fahrtrichtung. Normalerweise konnten die vier möglichen Insassen sich gegenübersetzen und über den Bordtischrechner Spiele machen oder auch etwas essen und trinken, aber ich bin eben auch noch ein bisschen konservativ! Ich wollte den Steuerknüppel des Vehikels selbst in der Hand halten; Die Sicherheitsprogramme würden ohnehin einschreiten, sollte eine Gefahr entstehen.

Wir holten Weine, die der Hauscomputer nie bestellen könnte, da es sich um unregistrierte Einzelposten handelte, bestellten noch eine Fleischplatte mit Dipsaucen und echten griechischen Oliven für vier Personen, Hydrokultsalate, aber alles reichlich bemessen, etwas Schokolade, acht selbst mixende Cocktailpuffer für Caipirinha, dann rollte mein Oldtimer vor mein Haus in Gronsdorf ein. Eine Warenserverplatte schob sich aus der Gartenmauer, die die Einkäufe in Empfang nahm und wir gingen in das Haus während sich mein alter Audi in die Garage fuhr und an das Checksystem koppelte; Dabei wurden auch die Brennstoffzellen geladen und über ein Impulssystem regeneriert.

Silvana war bereits vorher eingetroffen und wir wurden von unseren Frauen stürmisch begrüßt, beide in augenweidlichen Cocktailkleidern, die kaum etwas verbergen konnten. Gabriella wurde von Tag zu Tag schöner und ich spürte ein regelrechtes Knistern, wenn ich mich ihr näherte und sie mich heiß umarmte, überschwänglich küsste. „Wie war dein Tag, Liebster? Hatte dich mein Liebe begleitet und dich beflügelt?" „Die Energie, die du mir vermittelst, würde reichen, ganz München für eine Nacht zu beleuchten" lachte ich und erwiderte ihre Liebkosung. Wir setzten uns auf die überdachte Terrasse und der Server brachte die angeheizte Platte mit den kostbaren Fleischdelikatessen, dazu den Wein, der noch echt gekorkt war. Es war merklich kühler geworden, nur noch achtundzwanzig Grad zeigte die Holoeinheit, von Henry gesteuert, an. Das war der kälteste Oktoberbeginn seit über dreißig Jahren! Der schockgekühlte Wein prickelte auf der Zunge, das Fleisch schmeckte vorzüglich und nach diesem Mahl stellten wir erst einmal die Cocktailpuffer auf, wir rissen die Aktivierungslaschen ab und konnten zusehen, wie diese Caipirinhas entstanden, dabei lösten sich je eine CO_2-Kapsel, die eine Vereisung einleitete, so dass Crasheis im Behälter entstand. Synthetische Limettenstücke entstanden aus dem Becherboden und der Zuckerrohrschnaps sollte laut Hersteller ein Original sein! Teleskopstrohhalme schoben sich aus dem Deckel, als des „Ready"-Emblem erschien. Gabriella war begeistert! Auch in ihrer argentinischen Heimat war Caipirinha bekannt. Silvana betrachtete erst einmal die Angelegenheit mit sehr skeptischen Augen, doch als sie zu nippen begann, fand sie schon Geschmack an dieser Spezialität. Später setzen wir uns noch in mein Wohnzimmer und schalteten Nachrichten auf den zentralen Hologrammprojektor.

Georg und ich waren schockiert, als vom Absturz der Marscontainer berichtet wurde!

„. . . Überleben der Menschen in der Marsbasis nicht mehr gesichert, da das Containerschiff ungebremst in der Marspolargegend einschlug. Ein Rückschlag für die friedliche Raumfahrt scheint sich anzubahnen, es wird bereits ein Notfallevakuierungsplan erarbeitet, doch ob die auf dem Mars befindlichen Lebensmittel noch solange ausreichen, ist ebenfalls fraglich. Es wird auch geprüft, ob sich aus den bereits auf dem roten Planeten gezogenen Blaualgen Nahrungsmittel herstellen lassen, die für die Marsianer, wie die Raumfahrer dort schon genannt werden, genießbar sein könnten, zumindest für die Zeit, bis die nächsten Container dort eintreffen könnten. Das wären aber mindestens sieben Monate, die zu überbrücken wären. Washington: US-Präsident Floyd gibt den Umweltbericht öffentlich bekannt! Damit hätten die Vereinigten Staaten sich das zweite Jahr hintereinander an die auferlegten Richtlinien gehalten so betonte er. Zur Marssituation möchte sich der Präsident erst nach einer Beratung mit Vorständen der National Space Alliance äußern. Teheran: Religiöse Untergrundkämpfer fordern die Wiedereinführung der Gottesstaatlichkeit und drohen mit Anschlägen unter Anwendung von so genannten „schmutzigen Bomben". Die Gemeinschaftsregierung von Iran und Irak verweist auf die langen Jahre des Friedens, seit ein neutrales Ethik-Edukationsprogramm diese Regionen zu Wohlstand und weltlicher Anerkennung verholfen hatte, sie drohen mit der Anforderung einer internationalen Antiterrortruppe. Paris: Der Eiffelturm sollte in den nächsten Jahren stückweise mit in sich gerichteten Polymerkunststoffelementen mit molekularverstärktem Aluminiumüberzug ersetzt werden, die Korrosion . . . „

Georg sah mich mit offenem Mund und sichtlich entsetzt an: „Was hast du denn wieder für einen Schrott produziert, dass diese Container auf den Mars stürzten?" „Da kann ich wahrscheinlich nicht viel dafür! Du weißt ja, unsere Steuerungen und Antriebe gehen zuerst nach China, die Chinesen versuchen dann wieder alles zu zerlegen, alles zu erforschen und nachzubauen, im Anschluß darf erst so ein Ding die Erde verlassen!" „Können wir das beweisen?" „Wenn wir die Trümmer auf dem Mars suchen! Dazu müssten wir aber erst einmal dorthin! Vielleicht steht dann auch schon `Made in China´ drauf, statt der Plakette unseres Instituts! Außerdem könnte es auch ein Softwarefehler sein, dann darfst du mal bei euch nachfragen!"
Georg sichtlich etwas geknickt. Weniger weil Teile davon vom DLR kommen, aber auch, da Programmierer seines Instituts mitbeteiligt waren. Die Zusammenarbeit unserer Institutionen war in den letzten Jahrzehnten eben dadurch so gestärkt, da die Steuersoftware der Triebwerke und Software für Brennoptimierung von den Fraunhofern kam. Er lehnte sich an die Schulter seiner Frau und starrte gedankenverloren, sicher auch unbeabsichtigt, in ihren reizenden Ausschnitt. Silvana war die erste, die diese Situation mit einem Scherz retten wollte: „Dir gefällt doch mein Busen, oder hast du was Neues entdeckt?" Georgie merkte erst jetzt, wohin er starrte und erwiderte: „Ich habe meine optischen Einheiten auf die Fokussierung von siebzig bis achtzig Zentimeter weiter eingestellt!" Silvana lachte und Gabriella und ich mussten uns dann dem anschließen. Silvana flüsterte noch zu ihrem Georg: „Später, wenn die ersten wohligen Töne aus dem Schlafzimmer deines Freundes kommen, dann kannst du auch loslegen, ja?"
Doch hatte uns die Nachricht mit dem Containerabsturz richtig geschockt! Da gibt es sicher auch viel Zündstoff für unser DLR, viele Teile wurden dort entwickelt und wir werden erst einmal abwarten müssen, wie die Schuldzuweisungen ausfallen werden.
Aus der Vorstandetage des DLR kam schon eine E-Mail, die der Logpuk sofort öffnete, da es mit einem Dringlichkeitsvermerk behangen war. Der Puk zeigte den Schrieb holografisch, ließ sofort printen und las auch vor, da sein Sensor bemerkt hatte, dass ich der Nachricht aufgeschlossen war: „Herr Rudolph, wir bitten Sie um Simulationslauf der Triebwerksdaten des Marscontainer USVC-343, Modellgruppe A, Start vom 27.02.2093. Die Chinesen weisen auf eine Explosion während der Stützmasseneinspritzung in die Bremsraketen hin. Sollten wir nicht beweisen können, dass unsere Triebwerke in Ordnung waren, will Peking uns regresspflichtig machen! Dringlichkeit: Alpha-Order." Schon öffnete sich eine Holoprojektion über dem Logpuk Georgies, auch er wurde aufgefordert, die Softwarekopie durchzuchecken, mit dessen Original der Container versehen war, derselbe

Zweck. Georg koppelte seinen Lokpuk mit dem Institutsrechner, sprach seine Passwörter und schaute in den Eyescanner, also die Irisabtastung und schon hatte er den gewünschten Kontakt; Er rief ebenfalls per Alpha-Order die Softwarekopie auf und startete knapp eineinhalb Millionen Simulationsläufe unter verschiedenen Bedingungen. Sein Logpuk spuckte das Ergebnis schon nach gut vier Minuten aus: „Siebenunddreißig Prozent der Simulationen ergaben abweichende Werte, jedoch keine in derart drastischer Form, dass das Nennziel nicht hätte erreicht werden können. Software mit Fuzzy-Logik-Anteil, die immer rechtzeitig Reparaturcodes einschleuste um das Nennziel innerhalb vertretbarer Parameter und Reserven zu erreichen." Auch ich hatte mein Simulationsprogramm laufen, was etwas umfangreicher erschien, da auch die Molekularstruktur der Bauteile einprogrammiert war, doch nach einer guten halben Stunde stand auch meine Diagnose fest. Die Möglichkeit eines Versagens einer unserer Antriebseinheiten während des Vakuumfluges lag bei gerundet zwölf hoch minus acht Prozent. Also unvorstellbar! Da unsere Logpuks nun ohnehin nebeneinander auf dem Tisch standen, schalteten wir noch ein gemeinsames Simulationsprogramm von Hard- und Softwaredaten. Wieder wurden eineinhalb Millionen Simulationen gefahren, dann ließen wir eine Verbindung mit der Großrechenanlage von Dresden stehen und die Simulationen auswerten. Die zusammengeschalteten Puks teilten die Ergebnisse aus Dresden mit: „Wahrscheinlichkeit einer Manipulation der Triebwerke, gerundet 98 Prozent, Wahrscheinlichkeit einer Sabotage gerundet zwei Prozent!" Dieses Ergebnis und alle Simulationsergebnisse gaben wir nun an die Vorstandsabteilungen unserer Institute weiter. Die Logpuks fuhren ihre Hologramme zurück und gingen in den Standby-Modus. Logpuks schalteten nie mehr komplett ab!
Gabriella erkannte meinen angeknacksten Zustand und sie versuchte mich wieder aufzubauen, was sie auch fertig brachte. „Los! Gehen wir in dein tolles Gelbett, ich möchte dich bei leiser `Schehezarade´ aus unserer Audioanlage vernaschen." Ich folgte nur zu gerne ihrer Aufforderung. Auch Silvana und Georg waren in das Gästezimmer unterwegs, ließen sich noch eine Flasche Sekt aus dem Kühlserver übergeben. Nachdem sich die Schlafzimmertüre fast lautlos schloss, befahl Gabriella `Henry´: „Simulation Schehezerade auch transparent-visuell, lange Version, Untermalung mit Meeresrauschen, Ventilation auf Strandböen einstellen, Temperatur auf knapp arabisches Niveau, Duftnotenkomposition salzig und Jasmin!" Das war das Leben meiner Gabriella! Flugs nahm sie einen Schleier vor ihr Gesicht, lachte lauthals, gab mit einen Schubs, dass ich rücklings in das Gelbett stolperte. Ich zog meinen Hausanzug aus und sie tanzte zwischen den arabischen Bauchtänzerinnen, die allerdings

transparent hologrammtechnisch dargestellt wurden, dabei stellte sie meinen Sternenhimmel immer dunkler, bis sie selbst wieder golden wirkte. Ihre Einstellungen hatten den Effekt, dass nur Gabriella als realer Bezugspunkt erschien. Schlau, dieses Mädchen! Damit wollte sie sich mir als die Einzige darstellen! Ein paar dieser simulierten `Strandböen´ umwehten mich, der Duft von salziger Luft und Jasminblüten verwöhnten mein Nase, Meeresrauschen lag im Hintergrund und eine hohe Frauenstimme sang leise von der Prinzessin aus dem Morgenland. Gabriella entblößte mehr und mehr ihren Körper, bis sie sich dem Bett näherte und begann, mit ihrer Zunge von meinem linken Fuß beginnend langsam über das Bein, links über mein Becken, dann über die Brust und Kinn zur Nase fuhr. Sie setzte sich wieder auf mich, schleuderte ihren Kopf mit einem Ruck zurück, ihre Haare schimmerten wie Goldfäden, die dann auf mein Gesicht fielen, als sie ihre Zunge zuerst in mein linkes, dann in mein rechtes Ohr bohrte. Sie kicherte laut und fragte mit der süßesten Stimme, die ich je gehört hatte: „Kommt deine Seele wieder auf deinen sonstigen Level? Bin ich dein Ereignis? Gefalle ich dir? Liebst du mich?" Dabei drehte sie ihren Oberkörper an meiner Brust, so dass ich ihren festen Busen zu spüren bekam. Ich konnte nur noch unromantisch antworten: „Zu eins: Ja; Zu zwei auch ja; Zu drei ebenfalls ja und zu vier: Hundertprozentig! Du bist meine Idealergänzung!"

Sie hatte auch Sekt gebunkert, holte wie mit Zauberhand ein halbvolles Glas hervor, in das sie noch einen süßen Kirschlikör zugegeben hatte, so trank sie von dem Glas und ließ absichtlich daneben laufen. Ein Teil der sprudelnden Flüssigkeit lief ihr über die Brüste, der andere Teil tropfte direkt auf meine Brust, schon machte sie sich daran, das `Malheur´ mit Zunge und Lippen wieder zu beseitigen. `Schehezerade´ und Gabriella, eine fast unendlich lange Aufführung, die ich unbedingt öfters erleben muss!

Als ich erwachte, lag Gabriella wie mittlerweile immer, nur mit einem `Fastnichts´ bedeckt, neben mir. Ich musste sie immer mehr bewundern, sie verstand es, Gelerntes nach Gokk auch entsprechend anzuwenden. Ich fühlte mich nun wie ein überladener Akku, hatte Energie und Tatendrang; Schon fürchtete den Tag, an dem unser Ehevertrag ablaufen würde und wenn ich eine Verlängerung vorschlüge, so sie verneinen könnte!
Dann würde ich lieber in ein Black Hole fallen.
Ich sprang aus dem Bett, noch immer war leichter Jasminduft in der Luft, die Temperatur lag aber wieder auf Normalwert. Fröhlich pfeifend trat ich in die Hygienezelle ein, ließ mich von einem Ultraschallzerstäuber einweichen, mit Flüssigseife besprühen, dann mit Hochdruckdüsen heiß und kalt wechselnd massieren, während mir die Haare, von Henry gesteuert,

gewaschen wurden. Der Ganzkörpertrockner trat seinen Dienst an und als ich die Zelle verließ stand Gabriella textilfrei und wartend vor mir, umarmte mich, küsste mich auf die Nasenspitze und flüsterte mir zu: „Ich liebe dich, mein Scheich!" Dann entschwand sie aus meinen Armen auch in die Hygienezelle. Ich sah ihr hinterher, ihr fast nahtlos brauner Körper war eine Augenweide. Auch sie wusch sich mit demselben Programm, welches ich nutzte! Sie wollte sich nach den Lehren des Gokk die möglichst gleichen Gewohnheiten wie ihr Lebensgefährte annehmen! Aber dezent! Wie gesagt: Ich fühlte mich wie ein vollgeladener Akku, mit einer Frau wie meiner frisch Angetrauten würde ich noch große Taten vollbringen können.

Im Wohnzimmer traf ich bereits auf Silvana und Georg, auch beide glücklich lächelnd und Georg meinte alsbald: „Heute wollen wir einmal sehen, ob wir mit deinem Testwafer etwas leichter machen können!" „Ich fühle mich ohnehin schon leichter, Georgie!" „Haha! Ich auch mein Lieber! Scheinbar hat uns das Schicksal zwei Energiebomben zukommen lassen, die uns immer wieder aufladen. Wenn die gekapselten Fluoratome nicht als Frequenzgeber funktionieren, dann schließen wir mal deine Gabriella an!" „Wo wollt ihr mich anschließen?" Gabriella schaute durch den Türspalt, gespielt entsetzt. „An den nächsten Marscontainer als Energiezelle", scherzte ich und Gabriella tat weiter entsetzt, „dann wäre ich ja mindestens vierzehn Monate von dir weg, würdest du das überhaupt aushalten? Und ich, ich erwähne es nur ausnahmsweise, da ich nach Gokk eigentlich meine Belange zurückstellen sollte, aber ich bekenne, auch meinen Spaß in deinem System zu haben!" Schnell sagte ich zu meiner Frau: „Wenn du eine Energiezelle an einem Marscontainer wärst, dann würde ich mich als Antriebseinheit anbauen lassen!" „Oh!" Meinte Gabriella nur, „dann würden wir mit Sicherheit am Mars vorbeischießen und irgendwo im interstellaren Leerraum stranden!" „Besser als auf dem Mars zu zerschellen!" Spielte Georgie auf die Nachrichten von gestern an. Alle vier verließen wir das Haus, nahmen die Frauen in meinem Audi mit, ich schaltete aber diesmal die Steuerautomatik ein und so konnten wir noch einmal in der Runde zusammensein. Gabriella und Silvana wollten einen Ausflug in den Nationalpark machen, ich gab dem Computer meines Audis die Freigabe, loggte ihren Identchip ein und die Damen versprachen, uns am Abend vor unserer Experimentierhalle in Oberpfaffenhofen wieder abzuholen. Nur Silvana hatte ein IEP, was ja Georgies Spezialität war. Ich bat ihn, doch für Gabriella auch eines zu besorgen, was er mir zusagte. Eines der neuesten Pseudotelepathischen. Auch wollte er Meines ebenfalls erneuern und updaten.

Um zwei Uhr Nachmittag war der Nanoprinter einsatzfertig! Das Energielabor schalteten wir noch auf Autarkversorgung, dann gingen wir daran, Versuchsaufbauten für den Wafertest zusammenzusetzen. Es galt auch, Gewichtskontrollen und Frequenzspektrometer einzuschalten, denn sollte sich eine Materieresonanzstrahlung entwickeln wollen, die wirklich eine Gewichtsreduktion oder –aufhebung auslösen sollte, dann müssten wir ja alles belegen können. Auch eine Hochgeschwindigkeitskamera wurde von uns installiert. Nun übernahmen wir noch vom Sicherheitsroboter den Versuchswafer, den Georg in Dresden fertigen ließ und legten diesen auf einen Makrolonisolator, mit der Hornantennenseite nach unten, darauf einen simplen Holzzylinder von einem Kilo Gewicht. Dieser Holzzylinder hatte fünfzehn Zentimeter Durchmesser, war damit etwas kleiner als unser Versuchswafer. Dieser gesamte Versuchsaufbau befand sich auf einer Hochlastwaage, die extrem genau wiegen konnte, aber auch ein Gewicht von etwas über zweihundert Tonnen aushalten konnte. Wir hatten nun mal keine andere Waage, doch wollten wir Materie ja nur leichter und nicht schwerer machen!

„Einzelserialkreise über Kondensator gekoppelt, Aktivierung der Kondensatorladung erfolgt fernbedienbar, Frequenzanpassung über die Piezos per Überlagerungsfrequenz auf Speiseleitungen", Georg blickte mich aus großen Augen an. Ich nahm die Feinregler für die Frequenzanpassung zwischen die Finger, dann wollte ich aber erst einmal den Fluoratomen eine Erregerspannung zukommen lassen. Diese mussten auch in der Kapselung frei schweben können um Eigenfrequenz abzugeben, Solange diese sozusagen `an der Wand´ anliegen, war auch die Frequenz im Keller. Der Frequenzspektrometer wurde mit meinem Logpuk gekoppelt, der mir dann die aktuellen Frequenzen durchgab, damit ich nicht vom Wafer wegblicken musste. Langsam drehte ich am Potentiometer und mein Logpuk begann erst bei fünfhundert Gigahertz an zu zählen. „Eins Komma eins Terahertz, Zwei Komma vier Terahertz, sechzehn Terahertz, zweiunddreißig Terahertz, Achtung! Der noch messbare Bereich von achtundvierzig Terahertz wurde verlassen! Sie befinden sich im absoluten Experimentalstadium! Spiegelfrequenzprodukte im ungefährlichen Strahlungsbereich."

Langsam baute sich ein Strahlungsfeld `unter´ dem Wafer auf, auf dem das Ein-Kilo-Holzstück stand, welches durch den Makrolonisolator gut zu erkennen war. „Jetzt müsste sich aber langsam was tun!" Meinte ich zu meinem Freund und Experimentalpartner! „Sicher, dein Wafer wird langsam verbrennen! Zünde dir noch schnell eine Zigarre an, bevor er sich verabschiedet!" Ich hantierte noch etwas an der Piezofokussierung, man konnte eine leichte Farbverschiebung erkennen, die die Spektralfarben zu

einem Weiß vereinte. Leichte schillernde Ränder waren noch vorhanden, plötzlich knackste unsere Präzisionswaage! Diese hatte ich doch glatt völlig vergessen, sie war ja auch so programmiert, dass sie Alarm geben sollte, wenn unser Versuchsaufbau `leichter´ werden sollte! Noch hatte ich den Piezoregulator in der Hand und wollte noch etwas feiner drehen, als es einen dumpfen Schlag gab!
Der Wafer und das Holzstück waren verschwunden, die Waage gebrochen! Ich sah mir das Unheil an, auch Georg traute seinen Augen kaum!
Der Wafer war durch die Waage gebrochen.
„Daten!" Schrie ich den Überwachungsrechner an, der auch die Waage zu überwachen hatte.
„Gewichtsmessungen: Fertiger Versuchsaufbau: Makrolonisolator 270 Gramm, Experimentalwafer: 310 Gramm, Versuchsgewicht: 1002 Gramm. Verringerung der Schwerkraft war nicht feststellbar!" „Klar du Depp von Computer! Kann ja nichts verringern, wenn es schwerer geworden war! Endgewicht vor Kollaps! Spucke es aus!"
Der Rechner antwortete: „Letzte Gewichtsmessung zweihundertzwölf Tonnen; Geeichter Messbereich lediglich bis zweihundert Tonnen, momentanes Gewicht: Minus 420 Gramm!" „Logisch, wenn keine Waage mehr da ist du Computertrottel, auch die Wiegefläche fehlt, die hat 420 Gramm!"
Wir standen vor der zerbrochenen Waage und wussten im ersten Moment nicht so recht, was nun eigentlich geschehen war! Wir wollten der Schwerkraft entgegenwirken, nun hatten wir es aber fertig gebracht, alles schwerer zu machen! Aber scheinbar um ein Mehrtausendfaches! Georg sinnierte nun: „Bevor wir erneut weiter experimentieren, müssen wir erst einmal sehen und berechnen, was hier eigentlich passiert ist! Schau Max! Die Waage ist samt Makrolonisolator, Wafer und dem Holzgewicht eingebrochen, das Material zog es noch durch unseren Tisch und da haben wir nun auch noch ein Loch im Boden!"
Tatsächlich! Wir schoben den schweren Experimentaltisch zur Seite und es präsentierte sich ein rundes Loch im Fußboden! Kaum ein Stäubchen war zu sehen, lediglich, dass dieses Loch aber etwas kleiner als der Wafer sein musste! „Da brat mir einer einen Elch!" Georgie holte ein Metermaß aus seinem Laborkittel und vermaß das Loch im Tisch und dann das im Fußboden. „Tischloch fast fünfzehn Zentimeter! Bodenloch nur noch zwölf Zentimeter! Reicht noch für eine Toilettenspülung!" „Und wo ist der Wafer?" Wollte ich wissen. „Vielleicht im Waferhimmel?" „Nach unten soll doch die Hölle sein, oder?" „Ja, aber nach 6700 Kilometer geht´s ja wieder aufwärts!" Ich sah den Freund an und dieser mich. Dann meinte ich zu ihm: „Also alter Kumpel; Wir haben etwas entdeckt, wir haben etwas

erfunden, das steht fest! Aber was und für was man es gebrauchen kann, dass wissen wir noch nicht!" „Klar wissen wir es! Städtische Abwasserwerke! Kanalbau bis zum Erdinnern oder darüber hinaus! Wir können unsere Toiletten bis Australien und Neuseeland durchspülen! Die freuen sich sicher, wenn . . ." „. . . wir unsere Eheringe beim Spülen verloren haben und da drüben klimpern sie wieder an die Oberfläche, ich schlage vor, wir machen dann erst eine Probespülung, damit die Aussies nicht so schwer enttäuscht sind, wenn einmal eine deiner Einlagen ankommt, aber nun mal Scherz beiseite, das Loch im Boden war ja schon kleiner! Also müssen wir davon ausgehen, dass hier etwas in Proportion steht, aber was? Durchmesser zu X proportional!" „Eher Durchmesser zu X entgegengesetzt proportional!"

Ich sah mir die Bescherung noch einmal genau an, dann forderte ich den Georg auf: „Wir brauchen einen weiteren Wafer! Oder besser zwei! Wir müssen an dieser Stelle weiterexperimentieren; Sehen wir uns mal die Hochgeschwindigkeitsaufnahmen einmal an!" „Das war deine beste Idee seit der Toilettenspülung!" Grinste Georgie breit und wieder etwas gefasster. Ich schaltete den Holoprojektor an, befahl dem Experimentalcomputer, die Aufnahmen in zehn-Frame-Geschwindigkeit abzuspielen. Wir konnten deutlich das Farbspektrum, welches sich unter dem Wafer bildete, erkennen, dann verlagerte sich das schwache Leuchten in ein klares Weiß, nur an den Rändern waren noch irisierende Fluktuationen zu sehen. Das war als ich den Poti nachregelte, dann aber, von einem Frame zum anderen war der Versuchsaufbau verschwunden! Die Hochleistungswaage hatte sich zu Hitec-Schrott verwandelt! Nochmal ließen wir die Aufzeichnung laufen. Ein Frame pro Sekunde. Gleiches Ergebnis! Weg!

„Wie gesagt! Wir haben etwas entdeckt. Aber was?" „Wir haben uns die ganze Schuld des Universums auf unsere Schultern geladen." Sinnierte Georgie so vor sich hin. „Schuld des Universums? Hmmh. Gewicht des Universums? Georgie! Ich glaube, du bist ein Genie!" „Weiß ich doch, doch weiß ich wieder nicht warum!" „Ich glaube wir müssen anders herum spekulieren, schließlich funktionierte unser Experiment ja auch anders herum, als wir wollten!" „Ich weiß nicht recht; Was soll da anders herum funktionieren?" „Auch das weiß ich noch nicht. Aber ich bin sicher, wir werden das schon noch herausfinden! Lass deinen Printer noch zwei weitere Wafer machen, ja? Morgen geht's dann weiter! Ich will morgen einen anderen Versuchsaufbau wagen, dazu möchte ich aber erst einmal feminine Energie auftanken!" „Ferkel!" „Ach, Georgie! Auch dir würde ich das empfehlen, dann ist der Kopf wieder klar und . . ." Georgie unterbrach mich: „Ferkel ist ja auch Plural; Also werde ich auch tanken, ja?" „Holen

wir wieder einen guten Tropfen? Ich mag es, wenn meine Gabriella leicht beschwipst ist!" „Haha! Schon klar, alter Erdlochwaferbohrer. Machen wir doch glatt!" Georgie koppelte den Speicherkristall mit den Testwaferdaten an den Nanoprinter und gab per Sprachsteuerung den Befehl, zwei Ausgaben davon zu erzeugen. Sofort begann der Printer mit seiner Arbeit. Ich sah fasziniert zu, als dieser mit einer wahnwitzigen Geschwindigkeit die dann doch aber langwierige Produktion begann. Dabei legte er bereits zwei Grundwafer auf einem supraleitenden tiefstgekühltem Boden an, welcher nach den ersten Schichten nichtleitend würde. Dem Sicherheitsrobot gaben wir noch die Alarmcodes und schon verließen wir die Halle. Mit einem Dienstfahrzeug des DLR konnten wir über einen Livemarkt, zum Weinkauf, nach Hause fahren. Georgie wollte, dass wir uns aber heute bei ihm treffen, so informierten wir unsere Frauen, dass diese, als wir in Gronsdorf ankamen, bereits fertig vor der Tür standen, sie uns also nicht hier abholen mussten. Kaum zwanzig Minuten später befanden wir uns im Apartment meines Kumpels. Gabriella schaute nicht so glücklich aus der Wäsche, aber sie fand sich damit ab. Sie war, wie ich bereits feststellen konnte, ein sehr häuslicher Typ! Da sie sich an mein Apartment schon gewöhnt hatte, wollte sie auch nicht bei Georg bleiben. Doch sie fügte sich.
Allerdings konnten wir an der Kleidung unserer Damen feststellen, dass deren Ausflug nicht nur ausschließlich zum Nationalpark erfolgt war! „Wo ward ihr denn, ihr zwei Grazien!" Georgie wollte diesbezüglich etwas nachhaken. Silvana antwortete stellvertretend auch für Gabriella: „Vom Nationalpark ließen wir uns nach Passau bringen! Die Flussfreilegung ist aber toll gelungen, dort! Passau reicht ja schon fast bis Deggendorf! Gigantisch! Im Stadtteil Iggensbach haben wir eine tolle Boutique gefunden, dort schlugen wir dann etwas zu, bezahlten aber nur von unserem Verdienst des Oktoberfests!" Gabriella nickte nur, sah mich von unten, treu wie ein Pudel an, bis ich lächelte, dann meinte ich zu ihr: „Du kannst ja laut unserem Ehevertrag auch vom gemeinsamen Konto einkaufen!" „Liebster! Ich will nur nicht, dass dich meine Einkäufe unglücklich machen, darum habe ich aber auch etwas für dich gekauft! In Iggensbach war ein Flohmarkt; In solchen Märkten stöbere ich sehr gerne." Sie sprach es und holte ein Päckchen aus ihrem Rücken hervor. Ich nahm es an mich, sah in den Augenwinkeln, wie Silvana auch dem Georg etwas überreichte, dann öffnete ich dieses kleine Schächtelchen. Eine antike Compact Disk kam zum Vorschein! Gabriella wusste, dass ich solche Altertümer sammelte! Die Hülle war etwas verkratzt, doch die CD schien in Ordnung zu sein. „Kann dein Logpuk diese Dinger abspielen?" Fragte ich meinen Kumpel, der auch eine solche CD bekommen hatte. „Klar! Er simuliert einen Player, ich brauche die CD nur auf den Tisch zu legen, dann tastet der Puk mit einem

Laserscan sie ab; Rolling Stones, Max! Heavy Horses; Das waren noch Zeiten, was?" „Ich glaube, Gabriella kennt mich besser als ich mich selbst! Schau mal: *Klaatu!* Die Ausgabe: *Hope!* Mit dem Song: `Around the Universe in eighty Days´. Einfach super!" Zuerst legte Georgie meine CD neben seinen Puk und dieser scannte die Scheibe innerhalb von einem Sekundenbruchteil ein, dann konnte ich diese wieder in die Hülle schieben. Dabei musste der Lokpuk aber wieder seinen Kommentar loswerden: „Sektor `Lead-In´ wies einen Fehler auf, Korrekturbits in Sektoren 200304002, 200304003, 200304004 . . ." „Auf Diagnoseaufschlüsselung kann verzichtet werden!" Befahl Georgie seinem Puk, „Korrekturberechnung und Wiedergabe!" Nachdem diese alte CD aber noch keinen Surroundsound hatte, holte der Puk noch folgende Information ein: „Wiedergabe mit Surroundsimulation?" „Ja! Und jetzt spiel endlich!" Ich schmunzelte in mich hinein, machte es mir auf dem Sofa neben meiner Gabriella bequem, Georgies Kühlserver meldete den Wein im programmiertem Temperaturbereich, so ließen wir uns diesen auch schmecken. Georgie hatte noch Wildbrät vom Cookserver angefordert, er tischte selber auf, dann stellte sich der Tisch höher und die Sofasitze ebenfalls, die Lehnen und der Rückenteil formierten sich zu einer rückenstabilen Essposition. Angenehm klimperten die Töne von Klaatu im Raum. Das war noch Musik! Eine Mixtur aus altem Rock und Klassik! „Gabriella! Woher wusstest du denn, dass ich diese CD suchte?" „Hat mir auch Henry verraten!" Ach ja! Ich gab dem Hauscomputer zuhause einmal die Anweisung, im Systemfreilauf auf dem Weltantiquitätenmarkt nach dieser CD zu suchen, hatte diese Verbaleingabe aber nie richtig bestätigt, so dass Henry keine hohe Prioritätszuteilung vergab.

Nach diesem vorzüglichen Abendessen und einigen guten Schlückchen der Weine, kam ich langsam in Stimmung mit Georg über unser Experiment zu diskutieren. Dazu wollten wir uns separat setzen und Gabriella fragte höflich, ob sie während des Gesprächs zuhören dürfte, denn sie hatte Interesse an der Sache an sich.

Einleitend erzählte ich von der `Katastrophe´, die ja eigentlich keine war, denn wir hatten sicher etwas entdeckt, nur wussten wir noch nicht was! Als Gabriella mitbekam, dass die letzten Wiegewerte auf über zweihundert Tonnen angewachsen waren, der Testwafer mit Gewichtsaufbau dann die Waage durchbrach und im Boden oder der Unendlichkeit verschwand, bat sie darum, auch ihre Gedanken äußern zu dürfen. Erstaunt sah ich meine Frau an: „Willst du mich vielleicht überraschen?" „Wenn es möglich wäre, warum nicht?" Sie lächelte wissend und begann mit ihren Spekulationen: Ich hatte doch bei `Pride´ gearbeitet, interessierte mich auch viel für Astrophysik, Basisphysik sowieso und hatte einmal eine theoretische

Abhandlung über die Problematik und die Berechnung von Gravitation gelesen. Auch bin ich über die theoretischen elf Dimensionen nach Higgs informiert und kenne die Stringtheorie ebenfalls. Weitergehend kämen auch noch die Swifels, also die universellen Schalter – wenn es sowas gäbe. Die Higgs-Teilchen wurden ja vor achzig Jahren in dem schweizer Teilchenbeschleuniger nachgewiesen! Also müssen an den elf Über- oder Unterdimensionen auch was dran sein, denn sonst gabe es ja keine Higgs-Teilchen.

Nun aber zur aktuellen Angelegenheit: Gravitation muss man als eine allumfassende Einheit betrachten, nicht nur planetenbezogen, sondern universal! Die Gravitation ist also im gesamten Universum vorhanden, Gravitation ist vielleicht auch die *universale Stütze* des Universums! Doch gab es einmal eine Theorie, nämlich die, dass es gar keine Gravitation gibt!" Sie lächelte mich tiefgründig an, blickte zu Georg, der mit halbgeöffneten Mund dasaß und schon zweimal das Weinglas anhob, sich aber nicht entscheiden konnte, ob er trinken wollte oder nicht. Dann fuhr Gabriella mit ihrer These fort: „Diese Theorie besagte, dass nicht die Planeten, also nicht die Materie eine Anziehungskraft erzeugen, sondern das Universum eine Raumandrückkraft ausgibt!"

Jetzt fiel mir der Kinnladen aber endgültig runter. Doch Gabriella lächelte noch breiter, zeigte ihr reines Gebiss, welches mich normalerweise sofort zum Küssen auffordern würde, aber nun forderte mich meine Gesamtfrau zum Staunen auf. Wieder fuhr sie fort: „Diese Theorie wurde damals wieder verworfen, da man mathematisch mit den alten Formeln arbeiten konnte, nichts wies darauf hin, dass das Universum diesen Druck erzeugen würde! Wahrscheinlich zeigte euer Experiment nun die erste diesbezügliche Wirkung! Stichwort: Braune Energie! Weiteres Stichwort: Tachyonen! Ihr müsst wahrscheinlich als die Ersten auf dieser Welt die Tachyonen praktisch definieren. Bislang existierten sie nur in der Theorie oder nur als einfaches Wort." Georgie schaute meine Gabriella an und es dauerte, dann goss er sein Weinglas voll und kippte ein Viertel in einem Zug in sich hinein. „Oh, Silvana", bat ich Georgies Frau, „gib mir doch bitte die nächste Flasche, ich glaub ich habe jetzt auch gewaltig Durst!" Silvana brachte die nächste Flasche lächelnd, der Tischserver öffnete diese automatisch, dann goss auch ich mir mein Glas wieder voll!

Georgie: „Deine Gabriella hat vielleicht Recht! Ich habe früher auch schon einmal so spekuliert, dass das Universum, vergleichbar mit einem großen Luftballon, einen Innendruck hat! Dieser Innendruck `drückt´ uns dann immer wieder an andere Materie dran! Eine Art Verklumpung also. Dazu müsste man aber bis in die atomaren Grundstrukturen gehen, besser gesagt: Noch weiter! Also, Atome mit weniger Elektronen werden weniger `gedrückt´ als Atome mit mehr Elektronen, sprich: Die Elektronenzahl bestimmt das spezifische Gewicht, ergo, in unserem Fall, die spezifische Druckeinheit. . . „ "Wieder ergo, Tachyonen bilden die Blase des Universums, dabei sollten aber Tachyonen doch auch die unendlich schnellen Teilchen, oder Energieeinheiten sein, die ein Gegengewicht zur `ruhenden´ Materie bilden; Nachdem sich aber im Universum keine unendlich ruhende Materie befindet, kann es auch keine unendlich schnellen Teilchen geben!" Kommentierte ich unseren Geistesfund zu Ende.

Georgie: „Also fassen wir noch einmal zusammen. Unser Universum ist etwas wie ein riesiger Luftballon. Vergleichen wir es also ruhig einmal so. In diesem großen Luftballon steht ein höherer Druck als außerhalb. Nachdem wir nicht wissen, was außerhalb unseres Universums ist, gehen wir von einem neutralen oder einfach mal gar keinem Medium aus. Würden wir nun in diesen großen Luftballon mehrere kleinere Luftballons reinschieben, sagen wir einmal, Luftballone mit einem Durchmesser von zehn Zentimetern, dann wären diese innerhalb des größeren Luftballons vielleicht nur noch acht Zentimeter im Durchmesser, da der höhere Innendruck auch diese `bedrückt´. Im logischen Vergleich mit unserem Universum bedeutet dies vielleicht, dass sinnbildlich die Tachyonen, die überlichtschnell oder besser fast unendlich schnell diese große Blase bilden, dass wir ja Universum nennen. Diese Tachyonen rasen blitzschnell kreuz und quer in Relation zur fast ruhenden Materie. In einer kosmischen Vibration. Mit einem Feld, aus materieresonanten Frequenzen, wie wir es nun erzeugt hatten, werden diese von einer Seite kommenden Tachyonen abgelenkt oder neutralisiert; Ich würde aber eher annehmen, in Resonanz abgelenkt, ähnlich zwei Magneten, die gleich gepolt sind, einer den anderen wegschiebt. Daraus ergäbe sich dann der Effekt, dass von der `anderen Seite´ her die Tachyonen voll zuschlagen könnten, also Schub erzeugen. In unserem Fall `schob´ es unseren Versuchsaufbau in das Erdinnere hinein. Bleibt nur noch die eine Frage: Warum war das Loch im Tisch schon kleiner als der Wafer und das Loch im Boden wieder kleiner?" Wieder war es Gabriella, die uns scheinbar auf den richtigen Weg bringen wollte: „Liebster und Freund Georgie, ich sehe ihr habt hier neue Grundlagen aufgeschlagen! Jetzt will ich meinen logischen Verstand noch einmal nutzen, vielleicht kann ich euch wieder weiterhelfen. Nehmen wir einmal an, Tachyonen sind Basisbausteine des Universums, also das Universum gefüllt damit, was erklärt, warum die `Blase´ nicht in sich zusammenfällt. Ihr könnt auch braune Energie dazu sagen. Alles wird von diesen Tachyonen durchstrahlt und durchwoben. Planeten und Sterne, kurz jede Materie. Je nach Dichte der Materie beziehungsweise der Elektronenanzahl oder auch der theoretischen Swifels werden immer ein paar Tachyonen abgebremst, was bedeutet, dass von der anderen Seite her ein `Unterdruck´ entsteht, also respektive eine Schwerkraft in Richtung der schon vorhandenen Materie. Was zur Folge hat, dass sich alles gegenseitig anzieht, also zum Beispiel für unseren Planeten eine Erdanziehungskraft besteht, welche eigentlich gar nicht vorhanden ist, denn . . ." Nun stiegen wir beide mit in den Chor ein: „ . . . es handelt sich dabei nur um die von unserem Planeten abgeschirmten Seite!" Dann musste ich diese Logik weiter ergänzen: „Das hieße auch, dass wir also von dieser Seite an unsere Erde angedrückt werden, da hier die Tachyonen frei an die Planetenoberfläche heran können, aber eben von der anderen Seite schon stark vermildert wurde! Weiter würde das bedeuten, dass Newtons Abhandlungen mathematisch einwandfrei weiterexistieren dürfen, nur müssen wir die Schwerkrafterzeugung umgedreht betrachten. Damit bleiben auch Einsteins Feststellungen bestehen! Toll! Unsere Entdeckung ist voll kompatibel, das freut mich aber!" Gabriella lachte, dann setzte sie aber noch etwas drauf, mit dem ich wieder nicht gerechnet hatte: „Hört mal zu, ihr Weltverdreher! Wenn die Tachyonen die Grundbausteine für unsere `Universumshülle oder -blase´ sind, was passiert denn dann, wenn ihr eine Seite der Tachyonenstrahlung neutralisiert? Dann gibt es Schub von der anderen Seite. Aber was bedeutet dieser Schub, der aus dem Gefüge unserer Raumzeit heraus ragt?" Georgie und ich wie aus einem Mund: „Wir erzeugen kurzzeitig ein eigenes kleines Universum!" „So denke ich auch!" Gabriella lächelte wissend und erhob sich, um eine weitere Flasche Wein zu holen. In meinem Hirn tobten nun schon diese Tachyonen, dass ich noch nicht aufhören konnte: „Georgie, das würde bedeuten, dass der Wafer zwar immer den für sich selbst eigenen Durchmesser behalten würde, aber sein eigenes Universum, was erzeugt wurde, durch die Tachyonenbeschleunigung in Relatioin zu unserem Basisuniversum sich veringert, da eine Dimension abnimmt und dafür eine andere zuzunehmen hat! Eigentlich wäre es keine Beschleunigung mehr, sondern eine Universumserzeugung mit Ausdehnungsfaktor, ähnlich einem Gummiring, den man zwischen zwei Punkten spannt, also von Punkt A zu einem Punkt B. Die Masse des Gummiringes bleibt gleich, doch er wird länger und dünner. Löst man diesen dann von Punkt A, ist er anschließend in Ursprungsform aber an Punkt B. Im übertragenen Sinne zu unserem Kontinuum würde dies bedeuten, dass unser Wafer seinen eigenen Durchmesser zwar beibehalten hatte, aber am Startpunkt mit dem bestehenden Universum `kollidierte´ und noch Löcher verursacht hatte. Wäre der Abstand in Relation zur `eigenuniversellen´ Ausdehnung größer gewesen, würden wahrscheinlich die Abstände in den Atomstrukturen genügen, um hindurchzuschlüpfen! Damit gäbe es eine neue Definition für schwarze Löcher! Schwarze Löcher sind also Punkte im Universum, die von der jeweils einen Seite zur anderen keine Tachyonen mehr durchlassen; Mathematisch identisch mit der Gravitationstheorie, nur dass wir `anders herum´ denken müssen!" Ich ließ mein Gesagtes erst einmal einwirken, bei Georgie konnte ich richtig erkennen, wie es in seinem Kopf arbeitete, dann küsste ich meine Gabriella, die gerade Wein nachschenkte und fragte sie: „Sag mal, du höchster Konzentrationspunkt meiner gesamten Liebesenergie, wie kannst du solch kosmische Zusammenhänge so einfach kombinieren?" „Ich bin auch genkorrigiert, wie du schon weißt. Mein IQ ist ebenso angehoben wie deiner, ich habe schon im Kindergarten Bauwerke mit statischen Berechnungen spielerisch gestaltet, nun werden wir noch zu `kosmischen Statikern´, nicht wahr?" „Ich liebe dich wirklich, aber warum hast du keinen selbstständigen Weg eingeschlagen, so logisch, wie du denken kannst?" Gabriella schmiegte sich an meine Schulter, sah mich mit großen Augen an: „Siehst du nicht, um wie viel ergiebiger wir nun arbeiten können? Ihr beide experimentiert bis euch schwarz vor den Augen wird! Dann könnt ihr das Nächstliegende nicht mehr erkennen. Hier springe ich ein und bringe euch Licht! Das ist der eigentlich Sinn der Gokk-Lehren, ich bin mit meiner bisherigen Aufgabe sehr zufrieden! Denkt auch einmal daran, einen Tachyonenresonanzfeldmesser zu konstruieren! Noch heute werden auf der Erde zur Kommunikation elektromagnetische Felder erzeugt, benutzt! Im All ein Ding der Unmöglichkeit für größere Entfernungen! Stellt euch mal vor, wie müssten Außerirdische miteinander kommunizieren! Mit elektromagnetischen Wellen wohl kaum mehr, wenn es um eine Distanz von Lichtjahren und mehr geht! Ich gehe davon aus, dass andere Intelligenzen eben diese fast unendlich schnellen Tachyonen modulieren, um in Verbindung zu bleiben!" Mir lief es eiskalt über den Rücken. Gabriella hatte ein Thema angeschnitten und eine theoretische Erklärung geschaffen, was die gesamte Menschheit schon seit Jahrhunderten beschäftigt! Richtig! Wenn es kommunikative Übertragung per Tachyonen gäbe, würden sich interstellare Völker wohl kaum mehr bemühen, Nachrichten elektromagnetisch zu versenden oder zu versuchen, solche zu empfangen! Und wir auf unserer Erde waren lange genug auf dem falschen Weg, außerirdisches Leben auf diesem Wege zu finden, beziehungsweise, die entsprechende Technik gab es einfach bislang nicht! Donnerwetter, diese Gabriella! So ein schlaues Köpfchen. „Georgie! Wie müssen wir den Wafer morgen aufbauen?" „Mit dem Strahlungsfeld nach oben, also den Versuch, darunter vor der `Raumandrückkraft´ abzuschirmen, dabei schießen wir dann weitere Löcher in das Ozon!" „Bei dieser Distanz durchquert der Wafer die Umlaufbahnen der Elektronen wie die Voyager die Saturnringe, sollte die Theorie so stimmen wie wir nun annehmen, allerdings in seinem eigenen Universum, welches sich ja in unser Kontinuum einbettet!" „Dann schleichen wir uns mal in die Falle, damit wir morgen früh auch entsprechend frisch sind! Ich gehe schon mal. Gute Nacht!" „Gute Nacht, ihr beiden Turteltauben, überanstrengt euch aber nicht mehr allzu stark, ja?" „Keine Sorge!" Lachte Gabriella an meiner Seite, als wir in Georgies Gästezimmer gingen, dort noch die Hygienezelle aufsuchen wollten um dann wirklich schnell ins Bett zu gehen. In mir brannte Feuer! Ich konnte es kaum erwarten, das nächste Experiment zu starten, schließlich hatte ich auch das Gefühl, ganz nahe einer wirklich großen Sache zu sein.

Im Bett angekommen, gab mir meine Frau noch ein zeitkodiertes Schlafmittel, sie kannte mich schon überraschend gut, wusste, dass ich so nicht einschlafen hätte können. Sie schmiegte sich fest an mich, umklammerte mich mit Armen und Beinen, dabei flüsterte sie mir ins Ohr: „Du wirst einige Träume zu Realitäten machen, Liebster! Und ich bin die Frau, die dich dabei begleitet!"

Der dritte Oktober 2093 war angebrochen. Wir hatten nicht vor, unsere Experimentierfreude durch das Wochenende zu unterbrechen, dazu waren wir von den bisherigen Ergebnissen und unseren Theorien zu stark gefesselt. Unsere Frauen meinten, sollten wir sie in der Experimentierhalle benötigen, dann würden sie auch mitfahren wollen, doch noch lehnten wir ab! Zuerst sollten wir doch mal brauchbare Ergebnisse vorweisen wollen, auch wenn ich mittlerweile davon überzeugt war, dass meine Gabriella uns sicher weiterhin wertvolle Tipps geben konnte. Doch der Weg war bereits eingeschlagen; Sollten sich diese Theorien bewahrheiten, das bisherige Experiment sprach positiv dafür, dann müssen wir die `Raumandrückkraft´ abschirmen, beziehungsweise zerstreuen. Mit dem angeforderten Dienstwagen ließen wir uns wieder nach Oberpfaffenhofen bringen und betraten also die Forschungshalle. Der Nanoprinter hatte tatsächlich weitere Experimentalwafer geprintet. „Ich hatte da auch noch eine Idee, Georgie! Wir müssen den Kondensator abkoppeln und erst einmal eine Direktversorgung versuchen, da haben wir mehr Regulierungsmöglichkeiten! Den Kondensator nehmen wir dann für einen zuschaltbaren Impuls, der eventuell auch von der Ladekapazität uns eine gewisse Entfernung berechnen lässt!" „Verstehe! Du gehst schon von Raumfahrt aus, nicht wahr?" „Wenn Gabriella Recht hat, dann könnten wir mit der Kapazität einer justierten Kondensatorladung die fast unendlich schnellen Tachyonen eben so genau berechnen, dass eine, nennen wir es einmal Blasenbildung von berechenbarer Ausdehnung stattfindet. Die

Wiedervereinigung der beiden Universen, also des erzeugten künstlichen und des natürlichen, könnte somit per einem guten Logpuk und einem entsprechendem Programm bestimmt werden. Was wird dann mit der Zeitdilatation? Also mit der berechneten Zeitverlangsamung innerhalb eines theoretischen Raumflugkörpers, der sich mit annähernd Lichtgeschwindigkeit bewegt?" Wieder sinnierte ich vor mich hin. „Müssen wir uns denn damit befassen, wenn unser Experiment ein eigenes Universum erzeugt? Unterliegt dieses nicht seinen eigenen Zeitgesetzen? Nur einmal angenommen, die Ausdehnung des künstlich erzeugten Universums geschieht in Tachyonengeschwindigkeit, also fast unendlich schnell, entgegengesetzt proportional der fast unendlich langsamen Materie, die im Universum vorhanden ist. Wenn eine Ausdehnung unendlich schnell erfolgt, dann vergeht auch die subjektive Zeit innerhalb unendlich schnell! Vielleicht überträgt sich diese unendliche schnelle Ausdehnung auch auf die in diesem Universum gefangene Materie und vor allem des individuell neu entstandenen Zeitablaufes? Wir bezweifeln nicht die Naturgesetze, die Einstein und Newton, sowie Hawkins definiert hatten, nein es liegen ähnliche Naturgesetze in einem neuen Miniuniversum vor, die wieder zur relativ geringeren Größe in Relation zum vorhandene Universum schneller sein muss! Je kleiner desto schneller in Relation zu größeren Einheiten. Damit würden wir Einstein nur ergänzen; Und zwar auf äußerst logischem Weg! Klar!" „Nein! Aber es sieht so aus, als wenn wir bald ein Raumschiff bauen müssten, um dies alles zu beweisen. Da werden wir dann aber an die Grenzen unserer Möglichkeiten stoßen!" „Auch das glaube ich nicht! In mir spukt schon eine krasse Idee, aber zuerst werden wir dieses Experiment machen! Dann erzähle ich dir von meiner Idee, mein alter `schwimmender Holländer´, vielleicht bald die Reinkarnation des `fliegenden Holländers´, hahaha!" „Tiefgründigstes Ergebnis unter Berücksichtigung aller psychologischen Grundsätze: Quatschkopf!" Kopfschüttelnd nahm Georgie einen der Wafer aus dem Nanoprinter, gab ihn mir und ich schaltete die Direktkopplung des Kondensators ab; änderte den Versuchsaufbau dahingehend, dass ich eine Kondensatorladung zwar zulassen konnte, aber erst per Fernbedienung schaltete. Zuerst wollte ich das Verhalten des Wafers über angeschlossene Versorgungen kontrollieren. Nun also die umgekehrte Version: Ein Holzblock auf eine neue Waage, den Wafer darüber gelegt, mit der Hornstrahlerseite nach oben, die Hochgeschwindigkeitskamera fertig geschaltet, alle Versorgungen nochmals kontrolliert, dann schaute ich meinem Freund fest in die Augen: „Experiment, zweiter Teil; Fertig?" „Fertig!" Bestätigte Georgie. Ich drehte wieder die Potis hoch, der Logpuk meldete wieder die Frequenzen bis zu dem Bereich, ab dem es keine Messmeldungen mehr geben konnte und oberhalb des Wafers entstand wieder dieses schillernde Leuchten. Erst als ich die Piezoeinheiten einregulierte, wurde das Leuchten weißer. Dieses Feld stand fast drei Zentimeter über dem eigentlichen Wafer! Nur hatte ich nun ja den Kondensator abgekoppelt, so dass ich die Energiezufuhr in einem gewissen Rahmen regulieren konnte. Plötzlich meldete die Sprachausgabe der neuen Waage: „Erwartete, programmierte Gewichtsreduzierung beginnt! Vierzig Gramm, fünf Gramm, minus zweiunddreißig Gramm, minus vierhundertfünfzehn Gramm . . . ", Logisch, die `Waagschale´ hatte ja auch vierhundertzwanzig Gramm und wurde nun von dem Tachyonenabblockfeld in Mitleidenschaft gezogen! Der Wafer begann nun zu schweben und zog das Holzstück und die Waagschale hinterher. Einen Meter über der Waage wollte der Wafer aber bereits schneller steigen und ich regulierte die Versorgung zurück. Der gesamte Versuch sank, ich regelte, er stieg, ich regelte, dann lösten sich aber langsam der Holzblock und die Waagschale vom Wafer, sanken aber unendlich langsam abwärts. „Wir müssen wissen was passiert, wenn du den Kondensator zuschaltest, Max!" Georgie schrie mich begeistert an! „Meinst du wirklich?" Experiment ist Experiment! Wir haben noch einen Wafer und wir werden noch ein paar printen lassen, aber jetzt brauchen wir ein Resultat! Auch wenn dieser Wafer draufgeht! Dann haben wir eine Bestätigung für unsere Theorien! Gib vollen Power auf den Kondensator und schalte ihn zu – nein! Halt! Lass den Wafer zuerst zurückkommen! Wir befestigen das Holzstück an ihn, dann können wir gleich erkennen, ob unsere Erfindung transporttauglich ist!" Ich regulierte die Versorgungen zurück, der Wafer senkte sich wieder auf den Holzblock auf der Waagschale und der blöde Waagenrechner sagte nichts, als das ursprüngliche Gewicht wieder vorhanden war. Programmierfehler, aber auf diesen werden wir wohl keine Rücksicht mehr zu nehmen brauchen. Nun wissen wir in etwa, was so abläuft. Mit einem Polymerkleber befestigten wir den Wafer auf dem Holzstück und warteten etwas, bis diese Verbindung fest war. Der Logpuk bestätigte das Durchhärten anhand der Ausdampfung, die per Sensor angemessen wurde, dann meinte Georgie: „Schicken wir eine Flaschenpost ins Universum!" „Dann schreib doch was auf den Holzblock drauf, Mann!" „Das ist eine Gute Idee! `Wir experimentieren in Frieden und zum Nutzen der ganzen Menschheit, hast du diese Nachricht empfangen, warst du grad im Weg gestanden!" „Oh! Du kannst reimen? Ich dachte, du könntest nur dichten?" „Also im Ernst! Schreiben wir was drauf, oder Max?" „Meinst du, da kann einer Deutsch, da draußen, sollte das Ding auch weiter hinaus kommen?" „Also eine Zeichnung! Los Puk, drucke die Voyagerzeichnung aus, Aluprint, schreibe aber noch darunter: `Greetings from Bavaria´, unser Senf muss dabei sein!" Der Puk druckte die

Zeichnung, die damals die Voyager-Sonde am Chassis hatte auf eine Aluminiumfolie, stilisiert einen Mann und eine Frau, also die menschliche Zweigeschlechtlichkeit wiedergebend, dann unser Sonnensystem, ebenfalls stilisiert, darunter unsere Grüße. „He Georgie, wenn du schon `unseren Senf´ mit dazu geben willst, sollten wir nicht auch noch ein paar Würstchen dranhängen?" „Lieber nicht! Wenn eventuelle Aliens die nicht vertragen, dann haben wir schon einen Krieg im All, ohne dass wir wissen wo die Adressaten wohnen!" Wir klebten diese Folie nun auch noch um den Holzblock, dieser sah dann aber auch aus, als wenn er aus massiven Alu bestehen würde, dann begannen wir wieder mit der Fortsetzung unseres Experiments. „Ich lade den Kondensator auch voll auf, denn ich weiß was du wissen möchtest, Georgie! Sollte dann nur noch ein kleines Loch in der Decke sein, dann stimmt die Theorie von meiner Gabriella, nicht wahr?" Georgie sah mich schmunzeln an: „Deswegen will ich lieber einen Wafer opfern, so könnten wir weiteres Experimentieren überspringen und uns mit einem Wafer von mehreren Quadratmetern befassen, den wir dann an eine Versuchsgondel anbringen! Nur das bringt uns vorwärts, Junge! Versuchsaufbau wieder fertig?" „Fertig! Mein Kompliment! Du bist risikofreudig!" „Das gehört zum Beruf." Ich regulierte die Potentiometer wieder hoch, die Waage meldete wieder Gewichtsreduzierung, das Feld über dem Wafer bekam langsam wieder weiße Lichtfarbe und der gesamte Versuchsaufbau begann auch wieder zu schweben, wobei er sich leicht beschleunigte, als er an Höhe gewann. „Hochgeschwindigkeitskamera neu ausrichten, dann mein Freund, drücke die Fernsteuerung und schalte den voll geladenen Kondensator zu!" Schrie Georgie begeistert. Ich tat entsprechend seinen Ideen, schaltete die Kamera auf noch höhere Geschwindigkeit und gab den Fernsteuerimpuls für den Kondensator! Der Wafer, der sich mit dem Holzblock und Alunachricht in etwa fünf Meter Höhe befand, war verschwunden! Die Schale der Waage wurde noch etwas noch oben nachgezogen, auch die Waage selbst hatte sich leicht angehoben, dann polterte die Schale klirrend zurück, die Versorgungsleitungen fielen auf den Boden, nur die Waage gab noch einen Kommentar ab: „Neukalibrierung notwendig; Eichung außerhalb der zugelassenen Limits!" „Eich´ dich selbst!" Meinte Georgie begeistert. Da musste die Waage aber noch einen draufsetzen: „Kalibrierung erfolgt; Eichung darf nur von neutralen Eichrechnern vollzogen werden." „Standby-Betrieb!" Rief ich der Waage zu, die mich schon nervte, dann sah ich mit Georgie auf das Hallendach, wo ein Löchchen von vielleicht einem halben Zentimeter Durchmesser entstanden war. „Experiment geglückt! Experiment in der Unendlichkeit verschwunden!" So lachte Georgie mich an. Wir können getrost in die nächste Experimentalphase wechseln!" „Und diese wäre?"

„Tachyonenresonanzwafer auf einer alten Taucherglocke, autarke Energieversorgung, apropos Energie! Wieviel Energie hat denn unser Experiment verbraucht?" Ich sah auf die Datenwidergabe in der Holoprojektion des Logpuks. „Keine 0,08 Kilowattstunden!" „Das hatte ich gehofft! Mensch Max! Weißt du wie das geht? Wir zapfen die Energie des Universums an, die Energie die immer permanent vorhanden ist! Was wir hier an Versorgungsenergie anlegen ist lediglich eine Erregerspannung, die diesen Effekt nutzbar macht! Weißt du bereits, was wir entdeckt haben, was wir gebaut haben?" „Langsam kommt´s, ja. Die schrecklichste Waffe der Welt, der effizienteste Generator, der stärkste Kran, ein Desintegrator zum Tunnelgraben, der Antrieb, der den Flugzeugen die Flügel wegnehmen wird, der die schwersten Schiffe in das Trockendock hebt und . . ." Georgie fiel mit in diese Aufzählungen mit ein, „ . . . die effizienteste Möglichkeit, Entfernungen im All zu überbrücken, fast in Nullzeit, ohne großen Energieaufwand, fast mit einer Taschenlampenbatterie zum Mond, mit Handgepäck und Koffer! Unser Experiment läuft prinzipiell ähnlich wie die Versuche der kalten Fusion, nur unseres funktioniert!" „Nur eines verstehe ich noch nicht ganz; Wieso zerbröselte der Holzblock nicht bei dieser ungeheuren Beschleunigung?" „Hast du deiner hochintelligenten Gabriella nicht richtig zugehört? Sie hatte absolut Recht! Innerhalb diesem erzeugten Mikrouniversum wird ja nichts beschleunigt! Es dehnt sich nur aus und wenn die Kondensatorladung leer ist, dann zieht sich dieses Mikrouniversum wieder zusammen und vereinigt sich mit unserem Makrokosmos, als wäre nichts gewesen. Nur eben an anderer Stelle! Die Tachyonen beschleunigen in der Schwebephase nur so gering, dass ein scheinbares Schwerelosigkeitsfeld entsteht. Also keine Vollresonanz! In Wirklichkeit gibt es sicher eine minimale Wölbung um Universum, hervorgerufen eben durch die Tachyonen, die unsere Erde von unten noch durchdringen können; Von oben wird die `Raumandrückkraft´ abgelenkt. In ein schwarzes Loch könnten wir also auch nicht einfliegen, weil von der anderen Seite keine Tachyonen zur Rettung durchkommen, die physikalischen Grundgesetze bleiben bestehen! Voll und ganz!" Ich sinnierte weiter: „Also Raumflug, oder besser: Raumsprung! Wenn wir so einen Antrieb konstruieren, sollten wir am besten zuerst in den freien Raum schweben, uns orientieren, dann die Kondensatorladungen freigeben. Warum aber beschleunigte der Wafer, als er anstieg dann stärker?" Auch in dieser Logik ganz klar! Umso weiter der Wafer von der Materieblockierung, also in diesem Fall unsere Erde weg ist, desto mehr Tachyonen unterstützen den `Schub´ der anderen Seite! Im freien Raum würden wir diese `braune Energie´ noch effizienter nutzen können! Da steht uns der ganze Kosmos zur Verfügung!" „Donnerwetter! Du verstehst schon so viel von dieser Sache, als hättest du in deinem Leben nichts anderes gemacht und wärst schon durch die Galaxien gegondelt." Musste ich dem Freund zugestehen. „Los, bauen wir noch einen kleinen Versuch zusammen, mein Logpuk unter dem vorerst letzten Wafer, er muss ein Programm erhalten, welches die Niveauregulierung übernimmt, dann lasse ich ihn zu meiner Gabriella schweben!" „Gib aber ein Sicherungsprogramm ein, welches Kontakte mit dem Strahlungsfeld vermeidet, den dieses Strahlungsfeld löst Materie auf! Desintegratorwirkung! Neutralisierung der Tachyonen hat auch diese Nebenwirkung, so dass direkter Kontakt mit dem Neutralisierungsfeld die Elektronen aus den Bahnen schleudert oder `entswifelt´ und die Bindungskräfte von Atom zu Atom vorübergehend aufhebt!" „Schon verstanden! Der künftige Tunnelbohrer, nicht wahr?" „Es hat Klick gemacht!"

Ich programmierte also meinen Puk verbal, klebe Halterungen an den Wafer an und koppelte die Geräte zusammen. Energieversorgung erfolgte durch den Energieträger des Logpuks. Der Kondensator blieb abgekoppelt, schließlich wollte ich nicht, dass mein Puk sich aus unserer Galaxie entfernt! Dann startete ich das Programm ebenso verbal: „Programmstart: Wafertest, autonome Regulierung für Schwebezustand; Sicherheitsschaltung für Strahlungsfeld immer für solche Experimente aktivieren! Distanzhaltung zum Boden: Zwei Meter!" Langsam hob mein Logpuk vom Boden ab und schwebte auf eine Höhe von zwei Meter, etwas darüber, dann wieder darunter und ich korrigierte: „Logpuk, Stabilisierungprogramm erzeugen, nach Dateneingang zur Bodendistanz." Der Puk stabilisierte sich tatsächlich, dann wollte ich noch wissen: „Datenzusammenfassung gerundet, Ausgabe verbal:" Und mein Logpuk verriet: „Energieaufwand verringert sich mit Höhengewinn. Effizienter Gewinn in theoretisch unendlicher Höhe, Kaum Belastung für eigenen Energiehaushalt, Daten ausreichend?" „Vorerst vollkommen!" „Mensch Max! Gib deinem Logpuk steuerbare Abstandshalter zum Wafer, dann kann er auch die Richtung steuern und neben dir herschweben!" „Das hatte ich auch gerade vor, Georgie!" Ich ließ den Puk zum Boden zurückschweben und das Feld abschalten. Dann verpasste ich ihm vier Abstandshalter aus Gedächtnismetall, die sich durch Spannungsanlegung krümmen ließen. Ich erweiterte das Programm um diese Steuerungselemente und befahl dem Puk einen weiteren Versuch. Die Höhenregulierung hatte dieser schon gespeichert. Zuerst tanzte er noch etwas in zwei Metern Höhe, bis er seine `Eigenerfahrungen´ zum Programm hinzufügte, schon stand er stabil in der Luft. Georgie zündete sich eine Zigarre an und blies den Rauch unter unserem Experiment hindurch. Dabei legte sich etwas am Puk an, in einem Meter Höhe machte der Rauch eine Kurve nach oben und fiel wieder ab.

Am Boden war fast keine Reaktion mehr zu sehen. Georg meinte genüsslich qualmend: „Reaktion nach kurzer Distanz abflachend, wahrscheinlich nichtlinear!" „Ich denke auch, dass nach einiger Distanz, die seitlich einfallenden Tachyonen, schwache Felder, wie hier benützt werden um einen Schwebezustand zu erzeugen, neutralisieren, sonst würden ja große Planeten im Kosmos die kleinen im Schatten wegpusten. Wenn wir aber den Kondensator hinzuschalten, dann . . ." „entsteht blitzartig ein künstliches Universum, das sich unserem entzieht, aber wieder einbettet, da käme der Rauch der Zigarre gar nicht mit! Dein Lokpuk bräuchte noch Steuerdüsen, damit er auch seinen Drehsinn beibehalten könnte, jetzt kann er nur dir hinterher taumeln!" „Das macht nichts, er soll seine Selbststeuerung auch selbst erlernen; Diese Daten werden wir sicher bald brauchen, dann können wir sie von ihm übernehmen! Also Logpuk! In weiteren zwei Metern Abstand gerundet folgen, Sicherheitsprogramm erste Priorität!" Ich ging zum Hallenausgang und der Rechner-Wafer-Verbund folgte mir schwebend! Ein eigenartiges Gefühl. Vor der Halle stand mein Induktions-Audi-Cabrio geöffnet mit unseren beiden Damen wartend darin! Als Georg noch dem Sicherheitsrobot Instruktionen gab, stiegen unsere Frauen aus, sie waren immer noch sexy gekleidet, es hatte auch immer noch über fünfundzwanzig Grad. Als Gabriella auf mich zulaufen wollte, um mich zu begrüßen, bemerkte sie den Logpuk, der, leicht um seine eigene Achse drehend, hinter mir herschwebte. Sie blieb wie angewurzelt stehen, dann erkannte auch Silvana, was hier vorging und stand staunend, aber schon einen halben Meter vor Gabriella. Gabriella lachte wissend und rief mir zu: „So retten wir die Marsmission, nicht wahr?" Jetzt musste ich erst einmal stehen bleiben, der Puk pendelte sich hinter mir in zwei Metern Abstand ein; Gabriella kam die letzten Meter auf mich zu, derweilen war auch Georgie breit grinsend bei Silvana angekommen und meine Frau lief die letzten Meter auf mich zu, umarmte und küsste mich; Ich konnte nicht umhin sie zu fragen: „Du denkst wohl immer drei Schritte im Voraus, nicht wahr?" „Bei einem Mann wie du einer bist, scheint dies zum Erhalt meiner Wertbeständigkeit notwendig zu sein!" „Auch keiner Antwort verlegen, nicht wahr?" „Dazu halte ich ebenfalls an meiner ersten Antwort fest, Liebster. Ich hoffe, ich habe auch meinen Beitrag dazu gegeben, dass eure Experimente schon so eine Wirkung zeigen; Los sage es mir, dann bin ich glücklich!" „Es ist wahr, Schönste der Schönen, Beste aller Gokk-Töchter! Deine Theorien haben viel bewirkt und sich in allen Ansätzen bewahrheitet! Der nächste Schritt wird ein Waferverbund werden, den wir an eine Gondel anbringen können. Zuerst müssen wir aber die Puk-Steuerungsprogramme noch genau auswerten, das machen wir morgen." Langsam senkte sich wieder die Sonne und reflektierte wieder in der Schmutzschicht der irdischen Atmosphäre, fast so, als gäbe es zwei Sonnen. Wieder ließen wir uns von meinem Audi zuerst zu uns nach Hause bringen, es war ungewohnt, aber der Logpuk schwebte hinter uns her ins Haus. „Henry" meldete Unregelmäßigkeiten an, die sicher vom ungewohntem schwebenden Logpuk her rührten. Ich befahl Henry, diese `Einheit´ als Neuinventar abzuspeichern. Dann setzten wir uns an den Tisch, Gabriella an meiner Seite, ließen uns vom Küchenserver verköstigen, Wein und sauerstoffangereichertes Mineralwasser servieren, dann wollten wir noch ein wenig weiterdiskutieren, was die nächsten Schritte sein sollten. Mein schwebender Logpuk und Georgies Rechnereinheit gaben fast gleichzeitig die Meldung aus, wir sollten an unsere Institutionen Zwischenberichte über die Forschungsarbeiten verfassen. Dazu nahmen wir uns auch die Zeit, berechneten einen Übertragungscode höchster Priorität, damit uns niemand unsere Forschungsergebnisse `stehlen´ können würde. Dann war erst einmal Ruhe. So eröffnete meine Frau die Gesprächsrunde und wir berichteten vom ersten Wafer, den wir auf eine unendliche Reise schickten, das kleine Loch in der Hallendecke. Sie beglückwünschte uns zu dem Teilerfolg, den wir hatten, warnte aber nun eindringlichst: „Jetzt beginnt scheinbar die heiße Phase eurer Experimente! Sammelt alle Daten, legt sie in verschiedenen Speichern ab, sollten nun Drohungen, Spionage von außen kommen, warnt alle damit, dass ihr alle Daten dem Worldlog übergeben werdet, also dem Nachfolger dieses Internets, warnt auch damit, dass ihr die Daten schon codiert übergeben habt, nur noch einen selbst aktivierenden Schlüssel frei schalten werdet, dass dann alles für Alle und Jedermann zugänglich sein wird!" Wieder bewunderte ich die Weitsicht meiner Gattin und sie fuhr fort: „Ihr wollt eine Gondel bauen? Was wolltet ihr hierfür vorerst verwenden?" Georgie, der schon wieder ganz listig schaute, konnte scheinbar nicht umhin, diesen Einwand zu bringen: „Ein Dixie-Klo!" „Toll!" Meinte Gabriella, „dann kannst du dir deine Steuerdüsen sparen, die für einen echten Raumflug notwendig sein würden, du müsstest entsprechenden Druck nur mit, sagen wir mal, übermäßigem Bohnenkonsum erzeugen!" Georgie schaute nun aber etwas bedrückt, hatte er doch glatt vom Küchenserver schon ein Bohnengericht bekommen. So, als wollte er damit Überdruck abbauen, schüttete er ein Glas Wein pur in sich hinein. Gabriella legte noch eins drauf: „Raumfluggeeignet wäre dein Dixie-Klo aber auch nicht, denn dann müsstest du den Siphon zustopfen, damit der Innendruck nicht so entweichen könnte, die Tür gut verriegeln und eine Heizung. . ."

Plötzlich meldete sich Henry:
„Besuch angemeldet! Haustüre; Identifikation Dienstnummer DLR 148-70-14, Herr Prof. Dr. Joachim Albert Berger; Erbittet dringendst um Einlass!

Identifikation positiv." Georgie schaute zu Silvana, Silvana zu meiner Frau, meine Frau dann zu mir und letztendlich sahen wir uns abwechselnd in die Gesichter. Ich teilte meinem Hausrechner mit: „Einlass gewährt!"
Kurze Zeit später stand Herr Dr. Berger in unserem Wohnzimmer, er hielt noch immer seine computerlesbare ID-Marke an sein Brustbein, um zusammen mit seinem ID-Chip identifizierbar zu bleiben, dann bat ich Herrn Berger zum Tisch und bot ihm ein Glas Wein an. Nervös schüttelte er zuerst den Kopf, doch dann nickte er, nicht weniger nervös. Am Tisch begann er zu erklären:
„Sie hatten uns den Zwischenbericht zukommen lassen! Auch das Fraunhofer Institut hat mich infolge unserer Zusammenarbeit bevollmächtigt, sie hier aufzusuchen. Wir haben nun bereits ihre gesamte Hausanlage mit Störstrahlung belegt. Uns bleiben günstigstenfalls noch drei Stunden bevor die ersten Spione eintreffen! Zum Glück benützten sie den Code mit der höchsten Sicherheitsstufe, aber genau dieser Code macht doch die Chinesen so neugierig!" Ich staunte! „Die Chinesen? Was wollen denn die?" Herr Dr. Berger flüsterte fast, als er sagte: „Künftig, so nehme ich an, müssen wir direkt zusammenarbeiten, bitte nennen sie mich Joachim, oder von mir aus Yogi, wie meine Freunde mich nennen!" Georgie hatte weiter Lust zu lästern und meinte nur: „Joachim Berger? Yogi Berger? Ahhh, der Yogi-Bär!" „Reiß dich zusammen, Georgie! Es kann ernst werden!" Joachim bemerkte meinen Logpuk, der bewegungslos mitten im Wohnzimmer schwebte und dessen anmontierter Wafer ein leicht kalt leuchtendes Schimmern abgab, nicht so stark, wie beim ersten Versuch, der in den Boden ging. Er überging die Bemerkung Georgies höflichst und erkundigte sich: „Ist das euer Zwischenergebnis?" „Ja!" Wir vier wie aus einem Mund! „Arbeiten eure Damen auch mit?" Ich wusste zu antworten: „Schlüsselfunktionen in Theorie hat meine Frau aufgedeckt!" Dr. Berger holte tief Luft, als er loslegte: „So wie ich aus Euren Unterlagen erkennen konnte, habt ihr *die* Entdeckung schlechthin gemacht! Die Lösung aller existierenden Probleme, bis hin zum distanzlosen Raumflug! Ihr habt die Lösung zur Rettung der Marskolonie, Männer!" Dabei sah sich Dr. Berger um, als würden tausend Augen ihn beobachten. „Ich habe nun Dringlichkeitsorder unter Sicherheitsstufe eins, euch zur Experimentalhalle zu bringen; Sofort! Ihr bekommt dort Wohncontainer, eine Sicherheitsmannschaft, freie Zuteilung von Fachkräften sowie Material, Geldmittel und sonstige Geräte. Aufstockung der Gehälter kann besprochen werden, dabei kann ich jetzt schon bestätigen: Kein Mitarbeiter der DLR oder des Fraunhofer Instituts bekam jemals zuvor ein Gehalt in dieser noch nicht festgelegten Höhe! Aber es eilt! Wir müssen weg! Schnell, nehmt alles mit, was ihr dringendst braucht, ich fordere einen simplen,

unauffälligen Variobus an, mit dem fahren wir nach Oberpfaffenhofen, unterwegs kommt bereits eine Hybridhelikopterstaffel der innerdeutschen Terrorabwehr!" „Wieso der innerdeutschen Terrorabwehr? Kann da nicht Eurocop einspringen?" Wollte ich wissen. „Nein!" So Joachim, „die Franzosen könnten sich mit so einem Fang ebenso sanieren! Die Airbus C-Serie!" Ach ja, diese Franzosen wollten sich ja wiedereinmal von den Deutschen mit der Airbusproduktion abkoppeln. Das Multifunktionsgerät am Arm von Joachim begann zu piepen, das bedeutete, dass dieses schon seit einiger Zeit elektrische Alarmimpulse vergab! Joachim begann leicht zu schwitzen! Nun wurde uns die Lage eigentlich erst bewusst, in der wir uns nun schon befanden! Ich befahl meinem Logpuk: „Langsam auf den Boden, Waferprogramm aus und Standby!" Der Puk kam langsam zu Boden, dann schaltete sich das Wafermodul aus. Ich nahm den Rechner und packte ihn in meinen Bereitschaftskoffer, Georgie tat es mir mit seinem Puk gleich, die Damen nahmen notwendigste Kleidung unter den Arm plus je ein Hygienetäschchen, dann verließen wir das Haus. „Henry! Sicherheitscode: Lange Abwesenheit! Dreimalidentifikation mit verschiedenen Parametern bei Wiederkehr! Aktiv in fünfzehn Sekunden!" „Tschüss Max! Komm bald wieder, bald wieder nach Haus!" Das war Henrys Annahmecode für die außerordentliche Sicherheitsaktivierung. Innerhalb dieser fünfzehn Sekunden waren wir aber schon in dem Variobus, der sich in den normalen Verkehr einordnete und sich von der Netzverwaltung nach Oberpfaffenhofen bugsieren ließ. Dort wurden wir noch einzeln von Dienstwagen der DLR direkt vom Variobus weg übernommen und in unsere Experimentierhalle gebracht. Draußen kamen die ersten Lieferungen von Wohncontainern an, die unverzüglich zusammengekoppelt wurden. Sicherheitsmannschaften waren zusammengezogen worden, die die Versuchshalle großräumig überwachten. Automatische Minipanzer gingen in Stellung und die ersten Hybridhelis kamen in den Sichtbereich. Diese Helikopter waren durch eine Schallneutralisation mit Gegentaktlautsprechern absolut lautlos! Unseren Damen stand etwas wie Angst ins Gesicht geschrieben. Dass wir nun unter Schutz der so genannten innerdeutschen Terrorabwehr standen, die nicht nur Terror abzuwehren hatte sondern auch die ewigen Spionageversuche der Franzosen, nun auch der Chinesen, dies alles möglichst unauffällig und diplomatisch, mit dem hätten wohl wir alle nicht gerechnet. Herr Prof. Dr. Berger kam zu einer provisorisch aufgestellten Eckbankgruppe in einem leeren Eck in dieser riesigen Halle und bedeutete, dass wir uns zu ihm setzen sollten. Wir kamen seiner einladenden Handbewegung nach, dann eröffnete er wieder mit seinen weitergehenden Erklärungen: „Diese Halle wurde fast hundertprozentig spionagesicher gemacht!" Dann schaute er zu Georgie.

„Herr Verkaaik! Sie hatten den Generalcode vom Sicherheitsrobot gelöscht. Wir hatten extreme Schwierigkeiten, diesen neutral zu schalten, damit wir selber in die Halle eintreten konnten!" „Stimmt nicht, Yogi! Der Generalcode ist nach wie vor vorhanden!" Dr. Berger sah verdutzt! „Aber wir konnten ihn nicht neutralisieren, jetzt kam ein Robotspezialist, der diesen mit den ausschließlich uns bekannten Herstellungscodes abschaltete!" „Na? Ist das nicht Sicherheit genug? Ich griff wieder auf einen alten Programmierertrick zurück um der Sicherheitsschaltung eine Sicherheitsschaltung zukommen zu lassen, haha! Der Robot lebte in Eigenzeit umprogrammiert fünf Jahre in der Vergangenheit!" Dr. Berger sah überrumpelt aus, dann meinte er: „Aha, Codeabschaltung mit heutigen Datum würde dann erst in fünf Jahren wirksam werden! Banaler Trick!" „Aber wirksam." „Gut, angenommen! Jetzt aber zu dem Anliegen, wegen was wir unter Anderem auch hier sind . . ." „Raumflugtaugliches Dixie-Klo!" Meinte Georgie, der sich mittlerweile wieder einigermaßen gefangen hatte und Dr. Berger sah wieder voll irritiert in die Runde, dann fasste er sich wieder einmal und forderte uns auf: „Könnten die Herrschaften doch bitte so freundlich sein, mich mal auf den komplett aktuellen Stand der Forschungen zu bringen, vielleicht dürfte ich auch erfahren, wie ihr ein Dixie-Klo in diese neue Technik einbinden wollt?" Erleichterndes Gelächter von uns Vieren folgte! Nun erzählten wir von der Idee, die eigentlich auf dem Oktoberfest geboren wurde, als Georg von seinem neuen Nanoprinter berichtete, die Möglichkeit der 119 Elemente fast gleichzeitig zu verarbeiten, die neue Verarbeitungsgeschwindigkeit, der Effekt der Nanoprinternadel, meine Theorie mit einem Strahlungsfeld aus kleinen Hornantennen, multizirkularer Aufbau, Eigenfrequenzabtastung der Materie per gekapselte Fluoratome, Korrektursteuerung über Piezoelemente und dem Kondensatoreffekt. Gabriella steuerte ihre Theorien bei, die die Raumandrückkraft betrafen und dass wir feststellen mussten, dass es eigentlich gar keine Gravitation gibt! Das Blasenmodell des Universums, der Vergleich mit dem großen Luftballon; Schließlich die Möglichkeiten der Abschirmung gegen die `Raumandrückkraft´ vorzugehen, ohne Kondensatorzuschaltung und mit Kondensatorzuschaltung theoretisch fast unendliche, auch interstellare Reisen zu unternehmen. Auch dass wir einen neuen Tunnelbohrer nebenbei zu konstruieren gedachten, dass die nächste Generation der Flugzeuge keine Flügel mehr brauchen würden, dann diese Konstruktion anders auszusehen hätten. Ein Beispiel über eine Raumfluggondel, denn bei einer Raumfluggondel müsste ein großer Wafer die komplette Gondel bedecken und die Insassen würden Schwerelosigkeit während der Reise empfinden, wobei bei einem neuen Fluggerät es möglich wäre, vom eigentlichen Flugkörper oder Rumpf, Seitenstreben anzubringen

und dort links und rechts `lange´ Wafer zu montieren, die dann von den `von unten´ kommenden Tachyonen angehoben würden. Für Vortrieb und Bremse könnten theoretisch wieder vorne und hinten Wafer angebracht werden, sowie Waferelemente für die Steuerung. Würde also der Rumpf mit einem Wafer bedeckt, dann funktioniert die Angelegenheit sicher auch, nur die Insassen wären während des Transportvorganges schwerelos, was den Verbrauch der Kotztüten enorm steigern könnte.
Prof. Dr. Berger schüttelte sich, doch seine Augen wurden immer größer, als wir mit den Möglichkeiten unserer Entdeckung weiterfuhren. „Flugzeuge dieser neuen Art könnten nun auch senkrecht starten, Größe und Form dieser währen fast irrelevant, da es ohnehin günstiger sein würde, zuerst die Atmosphäre zu verlassen, dann moderat zu beschleunigen, wieder abzubremsen und das Zielgebiet wieder fast senkrecht anzusteuern. Energieaufwand dafür bewege sich im Bereich eines kleinen Stromgenerators, nur für die Elementarerregung, denn wenn die Tachyonen einmal `schieben´, könnten wir sicher irgendwann einmal auch davon die Erregerspannung abzapfen, fast ähnlich der Erregerspannung der alten Drehstromlichtmaschinen von den antiken Benzinautos, nur dass unsere Wafer irgendwann einmal selbstlaufend sein werden!" Ich holte tief Luft, nahm dankend das Gläschen Wein in die Hand, welches mir Gabriella reichte und fuhr wieder fort, als mich Yogi erwartungsvoll und ungläubig ansah. „Für Raumflug käme eine ähnlich Konstruktion mit diesen Ladungskondensatoren in Frage. Zuerst müssten wir ohne Kondensatorladung ebenfalls moderat mindestens in den Erdorbit gelangen, das geht auch langsam; Der Wafer müsste das angebaute Objekt vollends abdecken, von da an würde der Kondensator zugeschaltet, wenn die Raumgondel . . ." Ich schmunzelte in Richtung Georg und flocht ein: „ . . . oder das Dixie-Klo in Zielrichtung schauen würde. Bei voller Waferresonanz sollte die Kondensatorladung den Tachyonen von `vorne´ die Richtung nehmen und die Tachyonen von `hinten´ könnten schieben. Nachdem Tachyonen die eigentlichen Basisbausteine des Universums sind, würde dabei also ein Miniuniversum erzeugt, zu dessen Natur wir dann auch gehörten. Nachdem nun aber die Tachyonen nicht wirklich unendlich schnell sind, genauso, wie das Gegengewicht Materie nicht unendlich langsam ist, könnten wir mit der Kondensatorladung berechnen, welche Entfernung zurückgelegt werden könnte. Daten hierzu könnten wir aber jetzt erst im spekulativen Bereich liefern! Massenträgerdaten können wir bereits aus dem Logpuk abrufen. Weitere Experimente sind also notwendig!" Dr. Berger schaute nun wirklich wie Yogi-Bär, als er erwiderte: „Dann hatten sich doch Einstein und Newton geirrt? Deren Theorien bildeten aber die Grundlagen der modernen Physik und das meiste

funktioniert entsprechend!" Nun war Georgie an der Reihe: „Joachim! Ich bleibe bei deinem Angebot, dich beim Namen zu nennen und zu duzen. Einstein hatte Recht, Newton hatte Recht! Sie hatten sogar mehr als Recht! Raum, relative Lichtgeschwindigkeit, Gravitation und Zeit in Bezug zu bringen ist für jedwedes Universum eine Grundkombination! Dass uns die Tachyonen an Materieballungen dran drücken, ist messtechnisch eine Gravitation in Bezug zur jeweiligen Masse. Alle Formeln bleiben erhalten, in Mathematik und Wirkung, nur müssen wir unsere Denkweise ändern! Nicht unsere Erde zieht uns an, sondern das Universum drückt uns dran! Weil die Erde ein relativ kleiner Planet ist, so wird sie von der anderen Seite von den Tachyonen durchströmt und diese Strömung können wir nutzen, wenn wir die, ich sage nun einmal Dachströmung neutralisieren: Also werden wir nicht mehr angedrückt, sondern von unten weg geschoben! Wieder hat Einstein Recht, denn mit einem Wafer oben bildet sich eine leichte `Delle´ im Universum, nicht messbar, aber berechenbar! SO wie sich bei der Planeten bildung und deren Bahnen auch eine Delle im Universum gebildet hatte. Nur eine geschlossene Delle!

Laden wir nun den Kondensator und geben die Ladung an den Wafer ab, entsteht eine Blitzreaktion und die `in das fast absolute, auch energetische Vakuum´ einströmenden Tachyonen von der anderen Seite her bilden kurzzeitig ein eigenes, kleines Universum von nur geringer Bestandsdauer! Die Naturgesetze innerhalb des Miniuniversums sind die gleichen wie in unserem Großen, nur ist die Zeit kaum ein Faktor dafür, denn dieses Miniuniversum wird fast unendlich lang, braucht kaum Eigenzeit, kann sogar durch andere Materie diffundieren; Dabei bin ich überzeugt, dass sich innerhalb dieses Miniuniversums die Verhältnisse für uns zum Beispiel kaum ändern. Eine Kugel würde für uns kugelrund bleiben, Für den Subjektivbetrachter! Auch wenn diese für einen Beobachter von außen dann zu einem unendlich langen und dünnen Faden werden würde. Ich würde als Raumflugkörper eine Kugel- oder Diskusform wählen, fast wie die Ufobilder, dabei einen Wafer oben, einen Wafer unten und Steuerdüsen für die ersten Tests sowie seitlich ausfahrbare Landestützen, die eingefahren hinter dem Schirmfeld des Wafers bleiben, so dass diese nicht im Hier-Universum zurückbleiben, wenn´s denn losgehen sollte, denn erst ab mindestens Orbit könnte man ein Zielgebiet anvisieren, die Kondensatoren entladen, dann wieder ausrichten und mit `Normalversorgung´ auf einem Planeten landen. Im Übrigen hatte Max´ Frau schon eine weiterführende Idee! Tachyonenkoppelfeldgeneratoren aufbauen, ähnlich wie einen Geigerzähler, der Tachyonenunregelmäßigkeiten anmessen kann; Damit könnte man ebenso quasiunendlich schnell Nachrichten versenden, Die neue Generation des Rundfunks, aber überlichtschnell! Wieder gab

Gabriella einen Tipp an uns, nämlich, sollten schon außerirdische Intelligenzen existieren, die sich dieser Technik bedienen, darum können wir noch lange warten, bis sich einer davon per veralteter Radiotechnologie melden würde! Sie würden elektromagnetische Wellen nur noch im planetennahen Bereich einsetzen! Nun habe ich selber noch etwas hinzuzufügen: Mit dieser Art Technologie könnten wir auch Radarstationen bauen, die das Universum in fast Echtzeit absuchen! Wir könnten Planetenkonstellationen erkennen, wie sie jetzt sind, nicht wie sie vor Jahrtausenden aussahen und wie wir sie heute erkennen, da diese Lichter erst jetzt hier ankommen. Weiter könnten wir für theoretischen Raumflug die Flugrichtung abtasten, ob nichts `dazwischen liegt´; Obwohl bei diesen fast distanzlosen Reisen der Raumflugkörper irgendwann unendlich dünn in Relation zum Hier-Universum würde, möchte ich meinen, dass es immer noch einen minimalen Bezug gäbe, also würde ich auch nicht mitten durch eine Sonne fliegen wollen." Georgie lehnte sich zurück, nahm sich eine Zigarre aus seinem Lederetui und steckte sich diese an. Es war still, sehr still! Nur Silvana scherzte: „Flieg doch durch eine Sonne, dann bräuchtest du kein Feuer für deine Tabakstinker!"

Georgie lächelte verschmitzt; Prof. Dr. Berger saß mit offenem Mund da, Silvana schenkte ihrem Georg Wein nach, auch ich wurde von meiner Gabriella versorgt. Meine Frau forderte Dr. Berger auf: „Auch ein Glas Chenet rouge, Joachim?" Berger hatte nasse Augen, drehte sich langsam zu meiner Frau, nahm ein Glas vom Server entgegen und meinte: „Jaja, jetzt doch wohl! Genau, jetzt brauche ich auch etwas von eurem Denkwasser!" Und Joachim fasste sich wieder schnell und fragte nach: „Wie lange würde wohl eine Reise von hier zum Mars mit dieser neuen Technologie theoretisch dauern, wie hoch wäre der Energieaufwand?" Nun war ich wieder an der Reihe: „Wir haben dazu noch keine Daten, aber die jeweiligen Reisen, egal wohin, so nehme ich an, würden umso weiter, immer nur minimal länger dauern, im Verhältnis zu den Tachyonen, die ja auch nur fast unendlich schnell sein, so wie die Allgemeinmaterie fast unendlich langsam ist. Das würde auch bedeuten, dass die Endentfernung über eine entsprechende Kondensatorladung berechnet werden könnte. Je höher die Kondensatorladung, desto weiter `schieben´ uns die Tachyonen, im übertragenen Sinne, versteht sich, denn je höher die Ladung, desto weiter dehnt sich unser Miniuniversum aus; Wenn die Ladung weg ist, stehen wir dann dort, relativ bewegungslos, denn wir werden wieder von `Rundumtachyonen´ dreidimensional gehalten. Nach unserem zweiten Waferversuch würde ich sagen, eine Reise zum Mars, ab Erdorbit bis Marsorbit könnte in Relativzeit zum Hier-Universum innerhalb von einer Hundertstelsekunde absolviert werden!" Nun war Prof. Dr. Berger aber fix und fertig! Er sagte nur noch: „gebt mir Wein, gebt mir Bier! Und einen Schnaps! Das halt´ ich nicht mehr aus! Zwei Genkorrigierte stoßen das gesamte Weltbild und das Bild des Kosmos um! Wenigstens sind es Deutsche!" „Ich bin Holländer!" Ergänzte Georgie, „aber ich bin hier aufgewachsen, habe hier studiert, mit Max im Oktoberfest getrunken und liebe Schweinshaxen, Leberkäse und Weißwürste, wenn es denn welche gibt!" Dr. Berger sah in die Tischplatte, der Server brachte ihm Wein, ein Bier und einen Bärwurz, da dieser Dr. Bergers Worte als Bestellung aufgenommen hatte, doch Joachim kippte zuerst den Wein in sich, dann das Bier auf zwei Züge und letztendlich auch noch den Schnaps. Leicht lispelnd versuchte Joachim nun seinen Part loszuwerden: „Ihr wisst, dass wir nun weiter unter strengster Geheimhaltung arbeiten müssen: Ihr bekommt nun einen Auftrag!"

„Einen Auftrag?" Echoten Georgie und ich gleichzeitig. Auch unsere Frauen horchten auf!

„Ja, einen Auftrag. Unsere beiden Institutionen waren beim Bau des Marscontainers involviert. Die Chinesen wollen uns regresspflichtig machen, da doch der letzte unbemannte Versorgungscontainer abstürzte. Sie drohen mit einer Anzeige beim globalen Gerichtshof, doch wir wissen alle, dass die Chinesen unsere Technik zuerst zerlegen, studieren, nachbauen, dann erst der ursprünglichen Funktion wieder zugestellt wird! Wir sind überzeugt, dass sie Nachbauten am Container anbrachten, wir dies aber nicht beweisen können. Doch mit eurer Technik gäbe es eine Möglichkeit, Reste von dem abgestürzten Container zu bergen und eben zu beweisen, dass diese ihre Finger im Spiel hatten! Außerdem könnten wir etwas an Versorgung zur Marsbasis bringen, die Leute dort also retten, besser gesagt: Das gesamte Marsprogramm retten!

Wie lange braucht ihr, eine raumflugtaugliche Gondel, oder wie ihr das immer nennen wollt, zu konstruieren?" Georgie sah mir in die Augen. „Eigentlich dachten wir, dieses Projekt langsam auszubauen, damit wären wir vielleicht in einem halben bis einem Jahr soweit, Experimente außerhalb der Erde zu wagen!"

„Ihr bekommt alles zur Verfügung, was notwendig sein wird! Inklusive aller Geldmittel, jeglichem Material, Spezialisten, die euch unterstützen, sowie Prämien und Patentsanteilsverträge, aber legt los und macht so schnell wie möglich!"

Ich hörte von meinem IEP die aktuelle Uhrzeit ab, wollte meinen Hauscomputer abfragen, aber es kam keinerlei Verbindung zustande, schließlich wurde unsere Experimentierhalle von Störfeldern berieselt, dann meinte ich zu Joachim: „Wir legen morgen los, wie ich sehe sind die Wohncontainer fertig. Besorgen sie uns einen Softwarespezialisten, der für

Laufzeitberechnungen zur Verfügung stehen wird, dann brauchen wir eine Mannschaft, die einen neuen Nanoprinter aufbaut, der Endloswafer printen kann, also auf ein Laufband printet, wenn möglich, ein Parallelprinter, der nahtlos mit mehreren `Nadeln´ nebeneinander breite Wafer ausspuckt, haben wir noch die isolierte Taucherglocke mit autarker Energieversorgung? Die nehmen wir für die ersten Versuche, dann brauchen wir Techniker, welche eine hydraulische Landevorrichtung anbringen können. Sollte dieser Versuch gelingen, sagen wir mal, ein paar Schritte auf dem Mond, dann gilt es eine große Gondel zu bauen, mit der wir Material zum Mars bringen und den Containerschrott dort abholen können. Und! Wir brauchen Schutzanzüge! Schließlich soll angeblich die Marsluft so dünn sein!" Georgie meinte: „Und furchtbar nach Eisenrost stinken!" Silvana riet: „Nimm halt ein paar von deinen Tabakstinkern mit!" Georgie: „Zu wenig Luft dort! Die brennen kaum!" Joachim Berger mischte noch ein: „Mittlerweile gibt es einen geringen Sauerstoffanteil in der Marsatmosphäre! Diese Blaualgen haben schon viel geleistet!" „Dann wollen wir uns dort ein Wochenendhäuschen bauen lassen, nicht wahr mein Liebster?" Gabriella grinste so süß und wissend, dass man nicht wusste, wie hoch der Ernstanteil ihres Gesagten war. „Blaualgensee vor der Tür, Eisengeruch in der Luft, Treibhaus für Marsmohrrüben am Hintereingang, der Horizont mit den Marsmonden und eine Satellitenantenne für Erdnachrichten. Romantischer würde es wirklich nicht mehr gehen!" „Die bayrische und deutsche Flagge müssen auf den First!" Schäkerte ich noch. Joachim, schon sichtlich angeschlagen, stand vom Tisch auf. „Ihr bekommt alles was ihr anfordert! Rettet unsere Institutionen, rettet unsere Namen und helft der Welt in ein neues, besseres Zeitalter, aber in aller Götter Namen, geht jetzt in die Wohncontainer, schlaft euch aus, mehr als tausend Leute wachen über euch. Am besten nehmt eine zeitcodierte Schlaftablette. Wenn ihr morgen hierher in die Halle kommt, dann werden schon ein paar von diesen Dingen, die ihr braucht, hier sein. Nanoprinterbauteile kommen direkt aus Dresden, Serienstickstoffkühlelemente werden angefordert und ebenso die Printerspezialisten. Softwarespezialisten haben sich bereits zwei gemeldet, ah, kommen noch heute Nacht!" Dieser Joachim! Hat er doch ein IEP, welches sicher durch die Störimpulse über einen Feincode empfangen konnte! Dann stockte er, hörte in sich hinein, dreht sich noch einmal zu mir und zu Georgie, machte ein sehr ernstes Gesicht, trotz seiner unterlaufenen Augen und der geröteten Backenhaut. „Max und Georg! Ich muss euch leider mitteilen, dass eure Wohnungen aufgebrochen wurden. Wurde soeben durchgegeben. Männer! Es wird ernst! Die Chinesen oder die Franzosen, oder beide, haben etwas erschnüffelt und wollen ein Stück vom Kuchen; Nein, sie wollen den ganzen Kuchen! Seid auf der Hut, passt auf eure

Frauen auf, verlasst nicht das Gelände. Wir werden morgen hier noch einen Castorumzug simulieren, damit die Spione dieses Sicherheitssystem hier etwas glaubhafter annehmen! Natürlich sollte nichts in einen Bezug zu euch und euren Forschungen kommen! Was diese Spione nun wirklich schon wissen, ist für uns zum aktuellen Zeitpunkt nicht feststellbar; aber allzuviel sollte es nun doch noch nicht sein. Jedenfalls dürfte schon das Interesse von Hintergrundakteuren entflammt sein! Sollten sie also die Castorsache nicht glauben, dann haben wir wenigstens Ablenkung für die Öffentlichkeit."
„Aber Castorumzüge gibt es doch seit der Abschaltung aller Kernkraftwerke nicht mehr. Das glaubt ja eh keiner." So mein Einwand. „Hier in Oberpfaffenhofen gibt es immer noch einen unterirdischen Experimentalmeiler. Es ist gelungen, Teilstrahlung unschädlich zu machen und die pure Atomkraft als Raumschiffantrieb zu gewinnen. Dabei hatten wir wieder das Problem, erst einmal strahlungsfrei in den Orbit zu kommen, doch der Antrieb an sich funktionierte bereits! Jetzt ist er aber komplett hinfällig, seit ihr mit diesem Wafer experimentiert. Damit geben wir nun diese Forschungen öffentlich zu, Projekt als unbefriedigend eingestellt und wir müssen Strahlungsreste entfernen. In Wirklichkeit konnte die Strahlung tatsächlich fast komplett eingedämmt werden!" Jetzt waren auch wir vier baff. Georgie meinte nur noch: „Nicht nur unsere Welt sollte eine strahlende Zukunft bekommen, auch noch unsere Nachbarplaneten – nein danke. Atomkraft hatte seine volle Berechtigung, aber jetzt nicht mehr! Wir sind einige Schritte weitergekommen. Los Max! Ab in die Heia, ab morgen haben wir den Rest der Welt zu retten!" „Und der erste Schritt der menschlich-kosmischen Evolution beginnt!" Hatte Gabriella noch dazugefügt! Wir sahen alle auf meine Frau, die immer wieder zukunftsverflochtene Einwände von sich gab, die irgendwie aber sinnorientierend wirkten! Dann begaben wir uns in unsere bereitgestellten Wohncontainer. Ein purer Luxus wurde uns hier geboten! Georgie wanderte zur nächsten Tür und verabschiedete sich: „Lass dich noch feminin voll aufladen, bevor du eine Zeitkodierte nimmst; Morgen brauchen wir sicher sehr viel Energie!" „Das glaube ich mittlerweile auch schon. Gute Nacht mein Freund!" Silvana: „Gute Nacht." Gabriella: „Auch gute Nacht!" Dann nahmen meine Frau und ich noch ein langes Bad im Whirlpool, auch Holo-TV funktionierte nicht oder noch nicht! So waren wir bald in einem Fünfschicht-Gelbett mit Massagepumpen, welche nach eingestellter Zeit immer langsamer arbeiteten und sich dann eine nach der anderen abschaltete. Richtig schön zum Einschlafen, wenn nicht dieser Druck durch die Sicherheitsmaßnahmen gekommen wäre. Gabriella schenkte mir noch alle Zärtlichkeiten der Welt, als wir dann eng umschlungen warteten, bis die Schlafmittel wirkten. Mit müder Stimme flüsterte sie noch in mein Ohr:

„Ich liebe dich mein Schatz, ich würde immer bei dir bleiben wenn du es auch haben willst, ich werde mit in deine Träume reisen, mit dir zum Mars, mit dir zu den Sternen – und ich möchte irgendwann einmal neben dir sterben dürfen. Auch die letzte Reise sollte uns zusammen gehören."

Dann schlief dieses Prachtmädchen, scheinbar nur Sekunden vor mir ein.

3. Kapitel
Testflug nach Hamburg. Ziele werden gesteckt.
Nachrichten für die ganze Welt: Eine Technik für den Frieden!

Zuerst war ich allein in der Halle angekommen, es wimmelte schon von in weißen Overalls gekleideten Personen.
Seltsam! Nun gab es scheinbar keine Wochenenden mehr! Heute war Sonntag! Als auch Georgie eintrat, Silvana befand sich ebenfalls noch im zugeteilten Wohncontainer, blieben alle Ingenieure und Spezialisten stehen, drehten sich zu uns und gaben uns einen lang andauernden Applaus!
Prof. Dr. Joachim Albert Berger war auch in einen weißen Overall gekleidet, trat aus der Menge hervor, klatschte noch ein paar Takte weiter, als er sich dann als Sprecher der gesamten Mannschaft behauptete.
„Herr Rudolph und Herr Verkaaik!" Er begann scheinbar mit einer Rede.
„Sie haben eigentlich bereits Geschichte geschrieben und wir sind stolz, als Mitarbeiter daran teilhaben zu dürfen. Sicher ist die Geschichte bislang noch geheim, doch wird diese in noch nicht absehbarer Zeit der Menschheitsgeschichte angehängt. Die besten deutschen, holländischen und weiteren Spezialisten aus aller Welt, die sich der Forschung staatenneutral verschrieben haben, stehen Ihnen nun zur Verfügung, um ihr Projekt so schnell es geht voranzutreiben. Sie wissen nun, dass diese Angelegenheit, ihre Forschung, uns zur Hoffnung gereicht, letzte Ungereimtheiten und Ungerechtigkeiten aus dem Weg zu räumen. Ich hatte gestern davon erzählt, dass Spione angekommen sind, die schon eine große Sache vermuten. Tatsächlich wurden auch zwei von sicher mindestens einhundert Agenten festgenommen, es waren auch, wie bereits vermutet Franzosen, die aber für die Chinesen arbeiteten. Leider müssen wir sie laut den Statuten des Europarats binnen achtundvierzig Stunden wieder freilassen. Für die Zerstörung Ihrer beider Wohnungen können Sie selbst Einzelanzeigen aufgeben, die aber sicher auch bald wieder durch Wertausgleich annulliert werden. Dadurch wäre aber eine zeitliche Verzögerung möglich. Hier die vorgefertigten Formulare, ich rate dringend dazu!" Wir nahmen die Formulare an uns, überflogen diese und unterzeichneten. Yogi nahm sie wieder an sich, lächelte etwas verbissen, nickte, dann fuhr er fort: „Ralph Marco Freeman, Softwarespezialist, gebürtiger Australier, aber auch schon seit fast fünfunddreißig Jahren in Dresden im Partnerinstitut tätig, steht Ihnen voll zur Verfügung. Die Taucherglocke ist unterwegs, am Großflächennanoprinter wird bereits nach Ihren Angaben gebaut, die Schutzanzüge sind ebenfalls angefordert. Fehlt nur noch Ihre Programmfreigabe für die Großwafer, sowie die partitielle

Umprogrammierung für eben diese Großflächenprintwafer. Dafür steht Ihnen Ralph zur Verfügung!" Ich stellte mich vor meinen Freund Georg, auch ich wollte dieser Mannschaft etwas sagen:
„Liebe Freunde dieses nun gemeinsamen Projektes! Ich bin ganz einfach der Max, ich möchte mit euch allen in einem freundschaftlichen Sinn zusammenarbeiten, dabei auch die hinderlichen förmlichen Ansprachen gleich von vorne weg abschaffen. Langsam bin ich mir nun auch bewusst, dass wir mit unserer Entdeckung und unseren Experimenten ein neues Fenster aufgestoßen haben. Das Ziel, welches nun für uns alle gelten soll ist: Wir arbeiten für den Frieden, für die Erde, für die gesamte Menschheit, auch für Franzosen und Chinesen; Aber klauen lassen wir uns auch nichts!" Gelächter hallte auf, auch Georg musste lachen.
Dann erklärte ich noch dazu: „Ohne meinen Freund, der den Nanoprinter verfeinerte, wären diese Experimente gar nicht möglich gewesen;
Ohne meine Frau, die unwahrscheinlichste Zusammenhänge, auch aus dem kosmischen Bereich erkannte, wären wir noch nicht so weit gekommen!"
Wieder wurde etwas Klatschen laut, dann nahm ich meinen Logpuk aus dem Koffer, stellte ihn auf den Boden und befahl ihm: „Standby-Betrieb beenden. Sicherheitsmodus für Waferstrahlung, Waferaktivierung moderat ansteigend; Steighöhe drei Meter, Holoprojektion einer simulierten Taucherglocke mit angedockten Wafer oben und unten, ausfahrbaren Landestützen. Simulation eines Testmondfluges nach Berechnungen, dazu bitte Händels Wassermusik. Zur Holounterstützung Steighöhe auf sieben Meter erweitern, dann wieder zurück!" Der Puk stieg auf drei Meter und verharrte schwerelos. Dort schaltete sich das nun nach unten gerichtete Holofeld ein und zeigte eine glänzende Taucherglocke mit je einem Wafer oben und unten und den Landeklappen oder –stützen, auf der Erde stehend. Die ersten Klänge aus `Händels Wassermusik´ erklangen hallenfüllend, dann simulierte der Puk das Flimmern oberhalb des oben montierten Wafers, die Taucherglocke stieg langsam an, die Landestützen wurden eingefahren, die Simulation beschleunigte, das Flimmern verstärkte sich etwas, dann wurde der Himmel in der Projektion immer schwärzer, die dargestellte Gondel befand sich also im simulierten Orbit um die Erde.
„Kondensatorimpuls" ließ der Puk vernehmen, wie ein Pilz mit Haube nach unten und Stiel nach oben, unendlich lang im räumlichen Sinn verschwand die Gondel bestehend aus Taucherglocke und Wafer, der Puk schnellte in einem Sekundenbruchteil weitere vier Meter nach oben und zeigte nun im Hintergrund die Mondoberfläche, die Gondel, die sich langsam mit anmontierten Steuerungswaferelementen dreht, die Landestützen wieder langsam ausfuhr und zur Mondoberfläche hinab zu steigen schien. Nach einigen Minuten setzte die Simulation auf der Oberfläche leicht federnd auf

und das Flimmern des Wafers schaltete sich ab. Eine ebenfalls simulierte Person mit einer rauchenden Riesenzigarre stieg aus der Gondel und steckte die bayrische, deutsche und Europafahne an einem simulierten Steckmast in den weichen Mondboden! Der Puk schaltete das Hologrammfeld ab und senkte sich wieder bis auf drei Meter zum Boden. Die Wassermusik wurde langsam leise gedreht.

Es gab es wieder einen lang anhaltenden Applaus aller hier befindlichen Leute. Georgie stellte ich nun vor mich und erklärte: „Der Mondfahrer mit der Zigarre, das war ich! Mein Freund Max konnte es wieder einmal nicht lassen, mich wegen meines Lasters zu veräppeln! Es dürfte aber jedem klar sein, dass man auf dem Mond keine Zigarren rauchen kann, zumindest nicht ohne ein Luftfeld aufzubauen. Meine Herrschaften! Ich freue mich auf unsere Zusammenarbeit, ich schließe mich meinem Freund Max an, wir wollen nur für den Frieden, für die Freiheit und für das Wohl der gesamten Menschheit arbeiten! Wenn wir, so wie es aussieht, den Schritt in den Kosmos wagen, dann wollen wir die gesamte Menschheit geeint in unserem Rücken wissen. Evolution soll nicht nur körperlich stattfinden, nein auch geistig! Dass vor den Weiten des Kosmos auch die Evolution nicht halt machen würde, das war mir schon seit Langem klar, dass ich dies noch erleben würde, war mir weniger klar! Und jetzt bitte ich um einen untypischen Start in unsere Abenteuer der Forschung, Konstruktion und baldigen Reisen. Champagner für Alle!"

Der Kühlserver fuhr aus seinem Ladeeck, schob Champagnergläser auf die Servierplattform und füllte diese über eine Verteilerbatterie. Dr. Berger bekam ein langes Gesicht, als er diese Zeremonie verfolgte, die ganzen Ingenieure klatschten erneut und begeistert und ich schlurfte langsam an die Seite von Joachim: „Bist du nun unser Chef oder musst du unseren Anweisungen Folge tragen?" Yogi sah mich degradiert an: „Seit heute bin ich Ihnen, äh, euch unterstellt!" „Dann bekommst du hiermit die erste offizielle Anweisung: Nimm ein Glas Champagner und stoße mit uns Allen an!" Joachim verwandelte sein ernstes Gesicht zu einem fast echten Yogi-Bär-Grinsen, er ließ es sich aber nicht zweimal sagen und nahm ein volles Glas, drehte sich inmitten der weißgekleideten Mitarbeiter und rief:

„Auf den Frieden, auf die Zukunft, die uns wieder mit einem Brillianten lockt, auf die Freundschaft, auf gute Frauen, die uns unterstützen wollen, auf Max, auf Georg, auf den Mond und den Mars und auf die Unendlichkeit, vor der wir auch nicht zurückschrecken werden! Prost Freunde!" Ein hallenfüllendes „Prost, Prost, Prost", gefolgt von einem andauernden Klirren der Gläser ertönte und es machte den Eindruck, als wenn hier wirklich alle an einem Strang ziehen wollten!

Draußen hörte man das Summen turbinengetriebener Lastkraftwagen, die an der anderen Seite der Halle Transportcontainer absetzten. Ein paar Techniker liefen auf die andere Hallenseite und öffneten ein großes Tor. Erste Bauteile des Großflächennanoprinters waren zu sehen, ein Transportband von immerhin vierundzwanzig Metern Breite und zwei Metern Länge, welches man noch mit Rollenschüben verlängern konnte. Georgie lief sofort los. Er hatte erkannt, hier kam ein Versuchsaufbau, der seinem Entwicklungsprinzip entsprach. Auch Ralph startete sofort los, um bald erste Programmierungsmaßnahmen für den Riesenprinter einleiten zu können. Ein weiterer Sondertransport brachte doch tatsächlich – eine kugelrunde, isolierte Taucherglocke! Yogi hatte scheinbar nicht geschlafen, denn alles, was ich ihm auf die Schnelle gesagt habe, wurde Stück für Stück angekarrt. Auch noch eine Menge an Stützenmaterial, Gelenken, Schubstangen, Motoren, Hochleistungspuks, also Hochleistungscomputer; Alles erste Sahne.
„Joachim!" Fragte ich Berger: „Wie viele Leute sind nun eigentlich hier, um an diesem Projekt mitzuarbeiten?" Joachim antwortete schnell: „Erstens alles Freiwillige, die nach Sicherheitsstatuten ausgewählt und dann befragt wurden, also 129 Personen, ich als euch unterstellter Systemkoordinator und ihr beide! Dann allerdings kommen noch die nicht eingeweihten, aber vereidigten Sicherheitsleute von der innerdeutschen Terrorabwehr, das werden nun aber immer mehr, sind schon auf 1300 Personen angewachsen. Ferner die Transportführer der Lieferungen."
„Donnerwetter! Hier liegt große Hoffnung auf unserem Projekt, nicht wahr?" Und Joachim: „Das kannst du laut sagen Max. Sollten wir es nicht schaffen innerhalb von zwölf Wochen ein paar Schrottteile vom Mars zu holen, der globale Gerichtshof uns zu Regress den Chinesen gegenüber zu verurteilen, dann steht eventuell sogar dem DLR das Aus ins Haus! Die Übernahme durch China wäre dann auch schon so gut wie beschlossen!"
„Und damit auch die Übernahme aller unserer Patente und Geheimnisse, nicht wahr?" „Absolut!"
Ich sinnierte weiter: „Wie steht es mit den Fraunhofern?" Joachim sah mich mit zugekniffenen Augen von der Seite her an, durch einen Teil des Daches, wo Makrolonfenster eingebracht waren, flüchtete eine Wolke vor der Sonne und deren Strahlen trafen direkt in die Augen von Prof. Dr. Berger. Seine Augen leuchteten wie die Augen eines Huskys. Fast weiß, leichtes Blau, seine Iris zog sich zusammen. „Weißt du nicht, Freund Max, die Fraunhofer arbeiten seit über fünfzig Jahren mit dem DLR sehr eng zusammen, noch enger als vor der großen Flutkatastrophe, es gibt auch viele geheime Firmen, die direkt mit unseren beiden Instituten verstrickt sind. Geht der DLR einmal den Deutschen verloren, sind die Fraunhofer ebenfalls

verkauft, darum dieser Kraftakt um eure Tachyonengegentaktwafer. Meint ihr, wenn die Chinesen oder die Franzosen so einen Wafer oder ein Teil davon stehlen könnten, ob sie diesen dann auch nachbauen könnten?" Georgie war zurück, federte in den Knien vor Freude über die Situation und dem Wert, der unseren Forschungen zuteil wurde, dann antwortete er: „Dazu müssten diese unseren Wafer wieder im Nanobereich Atom für Atom zerlegen, jedes Atom einzeln bestimmen, in einem Großrechner datentechnisch ablegen. In allen Computern, die diese Grundlagen gespeichert haben, habe ich auch einen Fehler hinterlassen, ohne Korrektur dessen nie ein Wafer aktiviert werden könnte!" Breit grinsend stand Georgie nun auch breitbeinig da. Joachim sah einerseits erleichtert, andererseits betroffen aus der Wäsche. „Was? Ein Fehler? Hmmh, das könnte natürlich auch die Rettung sein. Was hatte `Henry´ mit dieser Sache zu tun?" Das war auf mich bezogen. „Henry hatte nur Aufzeichnungen von, ja genau! Von meinem schwebenden Puk, da ich Henry erst einmal Daten geben musste, sollte er meinen Puk nun schwebend akzeptieren und nicht zu den für Alarmausgabe definierbaren Objekten annimmt!" Yogi schaute in Richtung eines Hallendachfensters, als sich wieder eine Wolke vor die immer noch sehr starke Sonne schob. „Also wissen die Chinesen und Franzosen zumindest schon, nach was sie suchen müssen. Ich gehe davon aus, dass momentan deren Spezialisten Henry zerlegen und versuchen alle Daten zu extrahieren." „Der Schrotthaufen, der vor dem Haus nach dem Überfall lag?" Bohrte ich nach. „Ein anderer Henry!" Meinte Yogi nur, „Ein Ersatz-Schrott-Henry. Georg! Was hast du denn für einen Fehler eingebaut, beziehungsweise in den Waferprintprogrammen unterlassen? Du brauchst es mir nicht unbedingt sagen, wenn es ein großes Geheimnis bleiben soll, doch würde es mich schon interessieren, auch um zu wissen, ob jene Spione dies experimentell nachvollziehen könnten." Georgie lächelte, sah sich einmal in der gesamten Halle um, ging noch einen Schritt auf Joachim zu und erklärte: „Jede einzelne Hornantenne auf dem Wafer im atomar strukturierten Bereich braucht laut Max´ Idee einen Taktgeber. Eine Materieeigenresonanzstrahlung! Wir nahmen Fluoratome, die frei gekapselt wurden. Durch die Erregerspannung beginnen sich die Fluoratome von der Kapselwand zu lösen, mit diesem Effekt können wir auch die Frequenz leicht variieren. Bei annähender Resonanz verharren die Fluoratome in der Kapselmitte, ich nenne dies ähnlich einer elektromagnetischen Hochfrequenzantennenleitung den Skineffekt! Fluoratome zeigen kaum Zerfallserscheinungen und geben sich als vorzügliche Frequenzgeber aus, noch dazu, da wir die Frequenzen im Versatz und der Zirkulation mischen! Und genau diese Strukturkapseln mit den Fluoratomen habe ich aus den Programmen genommen! Dieses Teilprogramm gebe ich erst wieder ein,

wenn ich für uns printe! Also würden die Chinesen maximal eine schwach glimmende Scheibe produzieren können, vielleicht bekleben die Franzosen dann den neuen Plastikeiffelturm damit für die Weihnachtsbeleuchtung!" Joachim lachte erleichtert! Er schaute mir in die Augen: „Max! Wie seid ihr genau auf Fluoratome als Frequenzgeber gekommen?" „Ach weißt du Yogi! Da hatte ich so eine Zahnpasta zu Hause, so ein Extraweiß, so schön und rein. Mit Fluor wegen der Schmelzhärtung! Und nach dem Zähneputzen sind mir einfach ein paar dieser Atome übrig geblieben!"
Joachim sah mich ein weiteres Mal groß an, begann zu lachen, drehte sich dann um und ging in Richtung der Taucherglocke, die bereits von Spezialisten bearbeitet wurde. Dabei schüttelte er immer wieder den Kopf, gab ein kleines Lachen ab, schüttelte wieder den Kopf, so dass einer der Techniker ihn fragte, ob er mit der Anordnung der Landebeine an der Taucherglocke nicht einverstanden sein würde. Joachim lachte laut und verneinte. Dann erklärte der Cheftechniker für diese Landebeinkonstruktion stolz: „Ich habe berechnet, dass wir eine Fünfbeintechnik anbringen! Gewichtsprobleme haben wir nach Max´ und Georgs Angaben nicht, also höhere Sicherheit durch fünf computersynchronisierte Landestützen, wie die guten Bürostühle mit fünf Rollen! Die sind auch fast nie umgekippt!" „Respekt, Respekt!" Meinte Joachim väterlich zu ihm, „fliegende Taucherglocken, fliegende Dixie-Klos, nun auch noch fliegende Bürostühle, was?" Der Techniker sah ihn fragend an, wusste nicht so recht wie im widerfahren war, konzentrierte sich dann aber wieder auf sein Teilprojekt, um mit seinem Team diese fünf hydraulischen Landebeine an der Taucherglocke anzubringen.

Donnerstag den 15. Oktober 2093
Bericht Georg Verkaaik:
Heute gegen Mittag hatten wir es geschafft! Der überdimensionale Nanoprinter war fertig gestellt. Nun war es möglich Abermilliarden von diesen Nano-Hornantennen auf Bahnen bis zu fast vierundzwanzig Metern Breite printen zu lassen. Ich musste noch vieles an der Ansteuerung ändern, denn bislang bauten wir ja nur runde und kleine Wafer, aber was nun aus diesem Printer kam, das war eigentlich kein einzelner Wafer mehr! Ich benötigte noch eine Stabilisierung für die nun unterteilten Kondensatoren und Einzelfelder, denn diese brauchen alle den gleichzeitigen Auslöseimpuls, damit nicht ein Teil der darunter angebrachten Transportmaterie schneller in ein Transportuniversum eintaucht als der Rest! Das hätte zwangsläufig eine Katastrophe verursacht! Dazu ist mir aber auch ein Trick eingefallen! Ich hatte eine Gleichstandserregerschaltung entwickelt, die Energie sofort zu anderen Partitionen in der zusammen

geschalteten Oberfläche schickt, sollte an einem gewissen Punkt ein Fluoratom noch nicht in Skinhaltung schweben, also noch nicht im absoluten Zentrum der Kapselung. Durch Zählung der Tachyonen, was mit einem molekularfeinen Gitternetz über dem Waferkomplex geschieht, natürlich erst, nachdem schon eine Minimalstrahlung aufgebaut war, konnte dann ein pulsierendes Feld erzeugt werden, welches bei vollendeter Synchronisation die Ladungsfreigabe des Kondensators verlangt. Der erste Versuch sollte einem alten Vario-Omnibus dienen! Hier handelte es sich um einen Geheimauftrag aus Hamburg. Das ansässige Airbuswerk unterschrieb einen Sponsorenvertrag mit dem DLR und dem Fraunhoferinstitut, sollten wir es schaffen, einen neuen Airbus theoretisch ohne Flügel verkehrstauglich zu machen, dann möchte Hamburg im Alleingang die Airbus D-Serie starten! Riesengroße und breite Flugzeugrümpfe für bis zu 2000 Personen an denen vier Ausleger montiert würden, die mit unseren TaWaPas, interne Abkürzung für Tachyonenresonanzfeld-Wafer-Pakete, belegt werden. Vier Ausleger auch wegen der Sicherheit! Sollte rein theoretisch ein komplettes Waferpack ausfallen, könnte ein Ausleger alleine die Schwebelage weiter stabil halten. Für Schwebeflug werden aber auch keine dieser Leistungskondensatorbahnen benötigt; Direktversorgung reicht hierbei vollkommen aus. Ralph Marco Freeman berechnete bereits die Softwaresteuerung für unseren Experimentalbus, Ingenieure befestigten bereits die vier Ausleger, ein Antriebsfeld wurde ganz ordinär an der Karosse vorne senkrecht befestigt, allerdings mit umlaufenden Verstrebungen und im Heckbereich ein Gleiches für die Bremsvorgänge. Viele kleine halbkugelförmige Wafer standen von diesem Rumpf noch ab, diese sollten der Kurskorrektur dienlich werden. Ralph hatte die Simulation in seinem Hochleistungspuk laufen, als die Waferpacks an den Auslegern des Busses montiert wurden. Die Waferpacks an den Auslegern wurden wieder in Parzellen angesteuert, damit auch eine ungleichmäßige Gewichtsverteilung ausbalanciert werden kann. Am frühen Nachmittag war unser Omnibus flugbereit, meldeten die Techniker! Unglaublich. Der Bus sollte aber nur als Testobjekt dienen und nach Erfolg wieder zerlegt werden, denn es wäre nicht sinnvoll, alle Busse der Erde einmal schweben zu lassen. Oder vielleicht doch?

Auch der neue, geheime Airbus der D-Serie bekäme einen druckfesten Rumpf, damit dieser einmal zuerst senkrecht, dann in einer Parabel bis zu hundert oder mehr Kilometern Höhe steigen könnte, dort dann mittels des frontseits angebrachten Waferpacks auf eine Geschwindigkeit von jeweils für die entsprechende Entfernung Notwendige gebracht werden kann, also zum Beispiel für einen Flug zur anderen Seite der Erde, wäre eine Beschleunigung von bis zu 25000 Stundenkilometer sinnvoll, mehr nicht, denn dann müsste man der Erdzentrifugalkraft schon wieder entgegenwirken. Die Landung müsste entsprechend umgekehrt verlaufen. Mit dem Heckfeld abbremsen, die Ausleger wieder für Schwebeflug aktivieren und langsam in einer Parabel absenken, dann senkrecht landen. Hört sich alles sehr einfach an, es könnte auch sein, dass mit unserer neuen Technik irgendwann einmal alles sehr einfach sein wird, doch im Moment leistete Ralph höchste Programmierkunst! Er programmierte auch ein Überlagerungsprogramm, ein Notfallprogramm, mit dem vier getrennte Puks eigenständig steuern könnten, aber immer nur der mit der besten funktionierenden Eigenkonfiguration die Steuerimpulse senden durfte. Dabei ergab sich eine theoretisch berechnete Sicherheit von einem Komplettausfall aller Systeme alle zweiundvierzig Millionen Jahre.

„Herr Verkaaik und Herr Rudolph!" Rief uns Joachim förmlich. Aus seiner Stimme war erkennbar, dass es sich um einen geschichtsträchtigen Moment handelt. „Wir bitten euch beide, die `Schiffstaufe´ zu tätigen, auch einen Namen für dieses Testvehikel zu kreieren!" Alle Techniker standen mit feierlich glänzenden Augen um diesen Variobus, dem man auch die Radbuchten entfernt hatte, allerdings stand er auf vierundzwanzig kleinen Stelzenrädern. Max kam an meine Seite und flüsterte mir lächelnd zu: „Wetten, dass dieser Bus einmal inaktiv im deutschen Museum landen wird? Wir brauchen einen Namen für das Ding, der sich gewaschen hat! Einer, der für eine friedliche und saubere Welt stehen wird! Was meinst du zu `TERRANIC´? Angelehnt an die zwar leider verunglückte Titanic, aber der Name Terra steht für die ganze Welt und wir wollen ja die Welt sauber machen, einigen, vorwärts bringen; Der Name sollte aber auch nicht zu lange sein, nicht wahr? Die Taucherglocke bekommt dann einen Namen, der in eine Serie eingegliedert werden kann. Baubedingt oder nutzungsbedingt." „Mir ist das fast egal", meinte ich. „Doch für Namen in einer Hoffnung bringenden Reihe, ja, da bin ich auch dafür, logisch!" Ich drehte mich zu Joachim und erklärte laut, so dass es alle Leute in der Halle hören konnten: „Wir finden den Namen `TERRANIC´ angepasst. Dieser Name steht für die ganze Welt, unsere Technik soll letztendlich allen Menschen dienen; Doch zuerst müssen wir diese auch hoffähig machen und verhindern, dass sie uns weggenommen wird, zuletzt vielleicht sogar der Zugang zu unserer eigenen Technik noch untersagt würde." Joachim nickte einverstanden, Ralph Marco steuerte per Puk einen Schnittplotter an, der zwei riesige Schriftzüge aus Klebefolien erschuf, weitere kleinere für vorne und hinten, dann wurden diese auch schon aufgedampft. Klasse! Schillernde Buchstaben, ähnlich den aktivierten Wafern! Ralph hatte schon ein Können. „Ich bitte um einen Testlauf, dazu habe ich auch einen Testpiloten der

Hamburger Airbuswerke angefordert, dieser bringt euch dann auch dorthin, wir haben eine Sonderfluggenehmigung! „Sicher dürfen wir auch unsere Frauen mitnehmen, oder? Im Bus ist Platz für fast zweihundert Personen!" Ich richtete die Frage an Joachim. „Sicher doch! Aber passt auf euch auf, denn wir müssen bald auch noch zum Mond und dann zum Mars!" Herr Florian Reinhard, der Testpilot der Hamburger Airbuswerke. Ich hatte ihn schon in den letzten Tagen fleißig mit dem Simulator trainieren sehen, was heißt denn trainieren? Er muss den Flug nur überwachen, denn die Steuerung oblag den vier Puks. Route war festgelegt, doch erst geht es mal um die Grundfunktionen, dafür waren Max und ich zuständig, auch Ralph für die Steuersoftware. Ralph hatte die Daten aus meinem Puk ausgewertet und verfeinert, der Größe des Variobusses mit seinen Waferpacks angepasst, sowie auch für die Antriebs- und Bremswafer sowie Steuerungseinheiten. Als Energieversorgung wurden vorläufig noch Brennstoffzellen verwendet, die von einem Generator bei Bedarf unterstützt werden könnten. Doch laut Simulation würden wir kaum Energie benötigen. Ein paar Mitarbeiter rollten einen roten Teppich aus, Gabriella und Silvana kamen, als wir sie per IEP dazu aufforderten. Beide Damen sollten als erste diesen Testbus betreten dürfen, dann forderte ich den Testpiloten auf, einzusteigen, auch den Ralph und so nahm ich Max an meine Seite, dass wir beide nebeneinander durch die ausreichend breite Türe treten konnten.

Es wurde ernst. Ralph schaltete die Computer von Standby auf Aktiv, in der Windschutzscheibe wurden die Daten eingeblendet, alle Wafer zeigten grün für Funktion. Dann befahl Max dem Puk: „Minimale Resonanz, steigern für Schwebehöhe von fünfzig Zentimetern!" Der Variobus hob vom Boden ab, leichter Staub löste sich ebenfalls vom Boden unter den Auslegern und wusste nicht, sollte er dort haften bleiben oder dem Boden den Vorzug geben. Das waren aber keine windbedingten Staubwirbel.
Durch die Auslegertechnik blieb die Schwerkraft im Bus vorhanden!

„Florian! Bitte übernimm du jetzt!" Forderte ich den Testpiloten auf. Florian nahm seinen Platz dankbar ein und begann mit der Checkliste für die Wafer an den Steuerungseinheiten. Dazu musste er nur noch verbal mit dem Puk, also dem Steuerungscomputer kommunizieren: „Minutendrehung um senkrechte Mittelachse, dreihundertundsechzig Grad." Der Bus drehte sich sofort und scheinbar ohne Massensinschränkung einmal um sich. „Ebenenanpassung waagrecht, Ausgleich der Zentrifugalkräfte für Kurvenflüge automatisch!" Der Puk antwortete: „Bereits im Grundprogramm verankert, bestätigt!" Draußen war zu erkennen, dass Joachim das Hallentor öffnen ließ, dann befahl Florian: „Optische Sensoren

aktiv für Ausschleusung! Hangar verlassen!" Der Bus schwebte komplett geräuschlos aus der Halle, die Wafer glommen kaum unter dem Polymerschutzgitter. Florian: „Alle Beschleunigungs- und Bremswerte sowie Kurvenwerte so berechnen, dass keine höhere Andrückkraft als plus null Komma fünf Gravos entstehen! Gilt für den gesamten Testflug!"
Er geht auf Nummer sicher, der Mann! Wir hatten als Sicherheitsgrenze zwei Gravos, also zweifache Erdanziehungskraft, nach alten Maßeinheiten, einprogrammiert. „Sonderflugluftkorridor nach Hamburg, Steuerung nach Keplersatelliten, Maximalgeschwindigkeit 500 Stundenkilometer, Maximale Flughöhe zum durchschnittlichen Realboden 800 Meter. Ziel: Airbusproduktionshalle, Arreal 14 – D Tor vier."
Ich sah, nachdem ich auf dem Beifahrersitz Platz genommen hatte, den Florian von der Seite her an, dieser hatte seine Augen auf den Kontrollprojektionen an der Scheibe, aber alles lief reibungslos ab! Nicht die geringste Abweichung, ein Flug wie in der Simulation oder noch einfacher. „Warum maximal 800 Meter?" Wollte ich vom Florian wissen. „Ich habe Order, das Risiko der Spionage so gering wie möglich zu halten. Wenn nicht gerade ein Stereosatellit, also diese optischen mit den zweiten Kameras an je einem Ausleger, der Chinesen über uns drüber fliegt, dann bleiben wir normalerweise unentdeckt! Sicher, Restrisiko ist immer noch hoch, aber ihr könnt doch auch nicht etwas erfinden, mit dem man billigst fliegen kann und dann bleibt dies alles in einer Halle! Irgendwann muss man an die frische Luft! Und ihr müsst uns retten! Richtung Mars, nicht wahr?"
„Schön gesagt und alles wahr!" Meinte Freund Max im Sitz hinter mir. Unsere Frauen schauten aus den Fenstern, leichtes Angstgefühl in den Gesichtern widerspiegelnd, aber beide sichtlich stolz auf uns und darauf, bei diesem Experimentalflug dabei sein zu dürfen. Beide Damen wurden von unserem Konsortium wie wir vereidigt, keine öffentlichen Aussagen über die abgelaufenen Arbeiten und Forschungen zu machen. Vorläufig! War ja momentan sowieso egal, denn wir hatten unsere Wohncontainer, die Halle und das Experimentalgelände nicht mehr verlassen! Nur dieser Testflug brachte uns wieder einmal etwas weiter weg. Ein seltsames Gefühl hatten wir schon! Wir saßen in einem Variobus, einem normalerweise bodengebundenen Fahrzeug, aber flogen damit in achthundert Metern Höhe fast lautlos dahin! Nur die für diese Geschwindigkeit doch etwas ungünstigere Form des Busses verursachte Windgeräusche. Der Frontwafer war so angebracht, dass das Strahlungsvakuum unterhalb der Fahrgastzelle entstanden war, nicht dass beim Beschleunigen die Passagiere in Richtung Wafer gedrückt würden! Ebenso der Bremswafer. Die halbkugeligen Steuerungswafer verloren ihre Strahlungswirkung schneller, eben durch die

Kugelform. Mittlerweile konnten schon tiefergreifendere Berechnungen der Eigenschaft von Tachyonenstrahlung vorgenommen werden; Für Schwebeflug, also dem Entgegenwirken der Raumandrückkraft, reichte ein Sicherheitsgitter in einem Abstand von minimal vierzehn Zentimetern. Nun hatten wir aber diesen Abstand auf zweiundzwanzig Zentimetern erhöht und alle Wafer mit UV-gehärtetem Makrolon überzogen, damit auch Regenwasser oder andere Flüssigkeiten, Staub und so weiter die Delektrizitätskonstanten nicht wafernah verändern könnten. Geringe Veränderungen, die sich nicht vermeiden ließen, konnte durch die Piezoelemente ausgeglichen werden, werden also vollautomatisch von den Puks übernommen. Das Basissoftwarepaket stand, Ralph machte seine Arbeit in absoluter Perfektion. Simulationsdaten für die nächsten großen Rundwaferpacks lagen auch schon vor! Die Rundwaferpacks waren für die umgebaute Taucherglocke notwendig, damit diese unsere Raumgondel bilden kann. Florian kündigte schon den Landevorgang an! Nur etwas über eine Stunde war vergangen, da schwebten wir in der Airbuskonstruktionshalle ein. Ein Komitee von Vorstandsmitgliedern wartete bereits auf uns; Wieder wurde ein roter Teppich ausgelegt, als der fliegende Variobus auf dem Hallenboden aufsetzte. Mir wurde dieses Ehrengehabe schon zuviel, auch Max sah missgünstig aus dem Fenster, aber wir sollten uns erst einmal eine zeitlang daran gewöhnen. Ruhm ist so flüchtig wie der Rauch einer Zigarre und wenn diese Technik in breiterem Spektrum eingesetzt sein wird, dann wird wohl keiner mehr unsere Namen in den Mund nehmen, so dachte ich. Doch genau in diesem Punkt sollte ich mich auch gewaltig irren!
Wir ließen natürlich unseren Frauen den Vortritt, was die Wartenden etwas irritierte, doch schnell liefen zwei Männer weg und brachten zwei riesengroße Rosensträuße für Gabriella und Silvana! Alle dachten, dass wir, Max und ich zuerst auf den Ehrenfloor treten würden. Als Max und ich aus dem Variobus stiegen, tönte wieder Geklatsche auf. Ein Herr in Nadelstreifen betrat den roten Teppich und kam direkt auf uns zu. „Ich darf mich vorstellen: Ich bin Dr. Dr. Sebastian Brochov, entschuldigen Sie meinen Namen, aber die vierte Generationen in Deutschland; Ich weiß, dass Sie beide nicht viel von diesen Floskeln halten, darum wäre es mir auch eine Ehre, wenn Sie mich nur mit Sebastian ansprechen würden!" „Klar Bastl! Machen wir!" Der Max wieder in seiner frech-fröhlichen Art. Sebastian küsste erst noch schnell die Hände unserer Frauen, schon schüttelte er auch unsere Hände, stellte uns den anderen Mitgliedern des insgesamt siebzehnköpfigen Komitees vor. In Richtung Gabriella gewandt, fragte er: „Sind sie die so gelobte, große Denkerin dieses Projektes?" Gabriella lachte: „Ich hatte nur gedankliches Vakuum gefüllt! Frauen, die

den Sinn des Gokk erkannt haben, unterstützen die eigenen Männer in allen Belangen, auch in neuralen Dreifachsaltos, nicht war Silvana?" Silvana nickte lächelnd und Prof. Brochov verneigte sich mit einem kurzen, steifen Kopfnicken. „Wahrscheinlich die schönsten Ergebnisse aus den Genkorrekturen der zweiten Generation, nicht wahr?"
Dann kam Sebastian sofort auf den Punkt, er sah wieder zu mir und Max:

„Wir haben die Fertigung aller Airbusse vor über einer Woche eingestellt!"
„Was? Warum denn das!" Wollte ich von ihm wissen. „Ganz einfach, Herr Prof. Dr. Berger hatte mit uns bereits gesprochen, ihr könnt beruhigt sein, abhörsichere Audio-3D-Videoverbindung. Nachdem wir uns bereits als Sponsoren zur Verfügung stellten, Herr Berger uns mitteilte, dass ihr den absoluten mechaniklosen Antrieb entwickelt hattet, dieser in den Versuchen schon perfekter als perfekt funktionierte, hatte auch unser Komitee beschlossen, die treibstoffintensiven Versionen von Flugzeugen produktiv gesehen einzustellen."
„Alle Mann ausgestellt, was? Das war nicht in unserem Sinne, dass Menschen arbeitslos werden würden!" Schimpfte Max. „Ich kann Sie, oh Entschuldigung, ich kann dich, Max, beruhigen, niemand wurde ausgestellt, wir haben nur sehnsüchtig auf den heutigen Tag gewartet, um erste Versionen nach Modell ihres Variobusses zu entwerfen. Dazu hatten wir bereits mit der Produktion von solchen Auslegern begonnen, die statt Flügel angebracht werden können. Wir nehmen für erste Versionen die C-Serie, wandeln diese dann in die D-Serie um, die künftig den Doppelwellenrumpf erhalten sollte. Wir wollen die neue Technik als erste und zwar von Hamburg aus nutzen! Airbus-Toulouse steht vor der Abspaltung, seit die Franzosen immer mehr unsere Technik nur wegen Staatsdefizitszahlungen an die Chinesen verkaufen. Das Airbuswerk in China produziert ohnehin schon mehr Flugzeuge als wir in Europa, wobei ja die fleißigen Chinesen unser Know-how bereits wieder an viele abgespaltete Kleinflugzeughersteller weiter vergeben hatten. Hätte die große Flut 39 nicht auch die Chinesen erwischt, dann währe wohl rund die Hälfte der Menschheit chinesisch oder zumindest asiatisch und wir müssten uns noch stärker fügen als bisher schon." „Schon schlimm genug." Meinte ich. „Franzosen und Chinesen waren in unseren Wohnungen!" „Wissen wir!" Teilte Dr. Dr. Brochov mit. „Sie waren die letzte Zeit nur in der Experimentierhalle, die deutsche Terrorabwehr war noch nie so aktiv wie jetzt! Im chinesischen Fernsehen wurde ihre Entdeckung bereits ausgestrahlt!" „Was? Wie können die etwas ausstrahlen, was nie gefilmt wurde?" „Die haben deinen `Henry´ entschlüsselt, schon vergessen? Der hatte Aufnahmen deines schwebenden Puks wegen künftiger Identifikation gespeichert. Die Welt kommt langsam

in Aufruhr! Bislang konnten die Politiker noch alles als Trickaufnahmen oder Scherzartikelproduktion abtun; Das dürfte bald vorbei sein! Niemand auf der Welt will, dass die Deutschen einen brachialen technischen Vorsprung erfahren! Zwar wollen die Deutschen nur noch den Weltfrieden, aber die alte Angst, hinter den Deutschen zurückstehen zu müssen, ist an den anderen Völkern haften geblieben." „Wir wollen diese Technik aber auch nur für friedliche Zwecke verwenden lassen!" So meine Ergänzung. „Fast kein Deutscher will etwas anderes! Wir wollen auch diese Technik einmal jedem zugänglich machen, aber erst müssen die Patentrechte und die Verwendungsrechte global geklärt sein, Airbus-Hamburg darf sich doch daran beteiligen, so hoffen wir inbrünstig?" „Sie sponserten bereits, ich kann mir auch nicht vorstellen, dass Airbus an einer Waffenproduktion interessiert wäre. In allen Verträgen, an denen wir mitbeteiligt sein werden, also auch der neuen Weltpatentrechte, an denen wir Mitsprache haben werden, werden wir auch waffentechnische Nutzung untersagen!" Max sprach für uns beide. Prof. Brochov versicherte:

„Die Welt hat in den letzten Jahrhunderten gelitten wie ein Prügelknabe. Mit dieser Technik können wir diese erst einmal entlasten! Wir, also Airbus-Hamburg, das DLR und die Fraunhofer Institute werden eine Interessengemeinschaft gründen, ihr beide bleibt auf Lebzeiten Komiteemitglieder mit vollem Votumsrecht! Diese Sicherheit wird euch auch in allen Einzelverträgen zugesagt.

„Alles klar, Bastl! Dann steigt mal alle ein, wir machen einen Probeflug!" „Das war beabsichtigt", meinte Sebastian. Florian trat wieder an den Variobus heran, Ralph konnte ein Grinsen nicht unterdrücken als der Pilot dem Hochleistungsrechner laut befahl: „Henry der Zweite, öffnen!" Und die Türen schwangen auf. Hatte doch der Ralph wegen dem Verlust meines Henry´s den `Terranic´-Steuercomputer auf `Henry den Zweiten´ umgetauft. Wieder durften die Frauen als erstes in den Bus einsteigen, dann folgten Max und ich, Ralph, Florian der Pilot, der Vorstandsvorsitzende der Airbus-Hamburg Herr Dr. Dr. Brochov, dann alle Restlichen aus dem Komitee. Als Florian den zweiten Sonderflug per Funk anmeldete, stellte er nur noch sicherheitshalber fest: „Künftig werden wir unsere Bewegungsart nicht mehr als Flug bezeichnen, für unsere Sprachwissenschaftler handelt es sich wieder um eine `Fahrt´, denn `Flug´ beruht auf `schwerer als Luft´ und Aerodynamik. Diese brauchen wir aber nur noch für die horizontale Fortbewegung, für eventuelle Raumfahrt ohnehin nicht mehr. Aber unser Variobus wurde als Sonderflug eines Airbus gemeldet, wieder um Spione abzulenken, wobei ich sicher bin, dass nun bereits die Geheimdienstsuppe in höchsten Graden brodelt!" Noch während dieser Worte schwebte die TERRANIC absolut lautlos aus der Fertigungshalle. Alle neuen Insassen hielten den Atem an! Der Kurs sollte uns wieder nach München bringen, auch um dort schon die ersten Vorverträge zu unterzeichnen. Doch war eine längere Route geplant. Über Teile der mittlerweile sehr breiten Ostsee, das europäische Bundesland Polen nach Slovatschech, also Slovakei und Tschechien, die innerhalb der europäischen Union sich der Wirtschaft halber wieder vereint hatten, aber dieses Mal unter Führung der Slowaken, dann etwas Alpenflug, oder eben Alpenfahrt und zurück nach München, Oberpfaffenhofen. Nachdem wir dieses Mal aber auf über 2000 Meter aufstiegen, hatten wir erst einen tollen Blick auf Hamburg, die Flutschutzzone, die trotz der eintretenden Dunkelheit durch die glimmenden Illuminationsplatten entlang den Verkehrswegen erkennbar waren. Unser fliegender, oder besser, in der Luft fahrender Variobus hatte Positionierungslichter nach flugtechnischen Vorschriften erhalten. Bald waren wir auch schon über polnischem Gebiet; Auch hier sollte unsere Sonderfluggenehmigung gelten, da die Luftraumkontrolle von Deutschland aus gesteuert wird, als plötzlich ein Schwenkflügelclipper neben uns auftauchte und per digitalem Airband anrief: „Bitte steuern sie sofort die Airbase in Warschau an! Dringlichkeitsorder Alpha von Eurocop!" Florian antwortete sofort: „Eurocop weiß Bescheid; Wir haben die Daten unseres Fluges gemeldet! Wir haben eine feste Route und werden nirgendwo landen, außer in München!" „Es wurde ein Airbustestflug gemeldet. Ihr Vehikel ist aber wohl auch nach bestem Dafürhalten kein Airbus!" „Das ist ein Airbus! Sehen Sie nicht? Ein Bus und in der `Air´, was also sollte es denn sonst sein?" Doch der scheinbar polnische Pilot wollte nicht locker lassen: „Ich habe Befehl, sie notfalls abzuschießen, landen Sie sofort, letzte Aufforderung!" „Oh, Sie wollen einen Skandal provozieren? Dann . . ." Max setzte sich auf und sprach in das Mikrofon: „Hören Sie gut zu: Lieber werden wir uns abschießen lassen, als dass wir dieses Versuchsfahrzeug jemanden übergeben würden! Wieviel zahlen denn die Chinesen für Ihren Auftritt? Geben Sie Europa eine Chance! Auch ihr Land wird von dieser neuen Technik profitieren! Wir drehen jetzt nämlich um, wir sind ja kaum fünf Minuten über polnischem Bundesgebiet. Tschüss, mach´s gut!"

Während Max diese Durchsage machte, teilte ich dem Steuerungspuk mit, dass wir die Limits des Andrucks auf vier Gravos erhöhen wollen, mahnte alle Insassen sich noch einmal fester anzuschnallen, zwinkerte dem Piloten Florian zu und bedeutete so etwas wie `Vollbremsung´! Der Variobus würde in der Luft stehen bleiben können, der Schwenkflügelclipper natürlich nicht! Florian hatte kapiert. Plötzlich zischte der Clipper an uns vorbei, unser Bus drehte auf der Stelle, als sich der Clipper nach einer Flugschleife wieder näherte und wieder mit Durchsagen starten wollte,

nahm ich das Mikrofon zur Hand, nahm auch die Nagelfeile von Silvana und kratzte mit gedrückter Sendetaste über die Mikrofongehäuserippen. „Defektes Funkgerät, irgendetwas stimmt nicht! Wir müssen umdrehen um es reparieren zu lassen!" Wieder wollte der Pilot einen Versuch wagen: „Sofort landen! Ich habe Schießbefehl!" „Defektes Funkgerät mein Freund! Kratz, kratz, kann nichts verstehen." Im Luftraum vor der deutschen Bundesgrenze meldeten sich indes drei Piloten nacheinander, die auch in je einem Schwenkflügelclipper saßen. Diese forderten den polnischen Piloten auf abzudrehen um keinen Vertragsbruch nach europäischer Luftraumnutzung zu begehen! Insbesondere geht es auch in erster Linie um einen Testflug, der nach Erfolg auch polnischen Zulieferfirmen für Airbus etwas einbringen würde. Währenddessen schaltete Florian die Wafer hoch und der Variobus beschleunigte fast vom Stand aus um weitere fast eintausend Meter nach oben. Wir wurden dabei ganz schön in die Sitze gepresst, dann gab auch unser Pilot `Vollgas´! Für diese Buskonstruktion erlaubte er sich aber nur knapp achthundert Stundenkilometer, das genügte aber auch; Der Clipperpilot würde es nicht wagen, in Richtung Deutschland zu schießen. Jetzt sicher schon gar nicht mehr, da er einen Staatskonflikt verursachen könnte oder auch, weil die drei deutschen Clipper, die vom innerdeutschen Terrorschutz abkommandiert wurden, kein heiles Haar mehr an ihm lassen würden. Interessant dabei war allerdings, dass diese Aktion sicher von den Chinesen, die schon was entdeckt haben, gestartet worden war. Diese bezahlen ja bei Erfolg extrem gut!
Oder die Franzosen haben die Daten eines Airbustestfluges abgerufen und wollten wissen, was dahinter steckt. Oder auch beide haben sich zusammengerauft und wollen sich die neue Technologie teilen, Airbus Industries Frankreich-Toulouse und das Werk in China! Ich war im Grübeln, als Florian noch ein paar Manöver `fuhr´, die der Clipperpilot nur noch beobachtete. Die Wendigkeit unseres Gefährts war ja auch nicht ohne! Vielleicht hatten ihn auch die eindringlichen Worte von meinem Freund Max zusätzlich etwas beeindruckt. Wir waren also zurück in deutschem Luftraum, pendelten wieder in eine freigegebene Luftfahrtsstraße ein, verzichteten aber auch nach Rückfrage auf den Alpenrundflug. Es war stockfinstere Nacht, doch die Frontscheibe wurde von einem Holoprojektor mit einem Bild belegt, welches aus einem Restlichtverstärker stammt. Die Scheibe reichte fast bis zum Fußraum, so dass wir trotz Allem einen fantastischen Ausblick hatten.
Herr Dr. Brochov tippte mir von hinten auf die Schulter und raunte: „Ich bin jetzt schon davon überzeugt, dass wir künftig unsere Flugzeuge nach diesem Prinzip bauen werden. Herr Prof. Berger hatte mir schon erzählt, dass die Kontinentalflüge künftig über die Atmosphäre hinausgehen

könnten! Können Sie, äh, Entschuldigung Georg, kannst du mir etwas über die Nutzlast dieser Technologie verraten? Wieviel Gewicht lässt sich damit transportieren?"

„Nun, Sebastian! Das ist leicht beantwortet: Diese Version, wie wir sie mit diesem Bus anwenden, braucht selbstverständlich etwas mehr an Energie, wenn mehr Gewicht an Bord ist. Das liegt aber nur daran, dass die `Auftriebsausleger´ seitlich am eigentlichen Rumpf anliegen, um keinen Schwerelosigkeitszustand im Passagierraum zu erzeugen, natürlich auch um Kotztüten zu sparen. Sie wissen schon, von der Seekrankeit zur Raumkrankheit! Bei theoretischen Raumgondeln, welche ja vollflächig von diesen Resonanzwafern bedeckt sein müssen, sogar etwas darüber hinaus, um das gesamte Objekt von der von vorne kommenden Andrückkraft abzuschirmen, ist das Gewicht unkritisch, da dann eben die `von hinten´ kommende, als Schub wirkende Strahlung bis in den atomaren Bereich hineingeht, das heißt, jedes einzelne Atom wird mit jeweils gleicher Kraft simultan angeschubst! Mehr Masse bedeutet auch, dass mehr angeschubst wird, somit gibt es prinzipiell nicht mehr Gewicht, auch wenn mehr in der Gondel eingelagert wäre! Wir haben es hier mit Materieeigenresonanz zu tun, die mit mehr Masse auch mehr reagiert! Ist jetzt noch irgendetwas klar?" Sebastian schaute in etwa so, als wenn sich in seinem Hirn tausend Relais nacheinander anschalteten. Dann nickte er und schüttelte auch gleich den Kopf, als er meine abschließende Frage richtig verstanden hatte. „Ich habe das Prinzip schon in etwa gecheckt, doch die Frage, die für mich wichtig ist, ist auch noch nicht beantwortet: Wieviel Energie brauchen wir zum Beispiel für diesen Flug?" „Och, wieviel werden das wohl werden, Moment mal; Ralph! Wieviel Energie haben wir schon verbraucht? Schau doch bitte mal auf den Ladezähler der Brennstoffzellen!" Ralph schaute auf den eigenen 2D-Monitor, der die Ladeanzeige auf eine sehr primitive Weise darstellte, aber für unsere Zwecke natürlich ebenso vollkommen ausreichte. „Insgesamt haben wir schon, oh Schreck! Schon achtzehn Prozent der Brennstoffzellenladung verbraucht! Das sind gut elf Kilowatt! Das polnische Manöver hat uns doch glatt zwei Extrakilowatt abverlangt! Wenn das so weiter geht, dann würden, sollten wir zum Beispiel nach Brasilien fliegen, kurz nach dem Äquator bei Recife in etwa die Generatoren anfangen zu arbeiten! Dann allerdings könnten wir getrost mit den Deuteriumtreibstoffen und öfteren Nachfüllen der Brennstoffzellen mit den Wasserstoffkapseln mindestens einhundertzehnmal die Erde umkreisen! Und das aber innerhalb der Atmosphäre! Außerhalb geht ja nicht, weil dein Fenster oben einen Spalt offen steht!"

„Was!" Sebastian sprang auf, so dass er sich eine schicke Schramme mittig seiner linken Geheimratsecke an der Stauraumklappe des Variobusses holte.

„Wollen Sie behaupten, die Beleuchtung des Busses braucht fast mehr Energie, als der Reisebetrieb?" Nun lächelte Max ihn breit an: „Wenn dieses Fahrzeug noch mit diesen altmodischen Glühfadenbirnen beleuchtet wäre, dann in jedem Falle, Sebastian! Wir arbeiten auch noch daran, dass wir irgendwann mal die zum Betrieb notwendige Energie auch aus etwas anders konstruierten Wafern holen können, haben wir bislang aber deshalb nicht gemacht, denn die notwendige Menge dazu ist absolut unkritisch. Würden wir rund doppelt so viele Passagiere transportieren, so benötigten wir vielleicht überschlagen nur sechs Prozent mehr Energie!" Nachdem Sebastian sein Sakko abgelegt hatte, die Hemdsärmel zurückgestülpt waren, konnte man deutlich erkennen, wie es ihm die Armhaare aufstellte! Mit glänzenden Augen fragte er noch mal nach:

„Der ultimative Antrieb, nicht war?"

„Die Energie, die das Universum aufbläst, stand uns immer schon zur Verfügung, sie hat uns auch immer zuverlässig an unsere Erde angedrückt, dass wir ja nicht so einfach abhauen konnten! Doch wie die Steinzeitmenschen zuerst lange am Holz rieben um vielleicht nach einer Stunde oder so Feuer zu machen, wie der moderne Mensch dann zuerst das Streichholz erfand, dann das Benzinfeuerzeug, dann das Gasfeuerzeug mit vollautomatischer Piezozündung, also Vorhandenes so komfortabel kombinierte, dass er einen Nutzen davon ziehen konnte, so muss man auch diese Technik ansehen! Wir nutzen die Strahlung, die schon immer da war, seit sich das Universum zu dehnen begann! Diese Energie ist aber auch so reichlich vorhanden, dass der Teil, den wir nutzen werden, auch dann, universell gesehen, noch nicht ins Gewicht fällt, wenn alle der über neun Milliarden Menschen eine eigene Raumgondel betreiben würden! Im Gegenteil! So wie zum Beispiel Raumsonden von der Hinterkreuzung einer Planentenbahn beschleunigt werden, wird ja dieser Planet von der minimalen Tachyonenabschattung - Gravitation, dieses Wort verwende ich bewusst kaum mehr, im Verhältnis abgebremst. Hier haben wir genau das Gegenteil vorliegen! Wird hinter dem Tachyonenresonanzwafer die Masse `unfreiwillig´ beschleunigt, also durch die `unendlich schnellen Teilchen´, die ja durch das Feld erst von vorn umgelenkt werden, wird irgendwo im Universum eine andere Masse somit beschleunigt, es könnte aber auch ein Tachyonenüberladungsschub aus einem schwarzen Loch sein, der dieses minimal ungefährlicher machen könnte. Nicht vergessen, in einem absoluten Resonanzfeld entsteht ein eigenes, extrem langgezogenes Universum, in dem aber im eigenen, internen Verhältnis eine Kugel eine Kugel bleibt! Von theoretisch außen gesehen wäre es ein unendlich langer Faden. Doch Vorsicht! Hierbei handelt es sich nur vorerst um graue, leicht unterlegte Hypothesen! Als die Chinesen vor über zweitausend Jahren das

Schwarzpulver entdeckt hatten, konnten sie auch nicht erklären, wie eine Sprengung funktionierte, aber sie haben schon alles Mögliche gesprengt damit, diese Burschen! Die Theorien, wie das sein könnte, kamen dann später, wissenschaftlich fundierte Erklärungen dann eigentlich in der relativen Neuzeit! Das Allerwichtigste ist: Diese neue Technik ist da! Diese neue Technik hat das Universum für uns vorbereitet! Diese neue Technik ist unkritisch, wenn man bestimmte Voraussetzungen beachtet . . ."
Da hatte mein Freund der Max aber einen langen Vortrag gehalten und Ralph unterbrach ihn nun, „ . . . und diese neue Technik habt ihr beide mit und nach eurem Oktoberfestgeplänkel rechtzeitig entdeckt! Das wird die Welt runderneuern, also retten! Keine fossilen Brennstoffe mehr, keine Auspuffgase, kein FCKW mehr! „Gibt es ja eh fast nicht mehr, oder?" So mein Einwand. Doch Ralph winkte ab. „Die letzten Indios und Zentralafrikaner, die nunmehr etwas Technik bekommen hatten, bedienen noch alte Traktoren und Lastwagen. Heutzutage ist jeder Liter fossiler Brennstoff, der verbrannt wird einfach mehr als ein Liter zuviel!"
„Wahr gesprochen! Also, genau wie Georgie und ich es haben wollen! Nutzung dieser Technologie, nach Klarlegung aller Patent- und Nutzungsrechte, eine Technologie für Alle auf dieser Welt und nur für friedliche Anwendung! Dafür werden wir einstehen und diese Voraussetzung wird von einem jeden Vertragspartner verlangt!"
„Ihr habt in jedem Falle meine Zusage!" Sebastian hatte sich schon etwas von diesen langen Ausführungen erholt, dann holte er tief Luft und setzte mit ernster Stimme zu seiner Ausführung an: „Eigentlich wollte ich mit Joachim zuerst noch sprechen, auch wegen Sicherheitsfragen, was eure Feldgeneratoren betrifft, doch das Ergebnis überzeugt mich schon jetzt voll und ganz! Airbus-Industries of Hamburg wird sofort entsprechend umrüsten, wir rufen den Bau der D-Serie aus, zuerst mit verstärkten Rümpfen aus der C-Serie, so dass auch der fastorbitale Flug gesichert sein dürfte. Jetzt zu euch beiden", er schaute von mir zu Max und wieder zu mir, „Wir bauen eure Marsgondel! Ja ganz genau. Eine zweiteilige Marsgondel, deren unterer Teil ein abdockbarer Container sein wird! Damit werden die Marsianer gerettet. Ein Scheibencontainer dazwischen kann von dem abgestürzten Versorgungscontainer Schrottteile aufnehmen und wieder zur Erde bringen! Diese Teile brauchen wir dringendst, denn ihr wisst ja, die Chinesen wollen uns, beziehungsweise das DLR und uns regresspflichtig machen, die Amerikaner können sich dazu sowieso nicht mehr äußern, sonst würden die Chinesen ihnen den Zutritt zur Marsbasis verbieten. Es sieht so aus, als wenn die Raumfahrt wieder mehr in deutsche Hände kommt! Zumindest vorerst, bis wir die Technik dann weltweit für die von euch bestimmte friedliche Nutzung freigeben. Ich gebe Startschuss zum Bau der

Marsgondel ab morgen, stellt bitte schnellstmöglich eure Pläne dafür zur Verfügung!" Nun waren auch wir wieder baff! Wir hatten erst ein paar grobe Züge für die Marsgondel gespeichert, aber die Techniker von Hamburg könnten sicher schon aus den Grundmaßen etwas bauen.
Weitere Daten vom baldigen Mondflug können wir dann auch liefern. Sicher, wenn die Hülle mit den Umlaufheiz- und kühlelementen einmal fertig wäre, die Innenausstattung war ohnehin eine logistische Aktion, die theoretisch bekannt ist! Im Gegenteil zu den früheren Raumflügen gibt es nun keine Gewichtsprobleme mehr! Aerodynamik konnte man im Großen und Ganzen auch vergessen. Die Version, wie sie Sebastian vorschlug, war mir sehr sympathisch! Eine Diskusgondel, eine Mittelschale und eine Untersektion. Dabei müsste das Problem mit dem Gegentaktwaferkomplex an der Unterseite noch gelöst werden. „Toll, Sebastian! Schau, wir gehen runter und kommen in `unsere´ Halle! Ah, da steht schon unser lieber Yogi-Bär!" „Yogi-Bär? Meint ihr Joachim?" „Ja doch!" „Na, dann bin ich mal neugierig, was ihr mir für einen Spitznamen geben werdet, wenn wir auch mal länger zusammenarbeiten . . ."

Endlich einmal kein roter Teppich mehr, aber ein Applaus der Techniker blieb trotzdem nicht aus, als wir wieder ausstiegen. Gabriella lächelte den Sebastian an und meinte: „Ist es nicht schön zu wissen, dass die Evolution seinen Lauf nimmt, sie würde es auch woanders wieder versuchen, hätten wir es fertig gebracht, unsere Welt zu zerstören. Aber nun, nun sind wir auch wieder künftig daran beteiligt! Der Geist, der Wille, der Wunsch, die Neugier und das Umfeld bildet das Menschsein; wenn dies alles harmoniert, dann liefert uns unser Universum den Rest dazu! Sebastian! Hättest du nicht auch mal Lust, einmal Wasser von reinen Flüssen einer anderen Welt zu trinken, an den Blumen einer fremden Flora zu riechen, die Wärme einer fremden Sonne auf der Haut zu spüren und dabei festzustellen, dass dann auch der jeweilige Ort immer wieder ein Zuhause sein könnte? Sind wir nicht jetzt schon, nachdem wir in Gedanken erörtern, unsere Welt nach Belieben verlassen zu können, eine Welt von Erdbewohner, von Terranern statt nach Staatsangehörigkeit geordnete, vorurteilsvolle Einzelintelligenzen? Menschen, die dieser Planet hervorgebracht hatte, alle nach dem gleichen Prinzip und mit der Schönheit der jeweils eigenen Individualität? Auch hat uns der Kosmos die Kunst der Genkorrektur gegeben, die bei richtiger Anwendung dem Sinne der Evolution ja doch entspricht! Sie hat nicht mehr so viel zu tun . . ."
Sebastian sah die Gabriella mit großen Augen an, dann küsste er ein weiteres Mal ihre Hand: „Frau Rudolph! Sie erstaunen mich zunehmend und mehr über mehr! An Ihnen – ach entschuldige, ich weiß schon

Gabriella – an dir ist eine Philosophin verloren gegangen, nein! Mehr! Du hast, wie ich erfahren habe, das Universum den beiden näher gebracht, wie hast du das den geschafft, wie konntest du in solchen Bahnen denken?"

Gabriella schaute zu ihrem Max, lachte und antwortete: „Ich lebe nach den Gokk-Regeln, das bedeutet schon einmal dass ich nicht muss, ich darf! Zwanglos! Ich habe technisches Verständnis, auch aus Erfahrung. Ich bin ebenfalls genkorrigiert! Dann verbinde ich all mein Wissen und Erfahrung in meinem Geist, schnalle mir die Flügel der Liebe zu meinem Mann um und konzentriere mich darauf, alles zu tun, um auch ihn nicht nur im puren Frausein zu unterstützen. Wenn sich dann mein Geist öffnet, dann will das Universum mir etwas geben; der kosmische Zauberstab berührt mich und der Geist der universellen Evolution sickert in mich ein und raunt mir zu: Es ist wieder soweit: Ihr müsst den nächsten Schritt versuchen! – Ohne innerer Bereitschaft gibt es weder Liebe noch Evolution – ein Teil vom Sinn des Lebens!"
„Was ist der Sinn des Lebens?" Wollte Sebastian noch wissen, als Joachim schon neben ihm stand. Wieder lächelte Gabriella süß in Richtung ihres Max und sie antwortete: „Suche, egal was, wenn du es gefunden hast, dann suche wieder etwas anderes, höre nie auf zu suchen! Teile aber das Gefundene mit den Anderen und animiere diese, auch zu suchen und auch nicht aufzuhören zu suchen. Suche aber nicht nach dem Sinn des Lebens in der fälschlich erwarteten Form von etwas Begreifbarem, suche nur nach dem Sinn deines Tuns!"
„Suchst du nun im Universum?"
„In allen Universen! In den Großen und in den Kleinen! Und wenn die Universen mit Frieden und Liebe gefüllt sind, dann macht das Suchen auch so richtig Spaß! Dann brauche ich auch nicht unbedingt etwas finden."

Langsam wandte sich Sebastian von Gabriella ab und gab sich sehr nachdenklich. Joachim hatte die letzte Unterhaltung mit angehört und meinte, als beide langsam in Richtung des Großflächennanoprinters marschierten: „Ohne dieser Frau würden diese Beiden noch in der Erde bohren! Ach lassen wir das! Nein, Gabriella hat den Riecher für Zusammenhänge! Eine Frau, gesegnet mit einem erstklassigen Körper, mit einem extrem hohen IQ und einer beneidenswerten Natürlichkeit. So was trifft man halt nur bei uns auf dem Oktoberfest!"
„Wo? Auf dem Oktoberfest? Da muss ich auch hin!"
„Nächstes Jahr wieder mein Lieber, nächstes Jahr! Ihr habt Probleme gehabt?" „Ja und was für welche. Zuerst gab es die Genehmigung für den Testflug oder besser die Testfahrt, dann kam plötzlich dieser polnische

Clipper und wollte uns zur Landung zwingen . . ." „Ich wurde bereits informiert, Sebastian. Wie war die Reise?" „Unglaublich. Wir stellen sofort um, schau dass ihr alles unter Dach und Fach bringt und liefert diese Waferkomplexbahnenresonatoren oder wie diese Dinger heißen, benötigte Maße sende ich via Worldlog, nur einfache Verschlüsselung, denn mit Bestellungen können die Spione nicht viel anfangen. Laufen die Steuerungsprogramme auch auf den Sempex-Rechnern? Dann könnten wir noch unseren Vorrat verwenden." Joachim drehte sich zu Ralph Marco: „He Ralph! Läuft die ganze Gaudi auch auf den Sempex-Rechnern, die in den Airbussen eingebaut werden?" „Voraussetzung ist die Vierfachsicherheit oder sollte sie sein, ansonsten kein Problem; Wir müssen nur andere Interfaces anschließen, die eine Feinjustierung der einzelnen Wafersektoren zulässt, dann werden wir noch ein `Notaus-Programm´ installieren, was einen sofortigen `Schwebenullzustand´ hervorrufen kann! Habe ich mit dem Technikerbund aus Dresden schon besprochen und Georg gab bereits grünes Licht!" Nun standen Dr. Dr. Brochov und Prof. Dr. Joachim Albert Berger vor den Nanoprintern. Beide Printer arbeiteten seit der Inbetriebnahme fast unaufhörlich und spuckten langsam diese TaWaPas aus. Es war wesentlich sinnvoller, diese Geräte dauerhaft arbeiten zu lassen, nur immer die Elektrolyte nachzufüllen, damit der Kühlstickstoff nicht umsonst auf diesen Tiefsttemperaturen gehalten werden musste. Max und ich gesellten uns zu den Beiden und der Sprecher der Techniker, welche die Printer betreuten, eröffnete: „Diesen jetzigen Ausgaben folgend werden nun bereits die Prints für die Mondgondel, respektive umgebaute Taucherglocke! Wir benötigen bald die Größenangaben für die Marsgondel, bald die Größenangaben für die Ausleger der neuen Airbusclipper, damit wir die Printer alle effektiv laufen lassen können. Hinten am Versuchsgelände wird eine weitere Fertighalle aufgestellt! Dort werden weitere dieser Printer eingebaut, wenn die Verträge unterzeichnet sind!"

Sebastian legte die Hand auf die Schulter von Joachim und forderte ihn auf: „Los gehen wir in ein Büro!"
Das gesamte Komitee schloss sich den Beiden an und waren für den restlichen Abend und für die gesamte Nacht nicht mehr zu sehen. Max und ich gingen ohnehin kurz vor Mitternacht in die Wohncontainer, begleitet von unseren Damen die zwar stolz, aber nicht überheblich dieses Art Leben genossen. Die gesamte Anlage und unsere Wohncontainer waren mittlerweile besser bewacht waren als Fort Knox.
Gegen neun Uhr Vormittag waren wir wieder zurück.
Joachim, Sebastian und die Mitglieder des Komitees sahen ausgesprochen fertig aus. Sie forderten uns auf, auch in das Büro zu kommen, die Verträge

einzusehen und unsere Unterschriften dazu zusetzen. Ein Stapel an Akten lag vor der Wasserzeichenpresse mit Lasercodierer und dem Audentifikationsscanner, der alle Verträge mit den Live-Unterschriften in den deutschen Notarcomputer einscannt und einen Rechtsgültigkeitscode aufschweißt. Dabei wird auch die Airbus-Hamburg einen Anteil an den Patentrechten erhalten. Fünf Prozent an Max, fünf Prozent an mich, wir stellten je aber ein vollgültiges Votumsrecht! Die restliche Aufteilung von achtundzwanzig Prozent an Airbus und je einunddreißig Prozent an die DLR und das Fraunhofer Institut. Letztere drei gründeten aber eine neue Gesellschaft, die TWC mit Sitz in Oberpfaffenhofen. Die Tachyon-Wafer-Company, in der mir und Max je ein lebenslanger, unkündbarer Sitz zugesichert wurde! Auch die Nutzung für ausschließlich friedliche Zwecke stand in den Statuten. Die Ausnahmeregelung bestätigt nur den Verteidigungszweck. Der Audentifikationsscanner übernahm auch die letzten behördlichen Eingaben für die Patentvergabe. Diese stand dann ausdrücklich auf unsere Namen, aber als Mitarbeiter unserer Institutionen die dafür zu zeichnen hatten.

Nur eine knappe Stunde später spuckte der Netzrechner ein Beschwerdevotum der Chinesen über den globalen Gerichtshof aus! Wir wurden aufgefordert, diese Technik genau detailliert aufzuschlüsseln, da China bereits an dieser Wafertechnologie arbeitet, ob wir nicht gegen das Patentrecht verstoßen würden. „Aha!" Meinte Max. „Die Chinesen haben meinen Henry den Ersten entschlüsselt, der hatte auch die Daten der Wafer, allerdings ohne den gekapselten Fluoratomen. Die Chinesen hatten diesen Wafer bereits nachgebaut! Georg, haben die Chinesen denn einen Nanoprinter?" „Ja, einen der alten Generation! Den werden sie aber ganz schön übertaktet haben, dass dieser schon so einen Wafer printen konnte, dann dazu noch einen, der nicht funktioniert! Um Wafer für die neue Airbusgeneration printen zu lassen, müssten sie mindestens zwei Jahre warten, haha!"

Am Nachmittag kam der Beschluss des globalen Gerichtshofes zur Patentrechtvergabe. Dieser forderte uns auf mit einem funktionierenden Wafer in die neutrale Zone nach Malta zu kommen. Wir reklamierten sofort und beantragten Augenscheinnahme der Richter hier in Oberpfaffenhofen, dazu luden wir auch einen Abgeordneten der Chinesen ein, die dieses Weltpatent vor uns anzumelden versuchten. Nach Dringlichkeitsverordnung wurde bereits ein Termin für den 20. Oktober 2093 gesetzt. Die Richter hatten zugesagt, die Augenscheinnahme vorzunehmen. Freundlich, wie wir waren, luden wir also die Delegation der Chinesen ebenfalls ein, doch müssten diese sich einer genauen, neutralen Untersuchung stellen, damit nicht weiter Spionage betrieben werden könnte, also keine Minikameras oder auch keine Augenmemories, die über die Augen Bilder speichern könnten. Das könnte wieder ein notwendiger Triumph deutscher, europäischer Pioniere werden! Doch sollte das Endprodukt der gesamten Welt zugänglich werden, auch um uns irgendwann einmal endgültig als `Terraner´ bezeichnen zu können. So lange würde der Weg dorthin vielleicht auch gar nicht mehr sein, wenn man sich vorstellt, dass seit der Idee bis zum ersten `luftfahrenden´ Bus noch nicht einmal vier Wochen vergangen sind! Auch die Rettung der Marsmission war in Reichweite, weit vor der kritischen Phase für die dort lebenden Menschen und Wissenschaftler.

Dienstag, 20. Oktober 2093
Bericht Max Rudolph:
Die einundzwanzig Richter des globalen Gerichtshofes waren am Münchener Flughafen Franz-Josef-Strauss gelandet. Mir war die Geschichte des stark umstrittenen, bayrischen Politikers einigermaßen bekannt. Er wurde hauptsächlich von seinen Politikgenossen bekämpft, eben weil er ein Bayer war! Dabei hatte er Zeichen für ganz Deutschland und letztendlich für die ganze Welt gesetzt, auch wenn ihm mal das eine oder andere Malheur passierte. Die Omen standen indes wirklich nicht schlecht, als zu erkennen war, dass die Gerichtsdelegation mit einem kleinen, älteren Airbus B 112 mit Vorflügeltechnik und Deuteriumturbinen, also absolut umweltfreundlich, transportiert wurden. Ein Variobus, dem das Emblem des globalen Gerichtshofes aufgesetzt wurde, brachte dann die hohen Herren nach Oberpfaffenhofen. Die chinesische Delegation kam ebenfalls im Flughafen an, mit einem größeren, neueren Airbus, dem C 80 aus rein chinesischer Produktion. Ich hätte größte Lust gehabt, die Richter mit unserem Variobus abzuholen, aber das wurde uns strengstens untersagt! Auf dem Gelände des DLR in Oberpfaffenhofen wimmelte es nun von Menschen, die Sicherheitsleute hatten alle Hände voll zu tun, um die Reporter abzuwimmeln! Die Störfelder über dem Versuchsgelände wurden nun abgeschaltet und wir konnten unsere Holo-TV-Projektoren aktivieren.

Ich wusste kaum etwas, von dem was bislang in den Nachrichten ablief, doch wurde von GlobalNews von einer Sensation gesprochen, im Programm von EuroHolo spricht man von chinesischen und französischen Eierdieben, denen die Beute zu schwer wurde! Aufnahmen von unseren zerstörten Wohnungen wurden gezeugt, der kaputte Henry, der aber gar nicht Henry war. Das Programm Deutsche Welle feierte die neuen Technikpioniere bereits auf allen deren fast 80 Kanälen! Plötzlich wollte ein jeder wissen, wer dieser Max Rudolph und dieser Georg Verkaaik war, auch die Namen von unseren Frauen fielen. Unsere IEP meldeten sich laufend, schon hatten Reporter unseren Kontaktcode herausgefunden und wollten sich je Exklusivinterviews sichern. Nachdem dann aber die nervliche Grenze erreicht war, schalteten wir unsere eingepflanzten Mobiltelefonnachfolger mit einem Zeitlimit ab. Nur eine Sprachnachricht hatten wir befohlen, die jeder Anrufer bekommen würde: „Wir bitten um Verständnis, aber warten Sie bitte die Entscheidung des hohen Gerichts ab, dann werden wir einen Koordinator bestimmen, der für Öffentlichkeitsarbeit zuständig sein wird! Danke!" Gabriella teilte mir ebenfalls mit, dass sie nun ihr IEP ebenfalls abgeschaltete.

„Max! Stell dir vor! Ein Reporter von FrenchCom hatte mir soeben vierzig Milliarden Globos geboten, (Das wären vor nicht ganz hundert Jahren fast zwei Milliarden Euro gewesen) wenn ich zu einem Exklusivinterview in den nächsten zwei Stunden erscheinen würde!" „Und? Was hast du gesagt?" „Ich habe ihn aufgefordert, diese Summe Amnesty International und der `Clean-Green-World´ zu spenden." „Haha, gut gemacht! Über Geld brauchen wir uns sowieso keine Sorgen mehr zu machen. Wir sind abgesichert mein Schatz." Der Variobus mit den Richtern rollte ein. Vor unserer Halle wurde gestern noch eine Art Empfangshalle angeflanscht, an einer Seitenfläche ebenfalls noch die Embleme des globalen Gerichtshofes angebracht. Die Richter streiften ihre Roben über und nahmen hinter den Blocktischen Platz. Der Justizrechner wurde installiert und in das Worldlog mit Prioritätschannel eingemeldet. Ein weiterer Variobus mit der chinesischen Delegation fuhr zwischen den in Spalier stehenden Sicherheitsbeamten durch, dann wurden sie einzeln noch mit verschiedenen Scannern untersucht, ob sie keine Spionagegeräte dabei hätten. Schon hier wurde zwei Chinesen der Eintritt verwehrt! Diese hatten eine scheinbar neue Spionagetechnik im Nutzen! Ein Mikrobelag auf der Augenhornhaut, der mit einem Atemauslöser hoch auflösende Fotos machen könnte! Auch Nanotechnik, die aber mit einem `langsamen´ Printer auch relativ schnell hergestellt werden konnte. Nachdem der Rest der chinesischen Delegation in den Zuschauerrängen Platz genommen hatte, sich ein Sprecher mit einem Koffer auf den Bänken der Anzuhörenden einfand, dort wo ich die Ehre hatte unsere neue Zunft ebenfalls zu vertreten. Es stand der oberste Richter auf und begann die Vorlesung unserer Patentrechtsbitten und die Patentrechtsbeschwerden der Chinesen. Dazu durfte dann auch der chinesische Sprecher als erster das Wort ergreifen. Er sprach ein Gemisch aus Englisch und Deutsch: „Die Entdeckung dieser neuen Technologie ist auf reine chinesische Forschungsarbeit zurückzuführen! Herr Verkaaik und Herr Rudolph sollten als Spione verhaftet werden, sie haben sich unsere

Forschungsarbeiten illegal beschafft!" Leider musste ich so laut lachen, dass mich der Richter darauf hinwies, ich könnte mit einem Ordnungsgeld zu rechnen haben, sollte das noch einmal passieren. „Hohes Gericht, Herr Vorstandsrichter, ich beantrage diese Sitzung ab sofort öffentlich zu machen. Ich bitte darum, eine bestimmte Anzahl von Reportern auszulosen, lediglich den Reporter von GlobalNews direkt einzuladen, da es sich bei ihm nicht um einen Privatvertreter handelt. Die Richter berieten sich, der Justizrechner wurde befragt, ob dies rechtlich abgedeckt wäre, dann fragte der oberste Richter den chinesischen Vertreter: „Sind Sie mit dieser Maßnahme ebenfalls einverstanden?" Dieser kam nun ins Stottern! „Ich würde diesem Antrag entgegen stimmen, denn wie in beiden Fällen sollte unausgereifte Technik der Öffentlichkeit auch nicht vorgestellt werden!" Mich durchzuckte es wie ein Elektroschock und schrie in Richtung dieses unverschämten Asiaten: „Unausgereifte Technik, bei uns nicht, bei Euch vielleicht!" „Herr Rudolph! Sie werden nun mit einem Ordnungsgeld von vierzigtausend Globo belegt! Diese Summe kann sich mit jedem unaufgeforderten Einwand verdoppeln, ist Ihnen das klar?" Alle einundzwanzig Richter sahen nun auf mich und ich gab mich gespielt reumütig. „Sicher hohes Gericht, bitte entschuldigen Sie, doch es kann von keiner unausgereiften Technik die Rede sein, zumindest was unsere Arbeiten und Ergebnisse betreffen; Doch dazu will ich Sie dann selbstverständlich nach Ihrer Aufforderung überzeugen, nochmals bitte ich um Entschuldigung!" Ich stand auf, trat vor den Justizrechner, ließ meinen Chip im Brustbein abtasten und gab den Abbuchungscode über das IEP bekannt. Schon war ich um vierzigtausend Globo ärmer, da winkte Joachim und bedeutete mit Handzeichen, dass diese Summe schon wieder von der DLR auf mein Konto aufgebucht worden war. Mittlerweile fanden sich die Reporter mit Kameras und vielem anderen Equipment ein.
GloboNews war direkt in der ersten Reihe vertreten! Mir lief es eiskalt über den Rücken, da ich es mir jetzt auch vorstellen konnte, dass alles was hier nun besprochen, bewiesen und getestet, auch weltweit übertragen wird! Dann forderte der Richter die technischen Unterlagen des Chinesen an und ein Probeexemplar des beantragten Patentträgers. Der kleine Mann packte seinen Koffer aus, stellte eine Unmenge an Zeichnungen vor, die haargenau unseren Pukaufzeichnungen entsprachen, nur dass seine mit chinesischen und englischen Texten versehen waren. Dann stellte er einen runden Wafer vor, der auch an einen Puk angebaut war. Dieser Puk stand auf einem Drehteller! Und der oberste Richter schien schon etwas gnadenloser dem Chinesen gegenüber zu werden: „Stellen Sie bitte die Funktion ihrer Erfindung vor!" Der Chinese befahl dem Puk, den Wafer zu aktivieren, dann erkannten wir, dass sein Puk auch noch eine Waage beinhaltete!

„Bitte achten Sie auf die Gewichtsangaben, die dieser Puk nun machen wird!" Begleitete er diesen Vorgang verbal. Der Puk nannte sein Eigengewicht von fünfhundertundzwanzig Gramm im Waferverbund dann zählte er grammweise herunter! Ganze acht Gramm Gewichtsverlust gab dieser dann an! Langsam begann er sich dann zu drehen, dabei bedeutete der Chinese, dass sich diese Drehung unter geringster Energieaufnahme erzeugte. Ich dachte mir, er wollte eine Art neuen Motor vorstellen, doch er sagte: „Hohes Gericht! Das sind die Basisforschungen, die diese beiden Wissenschaftler von uns ausspioniert hatten. Diese Basisforschungen hatten wir bereits am achten Oktober 2093 vorgestellt!" Ich musste hinter vorgehaltener Hand lachen, denn ich wollte nicht wieder eine Strafe erhalten! Dann forderten mich die Richter auf, unsere Forschungsergebnisse zu präsentieren.

„Hohes Gericht! Zuerst möchte ich Ihnen beweisen, dass wir die Urheber dieser Erfindung sind. Ich bitte Sie, mir Ihren Connect zum Worldlog zur Verfügung zu stellen.

„Bitte schön!" Der oberste Richter zeigte auf den Justizrechner, ich stand auf und rief die Seite ab, in die wir unsere Forschungseingaben ablegten. Allerdings die unvollständigen Daten, die keine gekapselten Fluoratome enthielten! Ich lugte noch mal zum Experimentalwafer des Chinesen und jetzt erst konnte ich erkennen, dass dieser ein eigenes Frequenzpack hatte! Befreit lachte ich in mich hinein, die Chinesen hatte wahrscheinlich Mehrtaktfrequenzstufen angebaut um zumindest diesen mickrigen Effekt nachweisen zu können. Nun möchten diese behaupten, dies wäre die Vorstufe zu unserer Erfindung gewesen. Jetzt wollte ich aber eines draufgeben, was die Richter sofort überzeugen müssten! Die Seite mit unserem Wafermodell erschien, ein paar technische Details, die nicht viel verrieten, aber schon sehr ähnlich den chinesischen Zeichnungen. Schon befahl ich dem Justizrechner das Eingabedatum dieser Seite zu nennen! Der Rechner gab zur Antwort: „Eingabedatum, unter Zeichen von Herrn Rudolph: 20. Oktober 2093!" Alle raunten überrascht, auch in den Rängen der Reporter! Jetzt wollte ich meinen ersten Trumpf ausspielen und erklärte den Richtern: „Mit so etwas hatten wir bereits gerechnet, auch damit, dass sich jemand unseren Erfindungen bemächtigen möchte. Darum hatten wir ein Zusatzsoftwaremodul integriert, welches tagtäglich diese Speicherungen überschreibt, so dass diese auch tagtäglich das aktuelle Datum bekommen. So konnten die chinesischen und französischen Spione auch nicht feststellen, wann die Eingaben tatsächlich erfolgten! In diesem Modell, wie hier abgespeichert, wurden auch unsere Frequenzerzeuger entfernt. Das Ergebnis sehen Sie am Wafer des Chinesen, der außer minimaler Gewichtsreduzierung und einem Drehimpuls nicht zuwege bringt und auch nichts zuwege bringen wird! Ich bitte Sie, hohes Gericht, folgende Angaben aus dem Worldlog zu registrieren: Code: `Gabriella und Silvana spielen auf einer grünen Wiese unter einem Zwetschgenbaum´." Das Softwareservermodul unserer Worldlog-Seite bestätigte den Richtern unter Sprachausgabe: „Renovierungsdatum zurückdatiert bis Ersteingabetag: Dritter Oktober 2093. Weitere Module über das Projekt wurden der Seite vorenthalten!" Der oberste Richter sah ganz böse in Richtung des Chinesen, der ohnehin schon klein, nun immer noch kleiner zu werden schien. Dann forderte mich der oberste Richter auf, meinen Beweis zu erbringen. Ralph brachte meinen Puk, der mit dem Wafer im Verbund war, dabei flüsterte Ralph mir zu: „Jetzt mit winzigkleinen halbkugelförmigen Wafersteuerungen, schon im Programm implementiert!" Dieser Ralph war einfach perfekt! Dachte einfach an Alles! Das wird der perfekte Auftritt! Ich stand auf und nahm meinen Puk, stellte diesen auf den Boden zur besten Sicht von der Richterbank aus. Nun befahl ich meinem Puk: „Standby aufheben. Moderate Waferaktivierung, Schwebehöhe zu Boden zwei Meter!" Der Puk stieg auf zwei Meter Höhe und der oberste Richter musste sichtbar ein Schmunzeln unterdrücken. „Forschungsaufnahmen über Projektion wiedergeben!" Befahl ich dem Puk weiterhin. Dieser erzeugte das Holofeld und zeigte Aufnahmen von unseren ersten Arbeiten, von der Hochgeschwindigkeitskamera, von dem ersten Loch im Boden dann dem nächsten winzigen Loch in der Hallendecke, der erste Schwebeversuch dieses Puks, wobei ich die Details der Resonanzfrequenzerzeugung unterdrücken ließ! Schließlich gab es ja Insidergeheimnisse, die auch jetzt noch bewahrt werden müssen! Nun spielte der Puk noch die Wiedergabe des Zusammenbaus der Großflächennanoprinter ein, die erste Ausgabe der Großflächenwaferkomplexe für den Variobus, doch wollte ich noch Eines draufsetzen und kündigte an: „Es folgt eine Simulation eines baldigen Testfluges zum Mond, den wir zu absolvieren gedenken!" Hinter mir klapperte etwas! Ich sah um und konnte erkennen, wie der Chinese seinen Puk mit dem missglückten Wafer wieder in seinen Koffer packte! Er gab auf! Das war eigentlich schon der Sieg! Doch einigermaßen gefasst blickte er auf die Holosimulation, die unseren künftigen Mondflug darstellte. Händels Wassermusik erklang, der Puk schnellte in sieben Meter Höhe und zeigte die Mondlandung. Als dann der Raumfahrer mit der Zigarre auf dem Mond spazieren ging, Georg ein „Mensch Meier, auch dass noch," verlauten lies, erklärte ich in Richtung der Richter: „Diese Simulation ist absolut wirklichkeitsgetreu, so wie wir diese Reise zu unternehmen gedenken. Einzige Ausnahme: Georg, der auf der Mondoberfläche eine Zigarre raucht! Das klappt sicher nicht in dieser Version!" Die einundzwanzig Richter begannen langsam zu klatschen, die Reporter fielen

in diesen Applaus mit ein, dann schlug der oberste Richter mit einem Holzhammer auf die dafür vorgesehene Messingplatte mit Holzeinlage: „Bitte behalten Sie ihren Platz ein! Das Gericht zieht sich zur Beratung zurück!"
Der Chinese wurde immer noch kleiner, der Rest seiner Delegation lief zu einem Pulk zusammen um etwas zu besprechen, doch schien sich daraus nicht Besonderes mehr entwickeln zu wollen. Nach zweiundfünfzig langen Minuten waren alle Richter wieder hinter deren Pults angekommen.
Der oberste Richter schlug noch einmal mit dem Hammer auf das entsprechende Gegenstück und verkündigte: „Für die Patentrechtsvergabe werden wir nun die Daten aus unserem Justizrechner abfragen!" Jetzt arbeitete der Justizrechner mit allen Prioritäten, fragte alle Pateneingaben der gesamten Welt ab, ob Ähnliches vor dem dritten Oktober eingegeben wurde, dabei löschte er die chinesischen Falscheingaben bereits als illegal und unzureichend! Es kamen doch tatsächlich auch noch ein paar französische Patenanmeldungen, die aber nur laut Wirkungsprinzip gestellt wurden! Ein lächerlicher Versuch der Baguettekonsumenten! Wir waren allen Anderen sicherlich zu schnell, Dank der DLR, dem Fraunhofer Institut und letztendlich Airbus-Hamburg, die diese Chance sofort erkannt hatten und uns schnellstens sponserten! Jetzt kam aber noch ein Auftritt! Georg wurde angekündigt! Er ließ per Radlader einen Felsblock bringen und Ralph brachte den ersten fertigen Tunnelbohrer in einer Kleinversion!
In mir kribbelte es! Ich hatte ihm nur von der Theorie erzählt und dieser Mann hatte nun ein weiteres Gerät nach diesem Prinzip entwickelt! Der Tunnelbohrer sah aus wie eine nostalgische Taschenlampe! Auch noch, dass an der Frontfläche ein leichtes Glimmen zu erkennen war, als Ralph das Gerät einschaltete! Die zweiundvierzig Augen der Richter waren gebannt auf den Felsblock gerichtet, als Ralph mit der `Taschenlampe´ auf den Fels zusteuerte und dann scheinbar mühelos mit dem Gerät in diesen eindrang! Gelöster, feinster Staub drang aus dem Einschubloch hervor, der sich dann noch in der Luft wieder etwas kristallisierte und zum Boden fiel, kaum eine Minute später hatte der Fels mit über einem Meter Durchmesser ein kreisrundes Loch! „Diese Demonstration zeigt die Möglichkeiten des künftigen Tunnelbaus, oder auch Erzabbau zum Beispiel auf dem Mars!" Stolz gab sich Ralph neben Georg! „Nun eine weitere Demonstration dieser neuen Technik!" Was kündigte Ralph nun wieder an? Wieder brachte ein Speziallader einen schweren Stahlwürfel von etwa fünfzig mal fünfzig mal fünfzig Zentimetern und stellte diesen wieder vor den Richterpults ab. Er grinste breit und verkündigte: „Ich habe mir erlaubt, die Erfindung von Max und Georg in einer weiteren Richtung weiterzuentwickeln!" Dann zog er ein etwa sechzig Zentimeter langes Messer aus einer edlen Lederscheide.

Dieses Messer hatte einen eigenartig langen und dicken Griff! Dann betätigte er einen Schalter an der Griffrückseite und entlang der Schneide leuchtete ganz fein ein Waferresonanzfeld! So zerschnitt Ralph diesen gehärteten Stahlwürfel mit ein paar Handbewegungen zu Streifen, kleinen Würfeln, Rhomben und allem Möglichen, was ihm gerade so einfiel. Wieder ging ein Raunen durch die Ränge der Reporter. Auch die Richter gaben sich immer begeisterter.

Wiederum baute Ralph zwei Strahlfeldresonatoren auf dieser Waferbasis auf. Nur die Gitterstruktur und die Frequenzen waren anderer Art, als bei den `Antriebswafern´. Damit übertrug er Musik von einem zum anderen! Ein Rückkopplungszeitmesser bestätigte eine Übertragung von mehrmillionenfacher Lichtgeschwindigkeit! In diesem kleinen Abstand also nicht mehr messbar. So kündigte er also die künftige Echtzeitradio- und TV-Übertragung zum Mars und zurück an. Echtes Duplex! Auch erwähnte er, dass damit ebenso fast in Echtzeit weitere Entfernungen überbrückt werden könnten, andere Planeten, andere Sonnensysteme und so weiter. Mittlerweile gab der Justizrechner ein Fünfklangsignal ab, das Zeichen, dass er mit seinen Recherchen fertig war.

Der oberste Richter klopfte wieder mit dem Hammer, er erhob sich und alle in dieser Halle hatten sich auch zu erheben, was dem kleinen Chinesen schon sehr, sehr schwer fiel!

„Der globale Gerichtshof hat im Namen der Weltbevölkerung folgendes Urteil gefällt:

Die Patentrechtsbestellungen des wissenschaftliche Zirkels aus China werden zu einhundert Prozent abgelehnt, ebenfalls die französischen Patentrechtsbestellungen. Den Patenrechtsbestellungen und Verträgen von Herrn Ing. Rudolph, Herrn Ing. Verkaaik, der DLR, des Fraunhofer Instituts, nun zusammengefasst in dieser verantwortlichen Rechtsform zur TWC und der Airbus-Industries-Hamburg wird stattgegeben.

Damit sind genannte rechtliche Personen und Unternehmer globale Patentinhaber laut deren Bestellung und Vertrag. Der Anzeige dieser nun rechtlich bestätigten Patentrechtsinhaber wegen Spionage durch Geheimpersonal der Volksrepublik China und dem europäischen Bundesland Frankreich wird Folge geleistet; Einer weiteren Anzeige wegen Gefährdung durch die polnische Antiterroreinheit auf einer ausgewiesenen euronationalen Luftfahrtstraße zum Zwecke eines Testfluges durch Airbus-Industries wird internationale rechtliche Untersuchung zusagt! Bußgelder werden ermittelt und nach Abzug der entstandenen Unkosten dem Clean-Green-World-Fond zugeführt! Dies entspricht wiederum dem Antrag in der Anzeige!"

Der oberste Richter schlug dreimal mit seinem Hammer auf die dafür vorgesehene Platte, der Justizrechner stellte Gerichtsurteile mit Siegel aus, sowie die Patenturkunden, die vom Weltpatentamt bestätigt wurden. Alles mit allen offiziellen Marken versehen. Weiter erklärte der oberste Richter: „Sie haben nach weltrechtlichen Patentsbestimmungen nun eben das Recht, zehn Jahre lang kostenpflichtige Produktionslizenzen zu vergeben oder eigene Produktionen anzubieten. Danach müssen Sie alle funktionalen Daten im Worldlog bekannt geben. Wir stimmen den Ingeneuren Rudolph und Verkaaik zu, Daten, die zur Herstellung von Waffen dienen könnten, diesen Publikationen vorzubehalten, also nicht zu veröffentlichen!"
Der Justizrechner gab noch ein Logikzeichen, dass alle Vorgaben nun auch in den Justizrechnern auf der ganzen Welt abgespeichert waren. Der oberste Richter erhob sich und gab bekannt, dass die offizielle Angelegenheit nun beendet war. Dr. Joachim Berger stand ebenfalls auf und bat noch um eine Audienz, die der oberste Richter gestattete, sich also noch einmal setzte. Der GlobalNews-Reporter wurde aufgefordert, exklusiv zu übertragen, unter der Voraussetzung, dass diese Übertragungsbilder auch den anderen Übertragungsgesellschaften zur Verfügung gestellt werden. Der Reporter sagte zu, dann begann Herr Berger zu sprechen:
„Heute, Dienstag der 20. Oktober 2093 beginnt sich die Welt in einem neuen Sinne zu drehen. Nach Wunsch der beiden experimentierfreudigen Freunde, Herr Ing. Maximilian Rudolph und Herr Ing. Georg Verkaaik werden wir uns an deren vorgegebenen Richtlinien halten, diese neue Technik für die friedliche Nutzung einzusetzen, für die Sauberhaltung und Säuberung unseres Mutterplaneten, dann nach Interessenbekundungen werden wir auch diese Technik allen anderen Staaten zur Verfügung stellen und um mit ein paar Worten von Frau Gabriella Rudolph dies zu ergänzen: Wir müssen die Kriege der Vergangenheit als Lernprozess abhaken und die daraus gewonnenen Erfahrungen nutzen, um den Weltfrieden zu stabilisieren! Wir müssen dem Sinn der Evolution folgen und nicht erwarten, dass die Evolution uns folgen würde, denn das wird sie nie!
Alle Erdbewohner werden irgendwann zu `Terranern´, einheitlich, mit Blick in eine verheißungsvolle Zukunft. Das Spektrum der Möglichkeiten mit dieser neuen Technik oder besser, mit den vom Universum zur Nutzung vorbereiteten, hiermit entdeckten Geheimnissen, ist fast noch nicht absehbar. Weitere Experimente waren bereits erfolgreich: Ein Echtzeitteleskop, welches auf Planetenoberflächen blicken lässt; Echtzeitradargeräte, teilweise schon im Waferkomplex für die Mondgondel eingebaut! Ja, ich betone! In ein paar Tagen oder Wochen wird ein Testflug zum Mond vorbereitet! Die technischen Bestandteile sind bereits so gut wie fertig! Dann verkünde ich noch für dieses Jahr eine Lieferung von

Nahrungsmitteln und Wasser für die Marsbasis! Dabei werden wieder Herr Rudolph und Herr Verkaaik federführend arbeiten, sogar sich als Raumpiloten zur Verfügung stellen. Herr Rudolph und Herr Verkaaik werden bei dieser Gelegenheit auch noch Teile des abgestürzten Marscontainers mit zurück bringen und einer neutralen Untersuchungskommission übergeben, da der Verdacht besteht, dass deutsche Technologie von der VR China technisch verändert oder ausgetauscht und dadurch der Absturz verursacht wurde.

Nun wollen wir uns einem Höhepunkt zuwenden, der erst durch diese Forschungen ermöglicht wurde: Meine Damen und Herren! Sinnbildlich für die friedliche, zukünftig sehr notwendige Einigkeit der gesamten Menschheit präsentieren wir Ihnen stolz: Die TERRANIC!"

Das Hallentor der Experimentierhalle neben dieser Fertighalle fuhr auf, die Kameras schwenkten dorthin, der GlobalNews- Reporter rannte mit seiner immer noch großen Kamera bis zur gelben Sicherheitslinie, dann ließ Florian die TERRANIC herausschweben. Alles klatschte wieder wie verrückt und Joachim setzte noch eines drauf: „Ich bitte alle hier anwesenden Personen, insbesondere die Herren Richter und alle Reporter, diese Einladung zu einer Alpenrundfahrt anzunehmen. Dabei können Sie sich alle auch über die unerwartete Sicherheit dieser neuen Technik überzeugen."

Die TERRANIC setzte auf den Stelzenrädern auf. Sofort wurde Allen klar, dass es sich hier um einen umgebauten Variobus handelte! Einige Techniker rollten dann für die Herren Richter wieder einen roten Teppich aus, als diese zuerst zaghaft, dann aber doch zügig einstiegen, dabei aber sogar den Justizrechner mitnahmen! Dieser sollte scheinbar weitere Daten speichern! Interessant! Eine neue Epoche bricht an. Als alle Techniker auch an Bord waren, winkte Joachim noch großzügig den Chinesen, die dann langsam antrabten und niedergeschlagen, aber scheinbar neu kooperationsbereit im hinteren Teil des Busses Platz nahmen. Klar sie wollen diese Technik auch, sie wollten diese zwar zuerst umsonst oder als eigenes Patent, aber das war nun nicht mehr möglich, also dann im Erwerb! Ausschließen konnte man keinen Chinesen mehr, was HiTec betraf! Dazu hatten diese in den letzten hundertdreißig Jahren viel zu viel dazugelernt. „Achtung hier spricht ihr Pilot!" Ließ Florian durch die Bordrundsprechanlage verlauten und ein zwischengeschalteter Puk übersetzte in mehrere Sprachen, so dass alle an Bord befindlichen Personen dies verstehen konnten, besonders die Richter, die ja aus einundzwanzig Nationen kommen, doch aber meist Englisch, teils Deutsch beherrschten. Extra kam noch eine Sprachausgabe in wohlmoduliertem Hindu für unsere Chinesen! „Wir haben eine unbeschränkte Sonderfluggenehmigung erhalten, ich bitte um Entschuldigung, denn noch geben wir um Fluggenehmigungen ein, später werden es dann Luftfahrtsgenehmigungen sein. Zuerst werden wir eine Rundfahrt über München programmieren, dann nehmen wir Kurs über die Schweiz bis in die Alpenregion nach Ungarn, dann über Wien, Slovatschech, Hof zurück nach München. Sollte jemand noch eine italienische Pizza wollten, machen wir noch schnell einen Abstecher nach Verona – Landeprobleme haben wir mit diesem Fahrzeug keine!" Leises, heiteres Lachen erklang in diesem ungewöhnlichen Vehikel! Die TERRANIC stieg auf etwa zweihundert Meter auf und ließ die sonnigen Flecken, die durch kleine Schattenwolken entstanden, auf der Sechseinhalbmillionenstadt München erkennen. Die Sonne stand nicht mehr sehr hoch und wir schwebten langsam und vor allem lautlos auf München zu. Als wir aus dem Fenster blickten, konnten wir erkennen dass in dieser Stadt die Hölle los war!

Alles war auf den Straßen, Mann und Frau, Kind, Hund und Kegel! Das begeisterte Geschrei der Menschen konnte man bis hier oben einwandfrei vernehmen, als diese die TERRANIC kommen sahen und erkannten! Sicher hatten die meisten alle Fernsehübertragungen verfolgt und nun gab es auch keine Geheimnisse mehr! Die Deutschen wussten nun auch was in den letzten Wochen passiert war, was erfunden wurde, oder besser: Was entdeckt wurde! Bayrische, deutsche, holländische und europäische Fahnen wurden geschwenkt und schnell rotiert, als der Bus jeweils in Sichtweite kam. Florian steuerte auf den Stachus zu, senkte den Bus etwas ab, zog witzigerweise die noch vorhandene Handbremse, die aber, so meinte ich, ohne Funktion war! Da schüttelte Ralph Marco den Kopf, denn der Bus schaukelte leicht und er blieb dann fünfzig Meter über dem Boden erstarrt. „Not-Stop im Programm! Habe ich mit einprogrammiert, man weiß ja nie, oder? Wenn wir mal mehrere Variobusse umrüsten sollen, dann wollen wir doch nicht alle Handbremsen ausbauen müssen!" Ein verschmitztes Grinsen überzog sein Gesicht, als der oberste Richter ihn genau observierte, aber auch diesem ein echtes, freies Lachen entwich!

Tosender Applaus kam von außen, nun wesentlich lauter zu hören. Hysterische Mädchen schrieen wie bei den Rockfestivals: „Georgie, Maxi, Georgie, Maxi!" Wir erlaubten uns zwei Fenster zu öffnen und ich beugte mich mit Georg am anderen Fenster hinaus, um den Leuten zuzuwinken. Sofort wurde das Geschrei lauter, die Fahnen wurden fast bis zu uns herauf geworfen! Unglaublich! Innerhalb von ein paar Wochen waren wir zu Volkshelden geworden, obwohl uns dies nicht besonders gut liegen wird, so hatte ich das Gefühl, aber sollte es unserem Friedensimpuls dienlich sein, dann wollen und werden wir dies auch durchstehen. Einmal drehte sich die

TERRANIC noch wirkungsvoll langsam um die eigene Achse, wieder nahm sie langsam Fahrt auf und entfernte sich Richtung Schweiz. Als sich die Sonne bereits soweit abgesenkt hatte, dass der statische Schmutz diese wieder spiegelte, meinte Ralph Marco: „Meine künftige Aufgabe, die ich mir gestellt habe, in Anlehnung an eure Technik, einen oder besser mehrere selbst schwebende Luftfilter zu bauen, aber solche, die die Erdluft langsam filtern und diesen statischen Schmutzfilm per Intervall-Desintegrator in leichtes Ozon umwandeln, dabei dann unsere Ozonschicht reparieren! Ich hatte festgestellt, dass sich nach der Desintegration von Materie, also nachdem momentan keine atomar-molekularen Bindungskräfte mehr vorhanden sind, ein Integrationsfeld Materie umwandeln kann, aus Schmutz zum Beispiel Ozon und als Ausgleich schwerere Stoffe – auch komprimierter Kohlenstoff!" „Diamanten! Ha! Unsere Zusage hast du in jedem Fall! Dann werden aber die Schmuckpreise bald in den Keller rutschen", meinte ich gutmütig. Doch Ralph schmunzelte: „Saubere Luft wird mehr wert sein und Diamanten lassen sich auch industriell nutzen. Mir ist nicht der Sinn nach Reichtum, ich brauche nur ausreichend, um einigermaßen gut zu leben, dabei möchte ich, wenn einmal mehrere Raumgondeln existieren, auch von dieser Reisemöglichkeit Gebrauch machen. Euch beide bitte ich, mich an künftigen Plänen teilhaben zu lassen!" „Weitere Zusage, Freund!" Mittlerweile gaben sich auch die Chinesen begeistert und schnatterten wie damals auf dem Oktoberfest!

Es fehlten nur noch die bayrischen Hüte. Noch waren sie etwas demoralisiert, denn sie wussten, wenn wir den Schrott vom Mars holen können, dann werden die Regressansprüche nichtig, selber aber können sie nichts mehr dagegen unternehmen, andererseits haben die Menschen in der Marsbasis nun sicherlich bereits von unseren Plänen erfahren, wissen also, dass bald Nachschub kommen könnte und ihnen damit das Überleben gesichert wird! Florian ließ den Variobus weiter ansteigen und nach dem herrlichen Überflug der Alpen langsam absinken. In knapp tausend Metern Höhe kreiste er über dem Plattensee in Ungarn, dann über Wien, Richtung Hof, weiter nach Prag und zurück nach München. Die Mitreisenden gaben sich unbeschreiblich begeistert, als sie diesen Bus verließen, es war ja auch eine Reiseart, die noch nicht viele Leute erlebt hatten, eigentlich waren die Allerersten auch wieder an Bord gewesen!

Es gab noch einige Einladungen zu Pressekonferenzen, doch wir sicherten eine Teilnahme erst ab frühestens morgen Mittag zu. Die Richter und die Chinesen wurden noch von Florian zum Flughafen gebracht. Dort musste Sicherheitspersonal die landende TERRANIC schützen, um nicht von Menschenmassen und Reportern überrannt zu werden. Florian bemerkte, dass der Justizrechner erst jetzt auf Stand-by geschaltet wurde! Dieser hatte lückenlos alles aufgezeichnet, gut so!

Wir waren irgendwie ausgelaugt! So setzten wir uns in kleinem Kreis in dieser `Justizhalle´ noch zusammen, Sebastian, Joachim, Ralph, Georg Gabriella, Silvana und ich, ließen uns vom Server frisches Bier bringen.

„Lieber Max und lieber Georg, natürlich auch ihr zwei lieben Damen", begann Joachim ein unangenehmes Thema, welches ich schon fürchtete, „morgen müssen wir eine Pressekonferenz abhalten. Wir hatten bereits den Zeitpunkt genannt! Morgen Mittag, Punkt Zwölf! Dies ist notwendig, auch für den Start der TWC. Wo dürfen wir mitteilen, dass wir diese Konferenz halten werden? Es bewarben sich verschiedene Hotels, die Allianz-Arena, das Hofbräuhaus . . ." - „Ja! Das Hofbräuhaus", rief ich laut und Georg nickte. „Wir müssen auch die Gelegenheit am Schopf packen, bayrische Kultur zu präsentieren, auch dass wir nicht nur neueste Technik zu präsentieren haben, sondern auch Traditionsbewusstsein!"
„Gut ihr Lieben! Ich bestätige eine Pressekonferenz für morgen Mittag im Hofbräuhaus!" Sebastian bestätigte anschließend seine Order nach Hamburg, die ersten C-Airbusse werden bereits für eine D-Serie umgebaut, die dann diese Technik nutzen werden. Anfragen von Tunnelbaufirmen gingen bereits bei TWC ein, diese wollten unbedingt schnellstens diese Desintegratoren erwerben.
TWC vertröstete diese auf eine mögliche Auslieferung ab Frühjahr 2094.
Georg rauchte noch genüsslich eine seiner dicken Zigarren, bestellte einen Bärwurz, an diese Bestellung hängten sich dann alle an, sogar unsere Frauen! Gabriella lachte matt aber fröhlich. „Wie werde ich dich bald sichern müssen, wenn du wieder auf eine öffentliche Strasse gehen wirst? Alle Mädchen wollen dich nun haben. Hoffentlich verlängerst du deinen Ehevertrag mit mir in fünf Jahren!" Sie schaute mit einem geneigten Kopf süß in meine Richtung. „Und alle Männer wollen diese tolle Frau, die die Zusammenhänge des Universums so gut erkennen konnte", konterte ich. Dann wollte ich die Tafel aufheben: „Meine Herren oder besser: liebe Freunde, ich werde mich auf morgen vorbereiten und ausschlafen. Übermorgen müssen wir an der Mondgondel weiterbauen! Jetzt haben wir eine Aufgabe anderer Größenordnung zu bewältigen. Bislang arbeiteten wir mehr im Geheimen, fast niemand wusste etwas, nun weiß es die ganze Welt und erwartet die Taten, die wir angekündigt haben. Lasst uns in diesem Sinne Erholung finden und arbeiten, gute Nacht!" Auch Georg und Silvana erhoben sich und wünschten eine gute Nacht. Gabriella hängte sich in meinem Arm ein und wir schlenderten zu unseren Wohncontainern. Dort

schalteten wir noch den Holo-TV-Projektor an und konnten in fast allen Kanälen Übertragungen von diesem Prozess hier sehen. Die deutschen Sender gaben sich übermütig über die Entdecker dieser Energie, die französischen Sender ignorierten dieses Ereignis fast! Diese hochnäsigen Leute! Aber das wird sich auch noch geben, spätestens in zehn Jahren.
An einem Sender hielten wir uns noch einige Zeit fest, FreedomForWorld-TV! Dieser Sender brachte auch diese Nachrichten von diesem Prozess, aber betonte laufend unsere Wünsche für die friedliche Nutzung und stelle diesen, unseren Wunsch hoch heraus. Wir waren angetan von dem was dieser Reporter sprach. Der Sender nutzte die Bilder von GlobalNews, aber lobte überdurchschnittlich die Worte von mir und die von Joachim, dass eben diese Technik dem Frieden verschrieben sein sollte; Jener Reporter verurteilte die Spionageversuche der Chinesen und Franzosen, lobte unsere Reaktion, dass wir diese Leute dann doch noch zu unserer Demonstrationsfahrt eingeladen hatten, lobte die Möglichkeiten, die diese Technik dem Heilungsprozess der Erde bieten kann! Alles in angenehmer und wohl formulierter Aussprache! Diesen Sender werde ich mit merken, ebenso diesen Reporter. Dann schalteten wir unseren Empfänger ab, um zu schlafen. Wieder musste ich ein zeitdosiertes Mittel einnehmen, denn mein Adrenalinhaushalt war momentan nicht unter Kontrolle zu bekommen.

Wir schliefen tatsächlich bis nach 10 Uhr! Als wir aus der Hygienezelle kamen und unser Frühstück einnahmen, meldete sich Joachim Berger bereits und fragte nach, was los wäre. Ich erbat mit weitere fünfzehn Minuten, die dann aber auch so fix vergingen, als wären es nur fünf Minuten gewesen. Gabriella und ich traten aus der Tür, Georg und Silvana blinzelten uns vom Nachbarcontainer aus noch leicht verschlafen an. Der einundzwanzigste Oktober hatte wieder ein etwas kälteres Flair, die Temperaturen waren rapide gefallen. Bedeckter Himmel, der nur an ein paar Stellen aufriss und braungoldene Sonnenstrahlen durchschickte.
Irgendwie schuf dieses Ambiente ein müdes Klima, als wenn unser Planet sagen würde: „Beeilt euch, sonst will ich nicht mehr lange." Ich sah über dieses Gelände hinweg: Immer noch einige dieser leider unvermeidlichen Minipanzer, immer noch Patrouillen an den Energiezäunen, immer noch Hybridhelikopter in der Luft. Diese werden aber sicher bald von neuen Schwebeeinheiten abgelöst, die mit unseren Wafern betrieben werden; Die Wohncontainer, die `Justizhalle´, weitere angeflanschte Fertighallen für die neuen Großflächennanoprinter! Mir war als hätte sich die Welt in den letzten vier Wochen total verändert. Eigentlich hat sie sich auch verändert. Die Welt steht wieder im Startloch eines neuen Wettbewerbs, nur dass wir dieses Mal alles besser machen müssen. Joachim hatte die Pressekonferenz

für das Hofbräuhaus bestätigt. Nachdem in den letzten Jahrzehnten auch das Traditionsbewusstsein wieder etwas angestiegen war, das Hofbräuhaus hatte ungemein gewonnen, nachdem auch viele Nachbarhäuser zugekauft, abgerissen und neue Hallen gebaut wurden. Es gab auch einen Hybridhelikopterlandeplatz direkt auf der auf traditionell alt getrimmten Edmund-Stoiber-Halle. Wieder erhielten wir eine Sonderfluggenehmigung für unseren Variobus, diese Bezeichnung wollte noch einige Zeit beibehalten werden. Erneut steuerte Florian die TERRANIC aus der Halle! Diese TERRANIC war nun schon zur schnellsten existierenden Legende geworden! Einigermaßen fein gekleidet, bestiegen wir also unseren Bus.
Ich musste mich zweimal versehen, nachdem sich meine Gabriella noch einmal schnell umgekleidet hatte! Sie hatte ihr bayrisches Dirndl angezogen, ein breiter Ledergürtel betonte ihre Taille, darauf prangerte gerade noch erkennbar und leicht glitzernd das Symbol der bestätigten Gokk-Töchter. Silvana bediente sich eines knappen, figurbetonten Hosenanzugs in pastell-grün mit golden schimmernden Applikationen. Gabriella sprang mich an, rutschte aber von meinem Anzug langsam ab, stand dann wie ein kleines Mädchen vor mir und erklärte eindringend: „Heute ist der Tag, an dem die ganze Welt dich und deinen Freund kennenlernen wird, heute ist der Tag, an dem du deine Öffentlichkeitstauglichkeit unter Beweis zu stellen hast, heute ist der Tag an dem du auch auf unerwartete und unangenehme Fragen zu antworten hast und heute ist der Tag, an dem ich dich wahrscheinlich sehr zu unterstützen haben werde; Ich werde keine Sekunde von deiner Seite weichen!"
„Und heute ist der Tag, an dem ich dich auch keine Sekunde von meiner Seite weglasse! Ich möchte, dass du bei der Pressekonferenz auch meine rechte Seite einnimmst. Schließlich warst auch du die Person, die Schlüsselkombinationen erstellte, welche uns ja entscheidend voranbrachten! Nein meine süße, liebe Gabriella, auch auf deine feminine Ausstrahlung können wir nicht mehr verzichten und die weibliche Welt sollte mehr von den Gokk-Lehren erfahren, dann hätten manche Frauen auch wieder einen Sinn für deren individuelles Leben und die Männerseelen würden wieder produktiver." Im Ausklang dieser Worte belegten wir bereits die Sitze in der TERRANIC. Mittlerweile war Herr Prof. Dr. Joachim Albert Berger zum Vorstandsvorsitzenden der TWC bestätigt worden. Da noch kein reiner Pressesprecher gefunden war, nahm Joachim diese Funktion vorläufig ebenfalls ein. Dr. Dr. Brochov sollte ebenfalls für Airbus-Hamburg sprechen, dann Ralph Marco Freeman etwas über die Software verraten, allerdings nicht zuviel, Georg sollte den Nanoprinter erklären und ich eben unsere Geschichte von der Idee bis jetzt! Zumindest war dies so abgemacht. Auch wollte ich Teilerklärungen von meiner Frau

erledigen lassen, sie hatte hierbei einen ungewöhnlich guten Durchblick, ein gutes rhetorisches Grundvermögen, eine herzliche, positive Ausstrahlung und einen knallharten Intellekt! Und diese mystische Aura einer positiven Tochter der Gokk-Lehren, diese auch bei mir entsprechend positiv anwenden konnte. Eigentlich waren wir ein zusammengeschweißtes Team geworden!

Ein Dream-Team! Nicht nur wir, die sich nun im Bus befanden, nein auch alle Techniker, die sich mit einem Ehrgeiz auf diesem Projekt gestürzt hatten, die Großflächennanoprinter innerhalb von kürzester Zeit zusammensetzten und fast fehlerfrei arbeiten konnten. Auch einige Leute des Sicherheitspersonals sprachen von Stolz, als sie gefragt wurden welchen Sinn ihre Arbeit denn mache.

Die TERRANIC hob ab und Florian beherrschte die Sprachsteuerung mit einer Einhebelunterstützung oder Joystick genannt, die er am liebsten benutzte. Er war auch noch einer der `Alten´, die sich lieber auf das eigene Fingerspitzengefühl verlassen wollten, als auf die sicherlich hochklassigen Autopiloten. Diese würden in einer heiklen Situation ohnehin automatisch einspringen. Wir konnten die extrem breite Isar erkennen, wieder etwas grüner als vor vielen Jahren, die von den Häusern befreiten Ufer, damit der Fluss genügend Platz bekommen hatte.

Die TERRANIC schwebte langsam und majestätisch in Richtung Stadtzentrum. Wieder standen abertausende Menschen auf den Strassen und winkten, sprangen, schwenkten Fahnen, alle möglichen Reporter und TV-Gesellschaften säumten den von denen erhofften Fahrweg. Florian ließ die TERRANIC absinken und schwebte wieder in nur fünfzig Metern Höhe eine breite Strasse entlang, also öffneten wir einige Fenster, dieses Mal zeigten sich auch unsere Frauen sowie Joachim und Ralph.

Wir winkten den Leuten zu. Eine Gruppe junger Männer hatte eine Art Megaphon und riefen meiner Gabriella zu: „Gabriella, du Göttin des Gokk, eröffne hier eine Schule und lehre unseren Frauen, was Frausein zu bedeuten hat! Wir lieben dich, Gabriella! Du bist unsere Hoffnung!" Andere Männer riefen die Silvana: „Beste Frau aus Osteuropa, du schönste Stütze des Mannes, schicke uns gute Träume!" Ansonsten war nur ein Gekreische aus: „Maxi, Georgie, Maxi, Georgie . . ." zu hören. Transparente waren auf den Häusern leicht nach oben gestellt angebracht. Glückwünsche darauf geschrieben, Liebeserklärungen einer Mädchengruppe und - ein paar Vermummte öffneten ein weiteres Transparent auf dem dann geschrieben stand: „Ihr bedient euch des Teufels Energie! Haltet ein oder Gott wird euch bestrafen!" Diese Version war mir neu! Sollte es auch Gegner für unsere durchgehend positiven Vorhaben geben? Noch eine Gruppe mit einem eigenartigen Transparent: „Zuerst reitet ihr des Teufels Gaul, bald wird der

Teufel euch reiten!" Ich zog mich langsam in das Innere des Variobusses zurück und war eigentlich etwas verstört! Gabriella kam nach und erkannte sofort, was in mir vorging. „Mach dir keine Gedanken, Liebster. Der Variationsreichtum, den uns das Menschsein bescherte, hat ja nicht nur Gutes in petto! Schon in allen Zeiten gab es Menschen, die sich pauschal gegen etwas stellten um eine Pseudo-eigene-Meinung präsentieren zu können. Akzeptabel, wenn es um die Luftverschmutzung ging oder gegen Atomtransporte, Atomkraftwerke, aber nun, nachgewiesen die sauberste Technik seit der Industrialisierung unserer Welt? Keine Sorge, diese Menschen sind fehlgeleitet! Ähnlich der Sektenpsychopaten, die immer wieder so einen Berg aufsuchten um einem hypothetischen Weltuntergang zu entgehen, sich dabei immer der Schöpfung beruften und die Evolutionstheorie einer Teufelei gleichsetzten. Menschen, die auch gegen sich selber wären, wären sie alleine. Auch der Neid hat noch Windpotential, welches sich zum Sturm wandeln kann! Es gibt immer wieder Menschen, die Alles besser wissen wollen und dabei gar nichts wissen, die Frieden heucheln und Streit säen. Lass dich davon nicht von deinem Weg abbringen!"

Ich lehnte mich an die Schulter meiner Frau, was ungemein tröstete. Ich war irgendwie geschockt, doch langsam wuchs auch mein Ehrgeiz wieder an und ich stachelte mich selbst voran: Es gibt Pfade, an deren Rändern stachelige Büsche wachsen, deren Dornen einen streifen. Auch diese Erfahrungen müssen gemacht werden.

Florian zog die TERRANIC wieder in die Höhe, fuhr noch einen eleganten Kreis, als er unser Gefährt dann auf der markierten Landestelle der Edmund-Stoiber-Halle aufsetzen ließ. Es warteten schon Unmengen von Reportern mit Kameras auf diesem Dach, die jedoch hinter einer Umzäunung gehalten wurden. Direktinterviews waren diesen hier untersagt worden, lediglich die Bilder unserer TERRANIC konnten sie weiterleiten, was sie auch aufgeregt taten. Glücklicherweise wurde dieses Mal kein roter Teppich mehr ausgelegt - so dachte ich mir. Als wir aus dem Variobus ausgestiegen waren, kam uns der bayrische Ministerpräsident, Herr Leopold Weigel, ein Nachkomme eines ehemaligen deutschen Finanzministers entgegen. Auffällig waren diese buschigen Brauen, unter denen intelligente Augen blitzten, lichtes, mittelblondes Haar passten irgendwie gar nicht zu dieser Erscheinung, aber er hatte ein sehr sympathisches Auftreten.

„Im Namen des bayrischen Freistaates beglückwünsche ich Sie zu Ihren Arbeiten, Ihrem Erfindergeist, Ihrem Friedenswillen, der stellvertretend für ganz Bayern, Deutschland und Europa die Welt mit seinen Menschen schon erobert hat und heiße Sie auf und dann in der Edmund-Stoiber-Halle herzlich willkommen!" Wir bedankten uns ebenso höflich, schüttelten gegenseitig die Hände, dann kamen Bedienstete vom Hofbräuhaus, sowie die rüstige Chefin selbst. Diese steuerte direkt mich an und gab mir einen Kuss links und rechts auf die Wange, legte beide zerfurchten Hände auf meine Schultern, diese Frau war groß! Sie lächelte dermaßen glücklich, als hätte sie die Nachricht eines Lottovolltreffers erreicht. Ich schätzte diese Frau auf knapp achtzig Jahre, ihr war starkes Traditionsbewusstsein anzukennen; Auch ein Dirndl der überlieferten Nähkunst nutze sie zu diesem Anlass.

„Sie, Herr Ingenieur Rudolph haben unser Haus für diese Pressekonferenz ausgewählt, wurde mir gesagt; Dafür möchte ich mich persönlich bei Ihnen bedanken. Auch möchte ich Ihnen bereits eine Ehrengasturkunde überreichen, weitere werden an Ihren Kollegen und an eure Frauen vergeben. Für Sie beide haben wir bereits je einen Platz auf dem Sims der `bayrischen Köpfe´ in der Halle reserviert. Herr Verkaaik ist ja nach seinen persönlichen Angaben ein gebürtiger Bayer, so wird er auch wunschgemäß behandelt!" Diese Frau strahlte eine Herzlichkeit aus, wie es diesem Ort traditionell entsprach. Ich wusste von dem umlaufenden Sims in dieser Halle, auf der Frontseite über dem Haupteingang die Büste des legendären Franz-Josef Strauß.

„Herzlichen Dank, ich freue mich wirklich! Auf so eine Überraschung war ich nicht gefasst! Nun kam er aber doch noch! Der rote Teppich. Er wurde von Buben vom Dachlifteingang her in unsere Richtung gerollt, weiter kamen noch Bedienstete mit übergroßen Blumensträußen, welche unseren Frauen übergeben wurden. Das große Händeschütteln wurde fortgesetzt, Dr. Weigel unterhielt sich weiter mit Joachim und Sebastian, dann auch noch mit Florian, mit unseren Frauen;
als der Teppich fertig ausgerollt war, wurde uns der Wunsch aller Reporter übermittelt, für Standbilder zur Verfügung zu stehen, so stellten wir uns so fotogen wie möglich auf den Teppich, mal nach vorne, mal seitlich links, mal seitlich rechts, mal schön neben, vor und hinter der TERRANIC, die ja nun in der Mittagssonne glänzte, ah! Man hatte sie auch noch gewaschen und poliert! Das war mir gar nicht aufgefallen! Dann schlupfte ein Mann nach dem anderen aus dem Lifthäuschen auf dem Dach. Eine Blaskapelle in Lederhosenmontur! Diese zwölf Männer stellten sich am anderen Ende des roten Teppichs auf und brachten die bayrische Hymne lautstark zum Ausdruck, darauf folgten dann die Deutsche und die Europäische. Wieder schlenderte Herr Dr. Leopold Weigel an meine Seite, lachte mich sehr natürlich an und raunte mir zu: „Haben Sie noch einen Wunsch, bevor es ernst wird?" „Ja, habe ich. Kennen Sie einen guten bayrischen Komponisten?" Herr Dr. Weigel wirkte etwas verstört und fragte: „Wollen Sie die bayrische Hymne neu auflegen?" „Nein! Ich möchte eine `Globale

Hymne´, die eine künftige, einige Welt musikalisch beflügelt! Dabei möchte ich diese Hymne von meiner Heimat aus mit unserer Technik in die Welt tragen lassen! Die Kompositionskosten trage ich privat! Verstehen Sie? Es wurde die bayrische Hymen gespielt, es wurde die deutsche Hymne gespielt und es wurde die europäische Hymne gespielt. Was aber ist mit den anderen Menschen auf dieser Welt? Jetzt wo wir mit der neuen Technik bald die ersten kosmischen Schritte zu unternehmen gedenken? Wir brauchen eine Hymne für die ganze Welt, für die Erde, für Terra!" Herr Weigel sah mich mit großen Augen an. „Sie haben Recht! Hier wurde geforscht und entwickelt, hier entstehen die Wurzeln für die neuen Techniken, hier wird momentan Geschichte geschrieben, von hier aus haben sie den globalen Friedenswunsch in die Welt gerufen, von hier soll auch die neue Weltfriedenshymne stammen, hier geschrieben werden! Genau! Eine Botschaft in musikalischer Form. Ich übernehme ihr Anliegen persönlich, Herr Rudolph." Er schüttelte begeistert noch mal meine Hand, die Reporter waren erstaunt, warum sich der bayrische Ministerpräsident in Verlängerung mit mir unterhielt, sicher hatte ein Reporter auch unser Gespräch zufällig mit eingefangen; Ich sah in die Reihe der näheren Journalisten, konnte einen Mann mit einem T-Shirt erkennen auf dem schillernd das Logo von `FreedomForWorld-TV´ aufgearbeitet war. Dieser Mann lächelte sehr, sehr freundlich und gab mir ein `Daumen-Nach-Oben´-Zeichen! Ich hatte verstanden. An der richtigen Adresse gelandet.
Herr Dr. Weigel schritt voran auf dem roten Teppich in Richtung Lift, wir folgten ihm. Gabriella berührte meine Fingerspitzen mit den ihren. Ich sah mich noch mal um, wo der Reporter war, der mir seinen Daumen gezeigt hatte, dann bemerkte ich, dass dieser auch schon unterwegs war um zur Pressekonferenz zu gelangen. Mit diesem Mann wollte ich sprechen, denn mein Konzept wurde scheinbar von genau diesen Leuten verstanden, umsonst hätten sie mich nicht dermaßen im TV gelobt! Frieden kann niemals verkehrt sein! Frieden macht immer Mühe, mehr Mühe als Streit und Krieg, aber die Mühe für Frieden ist nie vergebens. Nun konnte ich auch erkennen, wieso aus diesem kleinen Lifthäuschen zwölf Männer auf die Dachterrasse gelangen konnten! Der Lift war vielleicht nur dreieinhalb Meter breit, aber über acht Meter lang! Wir passten alle auf einmal hinein. Langsam senkte sich der Aufzug mit sanftem Schaukeln und wir kamen direkt vor dem Haupteingang der Edmund-Stoiber-Halle an, die Türen schoben sich auseinander, wir standen mitten im Getümmel! Leitungen wurden noch hastig verlegt, Scheinwerfer getestet, Mikrofone angeklopft, ob auch was aus den Lautsprechfolien kam, die an den Wänden klebten. Fernsehkameras drehten sofort in unsere Richtung und – wieder ein roter Teppich bis zum Konferenzpult. Einige dieser Fernsehkameras, so konnte

ich bereits erkennen, verwendeten eine neue Technik für die Hologrammerzeugung! Gaslinsen, die sich je nach Fokussierungsbedarf aufblähten, weitere vier Linsen für computersynchrone 3D-Effekte und zwei Radarwerfer, die die Rückenbilder abtasteten, welche wieder von den Rechnern zur Hologrammerzeugung als Daten verwendet werden.
Man konnte sich nicht mehr versteckt am Hintern kratzen, ohne dass diese Bilder nicht auch um die Welt gehen würden. Als wir das lange Pult erreichten, durch den offenen Teil dazwischen hindurchgingen und uns dann auf den Plätzen mit unseren Namensschildern niederließen, tönte im Saal wieder ein tosender Applaus von den Journalisten und Reportern auf. Ich sah etwas irritiert durch die Runde, erkannte die Büste des `Königs der Bayern´, Franz-Josef Strauß, gleich neben dem Kaiser Ludwig über dem Haupteingang, auch fiel mein Blick wieder auf den Mann mit dem schillernden Emblem auf dem Shirt, wieder hob dieser den Daumen nach oben und lächelte freundlich.
Irgendwie fühlte ich mich schon wieder sicherer, wissend, auch hier einen Befürworter zu erkennen. Verstohlen sah ich zu meiner Frau, die auch in diese Richtung sah und ihren Daumen ebenfalls kurz nach oben hielt.
„Ich glaube, du hast schon sehr, sehr viele neue Freunde gewonnen!" Flüsterte sie in meine Richtung. „Freunde muss man sich schwer erarbeiten, Feinde bekommt man immer gratis!" Brummte ich aus Erfahrung.
Vielleicht war es in diesem Fall etwas anders. Noch immer hatte die TWC keinen reinen Pressesprecher bestimmt! Noch immer nahm Joachim diese Funktion ein, behielt er diese vielleicht auch? War er da schon hineingewachsen? Uns konnte das nur recht sein, denn er stellte sich dabei gar nicht einmal so schlecht an. Rhetorisch wurde er auch immer besser. Es war vier Minuten vor Zwölf! Gleich würde diese Konferenz freigegeben.

Noch einmal sah ich in die Runde der tönernen Büsten auf dem saalumlaufenden Sims und wieder blieb mein Blick auf jener kleben, unter der der Name Franz-Josef Strauss auf einem Edelstahlschild angebracht war. Zusammengekniffene Augen, stark ausgeprägte Backen und ein Gesichtsausdruck, als würde er drei Wände auf einmal durchrennen können! Ich wusste noch, dass dieser Mann hier in Bayern viel vollbracht hatte, dass er einst die Industrie nach Bayern holte und den Autobahnbau befürwortete! Auch für Airbus-Industries hatte er mit die Grundsteine gelegt.
Also ein Wegbereiter? So wie auch in gewisser Weise wir?
Franz-Josef soll auch ein begnadeter Redner gewesen sein, der keine Scheu vor niemanden kannte, der ohne vorgefasste Reden mehr als seinen Soll absolvierte und ein brillantes Gedächtnis sein Eigen nannte, aus dem er Informationen scheinbar nach Belieben ziehen konnte. Vielleicht hat der

Kosmos seinen Geist aufgenommen und lässt ihn wieder hierher blicken, heute; ich wünschte es.

Ein gewählter Vorsprecher aller Presseleute trat aus deren Gruppe heraus. Man konnte kein Mikrofon erkennen, also ging ich davon aus, dass er über ein IEP, also ein *Implanted Ear Phone* sprechen wird. „Meine Damen und Herren, ich bitte um Ruhe!" So hallte es aus allen Lautsprecherfolien an den Wänden. Er sah sich dann in der Riege seiner Kollegen um, welche langsam verstummten. Dann sah er zu uns und fragte:

„Es ist Punkt zwölf Uhr! Können wir beginnen?" Joachim sah zu mir, zu Georg, dann zu Gabriella und zu Sebastian, auch zu Silvana, die sich aber weniger angesprochen fühlte und mit dem Sessel zurückgerückt war. Wir hatten allerdings stilecht für so eine Konferenz schöne Schwanenhalsmikrofone bekommen, oder diese waren ohnehin hier fest anmontiert. Man konnte auch nicht erwarten, dass wir für Rede und Antwort die Konten unserer IEP´s belasten müssten! Als wir unserem Joachim dann langsam zunickten, wandte sich dieser wieder dem Presse-Vorsprecher zu und nickte ebenfalls in seine Richtung. Dieser nickte dann ebenfalls sehr kurz und stellte sich vor:

„Ich, William Donald Hardwood von den GlobalNews wurde von allen Pressevertretern hier als deren Vorsprecher gewählt!"

Ich sah genau hin, dabei erkannte ich, dass die Stimme immer noch im Raum polterte, als er keine Mundbewegungen mehr machte! Also sprach er wahrscheinlich Englisch und seine Sätze wurden von einem Translator-Computer übersetzt! Das war natürlich mit einem IEP wesentlich einfacher, denn somit funktionierte auch die Rückübersetzung besser, da ein echter Duplex-Betrieb ja schon vorhanden war!

„Im Namen aller hier anwesenden Pressevertreter bedanke ich mich herzlich, dass sich diese Damen und Herren die Zeit genommen haben", er deutete mit der ganzen rechten Hand, mit der Handinnenfläche nach oben auf uns und machte damit einen Schwenk, „heute der Einladung zu dieser Pressekonferenz zu folgen. Es war den Nachrichten der letzten Tage nicht schwer zu entnehmen, dass es kaum freie Zeit für solche Aktionen geben könnte, doch haben sich diese Damen und Herren dafür entschieden, der Welt die absolut neuesten Neuigkeiten aus der Forschung, von einem Durchbruch, ja von einer absolut neuen Technologie zu berichten. Ebenso bedanke ich mich, dass meine Kollegen mich mit der Aufgabe der Fragenverteilung beauftragt hatten! Doch die erste Bitte wünsche ich aussprechen zu dürfen! Wir hatten alle den Prozess in den Nachrichten verfolgt! Dabei haben wir erfahren, dass Herr Ingenieur Verkaaik und Herr Ingenieur Rudolph beide an diesem System oder dieser Entdeckung

gearbeitet hatten. Meine Bitte und meine Frage ist nun an Herrn Rudolph gerichtet: Wie kam es zu dieser Erfindung?"
Fast wie ein Speer traf mich diese Frage, da ich eigentlich dachte, Joachim würde noch eine Einleitung liefern. Ich räusperte mich, was glücklicherweise von den Geräuschfilterprozessoren der Wiedergabeverstärker herabgeregelt wurde. Dann fasste ich mein schnell schlagendes Herz und eröffnete: „Ebenfalls herzlichen Dank zuerst für die Einladung zu dieser Pressekonferenz. Zeit wurde es, auch viele Ungereimtheiten unserer Arbeiten aus dem Weg zu räumen. Also, zuerst einmal will ich Ihnen allen den ungewöhnlichen Weg zu dieser Idee erzählen: Wie alle Jahre", es war sehr still im Saal geworden, „hatten mein guter und langjähriger Freund Georg und ich den Gedanken, nicht das Münchner Oktoberfest zu verpassen, denn dort, vor allem im Nostalgiezelt, konnten wir immer besonders gut den Alltag hinter uns lassen, einmal richtig gutes bayrisches Bier trinken, also Geistesnahrung aufnehmen!" Raunendes Gelächter im Saal! „Nachdem wir von zwei äußerst attraktiven Bedienungen versorgt worden waren", ich sah zu Silvana und zu Gabriella, welche nun einen fast schüchternen Gesichtsausdruck bekamen, dann aber lieblich lächelten, „erzählte mir Georg von seinen Fortschritten mit dem Nanoprinter. Wie Sie sicher wissen, meine Damen und Herren, der Nanoprinter war ohnehin schon eine Erfindung des Fraunhofer Instituts, doch dauerte der dreidimensionale Print, ein Testprint einer Autokarrosse, gänzlich ohne Schweißnähte, also aus einem Stück so um ein Jahr. Damit wäre eine Serienproduktion wohl kaum sinnvoll gewesen. Georg hatte diesen Nanoprinter erfolgreich weiterentwickelt, er kam auch auf die Idee, den Printer selbst im Nanobereich zu takten, genaueres kann und darf ich nun aber dazu nicht äußern, jedoch darf ich äußern, dass die Taktfrequenz für die Verarbeitungsgeschwindigkeit bei beachtlichen siebzehn Terahertz liegt!" Ich machte eine Kunstpause, nahm das Glas Mineralwasser vor mir in die Hand, daraus einen Schluck und konnte das Raunen der technisch verständigen Reporter vernehmen, die teilweise ungläubig die Augen aufrissen.
„Außerdem besitzt der Nanoprinter der neuen Generation 119 Printkanäle, also die Printernadel kann mit verschiedenen Zustandsladungen aus 119 Elementen wählen, die zuerst auf eine supraleitende Grundplatine geschossen, dort elektrostatisch festgehalten werden können, dann, wenn die erste Grundschicht abgeschlossen wurde, wird diese Grundplatine leicht erwärmt und gibt sich als Isolator, also nicht mehr leitfähig; alles genau wie beim Vorgängermodell, eben nur schneller und nun mit 119 verschiedenen Elementen, wobei wir für unsere Wafer natürlich nicht alle 119 Elemente benötigen! Künftig werden sicher Printer hergestellt, die, wenn diese nur

Tachyonenresonanzwafer zu printen haben, auch auf die notwendigen Elemente beschränkt werden. Außerdem stellten wir Elektrolyte der Elemente her, um der Verarbeitungsgeschwindigkeit gerecht zu werden. Gut, also zeitlich noch mal leicht zurück! Georg erzählt mir von seinem Projekt, auch dass dieses Projekt nun funktionierte und dass die Produktion der ja schon legendären Autokarosse nun auch unter eine Stunde Produktionszeit gesunken war!"
Wieder ein Raunen im Saal! Besonderes Schnattern aus der Ecke der chinesischen Reporter, denen nun klar wurde, warum deren Wissenschaftler nur gerade einen Wafer innerhalb dieser kurzen Zeit herstellen konnten, der obendrein nicht funktionierte!
„Entschuldigen Sie bitte nun, wenn ich Ihnen dabei sagen muss, dass auch die Aufnahme des bayrischen Gerstensaftes anschließend dazu beigetragen hatte, unsere Fantasie dermaßen anzuregen, sodass dabei eben die Idee der Materieresonanzstrahlung kam, beziehungsweise, die Entdeckung der wirklichen universellen Strahlung, denn, wir konnten ja auch beweisen: Gravitation existiert nicht! Es gibt keine Erdanziehungskraft! Wir werden vom Raum angedrückt! Doch dazu später, wenn ich Ihnen meinen umgebauten Logpuk noch einmal vorführen darf. Damit erkläre ich auch das Funktionsprinzip. Jedenfalls saßen Georg und ich bei gutem bayrischem Bier, reizend unterstützt von unseren beiden Frauen, die damals auch dort gearbeitet hatten. Georg erzählte mir von einem Phänomen, dass die Printernadel bei dieser Frequenz sich aufblähte und minimal leichter wurde, was nur mit einem variablen Frequenzgenerator angepasst werden konnte, damit der Printer frequenzresonant seine Atome aufnehmen und punktgenau ablagern konnte. Dabei kam mir der Gedanke, vielleicht auch schon in den Strahlungsbereich, also einen theoretischen Neutralisierungsbereich der Schwerkraft zu kommen, vielleicht war dies die Lösung für ein bekanntes, langjähriges Problem, eben die Schwerkraft neutralisieren zu können!"
Wieder nahm ich einen Schluck aus meinem Glas, es war wieder mucksmäuschenstill im Saal. „So ersann ich meine Theorie von einem Wafer mit aufgeprinteten, also aufgedruckten Hornantennen, variablen Innenstrahlern, ebenso bizirkular und noch ein paar feinen Kleinigkeiten. Hier war die Möglichkeit gegeben, das neutralisierende Feld oberhalb des Trägermaterials zu erzeugen, ohne dass der Träger, also der eigentlich Wafer selbst seine atomaren Bindungskräfte aufgeben muss und dabei zerfällt. Das Frequenzmischprodukt mit der tachyonenablenkenden, materieneutralisierenden, desintegrierenden Wirkung findet sich also, je nach Wafer, drei bis zwölf Zentimeter darüber! Nachdem wir uns darüber unterhalten hatten, Georg auch das Funktionsprinzip erkannt und für gut befunden hatte, gaben wir beide bei unseren Instituten um die Genehmigung

für eine diesbezügliche Zusammenarbeit ein. Es gab keinerlei Probleme mit unseren Anträgen, diese wurden sofort genehmigt und wir konnten uns in Oberpfaffenhofen eine Experimentierhalle einrichten. Über meinen Logpuk entwarf ich einen Testwafer und Georg fertigte schon einmal zwei Stück davon in Dresden, bis er dann wieder zurückkam. Anschließend starteten wir die Experimente und der erste Wafer, noch mit einem angedockten Kondensator - ich komme später auf das Prinzip dieser Art Kondensatorladung - verschwand spurlos in der Erde. Zuerst dachten wir, das Experiment war gescheitert, wir waren enttäuscht und wollten erst einmal nach Hause, die Sache überdenken, doch stellte sich heraus, dass meine Frau Gabriella über eine unwahrscheinlich logische Kombinationsgabe und Prinziperkennung verfügt! Sie hat gewissermaßen uns davor bewahrt, dieses Experiment als erfolglos zu verwerfen. Ich darf meine Frau Gabriella bitten, das Wort zu übernehmen und eben dieses universelle Funktionsprinzip zu erklären!"
Wieder raunte es in den Reihen der Reporter, langsam kam wieder Klatschen auf.
Gabriella rückte weiter zum Mikrofon, lächelte noch einmal zu mir und Georg, dann sprach sie mit voller Stimme:
„Vielen Dank Max, es ist mir eine Ehre den größten Erfindern oder Entdeckern der Neuzeit Unterstützung bieten zu können. Vorerst möchte ich auch erklären, dass ich ebenso wie Georg und Max genkorrigiert wurde. Zweite Generation versteht sich. Ich arbeitete lange für die Pride-Company, programmierte auch Hauscomputeranlagen; Somit hatte ich auch etwas technisches Verständnis mitgebracht. Auch hatte ich früher viele Abhandlungen über das Schwerkraftprinzip gelesen und hatte immer wieder erheblichen Zweifel daran, denn es erschien mir unlogisch, dass etwas im Kleinen oder auch im Großen sich gegenseitig anziehen würde und das Universum entgegengesetzt proportional ausdehnt! Dabei müsste dann auch ein energetisches Vakuum entstehen, auch wenn man noch von einer unbekannten Energie sprechen müsste. Nun, dies alles passt nur zu einem Weltbild, in dem Newton unter dem Baum sitzt und der Apfel dann eben vom Baum ihm auf den Kopf fällt! Wir können es Newton nicht übel nehmen, dass er dann von der Schwerkraft spricht; Wie hätte er denn wissen sollen, dass das Universum ihm den Apfel auf den Kopf geschickt hatte, ebenso wie er unter dem Baum an die Planetenoberfläche angedrückt worden war." Auch Gabriella holte einmal Luft, trank vom Wasser, dann fuhr sie gekonnt, mit voller Stimme vor den staunenden Reportern fort:
„Georg und mein Ehemann entdeckten nicht ganz ungewollt die eigentlichen Bausteine des Universums! Als der erste Testwafer in der Erde verschwand, wollten sie die vermutete Gravitation abschirmen! Was sie

aber eigentlich machten, war die durch die Erde dringenden Tachyonen, die braune universelle Energie abzuschirmen, so dass nun von oben kommende diesartige Energie, also die Tachyonen keinen Gegenschub mehr hatten und die Experimentiervorrichtung nach unten entließen! Interessant dabei auch, dass das `Einschussloch´ am Boden kleiner wurde! Diese Wafer wurden mit Kondensatoren geladen, hatten also volle Energie im vollen Resonanzbereich sofort! Wahrscheinlich hatte diese Vorrichtung bereits nach fünfzig Metern schon tausendfache oder höhere Lichtgeschwindigkeit – allerdings in einem eigenen Universum! Und das ist der springende Punkt! Da Tachyonen das Füllelement für unsere Universumsblase, also die fast unendlichschnellen Teilchen darstellen, die unserem Universum zum Bestand verhelfen. Was passiert also, wenn wir in diesem Gefüge ein – ich nenne es einmal – ein Störfeld erzeugen? Richtig! Es entsteht ein prinzipiell eigenes Universum. Eine Kugel in diesem Universum bleibt dann aber auch eine Kugel, wenn auch das Universum durch die gerichteten Tachyonen in Relation zu unserem `alten´ Universum unendlich lang und unendlich dünn würde. Wird dann das künstliche Universum aufgelöst, so erscheint diese Kugel wieder als wäre sie immer schon da gewesen, allerdings an einem komplett anderen Ort im Makrouniversum! Das Waferprinzip, welches Dinge schweben lässt, erzeugt eine leichte Wölbung im Kontinuum.
Der Energieaufwand für diese Prinzipien ist minimal, da kompensative Strahlungen selbst erregend arbeiten. Im Übrigen ist es auch nicht richtig, wenn wir hier von `Schweben´ reden! Die Fluktuationsstrahlung, die durch unsere Erde hindurchreicht, hebt die waferbeschichteten Fahrzeuge an! Darum auch der Effekt, je höher ein solches Fahrzeug über der Erdoberfläche sich befindet, desto leichter kann es getragen werden, desto weniger Energie ist nötig, allerdings irrelevant, denn im Gegenzug zu alten Berechnungen könnte man auch sagen, je weiter oben desto weniger Erdanziehungskraft! Exakt dies ist der Fall, allerdings müssen wir nun umdenken! Wir werden nicht von unserer Erde angezogen, sondern von unserem Universum an die jeweilige Masse angedrückt! Eine weitere Entdeckung dürfte dann dieser `Verklumpungseffekt´ sein, der also die Massen, Planeten, Sonnen und so weiter gebildet hatte! Je weniger Masse eine Welt hat, desto weniger werden wir angedrückt, da mehr Gegendruck `von unten´ durchkommt! Logischerweise spielt die spezifische Dichte auch eine Rolle!"
„Frau Rudolph, darf ich Sie kurz unterbrechen?"
„Bitte schön." Der GlobalNews-Reporter holte Luft und fragte meine Gabriella: „Wieso zermalmen uns diese Tachyonen nicht? Wieso liefern diese eine dermaßen Antriebsgewalt, dass Gegenstände auch in der Erde

verschwinden können, wie weit können wir mit diesem Funktionsprinzip reisen, Verwendung als Waffen und ..."
„Langsam", unterbrach ihn Gabriella! „Lassen Sie auch noch ein paar Fragen für Ihre Kollegen übrig, bitteschön!"
Tosender Beifall fast aller anderen Reporter im Saal, William schaute etwas indigniert, aber gab sich in seine Ordnung.
„Wie jeglicher Materie eigen, gibt es in Wirklichkeit eigentlich keine `feste Materie´. Alles ist Energie, wie Einstein auch schon erkannt hatte. E ist gleich MC im Quadrat. Das sind die Bausteine der `irdischen´ Physik! Um dieser Physik aber die eigentliche Wirkung zu geben, sprich, Materie aus Energie zu formen, muss eine Energieform vorhanden sein, die die untergeordneten Energieteilchen dazu drängt, eine Gestalt anzunehmen; Also eine noch feinere Energie, die alles `umspült´, alles in Form drückt! Auch noch unterhalb der sogenannten Higgs-Teilchen. Nachdem diese Energie dann aber auch noch so fein ist, gab es nur ein Mittel dafür, etwas zu bewerkstelligen, nämlich die fast unendlich hohe Geschwindigkeit! Kurz zur Urknalltheorie: Als sich die Materie ultraschnell ausdehnte, waren im Gegenzug die Tachyonen relativ langsam. Als sich dann die Materie während der Ausdehnung verlangsamte, stieg die Geschwindigkeit der Tachyonen an! Wir haben nun den Gegenpol im energetischen Verhältnis zu zur Materie gewordenen Energie. Solange sich die Materie im Universum bewegt – und das tut diese bislang ununterbrochen – sind die Tachyonen auch nicht unendlich schnell, sie werden aber dazu angeregt, um das Universum als Blase zu erhalten. Der `Innendruck´ des Kosmos wiederum lässt dann auch niedrigere Energie zur Materieform verklumpen. Wollen wir heute eventuell den Tachyonendruck für Reisen nutzen, entsteht ein eigenes gerichtetes Kontinuum, mit eigenem Zeitgesetz! Wir können der Dilatation ein Schnippchen schlagen! Nur Flugkörper, die mechanisch im Universum der bekannten Gesetzmäßigkeiten angetrieben werden, unterliegen dem Dilatationseffekt! Noch mal gebe ich ein Beispiel: Nehmen Sie einen riesengroßen Luftballon, blasen diesen auf, dann entsteht ein höherer Innendruck als außen. Blasen Sie weitere kleine Luftballons auf beispielsweise zehn Zentimeter auf und schieben sie diese dann in den großen Luftballon, dann passiert folgendes: Die kleinen Luftballons werden wieder kleiner, denn der Innendruch im Ballon ist höher als der Druck außerhalb! Je nach Höhe des Innendrucks können die kleinen Ballone dann um zwei oder drei Zentimeter schrumpfen! Dies nur zur Verdeutlichung des universellen Prinzips! Klar, dass das Universum mehr in petto hat als Luft und Ballons! Zu Ihrer zweiten Frage: Die Tachyonen geben keine Antriebsgewalt im physikalischen Sinne! Es entsteht ein dreidimensionaler Unterdruck, der mit den Wafern gerichtet werden kann! Dann entsteht auch

ein eigenes Universum, ein eigenes Kontinuum mit eigenen physikalischen Gesetzen, jedoch partitiell gleich mit unserem Universum. Ich erklärte schon, dass dieses kleine Universum dann auch unser Großes gewissermaßen durchdringt. Es handelt sich dabei nur in der Anfangsphase um eine Art Bewegung, wie der Effekt für Schwebefahrzeuge angewandt wird, die nichts anderes machen als einen `vierdimensionalen Rand´ zu erzeugen, auf dem sie von der Unterstrahlung gestützt, schwimmen können. Darum entsteht auch eine Wölbung im Universum. Zu Ihrer dritten Frage: Es besteht sicher auch die Möglichkeit, mit diesem Prinzip Waffen zu bauen. Bitte lassen Sie mich eines dazu sagen: Die Menschen hatten schon immer Waffen gebaut, zuerst um besser jagen zu können, dann um sich gegenseitig Land wegzunehmen. Bald werden Waffen absolut überflüssig, denn mit dieser Möglichkeit, so genannte distanzlose Schritte im Universum zu tätigen, können wir davon ausgehen, dass wir in ein paar Jahren wieder beginnen zu kolonisieren! Nicht mehr auf andere Kontinente, sondern auf andere Planeten, große Monde, andere Sonnensysteme. Unser Kolonialgeist wird wieder erweckt und die Notwendigkeit für Frieden wird auch immer größer, denn dabei sollten wir uns wieder gegenseitig unterstützen! Jetzt gilt aber: Wir bekommen mehr Platz, als wir uns jemals erträumt hätten! Knapp zehn Milliarden Menschen auf der Erde und das Universum hat sicher mehr als siebzig Millionen Galaxien, wahrscheinlich mehr, dabei pro Galaxie durchschnittlich drei Milliarden Sonnen; Sieben Prozent haben in etwa Planeten, davon wieder fünf Prozent Planeten in der Biosphäre, welche bewohnbar sind oder bewohnbar gemacht werden können. Weiter gibt es Monde mit Atmosphäre, die unbewohnbare Planeten umkreisen und so weiter. Wenn sich ein Drittel der Weltbevölkerung aufmacht, zu den Sternen zu reisen, dann in jeder neuen Generation wieder Menschen, die in diese Technik wie selbstverständlich hineinwachsen! Bei diesen Aussichten, in allen irdischen Religionen Namen! Bei diesem Platzangebot! Um was sollten wir noch kämpfen?"

Stille! Lange Zeit unglaubliche Stille im Saal!
Gabriella lehnte sich zurück und schlürfte leise Wasser aus dem Glas. Unser Freund von FreedomForWorld-TV begann langsam zu klatschen! Genauso langsam fielen die anderen Reporter in diesen Takt mit ein und Gabriella bekam ihren ersten eigenen Komplettapplaus! Auch Joachim hatte fasziniert zugehört, wie Gabriella alles dermaßen sachlich und wie selbstverständlich so allgemeinverständlich wie möglich erklärte. Besonders der Schluss, dass kein Krieg mehr notwendig sein würde, ja ohnehin in einer zivilisierten Welt nicht von Bedarf ist, das war der schönste Schlussstrich, der in diesem Zusammenhang möglich war!

Der Beifall dauerte nicht nur an, sondern alle Personen, die einen Stuhl benutzt hatten, standen auf.
Standing-Ovations für meine Gabriella!
Auch ich war so gerührt, dass mir das Wasser in die Augen schoss. Joachim beugte sich zu Gabriella, ich konnte nicht verstehen, was er sagte, ich sah nur, dass Gabriella nickte. Dann schob sich Joachim in Richtung Mikrofon, wartete bis es wieder etwas ruhiger in der Edmund-Stoiber-Halle wurde, überraschend eröffnete er: „Meine Damen und Herren, Kraft meines Amtes als Vorstandsvorsitzender der neu gegründeten TWC, also der *Tachyon-Wafer-Company,* möchte ich Ihnen bekannt geben, nachdem diese neue Firma ohnehin noch hoffnungslos unterbesetzt ist, jedoch die Stelle des Pressesprechers nun belegt wurde! Frau Gabriella Rudolph hat soeben zugestimmt, dieses Amt zu übernehmen!" Joachim klatschte selbst so laut vor dem Mikrofon, dass alle Reporter, noch wund in den Händen vom letzten Applaus, wieder in einen tosenden Beifall einstimmten. Gabriella stand publikumswirksam auf, setzte ihr schönstes Lächeln auf und wartete, bis sich der Lärm legte. Abermals sprach sie ins Mikrofon: „Nur noch eine Sache könnte mich von der Annahme dieses Postens hindern! Darum frage ich meinen lieben Ehemann, ob dieser damit einverstanden ist. Max! Bist du einverstanden, dass ich dieses Amt für die TWC übernehme?"
Mir blieb ja ohnehin nichts anderes mehr übrig, als zu bestätigen, auch gönnte ich meiner Frau diese sicher sehr verantwortungsvolle Tätigkeit, außerdem schien sie dafür wie geschaffen zu sein. Also antwortete ich in mein Mikrofon: „Alle Energie unseres Universums scheint auf deine bejahende Antwort gewartet zu haben; Was soll da noch so ein kleiner Erfinder mit Bierbauch wie ich etwas einzuwenden zu haben?"
Gelächter erklang, dann gab es nochmal einen kleinen Beifall.
William sah uns an und fragte: „Darf ich nun noch die Zuschaltungen für weitere Fragen an weitere hier ausgewählte Reporter verteilen?" Jetzt stand Georg auf und sprach in das Mikrofon: „Sie dürfen, William, aber zuerst möchte ich einen dieser hier anwesenden Reporter Vorzug gewähren lassen und dessen Fragen beantworten! Die Reportagen aus den Nachrichtenkanälen zerlegten nur so alle Neuigkeiten, doch wer sie am besten dem Volk vermittelte, wessen Kanal mir oder auch uns am besten vom Sinn zusagt, auch von unserem friedlichen Willen her, ist FreedomForWorld-TV! Ich bitte also diesen Herrn zuerst, ich bitte ihn auch in die Hallenmitte zu treten, denn ich stehe für Frieden für die Welt ebenfalls auf!"
Georg erhob sich, dann erhoben wir uns natürlich alle, denn auch wir wollten dem Willen für den Weltfrieden einen Ausdruck verleihen, schon eilte sich unser unbekannter Freund in die Hallenmitte zu kommen. Er

zeigte ein dauerhaftes dankbares Lächeln, als er nun an dem zentralen Platz stand und in unsere Richtung blickte. Er wartete wieder bis der leichte Beifall seiner Kollegen sich gelegt hatte und stellte sich (in deutscher Sprache) vor: „Mein Name ist Patrick Georg Hunt, ich bin gebürtiger Schotte, wohne aber im von der großen Flut verschontem Südtirol-Oberitalien. Ich arbeite meiner Gesinnung entsprechend schon seit fünfzig Jahren bei FreedomForWorld-TV. Zuerst auch vielen herzlichen Dank für das Lob und das Vertrauen. Die erste Frage habe ich an Sie, Herr Ingenieur Georg Verkaaik: Als Sie zuerst diese Ideen von ihrem Freund und Kollegen Max hörten, dachten Sie daran, dass sich daraus eine Waffe produzieren lassen könnte?" Georg war etwas erstaunt, dann antwortete er: „In keiner Sekunde, Patrick! Als das Automobil erfunden wurde, dachte der Erfinder auch nicht daran, dass man damit Leute totfahren könnte! Sicher wird es möglicherweise auch Unfälle mit unserer Technik geben, aber sollen wir deswegen aufhören zu forschen, zu warten bis dann unsere Welt gänzlich verseucht ist, wir dann so und so einmal sterben werden, wenn alle Rohstoffe endgültig verbraucht sein werden und wir uns schlimmstenfalls auch noch gegenseitig auf die Füße treten? Ich denke, dass wir verpflichtet wurden, neuen Techniken den Schrecken zu nehmen und friedvoll zu nutzen!" Patrick lachte breit, die Antwort passte genau in sein Konzept! So fragte er weiter: „Was gedenken Sie zu unternehmen, um zu verhindern, dass jemand anders aus Ihrer Technik eine Waffe konstruiert?"

Wieder antwortete Georg: „Im Großen und Ganzen kann man den Gebrauch von Technik als Waffe nie ganz vermeiden. Sie können mit einem Brotmesser nicht nur Brot schneiden, sondern auch einen Menschen töten. Unseren Testdesintegrator oder auch künftige Desintegratoren kann man sicher als Waffe missbrauchen, aber solche Geräte denke ich, werden wir auch nur an entsprechend verantwortungsbewusste Firmen liefern. Leider wird genereller Missbrauch nie ausgeschlossen werden können! Doch ich bin zuversichtlich, dass, wie Frau Rudolph schon sagte, Kriege und große Streitigkeiten schon deshalb reduziert werden können, da die Aussichten auf viel Platz und mehr individuelle Möglichkeiten in den nächsten Jahren gegeben sein werden, also auf dieser Welt wohl keine große Rolle mehr zu spielen haben. Mit zunehmender evolutionärer Reife und mehr Abstand voneinander, schon von den Möglichkeiten her, wird der Homo Sapiens irgendwann die Begriffe Krieg und Streit, Zorn und Neid streichen können, vielleicht auch sogar irgendwann deren Bedeutung vergessen!"

Patrick stand breit grinsend da und klatschte. Dann wollte er noch wissen: „Haben Sie, Herr Georg Verkaaik also den nächsten Schritt der Evolution für die Menschheit eingeleitet?" Georgie lehnte sich mit den Lenden

stehend nach vorne an das Pult, dann zog er das Mikrofon noch etwas höher, beugte sich noch weiter nach vorne und antwortete:
„ Patrick! Fast eine jede Erfindung ist wieder die Folge einer Vorangegangenen! Zuerst testete der Mensch die Möglichkeiten, die er mit den Steinen hatte, dann die Möglichkeiten die ihm das Feuer gab. Dann versuchte der Mensch zu kombinieren und konnte Bronze schmelzen, dann Eisen und so weiter! Eisen war schon immer da! Feuer war schon immer da! Und die Tachyonen waren auch schon immer da! Wir haben sie eigentlich nur zu nutzen entdeckt! Das ist das Rennen der Evolution! Diejenigen, die sich ihre Basiswelt vorher kaputtmachen, sind aus dem Rennen ausgeschieden, das könnte für viele andere Völker und Intelligenzen im Universum der Fall gewesen sein! Wir haben es gerade noch einmal geschafft und dazu gehört nun auch der endgültige Friede für unseren, jetzt sage ich einfach einmal in Bezug auf künftige Möglichkeiten, Heimatplaneten. Außerdem bin ich der Meinung, es gibt für alles seine Zeit! Nun war es einfach an der Zeit, die Nutzung der Tachyonen zu entdecken! Das diese Entdecker genau wir waren, kann auch unter Zufall verbucht werden, doch weitere hundert Jahre und die Erde wäre vielleicht wieder gekippt! Jetzt können wir auch den ärmsten Staaten noch effektive Hilfe zukommen lassen, die unsere Umwelt nicht belasten! Ralph Marco Freeman will einen Atmosphärereiniger konstruieren! Also wieder eine Idee, die ohne unsere Entdeckung nicht aufkommen könnte! Man darf sich vielleicht etwas verspäten, nur nie zu spät kommen! Auch nicht mit der weltweiten Bitte um Frieden!"
Wieder klatschte Patrick fest und schallend, andere fielen wieder mit ein und damit begannen sich alle wieder hinzusetzen, das rhythmische Klatschen hielt dennoch etwas an. Patrick setzte noch ein Schlusswort hinzu: „Für meine Belange haben Sie alle Ihren Friedenswillen bestätigt. Wir haben schon mit festen Glauben an die Sache positiv berichtet und ich sehe, Sie haben uns nicht enttäuscht. Ich bitte Sie: Machen Sie weiter so! Danke! Danke Max, Georg, Gabriella, Silvana, Joachim und Sebastian!"
William trat wieder vor und wollte weitere Reporter zuteilen. Es drängte sich aber bereits ein Mann von den Philippinen vor, dieser wurde dann auch vorerst belassen. Wieder ein Mann, der über das IEP zugeschaltet wurde, er konnte kein Deutsch und kein Englisch. Und er stellte sich vor: „Ich bin Akir Nhmen Yanmanti. Ich frage Sie hier einmal ganz offen; Ich darf also wieder Frau Gabriella Rudolph ansprechen, die Person, die bereits nun offiziell als Sprecherin für die TWC eingesetzt wurde. Wollen Sie mit ihrer neuen Technologie auch das Wort Gottes in das Universum bringen?"
Wieder ein Raunen unter den hier anwesenden Reportern. Jetzt war die Frage aufgetaucht, vor der wir uns eigentlich fürchteten. Ausgerechnet die

Philippinen! Dieser Staat war schon unter der großen Flut extrem gebeutelt worden, die Inseln wurden dermaßen überschwemmt und dadurch verkleinert, dass damals prozentual die meisten Einwohner im Vergleich zu anderen Staaten ums Leben kamen. Nur langsam rappelten sich die Philippinen wieder so einigermaßen auf, konnten aber von ihrem übertriebenen Religionsgehabe nicht ablassen, nein! Im Gegenteil! Sie organisierten ähnlich wie die letzten Analphabeten im nahen Osten ihre Moscheen, ihre Kirchen neu und meinten, sie wären durch eine weitere Prüfung gegangen, die sie nun auch bestanden hätten!
So ein Schwachsinn! Die letzten großen Religionsanhänger auf Erden! Ich hatte Angst vor der Antwort meiner Frau! Gabriella lehnte sich nach vorne und fragte eiskalt: „Das Wort welchen Gottes sollen wir in das Universum tragen?" Akir stand auf und schrie: „Das Wort des einzig existierenden Gottes! Jahwe! Der, der die Schöpfung inszeniert hatte! Durch den alles entstanden war! Die Dreifaltigkeit, Gott Vater, Gott Sohn und der heilige Geist!" Akir stand mit den Armen fuchtelnd mitten im Saal und ich hatte den Eindruck als wenn ihn Franz-Josef vom Sims aus mitleidig anlächelte. Dann lehnte sich Gabriella wieder etwas vor und fragte Akir: „Glauben Sie denn, wenn Gott diese ganze Schöpfung inszeniert hatte, dass er jemanden braucht, der sein Wort in das Universum trägt? Meinen Sie nicht, dass sein Wort nicht schon da draußen sein könnte? Vielleicht von jemand anderem besser verstanden als von Ihnen?" Akir schnaubte vor Wut! „Wer könnte Gott besser verstehen als wir leidgeprüften Philippinen? Die große Flut wurde von den großen Industrienationen verursacht und wir haben sie Dank unseres Glaubens dennoch überlebt!" „Von Überleben kann hier wohl kaum die Rede sein!" Meinte Gabriella anklagend. „Sie haben die Zeit der friedlichen Revolution direkt verschlafen! Ihre Guerillas laufen heute noch durch den Wald und schießen auf alles, was anders aussieht wie sie selber! Dann wollen ausgerechnet Sie das Wort Gottes predigen? Haben Sie überhaupt schon definiert, welche Spezifikation von Gott sie vertreten? Meines Wissens gibt es auf den Philippinen auch tausende von Untergruppierungen aller möglichen katholischen Abspaltungen, vor Allem entstanden diese nach der großen Flut! Bringen Sie diese Gruppierungen unter einen Hut, dann können Sie mir eine Nachricht übergeben, die wir für Sie in das Universum tragen! Einverstanden?"
Akir schäumte wie unter Tollwut, aber ihm fiel nichts mehr ein und er wurde höflichst wieder in die Ränge der anderen Reporter gebeten. Wieder drängte sich ein Mann vor! Wieder wurde er zugelassen. Ein Amerikaner! Ich hoffte schon, dass nun wieder sachlichere Fragen zu beantworten wären, doch war es ausgerechnet ein Referent von der Dallas-Clean-Mentality-Church, genau diese Gruppe, die nachdem in Amerika die Ölvorkommen

fast gänzlich versiegten und die Texaner fast verarmten, mit ihrer Schöpfungstheorie neu Fuß fassen konnten! Auch er stellte sich vor: „Ich bin Arnold Jameson und vertrete die Dallas-Clean-Mentality-Group. Vielleicht haben Sie schon von uns gehört?" Gabriella unterbrach ihn schnell! „Nein haben wir nicht! Es gibt auch noch so viele Urvölker zum Beispiel im Regenwald von Brasilien, im Pantanal, die erst kürzlich entdeckt wurden, je eine eigene Religion besitzen, von einer Gruppe weiß ich, dass sie Albinoaffen anbeten! Wenigstens müssen wir diese Gebete nicht in das Universum tragen, denn diese Völker glauben nicht, dass es da draußen noch andere Albinoaffen gibt! Und sollte es noch welche geben da draußen, dann kämen sie mit dem beten nicht mehr nach, denn nach den letzten Atombombenzündungen und der höheren Radioaktivität in der Atmosphäre konnten wir auch wesentlich mehr Albinoaffen zählen!
Diese Urvölker sind hier auf unserem Mutterplaneten schon fast mit ihren Bittgesängen überfordert. Mittlerweile beten sie bereits während dem Zähneputzen, damit ihnen noch Zeit bleibt um auf die Jagd zu gehen!"

Arnold ließ diese Art von Predigt über sich ergehen, dann fragte er noch einmal nach: „Sie vertreten scheinbar die Lehre der Evolution! Kein Wissenschaftler konnte bislang weiter zurück in die Zeit blicken als bis zum theoretischen Urknall. Warum?" Gabriella war richtig in Fahrt! „Was man noch nicht erklären kann, muss noch lang nicht Schöpfung gewesen sein! Eure Schöpfung wurde zum Beispiel in den letzten vier Wochen schon wieder kürzer, schon wieder kleiner! Wieder wurde dem Universum ein Geheimnis entrissen! Das ist Wissenschaft! Nicht einfach als Schöpfung erklären, wenn man etwas nicht versteht, nach dem einfachen Motto: Das hat der Schöpfer erschaffen! Nein! Weitersuchen! Arnold, glauben sie an die Berechnung von Luther, dass die gesamte Erde erst im Jahre, oh verzeihen Sie meine Uninformiertheit, das muss so um fünftausendzweihundert Jahre vor unserer Zeitrechnung entstanden sein, besser: auf einmal erschaffen wurde?"
„Ja das glaube ich!"
Arnold versteifte sich und stellte sich groß auf! Gabriella konterte forsch: „Dann tun Sie mir sehr herzlich leid! Denn wenn alles auf einmal da gewesen sein könnte; So mir und dir nichts mal schnell ein Universum kreieren, dann müssten wir auch in der Angst leben, dass alles ebenso auf einmal wieder weg sein könnte! Nun bitte ich aber die Reporter zur Sprache, die etwas zum eigentlichen Thema und sachlichere Fragen stellen können! Ich danke Ihnen trotzdem sehr, Arnold – Arbeiten sie mit uns am Weltfrieden, egal ob das Universum schon viereinhalb Milliarden Jahre

existiert, oder erst siebentausend! Nutzen Sie das ethisch wertvolle Potential Ihrer Glaubensrichtung! OK?"
Arnold nickte fast geschlagen, dann verzog er sich in die Reihen seiner Kollegen. Ein Franzose stellte noch eine unverschämte Frage:
„Wenn Sie nicht unter dem Druck der europäischen Union gearbeitet hätten, so sind wir der Meinung, dann wäre eine Unterdrückung der Welt mit diesen neuen technischen Möglichkeiten für Sie vielleicht nur eine Frage der Zeit. Das französische Volk hat Angst vor Ihnen!"
Gabriella lächelte sanft und gab zur Antwort:
„Die ganze Welt hatte Angst vor Ihnen, als Ihr Napoleon bis nach Russland einmarschierte! Sicher, man könnte diese Technologie auch für eine Welteroberung missbrauchen! Wir werden diese Technologie auch für eine Welteroberung verwenden, aber im Namen des reinen Friedenswillen! In zehn Jahren wird diese Technologie für alle Nationen freigegeben und ich setze mich heute schon dafür ein, ein Gremium zu gründen, welches weiterführende Tachyonentechnik realisiert, die Missbrauch davon wieder eliminiert! Hier wird am Frieden gebaut! An einem Frieden, der nicht mehr auf die leichte Schulter genommen wird! Übrigens sitzen einige Franzosen in Untersuchungshaft! Der Spionage verdächtigt! Untersuchungen stehen noch aus. Was wollten denn eigentlich dann diese Herrschaften mit dieser neuen Technik anfangen? Weltfrieden mit französischem Stempel? Oder Baguette und Rotwein zum Mars bringen?"
Auch dieser Mann trat betroffen ab! Gabriella war in ihrem Element!
„Weitere ernsthafte Fragen? Wenn nicht, dann könnten wir diese Konferenz langsam beenden, denn mein Ehemann und das Team der TWC wollen die Marsbasis retten! Aber der Menschen dort wegen! Es gibt hierbei noch sehr viel zu tun!"
„Ich! Ich habe noch eine Frage!" Ein deutscher Reporter trat noch aus den Reihen hervor. „Bitteschön!" Forderte Gabriella ihn auf. „Diese Technik ist so schnell entstanden. Kaum vier Wochen bis jetzt! Können Sie sicher sein, dass diese neue Technik auch sicher ist? Keine Umweltschäden, keine Strahlung?" „Herr Guido Hornmann, wie ich hier eingeblendet sehen kann; Guido! Nachdem diese Technik ohne jegliche Mechanik funktioniert, entfielen auch lange Testphasen! Strahlung ist vorhanden, allerdings die reine Gegentaktstrahlung in fast gleicher Frequenz wie die, die uns ohnehin laufend per Tachyonen durchflutet, beziehungsweise uns ohnehin laufend an die Erde drückt! Wie soll diese Strahlung dann schädlich sein, wenn wir dieser schon immer unterworfen waren? Wir erzeugen diese Strahlung nicht in diesem Sinne, wir steuern nur deren Strömungen! Der Transport wird von der übrigen vorhandenen Strahlung erledigt, um dies einmal salopp zu sagen. Georg und mein Mann leben noch und zeigen keinerlei

Strahlungsschäden!" „Danke Frau Rudolph! Viel Glück für Ihre Gruppe!" Das war aber flott! Dann meldete sich noch ein Chinese. Er wollte wissen, ob die TWC gewillt sein wird, mit den chinesischen Airbuswerken zusammenzuarbeiten. „Aber selbstverständlich!" Antwortete Gabriella. „Für weitere Vertragsinformationen bin aber nicht ich zuständig!" Noch meldete sich ein Mann, er machte den Eindruck eines richtig Intellektuellen. „Bitteschön!" Wieder meine Gabriella. „Ich bin Dr. Clueman von der University of Science, South Carolina. Wenn angenommen auf der Nordhalbkugel unserer Welt einmal fünfhundert Millionen oder mehr ihrer Schwebebusse fahren würden; Diese ziehen ja Erdmasse nach, wenn ich die Theorie richtig verstanden habe, dann müsste ja auch die Erde irgendwann einmal aus der Sonnenumlaufbahn geworfen werden oder man bräuchte auch auf der Südhalbkugel fünfhundert Millionen dieser Fahrzeuge. Gehe ich hier in meinen Annahmen richtig?" „Sie gehen absolut richtig, Herr Dr. Clueman, allerdings haben wir bereits berechnet, dass die Untermischung von natürlicher Tachyonenstrahlung bei einer Schwebehöhe von wenigstens ab sieben Metern bei Fahrzeugen wie dem Variobus, bei Größeren entsprechend mehr, schon so stark ist, dass dieser Effekt vernachlässigbar erscheint, auch vor allem, wenn sich dann die Südhalbkugel der gleichen Technik bedient! Der Jangtsestaudamm in China hatte eine wesentlich stärkere Beeinflussung auf die Erdrotation hinterlassen! Wenn nach rein theoretischen achtzigtausend Jahren eine weitere Rotations- oder Bahnverschiebung der Erde erfolgt, dann könnten wir diese mit einer riesengroßen, aktivierbaren Waferkollektorfolie, nur aufgelegt auf dem Erdboden, berechenbar rückgängig machen! Die Erde hat schon viel Schlimmeres erlebt, als das Gute, was wir nun vorhaben."
„Soll das heißen, Sie könnten Planetenbahnen korrigieren oder ändern?" Clueman stand scheinbar auf den Zehenspitzen und machte ein Gesicht als wären gerade hundert rote Enten an ihm vorbei geflogen.
„Theoretisch ja!"
Dr. Clueman trat fast leicht geschockt ab! Er schüttelte kaum merklich den Kopf. Wieder stand ein Raunen im Saal an. Ich selber musste meine Gabriella aufs Äußerste bewundern! Sie hat ein heißes Eisen ohne Brandgefahr gehandelt und noch heißer zurückgegeben! Auf die Idee einer Planetenbahnkorrektur oder –änderung war noch nicht einmal ich gekommen! Doch der Gedankengang war logisch. Sollten wir wirklich im Sinne einer Evolution Ordnung in das Chaos des Universums bringen? So wie man das Chaos einer Kinderstube in Ordnung zu bringen hat, bevor man erwachsen wird? Sind wir die Ersten im Universum, die diesen Weg zu gehen haben oder arbeiten schon andere Völker an diesem Projekt. Ich bekam langsam Kopfschmerzen, meine Gedanken zuckten fast spürbar im

Kopf hin und her wie Blitze von einer Teslaspule. Wieder ein Deutscher von einer Wirtschaftszeitung:
„Ich möchte Herrn Dr. Brochov fragen: Es wurde erwähnt, dass es nun eine neue Airbusgeneration geben soll, also die D-Serie mit dieser neuen flügellosen Technik. Wann können wir mit der ersten Probefahrt rechnen?" Sebastian lehnte sich ebenfalls vor und antwortete: „Sicher noch dieses Jahr! Die Rümpfe werden von der C-Serie erst einmal übernommen, noch etwas versteift um auch Vakuumfahrten ausführen zu können. Diese Steifigkeit hätte die C-Serie ohnehin schon, aber wir wollen ein Sicherheitskomplettpaket, was alles schon Gewesene in den Schatten stellt; Statt den Flügeln werden Doppelausleger angebracht, mit den TaWaPas bestückt, sowie Schutzgitter aufgesetzt. Alle Fenster erhalten einen Golddampffilter wegen der höheren UV-Strahlung. Im Übrigen sind unsere Flugzeugrümpfe ohnehin aerodynamisch das Feinste, was es für Großraumtransporte bislang gibt. Auch bei einer generellen Neuentwicklung würden dann die neuen Fahrzeuge nicht relativ anders aussehen, denn wir bewegen uns auch meist noch innerhalb der Atmosphäre. Das Allerwichtigste ist nun eben auch, dass auch das letzte Quäntchen Umweltverschmutzung verschwindet, die Sicherheit und die Geschwindigkeit erhöht wird und dass für Landungen nicht unbedingt mehr Rollbahnen benötigt werden. Wir werden aber die Fahrwerke an den Fahrzeugen dranlassen, nur leicht verändern, damit wir weiterhin noch zu den Abfertigungshallen rollen können und von da weg auf markierte Startflächen." „Vielen Dank Herr Dr. Brochov!" Dann stand Gabriella noch einmal auf und sprach in ihr Mikrofon: „Meine Damen und Herren, wenn Sie nun damit einverstanden sind, möchten wir Ihnen den Testwafer mit dem darunter befindlichen Computer-Puk noch einmal vorführen. Viele von Ihnen haben diese Vorführung noch nicht gesehen. Sie können sich dann über die Wirkungsweise ein Bild machen!" Georg drehte sich um und stellte den Puk auf das Pult vor ihm. Er schaltete den Puk von Standby auf Aktiv und sah mich an. „Mach du mal!" Forderte ich ihn auf. „Ich programmiere die Hologrammauflösung höher und den Aktionsradius, OK?" „Gut." Georg sprach sonor auf den Puk ein und ließ sich die Ergebnisse auf einem Minihologramm anzeigen. Dann befahl er dem Puk, so dass es das Mikrofon vor ihm auch aufnehmen konnte: „Programmstart: Waferdemonstration!" Der Puk erhob sich langsam, schwebte bis zur Mitte der Halle, von dort stieg er noch ein wenig an, schwebte bis zur Büste vom Franz-Josef, machte eine Runde an allen großen Köpfen auf dem Sims vorbei und schwebte in den Mittelpunkt der Halle. Dort stimmte dieser langsam wieder Händels Wassermusik an und projizierte ein Holofeld, welches fast dreimal so groß war, als beim letzten Mal. Wieder zeigte er

den immer noch nicht absolvierten Testflug zum Mond in einer fast perfekten Simulation, der Sprung bei der Abgabe der Kondensatorladung mit eingeblendeter Zeit, so dass jeder erkennen konnte, es würde fast keine Zeit vergehen, die Landung, dann aber hatte Georg die Zigarre aus dem Programm genommen. Stattdessen stellte er auf dem Mond einen Klapptisch und zwei Klappstühle auf, auch ich stieg aus der Mondgondel in dieser Simulation und setzte mich auf einen dieser Stühle, er, der Georg ebenfalls, wobei er eine Campingkühlbox öffnete, zwei Weißbiergläser hervorholte und auch zwei Münchner Weißbiere einschenkte. Dann ertönte seine Stimme per Simulation: „Wie du es nun in deinem Raumanzug trinken willst, das ist dein Problem!"
Damit schaltete sich die Demonstration ab, der Puk kehrte wieder zum Pult zurück. Wieder gab es einen Applaus, jedoch war diese Simulation bereits soweit bekannt, dass es kein Reißer mehr war, nur die Szene mit dem Weißbier hatte viele Reporter noch zum Schmunzeln gebracht. „Falls es keine weiteren basisorientierten Fragen mehr gibt, bitte ich darum, diese Konferenz beenden zu dürfen!" Das war wieder meine Gabriella.
„Doch! Eine!" Eine Frau trat in die Hallenmitte.
„Ich bin Reporterin für `Le Femme´, mich und unsere Leserinnen würde sicher interessieren, wie weit Frauen in diesen und damit zusammenhängenden Projekten eingebunden werden?" Gabriella lachte: „Sie sehen ja bereits, wie weit ich schon eingebunden bin! Meine Aufgabe wird wohl erst die sein, die mir heute zugeteilt wurde, aber wenn einmal eine Planetengondel fertig sein wird, die die Experimentalphase durchschritten hat, dann will ich auch einmal in einem See einer fremden Welt baden, mehrere Mondaufgänge auf einmal ansehen, womöglich so eine Gondel selbst steuern! Wir Frauen werden sogar an Bedeutung gewinnen, allerdings besinne ich mich in erster Linie auf die Unterstützung meines Ehemannes, denn auch ich habe dafür gesorgt, dass sein geistiges Potential immer frisch und regeneriert war! Vergessen wir bei allen Träumereien nicht die wahren Aufgaben einer Frau! Wir haben die Männer zu unterstützen und aufzubauen. Deswegen dürfen wir uns auch `das schöne Geschlecht´ nennen!"
„Sie sind durch die Gokk-Lehren gegangen?" Wollte die Französin noch wissen. „Ja, sehr erfolgreich wie mir scheint!" „Danke!" Die Dame zog sich ebenfalls zurück, schien aber nicht hundertprozentig zufrieden zu sein. Nun kam auch noch die Frage für unseren Softwarespezialisten Ralph Marco. Ein Vertreter einer Computerfachzeitung wollte wissen:
„Stellt sich die automatische Steuerung als sehr kompliziert dar, Herr Freeman?" Mit angenehmer, fachlich orientierter Stimme gab Ralph Auskunft: „Das einzige Problem für diese Steuerungsprogramme war die

nichtlineare Zunahme des Unterschubs der Tachyonen. Je höher so ein Fahrzeug fährt oder fliegt, ergo je weiter es von einer Massenkonzentration entfernt wird, desto mehr Tachyonen treffen die einseitig abgeschirmten Auslegerflächen oder eben auf das Objekt. Ich habe in meinen Programmen zwei Rechenstufen eingebaut, eine Rechenstufe für den `Jetztverbrauch´ und eine Rechenstufe, die bereits den Verbrauch für die nächsten Sekundenbruchteile vorausberechnet! Dann übernimmt die erste Rechenstufe bereits die Information der zweiten, also eine Art Vorausberechnung oder computerorientiertes Datenorakel. Dann arbeitet aber die zweite Rechenstufe bereits die nächste Stufe mit ein. Die normale Massenträgheit der Fahrzeuge erschafft dann den Ruhepol. Für diese Art Steuerungen würden auch Computer der Jahrhundertwende noch vollauf genügen! Wir haben aber einen Sicherheitskomplex von vier Rechnern zusammengeschaltet! Ein theoretischer Gau im System findet alle zweiundachtzigtausend Jahre statt! Und dann gäbe es noch das Not-Aus-Programm mit Stillstandverwaltung." Ein älterer Herr meldete sich noch zu Wort und wollte mit Joachim sprechen. Joachim rutscht mit dem ganzen Stuhl in Richtung Mikrofon. Dann fragte der Mann:
„Herr Prof. Dr. Berger, ich bin von der allgemeinen Technikerzeitung. Mich würde nur noch interessieren, wie Ihre Pläne bezüglich des Patentes verlaufen werden; Geben Sie Produktionslizenzen aus oder wollen sie den Weltmarkt für sich behalten?" „Auch diese Frage ist noch sehr leicht zu beantworten: Momentan gibt es auf der ganzen Welt keine so schnellen Nanoprinter wie bei uns. Also bauen wir zuerst einmal unsere TWC aus und liefern auch die TaWaPas an Interessenten. Auch für den Tunnelbau werden wir eigene Printer konstruieren, damit wir auch bald diese Desintegratoren in Serie bringen können. Weiter bauen wir die kombinierten Wafer, die transportieren und mit denen auch Radargeräte in Echtzeit versorgt werden! Wir wollen ja im All mal wissen wo wir hinfahren. Dann diese Wafer, bei denen wir Signale auf die Tachyonen aufmodulieren, um zum Beispiel auch die Marsbasis mit echter Duplex-Telefonie zu versorgen. Wenn diese ersten Prototypen der Testphase entronnen sind, dann denken wir auch daran, eigens Nanoprinter für den Verkauf zu bauen, damit auch andere Firmen in Lizenz eigene WaferPacks aller notwendigen Größen produzieren können. Im Moment sind wir eben dem technischen Weltstandart um zwei Schritte voraus! Einmal in der Nanotechnik und einmal in der Tachyonenresonanzfeldtechnik!" „Was machen Sie nach Ablauf der Zehnjahresfrist, wenn das Patent erlischt?" „Dann müssen wir zusehen, dass wir nach Vorgaben der Erfinder unsere eigene Technik so weit vorangetrieben haben, damit wir eventuellen Missbrauch Anderer sofort unterbinden könnten! Diese Technik sollte wirklich nur dem mittlerweile

extrem notwendigen Weltfrieden dienen und der weiteren Rettung unseres angeschlagenen Mutterplaneten, der jetzt die besten Chancen seit Erfindung der Steinschleuder bekommen hat! Auch wie Frau Rudolph schon angesprochen hatte, werden viele Menschen bald andere Sterne mit Planeten suchen um unserem Kolonialisierungsinstinkt wieder neue Impulse zu geben! Dabei können dann die rivalisierenden Gruppen sich wohl kaum mehr in die Quere kommen, wenn jeweils weit entfernte Planeten davon bevölkert werden. Wenn es dann einmal soweit ist, sollten wir eine weitere Konferenz halten, die Verhaltensgebote aufstellt, die auch einen gegenseitigen Besuch berücksichtigen, Kontakte zu unserem Mutterplaneten stabilisieren, die Kolonien katalogisieren und jeweilige Bibliotheken zur Verfügung stellen, die das Urwissen von Terra beinhalten und bewahren! Wir schlittern unaufhörlich in ein neues Zeitalter für die Menschheit; Das dürfte mittlerweile auch einem Jeden klar geworden sein! Trotzdem, allgemeiner Grundgedanke, allgemeine Basis: Frieden! Auch wenn wir dann einmal da draußen sind!" Joachim deutete mit dem rechten Arm und mit gestrecktem Zeigefinger leicht rotierend nach rechts oben um symbolisch in alle Richtungen des Weltalls zu zeigen. Hier setzte Joachim noch eines drauf:
„Wir wären wohl schlechte Vertreter einer künftigen raumfahrenden Zivilisation, würden wir den Kriegsinstinkt mit in die relative Unendlichkeit nehmen!"
Es war ruhig geworden. Alle Reporter hatten ihre Übertragungen bekommen und hatten dies genossen. Gabriella und Georg standen auf, beide wollten etwas sagen, als Gabriella den Georg in den Augenwinkeln wahrnahm, ihn dann ansah, sagte der Freund schnell noch in das Mikrofon:
„Ich bitte Herrn Patrick Georg Hunt, zu uns zu kommen, ich möchte noch persönlich etwas mit ihm besprechen!" Gabriella lächelte wissend und sprach in ihr Mikrofon:
„Damit erkläre ich diese Konferenz für geschlossen. Wir stehen aber künftig und bei Neuigkeiten für Sie zur Verfügung. Sie können uns auch über das Worldlog erreichen; Auch dort werden wir über den Fortschritt unserer Arbeiten berichten! Ich danke Ihnen allen für Ihre Aufmerksamkeit und wünsche Ihnen: Frieden und gute Nachbarschaft! Nochmals sehr herzlichen Dank!"
Symbolisch drehte sich Gabriella dann auch um, um dem Publikum zu zeigen, dass nun wirklich Schluss war. Mittlerweile war Patrick in unserer Mitte angekommen. Georg bat ihn in ein provisorisches Privatbüro im hinteren Teil der Edmund-Stoiber-Halle. Wir alle fanden uns dort langsam ein und Georg sprach mit dem Schotten: „Ihre Übertragungen haben mir von allen am besten gefallen, Patrick! Ich will nun, dass Sie uns begleiten,

von unserer Experimentalhalle und von den neuen Fertigungshallen Reportagen erstellen, Sie können auch mit den dortigen Technikern sprechen! Ich will, dass sie selbst erleben, wie wir für den Frieden arbeiten und entsprechend berichten!" Patrick lachte begeistert! „Ich wusste, dass ich mich nicht getäuscht hatte! Ich bin dabei! Wann?" „Sofort wenn Sie wollen. Sie fahren mit uns in unserem Versuchsbus, sie bekommen einen Ausweis für absolute Bewegungsfreiheit auf dem Gelände; Verschwiegenheitsauflage der Firmengeheimnisse müssen respektiert werden, ja?"
„Mit Brief, Siegel, Unterschrift und was Sie sonst noch von mir wollen! Ich will nur über die Arbeit berichten können, die dem Frieden dient!"
„Dann werden Sie viel berichten können," hatte Gabriella noch dazuzusetzen.
Und an uns gewandt: „Los dann! Ihr müsst die Mondgondel zusammensetzen! Dalli, dalli! Ihr habt mit dieser Konferenz schon viel zu viel Zeit verplempert!" Gabriella lachte hoch motiviert! Georg sah mich an, ich den Georg, dann den Yogi und zu Sebastian. Wir alle schüttelten den Kopf und schwenkten in das Lachen mit ein. Auch Patrick lachte und meinte: „Also bitte: Ich bin der Patrick oder einfach Pat. OK?" „Alles klar!" Wir alle wie aus einem Mund.
Ich stellte mir vor, was auf den Holoschirmen und Projektionen dieser Welt nun alles ablaufen wird! Die Börsen fuhren Achterbahn mit den Spekulationen, wer wie und ob von dieser Technik profitieren könnte.

Die TWC war noch nicht an der Börse! Auch das war ein Grund, Friedenswillen unter Beweis zu stellen, denn wären nun bereits Aktien erhältlich, auch nach dieser Konferenz, diese würden wohl ins Unermessliche steigen und anderen Gesellschaften das Kapital abziehen. Langsam begaben wir uns wieder in Richtung Lift und fuhren auf das Landedeck. Patrick fieberte seiner ersten Fahrt in dem umgebauten Variobus sichtlich entgegen. Er hatte seine Grundausrüstung dabei, auch eine Stabkamera mit Gaslinse und ein paar Radaraugen für die 3D-Aufbereitung. Seine Kommentare während den Aufnahmen gab er auch über ein IEP ab. Auch fragte er Gabriella während des Einsteigens in den Variobus und während einer Live-Übertragung:
„Frau Rudolph, bitte teilen Sie mir mit, was unserer Gesellschaft FreedomForWorld-TV diese Übertragungen kosten sollen, die ich machen darf." Gabriella setzte sich fotogen auf den Sitz hinter dem Fahrer, lachte in die Stabkamera und sprach mit fast hypnotisch wirkender Stimme: „Nehmen Sie einen annehmbaren Betrag X, stiften Sie diesen an den Flutopfer-Fond oder helfen Sie direkt, es gibt immer noch viele Länder, die unter den Nachwirkungen der großen Flut zu leiden hatten wie zum Beispiel

auch Brasilien, dessen meiste Städte an der Küste lagen und liegen und eigentlich alle diese Städte extremen Schaden erlitten! Alle küstennahen Straßen dort wurden komplett verwüstet, dieses Land hat sich bis heute noch nicht erholt! Auch Argentinien, Chile und so weiter brauchen noch Hilfe. Das zweite Programm: Nicht nur Frieden durch Technik sondern auch Frieden durch Hilfe!" Patrick nickte dankbar und lächelnd: „So wollen wir es halten. FreedomForWorld-TV wird seinem Namen mehr als gerecht; Mit Ihrer Hilfe. Ich danke Ihnen! Die Welt wird Sie lieben, Gabriella!" Und meiner Gabriella kamen zum ersten Mal Tränen der Rührung. Sie hatte sich der Sache verschworen, aber unter der Voraussetzung des friedlichen Wirkens! Und sie machte ihre Arbeit ausgezeichnet!

Der Variobus hatte abgehoben und steuerte in Richtung Oberpfaffenhofen. Immer noch schwangen Fahnen unter uns und Rufe schallten in unsere Richtung. Die Banner mit den religiösen Sprüchen waren aber verschwunden; Hatten diese Leute aufgegeben, oder geschah etwas anderes? Dieser Frage werde ich auch noch einmal nachgehen, doch zuerst wollte ich nichts anderes als mein Bett und meine Frau an meiner Seite. Ich bestellte per Bordfunk einen weiteren Wohncontainer für Patrick und die Lieferung wurde noch für heute Abend zugesagt. Patrick war sichtlich angetan mit dem, wie ihm geschah. Er machte Aufnahmen von der gesamten Fahrt und des Einschwebens in die Halle. Dort hörten wir die Nanoprinter leise zischeln, die mittlerweile ununterbrochen zu arbeiten hatten. „Pat! Komm her! Schalte dein Zeug auf Sendestörung, wir wollen mal ein gutes Bierchen schlürfen!" Georg als er den Variobus verlassen hatte und Patrick gerade beim Aussteigen war.

Die Justizhalle wurde wieder als kleine Festhalle genutzt und Patrick lächelte, er sprach noch etwas über das IEP, dann schaltete er tatsächlich sein Equipment aus!
„Ich habe in Zukunft noch so viel zu berichten, da können die Kollegen ruhig mal Wiederholungen ausstrahlen!" Er schmunzelte und steuerte unseren Tisch an. Mittlerweile war auch der Wohncontainer abgesetzt worden, den Pat zuerst misstrauisch, dann aber begeistert in Augenschein nahm.
„Darf ich meine Frau hierher einladen?"
Gabriella antwortete: „Du garantierst dafür? Auch für ihre Ehrlichkeit?"
„Das kann ich mit reinstem Gewissen! Meine Frau besann sich zu den Gokk-Lehren, schon lange bevor ich sie kennenlernen durfte!"
Gabriella gab sich sofort begeistert!
„So lässt es sich zusammenarbeiten. Prima!"

Trotz meiner Müdigkeit dauerte es noch geschlagene drei Stunden, bis ich mich mit Gabriella aufmachte, die Sehnsucht nach der Horizontalen zu beenden. Auch Georgie machte Anstalten, mit Silvana es uns gleich zu tun, dann führte Joachim Patrick zum neuen Container. `Langsam entsteht hier noch eine ganze Stadt´, dachte ich. Es entstand ja schon wieder eine neue Halle, wieder für Großflächennanoprinter, auch wurden Bauteile am laufenden Band geliefert. Dann schlossen wir aber die Türe hinter uns, suchten noch die Hygienezelle auf und waren bald im Gelbett, auf leichte und kurzzeitige Massage eingestellt. Obwohl ich Angst hatte, nicht einschlafen zu können, übermannte mich die Müdigkeit doch mit einem Schlag, so dass ich nicht einmal mehr die Holokanäle wegen den Nachrichten durchzippen konnte!

4. Kapitel
Ein ganzer Staat baut auf die neue Technik.

Bericht Gabriella Rudolph:
Kurz vor neun Uhr, am 22. Oktober 2093 weckte uns der Hauscomputer unseres Wohncontainers.
Das Symbol von Joachim erschien auf einem Flachmonitor mit einem Dringlichkeitsvermerk. Ich zog meinen Arm langsam unter dem Hals meines lieben Ehemanns heraus, der noch tief und fest schlief.
Nichts konnte mich so zur Eile animieren, ohne meinen Max betrachtete ich mich wie einen Computer im Standby-Betrieb. Trotzdem schaltete ich dann die Sprachwiedergabe ein und Joachim fuchtelte mit den Armen ganz wild, untermalte somit die Dringlichkeit.
„Wir haben Besuch! Hohen Besuch! Kommt schnell, wir müssen auch Geschäfte machen." Nun kam auch Max langsam zu sich, er hatte nur `Besuch´ und `Geschäfte´ verstanden: „Wie stehen die Aktien? Ach, wir sind ja gar nicht an der Börse." Nachdem mein Max den Oberkörper leicht angehoben hatte, schloss er seine Augen wieder und ließ sich zurück ins Bett fallen, dabei strich er mir liebevoll und langsam über die Schulter, über das Schlüsselbein und über meine Brust, was mich erotisch elektrisierte. Vor der Optik der geschalteten Verbindung zu Joachim beugte ich mich nun wieder über meinen Max und gab ihm einen dicken Kuss auf die Stirn, wandte mich aber dann wieder dem Yogi zu, der nur kopfschüttelnd vor der Tür wartete, dabei nahm das Mikrofon aber auf, was er von sich gab:
„Da kommt riesiger Besuch und diese Beiden müssen zuerst noch eine Nummer . . ." „Hehe, Yogi-Bär!" Unterbrach ich sein Gemurmel.
„Wenn dem so wäre, dann hätte ich sicher nicht den Monitor durchgeschaltet! Denn wenn ich meinem Max so zeige, was die Gokk-Lehren in petto haben, dann würdest du ohnehin alle Farben des Spektrums durch dein Gesicht wandern lassen!
„Jetzt bekomme ich auch noch Unterricht in Gokk", meinte Joachim und Max drehte sich noch einmal im Bett, dabei meinte er:
„Richtig Gabriella! Gib´s ihm!" Dann drehte sich aber mein Max doch wieder zurück und schaute in den Monitor, auf dem Joachim zu hüpfen schien! Er wippte auf den Zehenspitzen vor Aufregung. Max fragte ihn: „Haben wir Besuch von grünen Männchen? Haben die vielleicht schon unsere Tachyonen angemessen? Wollen die auch unser Patent streitig machen?" „Nein Max! Weißt du wer da ist? Wer uns heute hier besucht? João Paulo Bizera da Silva!" „Schön! Wer ist denn das? Was will er denn?" Meinte mein Max immer noch halb verschlafen. Joachim drehte sich einmal

im Kreis vor dem Monitor, dann wischte er sich imaginären Schweiß von der Stirn: „Mann Gottes und seiner himmlischen Heerscharen! Das ist der Präsident Brasiliens!" „Ah! Jaja. Hat er Caipirinha mitgebracht? Das finde ich aber nett; So einen guten Caipirinha zum Frühstück, dann fällt der ganze Tag wohl gelaunt ins Wasser. Hat er vielleicht noch ein paar Maisbrötchen dabei?" Mein Maxi amüsierte sich scheinbar, doch ich sah ihm nun streng in die Augen und riet ihm: „Maxi, stehen wir doch auf und hören uns an, was dieser Mann zu sagen hat. Der Friede soll doch auch in Brasilien einziehen, nicht wahr?" „Recht hast du, Schönste der Schönsten, Begehrenswerteste aus der Riege aller Gokk, Vorbild für Millionen Erdbewohnerinnen, Königin aller Nächte..."
„Ist ja gut, Liebster! Mein Siegerstier der königlichen Arena, aber wenden wir uns doch nun unserem Besuch zu, ich habe das Gefühl, als wenn wir heute wieder einen Meilenstein setzen werden!" Ich lächelte meinen Mann an, er wirkte immer noch so süß auf mich wie am ersten Tag.
Er zwickte ein Auge zusammen: „Wieder einen Meilenstein? Heute wieder? Hatten wir nicht gestern und vorgestern und vorvorgestern..."
„Hatten wir, aber vielleicht müssen wir bald täglich zwei oder drei Meilensteine setzen?" „Das wäre eine Karriere! Auch noch pflastern gehen!" Mit diesen Worten schwang sich Max endgültig aus dem Bett und flüchtete schnell in die Hygienezelle, als er bemerkte, dass seine Schlafbermuda dermaßen verschoben war, dass seine sexy Pobacken voll erkennbar waren. Ich musste in mich hineinlachen, hätte ich ihn doch sicher noch einmal verführt heute morgen, wäre dieser Besuch nicht gekommen. Max bedeutet für mich Alles, die Erfüllung meines Lebens, er hat meinem Leben den Sinn gegeben, den ich über meine Lehren gesucht hatte.
Die Unterstützung eines großen Mannes, der dadurch zu unglaublichen Leistungen beflügelt wird! Wie glücklich war ich, dieses Schicksal zu vertreten! „Joachim! Gib uns noch zwanzig Minuten, ja?" „Oha! Wieviel? Jaja, gut – dann aber ganz schnelle zwanzig Minuten", rief Yogi noch in die Sprechstelle und entfernte sich. Ich konnte über den Monitor erkennen, dass Silvana und Georg schon auf den Beinen waren. Nun aber wirklich schnell. Ich schaltete die Anlage ab, warf mein Nachthemd schnell auf das Bett und lief nackt ebenfalls in die Hygienezelle. Dort war mein Max bereits unter dem Ganzkörpertrockner. Max blinzelte mit den Augen wegen den Warmluftstrahlen aus den Schwenkdüsen und er meinte: „Zieh dir bitte schnell etwas an, ansonsten bekomme ich andere Gelüste, als den Präsidenten Brasiliens zu empfangen!" Ich lachte spontan und verzog mich ebenso schnell in den Nassbereich, tippte dort ein Eilprogramm und wurde sofort mit Seifenwasser besprüht, von Radialbürsten bearbeitet, dann wieder mit feinen Hochdruckstrahlen abgeseift. Als ich den Ganzkörpertrockner

benützte, war Max schon weg. Er zog bereits wieder einen etwas feineren Anzug an, dann wartete er bis ich fertig war. Ich schlüpfte nur in einen modischen Overall und steckte mein halbtrockenes Haar im Nacken locker zusammen. Wir verließen unseren Wohncontainer und begaben uns in die Konferenzhalle, also die ehemalige Justizhalle, welche nun eine feste Funktion erhalten hatte.

João Paulo Bizera da Silva saß zusammen mit Joachim und Sebastian an einem Tisch, Silvana und Georg spazierten noch etwas unsicher auf dem Gelände umher, als sie uns sahen, gesellten sie sich zu uns, ebenso Patrick, der gerade seinen Container verlassen hatte und sich gerade noch eine Jacke überstreifte. „Guten Morgen!" Rief er schon von weitem. Wir wünschten dies ebenfalls, dann sprang der brasilianische Präsident von seinem Tisch auf, lächelte erwartungsvoll in unsere Richtung und Gabriella schritt ihm, uns voran, entgegen. „Bom dia seu João Paulo! Tudo bom?"

(Guten Morgen sein (3. Person!) João Paulo)

João Paulo Bizera da Silva stockte, er war überrascht, da Gabriella ihn auf Portugiesisch ansprach, ohne den Übersetzungscomputer zu benützen. Dann meinte er: „Argentinische Abstammung, jaja, und Sie sprechen auch Portugiesisch?" Ich musste lachen. „In meiner Ahnenliste kommen einige Brasilianer vor! Auch habe ich einmal eine lange Reise durch Brasilien unternommen, diese war aber sehr beschwerlich! Besonders im Amazonas."
„Das kann ich mir vorstellen liebe Gabriella. Brasilien sucht neue Chancen und deswegen bin ich auch hier!" João hatte mir die Hand gereicht und wollte sie nicht mehr loslassen, dann besann er sich darauf, dass auch noch andere Leute hinter mir standen, er entschuldigte sich und schüttelte Silvana die Hand, dann meinem Max und dem Georg. Bei Max und Georg verneigte er sich sogar leicht und betonte: „Es ist mir eine große Ehre, die Entdecker der Tachyonentechnologie kennen zu lernen! Meinen herzlichen Glückwunsch dazu!" „Danke Senhor!" Meinte Georg und Max erinnerte sich auch an etwas Portugiesisch: „Muito obrigado, Senhor!" Wieder sah der Präsident etwas ungläubig aus der Wäsche. Er wirkte verstört oder er erhoffte sich sehr viel von seinem Besuch. Er schüttelte noch Patricks Hand, schaute etwas unbeholfen, bis Patrick ihm mitteilte, dass er der Sprecher und Reporter des Fernsehkanals FreedomForWorld sei und von uns eingeladen wurde, von hier zu berichten. Joachim eröffnete das gemeinsame Gespräch, indem er uns alle aufforderte uns zu setzen. Er wartete nicht lange mit der Einleitung: „Herr Bizero da Silva reiste gestern sofort während unserer Pressekonferenz los, kam heute Nacht hier in München an, ließ sich sofort hierher bringen. Ich bin nun bereits seit halb sieben früh mit ihm zusammen. Herr Bizero da Silva hat einen Wunsch, eine Idee und einen Plan. Bitte hört alle zu, was er uns zu sagen hat!" João Paulo rückte mit

seinem Stuhl etwas weiter zum Tisch, Sebastian schob den Translator, also den Übersetzungcomputer zurecht und der brasilianische Präsident begann zu sprechen: „Meine Damen und Herren, ich bewundere Ihren Forscherdrang und Ihren Ehrgeiz. Ich bewundere ebenfalls Ihren Erfolg und Ihre Schnelligkeit, mit der Sie eine neue Technik allgemeintauglich präsentieren. Als ich in den Nachrichten von dem Prozess hörte, dann auch über GlobalNews den umgebauten Variobus sah, den Sie den Richtern vorführten, wusste ich sofort: Das könnte eine Lösung für Brasilien sein! Nein! Ich wusste: Das ist die Lösung für Brasilien! Wir haben bereits eine Menge von diesen Variobussen, doch der Betrieb dieser wurde in den letzten Jahren immer schwieriger, denn nach 1939, also nach der großen Flut waren fast alle Strassen an der Küste Brasiliens zerstört. Das Wasser nahm fast der Hälfte der Brasilianer das Leben, schon einmal weil die meisten Bewohner unseres Landes in Küstennähe und in den Küstenstädten wohnten und heute wieder wohnen. Allerdings wurden die Städte Richtung landeinwärts erweitert, nachdem die Küstenteile unterspült waren und fast alles einstürzte. Auch Gesetze wurden erlassen, so dass küstennah nichts mehr erbeut werden durfte! Nur noch ein paar Bungalows mit Flutalarm werden zugelassen. Das Straßennetz wurde zwar wieder aufgebaut, allerdings auch weiter landeinwärts. Nachdem es zu Versorgungsengpässen kam, kamen auch viele internationale Hilfstruppen zum Einsatz, doch diese mussten auch nach Australien, Argentinien und vielen Inselstaaten, die teilweise noch schlimmer dran waren wie wir. So wurden also unsere Strassen unter Zeitdruck neu erstellt und die Qualität der Beläge unterschritt jegliche Mindestanforderung. Die Qualität der jetzigen Strassen ist also noch schlechter als zur Jahrtausendwende."

Er machte eine Pause, ich wusste nun genau was er wollte: Das wird auch gleich kommen und seine Idee war gut!

„Wir Brasilianer machen Ihnen einen Vorschlag, der Hilfe für uns und Hilfe für Sie bedeutet: Wir brauchen ein Werk für diese TaWaPas, ein Werk für diese Ausleger und wir wollen unsere vorhandenen Variobusse entsprechend Ihrer TERRANIC umrüsten, dazu brauchen wir auch mehrere Werkstätten, die ich bei Ihrer TWC in Auftrag geben möchte. Weiterhin würden wir weitere gebrauchte Variobusse zur Umrüstung ankaufen, unsere staatliche Luftverkehrsflotte ebenfalls umrüsten; Dazu könnte ich mir gut ein Airbuswerk in unserem Land vorstellen. Von Brasilien aus könnten Sie ganz Südamerika beliefern und wir würden Ihnen auch einige Jahre an Steuerfreiheit zusagen. Aber unser großes Land bräuchte dann bald keine Strassen mehr für Lasttransporte und Busreisen. Kurzum: Diese Lösung würde mein Land retten und wieder etwas weiter nach vorne bringen. Könnten Sie sich für so eine Idee begeistern?" João Paulo sah den Georg, den Max und die anderen hoffnungsvoll an, dann nahm mein Mann das Wort auf und spülte seine Gedanken nach vorne: „Grundsätzlich würde ich Ihnen zustimmen, doch etwas Bedenken habe ich dabei. Ich hörte, dass Brasilien immer noch unter extremer Korruption leidet, dass immer noch ein paar Reiche dafür sorgen, dass die Armen nicht auf die Füße kommen, dass dort eine entsetzliche Bürokratie herrscht.

Wenn nun jemand zum Beispiel diese neue Technik dort einführt, andere sich daran hundertmal die Hände abwischen und in den eigenen Geldbeutel arbeiten, dann macht das alles wenig Sinn. Ich wäre nur damit einverstanden, wenn Sie, Herr Präsident, diese Fabriken, sagen wir auch für zehn Jahre unter staatlicher Kontrolle halten, nicht die Staatsform wechseln, nicht dass Sie mich falsch verstehen; Der TWC die Gesamtkontrolle überlassen, alle brasilianischen Mitarbeiter sollten vereidigt und Korruption unter harte Strafen gestellt werden." „Nana!" Meinte Joachim. „Nicht so scharf, bitte. Vereidigen? Das muss doch nicht sein.

João Paulo erwähnte daraufhin: „Herr Rudolph hat nicht unrecht. Die Korruption in unserem Land war immer schon das Problem Nummer eins. Nach der Flut hatte dies nur noch zugenommen. Wenn aber unser Land einmal eine bessere Wirtschaft bekäme, was mit solchen Fabriken auch möglich wäre, dann würde auch die Korruption abnehmen. Außerdem sage ich pauschal heute schon zu, entsprechende Anti-Korruptionsgesetze zu erlassen! In der entsprechenden Formulierung lasse ich mich dann von deutschen Anwälten beraten. Meine feste Zusage!"

Sebastian lächelte in meine Richtung: „Gabriella! Wir gehen nach Brasilien nicht wahr?" Ich sah richtig das Herz des Präsidenten klopfen, der scheinbar nach Strohhalmen greift. Ich spürte die Bereitschaft von Joachim und Sebastian, die Chance zu nutzen, produktiv in die Breite zu gehen, auch den alten Variobussen einen neuen Sinn zu geben. Also würde die `TERRANIC´ doch nicht ins Museum kommen. Auch die Tachyonentechnik ließe sich sehr schnell verbreiten und die Umwelt noch schneller entlastet. Kurzum! Die Idee des Präsidenten ist fabelhaft! Warum nicht weiter deutsche Technik in Brasilien? Dies war ja immer schon der Fall gewesen. Die Volkswagengruppe legendär mit dem Käfer, mit den kleinen Kombibussen und Lastwagen und so weiter. Ich fasste ein Vorsprecherherz: „Ich bin dafür, Herr Präsident! Lassen Sie uns abstimmen!" João Paulo sprang auf, seine Augen wurden nass und er schüttelte meine Hand. „Gabriella, sie werden zur Heldin meines Landes, nein! Zur Göttin!" „Langsam Senhor, erst abstimmen, aber ich sage Ihnen meine Stimme zu!" Joachim sah in die Runde und meinte: „Ich auch!" Ein weiteres „Ich auch" kam dann von Sebastian, der Präsident sah erwartungsvoll zu Georg: „Geben Sie einen Caipirinha aus, João? Dann

können Sie auch auf meine Stimme zählen!" „Einen Caipirinha? Lebenslange Caipirinhaversorgung mit einem Ärztestab an Ihrer Seite und einem Häuschen auf einer Insel, wenn Sie wollen!" „Gecheckt! Meine Stimme haben Sie auch. Joachim und Sebastian, ihr könnt von mir aus die Verträge vorbereiten, wir bauen die erste Filiale der TWC in Brasilien auf! Wo wollen wir diese denn dort bauen, Senhor João?"
„Hören Sie", João suchte eine Landkarte aus seinem unscheinbaren Köfferchen, „einer der besten Plätze wäre natürlich eine Hafenstadt. Rio kommt momentan nicht in Frage, dort ist die Zerstörung noch am Schlimmsten und Niteroi ist fast völlig verschwunden. Weiter südlich wäre der Weg nach Norden zu weit und weiter nördlich umgekehrt. Ich denke daran, die erste Hauptstadt Brasiliens, aber schon etwas zum Hinterland hin zu nehmen. Also die Stadt Salvador von Bahia landeinwärts, zum Beispiel das Städtchen Camaçari! Dort gibt es die besten Anbindungen, die heute wieder existieren. Diese Region liegt im Nordosten, dort gibt es schon gut funktionierende Industrie, die wir in den Umbau der Variobusse mit einbinden könnten." Joachim winkte ab. „Herr João! Das dürfte dann ein logistisches Problem sein, welches Sie selbst zu lösen haben. Ich selber kenne die Gegend um Salvador und sehe diese Region doch als sehr geeignet. Die Stadt São Paulo hat sich am besten gefangen, dort funktioniert die Infrastruktur wieder im Großen und Ganzen, der Bundesstaat Bahia braucht Impulse, das leuchtet allgemein ein.
Was passierte eigentlich bei der Flut mit der Stadt São Felix?" João schaute auf die Karte, dann wieder zu Georg: „Kennen Sie diese Stadt?" „Nein aber ich habe schon viel davon gehört! Dort gibt es Zigarrenfabriken!" Und als ob dies ein Signal gewesen wäre, holte sich Georg eine dicke, fette *Brazil* aus seinem Zigarrenetui. Ich sah den armen João an, er tat mir fast leid, aber er fing sich und war sogar bezüglich der Frage informiert.
„Die Städte São Felix und Chachoira wuchsen weiter zusammen. Sie haben die große Flut relativ gut überstanden, dank des großen Staudamms *Pedra do Cavallo*. Nur die nachfolgenden Städte in Richtung zum Meer waren in Mitleidenschaft gezogen worden, da sich das Meer genau dort immer schwer zurück staute, also diese Meeresenge zu einer Falle wurde, die dann aber bei Maragogipe sich langsam verlor. Es gab ja vor ein paar Jahren noch einmal eine kleine Flut in Brasilien, als der so genannte El Niño ein zweites Mal innerhalb eines Jahres zuschlug, 2086 war das. Wieder konnten wir mit einer Gegenflutung über dieses riesige Stauwerk die Situation retten, auch deswegen, weil ufernahe Bebauung in meinem Land mittlerweile geregelt wurde! „Und der Stausee?" Wollte Georgie wissen? „Der Staudamm hat alles bestens überstanden, damit auch der Stausee! Warum wollen Sie das wissen?" Georg zog genüsslich an seiner Brazil, dabei stieß er

Kringelwölkchen aus und lächelte den Präsidenten an: „Sagten Sie nicht ein Häuschen auf einem Inselchen? Ich möchte lieber am Süßwasser sein. Wie wäre es mit einem Häuschen an diesem Stausee?" „Ich werde mich persönlich darum kümmern!" Versprach der Präsident und legte dann aber nach: „Das finde ich ebenso toll, denn dann werden wir die erste Variobusverbindung mit den Schwebeeinheiten zwischen São Felix und Camaçari einrichten! Damit könnten Sie dann auch immer persönlich in der TWC-Filiale nach dem Rechten sehen!" Nun war es am Präsidenten selber, zu schmunzeln, ich sah den Georg an, wie er den Rauch der Zigarre sprachlos im Mund hielt und diesen erst nach einer guten Minute ausstieß! Ich fragte dann diesen guten Freund meines Gatten: „Hast du überhaupt den Freischwimmerschein, Georg? So ein Stausee ist im Allgemeinen sehr tief." Georg schaute zu mir, dann zu seiner Gattin Silvana. Silvana meinte gutmütigst zu ihrem Ehemann: „Keine Sorge Georg. Ich habe den Freischwimmerschein! Du darfst halt nur ins Wasser, wenn ich dabei bin!" Georg zog den Rauch der Zigarre über die Nase ein, blies diesen durch den Mund wieder aus und beendete diese Thema schnell und einfach: „Ich werde den Freischwimmerschein nachholen! Bis dahin verwende ich dann zugelassene Schwimmflossen und Rettungswesten! Also! Auf nach Camaçari! Auf was wartet ihr noch?"

João Paulo Bizera da Silva lachte zufrieden, er wusste, er hatte erreicht was er sich erwartet hatte. Nur dass zumindest innerhalb der TWC-Brasil und den angeschlossenen Firmen dort dann die Korruption aufs Schärfste kontrolliert würde, dieser Passus auch in die Verträge käme, das musste er auch so hinnehmen. Aber wenn er Interesse daran hat, seinem Land etwas zu bieten, dann war dies ohnehin der richtige Weg.

Es dauerte keinen Tag, bis die Verträge mit dem brasilianischen Präsidenten geschlossen waren! Wir leben in einer sagenhaft schnelllebigen Zeit! Ich konnte mich an Erzählungen erinnern, dass vor hundert Jahren Menschen noch reklamierten, weil sie auf ein Automobil fast ein halbes Jahr warten mussten! Das waren harte Zeiten. Heute wäre dies undenkbar! Wenn eines dieser Individualverkehrsfahrzeuge nicht innerhalb von drei, maximal vier Tagen fertig war, könnte man den Hersteller belangen! Auch der Umbau der Variobusse müsste bereits in einer Woche starten können! Die TWC wird erst einmal eine Fertighalle in Camaçari aufstellen, sofort einen Nanoprinter liefern, der allerdings rein auf die Produktion von TaWaPas für Variobusse ausgerichtet sein würde. Patrick Georg Hunt hatte eigens eine Reportage verfasst, erklärt, dass die erst TWC-Filiale in Brasilien entstehen wird und das dieser Vertrag Passagen erhält, der die dortige Korruption einzudämmen

hat! Auch dies hatte er als friedensförderlich eingestuft; So steigerte sich nun sein Sender zu einem mit den meisten Einschaltquoten neben GlobalNews! Sebastian Brochov wandte sich förmlich an mich, als sich der brasilianische Präsident mit den fertigen Verträgen bereits verabschiedete: „Gabriella! Können Sie ein paar Tage ohne ihren Max auskommen?" „Schwerlich! Wirklich schwerlich, aber nach Einverständnis meines Mannes würde ich es für kurze Zeit versuchen! Um was sollte es sich den handeln?" „Ist doch klar! Kurz nach Unterzeichnung der Verträge, rollen schon die ersten Container los, die Hallenteile sind bald auf dem Weg nach Brasilien, die Nanoprinterteile bald im Flugcontainer und das Fordwerk in Brasilien unterzeichnet schnellstens noch den Vertrag für die Produktion der Ausleger für die Variobusse, für die TWC oder als Mitglied in einem Verband. Ebenso BMW-Brasil und der Volkswagenkonzern. Übermorgen wird TWC-Brasil dann bereits eingeweiht, da sollte unsere Pressesprecherin eigentlich schon vor Ort sein!"
Donnerwetter! Noch schneller geht es wohl wirklich nicht mehr! „Sebastian! Wie kommt es, dass alles plötzlich so wie am Schnürchen funktioniert?" „Das liegt sicher auch an dieser Technik! Es werden fast keine mechanischen Teile mehr benötigt! Alle Computer sind verwendbar, theoretisch kann man fast alle Fahrzeuge mit diesen TaWaPas ausrüsten, bis auf die alten Rostlauben vom vorigen Jahrhundert, die keinen Ausleger mehr tragen können. Wir werden unsere Welt in nur einem weiteren Jahr kaum mehr wieder erkennen! Ralph Marco hat seinen Prototyp von Luftstaubsauger bereits auf einen Probeflug geschickt, die ersten neuen Airbusse verlassen ab zweiten November die Werkshallen, der französische Präsident bat uns, die Zusammenarbeit mit Airbus-Toulouse nicht zu kündigen; Airbus-Toulouse gab bereits Einverständnis dazu, die komplette Airbus-Leitung uns in Hamburg zu übergeben, nur wenn wir diese Zusammenarbeit weiter pflegen und auch Wafer in Toulouse produzieren! Die Japaner haben bereits Riesenwafer in Auftrag gegeben, diese tollen Leute wollen eine Firma gründen, die mit unserer Technik ganze Häuser versetzt; Damit wollen sie halbversunkene Bauten von nach 2039 aus den Überschwemmungsgebieten holen, später würde es sicher auch noch einen Rettungsversuch für Venedig und Amsterdam geben. Eine Brückenbaufirma möchte Waferkrane, damit sie auch ganze Brücken in einem Stück an Land produzieren können und über die Flüsse setzen! Es tut sich was auf diesem kleinen, unscheinbaren Planeten! Alles wartet nur noch auf den Testflug zum Mond und auf die Lieferung von Nahrungsmitteln zum Mars, denn auch die Satellitenhersteller schicken keine Raketen mehr hoch, weil dies mit der neuen Technik wesentlich einfacher und kostengünstiger zu bewerkstelligen sein wird! Künftig werden die Satelliten ganz einfach

selber in den Orbit fliegen! Mit einem kleinen Wafer auf dem Deckel. Ihr bekommt ja nur noch einen Teil davon mit, was hier überhaupt los ist! Die TWC hat bereits über viertausend Mitarbeiter, die . . ."
„Was? Über viertausend Mitarbeiter?"
Ich dachte ich habe mich verhört! „Jaja! Die TWC hat eine ganze Halle nur für Telekommunikation eingerichtet, um alle Anfragen einigermaßen zu koordinieren. Alleine der Vertrag mit Brasilien hat für weltweites Aufsehen gesorgt! Alle wollen Tachyonentechnik!" Noch einmal kam João Paulo Bizera da Silva zu mir, drückte mir fest die Hand, dann umarmte er mich aber und gab mir nach brasilianischer Art ein Küsschen auf die linke und dann auf die rechte Wange. „Ich hoffe Sie dann bald in meinem Land begrüßen zu dürfen?" Leicht verstört erklärte ich ihm: „Ich bin schon so gut wie unterwegs, Senhor! Bis übermorgen, denke ich."
„Muito obrigado, vielen Dank Frau Rudolph!"
Dann verabschiedete sich der Präsident auch noch von allen dieser oberen Riege der TWC und stieg in die TERRANIC, es schien schon fast Tradition geworden zu sein, Besucher hier in Oberpfaffenhofen mit dem umgebauten Variobus zum Flughafen zu bringen. Jubelgeschrei ertönte von den Strassen, als die TERRANIC in geringer Höhe über die Abzäunungen der Anlagen der DLR und nun auch der TWC hinwegschwebte. Tag und Nacht warteten scheinbar dort Reporter und Schaulustige, um wieder etwas Neues zu erfahren. Nur unser Patrick schmunzelte äußerst zufrieden, hatte er doch mit seiner friedensbejahenden Einstellung ein großes Privileg gewonnen. Vor der Tür seines Wohncontainers erschien eine Frau, mittelbraune Haut, lange dunkle Haare, nicht sonderlich groß. Patrick winkte mir und ich schritt in seine Richtung. „Gabriella, darf ich dir meine Frau vorstellen? Lucinha, eine Brasilianerin!" „Was? Gerade ist der brasilianische Präsident abgereist! Lucinha, warum um Alles auf der Welt hast du dich denn nicht blicken lassen? João wäre aus allen Wolken gefallen, wüsste er, dass in unserer Riege eine Brasilianerin wäre!" Doch nicht Lucinha ergriff das Wort sondern wieder ihr Mann: „Entschuldige bitte, Gabriella. Lucinha ist noch nicht so weit, sie ist sehr menschenscheu, ihr Herz schlug ihr bis zum Hals, als sie den Präsidenten aus dem Fenster sah. Außerdem ist Lucinha eine der ganz wenigen Brasilianerinnen, die durch die Schule des Gokk gegangen war. Wie du weißt, passt diese weniger zur dortigen Mentalität. Lucinha ist zwar gebürtige Brasilianerin, wuchs aber auch in Macao in China auf. Dort half sie auch den Armen der Ärmsten um das dortige Leid zu lindern. Macao leidet auch heute noch schwer unter den Folgen der großen Flut." Schon gewann Lucinha meinen Respekt, denn wer Anderen zu helfen bereit ist, hat immer Respekt verdient.
„Dort hatte sie dann auch die ersten Kontakte mit Gokk?"

„Richtig!" Ich sah Lucinha tief in die Augen: „Lucinha, du solltest aber auch deine Schüchternheit etwas ablegen. Die Gokk-Lehren schreiben nicht vor, unbescheiden oder schüchtern zu sein, sondern dem jeweiligen Mann, für den man sich entschieden hat auch jegliche Unterstützung zu gewähren, bis dessen Energien so leistungsfähig sind, dass er freudepfeifend seine Arbeiten erledigen kann." „Oh, Frau Rudolph, oh ja ich weiß. Ich bin aber äh, entschuldigen Sie bitte, Sie sind bereits zur Frau des Jahrhunderts gekürt worden und ich . . ." „Was bin ich?" Ich glaubte, mich wieder verhört zu haben, dann erklärte Patrick: „Die Reporterin von `Le Femme´ sprach überraschenderweise nur Bestes von Ihnen! Der Playboy hatte noch nie so viele Fotos einer angezogenen Frau gedruckt, bis zu einer Großbildaufnahme deiner Augeniris, mit dem Untertitel: Dieses schöne Auge sah den Kosmos und der Kosmos kommt uns nun besuchen; Auch er wird nicht widerstehen können! Die religionslosen Gokk-Schulen und Klöster dieser Erde können sich nicht mehr vor dem momentanen Ansturm retten! Alle Frauen wollen nun Leistungsmänner wie Max oder Georg, die von deren femininer Energie gespeist werden, viele Frauen wollen aufhören zu arbeiten, wenn es das Budget erlaubt und nur noch ihren Männern dienlich sein! Was glaubst du, Gabriella was du für diese Männer bedeutest! Was du für diese Männer darstellst? Die Rettung schlechthin! Die Rettung der Evolution der Menschheit, die kompromisslose Rettung des Mannes! Du bist die Göttin, die Erlöserin! Sogar eine der wenigen noch existierenden katholischen Riegen schrieb in so einem Dampfblatt:
`Wir wussten, der Erlöser wird wieder kommen und nun kommt er im Körper einer schönen Frau!´
Was sagst du dazu?" Patrick sah mich belustigt an und ich bekam den Mund momentan nicht mehr zu. „Ich glaube, ich werde auch wieder etwas schüchterner. Vielleicht wäre das besser! Komm, Lucinha! Wir trinken einen Kaffee zusammen und nehmen uns ein wenig Zeit, ehe ich meinen Koffer packe!" Lucinha gab sich hoch erfreut, hatte sie nicht so eine kollegiale Einladung erwartet und meinte in gutem Deutsch: „Danke, Frau Rudolph, wissen Sie, auch ich bewundere Sie und ihr Auftreten, ich möchte weiter von Ihnen lernen!" Ich lachte: „Lucinha, jetzt komm, lass das alberne Sie zuhause und nenne mich ganz einfach Gabriella. Ich bin auch kein anderer Mensch wie du, ich bin in diese Sache auch nur zufällig hineingeschlittert und nun stelle ich mich und meine ganze Energie meinem Max zur Verfügung. Genau so kann ich mich dann selbst wieder mit kosmischer Energie aufladen! Dieser energetische Austausch ist die eigentliche geistige Aufgabe der Frau." Beschämt lächelnd kam Lucinha an meine Seite, ich gab ihr meine Hand und zog sie in die Konferenzhalle an einen freien Tisch, bestellte zwei Kaffee vom Server, dann bestellte ich

auch noch vier `Pão de queixo´, heiße, brasilianische Käsebrötchen, bei diesen Lucinha dann große Augen bekam. Dankbar reichte sie mir noch mal ihre Hand und meinte ein weiteres Mal: „Gabriella, Sie – äh – du bist ein großes Vorbild für mich, danke!" „Danke nicht mir, sondern dir selbst. Sei Frau für deinen Mann und liefere Energie für seine Motoren! Beneide niemanden, hasse niemanden, diene dem Frieden; Sei dein eigenes Idol! Dann kannst du auch die meiste Energie abliefern!
Eine Frau bekommt die Energie vom Kosmos zurück! Ein Mann bekommt sie nur von seiner Frau. Also . . ."
Ich ließ den Rest des Satzes unausgesprochen und Lucinha nickte eifrig, schon biss sie genussvoll in das erste ihrer Käsebrötchen und ich tat es ihr nach.

Sonntag der 25. Oktober 2093. Für uns gab es nun keine Wochenenden mehr. Heute werde ich für zwei Tage nach Brasilien gehen um die Eröffnung der TWC-Filiale in Camaçari vorzunehmen und damit meine Aufgabe für diese Company erfüllen. Nachdem dies alles auch der Wunsch meines Mannes war, hatte ich damit auch doppelte Freude! Doch hatte ich auch vor, meinem Max den Abschied etwas zu erschweren! Ich wartete bis er die ersten Zeichen des Erwachens liefert. Als es soweit war, zog ich mein Nachthemd aus, schaltete auf Dämmerung im Schlafbereich des Wohncontainers, der übrigens weiter angebaut wurde, da wir uns ja in der Stadt oder überhaupt in Städten nicht mehr ohne einen Sicherheitstrupp sehen lassen konnten. Dann beugte ich mich über ihn und ließ ihn das Ersteifen meiner Brustwarzen spüren. Schon blinzelte er mit den Augen und ich forderte vom Hauscomputer: „Klaatu; Around the universe in eighty days." Der Mix aus Rockmusik und klassischen Klängen wurde produziert und über unsichtbare Schallquellen wiedergegeben. Ich wusste, dies war eine der Lieblingsmusiken meines Gatten. Langsam bewegten sich die Hände meines Max und er griff mir zuerst unter die Arme, hob mich etwas an, dann umarmte er mich fest, drückte mich so an sich, dass ich immer mehr erotische Impulse erhielt. Auch hier konnte ich, seit meinen Aufenthalten in den Gokk-Klöstern, was mit religiösen Klöstern absolut nichts zu tun hat, mich besser entfalten als vorher! Erotik selbst war wichtiger als reiner Sex in diesen Lehren, wobei der reine Sex schlussendlich nicht ausbleiben sollte. So hatten wir beide diesen Genuss in annähernder Vollendung.
Max schwitze leicht, als wir aus dem Gelbett sprangen und in die Hygienezelle stürmten. „Ich glaube nicht, dass du deine Energie aus dem Kosmos ziehst!" Meinte mein Max zu mir. Ich schüttelte mein Haar unter dem laufenden Wasser, dann antwortete ich ihm: „Bei dir wären aber

normale Batterien in mir schon lange leer!" „Nein das meine ich nicht! Ich wollte sagen: Du ziehst nicht Energie aus dem Kosmos, nein du bist die kosmische Energie! Du bist der ganze Kosmos für mich!" Ich nickte dermaßen heftig und lachend, dass meine nassen Haare auf die Brust meines Max klatschten, ein paar davon auch noch auf seine Mundregion." „He! Pass doch ein wenig auf! Reicht es dir denn schon mit mir? Möchtest du mich beseitigen?" „Nie, Liebster. Und wenn, dann gehe ich mit dir!" Dabei küsste ich ihn auf den Mund, auf sein Kinn, auf seine Brust und noch etwas abwärts. Auch lachte ich ihn aufmunternd an: „Nun aber! An die Arbeit!" Ich lachte noch einmal, schüttelte meine Haare, dass wieder einige Tropfen meinen Max trafen, der ja ohnehin noch nass war und glitt zum Ganzkörpertrockner hinüber. Max zwängte sich dann ebenfalls herein, küsste mich noch einmal stürmisch; Er beugte sich noch etwas herab und küsste mein Brüste, dann biss er mich noch leicht in die linke Pobacke. Bevor ich noch einmal alles liegen und stehen lassen würde, um ihn noch Mal in das Bett zu werfen, drehte ich mich aus der Zelle hinaus und drückte meinem Max nur noch einen Schmatz auf die Stirn, indem ich mich auch noch auf der Nass-Trocken-Schwelle auf die Zehenspitzen stellte. „Du wolltest auch, dass ich für die TWC arbeitete, jetzt habe ich auch meinen Verpflichtungen nachzugehen!" „Tja, ich weiß!" Hörte ich die Stimme meines Max etwas gedämpft und irgendwie wässrig durch die Tür zum Hygienebereich, als ich schon außerhalb stand. Aus dem Wasch- und Bügelbereich forderte ich meine Reisekleidung an, der entsprechende Server drehte Halbschalen aus einem Schrank und ein feiner Damenanzug lag bereits darin. „Ich habe gehört, dass dich der Florian selber nach Brasilien fliegen oder fahren wird, nicht wahr?" „Genau! Ist ja auch logisch. Dort wo die ersten Variobusse auf Variolifter umgebaut werden, sollten wir von der TWC auch mit der TERRANIC vertreten sein!" „Variolifter?" Echote mein Liebster. „Meine Wortschöpfung. Bist du damit einverstanden? Ehemalige Variobusse und Tachyonenfeld-Lifter, also Anheber oder Schweber." „Warum nicht? Kurz und bündig. Die Airbus C-Serie wird dann aber sinngemäß einfach Airbus bleiben?" „Wahrscheinlich, denn in absehbarer Zeit werden wohl die meisten Flugzeuge ihre Flügel verlieren, nur nicht die Sportmaschinen oder die Museumsstücke. So wie die Variobusse umgebaut werden, werden die Linienflugzeuge auch bald entsprechenden Veränderungen unterworfen", orakelte ich, als ich mir abschließend einen transparenten Hut aufsetzte, der einen Lichtschutzfaktor von dreißig garantierte. „Maxilein! Der brasilianische Präsident hatte noch mal angerufen und mich gefragt, wie er den ersten umgebauten Variobus nennen darf, den er in seine eigenen Dienste stellen möchte. Ich habe selbstverantwortlich zugesagt!" „So? Wie soll dieser Variolifter dann heißen?" „TERRANIC DO BRASIL!" „Was? Naja, er scheint ja unserer Zusammenarbeit einen großen Wert zu verleihen." „Er ist extrem stolz, das erste Land nach uns zu sein, in dem diese neue Technik im großen Stil zur Anwendung kommt." Mein Mann sah mich etwas traurig an, dann schaute er aus dem Fenster, als die TERRANIC aus der Halle schwebte. Ein Technikerstab war bereits an Bord um die ersten Produktionen dort zu überprüfen, allerdings dürften nach dem Zusammensetzen der getrimmten Nanoprinter alleine die Rechnereinheiten schon alles unter Kontrolle haben. „Die TWC wird bald weitere vierhundertachtundachtzig neue Büros in aller Welt eröffnen!" Wusste mein Max. Dann sah er aber wieder zu mir und beteuerte: „Gabriella, du fehlst mir jetzt schon! Ich brauche dich, ich liebe dich!" „Nur zwei Tage plus Reisedauer, dann bin ich wieder bei dir, Liebster. Außerdem musst du auch bald zum Mond! Da dürfte die erste Reise auch ohne mich ablaufen!" „Schon, aber ich bleibe sicher nicht lange dort. Ich möchte nur die Leiter von der Landefähre damals, als Neil Armstrong und Edwin Aldrin dort waren, als Beweis abschrauben und mit zurücknehmen!" „Mare tranquillitatis – Meer der Ruhe?" „Genau. Sonst wäre eine Mondfahrt nicht besonderst interessant. Ich kann dir dort keine Blumen pflücken. Ansonsten sind nur Fotos geplant. Auch die Spuren der damaligen Raumfahrer hat der Sonnenwind sicher schon verweht!

Aber die bayrische, deutsche und europäische Flagge wird der Mond auch erhalten. Die umgebaute Taucherkapsel bekommt derzeit schon das Trägergerüst für die Tachyonenresonanzgeneratoren. Also runde Dinger, die fünf Landbeine sind bereits fix und fertig, die Kapsel bekam schon einen Zwischenboden, damit man von unten einen kleinen Lagerraum, also eine Art Kofferraum hat. Die Raumanzüge sind da, die Umlauftemperatursteuerung läuft schon seit geraumer Zeit unter Simulation, auch absolut problemlos. Ich denke, wenn du aus Brasilien zurück bist, dann starten Georg und ich zum Mond! Airbus gab uns einen Steuercomputer der neuesten Sempex-Serie, logischerweise, denn diese Rechner haben Fluglizenzen! Ich selber hatte nie die Zeit aufgebracht, eine personenbezogene Lizenz zu erwerben. Ohne diesen Sempex-Computer müsste ich schwarz zum Mond fliegen!" „Das wäre eine Schau für GlobalNews!" Ich musste meinen Max noch mal umarmen, dann sprang ich aber zur Tür um den Abschied schnell zu machen. Patrick stand mit seinem Equipment vor der TERRANIC und berichtete eifrig von einem neuen `Friedenseinsatz´ im Namen der friedlichen Technik und im Namen der deutsch-brasilianischen Freundschaft. Dabei ließ er nie unerwähnt, dass die Brasilianer sich verpflichtet hatten, der Korruption abzudanken.

Dr. Dr. Brochov war heute in Hamburg und dort arbeiteten die Niethämmer an den neuen Airbusauslegern bis sie glühten, hatte ich erfahren. Der erste

umgebaute Airbus-Prototyp müsste eigentlich auch schon morgen aus der Halle dort kommen, dann würden aber ab zweiten November alle Tage ein bis zwei Stück fertig, beziehungsweise umgebaut werden. Toulouse stellte auch bereits um, nachdem die Verträge entsprechend geschlossen werden konnten. Es sollten direkt in Toulouse auch Hallen für Nanoprinter aufgestellt werden. Doch schon hatte mir Joachim geflüstert, dass diese Nanoprinter eine Selbstzerstörungscomputersequenz erhalten, sollte jemand auf die Idee kommen, den Geräten die Geheimnisse vorzeitig entreißen zu wollen! Unter den gleichen Voraussetzungen werden schon Printer für China gebaut.
Deutschland dampfte nur noch so vor Aktivitäten!
Firmenneugründungen hatten enorm zugenommen, alles Zulieferer für Nanoprinterbauteile sowie Erzeuger der Elektrolyte und Supraleiter. Kühlgeneratoren für diese Printer liefen mittlerweile fast wie Nudeln vom Band. Gute vier Wochen nach dem mein Mann und sein bester Freund, der Georg diese Entdeckung gemacht hatten, herrschte eine Euphorie in Europa, der sich auch die Franzosen nun auch nicht mehr entziehen konnten. Auch diese sprachen nur noch von dem `europäischen´ Geist, der Einzug in die Welt gehalten hatte. Die Engländer beriefen sich mittlerweile ihrer Abstammung von diesem Festland und den Anglosachsen und sprangen freiwillig oder unfreiwillig auf diesen `Friedenszug´ auf.

Ich stieg in den Variobus, also in unsere TERRANIC, dessen Modell ja jetzt Variolifter heißt, Patrick winkte im Namen aller FreedomForWorld-Zuschauer und ich winkte mit Kusshändchen zurück. Mich erfasste ein Gefühl, mich durchflutete ein Gefühl, welches mir sagte: Gabriella, du hast bislang fast alles richtig gemacht! Weiter so. Nicht direkt mit der Fahne eines Staates, anfangs schon ein bisschen, aber dann nur noch mit der Flagge des Friedens! Florian möchte die TERRANIC in nur zehn Stunden nach Brasilien, nach Camaçari bringen. Sicher kein Problem, denn eine Geschwindigkeit von etwas über achthundert Stundenkilometer hielt so ein Variobus leicht aus. Fahrhöhe wollte Florian demonstrativ niedrig halten, also nur um die fünfhundert Meter über Grund.
Nachdem nun die TERRANIC das Experimentalgelände verlassen hatte, wieder lautes Gejubel von den Strassen erklang, sah ich noch etwas aus den Fenstern, bis mich eine Schwere erfasste und mir meine Augen schloss. Ich dachte an meinen großartigen Mann, der mir so viel gegeben hatte, weil ich imstande war, ihm zu geben! Mit einem Seelenpendeln gab ich mich dieser Schwere hin.

Bericht Max Rudolph:

Nun war meine Frau also unterwegs! Im Auftrag der TWC und ein bisschen Politik war auch im Spiel; Doch wir haben es uns zur Aufgabe gemacht, in erster Linie zwar ein wenig deutsch zu denken, dann eben europäisch aber auf weitere Sicht grundsätzlich global. Zu diesem Zweck sucht die TWC auch noch weitere Mitarbeiter, dabei waren nun auch schon ein paar Franzosen und Engländer in die engere Wahl gekommen! Die nächsten, die von der TWC zum engeren Kreis eingestellt werden, müssen in jedem Falle aber auch an mir und an Georg vorbei! Wir verlangen dann aber auch den Treueeid, der auch vertraglich mit geregelt wird. Es ist so ein Spiel mit diesen Nachbarn Frankreich und England! Die alten Rivalitäten flammen immer wieder noch auf, besonders bei den Franzosen, die es wohl nie vergessen können, dass sie schon einmal kapituliert haben, dabei vergessen sie aber wohlweißlich, dass sie im späten Mittelalter ganz andere Eroberungsfeldzüge anvisierten und uns Deutschen nur als ihre Pufferzone zwischen Ost und West betrachteten! Zur damaligen Zeit war aber auch noch nicht an generellen Frieden zu denken! Da hatten die Franzosen erst einmal ihre Strassen pestfrei bekommen, versuchten langsam die Seige in das Tagesprogramm mit aufzunehmen und nicht alles mit Duftwässerchen zu unterdrücken, Engländer konnten ohnehin kaum auf das Festland fahren, ohne einen Zusammenstoss zu riskieren, mussten sie doch unbedingt ihren Linksverkehr einführen. Das könnte künftig mit dieser doch gemeinsamen Technik anders werden, wenn der gesamte Verkehr dann auch noch einmal satelliten- und video- und logikgesteuert wird. Auch ein globales Steuerungsnetz war bereits vorstellbar; ja musste sogar sein, denn es sollten sich die Fahrbahnen in der dritten Dimension nicht in einer Nähe von sieben Metern kreuzen, Cargotransporter müssen einen noch höheren Abstand wahren! Schließlich sollten ja nicht die niedriger befindlichen Fahrzeuge von den höher Fahrenden abgeschirmt werden, so dass ein kleiner Tachyonenstoß diese wie in Turbulenzen schaukeln lässt.
Ich wanderte ein wenig um das Gelände, es war mittlerweile auch wieder kälter geworden. Nur noch so um die siebzehn Grad, außerdem gab es eine fünfzigprozentige Wolkendecke, so dass man diese statische Schmutzschicht in der unteren Atmosphäre kaum sehen konnte. Ralph Marco kam mir strahlend entgegen und eröffnete mir: „He Max, schau nicht so mürbe, deine Gabriella kommt ja bald wieder!" „Jaja, das auch, aber ich stelle mir gerade vor, wie wir das alles unter Kontrolle halten müssen. In der neuen Halle dort hinten werden bereits die ersten Desintegratoren für die Tunnelbaufirmen hergestellt. Für die Desintegrator-Messer werden bereits Lizenzen vergeben, die Sägewerke wollen Desintegrator-Sägeblätter,

dann brauchen diese kein Brett mehr zu hobeln, weil nichts mehr einreißen kann, theoretisch können sie dann sogar die Bäume im Wald schon zu Brettern und Kanthölzern verarbeiten, auch noch stehend! Bohrmaschinen gehören nun dem alten Eisen an! Eine moderne Bohrmaschine sieht jetzt aus wie eine Stablampe und man führt diese nur noch in das Objekt ein. Der nächste Schritt wäre eine Molekularverankerung, so dass man zum Beispiel einen Bolzen entsprechend in ein desintegriertes Loch einsetzt und dann ein Umkehrfeld erzeugt, so dass die gelösten Verbindungen sich schnell wieder vereinen, dann wären auch noch Dübel überflüssig!" Ralph sah mich fast ungläubig an, dann meinte er fast schüchtern: „Du Max! Ich hatte bereits solche Versuche unternommen; Es funktioniert genau wie du es gesagt hast! Aber keine Angst. Ich bleibe bei der TWC; ich gehe nicht fremd. Nur so schnell wie ich diesen Versuch unternommen hatte: Die Resonanzfrequenz des Tachyonenbohrfeldes auf weniger als ein Prozent Resonanz stellen, dann gleitet er mit Widerstand in das zu bohrende Objekt. Ein Anker wird kurz bestrahlt und dann sofort eingesetzt. Dann setzte ich gegenüber ein kurz moduliertes Wafermodul und die gelösten Verbindungen festigen sich unter diesem Druck wieder. Noch was! Schau mal was ich da habe!" Ralph Marco griff in die Hosentasche und holte eine kleine Plastiktüte hervor. Er nahm meine Hand und schüttete mir etwas von diesem Pulver auf die Handinnenfläche. Zuerst roch ich instinktiv daran, es ergab sich aber für mich auf diese Weise keine Definition.

„Diamantenstaub!" Entfuhr es mir. „Richtig!" „Der ist aber schon sehr fein, als dass man damit etwas Industrielles fertigen könnte. Auch nicht für Schmucksachen geeignet!" „Naja!" Ralph hielt mir meine Hand gegen die Sonne, die gerade zwischen den Wolken auftauchte, so dass ich ein unglaubliches Glitzern feststellen durfte. „Ich habe diesen Staub auch durch ein Mikroskop betrachtet!" Ralph Marco lächelte wissend. „Rate mal, welche Formen diese Molekülketten annehmen, wenn sie kurzzeitig ihrer Bindungsenergie beraubt waren, beziehungsweise aus Mehrtaktwafern komprimiert werden?" „Sind diese Diamanten Ergebnisse deiner Luftreiniger?" „Freilich!" „Dann vermute ich Pentagonscheibchen!" „Auch. Es entstehen Pentagonscheibchen und Oktaldekaeder. Die Oktaldekaeder sind kaum mehr mechanisch zu zerschmettern, so extrem hart werden diese. Durch diese Gleichmäßigkeit und relative Rollfähigkeit im Nanobereich eignen sie sich . . ." „. . . für Hochleistungsgleitmittel, nicht wahr?" Ralph sah mich staunend an: „Wohl kein Geheimnis für einen Ingenieur, was?" Ich musste etwas lachen, „wohl kaum, Ralph. Was ist mit deinem Luftreiniger?" Wir spazierten nebeneinander die Hallen ab. Es wurden immer mehr!

Ralph lächelte: „Er funktioniert! Nur noch nicht ganz so effizient, wie ich es mir erhoffte. Wenn ich theoretisch eine Million dieser Luftreiniger baue, dann brauchen diese über dreißig Jahre, um die Atmosphäre um fünfzig Prozent zu reinigen. Danach ist eine weitere Reinigung insuffizient. Ich muss eine Methode entwickeln, mit der dieser Reiniger mehr Dreck in sein Maul bekommt!" Ich dachte kurz nach. „Dein Problem ist doch eindeutig dieses: Die Saugöffnung ist zu klein, um viel Luft auf einmal einzufangen. Dann sollten die leichteren Elemente so gespalten werden, dass das atmosphäretaugliche, also leichte Ozon entsteht, welches auch die Ozonlöcher unserer Erde wieder verschließen sollte, dabei hilft der Mehrtakttachyonenwafer dabei, die Bindungskräfte zu annullieren, bei der Neubindung versuchst du, die Elemente so zu trennen, dass auf der einen Seite das Ozon entsteht und als Abfall dieser Diamantenstaub, also eine Kohlenstoffverbindung. Habe ich dies richtig interpretiert?" „Absolut richtig!" „Also Ralph, dann lass dir doch mal weiterhelfen. Der atmosphärische Staub liegt in einer statischen Luftschicht. Ich würde vorschlagen, du konstruierst noch ein paar Impulsstrahler an deinen Sauger, die mit simplen Teslaspulen im Hochvoltspektrum arbeiten, lässt diese Sauger *über* dem Dreck schweben, damit lässt du ein Ionisierungsfeld erzeugen. Was müsste dann wohl passieren?" „Ja logisch! Der Sauger zieht nicht nur den Schmutz mit der Strömung ein, nein, er holt sich gleich das Hundertfache per Statik! So einfach! Warum bin ich da nicht selbst draufgekommen? Schon deshalb, weil dieser Schmutz ja eh schon statisch aufgeladen ist!"

Ralph Marco blieb stehen, hüpfte ein paar Mal auf und ab und umarmte mich spontan! „Scheinbar bist du doch der Größte!" „Aber Ralph, das ist doch Teamgeist! Wenn es von einem einmal etwas stockt, dann drückt der andere auf die Tube. Ich glaube, wir wissen bei Weitem noch nicht alles, was mit diesen Tachyonen, nachdem wir sie nun erstmals zur Nutzung frei bekommen haben, noch alles möglich sein wird! Ich will mal zur Halle, ich glaube Halle vierzehn, die Halle, in der nun die ersten Tachyonen-Teleskope entstehen. Wir arbeiten an zwei Systemen! Einmal für die Raumfahrt, also ummodulierte Wafermodule, die zwei Aufgaben erledigen, einmal grob das Voranflugfeld in Echtzeit zu erkennen, damit man weiß, ob dort irgendwas im Weg liegt, auch zum anvisieren von Flugzielen oder besser Fahrtzielen die dann aber auch das Transportfeld erzeugen, weiter einen reinen Waferkomplex, der ähnlich einer riesigen Antenne in das All gerichtet wird und die Tachyonen abzählt, ähnlich eines Geigerzählers, dabei ein Rasterbild erzeugen kann, wann, wie und wo eine Materie durchdrungen wurde. Und welche Materie! Diese Module sind teilweise planar, also absolut eben, also kann man auch nur diesen Schnitt in weiterer

Entfernung erkennen. Leicht gewölbte Teleskopwafer lassen weniger Details zu, dafür eine größere Übersicht. Bald werden wir versuchen, Sende- und Empfangswafer zu konstruieren, mit der wir diese Richtbreite einstellen können. Damit lassen sich dann aber auch bereits Daten versenden! Wir konnten schon einen Bremsfeldmodulator entwickeln, der die Tachyonen in dieser aufgepfropften Modulation abbremst, welche auf der anderen Seite wieder angemessen werden können! Also Radio, Fernsehen, Daten in Echtzeit." „So eine Anlage bringst dann du mit deinem Freund zum Mars?" „Wenn ich selber fahre, sicher! Nun haben wir ja schon einen Sempex-Rechner in der Mondgondel, warum nicht bald einen in dem Marstransporter?" „Wirst du selber fahren?" „Ja logisch! Das lasse ich mir nicht nehmen! Ich reite den Gaul zu, bevor ich ihn zum Verkauf anbiete!" Ralph musste lachen. Schon waren wir in der Halle der Teleskopforschung. Auf 2D-Flachschirmen waren Bilder von unseren Nachbarplaneten und deren Oberflächen zu erkennen. Allerdings noch in Graustufen! Klar! Die Tachyonen liefern sicher keine Farbinformation mit. Das könnte einmal mit einer Computersimulation verbessert werden! Aber es war schon gigantisch! Ein technischer Leiter erkannte uns sofort und bat uns zu sich, dabei erklärte er von einem Monitorbild, dass er `Live-Aufnahmen´ von einem Gesteinsbrocken des Saturnrings hätte! Detailgetreu, aber Bilder ohne Schatten! Nur prinzipielle Rasterbilder. Immerhin! Als Vorausorientierung für Raumfahrzeuge bereits voll einsetzbar, noch dazu, dass diese Art Teleskopaufnahme keinerlei Fokussierung benötigt. „Komm Ralph, gehen wir noch die Mondgondel ansehen. Die müsste ja schon fast einsatzbereit sein!" Zurück in einem Anbau zur ersten Halle stand die Taucherglocke, die als solche kaum mehr zu erkennen war. Diese war ummantelt, hatte also ihren `Thermoanzug´ erhalten; Oberhalb war ein runder Tachyonenwaferkomplex angebracht, darunter ebenso. Die Landestützen waren so angebracht, dass diese sich um den unteren Wafer herumklappen, wie eine Spinne mit O-Beinen. Steuerungswafer, also kleine Wafer, die in fünf Teilfelder auf je einer Kugel aufmontiert wurden, entsprechend konvex, davon auch drei Gesamteinheiten rundum montiert. Die sechste Seite konnte man sich ja sparen, da diese drei Gesamtkugeln zusammen ja den Dreihundertsechziggradsinn in dreimal einhundertzwanzig Grad ergeben und der Sempex-Rechner damit auch alle Bewegungen steuern kann. Sogar leichter Seitenschub war möglich, aber dann nicht ohne Beschleunigungskräfte im Innenraum! Nur die voll von den Wafern abgedeckten Fahrzeuge zogen die Restmasse nach, beziehungsweise ließen nachschieben. Die Lösung für den `Kofferraum´ war denkbar einfach gelungen! Die Mondgondel öffnete sich wie eine Muschel ab der unteren Mitte, wobei sich die hinteren Landebeine mehr

anheben, so dass der `Passagierraum´ waagrecht bleibt. „Sieht aus wie ein Doppelcheeseburger für Goliath", meinte Ralph Marco gutgelaunt und begutachtete diese Konstruktion eingehendst. Ingenieur Klaus Meier sauste um die Kurve und stieß direkt mit mir zusammen. „Oh Herr Rudolph, welche Ehre, äh, entschuldigen Sie, ah entschuldige bitte Max!" „Keine Ursache! Was bin ich froh, dass hier alle mit so einem Ehrgeiz an den einzelnen Projekten arbeiten. Wie weit ist denn diese Gondel, Klaus?" „Eigentlich fertig! Die Sempex-Rechner werden noch von verschiedenen angekoppelten Computern für alle möglichen Manöver in Simulation getestet, wenn Sie, ah, wenn du dann zum Mond gehst, dann war die Gondel theoretisch schon ein paar Milliarden Male dort! Eigentlich fehlen nur noch die Lebensmittel an Bord. Alles andere wurde schon integriert. Auch der Bordwerkzeugkasten, zwei Raumanzüge mit Umlaufkühlung für die Mondwanderungen, dann aber noch zwei Innenbordanzüge, falls ein Druckabfall eintritt. Sogar das Desintegratormesser ist bereits im Werkzeugkasten fest untergebracht." „Damit werde ich Armstrongs und Aldrins Leiter von der `Eagle´ abschneiden!" Wollte ich dem Klaus wissen lassen. „Die Friedensbotschaft wird aber dort belassen!"
Klaus sah mich groß an: „Frieden ist die neue Botschaft, nicht? Egal was wir hier tun und was für Folgeerfindungen nun noch entstehen werden, überall wird dies für den Frieden erfolgen." „So ist es mein Freund! Eine größere und bessere Chance wie jetzt wird diese Erde so schnell wohl nicht mehr bekommen! Wenn wir diese Chance ungenutzt verstreichen lassen würden, dann käme dies einem Rückfall in das Mittelalter gleich, dann dürften wir uns nicht mehr als intelligent bezeichnen, dann wären wir unserem Mutterplaneten nicht mehr in dem Maße treu, wie er dies unbedingt verdient hatte. Auch nach all diesen Untreuen, die uns die Erde gerade noch verziehen hatte." „Jaja Max! Ich hatte nicht diese Absicht in Frage gestellt! Ich und unsere Teams stehen auch hundertprozentig hinter diesen Grundzügen. Doch geht jetzt alles so schön schnell, dass man es fast gar nicht glauben könnte!" „Jetzt gibt es eben wieder Aussichten! Theoretisch bald für jeden Erdbewohner eine eigene Welt! Wohl aber kaum sinnvoll." Klaus wirkte nachdenklich und er nickte langsam. „Werden wir auf Außerirdische treffen?" Fragte er vorsichtig. Auch Ralph sah mich an, auch ihn interessierte meine Antwort.
„Weißt du Klaus, die Sache ist die: Solange etwas nicht bewiesen ist, existiert diese Sache auch nicht. Der Haifisch ist solange kein Haifisch, bis es bewiesen wird! Wir gingen bisher Theorien und Berechnungen nach, die nie absolute Daten beinhalteten. Das ist auch Bestandteil der Quantentheorie. Dort drüben steht eine Kiste, wir wissen nicht was drin ist, also vermuten wir es. Wir gehen davon aus, wenn die Kiste die Form einer

Schatztruhe hat, dass dann ein Schatz drinnen ist! Diese Kiste könnte aber auch zweckentfremdet worden sein und es könnte Müll darin sein oder auch, wie die Quantentheoretiker gerne philosophieren, eine Katze! Dabei wissen wir noch nicht, lebt die Katze oder ist sie tot. Erst wenn wir ein Miauen hören würden, dann lebt die Katze wahrscheinlich! Wir werden neugierig und sehen nach. Ist eine lebende Katze drin, dann haben wir den Beweis. War aber nur ein Stück Holz in welches eine tropfende Flüssigkeit eindrang, dann entstand dieses Miauen aufgrund der Faserdehnung des Holzes. Es ist immer gut, neugierig zu bleiben und mit Vorsicht nachzusehen! Genauso ist es mit dem Universum oder dem Weltall. Wir vermuten, dass es Außerirdische gibt, können es aber auch nicht beweisen, weil wir bislang nicht nachsehen konnten und uns bislang keine Außerirdischen besucht hatten! Oder diese wollten noch nichts mit uns zu tun haben. Bald können wir etwas nachsehen. Bald! Wird aber sicher auch noch einige Zeit dauern, bis wir entsprechende Kisten finden! Auch hier müssen Prioritäten gesteckt werden. Ich verspreche mir mittlerweile mehr von den Tachyonenteleskopen, vor Allem von diesen, die sich wölben lassen! Zuerst eine Suche nach groben Signalen, dann durch Rückwölbung eine genauere Fokussierung! So könnte man feststellen, ob gewisse Signale natürlichen Ursprungs, wie von einer Sonnenfluktuation, oder künstlichen Ursprungs wären. Fänden wir künstlich modulierte Tachyonentransmissionen, dann ist auch logischerweise eine außerirdische Intelligenz am Werk! Und wie es meiner persönlichen Theorie entspräche, senden außerirdische Intelligenzen, die einem höheren Entwicklungsgrad entsprechen, schon lange nicht mehr auf elektromagnetischer Basis. Das würde denen doch auch zu lange dauern, bis eine Antwort käme! Funk auf elektromagnetischer Basis hätte seine Existenzberechtigung nur im planetennahen Bereich. Sieh doch unsere Marsbasis! Fast zehn Minuten dauert ein Signal dorthin und wieder solange zurück! Das kann man nicht mehr Telefonie nennen!"
„Wann bringt ihr dann den Marsianern ein neues Telefon?" Klaus hätte es eigentlich fast wissen müssen. „Wenn der erste D-Airbus in Betrieb geht, wenn wir den Testflug zum Mond hinter uns haben, wenn die Airbus-Werke die versprochene Marsgondel liefern; könnte also noch dieses Jahr etwas werden. Die Marsbasis hat noch ausreichend Vorräte für die nächsten sechs Wochen. Dann nehmen wir den Mädels und den Jungs dort oben auch das neue Telefon mit!" Nun war Klaus dran mit einer Überraschung. „Dr. Dr. Brochov hatte sich schon gemeldet! Der erste umgebaute C-Airbus kommt vielleicht morgen schon mal kurz hier vorbei!" Auch Ralph war erstaunt. „Was? Morgen schon? Die machen aber Dampf dort in Hamburg. Was für ein Datum haben wir denn morgen?" Ralph wusste es: „Den

sechsundzwanzigsten Oktober!" „Dann wollen wir uns hurten! Ich möchte die Mondgondel von innen sehen!" Nun war auch Klaus wieder in seinem Element! „Schau Max! Wir haben ein Landebein ähnlich der alten Mondfähre genau unter der Ausstiegsluke angebracht. Dieses eine Landebein hat es aber auch in sich! Dort klappen Leitersprossen aus. Bei diesem Versuchsvehikel haben wir noch auf eine richtige Doppelschleuse und einen Lift verzichtet. Die Marsgondel wird indes schon wesentlich komfortabler werden. Vier DLR-Ingenieure sind auch in Hamburg tätig und arbeiten dort mit. Du kannst davon ausgehen, dass die Marsgondel fast schöner sein wird als dein Wohnzimmer!" „Wichtig ist, dass diese uns sicher transportieren kann, nicht dass ich die Füße auf einen Tisch legen kann!" „Klar! Aber sie wird alles, was jemals die Erdatmosphäre verlassen hatte, in den Schatten stellen." „Auch klar!" Raunte Ralph. „Es werden keinerlei spezielle aerodynamischen Formen für Atmosphäreflug mehr benötigt! Keine Kacheln müssen mehr angeklebt werden, die die Reibungshitze beim Wiedereintritt auszuhalten haben; Wir fahren einfach langsam genug in den Orbit, besser gesagt: In einen orbitalen Abstand. Denn auch ein Orbit im herkömmlichen Sinne wird nicht mehr unbedingt nötig sein! Oder eben vom orbitalen Abstand auf die nächstmögliche Oberfläche. Auch ein Anmessen der Atmosphärdichte und eine Basisberechnung der maximalen Geschwindigkeit in Relation zur Reibung habe ich in das Programm des Sempexrechners eingearbeitet! Ähnlich eines Antiblockiersystems der Oldtimer von vor hundert Jahren." Ich schaute den Ralph an. „Du denkst wohl an alles, was?" „Das ist mein Beruf. So könntest du auch einen Abstecher zur Venus wagen, der Bordrechner regelt dann soweit die Geschwindigkeit des Schwebefluges herunter, dass auch in dieser Giftatmosphäre nichts passieren könnte. Allerdings würde ich von einem längerem Aufenthalt dort trotzdem warnen, geschweige denn, einen Ausstieg zu wagen!" „Für einen Ausstieg dort benötigen wir dann einmal spezielle Raumanzüge mit einem Wafer über uns, um diese enorme Andrückkraft zu vermindern; Nein, nein! Lieber einen Saturnmond anfliegen!" Mir wurde dieses Philosophieren schon etwas lästig, da hatte Klaus den Funkbefehl an den Bordrechner gegeben, dass dieser die Leitersprossen ausklappen sollte. Klaus bedeutete mir, voran in die Mondgondel zu klettern. Schon erklomm ich die ersten Sprossen und konnte bereits erkennen, dass diese ursprünglich acht Meter durchmessende Taucherglocke eine größere Luke erhalten hatte. Schon eine richtige Tür! Man konnte mit dem Raumanzug stehend hinein und heraus. Die Wandung war dicker geworden, wegen der Temperaturumlaufregulatoren. Darauf war wieder eine Folie geklebt, die kupferfarben schimmerte. Die Fenster hatten die Spezialisten auch getauscht und mit Sonnenschutzfiltern versehen. Als ich mich im Innenraum befand, konnte ich von einer Einrichtung einer Taucherglocke wirklich nichts mehr erkennen. Zwei Pilotensitze mit Fünfpunktgurten, Vorrichtungen um dahinter weitere Sitze zu montieren, Steuerungscomputer mit allen Anzeigen, zwei einzelne Rundfenster direkt vor den Pilotensitzen, die Marsgondel sollte dann aber schon Panoramafenster bekommen, Darüber eine Metallwabenzwischendecke mit entsprechend steiler Leiter bis in den Aussichtsbereich. Wieder dort war ein Kuppelfenster eingelassen, welches einen tollen Rundumblick zulassen würde, außer nach oben, dort war das obere TaWaPa, also das Tachyonenwaferpaket montiert. Ebenso gab es auf dieser Ebene ein paar durchdachte technische Instrumente. Teleskope, Radargeräte und eine abgetrennte Kammer mit Betten aus Polymerkunststoffen. Sogar ein mittiges relativ großes Nachtkästchen war vorhanden. Jegliche Einrichtung war entsprechend den Raumfahrtvorschriften gesichert, so dass bei Schwerelosigkeit auch nichts in der Gegend herumschwirren könnte. Sauerstofftanks waren im Äquatorialbereich angebracht, Luftfilteranlagen sowie die Wassertanks. Eine Mittelsäule, die bis zur Wabendecke reichte, beherbergte Kühlanlagen für Getränke und Speisen, sowie einen Mikrowellenherd. Im Boden der Kommandoeinheit steckten die Hochleistungsbatterien und ein neuer, kleiner Energiegenerator, der schon mit Kleinwafern betrieben wird! Eine fast autarke Energieversorgung. Das Vehikel wäre eigentlich schon startbereit, es sollten nur noch die restlichen Simulationen laufen, auch solche, die einen Waferbruch berücksichtigen. Ein Waferbruch wäre der Super-GAU, der für diese Art Fortbewegung der fast distanzlosen Schritte passieren könnte. Die Wahrscheinlichkeit dafür war zwar nicht sonderlich groß, doch würde man letztlich auch auf dem Mond festsitzen oder an anderen Orten und eine Rückkehr zur Erde wäre fraglich. So werden noch Aufsatzwafer getestet, die über die theoretisch defekten Waferzellen geklebt werden könnten und deren Eigenfunktion neutralisieren sowie dann auch die Funktion ersetzen. Das System funktioniert bereits, allerdings brauchen die Aufsatzwafer längere Zeit zum Synchronisieren!

Auch das wäre im Notfall akzeptabel, doch die Ingenieure sind in diesem Falle schon sehr ehrgeizig. Nachdem für die Ingenieure der TWC das Funktionsprinzip dieser Technik auch fast kein Geheimnis mehr war, sollte einer Weiterentwicklung aber doch nichts mehr im Wege stehen.

Ralph und Klaus sahen sich ebenfalls noch etwas um, Ralph ließ sich im Kopilotensitz nieder und schwärmte: „Ich werde es erwarten können, bis ich auch mit so einem Ding durch unser Sonnensystem flitze!" „Du wirst springen!" Verbesserte ich ihn, „oder wie man irgendwann einmal diesen distanzlosen Schritt bezeichnen mag, in dem eigens ein Miniuniversum

erzeugt wird, damit man auf der anderen Seite der Dehnung herauskommt!"
„So genau will ich es gar nicht wissen! Ich will nur einmal da raus!" Und Ralph deutete fasziniert nach oben, um zu zeigen, wohin ihn seine Träume schieben. „Zufrieden, Max?" Klaus wollte sein Lob für sich und sein Team abholen. Doch auch Ralph hatte anfangs an der Mondgondel mitgearbeitet, speziell bei den Landesystemen. Nun hatte er ja sein eigenes Projekt mit den Atmosphärereinigern laufen und wurde dafür auch extra von hier abgezogen. Wir stiegen wieder aus, Ralph erklärte, er wolle an seinen nächsten Prototypen der Luftreiniger weiterarbeiten, der auch ein statisches Feld aufbauen könnte und lief in seine kleine Halle innerhalb der TWC. Ich wusste, es war für mich nicht mehr viel zu tun heute, so meldete ich mich einfach mal per IEP bei meiner Frau. „Wir sind gerade in Camaçari gelandet!" Erzählte sie. „Hier ist es vielleicht heiß, Donnerwetter. Gut dass ich den Hut mit Lichtschutzfaktor mitgenommen habe – ach du meine Güte! Schon wieder ein roter Teppich. Und der Präsident wartet schon auf mich. Die haben aber flott gearbeitet, da stehen schon zwei Hallen mit Firmenschildern TWC-Brasil! Wahrscheinlich beleuchtungsfähig, aber bei diesem Sonnenschein noch nicht notwendig. Daneben ein Büro in Containerbauweise. In einer Halle warten die Variobusse und in der Anderen . . ." „ . . . zischelt schon der Nanoprinter!" Ergänzte ich. „Eigentlich sollte der erste Variobus schon fertig sein, denn die Umbaupläne wurden schon übergeben, siehst du noch nichts, Gabriella?" „Nein! Bislang noch nicht! Du Max, ich melde mich später noch mal, lass mich erst einmal diese Zeremonie hinter mich bringen, ja?" „Gut mein Schatz, nur sag mir noch schnell, dass du mich liebst!" „Ich liebe dich über Alles, mein raumfahrender Erfinder mit dem süßen Bierbäuchlein!" „Ich fuhr noch gar nicht im Raum!" „Aber bald und alles andere stimmt bereits. Tschüss!" „Sag dem Präsidenten einen schönen Gruß! Ich liebe dich!" „Mach ich, Liebster!" Dann beendeten wir die Verbindung. Immer noch musste ich staunen, wie schnell sich unser Leben verändert hatte. Meine Frau war geschäftlich in Brasilien und das Fernsehen war uns allen permanent auf den Fersen. Patrick machte Reportagen aus den hiesigen Hallen, sprach mit Ingenieuren und Technikern, ein Kollege von FreedomForWorld-TV würde sicher auch von Brasilien aus live berichten. GlobalNews dürfte sowieso schon Equipments an diesen fast fünfhundert Orten der Welt aufstellen, dort, wo die TWC-Büros entstehen. Irgendwie durchlief es mich immer wieder wie von einem Eiswasserguss; Alleine schon die Vorstellung, dass ich und Georg bald den Mond besuchen werden. Da kommt noch einmal eine Namensgebung auf uns zu. Die Mondgondel sollte auch einen Namen erhalten. Mir schwebte da schon etwas vor, da eben dieses Fahrzeug für einen Testflug zum Mond

konstruiert wurde, obwohl es sicher auch andere Reisen absolvieren könnte. Dieser Antrieb oder besser dieses Prinzip war nicht mehr an geringe Distanzen gebunden. Doch eben der erste Flug sollte den Namen geben, ich würde Georg fragen ob er mit `MOONDUST´, also Mondstaub einverstanden wäre. Die Marsgondel sollte dann wieder einen entsprechenden Namen nach Technik oder Ziel erhalten. Bald begab ich mich in meinen Wohncontainer, nahm mir die Zeit, die Nachrichten anzusehen, schon war GlobalNews mit einer Live-Reportage von Camaçari mit meiner Gabriella vertreten. Sie stand links, also aus ihrer Sicht rechts neben dem Präsidenten hinter einem der drei Rednerpulte. Mittig der Präsident und rechts der deutsche Vorstandsvorsitzende der TWC-Brasil.

Im Moment sprach noch João Paulo Bizera da Silva, er nahm eindrucksvolle Worte in den Mund. „. . . stellen wir fest, wie stark die deutsch-brasilianische Freundschaft schon seit Jahrhunderten ist! Ebenso neue Bereitschaften, uns, das brasilianische Volk mit und für diese neuen Technologien aktiv einzubinden. Ich selber durfte die Entdecker oder Erfinder dieser Tachyonenresonanzfeldwafer kennenlernen und es ist mir eine besondere Ehre, die Frau von einem dieser Erfinder hier zur Eröffnung von TWC-Brasil begrüßen zu dürfen! Frau Gabriella Rudolph, offizielle Sprecherin der TWC, der TachyonWaferCompany ist extra zur Eröffnung der ersten Filiale hier in Brasilien angereist. Jeder auf dieser Welt dürfte diese Frau bereits kennen, es vergeht ja kein einziger Tag, an dem nicht mindestens einmal von ihr berichtet wird! Ich übergebe das Wort hiermit an Senhora Gabriella, bitteschön!"
Die Brasilianer jubelten und die Kamera schwenkte einmal herum, auch schon über das Hologramm waren viele Zuschauer an den Absperrungen zu erkennen, doch nun erkannte man auch Feste, die außerhalb von diesen Zäunen privat organisiert wurden. Provisorische Bühnen waren aufgestellt, auf denen Musiker warteten, bis es Abend wurde! Fahnen von verschiedenen Biersorten wehten im steten Windchen, der von der Küste kam. Die Begeisterung um meine Frau nahm schier kein Ende! Die meist dunkelhäutigen Brasilianer standen aufeinander wie Zirkusartisten, einige hatten gasgefüllte Luftballons an Schnüren, die die Form der TERRANIC hatten und auch dieser Name war zu erkennen. Scheinbar klappte es nicht sonderlich mit der Geheimhaltung auch von Seite des Präsidenten, oder einige der Luftballon-Nutzer hatten den richtigen Riecher, denn es gab auch solche Exemplare, auf denen TERRANIC DO BRASIL geschrieben stand.

„Danke, liebe Freunde, danke lieber João Paulo Bizera da Silva!" Hörte ich meine Frau rufen, doch kaum etwas war durchgerungen, denn als Gabriella nur ˋDanke´ sagte, toste der Applaus und das Gejubel dieser partygewohnten Menschen erneut auf und hielt noch an. Gabriella wiederholte ihren Satz noch mal, als es etwas ruhiger wurde, konnte sie schon ganze Sätze sprechen. Bis auf ein paar ˋGabriella, Gabriella-Rufe´, welche dazwischen noch durchdrangen.

„Ich bedanke mich sehr herzlich bei Ihnen, Herr Präsident, für diese Einladung und für Ihre Bereitschaft, das ohnehin schon gute wirtschaftliche Verhältnis Deutschlands und Brasiliens weiter zu vertiefen! Auch der Wunsch von Senhor João, Brasilien sollte das erste Land sein, welches eine Filiale unserer Company erhält, ging in Erfüllung. Sofortige Bereitschaft Brasiliens und das Vertrauen, welches diese beiden Staaten ohnehin schon immer verband, war die beste Voraussetzung, Ihrem Wunsch, Herr Präsident, dermaßen schnell nachzukommen." Wieder ein tosender Applaus! Auch der Präsident und der Vorstandsvorsitzende der TWC-Brasil klatschten weit ausholend und strahlten wie Fünfkaräter. Gabriella wurde eine Flasche Sekt gereicht, um diese zu öffnen und das Umbauwerk und das Waferwerk offiziell einzuweihen. Es stand aber noch eine weitere Flasche Sekt parat! Auf dem Pult des Präsidenten! Gabriella ließ den Korken knallen, schenkte zuerst dem Präsidenten ein Glas voll, dann dem Vorstandsvorsitzenden, anschließend ihr selbst. Nun aber lief meine Frau publikumswirksam zu einem der Absperrzäune und übergab diese fast volle Flasche dem jubelnden Volk! „Viva Gabriella, viva Gabriella!" Ein Jubel ohnegleichen! Gabriella landete mit dieser Geste auch in den Herzen derjenigen, die immer noch skeptisch waren. Wiederum eilte meine Frau leichtfüßig zu ihrem Pult zurück. Der Reporter lobte diese Geste ebenso wie die Brasilianer selbst und kommentierte entsprechend, auch dass sich meine Frau ebenso wie die Erfinder der neuen Technik dafür eintrat, auch mit Symbolik Zeichen für Frieden zu setzen, für Weltfrieden! João Paulo Bizera da Silva ergriff wieder das Wort:

„Diese Geste, Frau Rudolph geht in die Geschichte ein! Es ist so wunderbar, zu wissen, dass Sie eine Deutsche sind, einen Elternteil aus Argentinien und Vorfahren auch aus Brasilien haben! Zwei Punkte gibt es noch zu tun: Zuerst erhalten Sie eine Urkunde, Sie werden Ehrenbürgerin von unserem Staat! Macht meines Amtes und Rücksprachen mit den Regierungsmitgliedern, darf ich Ihnen nun diese Urkunde und entsprechende Dokumente, sowie einen Diplomatenpass überreichen!"

Ehren über Ehren, dachte ich bei mir. Was waren wir nur für kleine Wichte, bevor uns der große Wurf gelungen war. Wieder ein Getose von Applaus, als Gabriella, schon überrascht und gerührt, diese Urkunde übernahm, dann erklärte João weiter: „Auch Ihre Gatte und Herr Verkaaik mit Frau werden Ehrenbürger unseres Staates, doch dazu möchte ich die entsprechenden

Unterlagen persönlich überbringen und wie bei Ihnen, die Hände schütteln. Jetzt möchte ich zuerst danken, Frau Rudolph, für Ihren Einsatz, für Ihre Reise hierher!" Er ließ die Hand meiner Frau fast gar nicht mehr los und Gabriella hatte die Urkunde in der Linken, fuhr sich mit dem Unterarm über ihr Gesicht, ja, ihr liefen Tränen über die Wangen. Dann trat der Präsident hinter sein Pult zurück, hob sein Glas Sekt, prostete in die Richtung, in der Gabriella die Flasche an das Volk übergab, dann zum Vorstandsvorsitzenden und letztendlich stieß er direkt mit meiner Gattin an. Und die Brasilianer jubelten, eine Rockband setzte kurz die ersten Takte der Nationalhymne Deutschlands an, etwas ungeübt, aber mit eindeutigem Willen! Anschließend ein paar Takte der brasilianischen Hymne, die musikalisch immer schon besser klang. Logisch! Wie sollten diese Leute auch die Nationalhymne Deutschlands komplett im Kopf haben? Ein weiteres Mal nahm der Präsident die Funktion des Sprechers ein: „Frau Gabriella Rudolph, ich bitte Sie persönlich um einen Gefallen, werden Sie mir diesen erfüllen?" „Was dem Sinne unser guten Beziehung entspricht, und was ich laut meines Amtes tun darf und was dem Frieden nicht schädlich ist, ja! Immer!" Da war ich aber neugierig, was João nun vorhatte.

Er winkte einem braungebrannten, brasilianischen Techniker, der rechts von der Rednerbühne stand und so auch in die nebenan liegenden Hallen einsehen konnte. Dieser Mann nickte, lächelte und zeigte dabei strahlend weiße Zähne, noch einmal fuhr er sich auch mit dem Unterarm über die Stirn, um den Schweiß abzuwischen, er winkte jemanden in der Halle zu. Plötzlich schwebte ein umgebauter Variobus aus der ersten spezialisierten Änderungsfabrik! Fast auf das I-Tüpfelchen gleich mit unserer TERRANIC! Es war noch kein Name zu sehen. Der Präsident sprach: „Frau Rudolph! Wir haben es auch schnellstens fertig gebracht, dass die ersten Wafer schon vom Printer liefen. Alle Männer und Frauen haben Überstunden gefahren, um den ersten Variolifter, wie Sie diese Fahrzeuge nun bezeichnen, für heute fertig zustellen! Es wäre eine für mich und unser Volk unvorstellbare Ehre, würden Sie dieses Schwebefahrzeug taufen. Frau Rudolph, ich bitte Sie hiermit den ersten in Brasilien gefertigten, beziehungsweise umgebauten Variolifter auf den Namen `TERRANIC DO BRASIL´ zu taufen, dazu hatten wir auch bereits diese zweite Flasche Sekt bereitgestellt!"
Wieder liefen meiner süßen Gabriella die Tränen über das Gesicht. Sie war zu einer Volksheldin in Brasilien geworden. Ein einfaches, hochintelligentes Mädchen, eine Frau mit bestem Menschenverstand und Gesellschaftsphilosophie! Doch auch ihr wurden die letzten Wochen schon fast zuviel an Ruhm und Ehrenbekenntnissen zugetragen, auch sie würde

sicher bald mal Urlaub brauchen, aber wo? Wir waren keine Privatpersonen mehr! Jeder Schritt und jeder Tritt wollte gefilmt und aufgezeichnet werden. Schon verständlich, aber auch zermürbend. Ich sah gebannt auf den Holoschirm, als meine Frau zum Variolifter hinüberging und diese zweite Flasche Sekt, die der Präsident ihr übergeben hatte, an der herabhängenden Schnur befestigte. Der Präsident reichte ihr noch das Mikrofon, in Brasilien wurde dies noch so gehandhabt, flüsterte ihr noch etwas zu, was aber das Mikrofon doch noch aufnahm: „Bitte taufen Sie diesen Schweber auf den Namen `TERRANIC DO BRASIL´!"
Meine Süße lachte, als hätte der Präsident Angst gehabt, sie könnte noch schnell einen anderen Namen wählen. Es kam der feierliche Augenblick:

„Ich empfinde es als eine besondere Ehre, diesen ersten in Brasilien gebauten Variolifter auf Wunsch des Präsidenten des Landes, Senhor João Paulo Bizera da Silva, sinnbildlich der Freundschaft unserer Staaten, angelehnt an den überhaupt ersten Variolifter TERRANIC, mit dem ich hier angekommen war, auf den Namen `TERRANIC DO BRASIL´ zu taufen!"
Mit Elan schmetterte sie die Flasche bewusst auf eine verstärkte Kante aus Metall, so dass keine Beule entstehen könnte. Gabriella wusste, wenn die Flasche nicht zerbrechen würde, dass dies im Aberglauben Unglück bedeutete. Deshalb also vollster Schwung! Und die Flasche zersplitterte zu tausenden Scherben, der gute Sekt rann dem hochglanzpolierten ehemaligen Bus über die aerodynamische Schnauze, wieder schrie die Menge begeistert, der Präsident bedankte sich für diese Handlung erneut bei meiner Gabriella, dann rannten plötzlich etwa zwanzig Leute aus der Halle und brachten in Windeseile die Schriftzüge des Namens aus Klebeluminanzlackfolien an. Dieser aufgebrachte Lack konnte mit geringer Spannung beleuchtet werden, ähnlich den Leuchtdioden. Nachdem es mittlerweile auch in Brasilien schon dämmerte, kam dann auch mehr Wirkung, als dieser Schriftzug in allen Farben des Spektrums zu schillern begann. Das Volk war nicht mehr zu halten! „Viva Brasil, viva Alemanha, viva Gabriella, viva Presidente João Paulo Bizera da Silva!" Gelegentlich hörte ich sogar den Namen meines Kumpels und meinen Namen aus der Menge. Aktuell erkannte ich, dass der Präsident noch ein Zeichen gab und die Musikgruppen begannen zu spielen. Spätestens ab jetzt waren die Brasilianer vollends in ihrem Element, jetzt konnte nichts und niemand dieses Partyvolk mehr halten! Ein Ansturm auf die Bierbuden, Hamburger- und Hotdog-Stände begann, Cocktails wurden gemixt! Der Zuckerrohrschnaps lief in Strömen, Crasheismaschinen spuckten unaufhörlich geschretterte Eiscubes in die Makrolonbecher. Der typische Sound brasilianischer Musik hallte wie echt aus meinem Realsoundsystem.

Meine Frau stieg den anderen voran in die `TERRANIC DO BRASIL´, sah sich dort um und sie fuhren einmal über die gesamte Menschenmenge hinweg. Ein paar Übermütige oder schon vom Alkohol Gezeichnete warfen ihre leeren Bierflaschen dem Fahrzeug hinterher, aber glücklicherweise gab es heutzutage keine Bierflaschen mehr aus dem schweren Glas! Sektflaschen für Schiffs- oder Fahrzeugtaufen mussten dagegen extra bestellt werden.

Sie stiegen weiter auf, fuhren einen weiteren, ausladenden Kreis über das Hinterland bis zur Küste, dem Stadtgebiet von Salvador und wieder zurück, gekonnt setzte der Pilot den Variolifter publikumswirksam von einer Höhe von geschätzten achthundert Metern schnurgerade senkrecht ab. Dabei wurde das Fahrzeug von Illuminationsstrahlern weiter effektvoll angeleuchtet. Dieser Tag, so konnte man sagen, hat das brasilianische Volk mit neuer Energie versorgt. Hoffentlich bleibt davon auch noch für die nächsten Jahre etwas übrig, wenn es gilt den neuen Alltag zu erleben. Ich befahl dem Hauscomputer den Holoprojektor in einer halben Stunde auszuschalten, ich war müde und morgen würde ja der Sebastian wieder kommen. Er wollte bereits mit dem Airbus D-Prototypen, allerdings auf Basis der C-Serie, aufkreuzen! Das sollte für uns dann ein Stichtag werden, denn so reibungslos, wie die Tachyonenwaferpacks allgemein arbeiteten, so würden wir nur noch die ersten Serienumbauten abwarten, dann wäre unser Mondflug dran. Schließlich auch bald der Marsflug, der mich wesentlich besser interessierte, denn dort waren Menschen, die Anfang nächsten Jahres in Not geraten würden, sollte irgendetwas dazwischen kommen. Dafür fühlte ich mich wesentlich mehr verantwortlich als, in nicht mehr vorhandene Fußstapfen alter Astronauten auf einem natürlichen Planetensatelliten zu steigen. Ich grübelte und grübelte noch so dahin, hörte nur noch unterbewusst, wie der Computer immer leiser machte, bis der Holoschirm erlosch. Dann musste ich scheinbar eingeschlafen sein.

Bericht Gabriella Rudolph:

Trotz eingehender Warnungen ließ ich mich dazu hinreißen, einige dieser Stände und Baracken von brasilianischen Köstlichkeiten aufzusuchen. Sicherheitsbeamte schienen dem Herzinfarkt nahe zu sein, als ich mir meinen Caipirinha selbst bestellte und ein junger Mann, der diese Getränke mit einfachsten Mitteln mixte, konnte es wiederum nicht glauben, dass ich genau zu seinem Stand kam, er sprang vor Freude hinter dem provisorischen Tresen und sang eine bekannte Melodie mit seinem eigenen Text: „Gabriella está aqui, na minha baraca, na minha casa, a nossa deusa me visitou!" (Gabriella ist hier, in meiner Baracke, in meinem Haus, unsere

Göttin hat mich besucht!) Dann pfiff er vor Freude und tanzte während er zwei aufeinander gestülpte Gläser schüttelte. Hier konnte man wirklich noch denken, die Brasilianer hätten die letzten hundert Jahre verschlafen oder vertanzt. „Presente da casa, a Senhora! É muita honra pra me." (Geschenk des Hauses. Es ist sehr viel Ehre für mich)
„Não, Senhor! O que eu pediu, vou pagar!" (Nein mein Herr, was ich bestellte, werde ich bezahlen!) Dann zog ich meinen Geldbeutel und legte einen ausreichenden Betrag auf das Brett, der auch noch ein saftiges Trinkgeld enthalten sollte. Irritiert sah mich dieser junge Mann an, doch dann nickte er und streifte die Geldnote ein. Seltsam! Hier in Brasilien gab es noch viel Geld in Noten. In Deutschland, den Staaten und überhaupt Europa wurde fast ausschließlich nur noch mit dem IEP und dem ID-Chip bezahlt. Nur wenige wollten noch Bargeld. Manchmal geht es auch nicht ohne. Ich wusste eigentlich gar nicht, wie sich diese Sache in China verhält! Ich war erst einmal kurz dort. Doch auch wohl kaum anders, zumindest in den Großstädten wie Peking und dem neuen Shanghai. Auch Shanghai war eine Stadt der großen Weltsorgen 2039, nach der großen Flut. Teilweise unterspült, stürzten küstennahe Wolkenkratzer ein. China besann sich wieder mehr großflächige Bauwerke zu errichten. Wolkenkratzer als Statussymbole waren aus der Mode gekommen.
Ich schaute den schwitzenden Polizisten ins Gesicht, die sichtlich die Leute um mich herum abschirmten und ich schritt mit meinem Caipirinha innerhalb dieses Kreises herum und gab einigen dieser jubelnden Leute die Hand. Manche Jungen fielen fast in Ohnmacht, nachdem sie meine Hand berührten; Liebesbezeugungen wurden mir zugerufen, doch diese lösten eigentlich nur aus, dass mein Herz von der Sehnsucht zu meinen Max gestreift wurde und ich scheinbar einen ernsteren Gesichtsausdruck bekam, worauf sich sofort einer der Sicherheitsbeamten bei mir erkundigte, ob mir nicht wohl wäre, ob ich einen Arzt bräuchte, dabei legte er mir seinen linken Arm auf meinen rechten Oberarm; „Nein, nein! Ich habe gerade an meinen Mann gedacht, er fehlt mir, wissen Sie? Seit wir zusammen sind ist dies die erste Reise, die ich alleine begehe." Schon irgendwie verständlich schaute mich dieser besorgte Mann an, er lächelte, er hatte etwas sehr Tiefgründiges in sich. Sicher stammte er von einem Indiovolk ab, die ihre Seelenruhe ausstrahlen lassen können, so dass diese auch auf andere Leute übergreift. Mit einem Lächeln bedankte ich mich bei ihm und er lächelte irgendwie wissend zurück. Ein Shamane! Mich durchzuckte dieser Gedanke. Ein Nachfolger jener geheimnisvollen Indio-Medizinmänner, denen man nachsagt, dass sie durch Geisteskraft heilen könnten. Hatte er mich beruhigend beeinflusst? Ich war nun ruhiger, seit mich dieser Mann angesehen und am Oberarm berührt hatte. Ich fühlte mehr Verständnis für

die ganze Welt! Weiter sah ich auf den Boden und plötzlich meinte ich Unmengen Blut zu sehen, wie sie von der Erde aufgesogen wurde! Aber das war doch eine Einbildung! Eine innere Stimme mahnte mich: „Mach weiter so, sei dem Frieden dienlich! Diese Erde musste schon so viel Blut aufsaugen und Ozeane von Tränen aufnehmen. Du bist stark! Du wirst helfen!" Wie von einem Impuls geleitet, musste ich plötzlich in den Nachthimmel sehen. Als sich meine Augen an Ausschnitte des südlichen Nachthimmels gewöhnt hatten, erkannte ich das Kreuz des Südens. Dabei fielen mir besonders zwei Sterne ins Auge, die östlich am Kreuz des Südens anschlossen. Diese Konstellation war so auch nur in der südlichen Hemisphäre unserer Erde zu sehen. „Alpha-Centauri, dahinter Beta-Centauri", schoss es mir in den Kopf! Die nächsten Sonnen, Sterne, die unser Solarsystem zu Nachbarn hat. Nein! Da war doch noch was! Ich entsann mich; es gab da noch einen Stern, der diesen beiden Sonnen vorgelagert war, aber mit bloßem Auge nicht erkennbar, ja richtig: Proxima-Centauri! Wieder meinte ich eine Stimme vernehmen zu können, ich wusste nicht, waren es meine Gedanken, die sich selbstständig gemacht hatten oder erhielt ich doch eine Nachricht von irgendwem oder von irgendwoher?
„Der Frieden ist das größte und komplizierteste Projekt, was die Menschheit zu bewerkstelligen hat. Wer den Friedensimpuls empfangen hat und ihn verstärkt wiedergibt, hat die Reife einer intelligenten Lebensform erreicht. Nur wer den Frieden in sich spürt und diesen innerlichst wünscht, auf den warten die Sterne. Die Sterne sind der nächste Schritt in der Evolution!"

Benommen sah ich erst wieder auf den Boden, dann in das Gesicht des Indios, der verständlich lächelte und kaum merklich nickte. Noch einmal meinte ich eine Stimme wahrzunehmen: „Bist du bereit Gabriella? Führe uns dorthin zurück, von wo wir kamen: Zu den Sternen."
Jetzt nickte ich auch leicht und begab mich fast benommen zur nächsten Baracke, bestellte mir dort einen anderen Cocktail, es sollte ein Kapeta sein. Meine Gedanken vollführten wahre Saltos. Was war das? Hatte ich eine Art Nachricht empfangen oder manifestierten sich Gedanken in meinem Kopf, die aufgrund der letzten Arbeiten und Forschungen schon in Teilen vorgefertigt waren? Oder stellte sich langsam eine Art Verrücktheit ein? Hat dieser Indio mit seinem in ihm wohnenden Ahnenkonklomerat mir einen Menschheitswunsch oder eine Menschheitsbestimmung überbracht? Wussten nicht genau diese Menschen noch mehr von unseren Vorfahren; Nicht Vorfahren im irdischen Sinne, nein die Vorfahren, die vielleicht in Form von eisenfressenden Einzellern in Kometen auf dieser Erde landeten und dadurch unsere Art planetenangepasster Lebewesen entstand? Langsam schlürfte ich diesen Kapeta und kehrte ebenso langsam in die volle Realität

zurück. Erst vermiet ich es, diesem Indio in die Augen zu sehen, dann als mich der innerlichste Wunsch übermannte, noch mal zu testen, ob es nicht eine geistige Verbindung zu ihm gab, konnte ich ihn nicht mehr auffinden. Er war wie vom Erdboden verschluckt! Jetzt setzte ich mir selbst ein Zeichen:
„Halte diese Gedanken fest; Gabriella! Sie hatten etwas zu bedeuten."
Gedanken so klar wie gesprochene Worte, die um Frieden flehen und dabei den Zusammenhang mit den Sternen und dem Kosmos vorführen. Sind wir nicht nur auf dieser Erde einmal angekommen, um uns zu entwickeln und dann als fertige, `reife´ Vertreter in den Reigen kosmischer Intelligenzen aufgenommen zu werden? War nicht der Frieden die Grundvoraussetzung dazu? Eigentlich logisch, denn wenn man ohnehin mit höchster technischer Anstrengung zurück in den Kosmos kommt, dann wäre eine gegenseitige Bekriegung nur allzu hinderlich und könnte den eingeschlagenen Weg im Vorfeld unbefahrbar machen. Ist die Evolution ein Plan? Sicher nicht ein Plan, wie wir uns einen Konstruktionsplan vorstellen, aber ein Plan ist die Evolution sicher. Nur eben ein Plan der nur eine Richtung vorgibt: Vorwärts, der Zeit entlang, Lernen, Forschen, Bauen, kein Stillstand. Ein Plan, fast nur aus Unbekannten. Ein Plan der von wem iniziert wurde? Eine Gottheit? Was war eine Gottheit? Nicht eher die Essenz von allen in diesem Universum lebenden Wesen, deren Gesamtenergie die Schluchten der Zeit übersprungen hatten und selbst zu dieser Energie wurden um sich selbst zu erhalten? Würden wir nicht im Tod zu einem Teil kosmischer Energie werden und dabei die Existenz des Kosmos stützen? Ohne Zeit und ohne Limits? Das Chaos im Universum ordnen, war das nicht eine Aufgabe, die wir uns in Urzeiten selbst gestellt hatten, dabei galt es ja sicher auch zuerst das Chaos auf dem eigenen Planeten zu ordnen und den Streitigkeiten und den Kriegen eine Absage zu erteilen, bevor wir uns aufmachen, die nächstgrößere Aufgabe zu übernehmen.
Schritt für Schritt der Zeit entlang . . .

Fast wäre ich wieder in schweres Sinnieren verfallen und hatte meinen Kapeta tröpfchenweise aber stetig über das Trinkschläuchchen verkonsumiert. Nun hörte ich das Blubbern in meinem Becher, nun überkam mich wieder eine Energiewelle, drehte mich zum Tresen und bestellte: „Mais uma Kapeta de Chocolate, por favor!" (Noch einen Schokoladenkapeta, bitte!") Eine nahe Band legte in historischen Sambarhythmen los, spielte `The Girl from Ipanema´, ein Musiker auf der Bühne sah zu mir herüber, dann nahm er die Geige auf die linke Schulter, presste diese gegen seinen Hals, schwang den Bogen mit dem echten Pferdehaar und begann eine Session innerhalb dieses Musikstückes, welche sich gewaschen hatte. „Musik für die Sterne und für die Hoffnung." Nur so konnte ich diesen Auftritt definieren, Ich wurde richtig mitgerissen und begann mit den Leuten um mich herum zu tanzen, dabei streifte mich wieder die Sehnsucht nach meinen Max. Doch fühlte ich mich ihm nah, näher als es bald einmal sein würde, wenn er den Testflug zum Mond unternehmen will und auch näher, wenn er der Marsbasis Nachschub liefern sollte. Später ließ ich mich von den Sicherheitsbeamten zu meinem Wohncontainer bringen. Dort wusste ich, ich würde wieder bewacht wie eine ergiebige Diamantenmine. Als ich aus der Hygienezelle trat, summte leise eine veraltete Klimaanlage mit einem Luftionisator. Salzgeschmack breitete sich in meinem Mund aus, die Nähe der Küste war fast spürbar. Vom Bett aus schaute ich noch durch das Fenster, welches der Steuerrechner bald schließen und verdunkeln würde. Ich erkannte viele Lichter, Feuerwerke; Der Lärm konnte jedoch fast vollständig abgedämmt werden. Dieser Wohncontainer stellte kein Gelbett zur Verfügung. Eine harte, aber nicht unbequeme Matratze bildete meine Nachtunterlage. Weiter befahl ich dem Hauscomputer, langsam abzudunkeln, auch die drei Cocktails taten das Übrige, so dass ich langsam in das Land der Träume reisen konnte.

Später erinnerte ich mich an Träume von den Sternen, von Stimmen die mich weiter aufmunterten, die eingeschlagene Richtung nicht zu verlassen. Frieden für die Menschen, Frieden für die Erde, Frieden für das Universum. Und Frieden für mich und meinen Maximilian.

5. Kapitel
Die Flugzeuge verlieren ihre Flügel.

Bericht Georg Verkaaik:
Max weckte mich über das IEP mit Berechtigungszuweisung, er war einer der wenigen, wenn der Schlafsensor feststellte, dass ich noch schlief, der mich auch wecken durfte. „Georgie!" Ich vernahm seine übertragene Stimme zuerst wie aus weiter Ferne. Doch nach mehrmaligem „Georgie, alte Schlafmütze! Willst einen weiteren Triumph versäumen?"
„Ist Napoleon zurück?" Wollte ich scherzend wissen. „Nein! Es ist Hanibal! Dieses Mal kommt er nicht mit Elefanten, sondern mit fliegenden Walrössern. Im Holo-TV von GlobalNews wurde soeben vom ersten Start eines Airbus berichtet, der mit den TaWaPas ausgerüstet wurde. Bastl kommt zurück!" Ich gab dem Hauscomputer den Hinweis, auf GlobalNews zu schalten, auch dort in Hamburg jubelten die Massen, als sich der erste Prototyp der Airbus der D-Serie aus der Halle schob. Majestätisch glitt er stabil in nur einem halben Meter Höhe, mit bereits eingefahrenen Rädern ins Freie. Das war schon ein Gigant! Scheinbar hatten alle Programmierer Höchstleistungen vollbracht, denn dieses Fahrzeug zeigte keinerlei Schwankungen oder Instabilitäten; die Steuersoftware war in einer neuen Perfektionsstufe angekommen. Wie ich hörte, waren bei den Programmierern auch Genkorrigierte der ersten Generation dabei, die zwar das Lachen verlernt hatten, aber im logischen Denken selbst schon auf der Ebene der heutigen Computertechnologie standen. Statt den Flügeln hatte dieser Gigant nur noch einen Stummel, aber genau dort angeflanscht und sofort folgend die Doppelausleger, ebenso aerodynamisch geformt, nur breiter als hoch. Fast hätte man meinen können, dieser ehemalige Flieger wäre ein Trimaran. Der Rumpf wirkte von unten gesehen sehr abgeflacht, es waren vor dem Cargobereich von vorne die Abschirmwafer angebracht, die dem Vortrieb dienten, am Heck der Bremswafer. Steuerungswafer waren ebenso zwischen dem Rumpf und den Auslegern erkennbar. Eine saubere Arbeit, wie auf dem ersten Blick zu erkennen war. Ich setzte mich im Bett auf, wollte automatisch meine Hand auf die Hüfte meiner lieben Frau legen, da war aber nichts. Nun war ich im Leben zurück. Silvana war bereits aufgestanden! Ich beobachtete noch weiter die Nachrichten, bis sich der Airbus zuerst senkrecht und langsam, schon kurz nach der Halle in die Luft hob, leicht steil anstellte und dann mit steter Beschleunigung in Richtung Himmel aufstieg. Am unteren Rand der Holodarstellung wurden Daten, allerdings nur zweidimensional eingeblendet:
Reisehöhe Eintausendachthundert Meter, Geschwindigkeit über Boden neunhundert Stundenkilometer, Reisehöhe viertausendzweihundert Meter,

Geschwindigkeit über Boden neunhundert Stundenkilometer, Reisehöhe siebentausendvierhundert Meter, Geschwindigkeit über Boden eintausendeinhundert Stundenkilometer. Mir war schon klar, dass die Reisegeschwindigkeit innerhalb der Erdatmosphäre nicht über die Schallgeschwindigkeit hinausgehen würde, damit man den Ultraschallknall vermeiden können würde. Bei einer Reisehöhe von fünfundachtzig Kilometern kletterte auch die Einblendung der Geschwindigkeit! Geschwindigkeit über Boden neunzehntausendzweihundertdreiundzwanzig Stundenkilometer, dann verringerte sich diese Anzeige wieder und ich wusste was das zu bedeuten hatte! Sebastian würde in kürzester Zeit hier sein! Nun schwang ich mich aber auch endgültig aus den Federn, wo ja eigentlich keine Federn mehr waren, aber dieser Ausdruck war über die Jahrzehnte überliefert worden und sofort begab ich mich in die Hygienezelle. Dort startete ich wieder ein Eilprogramm und wurde mit konzentriertem, duftendem Seifenwasser eingesprüht, welches meine Silvana ausgewählt hatte. Ich schaltete axial oszillierende Waschpinsel an, gab noch einen Extra-Spritzer Shampoo per Knopfdruck in den Vakuumpulsator, der mein Kopfhaar durchmengte, schon wurde ich von Ultraschallneblern seifenfrei gesprüht. Eine Art Schleuse weiter wartete der anlaufende Ganzkörpertrockner. Auf eine Rasur verzichtete ich heute. Vom Wasch- und Bügelserver übernahm ich nur frische Kleidung, sprang förmlich in diese hinein, wobei ich mich mit dem rechten Fuß in einem Hosenbein verfing und mit dem linken langsam dahinhüpfend durch die Schlafzimmertüre in den Wohnbereich kam, dabei dann aber auch an die Barkante des Getränkeservers stieß und ein paar Sensoren der Manuelleingabe für Getränke berührte.
Schon meldete sich der Mixcomputer für Cocktails: „Bitte um Bestätigung für den Cocktail `Zombie-Spezial´, das Gewohnheitsprogramm hatte noch nie Bestellungen dieser Art zu dieser Tageszeit. Bitte um Bestätigung." „Rutsch mir mit deinem Zombie doch den Buckel runter, es war ein Versehen! Ich habe mich in meiner blöden Hose verhaspelt und das Gleichgewicht nur noch mit Mühe und Ausgleichshoppeln halten können!" Der Mixcomputer gab sachlich zur Antwort: „Für Reklamationen bezüglich von Wäschestücken bitte direkte Eingabe beim Wäscheserver vornehmen. Ich könnte über Intranet vermitteln. Wird dies gewünscht?" „Nein, bloß nicht! Dann würde der Wäscheserver mich bald noch fragen, ob ich die Hose in `Margarita-Rot´ oder das Hemd in `Caipirinhagrün´ und die Schuhe `Blue-Coração-farben´ haben möchte! Standby, du mechanischer Cocktailsklave!" „Bestätigt!" Die angenehm-weibliche Stimme des Rechners klang fast beleidigt. Nun aber wieder sicherer auf den Beinen, die leichte Jacke überschwingend, wollte ich den Wohncontainer, der zu meiner

festen Heimat geworden war, auch schon mit viel Luxus erweitert wurde, verlassen. Auf dem oberflächengehärteten Asphalt merkte ich aber, dass ich nur in den Socken unterwegs war, was war denn los mit mir? Ich war ja nervös wie ein kleiner Junge, der auf Weihnachten wartet. Noch mal lief ich zurück ins Schlafzimmer, konnte aber mit den Socken auf dem glatten Fußboden kaum bremsen, da landete ich ein weiteres Mal im Bett. Durch diesen Aufprall aktivierte sich die Steuerung für das Gelbett und wieder wurde ich von einer dieser Rechnereinheiten gefragt: „Teilen Sie mir bitte Ihren Massagebedarf in Zeiteinheiten und Frequenz und die gewünschte Temperatur mit! Wünschen Sie musikalische Untermalung?" „Es reicht mir mit euch, ihr elektronisch-positronischen Hampelmänner! Hast du nicht gemerkt, dass es sich hier um einen Unfall handelte?" Schrie ich regelrecht in Richtung der Sensoreinheit des Gerätes. Schon wieder musste Dieses seinen Senf dazugeben: „Die Gesundheitsüberwachung Ihres ID-Chips hat keinen Unfall registriert. Bestätigen Sie den Verdacht eines Defektes und ich melde den Vorgang unverzüglich der zuständigen Gesundheitsüberwachungsstelle mit Anforderung eines entsprechenden Ärzteteams. Optisch können keinerlei Blutungen festgestellt werden." „Es fehlt mir auch nichts! Du auch Standby, verstanden?" „Bestätigt!" So wählte ich Gehmaterial mit besonders rutschfester Sohle, steckte ein Bein nach dem anderen in den Schuhaufzieher und konnte dann endlich den Container sicher verlassen. Das war gerade noch rechtzeitig, denn der neue Airbus, der Prototyp aus der C-Serie, der nun flügellos unter `D´ läuft war schon als kleiner Punkt am Firmament zu erkennen. Dieser fuhr nicht wie der Variolifter, sondern er glitt nach vorne geneigt, wie eben damals als reiner Flieger in unsere Richtung. Für die über achtzig Kilometer Höhe, plus der schrägen Sinkfahrt benötigte das Fahrzeug nur etwas weniger als fünfundzwanzig Minuten. Die gesamte Reise von Hamburg nach Oberpfaffenhofen also weniger als eine Stunde, dabei waren die Besatzung und die Passagiere schon kurz im erdnahen Weltraum! Aus einer Höhe von geschätzten dreihundert Metern ließ der Pilot das Gefährt senkrecht abschweben. Dieser Airbus landete mit einer Sondergenehmigung direkt auf unserem Experimentiergelände in Oberpfaffenhofen. Nachdem wieder alle möglichen Reporter und TV-Gesellschaften vertreten waren, verharrte dieses Luftfahrzeug kurz knapp über dem Boden, fuhr die Landeräder aus, aber genau so, dass diese nach dem Ausfahren schon den Boden berührten! Ein Effekt, der die enorme Zuverlässigkeit dieser neuen Technik unter Beweis stellen sollte! Als dann die Wafer langsam heruntergeregelt wurden, drückte sich das Vehikel nur noch sanft in die Federung. Kein Laut war vernehmbar, außer wieder dem bereits gewohnten Jubel der Zuschauer hinter den Absperrungen und der Reporter. Nun klappte eine Teiltreppe vom Fahrzeug auf, eine weitere Teiltreppe schob sich aus dem Ausleger nach oben an das Teilstück und eine weitere Teiltreppe schob sich von der anderen Seite des Auslegers bis zum Boden. Viele Techniker stiegen aus dem Fahrzeug, einige jubelten begeistert, scheinbar wegen dieses einmaligen Erlebnisses. Ich konnte dann aber auch einen Mann erkennen, der überwiegend ernst aussah und zu keinerlei Gemütsregung fähig schien!

Max kam angerannt, auch er konnte seine Begeisterung nicht mehr zurückhalten. „Was sagst du zu diesem Gefährt, Georgie? Ist das nicht gigantisch? Ist das nicht die Erfüllung der schönsten Träume?" „Langsam müssen wir wirklich einmal etwas unternehmen; Ich weiß schon gar nicht mehr, ob wir nicht wirklich nur träumen. Die Entwicklungen der letzten Zeit waren dermaßen schnell und in unwahrscheinlichen Schritten vollzogen worden. Ich erinnere mich eigentlich noch bestens an die letzte Maß September im Oktoberfest, nun haben wir immer noch Oktober!" „Wird sich schon bald verlangsamen, diese Entwicklung, der Alltag kommt schneller als erwartet." Wusste Max noch dazu. Sebastian kam direkt zu uns, er lachte glücklich und schüttelte unsere Hände. „Hier könnt ihr den vorläufigen Höhepunkt einer Konstruktion sehen, welche ohne euere Erfindung nicht oder noch nicht möglich gewesen wäre. Im Übrigen hat ein Mann aus unserem Hamburger Team einen `Inbordwafer´ getestet!
Also solche Tachyonenresonanzwafer, die unter ganz geringer Energie je einer vorne und einer hinten im Innenraum angebracht wurden. Diese können mit der Steuersoftware mitversorgt werden und bewerkstelligen, dass die Passagiere überhaupt keinen Andruck und auch keinen Bremsdruck mehr verspüren, wenn sich der Tachyonenclipper aufstellt oder absinkt. Funktioniert nach euerem Prinzip! Beim Steigen wird der vordere Wafer mitaktiviert, so werden also die Passagiere von den von hinten einströmenden Tachyonen leicht mit angeschubst. Beim Sinken umgekehrt. Bernhard Schramm zeigt sich dafür verantwortlich! Auch er hatte die komplette, ohnehin schon überragend gute Steuersoftware noch mal überarbeitet und letzte Bugs entfernt. Herr Schramm, darf ich Ihnen die Erfinder der Wafertechnologie vorstellen?" Sebastian winkte diesem Herrn mit dem ernsten Gesicht und dieser kam zu uns, gab uns ebenfalls die Hand zur Begrüßung, da durchzuckte es mich aber direkt! Kaum ein Händedruck und diese Hand fühlte sich fast kalt an. Bernhard war geschätzte fünfundfünfzig bis sechzig Jahre alt! Also durchaus möglich, dass er dieser Genkorrigierte der ersten Generation war, von dem gesprochen wurde! Diejenigen, die nicht in tiefste Depressionen gefallen waren, arbeiteten eigentlich nur als Hochleistungsprogrammierer und hatten dabei fast keine Ungereimtheiten in den Programmen. Bernhard meinte zu Max:

„Dem logischen Evolutionsablauf waren Sie mit Ihrer Erfindung etwas zu früh dran!" Max sah ihn mit großen Augen an und erwiderte lachend:
„Soll ich das so verstehen, dass wir nach der Entdeckung noch etwas warten hätten sollen?" Bernhard antwortete mit Eisesstimme und ohne mit einer Wimper zu zucken: „Ihr Gefühlsausdruck erscheint mir ebenso unlogisch wie Ihre Rückfrage. Einzig logische Tatsache erscheint mir für diese Frühentdeckung zu sein, dass der Atmosphärefilm unseres Planeten weiter entlastet werden kann, damit auch ein Erhalt biologischen Lebens wieder im hohen Wahrscheinlichkeitsbereich steht." „Äh, ja, Herr Schramm", ich wollte das Gespräch etwas auf mich lenken, dass mein Kumpel, der Max sich wieder etwas fassen kann. „Wie haben Sie die Software so exakt programmieren können, dass nicht einmal mehr ein Vibrieren am Fahrzeug entsteht?"
„Mehrtaktsimulation von Alternativzuständen mit Zwischenschritteinkopplung vor der Direktansteuerung von Waferkomplexen, dabei Zuschaltung satellitengestützter Navigationsimpulse und eigener Ausrichtung über eine Zeitskala einer bordinternen Atomzerfallsuhr mit gleichzeitiger Koppelung zweier Autopiloten, ebenfalls in Gegentaktsimulation zur Gewinnung bester Routendaten. Die vier Alternativcomputerkomplexe wurden nicht verändert, nur die Korrektursoftware. Die GAU-Wahrscheinlichkeit hat sich nun auch weiter verringert, hochgerechnet auf etwa ein GAU alle 232000 Jahre bei einer Million Fahrzeuge und einer Ausnutzung von achtzig Prozent sowie eines Maximalalters der einzelnen Fahrzeuge von fünfzig Jahren bei korrekten Inspektionsintervallen."
Nun war ich an der Reihe, diesen Bernhard mit offenem Mund anzustarren. Ich kam mir vor, als hätte ich eine Art Maulsperre! Bernhard hatte diese Ausführung in einer monotonen Stimme heruntergerasselt, ohne zu stottern und ohne Luft zu holen. Dem Sebastian zuckten die Mundwinkel! Ich konnte ihm ansehen, dass er am liebsten lauthals loslachen wollte, doch würde er sicher den Bernhard damit beleidigen. Dieser würde zwar wiederum kaum verstehen, was eine Beleidigung wäre, aber ein Rückfall in die Depression wäre ebenfalls nicht ganz ausgeschlossen! Statt zu Lachen erklärte er so sachlich wie möglich:
„Herr Schramm hatte auch die Idee mit den Inbordwafern die gewissermaßen als Andruckabsorber und Bremsdruckabsorber funktionieren. Nun kann die Stewardess Getränke schon während der Steigfahrt servieren und den Degestiv bei der Sinkfahrt. Es bleibt aber kaum Zeit dazu, denn wir sind sehr schnell geworden!" „Haben wir bemerkt!" Meinte ich, auch in versucht monotoner Stimme. Die Techniker der Airbus-Hamburg kamen nacheinander zu uns und gratulierten uns zu dieser tollen

Erfindung, bestätigten, dass nun die Sicherheit von Luftfahrzeugen dermaßen gestiegen war, dass das alltägliche Zähneputzen weit mehr Gefahren zu bergen hätte. Anschließend richtete Sebastian seinen Blick in Richtung unseres mittlerweile guten Freundes Patrick, der aus gebührendem Abstand mit seinem Übertragungsequipment wieder an einer Reportage arbeitete. Patrick näherte sich langsam mit seiner Stabkamera, er sprach dabei in ein Aufnahmegerät. Dr. Dr. Sebastian Brochov eröffnete in seine Richtung: „Wir von der Airbus-Hamburg würden uns geehrt fühlen, wenn Herr Rudolph, Frau und Herr Verkaaik zu einem weiteren Testflug an Bord der HAMBURG kommen würden. Sie, Herr Hunt sind ebenfalls herzlich dazu eingeladen!" Die Techniker klatschten Beifall und von den Absperrzäunen her hörte man ebenfalls Applaus. Nun gut! Ich nickte meinen Freund Max zu, dieser nickte zurück, dann begaben wir uns auch schon an Bord! Dieses Erlebnis wollten wir uns natürlich nicht entgehen lassen. Als wir dann in den breiten, luxuriösen Sitzen der ersten Klasse saßen, wurden uns demonstrativ hochwertige Champagnerkelche auf die Klapptische gestellt! Der Airbus hob langsam vom Boden ab, man hörte nur ein Knacken, als die Fahrwerke eingefahren wurden, dann stieg das Gefährt wieder auf etwa dreihundert Meter an. Max und ich sahen durch die golden getönten Fenster, dann stellte sich die Schnauze des Gefährts in Richtung Himmel. Die Champagnerkelche rutschten keinen Millimeter, kaum ein Vibrieren war auf der Flüssigkeitsoberfläche erkennbar! Kaum spürbar beschleunigte unser Clipper und die Erde kippte optisch unter uns weg. Ich sah durch das Fenster in Richtung Himmel und nach fünfzehn Minuten wurde dieser immer schwärzer, nach zwanzig Minuten war er gänzlich schwarz und von rechts leuchtete die Sonne in den Innenraum, links konnte man die Sterne sehen. Wir waren im erdnahen Weltraum! Ein erhebendes Gefühl, ich konnte es nicht weiter beschreiben.

Der Pilot kam aus der Kanzel und hatte ebenfalls ein Glas Champagner in der Hand. „Alkoholfrei", schmunzelte er und ich war bestgelaunt, so dass ich ihm erwiderte: „Angenehm, Herr Alkoholfrei, ich bin Georg Verkaaik und das ist mein Freund und Kollege Max Rudolph!" Der Pilot sah ganz schön verdattert aus seiner Uniform, dann warf er den Kopf zurück und lachte befreit auf! „Ich habe schon von Ihnen gehört, dass Sie immer zu Späßen aufgelegt sind! Schön, wenn man nicht alles so ernst nehmen muss. Nun stelle ich mich erst einmal vor: Ich bin Peter Utz, komme auch aus Süddeutschland, allerdings bin ich bereits seit fast zwanzig Jahren in Hamburg wohnhaft; wiederum nicht oft zuhause, denn ich flog schon Airbusse der A-Klasse. Zuerst möchte auch ich Ihnen zu diesem technologischen Durchbruch gratulieren! Dieser erste Flug von Hamburg nach München war mein bislang schönster Flug oder mittlerweile meine

schönste Fahrt. Diese beiden Definitionen werden wohl noch eine Weile parallel existieren, was ja prinzipiell egal sein dürfte. Ich bitte Sie, nennen sie mich einfach und kurz Peter! Prost!"
„Prost!" Max und ich wie aus einem Mund.
Dann teilte Max dem Peter mit: „Peter, ich will dich nicht beleidigen, aber diese ewigen Gratulationen gehen mir mittlerweile ganz schön auf den Sa..., äh, ganz schön aufs Gemüt! Wir haben fast keine Freizeit mehr, die ganzen Tage nur noch rote Teppiche, Interviews, Telefonanfragen, die wir sowieso nur noch an Sekretäre weitergeben lassen, die ganze Welt will uns plötzlich umarmen und fast erdrücken. Wenn wir die Nachrichten sehen, so wird nur von meiner Frau in Brasilien, von der Airbus-Hamburg, Airbus Toulouse und Airbus-China, berichtet, dabei fallen pro Nachrichtenstunde durchschnittlich mindestens zweimal unsere Namen! Ich fühle mich ausgequetscht und ich bin sicher, dass mein Kollege genauso fühlt! Wir wissen nicht einmal mehr unseren Kontostand, denn mit den ganzen Verträgen und Patentrechtszahlungen kommen mittlerweile Summen pro Stunde, dass ich die Übertragung der Kontoaktualisierungen blockiert habe. Wir wollten nie reich werden! Immer nur so gut leben, dass es an nichts fehlt und dass ein wenig Luxus möglich wäre. Manchmal wünschte ich, jemand anders hätte diese Idee zu den Wafern gehabt!" Peter setzte sich auf einen der vor uns angebrachten Stühle und drehte diesen in eine Konferenzstellung. „Ich kann es mir vorstellen, entschuldigen Sie auch mein profanes Auftreten, daran hatte ich natürlich nicht gedacht. Aber ich möchte euch schon auch mitteilen, dass ihr nun die ganze Welt in eine Zukunftseuphorie getaucht habt! Wenn ich bedenke, wie stark dieser Friedenswille angekommen ist, auch die Übertragungen von FreedomForWorld-TV schlugen in allen Ländern dermaßen positiv ein, dass die bislang gefährlichsten Staaten begonnen haben, ihr Waffenarsenal zu verschrotten! Manche Menschen haben einen neuen Respekt vor dem Leben entdeckt, so dass sie nicht einmal mehr Fliegen erschlagen! Die letzten Gottesstaaten verkünden bereits den baldigen Heilstag, an dem sie selbst ein Raumschiff bauen werden und mit der Bevölkerung einen bewohnbaren Planeten suchen und so umsiedeln wollen, damit sie ihrem vermeintlich einzigen Gott endlich eine ganze Welt ohne Ungläubige präsentieren können!" Peter sah aus dem Fenster links, als diese HAMBURG in die Waagrechte ging und ein Beschleunigungsvermögen hinlegte, welches nur auf der Datenausgabe der 2D-Schirme ablesbar war. Spüren konnte man gänzlich nichts mehr! Nur dass in dieser Höhe die Schwerkraft, oder seit neuesten Erkenntnissen, die Raumandrückkraft geringer geworden war. Tatsächlich! Alles war etwas leichter! Die Erde war schon als Kugel erkennbar, der Weltraum präsentierte sich in einer

Schönheit, dass man am liebsten mit der Badehose aussteigen möchte. Vierundzwanzigtausend Stundenkilometer in einer Reisehöhe von nun fünfundneunzig Kilometern. Wir wurden noch mal um einiges leichter! Eben auch dieses hohe Tempo in der Bogenfahrt verursachte ein Gegenpotential zur Raumandrückkraft. Keine Luftreibung beeinträchtigte das Fahrzeug und alles lief in einer Perfektion, man dachte, es hätte nie eine andere Reisemethode gegeben. Patrick berichtete bereits von einem neuen Rekord für Airbus, was diese Geschwindigkeit betraf, auch dass dieser Rekord wohl nicht lange halten würde, jedoch nahm er auch Informationen, welche wir ihm mitgeteilt hatten, nämlich, dass wesentlich höhere Geschwindigkeiten nicht sinnvoll sein würden, denn die Fliehkraft würde dann so ein Fahrzeug von der Erde wegschleudern; Man müsste wieder Wafer an der unteren Seite der Ausleger anbringen oder das Fahrzeug kopfüber fahren lassen, dann könnten sicher auch fünfzigtausend und mehr Kilometer pro Stunde gefahren werden! Wie weit das dann sinnvoll sein sollte, ob man nach Australien eine Gesamtreisezeit von zwei Stunden oder eineinhalb Stunden hätte, das muss ohnehin der Bedarf einmal entscheiden. „Jedenfalls müsst ihr beiden diesen jetzigen Status halten, ihr müsst euch gewissermaßen für die Menschen da unten opfern! Ihr seid die Hoffnung und der Frieden in Personen für unsere Welt!" Nach doch einer längeren Pause schloss Peter mit dieser Erklärung seinen Monolog ab. Er hatte aber auch gesagt, was ich schon vermutete! Wir waren zu Personen des öffentlichen Lebens geworden und zwar global! Peter erklärte, er würde wieder in sein `Arbeitszimmer´, also in das Cockpit gehen und die Landeanfahrt von dort aus überwachen. „Wo landen wir?" Fragte ich. In dem ganzen Trubel hatte ich niemanden gefragt, wo wir überhaupt hinfuhren. „In New Darwin, Nordaustralien, wusstet ihr das nicht?" „Nein, man kommt ja nicht einmal mehr zum Fragen." Ich überlegte kurz. New Darwin wurde erbaut, als Darwin während der großen Flut komplett untergegangen war. Ich glaubte zu wissen, dass dort die nächste Filiale der TWC entstanden war und sollte diese vielleicht von uns eingeweiht werden? Ohne dass der Sebastian etwas zu uns gesagt hatte? Durchaus möglich. Ich drehte mich im Sessel und sah dem Sebastian direkt in sein verschmitzt grinsendes Gesicht. Ja genau! So war es!
Der Clipper bremste unspürbar ab, ging in Sinkfahrt über und wieder etwas mehr als zwanzig Minuten später setzte die HAMBURG in New Darwin vor den neuen Hallen der TWC auf. Ich sah aus dem Fenster und!
Um Himmels Willen! Schon wieder wurde ein roter Teppich ausgerollt! Hört denn das nicht mehr auf? „Sebastian! Was willst du uns denn noch alles antun?" Beschwerte ich mich bei ihm. „Ja, meine Lieben; Hätte ich euch vorher gefragt, dann wäret ihr vielleicht gar nicht mitgeflogen, äh,

mitgefahren! Ist aber eine sehr wichtige Filiale hier! Australien will ähnlich wie Brasilien alte Fahrzeuge umrüsten, aber auch viele neue bestellen, natürlich auch hier fertigen und die alten Flieger ebenso umrüsten. Also eine weitere Filiale der TWC!" „Gibt es keine Doppelgänger für uns, die diese Aufgaben übernehmen könnten?" „Wäre machbar, aber dann kommen wieder Live-Nachrichten von euch beiden und die Doppelgänger würden zeitgleich eine Filiale einweihen, was würden eure Fans denn dann dazu sagen?" Auch wieder wahr! Noch immer grinste der Bastl unverschämt verschmitzt, so dass ich ihm am liebsten meinen Rest von Champagner in den Kragen gegossen hätte. Aber ich dachte, diese Eröffnung würde wohl nicht mehr so glanzvoll ablaufen. Wurde ja alles einmal alltäglich. Aber von wegen! Hier war alles aufs Hellste beleuchtet! Schließlich war hier Nacht und rundum stiegen Feuerwerkskörper auf, als wir aus dem Fahrzeug kamen. Am Fuß unserer Treppe wurde unsere Einreise registriert, Fahrbare Chipkommunikatoren tasteten unsere ID-Chips ab, es gab aber außer dieser fast unsichtbaren Maßnahme keine weiteren bürokratischen Hürden, sicherlich waren wir ja auch angemeldet und hatten sicher ebenso diplomatischen Segen unserer Regierungen. Es roch intensiv nach Blumen und süßlichen Gewächsen. Hier war der Frühling eingekehrt. Die Natur erholt sich langsam von ihrem Infarkt, nahm ich zur positiven Kenntnis. Unter Beifall schlenderten wir den roten Teppich entlang zum Bürocontainer der TWC, dahinter erstreckte sich eine riesige Fertighalle, bereits mit einem Leuchtschild der TWC und Airbus versehen. „Habe ich doch schon erklärt", erläuterte Sebastian so quasi nebenbei, „dass wir hier die hiesigen Flugzeuge umrüsten und später ein neues Werk errichten werden!" „Umrüsten ja, Werk nein!" Max machte ein mürrisches Gesicht bei seinem Kommentar. „Ich will jetzt bald wieder etwas Richtiges zu tun haben! Nicht immer nur für Fernsehen lächeln und Werbung für französischen Champagner machen, dann nebenbei diese schönen roten Teppiche noch abtreten. Meinen Forscherdrang kann ich nicht mehr lange zurückhalten! Was ist mit unserer Mondgondel, was ist mit der Marsgondel? Letztere wird meinem Ansinnen vorerst genügen!"
„Ich verstehe dich gut Max", meinte Sebastian väterlich, als wenn er seinem Sohn sagen würde, dass es die Autorennbahn erst nächstes Weihnachten geben würde, „Aber die gesamte Software der Mondgondel wird auch noch mal vom Bernhard Schramm überarbeitet! Dieser Mann stellt jegliche anderen Programmierer in den Schatten! Er arbeitet relativ langsam, kommt aber bei den Simulationen auf die höchste Stufe der Funktionalität! Deswegen leidet dieser Mann auch nicht unter Depressionen, weil er mit seinen logischen Abwägungen absolut Sinnvolles tun kann." „Auch die Experimente der Vergangenheit in der Genetik kann man als

Evolutionsschritt bezeichnen! Scheinbar war diese für unsere Computertechnologie eine notwendige Ergänzung", wollte auch ich meinen Kommentar loswerden, „wie gesagt, alles hat scheinbar irgendwie seine Zeit und seinen Sinn!" Wieder standen wir anschließend hinter einem Rednerpult für mehrere Personen, wieder erklang die deutsche Nationalhymne zur Ehre der Erfinder oder Entdecker der neuen Technik. Ich unterdrückte schwer ein Gähnen, da begann Sebastian mit seiner Rede. Besonders lobte er den Zusammenarbeitswillen der Erfinder mit den wirtschaftlichen Institutionen und den ungebrochenen Friedenswillen, was die Anwendung der Technologie betraf. Auch dass nun eine Art Friedenswillenwelle den ganzen Globus erfasst hatte.

Psychologen hatten schon darauf hingewiesen, dass es sich hierbei um ein Gesellschaftsphänomen handeln würde! Zuerst konnte keiner den Planeten verlassen, um Problemen aus dem Weg zu gehen, jeder musste versuchen, sprichwörtlich seinen Claim abzustecken und zu verteidigen! Doch jetzt wurden Nachbarstreitigkeiten ausgesetzt, mit der Aussicht, ohnehin in absehbarer Zeit einen noch größeren Garten auf einer anderen Kolonialwelt zu besitzen! Ähnlich musste dies im Mittelalter gewesen sein, als die neue Welt, also unbekannte Kontinente entdeckt wurden! Leider hatten dort Ureinwohner darunter zu leiden gehabt. Sollten auf den neuen Planeten irgendwann einmal intelligente Lebensformen entdeckt werden, mussten aber auch Grundregeln eingeführt werden, damit diese nicht einem ähnlichen Schicksal unterworfen werden. Ich schreckte so in meinen Gedanken auf, als der Sebastian nun das Wort an mich übergab; Ich wusste gar nicht, an welcher Stelle er mir den Faden des Gespräches übergeben hatte, da sagte ich nur noch: „Lasst uns nicht mehr alles wiederholen, was sowieso schon jeder weiß! Wir wollen den Weltfrieden und die friedliche Nutzung dieser neuen Technologie zum Wohl der gesamten Menschheit und des Lebens an sich! Bitte Herr Dr. Dr. Brochov, schreiten wir zu den Hallen und durchschneiden wir die Bänder, damit diese Produktionen auch bald Arbeitsplätze sichern können!" Scheinbar hatte ich doch die richtigen Worte gefunden, denn es gab anschwellenden Applaus. An diesen Bändern machten wir noch ein weiteres Mal halt, Max sollte das erste Band durchtrennen. „Nun bitte ich noch meinen Kollegen und Forscherkollegen Maximilian Rudolph um ergänzende Worte!" Max schien fast genauso auf dem falschen Fuß getroffen worden zu sein wie ich, denn er stotterte fast: „Ja, danke Georg, ich denke besonders hier in Downunder, wie Australien immer noch bezeichnet wird, haben ebenso diese Werke und Werkstätten Prioritäten, schon einmal um diese enormen Distanzen nun noch einfacher und noch effizienter zu überbrücken. Lange wird es nicht dauern, bis die ersten Farmer kleine Privatgleiter besitzen werden. Um diesen Fluss nun in Gang zu setzen, eröffne ich hiermit offiziell die Produktionshalle der TWC!" Max durchschnitt das weitere Band und wieder gab es Beifall von allen Seiten. Dann gab mir Sebastian das Zeichen, ich sollte den Umbauhangar für die Airbus-Industries Darwin eröffnen. Mit diesem Umbauwerk sollte auch inoffiziell wieder die Einigkeit aller Airbus-Ableger bezeugt werden, einzige Ausnahme war eigentlich nur diese, dass die Führung ihren Hauptsitz nunmehr in Hamburg hatte! Also nahm ich die Schere und durchschnitt auf Geheiß vom Sebastian auch das folgende Band. Damit zog sofort ein Technikerstab ein, der sich fotogen vor einem Airbus B 112 und einem Airbus C 220 aufstellten. Das sollten die ersten beiden Gefährte für Australien werden, die mit diesen TaWaPas auszustatten sind. Auch wir stellten uns zwischen diese beiden Flugzeuge, dann überkam uns ein Blitzlichtgewitter von den zugelassenen Reportern, welches sich gewaschen hatte. Unsere Aufgabe war eigentlich damit erledigt, Max und ich zogen uns langsam aber sicher zurück, schlenderten aber neben dem roten Teppich in Richtung der HAMBURG. Auch Sebastian und andere Techniker waren bald wieder an unserer Seite und als wir die Gangway hinaufstiegen, wurde uns zugewunken, eine Lasershow rund um die HAMBURG wurde ebenso gestartet, so dass der Eindruck entstand, unser Airbus hebt innerhalb eines Fadengeflechtes ab. Nachdem unsere Maschine dann die Orientierungshöhe erreicht hatte, änderte sich auch die Lasershow, sie bildete einen Art Gewebeteppich, auf dem wir in Steigfahrt optisch emporglitten! Eine fantastische Darstellung. Max sah auf einen 2D-Schirm und erkannte: „Leichte Krümmung im Raum-Zeit-Gefüge!" „Wie?" Musste ich nachfragen. „Schau mal hier diesen Monitor!" Max deutete auf einen der Monitore, die eine Übertragung von den Fernsehstationen Australiens zeigt. Der Blickwinkel entsprach fast dem Standort einer der Laserkanonen und man konnte den Laserteppich unter unserem Fahrzeug erkennen. Dabei sog die HAMBURG diese Lichtstrahlen leicht an wie eine Welle, die sich dann mit der Fahrt des Fahrzeuges bewegte! Das war diese Delle, die in unserem Universum aufgrund der einseitig abgeleiteten Tachyonen entstand, also von den Tachyonen der anderen Seite her gedrückt wurde! Doch die Laserkanonen wurden abgeschaltet und der Eindruck dieser Fahrt während der Nacht war nun noch größer. Wieder etwas über zwanzig Minuten später befanden wir uns im erdnahen Weltraum, aber so konnten wir das diamantene Glitzern der Sterne noch besser genießen, kein Sonnenstrahl störte diesen Eindruck vorläufig! Wieder um vieles leichter stellte es mir die Armhaare auf, als ich aus den Fenstern sah! Das war es: Der Blick auf die Erde sollte bald jedem gegönnt sein und mit diesem Blick veränderte sich auch die Wertschätzung. Wie klein ist doch so ein

Einzelschicksal dort unten, wie groß muss man über sich hinauswachsen um dies zu erkennen und zu erkennen, dass die Lebensgrundlage und das Leben, also Planet und Bewohner eins zu sein haben. `Phanta Rei´ wie die Griechen zu sagen pflegen. `Alles im Fluss´! Und es war alles im Fluss. Von der Entwicklung unseres Planeten über die Entwicklung des Menschen, die ersten Schritte zur Intelligenz, zu den Wissenschaften, der erste große Sprung mit der Entwicklung von Buchstaben, geschriebenen Wörtern, gebildeten Sätzen zur Wissensübermittlung und dann die Erfindung des Buchdrucks von Johannes Gensfleisch von Gutenberg; von da an konnte das Wissen auch entsprechend verbreitet werden. Die Entschlüsselung des menschlichen Genoms, die ersten Computersimulationen von Wahrscheinlichkeitsfunktionen damit, bis zu den ersten Genkorrigierten, die weniger erfolgreich waren, als dann die zweite Genkorrektur. Nun also die Entdeckung der Kraft des Universum selbst, die Tachyonen oder die braune Energie, welche bei richtiger Anwendung unzählige Tore öffnet und auch schon geöffnet hat. Alles was der Mensch braucht, war eigentlich schon immer da! Es musste nur jeweils der Umgang damit gefunden werden, die Form der Anwendung! Wieder stellte es mir die Armhaare auf, als ich den Ablauf der Geschichte erkannte und dabei immer noch aus einem der Fenster sah, schon die ersten Sonnenstrahlen am Horizont erkennen konnte, diese dann schnell aufging und bei der Landefahrt einen schönen, späten Nachmittag präsentierte. „Deine Gedanken flogen einmal um das Universum, nicht wahr Georgie?" Max hatte mich richtig eingeschätzt. „Ich habe auch ein Ehrfurchtsgefühl erlebt, das sich gewaschen hatte. Nun sind wir schneller um die halbe Welt gereist, als irgendwelche Menschen jemals zuvor!" „Nein, die alten Astronauten hatten diese Geschwindigkeit schon überschritten! Diese flogen mit achtundzwanzigtausend Stundenkilometern!" Erwiderte ich. Doch Max wusste: „Das schon, aber inklusive Start und Landung waren wir nun schneller!" Das war richtig. Also wird nun eine neue Zeitepoche kommen, in der wieder täglich alte Rekorde gebrochen und neue gestellt werden können! Als unser Gefährt wieder aufsetzte, waren Patrick und Lucinha sowie Silvana zu erkennen, Patrick berichtete wieder von dieser Rückkehr innerhalb von kürzester Zeit aus Downunder, es wurden wieder Bilder vom Start dort mit eingeblendet, nun meinte Patrick nur noch, dass die baldigen Weltraummissionen nicht mehr eine Frage der Zeit waren, sondern nur noch eine Frage der gesetzten Termine! Die Technik war fertig, ausgereift und wartete nur noch auf den Einsatz. `Die Mondgondel!´ Mich durchzuckte es fast sichtlich. Bald wird diese, unsere Mission starten! Max und ich würden diese Ehre haben, wir, als die Entdecker mussten einfach diese erste Mission unternehmen! Ich brannte schon förmlich darauf! Dies würde das Signal für den breiten

Aufbruch in die Unendlichkeit sein! Der Mondflug, dann der Marsflug, was dann? Dann würden ähnliche Gondeln für stellare und interstellare Reisen gebaut werden, Fließbandproduktionen, Gütertransporter für Kolonien um die ersten Grundversorgungen zu sichern! Wo wird das alles hinführen? Wann war unsere Entwicklung zu Ende? Nie? Oder haben die Philosophen Recht, wenn sie sagen: Nicht das Ziel ist das Ziel unseres Wirkens; alleine der Weg selbst ist das Ziel! Unterwegs bleiben, vorwärts!
„Durchwegs schwere Gedanken, Georgie?" „Ja, Max. In mir läuft ein Film mit vielen Wahrscheinlichkeiten ab." „Ich verstehe dich bestens, mir geht es ebenso. Aber wie du siehst, was geschehen muss, wird auch geschehen. Nach dem Verlassen der HAMBURG gesellten wir uns zu Patrick, seiner Lucinha und ich nahm Silvana fest in die Arme. Mein Freund Max schaute etwas traurig aus der Wäsche. „Max! Gabriella kommt morgen doch wieder, schau nicht so traurig!" Max lächelte gequält: „Sie fehlt mir! Seit ich sie kenne, bin ich nur noch die Hälfte wert, wenn sie nicht in meiner Nähe ist!" „Das ist gut so! Ich gehe mich ausruhen, werde mit meiner Frau noch ein Weinchen trinken, willst du mitkommen?" Ich wollte meinen Freund aufmuntern. „Nein danke, Georgie, ich trinke noch einen Schluck alleine, dann will ich heute schnell in mein Bett. Ich fühle mich wie von Bohnenranken umschlungen, matt und gestresst. Trotzdem danke für die Einladung!" Max winkte noch, wir winkten zurück, dann war er in seinem Wohncontainer verschwunden. Auch Silvana und ich verabschiedeten uns vom Patrick und seiner Frau, auch wir waren bald im Container und genossen noch einen guten Tropfen, bevor wir uns der Ruhe hingaben. Silvana zeigte noch ihre Massagekünste, die mir ein besonderes Wohligkeitsgefühl vermittelten, dann konnte ich nicht mehr zurück, wir liebten uns und meine Gattin vermittelte mir ihr vollrassiges Wesen. Ich war vor kurzem dem Himmel nah, und nun ein weiteres Mal.

Bericht Gabriella Rudolph:
Der brasilianische Präsident hat nun den ersten Variobus, der auf Waferbetrieb umgestellt war und von mir auf TERRANIC DO BRASIL getauft wurde, in den Staatsbetrieb gestellt. Ich als Ehrenbürgerin von Brasilien wurde noch einmal aufgefordert, mit ihm und brasilianischen Reportern eine Rundreise anzutreten, eine Rundreise, die viele Stellen des Landes erreichen sollte. Somit dachte ich mir, ich wollte diesem Volk mich als solidarisch erweisen, zumal schon als Ehrenbürgerin und bestellte Lebensmittel, Spielsachen und Grundkleidungen, die TERRANIC DO BRASIL wurde damit voll gepackt. João Paulo Bizera da Silva erschrak förmlich, als er diese hunderte von Kartons im hinteren Teil seines Variolifters verstaut sah. „O que vamos fazer com isso tudo?" (Was wollen

wir mit all dem machen?) Ich lachte auf und erklärte dem Präsidenten: „Sie haben mich zur Ehrenbürgerin ihres Staates gemacht! Nun will ich mich ein wenig um meine Mitbürger kümmern. Um diese Mitbürger, die immer noch etwas zuwenig haben! Um diese, die ihre Kindheit in den neuen Favelas, Slums verbringen müssen! Sicher werde auch ich nicht alles Leid lindern können, aber ich werde versuchen Hoffnung zu säen, und Sie werden daran arbeiten, mit dieser neuen Technik ausreichend Arbeitsplätze zu erzeugen, so dass auch die Randgesellschaft davon profitieren kann! Sie haben im Zuge unserer Zusagen auch der Korruption den Kampf angesagt, Senhor João Paulo! Und ich nehme Sie beim Wort, wissen Sie!" „Äh, ja sicher, Dona Gabriella! Ich werde meine Versprechen halten, aber meinen Sie nicht, dass die TERRANIC DO BRASIL nun etwas überladen ist?" „Nein! Ich kenne die technischen Daten der Waferkomplexe; Man kann eigentlich nicht überladen und die Ausleger sind ausreichend stabil. So ich möchte zuerst in das Waisenheim von Mata de São João, dort ein paar Lebensmittel und Spielzeuge hinbringen!" Der Präsident wirkte etwas verwirrt: „Unser Plan wäre, einen Abstecher nach Brasilia zu machen, Dona Gabriella!" „Diesen Abstecher machen dann bitte Sie ohne mich, wieder wenn Sie Ihre offiziellen Regierungsreisen antreten, dann fahren Sie weiter in den Amazonas mit weiteren Waren, die ich noch kaufen werde, aber ich will erst in das Waisenheim, dann fahren wir kurz nach Rio de Janeiro, die neuen Slums besuchen, auch diesen Leuten Hoffnung bringen, weiter nach São Paulo, auch in die Favelas, dann zurück nach Camaçari, denn ich will auch wieder einmal nach Hause. Doch möchte ich ein Zeichen setzen! Immer wenn ein Variolifter hier in Brasilien in eine Gegend reist, in der es viele Arme gibt, so bitte ich Sie, Herr Präsident, nehmen sie den Armen etwas mit. Zunehmend sollte es mehr dann die Hilfe zur Selbsthilfe sein, aber vorerst sollten wir Hoffnung schenken! Ich hoffe auch, dass Ihre Reporter hier an Bord entsprechend berichten dürfen! Ich bezahlte alle diese Güter von meinem IEP-gesteuerten Kreditchip! Also los geht´s!" João schaute mich etwas verstört an, bemerkte dabei aber, dass die Reporter teilweise schon berichteten, munter grinsten und der Präsident erkannte, dass er, wenn er nicht bald einlenkte, sich blamieren würde.
Der Pilot sah aus der Fahrerkanzel, grinste nicht weniger und João Paulo Bizera da Silva erteilte den Fahrbefehl, entsprechend den Angaben von mir. „Los, Sie haben gehört, was unsere Ehrenbürgerin, Senhora Gabriella Rudolph für einen Wunsch geäußert hat! Wir können uns diesem, ihren Wunsch, der auch noch das Wohl unseres beinhaltet, nicht verwehren. Zuerst also nach Mata de São João in das Waisenheim!" Der Pilot ließ sich das nicht zweimal sagen, der Präsident stellte seine Gesichtszüge nun auf Entschlossenheit, es waren ihm keine Unsicherheiten mehr anzusehen. Eine

kurze Fahrt, dann standen wir schon im Innenhof des U-förmigen Waisenhauses und die Betreuer und Betreuerinnen, ebenso hunderte von elterlosen Kindern strömten aus dem Gebäude und umringten die TERRANIC DO BRASIL. Auch die Reporter kamen kaum mehr rundum, diese Eindrücke hier festzuhalten. Ich fühlte mich bestätigt als die Kinder riefen: „Dona Gabriella, te amo, te amo!" einige der Betreuer weinten vor Glück für ihre Schützlinge, als auch die Reporter mit anpackten, um die Spielsachen, einige Lebensmittel und Kleidung auszugeben! Fast alles, was hier eingelagert war, ging auch schon hier aus! Der Präsident meinte: „Was nun, Dona Gabriella?" „Wir fahren zum nächsten Supermarkt! Ich kaufe wieder ein!" João wechselte die Farben im Gesicht wie ein Rekordchamäleon, aber lächelte gequält und wir verabschiedeten uns wieder von den Kindern und Betreuern, schon hob der Variolifter ab in Richtung Rio de Janeiro. Aus geringer Höhe konnte man immer noch ein paar Schäden aus der Zeit der großen Flut erkennen. Die Copacabana existierte zwar wieder, aber um fünfhundert Meter nach hinten versetzt. Alte Bauwerke standen halb verfallen in beruhigten Zonen des gestiegenen Atlantiks und wieder an den Hängen klebten die Favelas, die neuen Slums von Rio.
Wir landeten zuerst auf einem Parkplatz eines Großhandelszentrums und ein Mann in weißem Arbeitskittel kam zu uns gerannt, der Pilot öffnete die Tür, dieser Mann rief schwer atmend: „Wir wissen es schon aus den Nachrichten! Danke dass Sie hierher zu uns gekommen sind! Für diesen Einkauf heute geben wir auch fünfzig Prozent Rabatt, alles für den guten Zweck und für unsere Königin Gabriella!" „Oho!" Dachte ich bei mir. Nun wurde ich schon als Königin bezeichnet! Aber was soll´s? Soviel Geld wie wir in den letzten Wochen verdient hatten, konnten wir sowieso nie mehr ausgeben, auch deshalb, weil täglich schon Millionen gutgeschrieben werden! Ich habe vor, zumindest dort wo ich hinkommen sollte, auch die letzten Wehwehchen der Erde zu mildern; Davon gab es ohnehin noch genügend. „Gut, packen Sie voll! Abbuchungscode übermittle ich Ihnen per IEP, also aufgepasst . . ." Der Chefverkäufer hörte zu seinem IEP und bestätigte den Transfer, schon wurde der Variolifter wieder voll gepackt, dass sogar einige Reporter die Sitze wechseln mussten. Wir landeten auf einem Berg, oberhalb der neuen Favelas und die Einwohner kamen hochgeklettert und jubelten in den höchsten Tönen, als sie auch Lebensmittel und Kleidung, Spielsachen für die Kleinen in Empfang nehmen durften. Ein spontanes Fest entstand hier auf dem Plateau, plötzlich kamen Jugendliche mit Trommeln und anderen Instrumenten und stimmten brasilianische Rhythmen an, die mich bis in das Innerste meiner Seele berührten. Die Leute umringten mich und den Präsidenten, so dass das

Sicherheitspersonal schon wieder einmal um unser Wohlergehen besorgt war. Ich nahm eine Art Megaphon an mich und wollte diesen Leuten eine Nachricht hinterlassen: „Liebe Leute aus Rio, liebe Brasilianer, liebe Südamerikaner, liebe Erdbewohner! Schon aus gewohnter Manier der Gruppe um meinen Gatten, seinen Kollegen, der TWC rufe ich Euch alle mit auf, an diesem großen Friedensprojekt mitzuwirken. Die Erde wird wieder zu einem sauberen und lebenswerten Planeten werden. Auch ihr müsst Euren Teil dazu beitragen. Übt Euch in Geduld, stoppt die Kriminalität, beraubt keine Touristen mehr, denn der Touristenstrom ist ohnehin fast versiegt. Wenn ein Tourist bestohlen wurde, dann verhindert diese Tat die Einreise von vielen Anderen! Damit sinkt auch das natürliche Einkommen und es sinken auch weiter die Arbeitsplätze. Für nur kurzzeitige Besserung eurer Kassen ist eine Langzeiterholung verhindert worden! Sollte es an etwas fehlen, dann wendet euch künftig an den Gabriella-Rudolph-Hilfs-Fonds, den ich damit offiziell ins Leben gerufen habe. Dort werdet ihr künftig grundversorgt, aber diese Versorgung zieht euch als Betreuer für Andere und als Arbeitnehmer für soziale Projekte mit ein! Jeder der etwas bekommt, soll auch etwas dafür tun! Die Schirmherrschaft für mein startenden Projekt hier in Brasilien wird Euer Präsident höchstpersönlich übernehmen, nicht wahr, Senhor João Paulo?" Ich übergab dem staunenden Präsidenten das Megaphon. Der Präsident gab sich schon etwas gefasster und meinte: „Ich werde Ihnen diesen Gefallen tun, sehe ich doch, welch positive Reaktion Ihre Aktion schon innerhalb von Stunden hervorgerufen hatte. Auch wir wollen unseren Beitrag zu diesem weltumfassenden Friedensplan beisteuern. Das neue Brasilien soll ein Vorbild für die ganze Welt werden! Ich stelle für Ihren Hilfsfond, für Ihre Stiftung weitere Regierungssekretäre ab, die in diesem Sinne und vereidigt zu arbeiten haben! Aus den hiesigen Waferproduktionen sollen Mittel für diesen Fonds einfließen. Brasilianer! Wir sind auch auf dem Weg in eine positive Zukunft! Brasilien für eine friedliche Welt!"
Und die Menschen rundherum wurden immer mehr, die Sambarhythmen wurden immer heißer, teilweise wurden Lebensmittel die gerade ausgeteilt wurden auch schon an Ort und Stelle verzehrt, aus so manchen Kinderaugen kullerten Freudentränen, als schon die ersten Spielzeug-Variolifter, allerdings mit den Aufklebern der TERRANIC, noch nicht mit der brasilianischen Version, versehen waren, ausgegeben wurden. Weiter! Wir stiegen wieder in unsere TERRANIC DO BRASIL und wollten weiter nach São Paulo. Auch dort standen ehemalige Hochhäuser noch in den Meeresfluten, ein Teil wurde zwar abgebrochen, aber manche dieser alten Bauwerke dienten als Behausung für das arme Volk, teilweise nur mit Plastikfolien als Dächer und Fenster und mit angebundenen Kanus. Wieder

das gleiche Spiel zuerst an einem Großhandelsmarkt, wieder bestätigte der Geschäftsführer für diesen Zweck und Großeinkauf einen Rabatt von fünfzig Prozent zu gewähren! Als wir anschließend ein Plateau ansteuerten, kam Bewegung auf. Hunderte dieser Kanus wurden losgebunden und steuerten auf unsere Position zu! Wieder kletterten Favela-Bewohner den Hang herauf und wieder wurde Trommelzauber entfacht! Ein Festtag für die Einheimischen. Wir wurden umringt und von den Sicherheitsleuten vor zu heftigen Kontakten abgehalten. Ich wiederholte meine Ansprache ein weiteres Mal, diese Ansprache wurde wieder von den Reportern aufgenommen und weitergegeben, weiter bestätigte der Präsident seine Unterstützung für dieses Projekt. Damit sah ich meine Aufgabe vorläufig hier in Brasilien für erledigt. Es würde wohl gelten, auch andere noch hilfsbedürftige Regionen aufzusuchen, denn wenn die eine Hälfte der Menschheit bald die Möglichkeit haben würde, noch vor Kurzem als unüberwindliche Distanz geltende Reisen zu unternehmen, sollten wenigstens keine unter der absoluten Armutsgrenze lebenden Menschen diese schönen Zukunftsaussichten mehr trüben. Alle sollen ihren Schritt nach vorne tun können! Keiner sollte zurückfallen müssen. Als wir wieder in den Variolifter einstiegen und dieser abhob, kam einer der Reporter zu mir und bat mich: „Dona Gabriella, bitte senden Sie einen Gruß von mir an den mittlerweile berühmten Patrick Georg Hunt! Auch ich arbeite für FreedomForWorld-TV, Region Brasil. Darf ich Ihnen meine Bewunderung persönlich aussprechen? Alle Männer dieser Erde bewundern Sie, Sie haben die Frauen wieder feminin gemacht, alle Ehen funktionieren besser als vorher, Frauen stützen ihre Männer bei Arbeiten, Entwicklungen und Tätigkeiten; Sie sind zur Göttin aufgestiegen. Bitte grüßen Sie mir auch Ihren Gatten und dessen Kollegen!" „FreedomForWorld-TV ist unser Favorit, da unsere Belange mit Ihrem Sender am besten vertreten scheinen. Arbeiten Sie weiter so. Ihre Grüße werde ich persönlich übermitteln. Versprochen!" „Sie sind zu gütig, ich glaube fast, Sie sind wirklich eine Göttin!" „Kein Religionsgehabe! Die Welt hatte lange genug darunter gelitten. Wichtig ist die Essenz aller Religionen aus den Teilen der jeweiligen Lehren, in denen es um Koexistenz und Frieden geht! Nicht mehr Auge um Auge, Zahn um Zahn, nein, Alle für Einen und Einer für Alle!" „Ich verstehe Sie sehr gut Dona Gabriella. Ich hoffe Sie irgendwann einmal wieder sehen zu dürfen!" „Wer weiß? Die Welt wird jetzt ja wieder um ein Stück kleiner!" Ich lächelte, als die TERRANIC in die Landeanfahrt kam. Ich wurde wieder als Erste gewiesen, auszusteigen und wieder hallte ein Jubel über den Platz in Camaçari, die Feste hier hatten nun eine Verlängerung erfahren und ich schüttelte noch alle möglichen Hände, hörte mir noch einen Kinderchor an, welcher schnellstens organisiert wurde um

mir noch ein Abschiedsständchen zu bringen, ich versprach, bald wieder zu kommen und als alle Brasilianer aus der TERRANIC DO BRASIL ausgestiegen waren, schüttelte der Präsident mir noch lange die Hände, er blieb vor dem Einstieg stehen und sagte mir leise: „Ich werde Ihre Wünsche erfüllen, Senhora Gabriella, ich bitte Sie jedoch, mir bei meiner nächsten Wahl in zwei Jahren zu helfen. Auch diese Aufgabe, die Sie mir überantworteten, wird Zeit kosten!" „Herr Präsident, lieber Freund João, wenn Sie diesen Fond unterstützen, werden Sie wohl kaum meine Wahlunterstützung brauchen, aber trotzdem verspreche ich Ihnen, sollte Brasilien sich in den Grundzügen sichtlich bessern, die Touristen nicht mehr überfallen und ausgeraubt werden, die Korruption weit eingeschränkt oder abgeschafft wird, dann komme ich und unterstütze ihre Wahl! Auch werde ich meinen Mann dafür gewinnen können!" „Oh, das wäre zu schön! Wir werden Zeichen setzten, liebe Freundin Gabriella! Sie werden dieses Land schon in einem Jahr nicht mehr wieder erkennen! Sie werden die neuen Grundzüge in der neuen Gesellschaft Brasiliens spüren! Ein neuer Aderfluss mit gereinigtem Blut, Sie werden sehen, Sie werden sehen!"
João sprach so, als hätte er sich intern ein Gelübde gemacht. Dann umarmte mich der Präsident sogar noch und ich spürte, dass sich hier ein Wandel ergeben wird. So stieg ich wieder in den Variolifter, die einfache TERRANIC. die wohl nach der Fahrt der HAMBURG sicher kaum mehr so lange Reisen unternehmen wird. Wissen kann man es aber nicht. Von der Türe weg winkte ich dem partyfreudigen und herzlichem Volk zu, wieder klangen Rufe aus der Reihe wie „Gabriella, te amo!" Und „volta logo!" (Komm bald wieder!) Dann erkannte ich aber erst einmal, wie geschafft ich war, als ich mich in einen der bequemen Sitze niederließ. Wieder dämmerte es und ich würde meinen lieben Gatten wohl erst etwas verspätet umarmen können. Mit meiner Aktion hatten wir mehr Zeit in Anspruch genommen, als geplant. Doch gegen Mitternacht sollten wir in Oberpfaffenhofen sein. Wieder Feuerwerke, wieder hallte uns Musik nach, als das Fahrzeug langsam aufstieg. Ich dachte bei mir, diesen Fond weiter forcieren, aber einen Generalsekretär einzusetzen, damit ich mich weiter hauptsächlich um die Präsentation der TWC kümmern konnte, denn ohne Einkommen wäre auch der Fond weniger zu halten. Es fuhr der Variolifter in geringer Höhe über die Ostküste hinauf, kurz nach Salvador, der auch teilweise weiter ins Landesinnere versetzten `Estrada de Coco´ entlang. Schon wurde es auch stockfinster. Nur die orangenen Lichterbahnen der illuminierten Fahrbahnbegrenzungen waren schön zu erkennen. Über Recife konnten wir noch Riesenhologramme von dort angesiedelten Hotels erkennen, die mein Gesicht wiedergaben und mit der legendären Grace Kelly verglichen, dabei wurde mir immer wieder eine Krone aufgesetzt und mit einem Untertitel

versehen. „A nossa deusa!" Konnte ich gerade noch erkennen. Ich war ganz schön in die Ehre eines Volkes eingedrungen. `Unsere Göttin!´ bedeutete dieser Ausspruch. Trotz meiner inneren Aufgewühltheit, fand ich den Moment, der mir die Augen schloss und mich wenigstens einige der Reisestunden über den Atlantik schlafen ließ. Das Luftrauschen an der aerodynamischen Form des Fahrzeugs wirkte eher noch beruhigend, denn störend, Motorenlärm gab es nicht mehr. Dann stellte mir einer der Techniker meinen Sitz langsam und fast unmerklich auf Schlafposition, ich dankte dies, eigentlich mit keiner größeren Reaktion sondern nur mit einem leichten Lächeln in meinen Mundwinkeln, ich musste auch kurz darauf eingeschlafen sein.

Fast genau um 23:30, gerade noch am 26. Oktober kamen wir wieder in dem neuen Zentrum der Welt in Oberpfaffenhofen an. Damit war ich nur um ein paar Stunden schneller als nach Plan. Ich hatte gar nicht mitbekommen, dass mein lieber Gatte mit Sebastian und Georg kurz in New Darwin waren! Dieser Riesenschweber stand hier auf dem Platz, er sah wirklich aus wie ein Trimaran; Die alt gewohnte Flugzeugform als Rumpf beibehalten, die Bodengruppe war irgendwie verändert worden, meinte ich, konnte aber nicht genau definieren was genau verändert war, dann kamen diese Ausleger, die richtig über kleine Flügelstummel angebracht waren. Diese Serie von Airbus war nun also weniger breit, hatte keine Tragflächen, keine Heckflügel und nur noch ein kleines, stilisiertes Seitenleitwerk. Entsprechend hatte man den Auslegern auch kleine Seitenleitwerke und kleine Seitenflossen verpasst.
Die Techniker scherzten: „Diese nützen zwar nichts, dafür stehen sie auch nicht im Wege!" Doch manche meinten, eine leichte stabilisierende Wirkung im Atmosphäreflug wäre erkennbar, wenn sogleich eventuelle Turbulenzen von den umprogrammierten Sempex-Rechnern auch ausgeglichen werden könnten. Außerhalb der Atmosphäre sind aerodynamische Formen ohnehin irrelevant, doch Kombinationsfahrzeuge, die meist auf einen baldigen Wiedereintritt angewiesen sind und auch große Strecken im Luftraum zu überbrücken haben, werden auch wohl in Zukunft eine entsprechende Form behalten. Es galt ein paar Tage abzuwarten, denn Max und Georg wollten nun erst einmal den Bernhard Schramm an die Steuercomputer der Mondgondel lassen, um auch die feinsten Bugs und Unregelmäßigkeiten aus diesen über allen wichtigen Programmen auszufiltern. Hierbei war natürlich die absolut höchste Präzision gefragt, hier mussten Großflächenwafer dermaßen genau synchronisiert werden, dass anschließend auch dieser `distanzlose Schritt´ unternommen werden kann. Eben dieser Schritt sollte auch zum Mond hin schon getestet werden,

auch wenn man mit einem Schiebeverfahren, ähnlich den Varioliftern oder diesem neuen Airbus über längere Zeit hinweg auch hinkommen könnte.

Bislang lagen nur die theoretischen Ergebnisse von Millionen Berechnungen vor, praktische Versuche waren nun von den ersten Experimentalwafern bekannt, diese Versuche wurden auch in den Labors der TWC in vielen Bereichen wiederholt und jegliche Berechnung zeigte den beteiligten Wissenschaftlern auch den Effekt, dass sich mit Bauteilen des Universums wieder ein Universum erschaffen lässt. Ein Angepasstes!
Der 27. Oktober 2093. Sebastian klopfte ganz vorsichtig an unsere Tür und fragte mich, ob ich oder mein Max daran interessiert wären, ihn nach Atlanta, USA zu begleiten, ein weiteres Büro und Hallen der TWC einzuweihen. Er würde es als wichtig erachten, denn Boing-USA möchte einen Kooperationsvertrag mit Airbus und der TWC. Auch Boing möchte eine der letzten Serien auf die Wafertechnologie umstellen und eine neue Serie komplett für diese Technik erstellen. Sebastian erkannte ein lukratives Geschäft, wobei nun alle Geschäfte mit dieser Technik ausschließlich lukrativ waren! Doch wir beide schüttelten synchron den Kopf! „Kanada, Ottawa?" Mit einem Seitenblick und fast flehend fragte Bastl entsprechend. Synchrones Kopfschütteln. „St. Petersburg und Moskau, Tupulev möchte auch . . ." Synchrones Kopfschütteln. „Äh, da wäre noch Johannesburg und vielleicht aber doch ein weiteres Umrüstwerk für Variobusse auf Variolifter in Bombay, wollt ihr nicht mal . . ." Synchrones Kopfschütteln. „Hmmh", machte Sebastian, „aber bitte unterstützt mich doch, braucht ihr eine Gehaltsaufstockung? Wir verdienen momentan genug, auch um euch mehr geben zu können." Nun setzte ich ein: „Sebastian, bevor du mir eine Gehaltsaufstockung gibst, zahle diese gleich auf meinen neu gegründeten Gabriella-Hilfs-Fonds ein, den ich ausbauen will. Ich werde der TWC bald wieder zur Verfügung stehen, aber nun wollen wir erst einmal tief durchatmen." Mein Max ergänzte: „Mein Forscherherz war schon ganz in Vergessenheit geraten. Ich war nur noch in Sachen Promotion, oder mehr Präsentation unterwegs. Die Testfahrten waren schon in Ordnung, aber nun muss wieder etwas anderes geschehen. Heute geht mal gar nichts und morgen früh will ich erst einmal mit dem Ralph Marco die neuen Atmosphäreputzer testen, diese sind ebenso wichtig, wie alle anderen Ableger dieser Technik. Dann möchte ich die Tunnelbohrer mit den Absauganlagen sehen, bevor diese ausgeliefert werden, weiter die neuen, verschiedenen Messer mit der Desintegratorschneide und letztendlich den Test verfolgen, da es doch einem Stab Techniker gelungen war, diese Großflächenwaferkomplexe noch mal zusammenzusetzen, als Folie geprintet, die man über ganze Gebäude stülpen kann, um diese von der

Raumandrückkraft zu befreien! Haben wir nicht den Auftrag von einer japanischen ´Umzugsfirma´ bekommen, solche Riesenwafer anzufertigen? Diese listigen und lustigen Japaner haben es zusammen mit unseren Leuten hier geschafft, ein Folie zu erzeugen. Diese arbeitet zwar nicht so effektiv, es würde wohl nie ein ´distanzloser Schritt´ machbar sein, aber wiederum reicht die Aufhebung der normalen Raumandrückkraft, die sich bei uns zu einem Gravo auswirkt. Dann könnten ganze Häuser verschoben und gerettet werden. Weißt du, Sebastian! Die Japaner, liebe Leute übrigens, die die Deutschen über alles bewundern und halb anbeten, haben bereits Werbung in Japan laufen, kennst du den Werbeslogan?" „Nein!" Sebastian schüttelte den Kopf. „Haben Sie Umzugspläne? Nehmen Sie doch ihr Haus mit. Ausräumen entfällt." „Haha, das ist gut. Und wann kann ich wieder mit euch rechnen?" Mein Mann antwortete ernst und klar: „Sebastian, für Promotion muss ich wohl nicht mehr zur Verfügung stehen, als Pressesprecherin steht meine Frau sowieso meist zur Verfügung, sie bräuchte aber ebenso noch eine Sekretärin, ich empfehle auch Silvana etwas an die Kantarre zu nehmen, auch sie ist eine Frau eines der Erfinder und weiß bestens Bescheid. Ich selber werde mich erst wieder in der Öffentlichkeit zeigen, wenn ich den Testflug zum Mond hinter mir habe, dann aber auch nicht lange und allzu viel! Ich bin kein Typ des steten Massenkontaktes. Mehr erst dann, wenn wir den Marsianern Nahrungsmittel gebracht haben. Wie sieht es denn überhaupt mit der Marsgondel aus? Hat Airbus-Hamburg dieses Versprechen vergessen oder was ist damit?" „Oho! Ihr werdet staunen! Vergessen ist nicht möglich für uns, ihr wisst ja, wir wollen noch beweisen, dass der Containerabsturz auf dem Marspol nicht die Schuld der DLR war, dazu müssen wir ja erst einmal dort hin und das werdet ja, soviel ich weiß auch ihr beide bewerkstelligen, du und Georg. Wir haben die alte Prototypenhalle extra für raumtaugliche Gondeln umgerüstet. Verschiedene Formen werden im Simulations-Verfahren getestet, auch Simulationen künftiger Containerschiffe! Eure Gondel ist bereits fertig! Es fehlen nur noch die Haltevorrichtungen für die riesigen Wafer, denn diese Gondel wird bereits achtzehn Meter breit sein, etwa vierzehn Meter hoch! Die Pläne sehen vor, Waferlifte einzubauen, so dass ihr schwerelos aus- und einsteigen könnt, sowohl Container an einem Schubliftfeld auszuladen sind! Es wird immer einfacher mit diesen Wafern, verstehst du die Funktionsweise?" „Sicher doch! Ein Lift hat einen Wafer über mir, der beim Eintritt oben auf null gestellt wird, dann langsam die Raumandrückkraft per Frequenzabsenkung durchlässt, so dass ich langsam nach unten gezogen werde. Beim Hochfahren umgekehrt, also minus null, dass ich von der gegensätzlichen restlichen Raumandrückkraft, die einen Planeten diffundiert, wieder nach oben gedrückt werde!" Leuchtet mir sicherlich ein, ich bin einer der Erfinder!" „Jaja, Max, ich wollte dich nicht beleidigen, aber du siehst, wie unsere Techniker schon fortschrittlich sind!" „Das muss auch so sein, denn Henry Ford hatte zwar das Auto erfunden, aber nicht den Renn-Porsche! Weiterentwicklung kommt immer nach der Erfindung. Im Übrigen empfehle ich eine Art Rohr für die Waferlifte, damit niemand aus diesem Feld gleitet und abstürzen kann! Oder Bernhard Schramm programmiert eine Synchrosteuerung mit optischen Sensoren, so dass die zu transportierenden Güter und Personen im Liftfeld gesteuert im Zentrum der Abschirmung bleiben. Sonst gibt's krasse Unfälle!" Ich musste immer wieder meinen Gatten bewundern, wie er doch wieder alle Situationen sofort durchdenken konnte. Doch Sebastian überraschte weiter: „Sprich mal mit dem Bernhard! Der hat seine Aufgabe gefunden, er arbeitet wie ein Irrer an allen möglichen Simulationen für Wafersteuerungen. Dabei stellte er bereits eine Mehrflächensteuerung vor, die minimal verschiedene Potentiale an Einzelwafer innerhalb eines Komplexes dermaßen fein abstimmen können, dass eine Art Saugfeld entsteht! Ein Hebeversuch von Testgewichten von über fünfhundert Tonnen zielgerichtet in eine Höhe von zwei Kilometern ist ihm schon geglückt! Dabei konnte er das Testobjekt auch noch drehen! Dazu nimmt er die vorhandenen Polarisationen der Nano-Hornantennen in den Wafern, die er je nach Drehwunsch entsprechend verstärkt oder abschwächt. Dieser Mann ist die ideale Ergänzung für dieses Projekt!" „Ich werde mit ihm sprechen, auch wenn ich mich im Gespräch mit ihm nicht sonderlich wohl fühle." Antwortete Max. Ich warf aber ein: „Heute ist Urlaub! Heute möchte ich weiter nichts mehr wissen, ich will meinen Max für ein paar Stunden und Max muss unbedingt Energie tanken!" Sebastian nickte verständnisvoll. „Nur noch Eines!" Bedingte sich Dr. Dr. Brochov noch einmal ein Wort heraus: „Schramm hat mit den Technikern auch eine Methode gefunden, schon Großwafer miteinander zu kombinieren, auch zu überlagern! Also sind bald theoretisch unendlich große Wafer möglich!" Damit drehte Sebastian lächeln ab, ging in Richtung der HAMBURG, um damit nach Atlanta und weiter zu reisen. Mein Max murmelte vor sich hin: „Riesentachyonenwaferkomplexe, Tachyonenwaferfolien, Überlagerungstachyonenwafer, Tachyonenschwebelifte, weißt du, was das bedeutet, Gabriella?" „Ich kann es mir denken, aber sage es du mir!" Forderte ich meinen Mann auf. „Bald können wir in anderen Sonnensystemen auch Planeten, die in einer `ungünstigen´ Umlaufbahn ihren Stern umkreisen, berechenbar abbremsen oder beschleunigen, so dass gegebene Welten in eine Biosphäre geraten und damit bewohnbar gemacht werden können, Wüstenwelten müssen langsamer werden und eine weitere Umlaufbahn erhalten, Eisplaneten müssen etwas beschleunigt werden und einen engeren Kreis um die

jeweilige Sonne ziehen, damit Wasser flüssig wird und Sauerstoff sich in der Atmosphäre manifestieren kann. Dann helfen wieder Blaualgen und andere, genetisch hoch gezüchtete Pflanzen, eine Flora anzusetzen, falls noch nicht vorhanden. Viehtransporte werden notwendig, um einen natürlichen Kreislauf in Gang zu bringen! Diese Entwicklung ist nicht mehr absehbar, wir können nicht sagen wo sie enden wird, nur eines können wir sagen: Das ist im Vergleich zu bisher der Beginn des Lebens!" Wir schlenderten zurück in den Hauscontainer, ich wollte einfach einen Tag zusammen mit meinem Max verbringen, ausspannen, lieben und einen guten Tropfen trinken. Einer der neu angebauten Container beinhaltete ein Hallenbad, was wir bislang noch kein einziges Mal nutzten, aber heute wird es wohl einmal so weit sein! Ich ließ mir alle Neuigkeiten des heutigen Tages noch mal durch den Kopf gehen und sah eine vorläufige Schlussformel: „Weiß du Liebster, was ich dabei so denke?" „Was denn, meine feminine Göttin aller positiven Künste und Energien?" „Seit Anbeginn des Menschseins haben alle Menschen immer nach `oben´ gesehen, zur Sonne oder zu den Sternen. Tausenden von Jahren waren sie den Sternen so unerbittlich fern! Keine Möglichkeiten sich diesen planvoll zu nähern, nicht einen Blick auf eine entfernte Welt zu erhaschen von wegen auch an einer Handvoll fremden Staub zu riechen. Es wurde philosophiert, es wurden Hypothesen aufgestellt, später Fantasien und Sagen geschrieben und jetzt?
Die gesamte Menschheit ist plötzlich den Sternen so nah!" Mit diesen Worten richtete ich meine Schritte quer durch den Container zum Hallenbad, dabei ließ ich alle Meter eines meiner Kleidungstücke fallen. Als ich die Tür zum Hallenbad öffnete war ich bereits nackt und Max umarmte mich von hinten, küsste mich am Ohrläppchen, dann stürzten wir uns in das köstliche Nass und freuten uns über diesen heutigen Tag! Ein Tag nur für uns!

6. Kapitel
Eine technische Revolution, der Logiker und die Säuberung einer ganzen Welt

Die letzten Tage war ich nur in den allen Hallen hier in Oberpfaffenhofen unterwegs. Ich wollte bei allen Weiterentwicklungen der Tachyonentechnologie zugegen sein und diese auch etwas überwachen. Meine liebe Frau Gabriella hatte sich etwas zurückgezogen, auch deswegen, weil wir mehr und mehr von Sekretären vertreten werden konnten. So war ich bei Ralph Marco Freeman gelandet, der seinen `Atmosphäresauger´ mit Hilfe vom Bernhard, auch nach meinen Anregungen weiter modifizierte. Dieser hatte nun einen Wirkungsgrad erreichte, der sich gewaschen hatte. Mehrere Kilometer Breite konnte dieses Gerät nun einsaugen! Bernhard Schramm entwickelte eine Gesamtsteuerungseinheit für die Desintegratoren und Integratoren, wie auch Intervallwafer, welche die Diamantenhexagone gewissermaßen presst. Außerdem auch das intelligente Steuerungssystem, eingebunden in das Flugroutensystem aller Flugzeuge und der neuen Schwebegleiter, so dass so ein Aircleaner, also so ein von Ralph konstruierter tachyonengestützter Luftreiniger jeglichem Luftverkehr ausweichen kann und Kollisionsgefahren vermeidet. Ein Pulsator aus Teslaspulen ionisierte die Luft um das Gefährt, so dass die Luftschmutzteilchen von negativ geladenen Rotationsnetzen angezogen wurden und dem Spezialdesintegrator dem Inneren des Aircleaners zugeführt werden konnten. Ralphs und Bernhards neuester Typ war nun wieder gelandet und lud den `Müll´ ab! Fast eine vier Tonnenladung Diamatenoktaldekaeder und Pentagonscheibchen. Jetzt arbeitete dieser Projektteil effizient. Der Plan sieht vor, mehrere tausend dieser Aircleaner um die Welt schweben zu lassen und die Atmosphäre von den Hinterlassenschaften der veralteten `schmutzigen Techniken´ zu reinigen. Die TWC hatte nun auch ein weiteres Patent über neue Gleit- und Schmiermittel bekommen. Primitives Silikon gemischt mit den Diamantenoktaldekaedern war nun eines der besten Schmierstoffe, die je entwickelt wurden. Natürlich gab es bereits einige Abarten davon, Spezialschmierstoffe für alles Mögliche. Erster Börsencrash für Industriediamantprodukte war die Folge, nachdem dieser Aircleaner eben Mengen an Diamanten als Abfall liefert und fast jede Regierung der Welt bestellte bereits diese Geräte. Die TWC sah vor, Aircleaner zum Selbstkostenpreis auszugeben, da es sich um eine allgemeinnützliche Apparatur handelte und so einer baldigen Luftsäuberung zugute kommen würde.

Eine Halle weiter wurden die ersten Tunnelbohrer fertig gestellt. Wieder hörte ich einen Namen: Bernhard Schramm! Musste denn dieser pure Logiker denn nie schlafen? Wieder hatte er unsere Technik im Detail weiterentwickelt! Der neue Tunnelbohrer bediente sich eines neuen Tricks. Auch am Rand hatte man nun Tachyonenwafer angebracht, diese mussten gehörig versteift werden, denn vorne wurden die molekularen Bindungskräfte aufgehoben, das desintegrierte Material stob seitlich davon und wurde von dem Ringwafer dermaßen beschleunigt, dass neue Bindungskräfte im Verbund mit dem umliegenden Material entstand. So wurde also das gelöste Material dazu benützt, die gebohrte Röhre oder den gebohrten Kreis dermaßen zu verdichten, dass eine Schale entstand, die die mehrfache Härte von Stahlbeton erreichte. Die Härte dieses Materials könnte herkömmlich nur mit einem Pressdruck von mehr als achtzigtausend Tonnen entstehen. Theoretisch versteht sich! Der Begriff Molekularverdichter war geboren. Damit wurden wieder zwei Fliegen mit einer Klappe geschlagen; es erübrigte sich der Abtransport von Bohrgut. Nun war es auch ein Logisches, dass TWC-Ingenieure dieses Prinzip für Straßenbeläge aufnehmen wollen. Also einfach Material aus der Umgebung mit einem Trommelwafer, wieder eine Wortneuschöpfung aus dem scheinbar unergründlichen Fundus dieser neuen Technik, desintegrieren und als Straßenbelag verdichten. Nur war der Bedarf von Straßen seit den letzten Wochen gesunken! Unglaublich, hat man einmal die ideale Lösung zur Hand, dann sinkt die Nachfrage!
Bernhard Schramm schwebte in einem umgebauten Ringtaxi an mir vorbei, er grüßte nur mit einem ernsten Kopfnicken, dann landete er vor einer weiteren neuen Halle, die noch nicht einmal ich kannte. Ich schlenderte auf ihn zu als er gerade aus diesem Taxi ausstieg. „Hallo Bernhard, wirst du wohl auch noch Georgies Idee vom fliegenden Dixie-Klo realisieren?" Ich hatte total vergessen, dass Bernhards Sinn für Humor bei exakt null Komma ein bisschen plus lag.
„Ein fliegendes Dixie-Klo wäre wohl eine der unlogischsten Anwendungen von dieser Art Technologie, außer für reinen Ort-zu-Ort Transport. Dazu eignet sich ein Schwebetransporter besser, der dann auch mehrere von diesen Sanitäreinrichtungen aufnehmen könnte. Im Übrigen entstünde dann bei einem Dachwafer auf einer derartigen Konstruktion im Innenraum eine so genannte `Null-Gravo-Zone´, also ein Schwerelosigkeitsfeld, besser eine Nullraumandruckzone! Das Ergebnis wäre eigentlich ein solches, was man bei den früheren Raumstationen als großes Problem ansah: Die Fäkalien fliegen einem um die Ohren, wie ihr Menschen der sinnlosen Humoristik wohl sagen würdet!" Ich fühlte mich schachmatt.

„Äh, ja Bernhard, so hatte ich das auch nicht gemeint, entschuldige bitte, aber als ich diese umgebaute Ringtaxi sah, dachte ich eben an das Dixie-Klo, weil der Georg dieses einmal aus einer Laune heraus auch so erwähnte!" „Mich wundert es sehr, wie Menschen wie ihr beide solche bahnbrechenden Entdeckungen machen konntet, wenn dabei keine kontinuierlichen logischen Strukturen nachgegangen wurde." „Da hast du sicher Recht mein Freund, ich teile deine Meinung voll!" „Auch Freundschaft ist eine logische Verbindung Gleichgesinnter, um die Kraft eines Einen mit der Kraft eines Anderen zu koppeln um daraus effektiver Profit in Form von Ergebnissen aller Arten zu erhalten. Ich kann Freundschaft akzeptieren. Bist du mein Freund, Max? Ich habe meine Art Kraft bereits von dir bekommen, in dem ich an dieser neuen Technik arbeiten kann, nun könnte ich mit weiterer Unterstützung dir etwas zurückgeben. Nur was machen wir, wenn die Rückgabe den Nutzenswert wieder aufgehoben hat, dann wären wir ja eigentlich keine Freunde mehr?"

Ich sah ein, dass eine Unterhaltung mit diesem Logiker schwirig ist, aber ich konnte schon seine Grundzüge erkennen, darum beschloss ich einfach, mehr mit diesem Bernhard zu kooperieren, denn die Ergebnisse konnten sich ja auch sehen lassen! „Ich biete dir nun an, Freundschaftsgewichtigkeiten auch auf Kreditbasis zu verrechnen. Sollte ich dann in Verzug kommen, leiste ich eben später wieder mehr, um wieder eine Plusbasis zu erzeugen, dann wärest du wieder an der Reihe!" Ich versuchte so logisch wie möglich zu sprechen und vermied jegliches Lächeln. So war eine entsprechende Deckung für Bernhard geschaffen. „Akzeptabel! Ich bestätige dir hiermit nun unseren Freundschaftsbund aufgrund verbal aufgestellter Regeln."
Nun war ich also Bernhards Freund! Toll, wie logisch und einfach das so gehen kann. Vielleicht war so eine logische Freundschaft echter, als diese gemütsbedingten Stammtischfreundschaften, die sich besonders im deutschen Volk herauskristallisieren und meist in Streitigkeiten enden.
Bernhard: „Max bitte, schau das Prinzip des Ringtaxis an. Kombinationsmöglichkeiten bleiben wie bei den bodengebundenen Einheiten, Einzelfahrten von Individuen werden wohl aber in Zukunft Vorrang haben, auch deshalb, da so gut wie kein Energieverbrauch entsteht. Einbindung in ein neues Verkehrsregelsystem mit der nun vorhandenen dritten Dimension ist notwendig. Ich habe das Programm schon in Simulation gefahren und könnte demnächst vom öffentlichen Steuerungssystem übernommen werden." „Was?" Ich staunte! „Du hast schon das Programm für diese neuen Ringtaxis fertig, aber erst ein Ringtaxi bewegte sich?" „Mit den Simulationen im Rechner hatte ich genau das

Hundertzwanzig Millionste und eine Ringtaxi, vorerst nur für Deutschland geplante Schwebetaxisystem." „Sag mal Bernhard, musst du eigentlich nicht schlafen? Hast du nicht Angst, dein Körper würde kollabieren, mit diesem Stress den du dir antust?" Bernhard sah mich berechnend an und erwiderte: „Max, mein Freund auf der ersten meiner auf logischer Basis geschlossenen Freundschaft, sicher muss ich auch schlafen, leider betrachte ich den Schlaf als Relikt im Instinktverhalten resultierend aus der Urzeit unserer Lebensform. Schlaf fand die Anwendung aufgrund der Hell- und Dunkelphasen hervorgerufen durch unsere Planetenrotation, dabei mussten unsere Vorfahren auf Aktivitäten während den Dunkelphasen mangels optischer Erkennung entfernter Objekte verzichten. Die gesamte biologische Struktur stellte sich entsprechend um, so dass wir auch heute noch unter Regenerationsbedürfnissen leiden. Ich kann mich aber innerhalb von vier Stunden ausreichend regenerieren, das Gehirn ist ohnehin nie inaktiv! Somit versuche ich aus meiner Existenz höchsteffektives Wirken zu schaffen. Schlaf steht dem Ganzen nur hinderlich entgegen."

Schwer verdauliche Geistesnahrung, die mein logischer Freund mir anbietet! „Sag mal, Bernhard, wie hältst du es eigentlich mit diesen Religionen und den religiösen Vertretern von Glaubenskulturen?" „Religionen basierend auf Annahmen sind irrelevant! Es ist mir unverständlich, wie manche Menschen sich einen Gott basteln, an den sie dann glauben. Bildliche Vorstellung ist für eine Religion scheinbar eine Basis, Leute schnitzen eine Figur, nageln diese an ein symbolisches Kreuz und beten diese an. Andere formen eine Masse zu dem Abbild eines dicken Propheten und ehren diesen. Besser sind die ethischen Lehren, die ein gemeinsames Fortbestehen unseres Menschseins aufgrund von Langzeiterfahrungen forcieren. Schon bei meinen Studien über die so genannte Schöpfungsgeschichte konnte ich die entsprechende Lektüren wegen Informationsleerheit nicht beenden. Keine Effizienz für eine durchgreifende Studie, mangels späterer Anwendungsmöglichkeiten. Die Schöpfungsgeschichte ist ein Resultat von faktenlosen Vermutungen, bildlichen Vorstellungsanreizungen komprimiert zu einer unlogischen Geschichte, um von der Notwendigkeit von wirklichen Forschungsarbeiten abzulenken oder diese zu verhindern. Im Übrigen hatten sich die meisten Religionsvertreter immer wieder von deren eigenen Vorstellungen abgewandt und ein reines Profitdenken in den Vordergrund gestellt."

Wieder überkam mich ein Aha-Effekt! Es war höchstinteressant, Darstellungen eines reinen Logikers zu erfahren, egal über welches Thema auch immer! Nochmal musste ich meinen logischen Freund befragen, da ich auch wissen wollte, was er so glaube. Wenn ein Logiker wie Bernhard überhaupt etwas glauben könnte! „Was ist deiner Ansicht nach geschehen? Warum gibt es uns und den Kosmos, was glaubst du, oder besser gefragt, was hältst du für wahrscheinlich?" „Ganz einfach! Die Welt zeigt es uns ja prinzipiell vor: Wenn die Sonne auf das Meer schein, so verdampft das Wasser. Irgendwann fällt Regen in Form von einzelnen Wassertropfen, also individuellen Erscheinungsformen, dann sickert das Wasser direkt in den Boden und beginnt mit dem Wirken eines Kreislaufes, bis es wieder im Ozean landet, anderes Wasser fällt direkt wieder in den Ozean, damit ist der Weg verkürzt und weniger Wirkungsvoll, aber die Natureffekte sind nicht auf reine Logik aufgebaut. Eher die Resultate. Ähnlich unser Dasein als Individuen: Wir kamen aus einem Pool der Energie und kehren in diesen Pool zurück. Dies dient zu dem Selbsterhalt eines Kollektives! Dies bedeutet, der eigentlich sogenannte Gott wäre der Kosmos selbst mit all seiner Energie und all seinen Kräften. Damit sich dieser Kosmos selber erhalten kann ist Geburt und Tod von Individualwesen notwendig, dabei muss also die Geistesstruktur jeweils erlernt und dem Pool übergeben werden, damit dieser wieder sein Existenzrecht hat. Nach dem Tod eines Individualwesens ist dessen reine Energie nicht mehr zeitgebunden und erhält das Kollektiv wieder an der Existenz. Darum müssen wir leben, denn wäre nie etwas gewesen, gäbe es kein Kollektiv, gäbe es also uns nicht, dann könnte das Kollektiv nicht überleben, nun werden wir vom Kollektiv immer wieder auf die Reise geschickt, damit eben das Kollektiv wieder überleben kann. Also wieder ein Kreislauf wie alles auch im Kleinen: Tod und Geburt, Dampf und Regen, Aktion und Reaktion."

„Was ist das Kollektiv?" „Das wäre nun das, was bildlich denkende Menschen als Gott bezeichnen könnten, doch das Kollektiv ist nichts anderes, als wir alle! Wir, damit meine ich alle Menschen, die jemals auf diesem Planeten gelebt haben, nun hier leben und hier einmal leben werden, nach unseren Toden sind wir in der Energieform zeitlos und kehren in das Kollektiv zurück um in neuer berechneter Konstellation wieder in eine neue Erscheinungsform zu treten, dabei, so ziehe ich einen logischen Strich, wirkt das physikalische Gehirn wie ein Filter, um uns eine Struktur zu geben, wieder müssen wir forschen und entwickeln, dass wir dem Kollektiv die Existenz, auch universelle Erfahrung, vermitteln können. Auch denke ich daran, dass ebenso die Erfahrungen von Tieren zeitlos in das Kollektiv eingehen könnten, ebenso natürlich auch theoretische Bewohner aller anderen Planeten. Nimmst du dann diese Energiemenge aller `Geister´, so wäre damit ein Kosmos zu füllen. Dieser Kosmos unterliegt der Zeit, um diesen aber wieder `vorne´ neu zu befüllen, beziehungsweise Potential auszugleichen, müssen Wesen eben irgendwann sterben, um zeitlose Energie freizugeben. Alles ist Frequenz und Kreislauf, Max. Auch deine

Entdeckung! Der logische Schlusspunkt würde also besagen: Gott sind wir alle komplett zusammen! In manchen Religionen ohnehin die einzig logische Grundstruktur!"
So also sieht ein Logiker die Welt! Ich konnte aber gut mitdenken, denn mit manchen versinnbildlichten Besserwisseraussagen und aufgrund Wortschatzmangels der früheren Epochen gestellten Gleichnisse konnte auch ich nichts anfangen. „Wieso leben dann manche Menschen nur ganz kurz und andere dafür länger, warum ist das Leben so scheinbar ungerecht?" Bernhard beantwortete auch diese Frage, als würde er nichts anderes machen: „Das Kollektiv kann nur existieren, wenn es Existenzinformationen erhält. Jede Information muss einmal gemacht worden sein, auch wenn wir nun von einer eventuellen Relativzukunft sprechen. Die Erfahrung der Zukunft wurde also schon gemacht, aber wir müssen diese Zeit dorthin noch durchleben, weil es ohne ein logisches `Vorher´ auch kein logisches `Nachher´ geben kann. Wenn man ein Loch gräbt, kann die gewünschte Menge Erde von einem Bagger entschaufelt werden oder von zehntausend Kaffeelöffel. Demnach ist uns, als Kollektiv gedacht, entsprechend auch egal, ob wir die Existenzinformationen von vielen kleinen Einzelinformationen oder von wenigeren Konzentrationsinformationen bekommen. Der Haifisch ist kein Haifisch, wenn es nicht bewiesen wird!" „Das habe ich schon einmal gehört. Du bedienst dich an Beispielen, Bernhard?" „Schrittweises Begleiten von Informationen mit entsprechenden Beispielen erhöht den Informationsgehalt der Sprache!" Wieder so eine logische Bombe! Aber ich konnte nicht umhin, den Bernhard zu bewundern. Vor Allem war dies eine Erfahrung, das Weltbild eines reinen Logikers so dargestellt zu bekommen.
„Entschuldige Bernhard, ich möchte dich noch weiter fragen, ich hoffe nur, dass ich dir dabei nicht auf den Schlips trete! Darf ich?"
Bernhard sah mich staunend an: „Ich habe gar keinen Schlips in meiner Kleidungs-Zusammenstellung, Max! Außerdem müsste ich mich dann mit dem Rücken auf den Boden legen, damit du mir auf den Schlips treten könntest! Wiederum könnte ich keinen logischen Zweck in dieser Handlung erkennen. Dazu bitte ich aber um eine Erklärung!"
„Das war leider die bildliche Aussage bezüglich eventueller Vorwarnung einer möglichen Beleidigung, die nicht als solche zu verstehen sein sollte."
„Akzeptiert! Du bist mein Freund, Max, wir haben dieses logische und zweckgebundene Band erschaffen, nun frage, auch ich will Logik verbreiten und damit Wissen schüren."
„Eine sehr persönliche Frage, Bernhard. Wie sieht deine Beziehung zum anderen Geschlecht aus? Also rein wissenschaftlich: Wie sieht dein Sexleben aus?" „Sex ist im Instinktivverhalten zweigeschlechtlicher

Existenz ein Grundprogramm als Arterhaltung vorgesehen. Entsprechend handle ich danach! Wenn es für mich kalkulatorisch an der berechenbar besten Zeit ist, Nachkommen zu erschaffen, wenn ich wieder ausreichend Energie spüre, die ich zur besten Zeit weitergeben kann, dann gebe ich planvoll dem Fortpflanzungsdrang nach, warte aber einige Tage für höchste effiziente Ansammlung von Erbträgern, sowie den bestmöglichen Besamungszeitraum einer infrage kommenden weiblichen Person, die auch vorgenannte Bedingungen erfüllt. Dann wollen wir einem dem Kollektiv positiv dienlichen Wesen das Leben ermöglichen." „Hast du eigentlich schon Kinder?" „Ja, ich habe zwei Frauenkinder und fünf Männerkinder. Mein Plan sieht vor, noch drei Nachkommen in den nächsten elf Jahren zu zeugen, mehr sehe ich nicht ausreichend effizient für meine zwar durch die Genkorrektur gesteigerte Lebenserwartung, doch könnte es sein, wenn die Entwicklung dieser Technik sich doch schneller ausbreitet und ich als Mitarbeiter auch entsprechend vorteilhaft arbeiten kann, dass ich zugunsten deshalb meinen Nachkommenserzeugungszyklus auf vierzehn Jahre ausdehne und noch bis fünf Nachkommen zeuge. Im Übrigen sind wir Genkorrigierten der ersten Generation der Ansicht, dass wir die wirklichen Genkorrigierten sind! Die zweite Korrektur war für uns ein Rückschritt und die Depressionen, die die meisten meiner Kollegen hatten oder noch haben, nicht mehr als ein Programmfehler und ein kleiner Unfall, der sich bei Fortpflanzung innerhalb unseres Kreises natürlich wieder beheben lassen könnte. Nur ist Logik die einzige Basis für Fehlerbehebung und unsoziales Kreaturverhalten."

Jetzt hat er es mir aber gegeben! Donnerwetter, aber ich bin sein Freund und diese Ehre war mir sicher. „Ich sehe ein paar Punkte etwas anders, Bernhard, aber grundsätzlich erkenne ich in deinen Ausführungen eine logische Grundstruktur. Der Spieltrieb der Menschenkinder sollte auch ein Training für die Motorik und dem Forscherdrang sein!" Doch Bernhard wusste es wieder besser: „Auch wir hatten gespielt! Es gab da ein Spielprogramm für uns, bei dem wir auch genau dies alles durchspielen konnten. Dabei spielten wir bereits mit allen ungefährlichen Elementen, spielten mit Kolbenmotoren zur Berechnung der Reibungskräfte, spielten mit Brennstoffzellen und sollten spielerisch deren Effizienz erhöhen!" Jetzt gab ich aber vorerst einmal auf. „Zeige mir doch dein Wafersystem für das Ringtaxi!" Übergangslos berichtete Bernhard dass nun sein Ringtaxiprototyp für Individualtransporte mit mittlerweile bewährten Steuerungswafern bestückt war, einen weiteren Dachrahmenwafer angebracht hatte, der diesen Schwebezustand erzeugte, eine Kopplungsschaltung für das Andocken von mehreren Ringtaxis zu Schwebepulks. Im Steuerungsprogramm integrierte und als Steuercomputer auch ein abgemagerter Airbus-Sempex-Rechner fungierte. Er erklärte, dass er vorläufig eine Höhensperre von zweitausendfünfhundert Meter programmierte, für den Transport von älteren Menschen würde eine ID-Chip- Erkennung dafür sorgen, dass zuerst der Gesundheitszustand abgefragt wurde, aus diesen Erkenntnissen dann eine individuelle Reisehöhe für Kurzstrecken berechnet würde. Dann erwähnte Bernhard noch, dass er eine Sicherheitsschaltung in die neuen Bohrmaschinen eingebaut hatte, nämlich Folgendes: Wenn ein Sensor biologisches Gewebe vor dem Desintegrationsfeld registriert, schaltet das Gerät nicht mehr aktiv! Damit lässt sich auch niemand mehr töten! Bank- und andere Tresore erhalten einen Biosimulator, damit diese nunmehr kleinen Desintegratoren nicht zu einem Bankraub missbraucht werden. Besonders der Patrick berichtete eifrig über die Programmieraktivitäten des Bernhard, der aber wiederum gar nicht so begeistert von diesen Übertragungen war. Ich ging anschließend mit dem Bernhard noch weiter in die Halle mit der Mondgondel, dabei bemerkte ich auch seinen `logischen´ Gang! Bernhard machte keine Umwege, er lief immer zu den, den Prioritäten entsprechenden Projekten je nach Ablauf seiner logischen Entwicklungsstufen. Dabei meinte er so nebenbei: „Die Mondgondel müsste jetzt absolut einsatzbereit sein." Ich sah ihn von der Seite her an und bemerkte dabei keinerlei Miene in seinem Gesicht. Seine trainierte innere Uhr sagte ihm einfach, welches Programm nun vom Ablauf her fertig sein müsste. So traten wir in eine der älteren Hallen ein, in der also die MOONDUST stand. Dem Georg war im Übrigen die Namensgebung egal, so dass ich mich schon einmal mit MOONDUST anfreundete. Die Gondel schwebte mehr als einen Meter über dem Boden und Bernhard erklärte auf seine Art und Weise: „Dreitagessimulation in dieser Schwebehöhe, dabei ein Fuzzy-Logik-Programm für die Schwebestabilisierung. Maximale Abweichung darf nach meinen strengen Vorgaben nur einen halben Millimeter haben, auch wenn die Gondel von Sturm angeblasen wird!" „Auf dem Mond gibt es keinen Sturm!" „Hier geht es nur um ein Stabilisierungsprogramm! Nun besteht auch die Möglichkeit, Satelliten in niedrigerer quasigeostationärer Umlaufbahn zu halten. Ich arbeite generell nur mit einer Perfektionierungsoption von immer theoretisch höchster Stufe!" „Hmmh." Machte ich, mir fiel nichts mehr dazu ein. Doch bewunderte ich `meine´ Mondgondel, die mich doch bald zu unserem Erdtrabanten bringen sollte, der Testflug mit Kondensatoraktivierung an sich. Die MOONDUST bewegte sich überhaupt nicht, sie stand einfach und lautlos im Raum und von ihr ging irgendwie trotzdem etwas Heimliches und Unheimliches aus. Besonders stabil wirkte die Waferkonstruktion auf dem Top und der Bodenwafer, nun voll erkennbar, da die Landebeine eingefahren waren. Bernhard drehte das Licht in der Halle per Steuerbefehl etwas zurück, dann trat er an die Mondgondel heran und drückte mit aller Gewalt dagegen. Sie rührte sich keinen Millimeter, aber zwei der Steuerungselemente zeigten ein leicht erhöhtes Flimmern auf deren konvexen Elementen auf die der Druckseite gleichgestellten Teilbereichen. So wurde also dieser Andruck spielend ausgeglichen.

„Die Steuerelemente entwickeln mehr als vierzehn Mal mehr Resonanz als für eben normale Steuerungszwecke notwendig wäre, so habe ich diese Elemente auch für gemäßigten Horizontalflug miteinbezogen. Ich denke daran, eventuell bei der Marsgondel extra noch Wafermodule anzubringen, ich möchte dabei aber nicht dem Ralph vorgreifen, der ja eigentlich ein überraschend stabiles Grundprogramm für diese Wafersteuerungen geschrieben hatte." Doch da konnte ich den Bernhard schon zusagen. „Der Ralph hat sich mittlerweile den Aircleanern verschrieben, wie du weißt! Du kannst dein Können voll auf die Marsgondel loslassen! Noch dazu, da du dem Ralph ohnehin auch mit den Steuerungsprogrammen und Funktionsablaufprogrammen sehr geholfen hattest. Auch hattest du seine Desintegratorenmesser verbessert, auch mit dem Sicherungsprogramm ohne dass du extra etwas dafür haben wolltest, das ehrt dich, Bernhard!"

„Danke Freund Max, Ehre ist das einzige Gefühl, dass sich auch logisch begründen lässt!"

Ich stockte! Ehre lässt sich logisch begründen? Das war mir neu!

„Wieso lässt sich Ehre logisch begründen, andere Gefühle aber nicht?"

„Ehre hat einen gewissen Zählfaktor, nehmen wir Ehrenurkunden an. Menschen mit vielen Ehrungen mussten schon viel geleistet haben, damit sie diese Ehrungen erhielten! Ich verweise nicht auf Ehrungen zum Ende des Mittelalters vor etwas mehr als hundert Jahren, als dann die faulsten und korruptesten Politiker geehrt wurden, nur um die traurige Realität zu vertuschen, ich spreche von zum Beispiel wissenschaftlichen Ehrungen."

„Mittlerweile muss ich dir gestehen, es ehrt mich, dich zum Freund zu haben!" „Auch diese Ehre ist ganz meinerseits, auch diese Ehre nehme ich wieder als Ansporn für die mir gestellten Aufgaben und Erweiterungen von Möglichkeiten im Sinne des notwendigen Friedens und für das Allgemeinwohl! Für deine Aussage bedanke ich mich sehr herzlich, Max." Wieder war ich mit Staunen an der Reihe. Nun wusste ich bald gar nicht mehr, wie mir war; verschaukelte mich dieses Genie nur ein wenig, hatte er doch irgendwo ein paar Urstümpfe von Gefühlen in sich? Ich wollte es genau wissen:

„Bernhard! Willst du nicht mit mir und meiner Frau heute Abend ein oder mehr Gläser Rotwein trinken?" „Wenn wir dabei ein sachdienliches Gespräch führen, habe ich gegen Rotweinkonsum nichts einzuwenden, da

Rotwein gut körperverträglich ist, den Immunhaushalt stabilisiert und ersetzbare Gehirnzellen vorzeitig ausspült, deren Regenerationskraft noch steigert. Wenn wir dazu dann noch der notwenigen Nahrungsaufnahme nachkommen und mit einem ausgeglichenen, protein- und vitaminreichen Mahl diese Zeit kombinieren, dann bin ich durchaus gewillt, auch einer dieser für mich nicht ganz verständlichen Zeremonien von euch Fühlenden und Lachenden beizuwohnen. Dabei nehme ich an, dass dein anderer, weniger logische Freund Georg dabei sein wird, oder?" „Ja, äh, der Georg, ja ich sage ihm Bescheid!" „Gut, jetzt setze dich doch einmal für einen weiteren Test in die Mondgondel! Sie hört aufs Wort. Deine Aussprache wurde analisiert und gilt als Schlüssel. Übertragung von außen per Schallwellen oder über Funk. Bitte Max! Unlogische Befehle werden nicht befolgt!" Er deutete zur Mondgondel. Ich wollte dies dann schon mal wissen und befahl unter optischer Sichtnahme, die auch von dort angemessen wurde: „Landestützen ausfahren!" Diese fünf O-Beine klappten aus den Umhüllungen und fuhren noch ein Stück teleskopisch nach unten. „Sprossen bitte!" Auch die Leitersprossen auf einer der Landestützen klappten aus. „Luke auf!" Auch diese mittlerweile mannsgroße Luke öffnete sich und Bernhard wies mich noch darauf hin, dass die Mondgondel keine Doppelschleuse besaß, daher auf einem luftleeren Planeten oder eben dem Mond zuerst der wertvolle Sauerstoff wieder eingesaugt und komprimiert würde, außer es gäbe den Befehl „Notauf!" Nun stieg ich zum ersten Mal richtig bewusst in unser Fahrzeug, bewusst dahingehend, dass ich dieses Vehikel auch bald steuern würde, natürlich mit der Lizenz eines Sempex-Rechners. Bernhard kam mir nach und als ich mich im Pilotensitz niederließ, setzte sich der Genkorrigierte der ersten Generation auf den Platz des Kopiloten. „Erster Steuermann an Bord, Stimmeneichung!" Forderte Bernhard den Bordrechner auf. Ich wusste was zu tun war und sprach meinen Namen laut und deutlich, gab außerdem noch meine persönlichen Registrierungen bekannt und der Bordrechner bestätigte.

„Bernhard, kennt der Rechner das Gelände hier, unterliegt der Steuerung auch die Zusammenarbeit mit den optischen Systemen?" „Absolut!" „Dann also, Programmmodus: Name dieses Gesamtvehikels ab sofort MOONDUST, englischer Name zu Deutsch: MONDSTAUB, ebenfalls anwendbar. Steuermodus: MOONDUST, Landestützen einfahren, vorläufige Schwebehöhe zwei Meter zur Unterkante." Ich sah, wie die Landebeine eingefahren wurden, dabei der obere Wafer aktiviert und wir wurden der Raumandrückkraft entbunden, also nach alten Begriffen schwerelos. Schnell straffte ich den Sicherungsgurt. Mein Beifahrer hatte sich bereits soweit festgezurrt, ja dieser dachte ja fast alles logisch voraus!

Bernhards Logikprogramm entsprechend klappten auch die Sprossen des einen Landebeines rechtzeitig weg. „Hallentor über Steuerungscodes öffnen!" Auch das Hallentor fuhr auf. „Schrittgeschwindigkeit bis auf den freien Platz vor der Halle, mittig." Ich wollte wissen, ob Bernhards Programm den Begriff `Schrittgeschwindigkeit´ analysieren konnte, doch sah ich exakt den Geschwindigkeitsanzeige für Horizontalfahrt auf genau sechs Stundenkilometer stehen. Langsam und majestätisch schwebte die MOONDUST auf den freien Platz vor dieser Halle und die Techniker die emsig umherliefen, blieben nun doch stehen und schauten neugierig.

Patrick Georg Hunt kam wieder mit seiner Stabkamera und filmte oder berichtete. Ich sah mich genötigt, über die Außenlautsprecher eine Erklärung abzugeben. „Funktionstest der Mondgondel, keine Angst, wir fliegen nicht weit weg!" Die Leute, die meine Stimme erkannten, lachten und gingen wieder ihren Tätigkeiten nach. Schließlich war für die meisten auf diesem Gelände alles schon gewissermaßen Alltag, wenn dort mal ein paar Tonnen herum schwebten oder Flächentest der Großflächenwafer mit Betonplatten gemacht wurden, diese dann auch einmal kurz herumschwebten oder Tunneldesintegratoren mal schnell in einer Minute durch einen Betonblock bohrten. Es sollten ja auch bald die ersten Häuser in Japan versetzt werden! Da war so eine schwebende, umgebaute Taucherglocke doch schon eher wieder etwas Normales! „Start! Logische Position über dem Startplatz beibehalten! Steighöhe einhundertundzwanzig Kilometer." Meine Befehlsfolge für die Steuerungsrechner. Langsam hob sich die MOONDUST weiter, zuerst langsam, denn es soll nicht der Effekt entstehen, der Bodenmaterial durch den noch nahen Dachwafer herausreißen könnte. Dieses Sicherheitspaket hatte schon Ralph in die Programme implementiert, war aber auch von Bernhard noch verfeinert worden. Spüren konnte man nichts, doch die Gondel nahm an Geschwindigkeit zu, proportional im Abstand zum Boden, wobei dann durch die aerodynamisch ungünstige Form des Fahrzeuges die Höchstgeschwindigkeit nur bei knappen zweihundert Stundenkilometern verblieb. Somit hatten wir eine Reisezeit erst einmal von einer guten halben Stunde. Ich sah mich um und konnte noch ein paar Rollen erkennen, die beim letzen Mal noch nicht in dieser Gondel waren. „Was ist dort drin, Bernhard?" „Das sind Reservewafer, falls doch einmal einer dieser Wafer ausfallen würde. Sie bringen fast die gleiche Leistung wie die fix Installierten." „Wie bitte? Willst du behaupten, du hast aufrollbare Wafer konstruiert?" „Aber ja! Nur eben wie gesagt, Reservewafer, die nur auf eine vorhandene Waferkonstruktion aufgelegt werden können, sollten welche defekt sein, denn ansonsten würde ja die Wellung zu Unregelmäßigkeiten führen. Die Ansteuerung dauert allerdings noch eine halbe Stunde länger als

bei diesen, in diesem Gefährt montierten Einheiten. Doch für einen Notfall muss man meist immer mehr Zeit einplanen, als bei Standartbetrieb." Mann oh Mann! Dieser Bernhard ist wirklich ein Genie! Ein Glücksfall für uns und unsere Forschungen. Mittlerweile hatten wir auch schon einen etwas schnelleren Vertikalflug, da die Atmosphäre dünner wurde, all dies per Steuersoftware, damit ja nichts `anbrennen´ kann, würde Georg dazu sagen. Wir hatten die vorgegebene Höhe erreicht. Nun wollte ich die manuelle Steuerung ausprobieren! „Höhe automatisch beibehalten, Navigation erdbezogen. Joysticksteuerung auf Pilot." Ich drückte den Steuerknüppel nach vorne und konnte erkennen, wie wir in Horizontalbewegung kamen. Dabei spürten wir einen Anpressdruck, denn nur für den gondelbezogenen Vertikalflug waren wir konstruktionsbedingt keiner Raumandrückkraft ausgesetzt. Doch auch für übermäßige Beschleunigung per Steuerungswafer hat mein Kopilot sicherlich ein programmtechnisches Limit gesetzt. Es war einfach schön hier oben! Die Erde warf das Licht der Sonne zurück und strahlte übermäßig in einem friedlichen Blau und dieser friedliche Eindruck log nicht einmnal mehr! Diese Mondgondel schien alles in absoluter Perfektion zu absolvieren, gute Lust hätte ich gehabt, denn Befehl zum Mondflug zu geben, doch das wollte ich schon mal dem Bernhard nicht antun und meinem Freund Georg nicht die Erfinderehre des Erstunternehmens versagen, denn ohne ihn und seine Nanoprinter wären wir sicher noch nicht hier. Bernhard stellte fest:
„Wir können zurückkehren Max, die Testfahrt ist zu neunundneunzig Komma acht Prozent erfolgreich!" „Was fehlt denn zu null Komma zwei Prozent?" „Die Kondensatoraktivierung für den universellen Sprung oder distanzlosen Schritt. Doch nachdem alle Einheiten und die Waferkomplexe schon alle Simulationen durchfahren hatten und diese Testfahrt keinerlei Komplikationen durchliefen, ist der Sprung oder der Schritt eben zu neunundneunzig Komma acht Prozent ebenso problemlos durchführbar. Es können sich je nach Kondensatorladung Schrittweitendifferenzen ergeben, die dann per Fuzzy-Logik in den Programmen zu einem Lerneffekt führen und immer genauer arbeiten können. Drum wird euer erster `distanzloser, kleiner Schritt´ für den Mondflug mit einem größeren Sicherheitsabstand zum Erdtrabanten enden." „Gut, dann gehe ich eben noch ein Stück zu Fuß!" Ich vergaß vor lauter Begeisterung, wer mit mir in der Gondel saß, nämlich jemand, der keinerlei Witz verstand. Doch nun wunderte ich mich schon sehr, als Bernhard antwortete:
„Spezielle Raumanzüge habe ich schon geplant. Anzüge, die per Wafersteuerung im All Kurztransportaufgaben übernehmen können. Dabei könnte man sogar einen Start von der Erde aus in solch einem Anzug unternehmen, ohne Raumfahrzeug." Wieder musste ich staunen, was dieser

Mann schon alles vorausgeplant hatte. Wieder durchzuckte mich ein Gedanke! Der irrste Sport der Zukunft war damit geboren! Solar-Surfen! Menschen schweben einem Urtraum entsprechend frei im Sonnensystem umher, würden kleine Rennen veranstalten, ähnlich Fuchsjagden einige Radiosender auf Monden verstecken und diese in schnellstmöglicher Zeit suchen, Weltraumtennis, dreidimensionaler Fußball in einem markierten Kubus, auch der Asteroidengürtel würde seine Geheimnisse den Menschen opfern müssen! Wie wenn Bernhard meine Gedanken erraten hätte, sprach er: „Rohstoffe, außer fossilen, also aus alter Biomasse, können wir uns künftig entsprechend günstig aus dem Asteroidengürtel holen, dabei die Überflüssigen in die Sonne lenken, somit auch die Gefahr für eine Erdkollision verringern. Dort gibt es Metall für tausende von Jahren, wobei eurer Entdeckung nach nun Entfernungen eigentlich kaum mehr irgendwelche Rollen spielen. Doch empfehle ich, Asteroiden ganz zur Erde zu transportieren, um diese Erze zu entnehmen." Bernhard sprach dies alles mit einer Selbstverständlichkeit, als hätte er noch nie etwas anderes als sein Gesagtes getan. Nun sah ich noch einmal von so weit oben auf die Erde, ließ die Gondel noch mal ganz langsam um drei Achsen drehen, dabei erblickte ich ihn! Den Mond! Das war das erste Zwischenziel. „Bald mein Lieber!" dachte ich bei mir. „Schon die nächsten Tage!" Ich befahl der Steuerungseinheit: „Rückfahrt und Position wie zu Beginn der Handsteuerung. Die Gondel drehte sich wieder in die Ursprungslage und wir hatten einen automatischen Horizontalflug in Bezug zur Erdoberfläche zu verzeichnen. Dann sagte ich eigentlich nur noch: „Rückkehr zum Ausgangspunkt, erdbezogen." Die Gondel setzte zur Sinkfahrt an, zuerst überraschend schnell, da ja noch luftleerer Raum um uns herrschte und umgekehrt wie bei der Steigfahrt, verlangsamte diese automatische Steuerung auf knapp zweihundert Stundenkilometer Vertikalfahrt; die letzten Meter wieder entsprechend vorsichtig um keine Löcher im Erdboden zu generieren. Wir waren wieder vor der Halle, zwei Meter über dem Boden, die Sonne war nun bereits untergegangen und die Gondel glänzte im Lichtbad der Scheinwerfer. Langsam glitt die Gondel in Schrittgeschwindigkeit zurück in die Halle. Jetzt war Zeit für Rotwein! Mein Adrenalinspiegel war sicher auf absoluter Obergrenze angekommen. Als die Landestützen ausgefahren waren und wir unser Schweregefühl wieder bekamen, war ich auch glücklich. Gabriella kam mir schon entgegen, sie hatte nun doch erzählt bekommen, dass der Bernhard und ich einen Mondgondeltest veranstaltet hatten. Ich kletterte an den Sprossen des Landebeines herab und meine Frau, in einem schicken dunkelbraunen Overall sprang mich an und rügte mich scherzhaft: „Du brauchst wohl deine Frau nicht fragen, wenn du wegfährst?" „Es waren ja nur

einhundertzwanzig Kilometer, die wir weg waren! Für solche geringen Distanzen werden wir ja heutzutage wohl nicht mehr fragen müssen, oder?"
„Na das geht ja noch, aber ab einer Lichtsekunde Entfernung sagst du es mir dann, ja?" Bernhard schüttelte leicht den Kopf, er konnte dieser unserer Unterhaltung scheinbar nicht viel abgewinnen, da ja fast jegliche Logik fehlte. „Wir haben Freundschaft vereinbart." Verriet ich meiner Gattin und deutete mit dem Zeigefinger der rechten Hand zuerst zum Bernhard und dann auf mich selbst. „Oh!" Meinte Gabriella vorerst nur und Bernhard setzte dann noch eine Zusatzerklärung auf:
„Meine erste Freundschaft mit einem Basisunlogischen!" „Das müssen wir aber mit einem Fläschchen feiern!" Meine Gabriella; aber mein logischer Freund legte los: „Das hatten wir bereits vereinbart und ich werde sicher kein unangenehmer Gast sein. Irgendwie müssen wir Logischen und ihr Basisunlogischen ja auch einmal klar kommen, oder?"
„Wir kommen ja damit klar, Bernhard! Wir haben soviel Unlogik in uns aufgenommen, dass ausreichend Logik für euch übrig blieb!" So sah ich den Genkorrigierten der ersten Generation an und meinte fast, ich könnte den Ansatz von einem Lächeln erkennen! Doch mein Testflugbegleiter schniefte nur tief und hörbar ein, dann holte er aus: „Nun denn, dann wollen wir mal, wo habt ihr den guten Tropfen versteckt und wo ist Kollege Verkaaik?"
Wir schlenderten langsam durch die mittlerweile fast vollkommene Nacht, die allerdings von den Geländestrahlern erhellt wurde zur ehemaligen Justizhalle. Dort war auch Georgie bereits auf einer der alten Bierbänke; Na ja, es gab bessere Sitzgelegenheiten, doch der angeschwemmte Holländer war auch ein wenig konservativ und nostalgisch angehaucht. Er saß mit einer dicken Zigarre zwischen den verzahnten Fingern, hatte ein Weißbier vor sich stehen und sah uns fragend an, da er nicht damit gerechnet hatte, dass Bernhard außer arbeiten, etwas schlafen auch für etwas weiteres zu haben sein könnte. „Hallo Berndi! Freut mich aber, dass du mit uns einen heben willst! Toll! Rauchst du auch eine Cochiba mit?" „Das Rauchen von Zigarren erscheint mir nur logisch, um in Nähe von ruhenden Gewässern Mücken zu vertreiben, wobei es dafür mittlerweile auch effektivere Methoden gibt, andererseits habe ich mich entschlossen, auch das Verhalten und die Methoden von euch Basisunlogischen zu studieren, vielleicht gehört da ein Eintreten in diese Lebensgewohnheiten zu Studienzwecken dazu? Also, darf ich dich darum bitten, mir eine dieser Zigarren anzubieten; wohin soll ich die Kosten dafür verbuchen?" Gabriella und ich waren vor dem Tisch stehen geblieben, Georgie hatte fast sein Weißbier umgestoßen und brachte den Mund nicht mehr zu, starrte den Bernhard mit weit aufgerissenen Augen an, dann aber griff er hastig in die Innentasche seiner knallroten Lederjacke mit dem TWC-Emblem und stotterte: „Ja, ah, ja, aber

si-sicher doch B-Berndi", fast kam er dabei ins Zittern, er holte ein Edelstahletui hervor und meinte großzügig: „Hier! Ist aber ein Geschenk von mir für dich, wenn das, so wie ich annehme, deine erste Zigarre ist die du rauchen wirst! Zieh aber nicht zu stark am Anfang, nicht dass dir schlecht wird; es gehört etwas Gewöhnung dazu!" „Das ist mir bekannt, Georg, ich habe viel über das Rauchverhalten von den Basisunlogischen gehört und gelesen!" Und er griff auf eine Cochiba, die Georg schon etwas im Etui vorgezupft hatte. Mein Kollege gab ihm dabei sofort mit antik wirkenden, langen Streichhölzern Feuer. Gekonnt zog Bernhard an der gekerbten Seite und paffte erst einmal ein paar Wölkchen in die Luft, dabei meinte er wissenschaftlich: „Doch ich sehe auch, so eine Zigarre eignet sich auch besonders gut für Studienzwecke über Luftverwirbelungen! Sicher ab Windstärke zwei nicht mehr sinnvoll." Wir bekamen unsere Münder nicht mehr zu; das hätte genauso gut ein Witz sein können.

Dann legte Bernhard noch eines drauf: „Max und ich haben Freundschaft beschlossen, auch deswegen, weil es für das Projekt sehr sinnvoll ist und weil damit auch logisch bedeutsame Ehrerbietung eingeschlossen wäre. Nun frage ich dich Georg, sollten wir es nicht auch so halten, es dürfte die Effizienz unserer Arbeiten erhöhen, außerdem habe ich auch dir gegenüber einen Defizit abzutragen, denn wie ich Max schon erklärte, habe ich durch euere Forschungsarbeiten und Entdeckungen meine Depressionen ablegen können und kann der Evolution dienen, der Hauptsinn eines denkenden Wesens." Wieder war Georg mit Verwunderung an der Reihe, er blickte um, da sich auch gerade Silvana näherte, diese schon etwas von dem Gespräch mitbekommen hatte und auch staunte, welche Wandlung in unseren Logiker gekommen war, dann meinte mein langjähriger Freund: „Hör mal, Berndi, wenn du dich nunmehr auch entschlossen hattest, uns Basisunlogischen zu studieren, dann wäre es doch auch das einfachste, du lässt die verschiedensten Zeremonien über dich ergehen, allerdings mit Bedacht, denn wir wollen natürlich auch niemanden kränken. Was ist mit Rotwein? Mein Weißbier ist schon warm, bäh!" Georgie nahm noch einen Schluck, dann stellte er das Glas auf den Getränkeserver und forderte französischen Chenet rouge an. Nacheinander setzten wir uns an diesen alten Biertisch, der Server stellte Gläser auf und ich nahm die Flasche, als diese entkorkt von der Maschine übergeben wurde. „Noch eine!" Rief Georg dem Server nach, „oder denkst du blöde Maschine, wir wollen uns nur die Zunge nass machen?" Bernhard sah zwischen dem Getränkeserver und dem Georg hin und her, als erwartete er eine Reaktion von der Maschine, eine andere Reaktion, als die Ausgabe von einer Weinflasche, doch es wurde nur eine weitere Weinflasche bereitgestellt. „Wer hatte denn die Wortschatzprogrammierung für den Getränkeserver übernommen? Es

dürfte für so eine logische Maschine schwierig sein, zwischen eindeutigen Befehlen und anderen gefühlsbetonten Äußerungen zu differenzieren."
„Fuzzy-Logik!" Meinte Georg. „Alles Fuzzy-Logik! Der Robotrechner weiß dass schon! Hat er schon gelernt!" Eifrig nahm mir Georgie die Flasche aus der Hand und goss die Gläser voll. Dann hob er sein Glas und meinte gönnerhaft: „Also Bernhard, ich bin ebenso bereit, auch mit dir einen Freundschaftsbund einzugehen, auch wenn ich Freundschaften weniger aus Studienzwecken binde, mehr aus Gefühl heraus, aber ich möchte dir trotzdem erklären, dass ich eine Freundschaft mit dir als Ehre betrachte!"
„Ehre hat auch logische Werte! Ich danke, Freund Georg Verkaaik!" Ich dachte fast, Bernhard hätte feuchte Augen bekommen, es legte die Zigarre, an der er nur ganz, ganz vorsichtig sog, auf den großen Stammtischporzellanaschenbecher, ein Sammlerstück meines Forscherkollegen, hob sein Glas, dann prosteten sich erst Georg und Bernhard zu, anschließend hoben sie das Glas auch in unsere Richtung. Wir nahmen den ersten Schluck und jeder klebte mit den Augen an Bernhard Schramm, auf eine Reaktion wartend.
Diese kam auch: „Ich bin mir noch nicht über den Sinn des Bestoßens der Gläser im Klaren, schon einmal wegen der nicht unerheblichen Bruchgefahr, doch habe ich nun mal vor, auch dies zu erfahren", dann nahm er den nächsten Schluck und spülte den Mundraum damit: „Aromatisch, leicht prickelnd; geht sofort ins Blut über und macht sich im Nervenzentrum bemerkbar. Erhöht leicht die Dopaminproduktion, kann also Depressionen bei nicht übergemäßem Genuss entgegenwirken. Vom Zigarrenrauch kann ich bislang außer geringer Stimulanz von Zungenpapillen und leichtem Schwindelgefühl nichts an durchgreifender Wirkung verzeichnen. Auf Inhalation verzichte ich, denn es sind mir keine medizinischen Wirkungen bekannt, die förderlich wären. Entsprechende Wirkstoffe sind meines Wissens nicht in diesen Naturtabaken eingebracht. Auch davon dürfte übermäßiger Konsum eher gesundheitsschädlich sein. Doch ich lasse mich, zumindest was diesen Wein betrifft, gerne belehren." Nun meldete ich mich zum Wort. „Bernhard, wie du schon sagtest, mit etwas mehr Weinkonsum, kann man auch die Neubildung von Zellen, vor allem Gehirnzellen positiv einwirken. Übermäßiger Konsum vernichtet allerdings mehr, als für eine Neuproduktion unbedenklich wäre. Genieße Wein nach Körpergefühl!"
Bernhard dachte etwas in sich hinein, dann nahm er das Glas und leerte es auf einen Zug. Georg schenkte ihm sofort nach, doch sog der Logiker erst einmal an der Zigarre, bevor diese die letzte Glut verlor. Da nahm ich erst einmal mein Glas, ich fühlte mich beschämt, weil ich die ganze Zeit den Bernhard offen angestarrt hatte! Nachdem unsere Damen auch aus der

Starre fielen und auch das erste Glas leer tranken, lockerte sich die Gesamtstimmung weiter auf. „Ich finde es bemerkenswert, ich finde auch, dass heute ein denkwürdiger Tag ist. Zu einer Runde Wein haben sich noch nie die Genkorrigierten der ersten und der zweiten Generation zusammen eingefunden! Bislang hatten alle eine Art Konkurrenzdenken! Nicht nur deswegen, weil die Genkorrigierten der ersten Generation logischerweise älter sind. Wenn sich etwas logisch kombinieren kann, dann sollte dies auch geschehen! Am besten mit einer logischen Freundschaft!" Gabriella war sichtlich angetan, in diesem Sinne, wie diese heutige Runde entstanden war. Für mich war es auch aus anderen Gründen ein denkwürdiger Tag. Ich war noch nie in meinem Leben so weit von der Erdoberfläche entfernt! Doch fast hätte ich dieses Ereignis schon wieder vergessen. „Ich werde meinen Kollegen und Gleichsituierten in jedem Falle von diesem heutigen Abend berichten und empfehlen, an Stimmungstreffen von Basisunlogischen teilzunehmen. Schon einmal der Genuss von Rotwein hat mehr positive Auswirkungen auf den Körper, als negative. Außerdem geschieht ein kleiner Wandel mit mir! Ich würde dies folgendermaßen bezeichnen: Ich fühle mich wohl!"
Nun aber! Wieder starrten wir den logischen Freund an. Sollte vielleicht der Alkohol gemischt mit der unlogischen Zigarre eine Komponentenwirkung entfachen? „Nächstes Jahr kommst du mit in das Oktoberfest!" Meinte Georg, doch Bernhard beschwichtigte: „Biergenuss ist weniger sinnvoll. Davon wird lediglich das Bauchfettgewebe gefördert . . ." Georg unterbrach ihn unhöflich. „Haut aber auch ganz schön rein, wenn man über die vierte Maß kommt, Bernhard! Auch das musst du noch studieren."
„Wenn du meinst Georg? Ich bin in jedem Falle ausreichend neuen Erfahrungen zugetan. Ich verspüre sogar Lust auf Unlogik! Hatte ich noch nie! Ist das vielleicht das, was ihr Humor nennt? Wenn sich Satzinhalte kreuzen, jeder einzelne Satz in sich eine Logik birgt und dann kombiniert eine komplett sinnlose Darstellung ergibt?" „Jaja, Bernhard! Genau. Kannst du Humor definieren?" Jetzt wollte ich es mal auf die Spitze treiben! „Ich glaube schon, auch wenn mir dafür der Sinn fehlt!" „Gut dann pass mal auf, mein Freund. Ich habe eine Idee! Wenn die Marsgondel fertig ist, dann machen wir beide auch eine Reise!" „Wohin? Zuerst macht ihr den Testflug zum Mond, dann rüsten wir die Marsgondel aus und ihr bringt Material zum roten Planeten, alles andere muss erst geplant werden!" „Sicher! Also planen wir mal: Viele waren schon auf dem Mond, auch sehr viele auf dem Mars, also Bernhard! Ich schlage vor, wir beide fliegen dann anschließend zur Sonne!" „Komplett unlogisch, Freund Max. Die Sonne ist ein Fusionsreaktor, also extrem heiß . . ."

„Das ist es ja, Bernhard! Das macht uns doch nichts aus, ich wollte eben auch vorschlagen, dass wir einen Nachtflug beantragen! Nachts ist es nicht mehr so heiß!" Versetzt leichtes Gelächter rundherum, der Bernhard sah mich groß an, dann plötzlich verzog er den Mund, es sah schon wie ein Lächeln oder besser ein unterdrücktes Grinsen aus, dann kamen doch tatsächlich ein paar glucksende Laute aus seinem Rachenraum.

„Humor? Scheint gewöhnungsbedürftig zu sein. Mir tun die Mundwinkel weh!" Jammerte er nun. Als wäre es ein Zeichen gewesen, lachten wir lauthals los! „Das hast du davon, Freund Bernhard! Hättest du schon eher mit uns ein paar Gläser gehoben, dann könntest du heute schon lachen, weil wir deine Lachmuskeln entsprechend trainiert hätten!" Ein paar Sekunden, dann kam ein: „Haaahahahaaa, aaaaah" und der nun nicht mehr hundertprozentige Logiker hielt sich den Mund! Ihm taten wirklich die Muskeln weh, die er scheinbar noch nie in Gebrauch hatte! Gegen Mitternacht und nach der vierten Flasche Chenet gab sich auch noch Prof. Dr. Joachim Albert Berger die Ehre. Dieser traute seinen Augen kaum, als er den Schramm leicht schwankend und mit einer Restzigarre zwischen den Lippen erkannte. „Ein weiteres Weltwunder?" Fragte er und Gabriella erklärte süß lächelnd unserem neuen Trinkgefährten: „Bernhard! Du weißt wie wir Joachim nennen?" „Ja, logischerweise Joachim! Ihr seid ja per du, oder?" „Jaja, das meine ich nicht! Abgeleitet von Joachim Berger nennen wir ihn den Yogi-Bär!" Bernhard sah den Joachim zuerst unverständlich an, dann verzog er doch den Mund und er quälte sich ein weiteres Mal: „Haaahaaaahahahaha, aua, ahhhhh!" Er musste sich wieder den Mund halten, dann meinte er hinter vorgehaltener Hand: „Euer Humor ist aber auch schmerzvoll! Besser ich gehe nach Lektion eins erst einmal zu Bett und wir trainieren morgen weiter. Ist noch Wein im Depot?"

Eine Lachsalve hallte über das gesamte Gelände, Bernhard schaute betroffen, er hatte die Logik eines, seines Witzes noch nicht erkannt, aber wir konnten uns weiter noch an dem Geschau des Joachim erfreuen, er konnte es nicht fassen! Hatte er doch zum ersten Mal im Leben einen Genkorrigierten der ersten Generation lachen hören. Bernhard entfernte sich langsam und nicht mehr ganz zielsicher vom Tisch, steuerte dabei seinen Wohncontainer an, der aber relativ weit von uns entfernt war, dabei murmelte er: „Dopamin, ja genau! Dopamin durch Wein!"

Fragend sah mich Joachim an. Ich versuchte auch zu erklären: „Auch der Erfolg baut Dopamin auf. Bernhard hat bislang klasse Arbeit geleistet und heute hatten wir den ersten senkrechten Aufstieg der Mondgondel auf einhundertzwanzig Kilometer – absolut problemlos und perfekteste Programmierung der Steuereinheiten – also die Arbeit Bernhards. Dann sein Freundschaftsdefizitprogramm, die Schließung von Freundschaft und die

Bereitschaft, Neues zu erleben; in logischer Folge also der Rotwein! Das waren genügend Glückshormone, die in sein Gehirn gespült wurden, die sich nun befreit hatten und ihm den Versuch zu Lachen entlockten. Es steckt also doch viel mehr in diesen Leuten! Bringt doch mal Rotwein und ein paar Witzhefte in die Anstalten der Depressiven! Sicher besser als ein ebenso dumm und ernst dreinschauender Psychologe, der seinen Titel mit Trockenmilchkonsum erhalten hatte! Alles falsch gewesen! Zeigt den Leuten Clowns, ein andermal wieder Filme von Tragödien. Wechselbäder für die Seelen, dann werden mehr Wunder wahr, als mit hammerharter psychologischer Vorgehensweise! Vielleicht auch ein Likörchen zwischendurch!" Joachim hörte mir zu und meinte, dass schon öfters unkonventionelle Methoden erfolgreich waren und er morgen sofort mit entsprechenden Leuten Kontakt aufnehmen möchte, erste derartige Versuche zu unternehmen. Es wäre wieder an der Zeit, unsere Wohncontainer aufzusuchen, aber ich hatte eine persönliche Freude - zwei persönliche Freuden an diesem Tag! Der Blick auf die Erde von dieser Höhe und die `Heilung´ eines ersten Genkorrigierten, wenngleich Bernhard sicherlich nie eine Stimmungskanone werden wird! Aber mit einem guten Freund war uns allen und uns gegenseitig bestens gedient! Arm in Arm spazierten wir, Silvana und der Georgie, meine geliebte Gabriella und ich in unsere Wohncontainer, welche wir bereits als unser festes Zuhause betrachteten, auch scheinbar die nächsten Monate oder Jahre (?) bleiben werden. Wir verabschiedeten uns noch lautlos winkend, dann waren alle vom Platz! Auch bei uns wirkte der Rotwein etwas mehr als geplant. Deswegen stand nach der Hygienezelle und ein wenig Nachrichten zippen nicht mehr auf dem Programm. Das Gelbett machte mit einem sanften Massageprogramm müde und meine schöne Frau schlief mit dem Kopf auf meinem Bauch kurz vor mir ein.

Am anderen Tag traf ich den Bernhard in der Halle der Mondgondel. Er jammerte etwas über ein Ziehen im Gehirn und über Konzentrationsmangel. „Das vergeht bald wieder, mein Freund!" Beruhigte ich ihn. Dann aber meinte er: „Max, wenn ich die Witzlogik von gestern richtig verstanden habe, dass man nachts zu Sonne fliegen könnte, weil es im Kreuzsinn der Aussagen dort nicht so heiß sein müsste, dann könnte man doch diesen Witz auch anders anwenden, oder?" Ich sah ihn ratlos an. Was war seine Logik in dieser Aussage? Dann erklärte er weiter: „Wenn ich jetzt zu dir sagen würde: Fliegen wir zu Neptun oder Uranus, die äußeren Planeten unseres Sonnensystems, oder zu den Kleinplaneten Pluto und Eris, was würdest du dann sagen?" „Nun, ich würde sagen das ist unsinnig, das sind Eisplaneten und unerbittlich kalt! So eine Reise wäre nicht logisch!" Bernhard stellte ein

Schmunzeln ins Gesicht, schon besser als gestern, aber immer noch nicht durchtrainiert, dann gab er seine Witzlogik preis: „Ich sage nun also, fliegen wir tagsüber, da ist es nicht so kalt!" Ich sah nun wahrscheinlich drein wie ein begossener Pudel! Von seiner Sichtweise aus hatte er vollkommen Recht! Und nun begann er: „Pffrrrr, haahaahaha, ahh!" Ich drehte mich um und musste ebenso lachen. Zwar weniger wegen dem seltsamen Witz eines Logikers, mehr wegen seinem schon besseren Lachverhalten, was sich aber immer noch sehr komisch anhörte. Doch ich gestand ein: „Du hast die unlogische Witzlogik der Basisunlogischen durchaus durchschaut! Meinen Glückwunsch, Bernhard! Du kannst dich glücklich schätzen, für dich gibt es nun eine ganze Welt mehr!" „Danke, Max. Ich sehe, ihr Unlogischen seid gar nicht so unlogisch wenn ihr unlogisches Geplänkel von euch gebt. Das kann durchaus auch als Training zur Vermeidung von Unlogik dienen, weil dann der Unterschied schon fühlbar ist. Will man ernst bleiben, dann sollte man das nicht tun, worüber man lachen müsste, oder?" „Neunundneunzig Komma acht Prozent exakt!" „Wo bleiben denn hier die Null Komma zwei Prozent Unexaktheit?" „Weil Null Komma zwei Prozent der Menschen viele Witze nicht verstehen, nicht darüber lachen würden und dann das Resultat ernst nehmen könnten!" Bernhard sah spekulierend den Dachwafer der Mondgondel an, gluckste und würgte wieder einiges an „Hahaha ahh" heraus. Aber zugegeben, von mal zu mal besser! Dann drehte er sich um, ging zu seinen Simulationsrechnern oder dem Teiledepot, unterwegs trainierte er: „Haha – hahaha – ha – ha – ha, hmmh."

Am Montag den zweiten November 2093 wurden die ersten zwei offiziellen Airbusse in Hamburg ausgeliefert. Zeitgleich wurde der erste Umbauprototyp eines Airbusses einer älteren C-Serie in Toulouse vorgestellt. Damit waren die Streitigkeiten zwischen den Franzosen, den Engländern und den Deutschen, zumindest offiziell beendet. Die Rolls Royce-Werke in England hatten eine Lieferung von Nanoprintern erhalten und produzierten mittlerweile ebenfalls Tachyonenmaterieresonanzwafer in allen möglichen Variationen und von hervorragender Qualität. Rolls Royce hatte sich zur Teilhaberschaft zu der TWC bekannt und einen Zehnjahresvertrag unterzeichnet, dann konnte ohnehin jeder Wafer produzieren, wenn die Patentlimite abgelaufen waren. Weitergehend bestanden aber Georg, Joachim, Sebastian und ich darauf, dass Rolls Royce auch nach einem theoretischen Ausscheiden aus der TWC in zehn Jahren diese Technik nicht für Waffenkonstruktion verwenden darf, auch nicht den Verkauf dieser Technologie an die Waffenindustrie oder als gefährlich eingestufte Unternehmen. Dafür wurden für die Engländer etwas mehr an Geheimnissen gelüftet, so dass diese auch Weiterentwicklung betreiben

konnten. Sie nahmen dankbar an und wollten auch reine Tachyonengeneratoren für allgemeine Energieversorgung entwickeln oder beziehungsweise weiterentwickeln, denn der erste zigarrenkistengroße Generator lief bereits in unseren Experimentierhallen und brachte immerhin schon eine Leistung von fast achtzig Kilowatt! Dabei brauchte dieser Generator nur einmal ein `Initialzündung´ und musste nie mehr abgestellt werden. Die Lebensdauer sollte erst einmal simuliert werden, jedoch konnte man bei dem Prototypen davon ausgehen, dass sich noch kleine Fehlerchen eingeschlichen hätten und dieser dann in zwei, drei, vier oder fünf Jahren den Geist aufgab. Rolls Royce hatte sich vorgenommen, so genannte Hundertjahresgeneratoren zu konstruieren. Durchaus möglich und uns egal, solange diese Energien nicht für dunkle Machenschaften genutzt werden. Es steht an, Europa in absehbarer Zeit, zuerst mit billiger und billigster, dann in einigen Jahren vielleicht auch noch mit kostenloser Energie zu versorgen. Jedes Haus, jeder Kuhstall und jede Hütte könnte ein eigenes, kleines und irgendwann einmal zigarettenschachtelgroßes Kraftwerk bekommen.
Wenn Sebastian von Hamburg zurück sein würde, dann sollte endlich auch unser Mondflug stattfinden. Ab Übermorgen wollten wir noch ein paar Mal mit den Mondanzügen trainieren. Auch diese hatte schon feldgestützte Batterien, ein sicheres Zwischenprodukt, die schon enorm klein waren, aber `nur´ eine Lebensdauer von vier Monaten hatten. Für unsere Zwecke höchst ausreichend! Wir wollten ja nur drei oder vier Tage auf dem Mond verbleiben! Das wichtigste an den Mondanzügen sollte die Umlaufspülung mit Kältemittel sein, um die einseitig harte Einstrahlung des Sonnenlichts, damit auch die Strahlungswärme, entsprechend zu verteilen. Das lösbare Problem war diese Art von Wärme per Strahlung; Konvektionswärme gibt es auf dem luftleeren Mond nicht, kein Medium für Übertragung war dort vorhanden! Die Helme sahen fast so aus wie damals von Armstrong, Buzz Aldrin oder Bean, nur bei Weitem nicht mehr so klobig. Doch auch der Anzug musste mit Innendruck versehen werden, was eine Beeinträchtigung der Bewegungen bedeutete. Diese neue Generation von Anzügen hatten allerdings schon bewegungsunterstützende Servomotoren, eigentlich keine Motoren mehr im elektromagnetischen Sinn, diese Motoren bestehen aus Schiebeelementen, die mit Polymerschichten und Piezorichtkristallen in einem Mehrschichtverfahren kombiniert Schub- und Zugfunktionen ausführen können. Die daraus resultierenden Kräfte waren nicht sehr hoch, aber für diese Zwecke, die Körperkräfte unterstützend, vollkommen ausreichend. Ich wollte ja nicht Gewichte auf dem Mond heben, die dort auch nur der sechstel Raumandrückkraft unterliegen würden, da der Mond für die Tachyonen weniger Bremsmasse von der Gegenseite her bietet, als die zum Vergleich genommene Erde. Ein Mondauto brauchten wir auch

nicht mehr, denn, wollten wir einen Stellungswechsel, dann würden wir unsere Gondel nehmen und langsam woanders hingleiten. Ich spazierte nur noch ein wenig unter einem leicht geschalteten Wafer, um schon einmal die reduzierte Raumandrückkraft zu spüren, doch tat ich dies ohne diesen Anzug. Dabei verkalkulierte ich mich komplett, sprang etwas hoch und kam an einer Strebe an, von dieser wollte ich mich eigentlich weiter schwingen, entkam aber der Zone der wafertechnisch reduzierten Gravitation, wir nehmen rein wissenschaftlich gesehen weiterhin den Begriff Gravitation, auch wenn dieser nunmehr umgekehrt definiert zu sein hat, von Wissenschaftlern in der neuen Definition entsprechend bestätigt. Ich fiel hart zu Boden. Sofort kamen Leute angerannt, um zu sehen, ob mir was fehlen würde. Ich hatte mich gut abgerollt, es sollte höchstens ein blauer Fleck werden.

Ein Feld eines Tachyonen-Materiereeigenresonanzfrequenzwafermoduls oder -komplex, welches auf ein Gravo minus geschaltet wurde, wird mittlerweile und der Einfachheit halber auch Antigravmodul oder Antigravkomplex genannt. Daraus resultieren dann auch die neuen Antigravlifte und Antigravkräne. In New York arbeiteten bereits Antigravlifte in den Hochhäusern, Leute steigen in einen Schacht, der an der Decke mit einem Wafermodul ausgerüstet ist, die Software stammte vom Bernhard, sehr sauber programmiert, so dass die Menschen in die Schachtmitte driften, dann konnte sich jeder über Bügel wieder in die gewünschten Etagen hinaushangeln. Zuerst ungewohnt und skeptisch wurden diese Lifte dann aber zum Volksport. Manchen Menschen wurde aber bei zuviel Schwerelosigkeit übel! Das war noch ein Problem in diesen Antigravitationslifts, denn wenn da was dann so herumfliegt . . .

Für unseren Mondflug wird die HAMBURG zum Reporter-Transporter! Die HAMBURG soll dann bis zum Orbit um die Erde vorstoßen und unseren kleinen `distanzlosen Schritt´ videotechnisch festhalten, auch zu Forschungszwecken!

Die TWC-Brasil meldete den erfolgreichen Umbau von zweiundfünfzig Variobussen auf Variolifter, die bereits in den Einsatz gingen, anschließend meldete sich João Paulo Bizera da Silva zusammen mit einem Vertreter der brasilianischen Industrie und bat zu wissen, wie weit die Entwicklung der Molekularverdichter vorangeschritten war, denn er wollte ebenfalls der Erste sein, der ein solches Gerät für seinen Staat zu Verfügung stellen könnte, der Vertreter der Industrie möchte gleich ein ganzes Werk für diese Geräte und Maschinen aufstellen, auch Tunnelbohrer auf dieser neuen Desintegratorentechnik mit Rahmenverdichter. Die Molekularverdichter würden sich extrem gut in diesem schon immer straßenarmen Land machen!

Molekularverdichtete Fahrbahnen, die in einem Aufwasch hergestellt werden könnten und eine extrem lange Haltbarkeit vorweisen könnten! Logisch, dass sich dabei auch der Präsident selbst wieder meldete. Der Individualverkehr wird die nächsten Jahre einfach noch Wege mit harter, schlaglochloser Oberfläche benötigen! Wir alle vom TWC-Ausschuss hatten beschlossen, den ersten Prototypen der Molekularverdichter sofort nach Brasilien zu bringen und dort zu testen. Auch diese neue Aufgeschlossenheit der Brasilianer lud uns dazu regelrecht ein!

Die HAMBURG wurde nach China bestellt.
Dort war der Nanoprinter am Airbuswerk ausgefallen! Spezialisten checkten den Programmrechner für die Printeransteuerung und stellten Manipulationsversuche fest. Die Chinesen ließen sich alle möglichen Ausreden einfallen, auch zu guter Letzt, es sollte ein Virus das Programm zerstört haben. Einer unserer Softwarespezialisten ließ den Zugriffscounter aufrufen, dieser meldete 471 illegale Softwarezugriffe! Also wollten die Chinesen das Programm genau einsehen, um das Frequenzgeheimnis der Tachyonenwafer lüften zu können! Der Softwarespezialist spielte das Programm neu auf und versah es mit einem weiteren Code und einem Neutrinoschlüssel sowie einer Alarmmeldung, die über das Worldlog sofort an uns geschaltet würde. Nun konnte auch die chinesische Waferproduktion weitergeführt werden. Die ersten Boing mit neuer Technologie wurden nun ebenfalls in den Dienst gestellt; Neuproduktionen sollten folgen.

Aus Hamburg wurde gemeldet, dass eine C 580, eine Nachfolgemaschine der legendären A 380, bereits mit Auslegern ausgestattet wurde und zum Testflug bereit wäre. Diese Maschine nannte man nun erst einmal D2-93, weil sie nur mit zwei Ovalauslegern ausgestattet war, die aber jeweils zwei Waferbahnen erhalten hatten. Außerdem wurden diese Ausleger so konstruiert, dass diese auch Gepäck einladen konnten! Eine Maschine mit nun dreistöckigem Passagierraum und Platz für über 1600 Personen! Die Zahl 93 beruhte auf das Jahr, als es bereits gelang, noch diesen Transporter so umzurüsten! Wieder sollten wir die Ehre haben, diesem D2-93 einen Namen zu geben. Wir berieten und nun hatte Silvana die Idee, die Basis unseres Idealismus zur Namensgebung zu verwenden. Somit war die WORLDUNION getauft. Die WORLDUNION schwebte schon bald in Oberpfaffenhofen ein, bekam die notwendige Sektdusche und nahm den zerlegten Molekularverdichter an Bord, diesen nach Brasilien zu transportieren und dort zu testen. Der dortige Präsident bereitete wieder ein Fest vor und bat uns, auch zu kommen, doch ich teilte ihm mit: „Wir kommen sicher bald mal wieder vorbei, doch wenn der Molekularverdichter

auf Testfahrt geht, werden wir bereits auf dem Mond sein!" João sah mich über die Holoverbindung verdutzt an, dann nickte er und wünschte uns einen guten Flug mit: „Boa viagem, caros amigos!" Dann sollten die letzten Vorbereitungen für die MOONDUST erfolgen. Auch ein paar persönliche Sachen waren kein Problem mehr mit an Bord zu nehmen, das war bei Apollo 12 noch anders, als einer einen Golfschläger und einen Golfball mit zum Mond nahm, diesen aber direkt mitschmuggeln musste, da jedes Kilo Gewicht ja eine Unmenge an Treibstoff kostete!
Diese Zeiten waren nun endgültig vorbei!
Auch bei den späteren Mondflügen nach 2025 gab es noch keine vernünftige und rentable Kostenlösung, was Antriebsenergien betraf.
Jetzt jedoch waren viele Fenster aufgestoßen worden.

Kurz bevor die Mondgondel startbereit war, gelang den Franzosen noch ein großer Coup! Sie stellten einen schnellstens hergestellten Prototyp der reinen D-Serie für Airbus vor. Breitrümpfig und mit direkt angeflanschten Auslegern, der Querschnitt sah fast aus wie ein gequetschter Kleiderbügel, die Maschine wirkte ungeheuer elegant und konnte tolle Kapazitäten für diese relativ kleinen Ausmaße verzeichnen. Auch der Name war für Franzosen klar! Sie wollten ihre Markenzeichen nicht verlieren, sie wollten untermalen, dass Frankreich eine Industrienation war, wollten aber die Deutschen schon mal wegen der Entdeckung dieser neuen Technologie natürlich nicht beleidigen; ein psychologisch wertvoller Name war gefunden:
SPIRIT OF EUROPE wurde der erste D-Serien Airbus genannt!

Ralphs Atmosphärereiniger waren schon zu hunderten unterwegs! Allerdings war der Diamantenpreis wie vorausgesagt in den Keller gefallen. Doch die ersten Ozonbildungen über Australien konnten bereits nachgewiesen werden! Das große Ozonloch war im Begriff, sich langsam zu schließen!

7. Kapitel
Mondstaub

Vom gesamten Zeitplan her etwas verspätet, rückte der Tag des Testfluges oder der Testfahrt zum Mond heran. Morgen, Montag den 16. November 2093 wollten wir nun endlich starten. Gabriella schwänzelte schon den ganzen Tag aufgeregt um mich herum, sie war scheinbar nervöser als ich! Die Fernsehsender überschlugen sich wegen diesem Ereignis. Schon deshalb, da bereits vier Nationen den Mond betraten, die Katastrophe der Chinesen, die mehrere Mondflüge absolvierten, aber die erste Landeeinheit umgekippt war und die drei Taikonauten trotzdem noch ihre Aufgaben und Experimente erledigten, bis der Sauerstoff und das Wasser ausgegangen waren, dann die tapferen Männer den Druckhelm öffneten, durch den Druckverlust das Blut aufkochte und diese sofort von der Ohnmacht in den Tod wechselten. Weitere Landungen glückten aber. Die erste Frau auf dem Mond war aber wieder eine Amerikanerin, doch nach der Katastrophe der Fluten rund auf der Welt von 2039 stand der Mond im Hintergrund und der Mars rückte mehr in das Licht der Interessen, schon einmal, weil man sich von diesem echten Planeten mehr erhoffen konnte. Bis hin zu einer Besiedelung, Terraforming reichten die Pläne und waren auch schon begonnen worden. Ich hatte ein Überraschungspaket geschnürt, welches ich zum Mond mitzunehmen dachte! Wieder wollte ich ein kleines Symbol dort installieren, natürlich auch die bayrische, deutsche, europäische Flagge. Aber auch eine neue Flagge, die ganz einfach alle Kontinente der Erde wie ein Atlas zeigte! Also eine Flagge die eine Welteinheit darstellen sollte! Hellblauer Hintergrund, grün- gelb- braun gemusterte Erdteile. Ausgewählte Reportergruppen installierten bereits ihre Nachrichtenanlagen auf dem Gelände, wurden aber vom Sicherheitspersonal schwer überwacht! Ich wollte früh zu Bett gehen, auch der Georg war aufgeregt wie ein Schuljunge vor dem ersten Schultag, deshalb würde ich mir wieder ein zeitlimitiertes Schlafmittel geben lassen, nachdem ich mich von meiner Gabriella angemessen verabschiedet hätte. Auch Georgie wollte eine Schlafhilfe einnehmen, so hatte er mir seinen Plan ebenfalls mitgeteilt. Meine Gattin schubste mich nach allen Hygienemaßnahmen in das Gelbett und stellte fest:
„Zwei weitere Männer werden den Mond betreten, sicher nicht die letzten, aber mit Sicherheit die Diejenigen, die den Mondtourismus einleiten werden. Bald wird man mit allen möglichen Vehikeln zum Erdtrabanten aufbrechen können. Ich will dann auch einmal hin! Hörst du Max! Auch mein Wunsch ist es, Etappen der Menschheit nachzuvollziehen!" „Dein

Wunsch ist mir Befehl, Liebste, aber lass uns erst einmal das Programm absolvieren. Der Testflug zum Mond und die Rettungsfahrt zum Mars. Wenn diese Technik voll etabliert ist, werden wir Superreisen unternehmen. Ich stelle mich selber für eine neue Berufssparte ein: Die Kosmologen, Erforschung der nächsten Sterne und Systeme, Projekt SETI, zweiter Teil! Du weißt ja noch von SETI?" „Klar mein Held! **S**earching for **e**xtra**t**errestrial **I**ntelligence – Die Suche nach außerirdischer Intelligenz. Jenes Programm, was vor ziemlich genau hundert Jahren privatisiert wurde und in dem damaligen Internet zur Rechnerbearbeitung aufgesplittet wurde. Nur fand bis heute niemand Intelligenzen per elektromagnetischen Wellen."
„Sicher, heute ist mir das vollkommen klar, denn unsere Phase der Nutzung von elektromagnetischen Funkwellen dauerte nur um die einhundertzwanzig Jahre! Bald suchen wir mit den entsprechenden Tachyonenwaferantennen nach modulierter Tachyonenstrahlung und ich bin mir sicherer den je, dass wir hiermit fündig werden! Außerirdische Intelligenzen dürften auch nur eine beschränkte Lebenserwartung haben und können wohl kaum tausende von Jahren irdischer Zeitrechnung auf eine Antwort warten. Ich werde nach dem Mondflug auch dafür sorgen, dass wir ein kosmisches Leuchtfeuer entfachen! Einen Tachyonenmodulator, der, wie es sicher andere Intelligenzen auch machen würden, eine Serie von Primzahlen senden wird. Dabei aber immer eine Serie strahlt, dann die Drehgrade ändert und erneut strahlt, bis 360 Grad abgedeckt sind. Weitere dieser Strahler auf anderen Kontinenten, so dass die dritte Dimension ebenfalls integriert werden kann. Bernhard wird ein Sendeprogramm ausarbeiten, damit der Kosmos sozusagen mit den Strahlungen systematisch deckend abgefahren werden könnte. Die Antennen oder Modulatoren sollten nur eine geringe Strahlungsfächerung erhalten, so dass die Informationen auch noch in sehr weiter Entfernung deutlich ankommen können!" Meine Frau rutschte an meinem Körper langsam herauf, küsste meinen Bauch, meine Brust, mein Kinn, erhoffterweise wurde sie von einem Zuneigungsanfall getroffen, küsste mich dermaßen intensiv, bis ich fast keine Luft mehr bekam. Sie lachte auf, warf ihr Haar zurück, welches in dem gedämpften Licht wieder wie reines Gold schimmerte, stupste ihre Nase gegen meine und bestellte vom Hauscomputer klassische Musik, Beethovens Song of Joy. Das Gelbett massierte ganz leicht, da bestellte mein Superweib noch eine Holoprojektion vom Mond und der Gegend dort, wo wir zu zuerst landen werden: Mare tranquillitatis, nahe dem alten Startgerüst der legendären *Eagle* von Neil und Buzz. Gabriella gab sich, als würde ich nie mehr zurückkehren, schob mir aber langsam, nachdem sie scheinbar nach ihren Gokk-Lehren das Beste getan hatte, dieses zeitlimitierte Schlafmittel in den Mund, ob sie selber auch etwas nutzte,

wurde mir nicht mehr bewusst, denn nach nicht einmal einer halben Stunde befand ich mich schon irgendwo im intergalaktischen Leerraum. Als ich erwachte, wusste ich, dass ich geträumt hatte, trotz Schlafmittel! Nur was ich geträumt hatte, war mir nicht mehr bewusst. Ganz dumpf erinnerte ich mich von einer Aufgabe die ich zu erfüllen haben würde, irgendwo im Kosmos. Aber es könnten ja auch Splitter der Aufregung gewesen sein, die ich ja mit dem Schlafmittel unterdrückt haben wollte. Es war schon sieben Uhr vorbei. Unser Start war für 11:30 Uhr vorgesehen. Ohne große Eile begab ich mich wieder in die Hygienezelle, Gabriella bereitete den Bordanzug, ein Overall mit allen möglichen Anschlüssen zur medizinischen Überwachung für mich vor, jedoch hatten diese Anzüge nichts mehr gemein, mit den Anzügen aus den Pioniertagen der Raumfahrt. Die medizinischen Daten wurden auch nicht mehr auf der Erde ausgewertet, sondern von einem Bordcomputer. Ein leichtes Frühstück konnte ich noch zu mir nehmen und als Nachtisch bekam ich Tabletten gegen die Raumkrankheit, sprich, gegen die Übelkeit, die durch Schwerelosigkeit entsteht. Dieser werde ich wohl nicht lange unterliegen müssen, denn ein Flug zum Mond war eigentlich für diese Technik eine überaus geringe Distanz. Das scheinbar Wichtigste an dieser Fahrt sollte der erste `distanzlose Schritt´ sein, der nun erstmals mit menschlicher Besatzung getestet würde. Und wieder dazu war die Distanz eigentlich viel zu gering, aber nach den kleinen Schritten würden größere folgen! Eines nach dem Anderen, sagten auch schon meine Eltern. Nur nicht hudeln, sonst geht die Welt unter, hatten diese auch gesagt. Gabriella begleitete mich nach draußen, wir gingen in Richtung des Wohncontainers von meinem Freund Georg. Dieser spähte auch bereits bordtüchtig gekleidet aus einem auf Durchsicht geschaltetem Fenster, war auch dann eine Minute später mit seiner Silvana im Freien. Frisch war es geworden. Der sechzehnte Morgen des Novembers 2093 ließ die Temperatur lediglich nur noch auf neun Grad steigen. Dies war nun der kälteste Novembertag seit siebzig Jahren; Erste Meldungen von den Nachrichtenagenturen schwörten sich auf die Atmosphärereiniger von Ralph ein, diese hätten schon soviel Erfolg zu verzeichnen, dass sich bereits der gewünschte Effekt auftut. Es kann sicher schon ein solcher Teileffekt abgeleitet werden, doch hatte es ja schon genügend andere Maßnahmen gegeben, unserem Planeten eine weitere Chance zu geben. Nun stellte sich eben ein Additionsergebnis aller Bemühungen ein. Doch immerhin! In den Alpen fiel schon wieder etwas Schnee. Bis sich aber wieder Gletscher aufbauen, sollte noch Zeit vergehen! Reparaturen sind immer langsamer als Zerstörungen, auch wenn nun eine `schnelle´ Technik vorhanden ist.

Die HAMBURG stand bereit, Reporter und Journalisten aufzunehmen und mit diesen bis in den nahen Orbit vorzustoßen. Diese ausgewählten Personen, es mussten über einhundertdreißig sein, standen nahe des Airbus, der zu diesem Zweck mehrere Kameras und Messinstrumente auf dem Rumpfdach montiert bekam. Alle hatten einen Sprecher gewählt, der auch mit uns in noch kommerziellem Funkverkehr stehen dürfen würde! Wer war nun dieser Auserwählte? Er stand vor allen anderen und machte eine dankbare Verbeugung. Patrick Georg Hunt, von FreedomForWorld-TV! Es war schön für uns zu erkennen, dass nun langsam alle auf diese Friedens-Promotion abfahren! Bislang hatte unsere Welt scheinbar immer alles bekommen was sie brauchte und gerade noch bevor sie endgültig kippte! Auch wenn dies immerschon in scheinbar allerletzter Minute geschah!

Ich schritt zum Patrick, er lachte herzlich und meinte gönnerhaft: „Die neuen Helden sind die alten Helden! Armstrong meldete einen kleinen Schritt, der für alle Menschen ein Großer sein sollte, ihr beide werdet den gleichen Schritt machen, aber es werden Millionen Schritte für alle Menschen sein! Raumfahrt geht in die neue Dimension, nämlich in die Breite!" Ich trat vor allen Reportern auf Patrick zu und umarmte ihn brüderlich, Georg tat es mir nach, dann klatschten wieder einmal alle Reporter, sie verstanden diese Umarmung auch so wie sie gedacht war: Eine Umarmung für alle Menschen dieser Erde. Eine Blaskapelle spielte die bayrische Hymne, dann gab es eine Überraschung! Herr Leopold Weigel, der Ministerpräsident von Bayern kam auf uns zu, schüttelte uns die Hand, aber dermaßen herzlich, dass er den Handverbund mit der linken Hand noch einmal umschloss!

„Ich darf nun vorstellen: Der Entwurf der Welthymne!" Leicht klassischer Klang verließ die Blasinstrumente der Kapelle, rhythmisch und elegant, modern angehaucht und an Fülle aufbauend, am Ende wieder fröhlich ausklingend - das war also das erfüllte Versprechen des bayrischen Ministerpräsidenten, eine Welthymne komponieren zu lassen. Wieder klatschten die Reporter begeistert! Georg klatschte noch ein paar Takte weiter und fragte nun den Leopold Weigel: „Wie heißt diese Hymne nun? Gibt es auch Text dazu?" „Text gibt es, *Erde, Mensch und Frieden*, wird in vielen Sprachen gesungen! Die Hymne selbst heißt, frei nach Inspirationen, die auf euer Handeln zurückgeführt wurden: TERRA! Ab sofort wird diese Hymne auf Datenträgern im Handel erhältlich sein! Verkauf erfolgt zu Selbstkosten! Was dem Frieden dienlich ist, sollte nichts extra kosten ist die neue Devise!" Nachdem auch diese Worte von den Agenturen aufgenommen wurden, erschallte wieder ein Applaus, der nicht abreißen wollte. Leopold freute sich, er strahlte glücklich wie ein kleiner Junge, schüttelte noch mal unsere Hände und überreichte mir eine Puppe des legendären bayrischen Engel Aloisius, gefolgt von der Bitte: „Übergebt bitte diese Puppe dem Mann im Mond, auch mit ihm wollen wir Frieden halten!" Anstelle von mir antwortete Georg: „Das werden wir so halten! Versprochen." Weiter gingen wir in Richtung der Halle, der `Garage´ der MOONDUST. Wir wollten diese Gondel erst einmal aus der Garage `fahren´ und auf dem Platz abstellen. Vor der MOONDUST stand Bernhard Schramm. Kein Zucken fuhr um seine Mundwinkel als er sagte: „Nicht vergessen: Neunundneunzig Komma acht Prozent. Mehr war mit Simulationen nicht möglich. Gute Fahrt." „Bernhard! Ich freue mich dass du hier bist", ich schüttelte seine Hand, „das ist für mich ein gutes Omen!" „Der Glaube an Omen ist ebenso unlogisch, wie an selbst gefertigte Abbilder bildlich manifestierter Einbildungen, aber nachdem ich nun schon gute Einblicke in das Leben der Basisunlogischen gewonnen habe, nehme ich es als so gegeben und wünsche euch Hals- und Beinbruch!" „Jetzt hast du es uns aber gegeben!" Lachte ich und Bernhard kam mir mit einem „hahahaha" weiter entgegen. „Schon viel besser als beim letzten Mal!" Lobte Georg. Bernhard, nun doch ein kleines Lächeln in der Miene: „Ich habe alte Comedy-Serien studiert, nachdem ich eure Witzlogik zu entschlüsseln versuchte, dabei bin ich zu dem Ergebnis gekommen, dass Unlogik die Logik auch trainieren kann! Denn wenn etwas nicht so funktioniert, dann macht man es eben anders!" „Logisch!" Fuhr es mir heraus! Gabriella und Silvana hielten sich den Mund um einen Lachanfall zu vertuschen, doch da legte Berni richtig laut los: „Hahahahaha, lustig nicht?" Nun war es aber passiert! Die Damen zerriss es förmlich, auch wir konnten uns nicht mehr halten. Sofort wurde aber Bernhard wieder todernst. „Zeit zur Gondelpräsentation, vor der Halle wollen alle Reporter noch gute Bilder von Euch! Los! An die Arbeit, faules Pack!" „Hehe! Was soll denn das?" „Habe ich in einer Comedy gelernt!" Er macht Fortschritte, dachte ich bei mir, er will das Geheimnis des Witzes und der Fröhlichkeit ergründen! Kann man so etwas trainieren? Auch für Genkorrigierte der ersten Generation? Die Zeit wird es zeigen, so wie die Zeit immer schon alles irgendwann gezeigt hatte. Wir befahlen dem Rechner der Gondel die Leitersprossen ausklappen. Abschied von unseren Frauen sollte dann aber draußen, öffentlich erfolgen. Schon stiegen wir diese empor, worauf Georg darauf achtete, dass er immer der Zweite war. Er wollte mir alle Ehren überlassen, da jegliche Ideen unserer gesamten Forschung auf einer Ursprungsidee von mir aufgebaut waren. Er bestand sogar darauf, auch als ich erwiderte, dass ohne seinen schnellen Nanoprinter diese Entwicklung fast nicht möglich gewesen wäre. Doch er bedeutete, dass nur ein kompakt denkender Geist wie meiner solche komplexen Zusammenhänge kombinieren konnte, der ein Produkt erschaffen ließ, welches eigentlich von

Anfang an fehlerfrei laufen konnte. Mit einer Grundidee vom Oktoberfest! Was es nicht alles gibt! In nur zwei Monaten hatte die Welt begonnen, sich schneller zu drehen, so entstand ein Eindruck. An Bord nahmen wir unsere Positionen in den bequemen Sitzen ein, schnallten uns an und erklärten dem Bordrechner wieder einmal, er solle mit Schrittgeschwindigkeit die Halle verlassen, dort auf einem markierten Punkt mit der MOONDUST verharren. Wieder schwebte unsere Gondel majestätisch langsam aus der Halle, nachdem die Tore auffuhren. Die Außenmikrofone übertrugen erneut einen lang anhaltenden Applaus der Reporter und der gesamten politischen Präsenz bis hin zur deutschen Kanzlerin, Frau Adelheid Jungschmidt, dem EU-Präsidenten Frederic Fischer, symbolhaft ein Deutsch-Franzose, auch der Präsident Frankreichs war gekommen, wie wir erkennen durften. Neu und soeben eingetroffen: João Paulo Bizera da Silva! Erklärter Freund der Deutschen und der Bayern! Dieser brasilianische Präsident kochte nur so vor Freude, da die ersten Versuche mit dem Molekularverdichter seinem Staat die ersten langresistenten Strassen lieferte und die Produktion dieser Maschinen erst einmal in Brasilien starten würde. Die MOONDUST sollte nun nicht mehr landen, sie sollte in der Schwebe bleiben, dabei nur das eine Landebein ausfahren, welches die Sprossen beinhaltete, so dass wir noch einmal aussteigen konnten. Wir klebten uns die von uns entworfene Welteinheitsfahne an die Overalls, hatten auch noch einen großen Aufkleber für die MOONDUST vorbereitet, welcher vor den Namen dieser angebracht werden sollte. Nachdem wir also erst einmal vor der schwebenden Gondel standen, kam Bernhard mit seinem Experimental-Ringtaxi angeschwebt, was wieder ein großes „Ohhh" verursachte, dieser nahm unseren Fahnenaufkleber an sich, schwebte hoch zum Schriftzug MOONDUST und klebte die Welteinheitsfahne vor diesen Namen. Anschließend dirigierte er seinen Individualschweber in einen Sicherheitsabstand und stellte diesen ab. Es waren mehr Politiker aus Europa und der ganzen Welt angereist, als wir dachten! Ein Tross zog an uns vorbei, die uns alle Glück wünschten, angeführt von der deutschen Kanzlerin, dem bayrischen Ministerpräsidenten, der nun mit der erfolgreichen Unterstützung unseres Projektes den Spitznamen Bayernkaiser bekommen hatte, dann konnte es João Paulo kaum erwarten, uns die Hände wieder einmal zu schütteln. Dabei bedankte er sich in einem fort, wir hätten Brasilien den notwendigen Schubs gegeben, wieder etwas in der gesamten Weltwirtschaft zu gelten. Im Gegensatz zu den Chinesen, die immer wieder versuchten, unseren Computern an den Nanoprintern die Geheimnisse zu entlocken, kam keine einzige dieser Meldungen aus Brasilien! Scheinbar war dieses Volk mittlerweile auch ehrlicher geworden, was ja auch wirklich notwendig war. Scheinbar ein echter Freund der mittlerweile nicht mehr verhassten

Deutschen! Wer öfters in Kriege eingepresst wurde, verstand eben letztendlich mehr vom Frieden und der Notwendigkeit dazu!

Blitzlichtgewitter der Kameras, Ansprache von der Kanzlerin. Diese erwähnte im Zuge auf die Argumentationen der Franzosen und des Airbus aus Toulouse auch den `europäischen Geist´, die von uns propagierte Welteinheit und der voll erwachte Wunsch auf Weltfrieden.

„ . . . war unser Land in der Vergangenheit negativer Mittelpunkt in vielen Kapiteln der Menschheitsgeschichte! Viele Umstände konnten dem ursprünglichen Wunsch aller Deutschen nach Frieden nicht gereichen und wir schlitterten in dunkle Zeitzonen, die nachhaltig dem Staat Deutschland weit über hundert Jahre geschadet hatten. Zwei Männer stellen sich nun mental an die Spitze unseres Staates, nicht nur unseres Staates, nein auch an die Spitze Europas und auch der ganzen Welt! Diese beiden Männer nennen sich nicht mehr nur Bayern, nicht nur mehr Deutsche, nicht nur mehr Europäer, nein! Sie nennen sich Terraner! Also Erdbewohner! Das ist der Geist, der Frieden gebiert, das ist der Geist, auf den unsere Welt viel zu lange warten musste, das ist aber auch der Geist, der gerade noch rechtzeitig kam! Ich begrüße vor Allem auch die Initiative von Herrn Ingenieur Max Rudolph und Herrn Ingenieur Georg Verkaaik, die beginnende Welteinheit mit einer gemeinsamen Flagge zu untermalen. Ich fordere alle Regierungen der Welt hiermit auf, an allen Parlamenten und öffentlichen Flaggenpräsentationen diese Flagge mit dem Design unserer Pioniere zu übernehmen und ebenfalls oberhalb der jeweiligen Nationalflaggen anzubringen. Wie ich erfahren habe, wurde das Design als frei kopierbar vermerkt, ein jeder kann es sich per Worldlog herunterladen, ein jeder kann sich entsprechend diese Flaggen anfertigen lassen! Auch von unserem Lande aus werden diese Flaggen gewinnfrei, nur gegen Unkosten weltweit verschickt, falls gewünscht, doch jedes Land darf produzieren wie die Nachfrage es zulässt! Die Engländer nennen diesen durch die neue Technik entstandener Effekt: `The wave of freedom´, ich bin für diesen Ausdruck dankbar, so doch die Engländer geschichtlich sehr nahe Verwandte sind und Europa geholfen haben, eine große Familie zu werden!"

„Jaja", dachte ich, „wenn der Kuchen gebacken ist, wollen alle ein Stück", aber es ist in jedem Falle dem Frieden förderlich, dies diplomatisch zu bearbeiten. Sicher ordnen sich die Engländer auch neu ein! Die majestätische Hochnäsigkeit war auch den Franzosen in den letzten Wochen vergangen; Nun boten sie wesentlich mehr Kooperation an, als überhaupt ausgeführt werden könnte! Und die Engländer? Diese hatten herausgefunden, dass in der Vergangenheit vor über einhundertundzwanzig Jahren eine verwandtschaftliche Verbindung zu einer Engländerin mit dem

angeheirateten Namen `Rudolph´ entstanden war. Also wir Rudolphs auch ein Bein in England hatten! Nun waren wir Deutschen eigentlich wieder vollwertige Engländer! Alle dortigen Zeitungen berichteten von diesem Spirit, der den beiden Staatsgeschlechtern zugrunde liegt!
Adelheid Jungschmidt hatte auch tief Luft geholt und setzte ihre Rede nach einem kurzen Applaus fort:
„Heute ist ein denkwürdiger Tag für die Geschichte der Menschheit! Nicht weniger denkwürdig als die erste Mondlandung, denn heute werden die Forscherpioniere selbst diesen Flug unternehmen, der bei weitem nicht mehr die Gefahren birgt, als die vorangegangen Reisen zum Erdtrabanten, die mit großen Gefahren verbunden waren und nur einem kleinen Teil der Menschen ermöglicht werden konnten. Heute fällt der Startschuss zur Bebauung des Mondes, für Mondkolonien, für Mondtourismus, das gleiche gilt dann bald für den Mars und weit darüber hinaus! Ein Endziel ist nun nicht mehr zu erkennen, die Möglichkeiten der Menschheit haben sich auf einen Schlag von fast nur noch Null auf fast Unendlich erweitert. Ich wünsche unseren Pionieren einen glücklichen Flug beziehungsweise eine gute Fahrt!" Wieder Applaus. Leopold nahm noch das Mikrofon zur Hand und erklärte sich mit den Worten der Kanzlerin einverstanden, erklärte ebenfalls, dass es ihm auch ein persönliches Anliegen sei, erklären zu können, dass der neue Geist der Menschheit im Begriff war, die ersten wirklich großen Schritte und gemeinsam zu unternehmen. Elf Uhr zwanzig! Wieder unter Beifall stiegen wir wieder an Bord der MOONDUST, verabschieden uns aber vorher noch von unseren Frauen mit einer öffentlich wirksamen Umarmung und einem bestimmenden Abschiedskuss und die Reporter und die deutsche Kanzlerin hurteten sich, ihre Plätze in der HAMBURG einnehmen zu können. Die HAMBURG startete vor uns und stieg langsam auf, verharrte wieder in einer Warteposition, um unseren Aufstieg dokumentieren zu können. Um einen Viertelkreis versetzt, konnten wir die französische SPIRIT OF EUROPE erkennen! Dieser Prototyp sollte also auch den europäischen Geist verfolgen! Wie wir über Bordfunk vernahmen, war auch der französische Präsident an Bord. Unsere Frauen waren in Richtung Halle gelaufen, sie gesellten sich zum Bernhard Schramm, der mit einer steifen Miene immer noch neben seinem umgebauten Ringtaxi stand. Dann sandte der Steuercomputer seinen Fluglizenzcode aus, die beantragten Koordinaten und innerhalb von Sekunden registrierten wir die Bestätigung und die Startgenehmigung. Der Countdown wurde vom Bordrechner wiedergegeben! Punkt Elf Uhr dreißig gewann die MOONDUST an Höhe. Wir stiegen auf, waren bereits durch den Topwafer in der Schwerelosigkeit gefangen, spürten aber indes auch keinen Anpressdruck oder Ähnliches, der Wafer nahm uns diesen Effekt

komplett ab. Wieder nach einer guten halben Stunde waren wir in der Höhe von diesen 120 Kilometern angekommen, wollten aber erst noch einmal höher steigen, nur sollte ein Kontakt zur HAMBURG hergestellt werden. „Hier die HAMBURG, es spricht der Kapitän, ich grüße Euch! Ich bin Peter Utz!" „Hallo Peter! Es freut mich dich zu hören. Bist du Stammpilot der HAMBURG?" „So könnte man es nennen! Diese Fahrt wollte ich unbedingt ausführen, ich wollte euch unbedingt begleiten, es ist eine Ehre für mich!" „Danke!" meldete Georg der sich die Kontrollen ansah und dann den Ausblick genoss. Noch jemand meldete sich: „Hier spricht der Kapitän der SPIRIT OF EUROPE, ich bin Francois Leverac, ich beneide euch, wollt ihr nicht das Cockpit tauschen?" Georg lachte: „Jetzt nicht mehr, dazu müssten wir die Raumanzüge anziehen, aber wie du hier rüberkommen könntest, das würde mir ein Rätsel sein! Ein andermal vielleicht!" „Ich solle euch nur nochmals Grüße vom Präsidenten mitteilen, er glaubt an euch und sieht die Verbrüderung der Deutschen und den Franzosen als vollendet!" „Das sehen wir genauso", meinte Georg, „die Verbrüderung mit der ganzen Welt soll unser erklärtes Ziel sein. Grüße den Präsident bitte ebenso!" „Danke!" „Hallo Georg und Max!" Das war der Kanal der HAMBURG, aber die Stimme, die kam uns bekannt vor! „Ich bin es! João Paulo, euer dankbarer Freund! Ich bekam von meiner Freundin, eurer Kanzlerin Adelheid die Einladung zur Mitfahrt!" Bei der Aussprache von `Adelheid´ hatte er aber noch seine Probleme! Ansonsten sprach er ohne Übersetzungscomputer! João hatte Deutsch gelernt! „Schön, Senhor João Paulo! Wie ich sehe, nutzen Sie keinen Translator, wo haben Sie denn so schnell Deutsch gelernt?" „Ich hatte extra einen Crashkurs in einem Goethe-Institut angenommen! Bitte nennt mich künftig einfach João! Ohne dem Senhor. Wir sind Freunde!" „Das ehrt uns, João! Das ehrt Brasilien!" „Danke! Vielmals danke! Es ist ein Erlebnis! Es ist so schön hier oben, dort! Seht mal! Mein Land dort unten!" Wirklich, Brasilien war nun bereits zu erkennen. Der blaue Planet strahlte mit einer intensiven Farbe, als würde auch er uns alles Beste wünschen. Die HAMBURG und die SPIRIT OF EUROPE wollten auch noch etwas höher steigen. Unsere Initialhöhe für die Kondensatorladung der Wafer sollte sich in sechshundertzwanzig Kilometer Erddistanz einpendeln. Das sah das Steuerungsprogramm erst einmal vor, da wir die Wafer erst einmal komplett abschalten wollten, die Flächenkondensatoren zuschalten und nach der Synchronisation dem Wafer zuzukoppeln, um den `distanzlosen Schritt´ einzuleiten. Der Bodenwafer musste innerhalb von Sekundenbruchteilen nachgeschaltet werden, um den Schritt nicht zu weit auszuholen! Jetzt war das Problem folgendes: Für solch kleine Distanzen musste eine bessere Berechnung stattfinden als für größere Distanzen, damit man nicht über das Ziel hinausschießt! Plötzlich meldete sich eine weitere Stimme, ein neuer Kanal wurde digital frei geschaltet. „Hier spricht der Präsident der vereinigten Staaten! Ich bin an Bord einer Boing 991-DT, äquivalent zu eurer HAMBURG. Das DT bedeutet ebenfalls Serie *D* und *Tachyon*. Wir rüsten bereits im großen Feld um und stellen auch bald einen neuen Tachyonengleiter vor. Ich wollte unseren deutschen und europäischen Freunden bei dieser Gelegenheit danken, wünsche auch eine gute Fahrt und sagt der *Eagle* einen schönen Gruß!" „Sir Norman Hendric Floyd! Es ist mir eine große Ehre, Sie in diesen Sphären begrüßen zu dürfen! Ich habe vor, die Leiter der *Eagle* Ihnen persönlich zu überbringen!" Das war nun mein verbaler Einsatz. „Haben Sie ansonsten noch einen persönlichen Wunsch?" „Nein", lachte der US-Präsident, „nur eben auch, dass auch wir Freunde werden, wir wollen auch mit den Parallelnachkommen unserer Ahnen in die Verbrüderung eintreten!" „Das sichere ich Ihnen zu! Danke!" „Gute Fahrt!"

Dann sollten wir weiter steigen, doch plötzlich quoll die Empfangsanzeige der Empfängereinheit fast über! Es wurden digitale Freischaltungen für neue Kanäle beantragt! Georg befahl: „Computer, analysiere die eingehenden Signale!" Nach nur ein paar Zehntelsekunden meldete der Rechner: „ Amateurfunker auf der ganzen Welt melden sich unter deren offiziellen Rufzeichen, digital, teils veraltetes analoges UKW und VHF. Auch Kurzwelle digital." „Zufallsauswahl von einigen Mitteilungen bitte auf 2D-Schirm einblenden, Rest speichern! Wir werden Empfangsbestätigungen nach der Rückkehr ausgeben!" „Ausführung erfolgt – Jetzt!" Meldungen wie: „Die Welt beneidet Euch" – „Die Welt ist stolz auf Euch" – Schülerinnen eines Gokk-Klosters meldeten: „Wir lieben Euch, wir werden aber Eure Frauen ehren!" Und: „Ihr habt die Welt geeint, ihr werdet auch die Galaxis einen!" Und so weiter. Auch die drei Clipper hier im erdnahen Weltraum bestätigten Millionen Signale dieser begeisterten Amateurfunker! Das wird eine Arbeit werden, diesen Leuten jeweils eine der Empfangsbestätigungen, also der so genannten QSL-Karten traditionsgemäß zukommen zu lassen. Eine sehr interessante Meldung: „Küsst den Mond und winkt dem Mars, nun wird keiner mehr lange alleine bleiben." – „Die Erde ist nun doch Mittelpunkt des Kosmos." – „Keine Hoffnung lag bislang in zuverlässigeren Händen als in den Euren!" Leider mussten wir aus Gründen des Zeitplans den Empfänger neutralisieren, sendeten aber noch eine vorerst allgemeine Empfangsbestätigung aus:
„Die MOONDUST grüßt alle Freunde dieses weltumspannenden Hobbys, wir danken für die Wünsche und lassen uns auch von eurem Spirit begleiten! Danke, dient dem Frieden, der auch die Grundlage für den Amateurfunk darstellt!" Dann ließen wir unsere amtlichen Rufzeichen

digital einblenden, erhielten nochmals unzählige Bestätigungen. Langsam wurde es aber ernst! Wir mussten noch weiter steigen. Die Distanz zu den drei Clippern nahm wieder zu. Diese folgten noch etwas, würden dann aber in einer erdbezogenen Höhe von etwa dreihundertzwanzig Kilometern verharren! Das war wieder ein neuer Höhenrekord für diesgeartete Fahrzeuge! Doch wie Bernhard auch schon sagte: Jetzt werden Rekorde keinen Dauerbestand mehr in Anspruch nehmen können. Wir erreichten die Initialposition von sechshundertzweiundzwanzig Kilometern über der Erdoberfläche. Noch Mal sprang der Empfänger an und meldete das Hoheitszeichen der chinesischen Volksrepublik!
„Hier ist der Kommandant des chinesischen Airbusumbaus D-1002. Wir nennen unseren Clipper `LANGER SCHRITT´. Von der chinesischen Regierung sollten wir ebenfalls den besten Dank für die bisherige Zusammenarbeit übermitteln, ebenfalls eine gute Fahrt und eine sichere Wiederkehr. Unser Präsident liegt im Zentralhospital von Shanghai und lässt sich hiermit offiziell entschuldigen. Er beobachtet die Übertragungen. Auch wir sollten Ihnen gesammelte Volksgrüße senden und sichern Ihnen weiterhin jegliche Unterstützung zu."
Das war nun eine echte Überraschung! So viele Nationen treffen sich hunderte Kilometer oberhalb der Erdoberfläche! Das gab es auch noch nicht! „Ich bedanke mich für die Wünsche der Volksrepublik und sage für unsere Namen jegliche Zusammenarbeit zu, die von den geschlossenen Verträgen gestützt werden. Ich bin auch sicher, jegliche Zusammenarbeit nach Bedarf für die Zukunft ausweiten zu können. Nochmals herzlichen Dank und herzlichen Glückwunsch für den Bau der `LANGER SCHRITT´! Ab sofort waren die vier Clipper nur noch in der Beobachtungsposition! Diese vier Clipper verständigten sich noch untereinander, einer beglückwünschte den anderen zur erfolgreichen Anwendung der neuen Technologie. Doch der Zeitplan war schon im Ablaufen. Die MOONDUST drehte sich für die Fluchtrichtung zum Mond, das Ziel sollte eine seitliche Mondorbitposition sein, die uns ausreichend Abweichkorrekturen übriglassen würde. Die direkte Tachyonenwaferversorgung wurde kurz abgeschaltet, der Flächenkondensator eingebunden, die Synchronisationsspannung angelegt, dann warteten wir, bis die einzelnen Waferzellen des Komplexes grünes Licht gaben. Diese wurden auf einem 2D-Schirm dargestellt. Auch der Rechner selbst bestätigte die Vollsynchronisation! Die vier Clipper meldeten weiterhin Sichtverbindung über die Digital-Optischen Teleskope und wir meldeten Bereitschaft für den `distanzlosen Schritt´. Der Kondensator für den Topwafer wurde nur minimal geladen, auch der Kondensator für Bodenwafer oder Subwafer, um den Schritt bemessen beenden zu können. Dieser soll ja in einer minimalen

Zeitverzögerung dazugeschaltet werden. Der Bordrechner meldete: „Navigation von erdbezogenen Konstanten auf solarbezogene Konstanten umgestellt, erwarte Startbefehl!" Jetzt oder nie! „Startbefehl erfolgt per roter Haupteingabetaste!" Vor mir leuchtete ein runder großer Knopf, mit dem der Vorgang dann eingeleitet werden konnte. Der Mond war nun in Sicht! Aufgeregt schaute mich Georg von der Seite her an und ich nahm dies als Signal für den Druck auf den Knopf! Meine Faust schlug auf diesem weichen Gummiknopf nieder, dank der Sicherheitsgurte wurde ich nicht deswegen weggeschleudert. Plötzlich lag der Mond direkt unter uns! Ich musste erst einmal recherchieren, was geschehen war! Es war minimal heller geworden, dann durchlebten wir eine Dunkelphase, aber nur so kurz, dass ich mich kaum daran erinnern konnte, wieder etwas heller und alles schien wieder normal zu sein! „Positionsdaten, Entkoppelung der Kondensatoren, Aktivierung Waferdirektversorgung!" Der Rechner war flott! „Vorausberechnete Position um 1236 Kilometer übersprungen, Waferdirektversorgung ist aktiv, Kurskorrektur erwünscht?" „Aber klar doch! Wir müssen ein wenig zurück Georgie! Wie gibt es denn das? Hast du heimlich Super getankt, was?" „Ach! Das hatte ich dir noch gar nicht erzählt Max! Ich hatte die Getriebeübersetzung geändert!" „Spaßvogel!" „Selber!"
Die MOONDUST drehte sich langsam und der Erdtrabant breitete sich unter uns aus. Atemberaubend!
„Was dachte wohl Armstrong damals, der mit noch viel primitiveren Mitteln hier angekommen war!" Zuckte es durch meinem Kopf. Georgie bekam nicht genug zu sehen! Er lockerte die Gurte und beugte sich zum Fenster, welches sich leicht verfärbt hatte, damit die harte UV-Strahlung der Sonne blockiert werden konnte. „Erhebend!" War sein ganzer Kommentar. Ein Ruck ging durch die Gondel, da die automatische Steuerung die Steuerwafer und den Topwafer im Direktbetrieb aktivierte und uns zuerst langsam, dann aber immer schneller zurückbugsierte. Die Mondoberfläche zeigte sich graubraun und durch die fehlende Atmosphäre zeichneten sich scharfe Konturen ab, da es keine Lichtreflektionen von einer Lufthülle gab. Fast wie ein exotischer Edelstein beeindruckte uns diese lebensfeindliche Welt. „Warum waren wir um diese guten 1200 Kilometer zu weit `geschritten´" wollte Georgie wissen. „Ich nehme an, da wir von *seitlich* der Erde abgereist waren, so hatten wir den *vollen* Schub von Tachyonen. Bislang hatten wir ja noch keine Referenzwerte für den `distanzlosen Schritt´. Jetzt und künftig können wir schon wieder genauer arbeiten, denn nun haben wir die ersten Referenzdaten abgespeichert. Das wird wohl bedeuten, dass wir den Mars schon um einiges genauer treffen werden!"

An der eigentlichen Position der berechneten Ankunft sprachen auch die Funkempfänger wieder an. „HAMBURG an MOONDUST! Wir haben den Schritt aufgezeichnet! Auch mit einer Hochgeschwindigkeitskamera! Klasse! Hört ihr uns?" Schnell bestätigte ich den Korrespondenzwunsch und konnte in das Anzugmikrofon sprechen: „Wir hören euch! Wir waren um 1236 Kilometer zu weit gesegelt! Scheinbar hat uns eine Sturmböe erwischt. Aber immer noch besser als eine Flaute." Ich wollte wieder etwas scherzen, doch die HAMBURG antwortete nach über zwei Sekunden: „Verstanden MOONDUST, wir habe euch wieder auf dem Schirm, aber undeutlich. Als Radarbild aber einwandfrei. Jetzt richten wir ein kleines Tachyonentestteleskop auf euch – ja – genau! Haben euch als Rasterbild! Tatsächlich! Zwischen dem Funkradarbild und dem Tachyonenrasterbild gibt es eine Zeitdifferenz von fast zwei Sekunden! Der neue hoch auflösende Teleskopwafer gibt ein klares Bild von euch! Es funktioniert Männer!" Auch die anderen Clipper bestätigten Funk- und Teleskopverbindung, allerdings hatten diese kein Tachyonenrasterteleskop, also herkömmliche Empfangsbilder. „MOONDUST von HAMBURG!" Wir wurden noch einmal gerufen. „Wir bleiben noch solange, bis ihr abgestiegen und gelandet seid, dann fahren wir heim, verstanden?" „Alles Roger, HAMBURG wir schauen uns den riesigen schweizer Käse noch ein wenig an, dann beginnen wir mit dem Abstieg. Aber eines kann ich Euch verraten: Es ist einfach gigantisch! Der Mond ist ein echtes Juwel! Den sollten wir nie verkaufen!" „Verstanden MOONDUST, mangels Bieter steht auch noch kein Verkaufspreis fest. Aber was noch nicht ist, das kann ja noch werden!" „Wir wollen nur ein paar Quadratmeter!" Rief Georg in das Mikrofon. „Für eine Parkbank, eine Blockhütte und ein Radieschenbeet, mehr nicht!" „Witzbolde!" Das war Yogi aus der HAMBURG. „Ihr habt was vergessen!" „Was denn?" Georgie nun schon höchstgelaunt! „Den Swimmingpool!" Lachte Joachim. Nun musste aber ich auch noch meinen Senf dazu geben: „Das würde sich schon rentieren, denn auf dieser Seite vom Mond scheint die Sonne immer! Das zahlt sich eine Solarheizung schon innerhalb kürzester Zeit ab!" „Na seht ihr! Habe ich nicht Recht gehabt? Jetzt aber Spaß beiseite! Macht dass ihr runterkommt und trödelt nicht wieder so lange rum, ja? Sonst schicke ich euch eure Frauen nach!" „Mit was denn? Mit der U-Bahn?" „Haha! Es tut sich was! Die Japaner melden die baldige Fertigstellung einer eigenen Mondgondel, ebenso die Australier und die Russen! Saudi-Arabien will eine Hotelkuppelanlage aufstellen und einen Linienverkehr dorthin einrichten! Schon ab nächstem Frühjahr! Beeilt euch, sonst habt ihr keinen Platz mehr dort und andere treten euch auf die Füße!" „Donnerwetter! Aber gegen eine Luftkuppel haben wir nichts! Dann würde es auch mit dem Weißbier klappen!" Musste ich noch loswerden und der Georgie lächelte verschmitzt. „Gut, HAMBURG! Wir beginnen mit dem Abstieg! Sendepause!" „Good landing!" „Danke!" Von den anderen Clippern kamen auch noch die Wünsche für eine gute Landung, dann gab der Transceiver die Sendeschlußkennungen aus und schaltete auf Bereitschaft. Ich befahl dem Sempex-Rechner das Abstiegsprogramm zu fahren. Wir mussten nicht mehr aus einer Spirale bremsend absteigen, das hatte sich komplett durch diese neue Technik erübrigt! Wir konnten punktgenau und senkrecht hinunter. Dabei machten wir noch eine weitere Halbdrehung und nun war auch die Erde im Blickfeld. War das ein schöner Planet! Über die Hälfte von der Sonne beschienen und in übermäßig blauer Farbe glänzte der dritte Planet unseres Sonnensystems wie ein von hinten beleuchteter Aquamarin. Mir tränten die Augen vor Freude und Aufregung und vor Hochachtung für unser Sonnensystem, diesen Kosmos, diesen Seitenarm in unserer Heimatgalaxie. Mir schwanden fast die Sinne im Denken, wie klein wir doch in Wirklichkeit sind, wir Menschen, deren Geist aber zu solchen Bocksprüngen fähig war. Und bald zum Mars! Und bald weiter! Und bald wird alles Alltag sein? Ist das alles noch Realität? Wieder fixierte ich die Mondoberfläche, die immer größer wurde, die Krater immer deutlicher und detailreicher, mit harten Licht- und Schattenkonturen. „Noch vierhunderteinundvierzig Kilometer, Navigation jetzt nach Mondkoordinaten." Meldete die Sprachausgabe des Steuerungsrechners. „Noch dreihunderteinundzwanzig Kilometer." Der Sempex-Rechner arbeitete nach dem Superprogramm Bernhards und brillierte nur so vor Perfektion! Lediglich die paar Kilometer zuweit konnte er nicht wissen. Jetzt fiel mir etwas auf! Hatte der Bernhard nicht gesagt: „Neunundneunzig Komma Acht Prozent?" Waren diese Abweichung etwa seine Null Komma Zwei Prozent? Wenn dem so wäre, dann ist der Schramm ein Vollgenie! In der Distanz sorgten diese Abweichungen aber kaum für Probleme, denn Zielobjekte würden mit dieser Reisetechnik sicher immer seitlich anvisiert, damit Korrekturmöglichkeiten offen bleiben. Fünfzig Kilometer vor der Mondoberfläche startete der Rechner die Funktion für das Ausfahren der fünf Landebeine. „Schau Max! Die Startplattform von Armstrongs *Eagle*! Dort vorne links oben! Die Leiter ist aus unserer Sicht an der rechten Seite angebracht! Ein paar Minuten später landete die MOONDUST, keine hundertfünfzig Meter von der Eagle-Plattform entfernt. Wir hatten eine hundertprozentig waagrechte Position behalten, denn der Bordrechner justierte die Landebeine entsprechend. Die Waferkomplexe wurden abgeschaltet und wir erhielten eine körperliche Schwere, also diese geringe Raumandrückkraft, da der Mond eben mangels Masse im Vergleich zur Erde mehr Tachyonen diffundieren lässt. Wir hatten nur ein Sechstel

unseres Gewichtes! Ein sonderbares Gefühl. „Los! Raus! Ich kann es fast nicht mehr erwarten!" Georgie war in seinem Element, doch ich bremste ihn: „Langsam, Freund. Erst wollen wir noch auf unseren persönlichen Zwischenerfolg anstoßen!" Aus meiner aluminiumbedampften Astronautentasche zog ich einen Kühlbehälter mit Champagner, zwei Makrolonschaumsektgläser und ich öffnete die Flasche sehr vorsichtig; ich ließ den Korken nicht knallen! Dann hatte wir zwei volle Gläser und wissend, welch wertvolle Freundschaft wir hegten, stießen wir auf unseren Zwischenerfolg an. Der Champus perlte etwas mehr als auf unserer Erde, auch eine Folge der geringeren Andrückkraft. Beim fast letzten Schluck meldete sich die HAMBURG wieder: „Herzlichen Glückwunsch zu eurer Landung im Meer der Ruhe, es gibt viele, die Euch beneiden! Eure automatischen Kameras liefern tolle Bilder, auch von der Eagle-Plattform! Wo habt ihr den Sekt her?" Mann! Da war auch eine Innenkamera in Betrieb! „Das ist kein Sekt, das ist Champagner! Wir müssen dieses Ritual durchstehen, denn wenn die Araber kommen und eine Kuppelanlage errichten, dann gibt es sicher auch Alkoholverbot!" „Wir können euch beruhigen, die Araber wollen für Touristen sogar einen extra Mooncocktail kreieren lassen! Es wird kein Alkoholverbot geben!" „Ja dann", meinte ich in die Innenbordkamera blinzelnd, „Prost!" Ich hob das Glas, auch Georgie hob das Glas, dann meldete die HAMBURG weiter: „Euer `Schritt´ war faszinierend, Jungs! Per Hochgeschwindigkeitskamera wurde dieser analysiert, aber das könnt ihr euch zuhause anschauen, nur so viel: Die MOONDUST wurde verwaschen, transparent und wie ein dunkler Schatten. Dann tauchtet ihr seitlich von Luna wieder auf, die gleichen Effekte, nur umgekehrt! Vergleichen wir bitte die Atomborduhren, ja genau: Ihr seid fast eineinhalb Sekunden jünger geblieben wie wir! Das bedeutet, dass bei Start des distanzlosen Schrittes und bei Ende, also vor der Bildung des Miniuniversums und nach dessen Auflösung ein kleiner Dilatationseffekt auftritt, der aber absolut vernachlässigbar ist. Nun ist es amtlich!
Die Menschen können in den Kosmos aufbrechen. Der Startschuss ist gefallen. Auch dazu herzlichen Glückwunsch!" „Nochmals danke!" „Moment, wir fahren nun wieder heim, wir haben Signale von der Erde, schaltet euren Holoschirm ein!" Wir taten wie uns geheißen, dann erschienen unsere Frauen, Gabriella und Silvana nebeneinander vor der Aufnahmeeinheit des Wohncontainers von Georgie und überfielen uns mit Handküsschen! „Auch herzlichen Glückwunsch von uns beiden! Tut uns bitte den Gefallen und geht uns nicht fremd dort, ja?" „Bald würde es sicher möglich sein, aber wer geht denn solch wohlerzogenen, schönen und intelligenten Damen wie euch fremd? Wir sicher nicht, es würde nichts Besseres nachkommen! Und eine Mondhexe wollen wir schon überhaupt

nicht!" „Habt ihr auch eure MOONDUST schön sauber gehalten, nichts schmutzig gemacht?" „Innen ja, außen wollen wir dann mal nachsehen und mit dem Staubwedel mal darüber fahren, ist das OK?" „Gut einverstanden, polieren müsst ihr nicht, das machen dann wir, wenn ihr wieder zuhause seid! Viel Spaß noch und geht nicht zu weit raus, ja!" „Machen wir, aber hier wird es nicht recht viel dunkler! Wir können schon etwas länger wegbleiben." Dann verabschiedeten sich unsere Damen wieder mit Handküsschen und winkten süß lächelnd, auf Handsignal schaltete der Holoschirm ab. Auch eine Fernsehkamera hatten wir im Gepäck, welche wir außen mit Sicht auf die Gondel aufstellen sollten. Langsam zogen wir unsere Mondanzüge an, dies fiel uns leichter als gedacht! Auch die geringere Raumandrückkraft war nützlich dafür und vor Allem, der angenehm und relativ große Innenraum der MOONDUST. Ich befahl dem Bordrechner das Ausfahren der Sprossen an der Landestütze direkt unter der mannsgroßen Luke, doch da fuhren nur die oberen Sprossen aus! Die letzten unteren Sprossen und ein paar mechanische Teile der Landebeine waren nicht mehr vorhanden! Ich erschrak! Sollte die Mondgondel einsacken, wenn vielleicht die Landebeine instabil würden? Was war geschehen? Wieso waren Teile dieser Spinnenbeine nicht mehr vorhanden? Georg sah schräg aus dem Fenster und recherchierte: „Die Landebeine sind stabil, die Niveauregulierung befindet sich im Gondelinneren! Der Klappmechanismus der unteren Sprossen ist verschwunden. Hat uns doch etwas gerammt, ich hatte nichts gehört – oder welcher Effekt war hier eingetreten?" „Können wir aussteigen?" Meine Sorge. „Ich denke schon. Die letzte erreichbare Sprosse ist etwa einen Meter fünfzig vom Mondboden weg. Wegen der geringeren Raumandrückkraft können wir etwas hochspringen oder . . ." „Was oder?" „Ich habe eine Idee! Los, steigen wir erst einmal aus!" Nachdem wir die Anzüge geschlossen hatten, alle Systeme überprüft und eine Funkkontrolle zum Bordrechner geschaltet hatten, befahl ich dem Sempex-Rechner das Abpumpen der Bordluft. Nur ein geringer Gasanteil verblieb, als wieder der Rechner nach Rückfragen mit den Anzugkontrolleinheiten sozusagen grünes Licht gab. Die Luke klappte nach oben auf, man sah etwas Gasgemisch entweichen und Georgie packte ein paar Polymerkunststoffboxen, die er einfach durch die Luke nach außen warf! Ich begab mich nun als erster auf die oberste Sprosse, stieg am Landebein so weit hinab, bis nun keine Sprossen mehr vorhanden waren, dann sprang ich! Schon landete ich sanft auf der wirklich weichen Mondoberfläche. Ich drehte mich um und beobachtete, wie Georg ebenfalls die Sprossen nutzte, bis diese ausgegangen waren, auch er sprang gleich mir und landete sanft im *Mondstaub*. Dieser fast mehlartige Staub hatte unserer Gondel den Namen gegeben. „Klappt die Verbindung? Eins, zwei, Test!"

„Verbindung über VOX-Sprachsteuerung steht!" Bestätigte ich. „Wenn ich schon kein Weißbier mitgenommen habe, aber wenigstens etwas ganz Nützliches!" Georg öffnete eine der Boxen mit einem Knopfdruck und ein gedämpfter Federmechanismus lies den Deckel aufklappen. Was machte der Georg? Ich glaubte meinen Augen nicht zu trauen! Er hatte einen Campingtisch mit zwei Campingbänken mitgenommen! Und einen steinernen, bayrischen Maßkrug!" „Dass du nicht ganz normal bist, dass wusste ich schon länger", scherzte ich, „aber dass du eine Campingausrüstung mit zum Mond nimmst, dass ist doch wohl der Gipfel!" Die Funkverbindung war auch digital und absolut einwandfrei! Wir hätten nicht über IEP kommunizieren können, da für diese Mobiltelefonnachfolger auch kein Repeater auf dem Mond installiert war! Also keines der notwendigen Umsetzer. Das war noch ein technischer Mangel, den es für die Zukunft zu beheben gilt! Georg stellte den Campingtisch unter die Landestütze, davor eine Bank und auf den Tisch eine Bank! Damit konnten wir bequem die erste der noch vorhandenen Sprossen erreichen. „Du bist einfach genial!" Lobte ich den Freund. „Endlich mal jemand, der mein wahres Wesen erkennt." Meinte Georg. Er stellte noch den Maßkrug auf den Tisch, seitlich, damit wir ihn nicht umstoßen würden, dann liefen wir rüber zur Eagle-Plattform, oder besser, wir wollten hinüber laufen! Doch die Beine kamen nicht immer rechtzeitig auf dem Boden an. Ein Laufen war fast nicht möglich! Ich erinnerte mich an die ersten Gehversuche von Neil Armstrong und Edwin Buzz Aldrin und die Videoaufzeichnungen, noch in Schwarz-Weiß! Sagten diese Männer nicht, es wäre auf dem Mond besser, sich mit einer Art Kängurusprüngen fortzubewegen? Ich versuchte es und bald hatte ich das System entdeckt! Zuerst etwas nach vorne kippen lassen, dann mit beiden Beinen gleichzeitig abstoßen, aber vor dem Ziel zusehen, dass man wieder in eine vertikale Lage kommt! Auch der Georg trainierte entsprechend und bald hörte ich ein „Juhuu! Das ist super, das ist schön!" Dann bekam der Freund auch noch einen Gesangsanfall: „Das Wandern ist des Müllers Lust, das Wandern ist des Müllers Lust, das Wa-han-dern! Äh Max! Wie geht es weiter?" „Weiß nicht. Das ist schon ein altes Lied. Wie wäre es mit: Im Frühtau zu Berge?" „Nicht schlecht! Sing vor!" Da musste ich aber passen, das sangen wir einmal im Kindergarten oder so. Schon zulange her. Dafür begann ich etwas zu pfeifen, es zischte zwar zeitweise über das kleine Anzugsmikrophon, doch Georg pfiff im Canon mit. Als wir vor der Eagle-Plattform standen, hörten wir beide mit unserer Pfeiferei auf. Ehrfurcht vor diesen Pionieren der Vergangenheit ergriff uns wie auf Befehl, einen Jeden unabhängig! Ich strich über die glänzende Tafel mit der Aufschrift: WE CAME IN PEACE FOR ALL MANKIND, (Wir kamen in Frieden für die ganze Menschheit) darunter die zwei Kreise, die beide

Seiten der Erde zeigten, doch was war das? Diese Farbe löste sich! Oh Schreck! Diese pure Sonnenhitze, diese ungehinderte Bestrahlung hatte diese Aufdruckfarbe mürbe gemacht! Sofort zog ich meine Hand zurück, um nicht noch mehr kaputt zu machen! Wir hatten kein Werkzeug zur Leiterdemontierung mitgenommen. Ich befahl dem Bordrechner unserer Gondel: „MOONDUST! Öffne den `Kofferraum´!" Jetzt war ich neugierig, ob Bernhard auch diesen Begriff berücksichtigt hatte. Tatsächlich! Die MOONDUST hob sich an, der untere Teil öffnete sich wie eine Muschel und wir bekamen Zugriff zu den Werkzeugen. Wieder mit Kängurusprüngen erreichte ich unsere Gondel und entnahm eines dieser Desintegratormesser. Zurück bei der Eagle-Plattform durchtrennte ich damit die Haltebolzen der Leiter, auch an einem Landebein angebracht. Diese überaus leichte Leiter nahm ich scherzhaft unter den Arm und trällerte ein Liedchen wie es ein Kaminkehrer machen würde. Langsam schlenderte ich dann aber mit `normalen´ Schritten zur MOONDUST, legte dann diese Leiter in den Stauraum. Georg mahnte mich: „Wir müssen die Übertragungsausrüstung aufbauen! Die Leute auf der Erde wollen etwas sehen von uns!" „Richtig! Habe ich fast vergessen!" Ich gab den Befehl, die `Muschel´ wieder zu schließen. Dann also zu den Boxen und die Ausrüstung hervorgeholt. Eine Weitwinkelkamera mit einer Gaslinse kam zum Vorschein, eine Parabolantenne auf Dreibeinstativ mit Selbstjustierung, dann noch eine in ein spezielles Gehäuse eingebaute Vierhundertmegapixel-Digitalkamera für unseren persönlichen Gebrauch. Die Einheiten wurden verbunden, die Feldbatterien angesteckt und schon richtete sich die Antenne in Richtung Erde aus. Kurz darauf begann auch die Kamera zu suchen und wir empfingen ein Signal eines Überwachungstechnikers aus Oberpfaffenhofen: „Da seid ihr ja! Wir warteten schon, wo ward ihr denn so lange?" Ich konnte meinem Glücksgefühl nur mit Witz Ausdruck verleihen: „Wir standen in der Schlange vor dem Besucherschalter – aber Spaß beiseite! Wir haben ein paar Sprossen verloren! Noch können wir nicht nachvollziehen, wie dies geschehen konnte. Auch die einzelnen Servomotoren, die diese Sprossen auszuklappen gehabt hätten sind nicht mehr vorhanden!" „Geht bei euch der Weltraumklau um? Geht das jetzt schon los? Haha. Wir fragen den Bernhard Schramm – einen Moment bitte." Es dauerte nur etwa zwei Minuten, dann meldete sich der Techniker wieder: „Bernhard hatte die Aufnahmen der HAMBURG analysiert! Er ist der Meinung, dass der Topwafer etwas breiter sein müsste! Mit dem Tachyonenteleskop konnte man erkennen, dass sich eine Art Tachyonenvakuum bildete und das, wir nennen es einmal Transportfeld, zwischen Top- und Bodenwafer mittig etwa einen Tachyonenring bekommt, etwa wie ein mittig geschnürter Sack!

So befanden sich diese Servomotoren minimal außerhalb des Transportfeldes, also habt ihr diese einfach `liegengelassen´, als es losging. Doch Bernhard ist sicher, dass es sich hier um ein natürliches Phänomen handelt, was die weitere Leistungsfähigkeit für distanzlose Schritte nicht beeinträchtigt! Die Wafer müssen etwas breiter werden, vielleicht gelingt es bei den nächsten Fahrzeugen, eine Entwirbelungseinheit zu montieren! Schramm sitzt schon vor seinen Simulatoren!" „Null Komma zwei Prozent, nicht wahr? Jetzt haben wir es! Null Komma ein für die 1236 Kilometer zuviel und Null Komma ein für die abgefallenen Servomotoren!" „Wie meinen?" „Sag es dem Bernhard, der kann es erklären!" Wieder dauerte es etwas, dann meldete sich die Stimme des Technikers wieder: „Schramm meinte, ihr habt ins Schwarze getroffen. Nur die Aufteilung steht mehr zugunsten der fehlenden Motoren! Eine gewisse Distanzdifferenz würde immer wieder auftreten, es kann auch Fluktuationen in den Tachyonenströmungen des gesamten Universums geben! Doch besteht sicher auch bald die technische Möglichkeit, diese vor einem Schritt anzumessen und entsprechend die Kondensatoren zu justieren! Ah, ich sehe, ihr habt die Leiter schon verpackt? Die Eagle-Plattform gibt es noch. Prima! Wir gehen nun wieder auf Standby und genießen die Bilder vom Mond! Weiterhin viel Spaß!" „Danke!" Nachdem ich nun wusste, dass viele Menschen auf der Erde zuschauen konnten, wollte ich meine Überraschung auspacken. Ich hatte diese in einem aluminiumbedampften Kunststoffsack im Stauraum der MOONDUST. Schon hob ich das Gepäckstück heraus und öffnete dieses. Heraus kam ein künstlicher Tannenbaum, welcher sich die ebenfalls künstlichen Äste selbst aufklappte und ich konnte diesen optisch schön zwischen MOONDUST und Eagle-Plattform platzieren. Georg schüttelte den Kopf, was ich nur undeutlich durch den Mondanzug wahrnehmen konnte, doch sein Kommentar ließ nicht lange auf sich warten: „Haut dir die erhöhte Dopaminproduktion im Hirn eine vor den Latz? Sag mal, spinnst du? Was willst du denn mit diesem Plastikbaum?" „Das ist ein Christbaum, mein Freund! Schau, ich schalte mal die Lichter an, die Langzeitbatterien befinden sich im Stamm und im Ständer. Wir haben zwar erst den sechzehnten November, aber vor Weihnachten wird wohl noch keiner nochmal hierher kommen. Weihnachten feiere ich als Fest der Tradition und als Fest des Friedens! Nicht aus religiösen Gründen, denn aus religiösen Gründen wurde auch der Christbaum nicht erschaffen! Hiermit sind wir die ersten, die einen Weihnachtsbaum auf den Mond gebracht hatten!" Als der Baum stand, tastete ich nach einem kleinen Schalter am Stamm und diese kleinen Leuchtdioden blinkten in allen Farben um die Wette! Kurze Zeit später schaltete sich unser Empfänger hoch und die Oberpfaffenhofener sangen uns ein Lied: „Oh Tannenbaum, oh

Tannenbaum . . ." Diese Situation war viel zu abstrakt, als dass man sie auf einmal glauben könnte! Ich selber musste in mich hineinlachen. Ich hoppelte noch mal weiter zur Eagle-Plattform, da vorbei und stand vor der amerikanischen Flagge, die auf einem zweiteiligen Aluminiumstab mit Querstrebe angebracht war! Ich klopfte gegen den Hauptstab und was passierte: Die Flagge flatterte! Durch das Schlägchen wanderten die Schwingungen über den Stab bis in die Kunststofftextilie hoch und regten diese Flagge zur Resonanzwelle an! Früher hatte es doch einmal Verschwörungstheoretiker gegeben, die nicht mehr glaubten, dass die Menschen schon auf dem Mond waren. Besonders die Flaggen waren im Mittelpunkt der Kritiker gelandet. Doch wieder eine Überraschung! Die Flagge zerbrach nach einigen Schwingungen. Wieder hatte die harte Strahlung der Sonne ein Produkt mürbe gemacht! „Jetzt geh aber weg da, Max! Du machst ja alles kaputt! Zuerst die Tafel, jetzt noch die Flagge! Du wirst irgendwann mal den ganzen Mond kaputt machen!" „Ich habe ja dich dabei! Du reparierst das schon wieder, nicht wahr?" „Hmmh!" Dann tollten wir aber noch herum wie die kleinen Kinder. Die letzten Ängste waren verflogen und wir waren nun schon einmal hier! Ein Wunsch ging in Erfüllung, auch ein Wunsch der nun wiederholbar sein würde! Sicher auch, denn ich möchte meiner Gabriella den Mond auch einmal zeigen, immer wieder wird der Mond ein erster Schritt sein, wenn man sich für diese Richtung einmal entschieden hatte! Ich legte mich auf den Bauch, der Rückentornister mit der Energieversorgung, den Umlaufpumpen und den Sauerstoffflaschen belastete mich kaum, ich hatte den inneren Drang mit dem Mondstaub zu spielen und ich spielte! Ich begann eine Sandburg zu bauen, doch dazu eignete sich dieser Sand nicht! Er behielt wegen der Trockenheit keine Form, alle Knetversuche über eine bestimmte Größe hinaus scheiterten. Auch Georg kroch wie eine Schildkröte im Mondstaub. Dann sprang er auf und hüpfte in Richtung eines Kraters. „Komm mit!" Forderte er mich auf. „Wir wollen im Kratersee baden gehen!" Wir lachten und trotz der Anzugregulierung bildeten sich leichte Schweißperlen auf meiner Stirn, als wir diese Anhöhe hinauf sprangen, den Kraterrand, der gar nicht so scharf war, als noch von größerer Höhe aus gesehen, schon stolperten wir mehr in Richtung Innenkrater, dort hatte sich eine gehörige Menge Staub angesammelt. Wir sanken bis zu den Raumstiefeln in diesen ein, es kam fast einem Bad gleich, ein sehr trockenes Bad aber. Eine warnende Stimme aus dem Empfänger: „Geht doch mal zurück in die MOONDUST, ruht euch aus! Morgen ist auch noch ein Tag! Euer Puls hat bereits seit Stunden einen Rhythmus wie ein Waldspecht! Langsam Jungs, langsam!" „Ist gut, wir gehen!" Sie hatten Recht! Wir bemerkten durch das Fehlen von Tag und Nacht gar nicht, dass schon viele Stunden vergangen waren! Es war wirklich besser, sich erst einmal wieder auszuruhen, also wanderten wir gemächlich zu unserer Gondel zurück, stiegen über die Campingbank auf den Campingtisch, wieder auf die darauf stehende Bank und konnten bequem die Sprosse erreichen, die uns über die nächsten zur Luke führte. Die Luke schloss sich, der Bordrechner stellte wieder ein atembares Gasgemisch zusammen, dann entledigten wir uns erst einmal der Anzüge. Ich meinte immer noch, ich würde in einem Traum leben, ich kniff mich in die Wange und es tat weh. Draußen stand ein Weihnachtsbaum, der fröhlich blinkte, dahinter die Eagle-Plattform und eine teils zerbröselte amerikanische Flagge. „Morgen müssen wir aber unsere Flaggen aufstellen alter Kumpel! Wir sollten den alten Pionieren in nichts nachstehen müssen. „Wahr gesprochen! Ich glaube, ich gehe in mein Bett!" So Georg. „Mondwandern macht müde!" Auch ich fühlte mich auf einmal hundemüde und ich musste gähnen. Tatsächlich erledigten wir unsere Hygiene schnellstens und suchten die bequemen Liegeflächen auf dem oberen Deckenrost auf. Trotz der ungewohnten, geringen Raumandrückkraft, oder vielleicht auch deshalb konnten wir sehr schnell einschlafen. Unsere erste Schlafphase auf dem Erdtrabanten, Nacht konnte man ja wirklich nicht sagen!

17. November 2093. Wir wurden süß geweckt! Der Empfänger wurde durch eine Codeschaltung laut gestellt und wir hörten die Stimmen unserer Frauen. Beide, Silvana und Gabriella hauchten in das Mikrofon der Gegenstation: „Aufstehen, ihr Männer im Mond! Ihr seid nicht zum Vergnügen dort! Macht eure Arbeit und schaut, dass ihr wieder heimkommt, zu euren Frauen, wo ihr hingehört! Aufstehen!" Ich war etwas traumtrunken und rumpelte in die Höhe, so dass ich fast die Decke mit der Plastkuppel der MOONDUST erreichte, ich nämlich diese geringere Raumandrückkraft momentan vergessen hatte. Auch dem Georg ging es scheinbar nicht anderes, denn er unterdrückte einen Fluch: „Verdammt, was ist . . . ah, ja, jetzt kommt es mir wieder! Mensch! Wir sind ja auf dem Mond!" „Ich habe auch etwas geträumt, von dem ich nicht sagen kann was es genau war, aber jedenfalls war meine Gabriella dabei – und Palmen gab es!" „Dann liegst du aber ganz falsch, Freund! Schau mal aus dem Fenster! Wenn du da eine Palme siehst, dann fresse ich so einen Meteoritenklumpen!" „Ah, ich wollte sagen: Weihnachtsbaum! Ach bitte, friss doch so einen Klumpen!" Georg sah mich strafend an, dann wandte er sich der Empfängereinheit zu und schaltete den Holoschirm hoch. Nun waren unsere Damen vor dem Swimmingpool in Bikinis zu sehen. „Das ist aber gemein von euch! Ihr badet im Pool und wir müssen mit unserer Zerstäuberdusche und Recyclingwasser vorlieb nehmen!" Reklamierte ich

lächelnd. Silvana trat einen Schritt vor und wurde ernst: „Georg, der russische Präsident hatte erfahren, dass ihr Armstrongs Leiter wieder mit zur Erde nehmt. Er bittet darum, auch im Sinne der Gleichberechtigung der Nationen und zu Forschungszwecken, dass ihr den Bergearm der russischen `Lunar-Lander´ auch mitbringt! Macht ihr das?" „Sicher doch! Schick uns doch die Koordinaten an den Sempex, wir machen uns dann auf den Weg." Silvana schob einen Kristallspeicher in den Transceiver, dann erschien in unserer Empfängereinheit kurz ein orangenes Blinken und diese Lämpchen wechselten zu Grün. Die Daten waren übertragen. „Wie geht es dir mein Schatz?" Wollte Silvana von Georg wissen und dieser antwortete: „Fast wie zuhause, gestern hatten wir ein Kraterbad genommen, der Max hat einen Weihnachtsbaum aufgestellt und wir haben glücklicherweise einen Campingtisch und Campingstühle dabei, sonst hätten wir ganz schön hoch springen müssen um wieder an Bord zu gelangen! Aber es ist nicht sonderlich überlaufen hier! Ziemlich abgelegene Gegend, würde ich sagen. Den nächsten Urlaub will ich wieder woanders hin." Alle Fragen und Antworten bekamen eine zusätzliche Zeitverzögerung von etwa zwei Sekunden. Dies war eben die Zeit die diese Radiowellen benötigten. Silvana lachte. „Das ändert sich sicher schon bald! Aber du darfst nur noch ein oder zweimal maximal ohne mich weg, hörst du? Dann will ich dabei sein, wer soll denn deinen Raumanzug sauber machen? Gut dass niemand bei euch in der Nähe ist, denn ich würde mich schämen, wenn du so ungebügelt herumläufst!" „Der Raumanzug ist bügelfrei!" Stöhnte Georg verschlafen. Ich kam an seine Seite zur Aufnahmeoptik, da trat Silvana einen Schritt zurück und Gabriella war dran: „Das wollte ich dich auch noch fragen! Max! Hast du deinen Anzug auch schön an einen Kleiderbügel gehängt?" „Ich habe diesen sogar in einen Extra-Kleiderschrank gebracht! Nur die Krawatte hatte ich vergessen. Aber dafür habe ich weiße Handschuhe angezogen. Zufrieden?" Meldete ich mich ebenfalls in einem Lycra-Schlaf-Overall. „Voll und ganz, mein Lieber. Im Übrigen möchte auch ich mich an die Ankündigung Silvanas anschließen. Du darfst auch nur noch maximal zweimal, höchstens dreimal weg, dann will auch ich dabei sein, klar?" „Wir werden das mit der TWC-Vorstandschaft vereinbaren, aber ich denke, es wird klar gehen. Wir hatten ja schon festgestellt, dass Raumfahrt nun in die Breite gehen wird. Darf ich noch einmal rausgehen, Gabriella? Es ist wirklich lustig da draußen." „Ja gut, aber anschließend die Spielsachen wieder aufräumen, ja?" „Gut, versprochen Mama." Schloss ich diesen Weckruf ab. „Bis später!" „Bis später, Liebster!" Und noch einmal: „Bis später Liebster!" Auch von Silvana. Wir sendeten noch ein Kusshändchen, dann wurde der Sender von unseren Damen deaktiviert. Die Morgenhygiene fiel gar nicht einmal so ärmlich aus! Das System war durchdacht.

Ultraschallnebler besprühten den Körper. Flüssigseife mit feinstem Peliersand die fast nicht schäumte, wurde aufgetragen, wieder abgenebelt. Das Wasser konnte leicht von den Substanzen getrennt werden und trat in den Kreislauf wieder ein. Ein äußerst interessanter Effekt ergab sich bei den Wassertropfen, die abtropften! Infolge der geringeren Gravitation hier auf dem Mond, egal welcher Definition man nun den Vorzug gäbe, rannen die Tropfen langsam über die Haut oder tropften langsamer zu Boden. Fast wie Zeitlupe! Dann machten wir ein spärliches aber nährstoffreiches Frühstück. Weiches Vollkornbrot, welches nicht bröselt bereits mit Margarine aus dem Zellophanpack, Eierpastete aus der Tube, Schinken, ein Kaffee mit Milch, fertig aus einem Trinkbeutel, welcher das Getränk chemisch erhitzt hatte, dann noch hoch angereicherten Multivitaminsaft, der auch alle notwendigen Mineralstoffe erhielt, ebenfalls aus einem Trinkbeutel, der sich sofort verschloss, wenn nicht mehr daran gesogen wurde. Hier oder auf Himmelskörpern mit Raumandrückkraft würden Brösel kein Problem bereiten, doch wenn wir wieder eine Schwerelosigkeit, ergo Raumandruckneutralität haben würden, dann sollte man schon darauf achten, dass nicht zu viel Verschmutzung sich frei bewegen könnte. Isotonische Getränke hatten wir auch an Bord, sogar in den Mondanzügen! Dort per Trinkschlauch dem Körper zuführbar. Wir machten uns wieder daran, diese Mondanzüge anzuziehen um einen weiteren Spaziergang zu unternehmen. Das gesamte Unternehmen diente auch dazu, nun der breiten Masse den Beweis zu liefern, dass mit entsprechender Technik und Vorsicht bald jedermann den Erdtrabanten und andere Himmelskörper betreten können würde. Unsere Anzüge hatten ja auch keine Bedienteile mehr auf der Brust. Die Steuerung erfolgte über Spracheingabe per Mikrofon, aber diese ist auch nicht nötig, da die voreingestellten Parameter vollauf genügten! Nachdem das Gasgemisch innerhalb der Gondel abgesaugt war, stiegen wir wieder auf unseren Sprossen bis zur Campingbank, Campingtisch, wieder Bank und auf die Mondoberfläche. Jetzt hatte ich den Eindruck, alles noch viel bewusster zu erleben als gestern! „Am ersten Tag ist Urlaub immer zuviel Stress, der Genuss kommt erst frühestens am Zweiten, nicht wahr?" Scheinbar hatte Georg meine Gedanken erraten oder er hatte den gleichen Eindruck, was wahrscheinlicher war. „Hast du das Kunststoffseil dabei?" Wollte ich wissen. Wir mussten ja eine Vorrichtung bauen um die Campingbänke und Tisch in die Gondel zu hieven, damit wir auch einen Stellungswechsel auf dem Mond vornehmen können. „Aber sicher doch!" Schließlich sollten wir auch den Lunar-Lander aufsuchen, der war fast tausend Kilometer von hier weg. Den Landeplatz der verunglückten chinesischen Mondmission werden wir nicht begutachten! Obwohl dies einmal im Gespräch war, war es nicht unser Wunsch, wir wollten die Totenruhe nicht stören, es wird einmal eine weitere chinesische Expedition aufbrechen, natürlich genauso wie wir, mit dieser Wafertechnik. Diese sollte sich dann darum kümmern, auch wollten wir keinerlei Hoheitsgefühle verletzen. Was mit diesen Toten geschehen sollte, war alleine Sache deren Regierung oder deren Nachkommen. Georg band drei Strickteile an die Campingausrüstung und kletterte noch einmal hoch, um die drei anderen Enden an der obersten Sprosse zu verankern. So sollten wir also dann diese Ausrüstung bergen können, damit diese bei dem nächsten Zwischenstopp wieder nutzbar sein würde. Die Puppe des Engels Aloisius, so dachte ich, setze ich bei dem letzten Stopp auf eine dieser Bänke und stelle den Maßkrug vor ihn hin. Diesen Krug müssen wir nun ebenfalls wieder mitnehmen, denn optisch machte es sich sicher nicht gut, wenn er so einfach auf den Mondboden gestellt wäre und ob die Amerikaner da nicht lamentieren würden, wenn wir diesen auf die Eagle-Plattform deponierten? Lieber nicht. So erkundeten wir noch ein relativ großes Gebiet im kraterarmen Meer der Ruhe. Dieser Name entstand von den ersten Teleskopbeobachtungen des Trabanten. Damals dachte der Beobachter, die dunklen Gebiete auf dem Mond wären Meere, was sich aber bald als falsch erwies! Nomen est omen! Die Namen blieben. Ich schlug währenddessen noch ein paar Saltos, was hier eine Wonne war! Auch Rückwärtssaltos stellten mich vor keinerlei Probleme, nur einmal rutschte ich aus und nachdem ich mich noch im Aufnahmebereich der automatischen Kamera befand, kam natürlich sofort eine Meldung von der Erde, von Terra, wie ich unsere Heimatwelt nun zu nennen pflegte: „Wir von der Kontrollstelle in Oberpfaffenhofen bitten euch, unterlasst bitte derartig hohe Beanspruchungen an diese Mondanzüge! Sicher halten diese solchen Maßnahmen stand, aber ein wirklich spitzer Stein und ihr müsst mit einer Dekompression rechnen!" Nachdem auch der Georg einige Saltos geschlagen hatte, übernahm er die Antwort: „Spitze Steine haben wir noch nicht gesehen und wenn dieser Anzug hier ein Loch kriegen sollte, dann tauschen wir ihn eben um! Schließlich ist – äh – Max! Wie lange haben wir Garantie auf diese Anzüge?" „Meines Wissens die gesetzlichen Vorgaben. Ich habe leider den Garantiezettel mit der Verpackung weggeworfen! Aber die gesetzliche Garantiefrist müsste so um die zwei, drei Jahre sein!" „Denen ist nicht zu helfen", hörten wir in den Empfängern, etwas mit Hall und leise, so als wenn sich der Sprecher umgedreht hätte und mit anderen Personen in einem großen Raum spräche. „Also!" Wurde uns noch einmal sachlich erklärt: „Ihr sollt nicht die Strapazierfähigkeit der Anzüge testen. Prinzipiell war der Testflug zum Mond mit eurer Mission schon ein durchschlagender Erfolg. Moment mal, da kommt – wer? Ja ein Freund von euch, er nennt sich Bernhard Schramm, hier Bernhard, bitteschön." Ein

Geräusch erklang, als wenn ein Bürostuhl wegrollen würde und ein anderer in zwei Schüben diesen Platz wieder einnahm. „Ich grüße euch Max und Georg, ich bin es, euer Freund Bernhard. Ich habe berechnet, dass eure Anzüge bei solcher Beanspruchung, die ihr diesen zukommen ließet aufgrund der Reibung mit härterem Mondgestein nach schon einhundertvierundzwanzig Jahren plus-minus fünf Prozent durchgescheuert sein werden; Über die Belastungen per Schuhsohlen, also wenn ihr nur wie bisher herumläuft, noch stärker bei den Kängurusprüngen, hält das Material allerdings fast vierhundert Jahre!" Als ich das hörte deklarierte ich der Bodenstation: „Einhundertvierundzwanzig Jahre minus fünf Prozent sind rund knapp einhundertsiebzehn Jahre! Holt mich in einhundertfünfzehn Jahren wieder hier ab!" Während ich weitere Saltos schlug, kam vom Georg ein eindeutiges „Hihihi" und auch dieser stürzte sich wieder in die Wonne der unbeschwerlichen Beweglichkeit. „Hallo Bernhard! Freut mich dich zu hören, mein Freund! Wenn wir zurück sind trinken wir einen guten Tropfen, ja?" „Aber nur wegen der guten körperlichen Verträglichkeit!" Seine Antwort. „Aus anderen Gründen trinken wir nie!" Stellte Georg fest. Die Bodenstation meldete nach dem Sprecherwechsel nur noch: „Da haben sich wieder die Richtigen gefunden! Jetzt hilft ihnen der Logiker auch noch mit blöden, mathematischen Argumenten!" Und es war noch leise zu hören, wie Bernhard dem Sprecher erklärte: „Aber ich habe den Reibungsfaktor von echtem Mondgestein zur Berechnungsgrundlage verwendet! Dabei habe ich die Kontakthäufigkeit dieser beiden Astronauten mit dem Mondboden ermittelt und dies war die Grundlage! Auch an eine Erhöhung der Kontakte habe ich gedacht, doch nach weiterer Zugrundelegung der körperlichen Kondition gibt es auch einen Faktor, den ich ebenfalls berücksichtigt habe, nämlich die Ermüdung und damit die Aufgabe dieser sportlichen Einlagen. Die Regeneration der Körperkräfte beider dauert dabei solange, dass eine Wiederaufnahme solcher oder ähnlicher Bewegungen wieder in einem faktischen Bemessungsrahmen liegen und . . ." „Oje, oje, mit was habe ich das nur verdient", ein Knallen war zu hören, wie wenn sich jemand mit voller Kraft gegen die Stirn schlug, dass war auch mit Sicherheit der Fall, denn der Sprecher stöhnte noch etwas mehr und jener meinte anschließend: „Also springt noch ein paar Jahre rum, wenn ihr meint. Ich kann dem Bernhard seine wissenschaftlichen Argumente sowieso nicht widerlegen!" Georg kommentierte dies nur mit einem: „Jaja! Die Wissenschaft, das ist die Macht, die Wissen schafft! Danke, Freund Bernhard!" Bernhard kam scheinbar dem Mikrofon wieder näher denn er war wieder lauter zu hören als er noch mal antwortete: „Ich habe eben gedacht, es könnte von Nutzen sein, wenn ich auch die Anzugsbelastbarkeit statistisch ermittle, hat es euch etwas geholfen?" „Und wie", ließ ich von mir vernehmen. Und um dem

Ganzen einen Nachdruck zu verleihen, holte ich zu einem Rückwärtssalto aus, hatte aber viel zu viel Schwung genommen und landete nach eineinhalb Drehungen auf dem Rückentornister, der aber ebenfalls fast unzerstörbar war. Wieder von der Bodenstation in Oberpfaffenhofen kam ein weiteres „oje, oje, oje", der Georg schlug ein Rad nachdem anderen, was wieder wie Zeitlupe aussah, er dabei zeitweise den Bodenkontakt verlor und einige Drehungen im luftleeren Raum absolvierte. Der zweite Tag auf dem Mond war irgendwie schöner als der Erste. Die Bodenstation: „Also bitte meine Herren, sie haben ja gehört: Die Daten liegen einer durchschnittlichen Beanspruchung nieder, nicht einer dauerhaften Vollbeanspruchung!" Wieder hörte ich den Bernhard aus dem Hintergrund: „Tatsächlich habe ich das Schlagen von Rädern auf dem Mond nicht in meine Berechnungen mit aufgenommen, also muss ich auch die Belastung der Handschuhe mit in die Formel einbauen. Dabei entfallen aber einige Belastungen der Schuhsohlen, was deren Lebensdauer wieder zugute kommen würde! Moment Mal, ich habe es gleich . . ." Wieder wurde er unterbrochen: „Schluss jetzt! Von mir aus gründet eine Mondaerobictanzgruppe, aber lasst mich mit diesen Berechnungen jetzt in Ruhe, ich kann es nicht mehr hören!" Georg hatte wieder seine Kängurufortbewegung angenommen und sang ein Liedchen: „Muss ich denn, muss ich denn zu-um Städtele hin aus, Städtele hinaus und du mein Schatz bleibst hier . . ." „Auch das noch! Hier Bodenstation! Wir schalten auf Standby! Tobt euch aus, wie ihr wollt, aber kommt dann ja nicht weinend nach Hause, verstanden?" „Verstanden Papa!" lachte ich in mein Bügelmikrofon, welches sich im Raumhelm von der rechten Seite her vor meinen Mund bog, ich dieses aber über eine Wippschale vom Helmverschluss her dirigieren konnte, ebenfalls wie den Trinkschlauch äquivalent von links. Genüsslich sog ich etwas von dem isotonischen Getränk in mich und meinte scherzhaft zum Freund: „Georg! Morgen füllen wir aber einen guten Roten in die Anzugbehälter, was meinst du?" „Das müssen wir ausprobieren!" „Das ist sicher eine Premiere!" „Roter Wein auf dem Mond zu sich genommen, erzeugt Freude und viele Wonnen!" Versuchte der Kollege zu reimen. „Das reimt sich aber schlecht!" Wollte ich ihn auf das Fehlen des Versmasses aufmerksam machen. „Muss sich ja nicht alles reimen, was man so dichtet!" Schloss er diesen Diskurs etwas unlogisch ab, da meldete sich doch noch einmal die Bodenstation mit dem Bernhard: „Ich rate dringend von Genuss von Rotwein in den Mondanzügen ab! Sollte euch Übelkeit heimsuchen, welche euch im Rückwärtsgang gegen die Scheibe schlägt, dann könnten doch tatsächlich Probleme auftreten, die irreparabel wären! Auch diesen Faktor, erzeugt von Basisunlogischen hatte ich nicht berücksichtigt!" „Keine Angst Bernhard! Wir haben tatsächlich keinen Rotwein dabei. Das alles war nur hypothetisch!" Bernhard war kurz

still, dann bemerkte er: „Gut, dann trinkt euch doch einen Hypothetischen an! Hahaha!" „Immer besser, Bernhard! Immer besser! Ich würde sagen: Einfach Klasse! Jetzt aber Schluss! Wir bleiben noch ein Stündchen draußen, dann gehen wir rein, bevor es kalt wird. Schließlich gibt es heute Hühnerbraten zuhause! Allerdings aus der Tube." Damit beendete ich diese Übertragungen vorläufig und wir waren ungestört, denn wir verließen den Aufnahmebereich der Kamera. Außerdem kam der Braten nicht aus der Tube, sondern einem Vakuumbeutel. Jetzt holten wir noch die vier verschieden langen Flaggengestänge aus der Extrabox. Die Bayrische an der längsten Stange, mit Querstrebe selbstverständlich! Den Bodenanker trieb Georg mit einem Plastikhammer nahe dem Weihnachtsbaum ein, so dass alles schön im Aufnahmebereich der Kamera lag. Daneben im Abstand von etwa achtzig Zentimetern die Deutschlandflagge, wieder achtzig Zentimeter daneben die Europaflagge und als letzte, wieder auf einer größeren Stange aufgezogen, unsere neue Weltfahne, die Fahne, an der ebenso die großen Hoffnungen eines neuen Zeitalters hingen; diesmal wirklich berechtigte Hoffnungen! Wir hatten eine Sonderanfertigung eines Fahnenmastes für diese Weltfahne machen lassen. Ein kleiner solarbetriebener Motor schwenkte den Querholm leicht hin und her, so dass der Eindruck entstand, die Flagge würde leicht flattern! Das könnte wieder zu Diskussionen führen! Aber diesen Diskussionen würden wir uns gerne stellen.
Nach einer guten Stunde waren wir wieder in der MOONDUST. Georg hantelte die Bänke und den Tisch hoch, versuchte dabei so wenig wie möglich an Mondstaub mit in den Innenraum zu ziehen, schüttelte also diese Gegenstände noch ab, indem er sie leicht gegen das Landebein klopfte, dann warteten wir, bis sich die Luke schloss, sich die Bordatmosphäre wieder aufbaute und die Anzeigen auf `grün´ umstellten. Auch die Luftfeuchtigkeit hatte sich auf angenehme fünfundsechzig Prozent einjustiert. Raus aus diesen Anzügen! Komisch, man war froh wenn man in diese Anzüge hinein konnte oder durfte, dann war man aber auch wieder froh, wenn man sich dieser entledigen konnte! Auch von der Mondgondel aus, war alles ein einmaliges Erlebnis. Sicher kein Vergleich zu der Enge der damaligen Landefähren von vor einhundertundzwanzig Jahren. Diese Astronauten konnten nur in Schlafgestellen senkrecht schlafen. Wir hatten im Vergleich dazu einen Komfort von einem Fünfsternehotel. Betten, zwar mit Gurt, der allerdings nicht benützt wurde, Hygienezelle, Miniküche, Getränkeausgabe, Sanitärbereich mit Saugspülung um auch in einer raumandruckneutralen Zone, allerdings dann angeschnallt, die Notdurft verrichten zu können; das Ganze auf quasi zwei gar nicht so kleinen Etagen! Nach einem den Umständen entsprechenden Mittagessen, aber sogar mit kurz erwärmten Hähnchensteak, Gemüse und einem anregenden

Colagetränk fast zuckerfrei, sollten wir einen Weiterflug wagen. Die Kamera durfte stehen bleiben, die Bodenkontrolle hatte beschlossen, die Reserveanlage beim nächsten Stopp aufzubauen, viele unserer Zuschauer, vor allem viele der FreedomForWorld-Zuschauer hatten die Idee, das Weihnachtsfest in fünf Wochen mit Bildern vom Weihnachtsbaum auf dem Mond zu begehen, dabei auch die neue Welteinigkeitsflagge in die Wohnzimmer per `Live´- Übertragung zu bringen. Schließlich würde der Solarmotor viele Jahre seinen Dienst tun und für `flatternde´ Bilder sorgen! Nach unserem Mahl ließen wir die Wafer vom Sempex-Rechner checken, dieser gab grünes Licht, wir schnallten uns an und aktivierten den Topwafer. Sofort wurden wir wieder relativ schwerelos, die Landebeine ließen wir ausgefahren, der Effekt, der uns die Servomotoren der unteren Sprossen geraubt hatte, trat nur beim `Sprung´ ein und einen Luftwiderstand gab es nicht. „Langsame Fahrt, maximale Geschwindigkeit zweihundert Stundenkilometer, Ziel: Lunar-Lander, Koordinaten laut letzter Übertragung. Kursgrundlage: Geografische lunare Grunddaten, Fahrthöhe zwischen einhundertfünfzig und zweihundertfünfzig Meter, an Geländeformation angepasst. In fünfzig Meter Distanz zum Zielobjekt Schwebestillstand!" Befahl ich dem Sempexrechner. Dieser setzte meine Befehlsfolge in Bewegung um und wir konnten einen leichten Andruck für diese Horizontalfahrt verspüren. Die Seitenbeschleunigung kam schließlich von den drei Steuerungswafereinheiten. Nach fast zwei Stunden einer atemberaubenden Fahrt über die Mondoberfläche, in der sich die Gondel wieder anhob, um über hohe Kraterränder zu gleiten, wieder absenkte, um durch die langgezogenen Täler zu schweben, wir sahen fast wüstenähnliche Gegenden, die lediglich diesen grau-braunen, manchmal silbern glitzernden Mondsand, verlangsamte sich die Fahrt und die Gondel verharrte nahe diesem Vehikel der Russen, dem Lunar-Lander mit seinem Greifarm, von hier aus gesehen ähnlich einem Moskitostachel. „Die Ebene etwa zweihundert Meter Steuerbord aufsuchen, dann Punktlandung senkrecht vollziehen!" Eine weitere Befehlsfolge an den Sempex, genau unter uns war ein kleiner Kraterrand, genau darauf wollten wir sicher nicht landen, es hätte klappen können, aber eine Ebene war da schon besser. Der Bordrechner vollzog auch diesen Auftrag in Perfektion und die Mondgondel federte leicht ein, als die Topwafer wieder abschalteten und wir wieder zu einem Sechstel Raumandrückkraft in Bezug zur Erdgravitation heimgesucht wurden. Den Lunar-Lander konnten wir gerade noch links im Fenster sehen! Doch blieben wir für heute an Bord, die Bodenstation meldete, dass sie Rasterbilder mit einem kleinen Tachyonenteleskop von unserer Fahrt machen konnten und nun auch den Lunar-Lander auf dem Schirm hätten. „Hallo ihr zwei Mondmänner! Wir haben überraschende Neuigkeiten für euch! Nachdem mittlerweile sehr viele irdische Observatorien zusätzliche Tachyonenteleskope bekommen hatten und diese in Dienst stellten, suchten diese auch nach Signalen aus dem Kosmos! Signale, die künstlich aufmoduliert wurden! Es liegen bereits vier Meldungen vor, wo sich unsere Wissenschaftler sicher sind, dass außerirdische Intelligenzen daran beteiligt sein könnten! Bislang ist eine Entschlüsselung noch nicht gelungen!" „Oh! Dass ist eine Überraschung, wobei es ja eigentlich gar keine Überraschung wäre!" Begeisterte ich mich und Georg meinte eigentlich nur „eben" dazu. Georg: „Ich empfehle einen Sendebetrieb, mit Primzahlen, dann mathematische Formeln, Bilder in einem Punkteraster unter festen Matrixvorgaben. Irgendwann müssten dann Signale direkt an uns gesendet werden, wenn der Absender an einer Kontaktaufnahme interessiert ist!" Weiter wurde die Meldung der Bodenstation fortgesetzt: „Die Russen und die Amerikaner bauen zusammen einen Ringsatelliten, wir liefern den Teleskopwafer, dieser soll im All stationiert werden und bei interessanten, einkommenden Signalen sofort ein solches Sendeprogramm starten, ohnehin so wie ihr diese beschrieben hattet. Die Erdobservatorien sind noch nicht so weit, die Verbindung durch Zusammenschaltung und gemeinsamer Koordinierung aufrecht halten zu können! Die Erdrehung macht noch kleine Probleme! Der neue Satellit sollte dann Ende Januar in Betrieb gehen und die Signale zu Bodenstationen leiten, von dort auch gesteuert werden." „Wir sind nicht allein! Ich bin mir absolut sicher!" Stieß Georg begeistert hervor und ich meinte: „Jetzt haben wir tausende von Jahren keinen Kontakt aufbauen können, jetzt kommt es auf weitere zwei Monate nicht mehr an!" „Die Weltöffentlichkeit wurde noch nicht informiert, Leute, also behaltet diese Info erst einmal für euch, ja!" „Sicher, aber lange wird dies sicher kein Geheimnis mehr bleiben!" Betonte ich. „Sicher nicht mehr! Aber wir wollen sicher in Bezug von Tatsachen gehen!" „Gut, wie ihr meint. In jedem Falle danke für die Mitteilung an uns!" „Den Erfindern gebührt die Ehre der ersten Mitteilung." „Auch schön! Nun wollen wir noch ein wenig beobachten und uns auf den morgigen Ausstieg vorbereiten." „Ist recht! Schönen Nachmittag noch, eine gute Nacht anschließend!" „Danke Freunde!" Dann war weitere gute drei Stunden Sendepause, bis der Empfänger sich wieder mit den Kennungen von Gabriella und Silvana meldete. „Hallo ihr Mondstaubhasen! Wollt ihr nicht bald nach Hause kommen? Wir haben Sehnsucht nach euch!" „Keine Angst, die Damen hier können mit euch nicht konkurrieren, wir ließen diese einfach links liegen!" Mein Kommentar und Georgie schloss sich an: „Die sind alle so staubig! Und so alt! Aber wir nehmen unsere Aufgabe aber ernst und schneiden einer morgen noch den Rüssel ab." Gabriella und Silvana standen wieder vor dem Pool in Bikini, das war schon fast gemein. Da konzentriert man sich, dass man die männliche Jagdsucht etwas in Griff bekommt, dann so ein Gutenachtgruß, der wieder alles zunichte macht! „Wartet nur, ihr weiblichen Ausnahmekreaturen! Wenn wir wieder zuhause sind, dann gibt es eine Woche Bettarrest! Aufgebauschten Raumdruck abarbeiten! Aber ohne Tachyonenwafer!" Ich wollte scherzen, dieser Scherz kam scheinbar an, denn Silvana lachte immer breiter: „Gut, dann können wir ausschalten, denn mehr wollten wir nicht erreichen! Können wir die eine Woche Bettarrest auf zwei Wochen ausdehnen? Bitte!" „Nimmersatt!" Warf Georgie ein. „Noch was!" Gabriella wurde ernst. Ralph Marco Freeman widmet sich jetzt der Erforschung der modulierten Tachyonensignale, die schon aufgefangen wurden. Seine Atmosphärereiniger gingen bereits in Serie und arbeiten absolut effektiv und zuverlässig. Russland bestellte schon dreihundertzwanzig Stück, die Staaten schlossen sich mit zweihundertvierzig an, Australien bestellte auch einhundertachtzig und unser Freund João von Brasilien bestellte ebenfalls zweihundert auf Ratenzahlung, da das Staatssäckel noch nicht über ausreichend Zugewinn verfügt, doch er ist sich sicher, bald diesen zinslosen Kredit zurückzahlen zu können, den die TWC gewährt hatte. Dann stellt euch vor: Die Gemeinschaftsregierung von Iran und Irak haben auch fünfzig bestellt, die ostafrikanische Föderation schloss sich auch mit fünfzig an! Deutschland alleine gibt einhundert frei! Was sagt ihr dazu?" „Herzlichen Glückwunsch zuerst einmal an den Ralph, dann an all diese Staaten, die diesen Plan unterstützen!" Wieder meine Antwort. Gabriella: „Darf ich diese Antwort als Pressesprecherin auch so weitergeben?" „Sicher doch!" „Dann noch etwas: Ralph Marco ist nicht einverstanden, Tachyonensendebaken auf der Erde oder im Orbit um die Erde zu installieren!" „Warum nicht?" Georg und ich fast aus einem Mund. „Weil, nachdem festgestellt wurde, dass Signale nichtnatürlichen Ursprungs per fast unendlich schnelle modulierte Strahlung, also der Tachyonen gesandt wurden, diese verschiedenen außerirdischen Völker logischerweise dann auch die interstellare Raumfahrt beherrschen und wir noch keinerlei Erfahrung mit dem Umgang von Außerirdischen haben. Er meint, wir sollten zuerst diese Signale studieren, auch studieren, ob sich schon mehrere andere Sternenvölker zu Bündnissen zusammengeschlossen hatte, dies wäre erklärbar, wenn es schon gleiche oder ähnliche Sprachen gäbe, gleiche oder ähnliche Sendungen, auch sollten wir erst einmal versuchen, solche Sprachen zu analysieren und zu verstehen, damit wir Inhalte erkennen können und auch feststellen könnten, ob es sich um friedliche Sternenvölker handelt. Sollten wir Aufmerksamkeit für ein kriegerisches Volk erzeugen, könnte der Erde oder Terra unter Umständen Schlimmes blühen. Wir wären nicht darauf vorbereitet, so Ralph! Sein Rat also, erst einmal ein bis zwei Jahre beobachten, deren Sendungen entschlüsseln, Bilder von diesen anderen Welten verfolgen, dann erst einmal unsere Terraner langsam darauf vorbereiten, dass wir nicht alleine sind. Anschließend meinte er auch, wir sollten den ersten Schritt tun und anfangen, diese Völker zu besuchen, nachdem wir aber erst andere Sonnensysteme, aus denen keine Signale kamen, besucht haben würden. Im Übrigen konnten schon ein paar Bilder sichtbar gemacht werden! Außerirdische bedienen sich auch digitaler Aufbereitung! Alle 2 hoch X kommt in einem Begleitkanal eine Pause! Das ist eine Nachricht für die Dechiffrierung! Dann kommt eine doppelt lange Pause nach 2 hoch 20, also dezimal mehr als eine Million, genau 1.048.576, hexadezimal erklärte Ralph, wären das genau 100000. Diese Folge kommt noch zweimal, dann rumpelt ein 2 hoch sechzehn herein." „Hmmh", machte der Georg, „das sind meiner Ansicht nach Bilddaten, die absichtlich gesendet werden, beziehungsweise die Anleitung für Entschlüsselung von solchen Daten. Digital ist logisch! Intelligenzen von technischen Standarten benützen irgendwann digitale Signale. Meiner Ansicht nach, kommen verschiedene digitale Standards zur Vorstellung und sicher auch Sendungen in verschiedenen dieser Methoden. Das ist die Visitenkarte eines raumfahrenden Volkes! Sag dem Ralph, er soll in jedem Falle Aufzeichnungen vornehmen, dann einmal 2 hoch 20 für die Höhe, einmal für die Breite und einmal für die Tiefe auf einen Holoprojektor geben. Es müsste ein Initialimpuls kommen, um zu wissen, wo ein Stream, also eine Art Startimpuls beginnt. Die 2 hoch 16 zuerst übergehen, also die Bilder `stehen lassen´, ich bin sicher, 2 hoch sechzehn ist eine Farbinformation! Aber wir können diese noch nicht entschlüsseln, denn wir wissen nicht das Farbspektrum, in dem eine fremde Sternenrasse sehen kann, ergo, können wir pro Bitplane keine Farbe zuweisen, auch wenn es logisch wäre, die niedrigsten Werte dem untersten Wert der Farbskala zuzuweisen. Sollten aber Wesen bereits im tiefen Infrarotbereich sehen können, würden wir ein komplettes Falschfarbenbild erhalten. Er soll zuerst ein Graustufenmodell inszenieren! Unterster Wert ist Schwarz, oberster Wert ist Weiß! Sollte eine Art Negativbild entstanden sein, dann umgekehrt. Vielleicht nehmen andere Völker Weiß als Basis und dunkeln dann pro Einheit ab? In jedem Falle handelt es sich um holographische Bilder, drei Ebenen!" Georg war in seinem Element! Nun wusste ich, er brannte fast schon wieder darauf, zur Erde zurückzukehren, um dem Ralph bei diesen Arbeiten zur Seite zu stehen. Gabriella erklärte: „Ich spiele ihm eine Aufzeichnung von diesem verbalen Erguss vor, dann brauche ich nicht alles wiederholen. Ich selber habe zwar alles einigermaßen verstanden, aber ich hätte sicher Mühe dies wiederzugeben. Doch Georg! Es stimmt, wie du vermutet hattest! Die Sendungen bestehen aus mehreren Systemen, auch Ralph hatte den gleichen

Gedanken und wartet nun ab, bis sich die digitalen Impulse wiederholen, dann will er mit einem Zusammenschnitt der Aufzeichnungen eine Konstruktion wagen. Er stellte fest, dass ein Fülle von Informationen im Hauptkanal ankommen, so dass sogar unsere besten Rechner Mühe haben werden, daraus auch eventuell Filme oder bewegte Übertragungen zu generieren." „Gabriella! Was macht der Bernhard?" Wollte ich wissen. „Er stellt gerade seinen neuesten und marktreifen Umbau eines Ringtaxis vor! Mit Fuzzy-Logik! Ihr werdet staunen. Der Individualverkehr wird sich enorm verändern." „Das glaube ich. Aber bitte ihn, den Ralph zu unterstützen!" „Er wurde noch nicht eingeweiht!" „Also bitte auch den Yogi darum, den Bernhard einzuweihen. Unser logischer Freund wird in kürzester Zeit diese Informationen entschlüsseln, da bin ich mir sicher!" „Gut, werde ich, werden wir machen! Nun macht aber, dass ihr ins Bett kommt! Wir sehen uns dann morgen oder übermorgen?" „Ich denke übermorgen, denn wir wollen die dunkle Seite des Mondes wenigstens noch ein wenig in Schwebefahrt erkunden!" Georg sah mich etwas fragwürdig an, doch er nickte. Ich gab meiner Gattin noch einen Handkuss über die Kamera, Georg wirkte etwas verstört, aber auch er schmatzte in die Handinnenfläche und unsere Frauen lächelten wieder so süß, dass wir am liebsten alle Pläne über den Haufen werfen möchten, nur um ihre Körper wieder in den Armen zu spüren. Doch hatten wir uns unsere Aufgaben gestellt und alle Welt verstand es, wenn wir diese durchführen wollten! Auch unsere Frauen! Niemand hätte es verstanden, wenn wir unsere Mission abgebrochen hätten. Mit einem Winken schalteten wir dann auch die verschlüsselte Übertragung ab. Auch den Rat der Damen, bald ins Bett zu gehen wollten wir natürlich befolgen. Dazu nahmen wir noch eine kurze Mahlzeit ein, sorgten noch für die Körperhygiene und begaben uns bei leiser Rockklassik in die Betten. Mit dieser Nachrichtenfülle hatte ich Schwierigkeiten einzuschlafen, so forderte ich noch ein zeitlimitiertes Schlafmittel an, bevor dieses wirkte, vernahm ich, dass Georg es mir gleich tat. Wer dann zuerst oder zuletzt eingeschlafen war, konnte ich nicht mehr sagen.

18. November 2093. Nach mitteleuropäischer Zeit war es 09:32 h, als wir wieder aufstanden, um uns für den weiteren Ausstieg fertig zu machen. Der Bordcomputer hellte die Fenster auf und dieses kontrastreiche Bild der Mondoberfläche begrüßte uns erneut. Die UV-Golddampffilter ließen die Umgebung nochmehr in einem Goldton erstrahlen. Wieder brauchten wir ein paar Minuten, um uns von diesem Anblick zu lösen, es war einfach unbeschreiblich! Der ewige Traum des Menschen, nun nur noch ein Katzensprung! Unsere Testfahrt war also ein großer Erfolg, auch in

Hinsicht auf die Entdeckung dieses Tachyonenwirbels, der der MOONDUST angemessen wurde. Die Marsgondel sollte dies wieder nicht mehr erfahren! Würde sich dieser Wirbel bei Schritten für größere Entfernungen verstärken, oder war dieser Effekt eine distanzunabhängige Nebenerscheinung? Dass wir nun über eine Campingbank und Tisch wieder zurück in die Mondgondel stiegen, war eher mittlerweile lustiger, als dass wir uns noch Sorgen deshalb machen wollten.

Erst sollte es wieder ein spärliches, aber nährstoffreiches Frühstück werden, auch ein isotonisches Getränk stand auf dem Ernährungsplan. Nach einer knappen Stunde hatten wir auch schon die Mondanzüge angezogen. Der Bordrechner erhielt wieder den Befehl, die Luftmischung abzupumpen, dieser kontrollierte erneut unsere Anzüge, ob diese ihr OK gegeben hatten, dann begann jene Aktion. Eine Blinklampe warnte dennoch vor diesem Vorgang! Schallwarnung hätte sicher nichts mehr genützt. Unter der roten Blinklampe erschien aber auch das Grünlicht, welches den Ausstieg erlaubte. Die Luke öffnete also per Spechfunkbefehl und nachdem wir die Campingbänke und den Tisch hinausgeworfen hatten, gesichert mit diesen drei Seilen, verließ ich nach meinem Kumpel die MOONDUST. Von der letzten funktionierenden Sprosse sprangen wir wieder auf den Mondboden hinab, stellten diese Bänke wieder so, dass sie die fehlenden Sprossen ersetzen konnten. Georg hatte das Desintegratormesser an sich genommen, um dem russischen Lunar-Lander den Greifarm abzunehmen. Dieser war ja nun auch schon über einhundertzwanzig Jahre alt. Als wir den Mondboden betraten, war auch zu erkennen, dass in dieser Gegend weniger Mondstaub lag, als vergleichbar im Meer der Ruhe. Hier war eine Region des Mondes, welche auf eine andersartigere Entwicklung zurücksehen konnte, auch die Steine sahen allgemein dunkler aus! Georg befahl dem Sempex-Rechner: „Kofferraum aufmachen!" Und die Mondgondel öffnete sich wieder wie jene Muschel mit der großen Perle, stellte sich wieder mehr auf die `Hinterbeine´. Zuerst entnahmen wir die Anlage mit der Reservefernsehkamera und die Sendeanlage mit der Parabolantenne, steckten diese Module zusammen und auch diese Anlage richtete sich selbsttätig aus! Sie sendete einen Initialimpuls, bald war zu erkennen, dass die Bodenstation in Oberpfaffenhofen auch dafür die Steuerung übernommen hatte. Gemächlichen Schrittes näherten wir uns dam Lunar-Lander, Georg nahm das Messer aus der Sicherheitsbox, aktivierte es und wollte knapp an der Öffnung des Greifarmes schon die Amputation vornehmen. Doch plötzlich zuckte ein Blitz einer elektrischen Entladung auf und das Desintegratormesser versagte den Dienst. Georg war dermaßen erschrocken, ich dachte schon, er hätte einen elektrischen Schlag bekommen, da er rücklings und wie in Zeitlupe zu Boden fiel. „Fehlt dir

was, Georg?" „Uah! Nein!" Aber es kam ein Schnaufen durch, welches fast an einen irdischen Gaul erinnerte. „Was war denn dass? Ein Schlag, dass sogar das Messer defekt wurde!" Lamentierte der Freund.
„Hier Bodenstation in Oberpfaffenhofen! Was ist passiert? Ist alles in Ordnung mit dir, Georg! Bitte Bericht!" „Wieder typisch russisches Spätmittelalter! Damals im Kommunismus haben die nach Feierabend einfach die Bagger in der Gegend rumstehen lassen! Bei dem Haufen Metall ist es kein Wunder, dass irgendwann einmal der Blitz einschlägt, wenn gerade ein Tourist vorbeispaziert!" „Hier Bodenstation. Die Theorie mit dem Blitz glauben wir nicht! Wie sollte sich denn auf dem Mond eine atmosphärische Aufladung bilden, wenn keine Atmosphäre vorhanden ist?" Der jetzige Sprecher der Bodenstation nahm sofort den zugeworfenen Ball an, als er merkte, dass dem Georg nichts fehlte und dieser zu witzeln aufgelegt war! „In diesem Minibagger war der Blitz schon eingebaut! Russischer Blitz! Dreh´ doch mal die Kamera auf Zoom! Schau was da drauf gemalt ist! Ist das nicht ein Zeichen von einem Blitz?" „Noch mal Bodenstation, jetzt stelle ich mich erst einmal vor: Ich bin der Alexander, ich habe den Funken springen sehen, darum sorgte ich mich, aber ihr seid scheinbar sowieso welche vom alten Schlag. Im Übrigen ist dieses Symbol das Zeichen der ehemaligen Sowjetunion, Ein kommunistisches Zeichen mit einer Sichel und nicht Blitz! Die russische Bezeichnung steht auch darunter: CCCP!" Ich trat an den Lunar-Lander heran und strich mit meinem Handschuh über diesen Aufdruck. „Respekt, Respekt! Diese Farbe hat gehalten! Jedenfalls länger als diese Form des Kommunismus!" „Guter Witz", meldete Alex, „wäre der Kommunismus damals nicht eingebrochen, dann wäre unsere Erde schon zur Müllhalde geworden! Die Planwirtschaft hatte keinen Plan für Umweltschutz!" Wir ließen das Gespräch so im Raum stehen.
Der Greifer war fast abgetrennt und neigte sich bereits leicht seitlich. Ich trat heran und bog diesen unter Anwendung des Hebelgesetzes weiter seitlich weg; es kamen drei dicke Kabel zum Vorschein! Diese Kabel reichten bis zum `Kniegelenk´, dort war noch ein weiterer Niedervoltmotor angebracht. Wieder unglaublich! Wir hatten schon gehört, dass die Russen damals eine extrem robuste Technik imstande waren zu betreiben, aber dass eine Batterie noch nach hundertzwanzig Jahren Restenergie abgab, dass war auch mir neu! Vielleicht hatten auch die Verhältnisse, die fast dauernde Einstrahlung der Sonne ohne Medium eine derartige statische Spannung aufgebaut? Wieder hüpfte ich zur MOONDUST hinüber und holte ein weiteres dieser Desintegratormesser aus der Box. Drei Verschiedene hatten wir ja dabei. Ich übergab mein Messer dem Kollegen und dieser schnitt nun erst einmal jedes Kabel einzeln durch, bevor er den Rest des Greifers, zwei

Schubgestänge abtrennte. Langsam drehte und kippte das Element zur Seite und auf den Boden. Wieder beobachteten wir diesen Effekt der luftleeren Umgebung. Das `Knie´ des Greifarmes wirbelte Staub auf, welcher sich aber sofort wieder legte und nicht, wie auf der Erde noch etwas vom Medium umhergetragen wurde. „Operation gelungen, Patient tot!" Alex von der Bodenstation. „Patient schon lange tot! Nur der Herzschrittmacher war noch eingeschaltet." Murmelte Georg, als er das Desintegratormesser deaktivierte und diese leichte Flimmern erlosch. Nun packten wir den Greifarm und spazierten, ich voraus, zur Mondgondel. Behutsam verstauten wir dieses Relikt aus den Anfangszeiten der menschlichen Raumfahrt neben dem anderen Relikt, arretierten es ebenso wie Armstrongs und Aldrins Leiter mit selbstspannenden Gurten, schon befahlen wir dem Sempex, die Muschel wieder zu schließen; also den Kofferraum zuzumachen. „Bergemission abgeschlossen, Alex! Melde dies bitte dem amerikanischen und dem russischen Präsidenten. Sollen wir diese Relikte persönlich vorbeibringen oder reicht ein Einschreiben?" „Ein normales Einschreiben reicht sicher nicht mehr, dann die zugelassenen Maße wurden überschritten! Da gibt es auch kein Kuvert mehr in dieser Größe und mit ausreichender Polsterung. Aber die FedEx hat bereits bei der TWC Umbauten von diesen kleineren Variobussen auf Variolifter bestellt! Diese Eiltransporter; ich bin sicher, wenn diese Leute einen Rabatt bekommen, dann nehmen sie auch eure Leiter mit nach Washington und den Baggerarm mit nach Moskau!" „Die Leiter sollte nach New York, habe ich erfahren", verbesserte ich, „sie soll symbolisch den fast völlig untergegangenen Stadtteil Manhattan retten. Dort werden die Statuen von Armstrong und Aldrin wieder auf ein höheres Podest gestellt und diese Leiter sollte diesen Statuen sozusagen `in die Hände´ gegeben werden." „Oh, das wusste ich noch gar nicht! Wahrscheinlich werden von euch Pionieren auch bald Statuen aufgestellt werden!" „Nein! Bitte nicht! Und wenn, dann hat das noch Zeit. Ich möchte nämlich noch um die hundertzwanzig Jahre leben, schließlich sollten meine Gene nicht umsonst so hoch korrigiert und stabilisiert worden sein!" „Ich auch, meine auch" Warf Georg ein. Alex lachte: „Ich auch, Freunde. Auch ich bin von der zweiten Generation!" „Na also", so ergänzte ich, „endlich wieder einer, der als kleiner Junge wieder spielen konnte." „Am liebsten mit den kleinen Mädchen! Aber damals nur im Sandkasten." „Dann wäre dies auch einmal eine Empfehlung für dich, Alex!" „Was meinst du Max?" „Eine Reise zum Mond!" „Warum?" „Weil es hier so viel Sand gibt! Du nimmst nur ein paar Mädchen mit, dann kannst du mit diesen in einem riesigen Sandkasten spielen!" „Heutzutage ist der Sandkasten in den Hintergrund geraten, ich bevorzuge Mädchen ohne Sand." „Verständlich." Georg lachte und warnte mit angehobener Stimme: „Jetzt solltet ihr aber das

Thema wechseln, wenn noch jemand zuhört, dann glaubt niemand mehr an die Ernsthaftigkeit unserer Mission!" „Was soll denn daran Ernsthaftes sein?" Mein Einwand und ich ergänzte: „Nachdem Armstrong und Aldrin das Arbeitsspektrum absolvierten, tollten auch diese auf dem Erdtrabanten herum, bis die Seismographen ausschlugen! Witz, Spaß und Freude sind die Treibstoffe des Intellektes!" „Auch wieder wahr!" bestätigte Georg und schlug wieder ein Rad, gefolgt von einem Rückwärtssalto: „Hurra, hurra, ist die Luft einmal nicht da, springt es sich ganz wunderbar!" Ich schüttelte den Kopf, was für die anderen wahrscheinlich wegen des Raumanzuges und des Golddampffilters auf dem Visier kaum erkennbar sein würde. „Sonnenstich! Der Arme. Das kommt in das Guiness-Buch der Rekorde! Der erste Mann, der auf dem Mond einen Sonnenstich bekam!" Ich schoss noch ein paar Fotos, auch schön eines, wie der Freund gerade sich in einer bodenkontaktlosen Drehung befand. Weitere Bilder von dem amputierten Lunar-Lander, der Mondgondel und allgemein noch von dieser doch trostlosen Gegend und von ein paar felsenähnlichen, härteren Steinen, so dieser Eindruck. Dann schaltete ich auf Langzeitbelichtung, fuhr ein kleines Dreibeinstativ aus, stellte die Kamera so, dass diese den Mondboden gerade noch im Objektiv hatte, aber ich wollte damit erreichen, dass die Sterne erkennbar würden! Auch noch einmal wegen der damaligen Verschwörungstheorie, diese wurde sowieso wieder verworfen, aber ich wollte einen fotografischen Beweis liefern, dass die kleinen Sternenlichtchen bei normaler fotografischer Belichtung in den Hintergrund gerieten. Nun aber würde sicher der Mondbodenrand absolut überbelichtet sein, dafür aber die Sterne erkennbar. Zu einem dieser Fotos stellte ich das Symbol noch zusätzlich auf `Watermark´, was bedeutet, dass dieses Digitalfoto mit einer digitalen, fälschungssicheren Kennung belegt wird. So! Nun waren eigentlich alle offiziellen Arbeiten ausgeführt. Als Georg dann die Digitalkamera übernahm, sprang ich auf den Lunar-Lander auf und rief ein „Jippi-jippi-jeah!" Ich drehte die rechte Hand in der Luft, als würde ich ein Lasso werfen wollen, dabei streckte ich die Beine von mir, wie ein Rodeoreiter. Georg machte Fotos, allerdings brummelte er so vor sich hin: „Wenn ich einen Sonnenstich habe, was hat dann der da? Ich glaube, ich muss die Getränkeversorgung in deinem Mondanzug überprüfen, ob da nicht doch Bärwurz drin ist. Halt! Wodka könnte es sein! Er reitet ja auf einem russischen Gaul!" Nun kam mir ein Lachen aus. Die Situation erschien unwirklich. „Ich wollte nur wissen, nachdem noch eine Restspannung in den Batterien war, ob dieser Gaul nicht doch noch anspringt! Haha!" Georg bat den Alex: „Kannst du nicht schon mal ein Zimmer in München, Stadtteil Haar bestellen? Weißt schon, dort im Hospiz! Nur einmal vorsichtshalber." Alex beruhigte: „Das sind vorübergehende Kurzerkrankungen, die hat ein jeder mal! Lass ihn erst einmal in den Alltag zurückkehren, dann gibt sich das schon wieder." „Hm, Alltag wird es für unsereinen aber in gewohnter Form wohl nicht mehr geben." „Stimmt sicher, aber wenn er wieder unter den Fittichen seiner Frau sein wird, dann sollte sich das auch wieder regeln." „Richtig! Ich werde der Gabriella alles haarklein berichten, dann wird er wohl ein paar Saftige auf sein Hinterteil bekommen!" Nach meiner Cowboy-Einlage stieg ich aber wieder von dem Lunar-Lander und meldete: „Komm, Georgie, gehen wir ein bisschen rein und machen Brotzeit, ich habe Hunger." „Er scheint wieder normal zu werden, zumindest hört sich das schon wieder ganz normal an!" Und Alex konnte diesen Kommentar nicht unterdrücken: „Siehst du, Georg! Was habe ich gesagt? Einmal die Frau erwähnt, schon schaltet er wieder auf Normalbetrieb um. So ist es richtig für einen braven Ehemann." „Also gut Alex, wir gehen in die MOONDUST! Wie Max schon sagte. Auch ich habe Hunger, machen wir ein wenig Sendepause, OK?" „Alles klar!" Alex stellte seinen Transceiver, seinen Sende-Empfänger also auf Standby, es kam noch die Kennung der Sendestation, die unseres Umsetzers, dann waren wir wieder `alleine´. Langsam bildete sich in uns ein Gefühl wie Heimweh aus. Ich wusste aus den Geschichtsbüchern, dass der zweite Mann auf dem Mond, Edwin `Buzz´ Aldrin, noch lange nach seinem Mondflug oft nächtelang im Garten seines Hauses saß und den Mond anstarrte.

Dabei hatte er auch einmal erzählt: „Das Zweitschlimmste an meinem Flug zum Mond war, dass ich nicht der Erste war, der diesen betrat. Das Erstschlimmste aber ist, dass ich mir sicher sein kann, nie mehr dorthin zurückkehren zu können! In meinem ganzen Leben nicht mehr. Daran kann ich zerbrechen."

Dieser Ausspruch ist für uns ungültig geworden! Wenn wir nun einen Kurztrip zum Mond unternehmen möchten, dann besteigen wir einfach so eine Mondgondel und fahren los! Die Zukunft wird wohl bald einen reinen Linienverkehr bringen, so wie es die Araber vorhaben. Die TWC ging bereits mit vielen Ingenieuren und vielen Zulieferfirmen weltweit in die Planungsphase für Transportgondeln und Bauteile der Hotelkuppel, sowie des eigentlichen Hotels dann darunter. Dieses Projekt würde mit Sicherheit schon 2094 starten. Viele Staaten werden sich den Mond teilen, dabei würden aber kaum mehr Grundstreitigkeiten entstehen, denn die Aussichten sollten bald bis weit in den Kosmos reichen. Mondtourismus bekommt nur einen Alternativcharakter, da es sich um den Erdtrabanten handelt, der schon Milliarden Jahre uns und unsere absoluten Vorgänger begleitete; der stille Beobachter der menschlichen Evolution, der alles zu wissen schien, aber seine Geheimnisse scheinbar für sich behalten will. Die wilde Suche nach bewohnbaren oder bewohnbar zu machenden Planeten und Monden wird beginnen! Dann beginnt das neue Zeitalter! Während wir über die Campingbänke in unsere Gondel stiegen, diese an den Seilen wieder hoch hievten, durchlebte ich eine Vielfalt von Gedankenwelten, wie unsere Zukunft, die Zukunft der Menschheit wohl aussehen wird. Bewohnbare Monde würden eine enorme Exotik verbreiten. Man stelle sich vor: zum Beispiel ein fast erdgroßer Mond mit leichter Eigendrehung, der wiederum um einen Planeten eilte, von der systemeigenen Sonne in einem biosphärischen Abstand beschienen, vielleicht mit langen Tagen und Nächten oder Kurzen, dabei aber täglich einmal eine Sonnenfinsternis, welche dann wieder in bestimmten Abläufen für Wochen ausgesetzt sein könnte, je nach den Drehsinnen der Konstellation. Der Planet, der Herr dieses Mondes wäre, wäre auch wahrscheinlich ein Gasriese, wie unser Jupiter oder Uranus, vielleicht auch mit Ringen, deren Eis dann bei bestimmter Sonnenbestrahlung in einem bestimmten Farbspektrum schillern würde, ein Häuschen auf einem Plateau vor einem reinen See mit neuen Fischarten oder Fischen, die von der Erde mitgebracht wurden; würden neue Fischarten für den Menschen von Anfang an zu genießen sein, oder sollte unsere fortschrittliche Gentechnik hier seine Bestimmung finden? Wie würden sich andere Tierarten auf solchen Himmelskörpern entwickelt haben? Welcher Körperform gab das Universum den Massenvorteil? Andere atmosphärische Planeten mit vielen Monden? Romantischer Strandabend mit der Silhouette von drei, vier oder mehr Monden? Wie würden wohl die ersten intelligenten Planetenvölker aussehen, die wir entdecken, kennenlernen werden? Wie wir Menschen? Ähnliche Voraussetzungen ergeben ähnliche Entwicklungen. Dass es kosmische Intelligenzen gibt, daran hatte ich nie Zweifel! Der Beweis, dass es sie gibt, war auch schon eingetroffen. Wieder nur möglich durch die Tachyonentechnik, da die Nutzung elektromagnetischer Strahlung eben für kosmische Entfernungen nicht dauerhaft sinnvoll ist. Intelligenzen mit einem so hohen Reifegrad, dass sie Raumreisen in größerem Stil betreiben können, müssen letztendlich auf den vom Universum bereitgestellten Schlüssel, dem Tachyonenschlüssel zurückgreifen und damit auch interstellare Kommunikation auf dieser Basis betreiben. Darum waren alle Projekte relativ sinnlos, mit denen wir per Radioteleskope hoffnungsvoll in die Unendlichkeit starrten. Auch schon deshalb, wenn dann Signale empfangen worden wären, die schon tausende oder Millionen von Jahren alt gewesen sind. Stumm zog Georg die Bänke in den Innenraum der Gondel, gab Befehl, die Luke zu schließen und ein atembares Gasgemisch wiederherzustellen. Dann entledigten wir uns dieser Mondanzüge, die mit mehr und mehr Gewöhnung auch schon lästiger wurden. So war der

Mensch! Zuerst begeistert für alles Neue, dann nach mehr und mehr Anpassung wurden Hinderlichkeiten definiert. Das war ein Teil des Forscherdranges, damit man immer wieder etwas Neues aufsucht, so wie die Fallschirmspringer, die immer und immer wieder neue Höhen für den Ausstieg suchten oder die Bergsteiger, die immer wieder einen höheren Berg erklimmen wollten. Diejenigen, die dies alles überlebten, waren dann irgendwann unglücklich, weil es keine höheren Berge mehr gab. Ist deshalb von der Natur aus irgendwann einmal der Tod vorgesehen? Wenn die Theorie vom Bernhard greift, dann müsste das `Kollektivbewusstsein´ des Universums immer wieder mit Informationen gefüttert werden, um den eigentlich zeitlich resultierenden, vorhandenen Bestand zu erhalten, beziehungsweise nachzufüllen. Phanta Rei. Alles im Fluss.

Nachdem sich der Georg einen Klappsitz aus der Mittelsäule klappte und damit begann, vakuumverpackte, bröselfreie Toastbrötchen aufzureißen, sich einen Kaffee vom Automaten tastete, meinte er sinnierend: „Campingtisch und Bänke sollten immer dabei sein, wenn wir solche Touren unternehmen. Nicht um dann in unser Fahrzeug zurückkommen zu können, nein, auch wenn wir es einmal schaffen, einen belebten Planeten, oder eine Welt zu finden, die atembare Luft anbietet. Ich träume von anderen Sternenbildern, vielleicht auch von einer Welt nahe dem galaktischen Zentrum, von Nächten mit dem Gleißen der näher stehenden Sonnen, hell, was wäre möglich? An einem Strand? An einem See? Mit dem Zwitschern artfremder Vögel?" Ich erkannte, dass der Freund ähnliche Gedankengänge hatte wie ich unlängst. Wahrscheinlich waren wir deshalb auch Freunde! Die gleiche Wellenlänge und zeitlich gleich gesteuerte sentimentale Phasen. Der Eindruck vom Erdtrabanten wurde von unseren Gehirnen ähnlich aufgenommen, verarbeitet und diese Impressionen erzeugten ebenso ähnliche Wirkungen. „Ein Mond in einem anderen Sonnensystem, etwa erdgroß mit Atmosphäre, der sich um einen Gasriesen dreht. Mehrere Drehachsen für gleichmäßigere Sonnenbestrahlung und dadurch vielleicht auch Jahreszeiten, egal wie lang ein solches Jahr dann sein könnte. An so etwas hatte ich soeben gedacht!" Verriet ich dem Kumpel und Kollegen. Georg schaute mich mit sehnsüchtig wässrigen Augen an. „Weißt du was, Max? Ich möchte nicht mehr leben wollen, wenn ich nicht mehr die Erde verlassen könnte, wenn jemand zu mir sagen würde: Du musst nun immer auf dem Planeten Terra bleiben. Mit den Perspektiven die wir nun haben, bin ich jetzt eigentlich glücklich. Ich werde den Kosmos erobern müssen! Ich werde Sonnensysteme besuchen, zu katalogisieren helfen, Routenkarten erstellen, aber nur noch auf der Erde bleiben? Nein. Das würde ich nun nicht mehr können." „Mir geht es ebenfalls so. Auch ich bin jetzt glücklich; doch sollten wir aufpassen, denn der Bruder des Glücks heißt Unglück und dieser wartet immer in allernächster Nachbarschaft. Wir müssen besonnen bleiben, auch in allen Belangen vorsichtiger und unserem Leben den Sinn geben, den wir als solchen erkannt haben. Ich habe auch erkannt, dass mich der Kosmos ruft! Der Schrei des Universums nach Weiterführung einer alten Aufgabe. Die Pflicht eines zur Intelligenz geratenen Volkes absolvieren, erledigen. Das ist es, was ich will und wie ich sehe auch du! Bald werden wir in der Marsgondel sitzen und dann? Wer weiß, welche Schiffe wir einmal steuern? Künftige Schiffe dürften dann auch kleine Fahrzeuge an Bord haben, für Naherkundungen, wir müssen Computer konstruieren, die eventuell die Sprachen von anderen Intelligenzen analysieren und übersetzen können, das wird bald eine Aufgabe für unseren Freund Bernhard, so wie ich das sehe." Auch ich riss ein Toastpack auf und tastete auch einen Kaffee, aber mit Milch und Zuckerersatz. Beide blickten wir aus dem Fenster der Gondel auf die herrliche, beängstigende Mondlandschaft, als Georg weiter sentimental hinzufügte: „Schön, dass diese Entwicklung so schnell vonstatten ging! Darum konnten wir dies alles so schnell erleben! Die Zeiten werden immer kurzlebiger, immer schneller, auch gut, dass wir Genstabilisierten eine relativ hohe Lebenserwartung haben dürfen. Wir können tatsächlich noch viel erleben, nicht wahr Max?" „Die Entwicklung war deshalb so schnell, weil die Technik schon bestanden hatte. Den Nanoprinter gab es schon, du hattest ihn nur schneller gemacht, die Flugzeuge gab es schon, diese werden nur umgerüstet, was wir entdeckt hatten, funktioniert ohne jegliche Mechanik! Deshalb konnte das System so schnell Fuß fassen! Das erste Fahrzeug, welches rein für die Wafertechnologie entwickelt wird, wird die Marsgondel sein! Auch die SPIRIT OF EUROPE ist nur eine Weiterentwicklung eines Atmosphäreclippers, auch wenn man sich damit bis in den erdnahen Weltraum wagen kann. Auch ich bleibe dabei: Ich werde in Zukunft den Kosmos erkunden. Meine irdischen Missionen sind schon alle erfüllt." Georg nickte bestätigend, sagte aber nichts. Scheinbar wollte er sich damit meiner Meinung anschließen. „Wo stellen wir den Aloisius auf?" Schreckte mich der Freund aus meinen Gedanken. „Am Scheibenrand, würde ich sagen." „Wie? Scheibenrand? Wie meinst du das?" „Ganz einfach. Wir wollen doch noch ein bisschen hinter den Mond gucken, nicht wahr? Wenn wir dann die Erde wieder sehen, dort landen wir noch mal und stellen die Campingausrüstung auf, den Maßkrug auf den Tisch und setzen den Aloisius auf die Bank und zwar so, dass er immer zur Erde blickt! Drum meine ich Scheibe, denn von der Erde aus dreht sich der Mond ja nicht, sieht aus wie eine Scheibe und dort ganz an der visuellen Grenze, wenn wir also die Erde schon sehen, dann wäre das der beste Platz!" „Klar, einverstanden. Dann stellen wir aber auch noch die letzte

Reservekamera auf, damit der Leopold Weigel seinem Aloisius immer wieder gute Nacht sagen kann!" „Starten wir? Machen wir ein wenig Erkundung, danach landen wir `am Scheibenrand´ schlafen noch einmal, setzen den Aloisius aus und fahren dann heim?" „Ich unterliege keinem strengen Zeitplan." „Also dann." Ich holte die Funkanlage aus dem Standby-Betrieb, meldete unser Vorhaben der Bodenstation und dass sie unseren Frauen Bescheid geben sollten, denn hinter dem Mond war kein Funkverkehr möglich. Die alten Mondorbitsatelliten der späten Mondflüge, die damals als Funkrelaisstationen dienten, waren bereits alle abgestürzt oder in den freien Raum abgedriftet. Immer noch war der Alex am Mikrofon. „Seid aber vorsichtig! Immer wieder wird gesagt, dass sich kriegerische Außerirdische dort hinterm Mond verstecken und nur warten, bis sie zuschlagen können!" „Wir haben ja noch zwei funktionierende Desintegratormesser dabei! Das würden die nie wagen!" „Also gut dann. Wir hören uns dann also gegen Mitternacht wieder, wenn ich das richtig verstanden hatte." „Das dürfte hingehen", bestätigte ich. „Ich werde für euch am Gerät bleiben, nur etwas schlafen bis dahin. Gute Fahrt!" Der Alex! Irgendwie dachte ich, den Alex von früher schon zu kennen, aber momentan kam ich auf keinen Zusammenhang. „Danke!" Wir wollten auch relativ hoch über der Oberfläche und schnell die Rückseite des Mondes bereisen, nur einige gute Digitalfotos machen, dann eben am von der Erde aus sichtbarem Rand den letzen, vorläufigen Ausstieg erledigen. Der Mond sollte uns sicher wieder sehen! Wieder ließen wir die Landebeine ausgefahren, als Georg dem Bordrechner entsprechende Steuerbefehle gab: „Fahrthöhe fünfundzwanzig Kilometer, oberflächenangepasst mit fahrttauglichen Toleranzen. Horizontalgeschwindigkeit eintausendzweihundert Stundenkilometer, Navigation nach Programmcode Mondrücken. Start!" Wir wurden wieder schwerelos, als der Topwafer sich aktivierte. Ich war fast noch nicht richtig im Sitz angekommen, musste ich mich sofort an den eleganten, niedrigen Armlehnen festhalten und den Gurt zurren. Georg hatte gar nicht bemerkt, dass ich eigentlich noch nicht ganz vorbereitet war, so sehr sah er wieder fasziniert auf die Mondoberfläche. Schon nach einer guten Stunde verließen wir den Sichtbereich, den wir von der Erde her hatten. Diese Reisehöhe war noch ausreichend für eine einigermaßen gute Detailerkennung der Mondoberfläche, aber diese Seite würde ohnehin trostloser sein, als die Vorderseite, denn wenn man nicht einmal mehr die Erde sehen kann, was hätte eine lebensfeindliche Welt noch für Reize haben können? Die Rückseite des Mondes zeigte weniger von diesen `Meeren´, mehr Krater, die irgendwie etwas aufgeräumter wirkten, aber das konnte auch ein Effekt der hier überwiegend herrschenden Dunkelheit sein. *Nein,* so dachte ich bei mir, *die Rückseite des Mondes wird wohl weniger besiedelt werden*! Nur futuristische Eremiten würden sich hier wohlfühlen, oder Himmelsforscher, die eines Tages mit allen möglichen Instrumenten wegen extra dieser höheren Lichtruhe hier tätig würden. Nach einem berechneten System kreuzten wir über die Oberfläche, um von wichtigen oder unwichtigen Gegenden Aufnahmen zu machen. Tatsächlich waren wir dann auch kurz vor Mitternacht nach mitteleuropäischer Zeit wieder an einem Punkt angelangt, von wo die Erde aufging! Dort steuerte Georg via Sempex-Steuerungscomputer die MOONDUST langsam ein weiteres Mal der Mondoberfläche entgegen. Wieder setzte die Gondel sanft auf und nach Abschaltung des Topwafers gewannen wir das leichte Schweregefühl dieser Mondverhältnisse zurück. Sofort piepte der Empfänger! Die Kennungen von Gabriella und Silvana wurden durchgegeben. Ich schüttelte den Kopf und lächelte, „Übertragung aktivieren, Holoschirm!" Dieses Mal aber traten unsere Frauen in schicken Hosenanzügen auf. Beide befanden sich in der ehemaligen Justizhalle vor der Halle, in der wir die ersten Experimente vollzogen hatten. Bernhard, Joachim, Sebastian und einige Techniker saßen auf einer Bank, deren waren mittlerweile schon wesentlich mehr geworden und noch ein groß gewachsener Mann. „Mensch, dass ist der Alex! Jetzt erinnere ich mich! Dieser Alex hatte mit mir die gymnasiale Vorbereitung durchgestanden, wechselte dann aber zu den Genetikern! Wie kommt es, dass ausgerechnet er in der Bodenkontrolle Dienst tut?" „Weiß ich doch nicht", polterte der Freund heraus, „vielleicht hat er von der Genetik die Nase voll oder die Raumfahrt hat ich nun angesteckt. Wir werden ihn fragen, wenn wir zurück sind." „Klar!" Gabriella ergriff das Wort: „Sagt mal, was fällt euch denn ein? Treibt euch auf der Mondhinterseite rum, dass man euch nicht sieht und das auch noch so lange! Jetzt macht aber dass ihr ins Bett kommt!" Auch Silvana wollte ihren Senf dazugeben: „Ich betrachte mich immer noch als frisch vermählt, Georg! Es gehört sich für einen frischgebackenen Ehemann einfach nicht, sich solange hinter dem Mond zu verstecken. Wir akzeptieren keine weiteren Ausreden! Jetzt geht ihr schön in euer Bett und morgen sprechen wir dann weiter, persönlich versteht sich!" „Wir sind hier in der Arbeit und als gute Arbeitnehmer verstehen wir auch die Notwenigkeit von Überstunden", klärte ich die Damen auf, aber beide lächelten erleichtert, etwas bange schien ihnen gewesen zu sein, nachdem sie erfuhren, dass wir noch das Mondrückseitenprogramm fuhren. „Hallo die gesamte Runde, hallo Alex, der Alexander Paul Gudat, hast du die Interessen gewechselt? Warst du nicht bei den Genetikern?" „Ha, Max! Du hast mich wieder erkannt? Nein, ich habe die Interessen nicht gewechselt, aber nachdem Raumfahrt in erreichbare Nähe gerückt ist, möchte ich bald meine Genexperimente mit Pflanzen zum eventuellen Terraforming oder auch generell Experimente solcher Art auf anderen Planeten ausführen. Da habe ich mich kurzerhand bei der TWC beworben, denn auch die Airbus-Company will ja Raumgondeln bauen, ist auch ein Teil der TWC und solche Leute wie ich werden bald gebraucht! Ich habe eine Blaualgenkultur zuhause, die diesen Namen eigentlich nicht mehr verdient, denn diese Algen sind fast im ganzen Farbspektrum vertreten, diese reagieren sofort auf Kohlendioxyd, Kohlenmonoxyd und sogar manche Giftgase, verändern dabei die Farbe, wandeln fast alles in Sauerstoff um! Dabei ist die Ausbeute von Sauerstoff fast viermal so hoch wie bei den herkömmlichen Algenkulturen." Georg: „Mit dir machen wir ja noch den Pluto bewohnbar!" Der blonde Hüne lachte: „Das sicher nicht, zumindest solange nicht, wie wir diesen Zwergplaneten in seiner Umlaufbahn belassen. Im Übrigen freue ich mich schon wenn ihr . . ." er sah auf die Uhr, dann ergänzte er zeitlich richtig „. . . heute hier wieder ankommt. Wir haben viel zu besprechen und zu erinnern!" „Ich weiß noch nicht, sollten wir zuerst noch zum roten Platz nach Moskau oder zuerst nach Manhattan?" „Die SPIRIT OF EUROPE wurde von dem französischen Präsidenten zur Verfügung gestellt, um euch jeweils dorthin zu bringen! Mit allen Ehren! Aber wir sind mit von der Partie!" Gabriellas Einwand. Letztlich wedelte sie aber mit dem Zeigefinger der rechten Hand zwischen ihr selber und Silvana hin und her. Damit war dieser Fall auch schon geklärt! Was ist denn mit diesen Franzosen passiert? Die sind ja wie umgewandelt? Loben die Deutschen zwar nicht direkt, aber *Spirit of Europe, der europäische Geist* war ja schon ein gehöriges Lob! Bernhard hatte, wie wir richtig erkennen konnten, ein Glas Rotwein in der Hand! „Hallo Bernhard! Hast du in deiner Weinforschung schon Erfolge zu verzeichnen?" „Sicher Max! Ich habe herausgefunden, wenn ich täglich sechshundertfünfundzwanzig Milliliter von einem roten Chevalier d´Oro trinke, naturgekeltert versteht sich, dann verzeichne ich hohes körperliches Wohlbefinden, eine messbar einwandfreie Zellregenerierung und kann dem reinen Alkoholisierungs-Effekt widerstehen. Die Dopaminproduktion erhöht sich dabei ebenso und ich empfinde keine Depressionen mehr wie früher. Diese Empfehlung gab ich übrigens bereits an weitere Leute der `wahren Genkorrektur´ weiter, nun sind bereits zwei weitere Programmierer für die TWC tätig! Wichtig dabei ist aber auch die Zusammensetzung von fester Nahrung, diese sollte einen gewissen pflanzlichen Fettanteil nicht unterschreiten, auch hundertzehn Gramm Ballaststoffe gehören zu dieser Komposition!" „Das ist ja interessant, Bernhard! Aber nächstes Jahr im Oktoberfest machst du mit uns eine Ausnahme! Da studieren wir dann: Wie formt man mit Bier einen schönen Körper und was kann ein Wiesenhendl mir Gutes tun!" „Ich werde mich demnächst mit den Bestandteilen von diesem Hopfengetränk befassen

und werde berechnen, wie viel man davon gesundheitsverträglich verköstigen kann!" Ich gab wieder auf. „Tu das, Bernhard! Ich bin auf die Ergebnisse jetzt schon gespannt. Gabriella! Trink nicht zuviel, meine Liebe!" Ich wiegte den stehenden Zeigefinger vor und zurück, so dass er von der Aufnahmeeinheit erfasst wurde. Gabriella lächelte, auch Silvana warf lachend die schwarzen Haare zurück. „Nur noch einen Schoppen, dann werden wir auch schon nach einem schönen Bad in unseren Betten verschwunden sein und jeweils euren Platz anwärmen, einverstanden?" Auch Georg lächelte verständig, er antwortete für uns beide: „So wollen wir das haben! Brave Ehefrauen, die tapfer ausharren, bis die lieben Gatten wieder zuhause sind! Vorbildlich, vorbildlich!" Noch gab es ein paar Kusshändchen, die Leute auf der Bank in Oberpfaffenhofen grinsten breit, teils schon fast etwas hämisch, sogar der Bernhard verzog das Gesicht, wirkte aber immer noch wie der erste Grimassen schlagende japanische Roboter mit Silikonhaut vor fast hundert Jahren. Dann wurde unsere Funkanlage wieder auf Standby gestellt. Somit war also der neunzehnte November angebrochen und wir waren noch auf dem Mond. Für ein paar Stunden noch, dann ein weiterer schneller Ausstieg, dass würde es dann auch schon gewesen sein. Für dieses Mal! Bis auf eine kleine Panne war es ein voller Erfolg! Lange schaute ich noch aus dem Fenster, wir hatten direkte Sichtverbindung zur Erde, die knapp über dem Mondhorizont stand. Wir hatten an einer Position geparkt, wo die untere Hälfte der Erde beleuchtet war und die obere dunkel! Dort lag also Europa. Im Nachtbereich. Dies war also das Bild, ähnlich es die Apollo acht Astronauten schon gesehen hatten und fast dem Weinen verfallen waren, sie hatten die Schönheit unseres Planeten erkannt, wirklich erkannt! Auch seltsam, wie weit muss man weg sein, um die Schönheit dieser Welt zu erkennen? Solange die Menschen diesen Blick nicht gekannt hatten, haben diese nur Raubbau und Kriege inszeniert, diese herrliche Welt nach Strich und Faden verhöhnt, dem Lebensspender der menschlichen Rasse, welche jetzt vor Einheitsgefühl nur noch so strotzt! Überblick erhalten, Information bilden, Möglichkeiten schaffen! Einige der notwenigen Schlüssel dafür.
Georg schnaufte tief ein und tief aus, nach einem langen Blick auf bizarre Mondlandschaft und das unwirklich anmutende Bild mit der Erde über dem Horizont, dann stand er auf und bewegte sich in Richtung der kleinen Hygienezelle. Nach knapp einer Viertelstunde kam er im Schlafoverall wieder, schwang sich der geringen Raumandrückkraft entsprechend die Alusprossen zum Oberdeck und winkte kurz, wünschte eine gute Nacht, schon war er verschwunden. Auch ich tat es ihm nach, nur wusch ich mich etwas langsamer, ich genoss noch den Abtropfeffekt in vollen Zügen, schüttelte meine Haare, die sich kaum mehr legten, wippte mit den Zehen

und konnte schon auf diese Weise kleine Sprünge machen. Ein riesiges Trampolin auf dem Mond, unter einer Luftkuppel! Das wäre eine Attraktion! Das muss ich den Arabern verraten. Ich stellte mir vor, wie man mit einem Trampolin Saltos schlagen könnte, dabei fünfzig Meter und höher springen, trotzdem sanft landen! Zukunft! Das Wort besaß nun wieder Magie! Nicht mehr wie vor hundert Jahren, als sich fast schon eine Weltdepression einstellte. Damals schuf das Wort Zukunft bald Angstgefühle, der damalige Terror tat sein Übriges dazu, Menschen in großen Städten hatten ständig eine gewisse Angst in Begleitung. Sicher gab es bis vor kurzem noch Terror, aber dieser konzentrierten sich mehr auf Spionage und wirtschaftliche Schädigungen. Auch dafür hatte die neue Technik gesorgt, dass diese Art Terror zum Erliegen kam. Jeder bekam die neue Technik bereits und der globale Gerichtshof hatte ein unumstößliches Urteil gefällt! In zehn Jahren würden dann alle Unterlagen veröffentlicht und alle Staaten der Erde würden produzieren können wie sie wollten. Würden dann diese Produktionen auch noch so interessant sein, wie heute? Wahrscheinlich nicht mehr. Jeder kennt es, jeder nutzt es dann irgendwann. Was die Menschheit nun mehr und mehr eint, hatten Psychologen bereits festgestellt! Die Aussicht, ohnehin bald genügend Platz zu bekommen, grenzenlos reisen zu können, zu kolonisieren, aber in einem anderen Stil, als in den bislang bekannten! Keine Sklaven mehr! Es gab schon ausreichend Roboter, Maschinen um auch Gebiete auf anderen Welten urbar zu machen und es würden sicher Kolonien gefördert, die weiterhin Kontakte mit dem Mutterplaneten, natürlich auch wirtschaftliche, erhalten wollen. Eine neue Roboterindustrie wird sich entwickeln. Ich trocknete mich manuell ab, zog meinen Schlafoverall an und schwang mich ähnlich auf das obere Deck wie mein Freund. Ich merkte gar nicht, wie ich nun, nach dieser Zeit auf dem Mond, erstmal so richtig müde war, nicht mehr aufgeputscht von dem Neuen was wir erlebten; fast schon ein bisschen Alltag oder All-Tag, wenn man den Wortspielereien frönte. Ich war zufrieden! Ich war auch glücklich! Ich bin in einem Zeitalter zur Welt gekommen, in dem ich mich nach meinen Methoden austoben konnte, ohne jemanden zu schaden, im Gegenteil! Die Wirkung bislang war durchwegs positiv! Frieden war zum absoluten Modewort geworden, mitunter auch wegen dem Patrick, der mit diesem Sender die Welt verzauberte, von uns nur noch den Zauberstab bekam. Kann jemand zufriedener sein wie ich oder Georg? Jetzt stand das Fenster zum Kosmos offen! Weiter offen als jemals zuvor! Langsam verebbten meine unendlich langen, unendlich breiten und unendlich hohen Gedanken und ich versank in guten, tiefen Schlaf. Ob mich Träume begleiteten, konnte ich mich nicht mehr erinnern.

Gegen Zehn Uhr mitteleuropäischer Zeit, weckte uns der Empfänger. Georg gab den Stimmbefehl für die Aktivierung, aber ohne Bildübertragung, denn wir waren noch in den Schlafoveralls, begaben uns also langsam eine Etage tiefer. „Bodenstation Oberpfaffenhofen, Alex hier! Ihr Schlafmützen, macht denn der Mond so müde?" Georg, der vor mir unten war, antwortete: „Und wie! Hast du schon mal Mondsüchtige gesehen? Die laufen sogar noch schlafen umher!" „Habt ihr das auch getan?" Nun war ich an der Reihe: „Sicher doch! Wenn ich an die letzten Ausstiege denke, kommt mir alles wie ein Traum vor. Habt ihr noch lange gesessen, gestern?" Noch etwas, aber eure Frauen sind wirklich nach einem weiteren Schoppen zu Bett gegangen!" „Was eine gute Erziehung so ausmacht, nicht wahr, Alexander?" „Max! Meine Frau stellte sich, nachdem sie von euren Frauen erfuhr, bald einem der Gokk-Klöster vor und saugt diese Lehren förmlich ein." „Du bist verheiratet?" „Ja, schon seit sieben Jahren! Ich habe den Ehevertrag schon verlängert, aber jetzt wird meine Frau erst so richtig feminin, aber lassen wir das, bis ihr wieder da seid, dann stelle ich euch meine Gattin vor." „Wer ist denn deine Gattin, entschuldige, aber nur noch diese Frage!" „Ja, äh, nun gut, Max. Erinnerst du dich noch an die Sybille, auch aus der Vorbereitung?" Mir verschlug es fast die Sprache! Meine Jugendliebe! Ich war fast ein Jahr mit ihr zusammen! „Soso! Du hast dir die Sybille geschnappt! Ziemlich heißes Blut nicht?" „Anfangs ja, aber sie entwickelt langsam Stil, nicht zuletzt wegen Gokk. Aber lassen wir das eben für spätere Unterhaltungen, ja?" „Ich bin dir nicht böse, wenn du das meinst." „Das beruhigt mich ungemein, danke! Ihr solltet euren Rückflug so gegen fünfzehn Uhr plus minus dreißig Minuten einplanen!" „Warum?" „Presserummel!" „Oje, oje!" Georg stöhnte: „Bitte keine roten Teppiche mehr! Rot ist zwar meine Lieblingsfarbe, aber zuviel rot? Nein, danke!" Alex begann zu scherzen: „Was wirst du denn dann so zwischen Weihnachten und Neujahr machen?" „Wieso?" „Da solltet ihr mit der Marsgondel, die bereits Formen annimmt, zum Mars starten! Zum *roten* Planeten!" Georg glaubte sich zu verhören, doch dann lenkte er blitzschnell ein: „Also gut, wenn es denn sein muss, dann akzeptiere ich auch weiterhin rote Teppiche, aber nur damit ich mich an den Mars gewöhne!" „Haha! Nein, keine roten Teppiche mehr, aber Presse. Gabriella bereits sich schon vor, sie wird euch die meiste Arbeit abnehmen, aber ein paar Fragen werdet ihr wohl selber beantworten müssen. Die ehemalige Justizhalle wird schon wieder erweitert! Hier ist das journalistische Zentrum der Welt entstanden. Verschiedene Agenturen kaufen bereits Stammübertragungsrechte für Jahre hinaus! Also, macht noch was ihr noch zu tun habt, dann kommt nachhause!" Alex lachte die letzten Worte und wir murmelten nur noch ein „OK!" Der Empfänger schaltete wieder auf Standby, wir machten wieder

ein leichtes Frühstück, man konnte sich direkt schon daran gewöhnen. Erneut schlüpften wir in die Mondanzüge. Nachdem die Luft abgesaugt, die Luke geöffnet war, beförderte Georg die Campingartikel nach gewohnter Manier ins Freie. Bald erreichten wir wieder den Mondboden, öffneten noch einmal die `Muschel´ und entnahmen die letzte Reserve-Sendeeinheit mit Parabolantenne und Kamera, sowie unserer Spezialbox. Die Übertragungseinheit wurde in einer Position aufgestellt, dass sie die Erde im Fokus hatte, dabei aber der Campingtisch seitlich und bald mit dem Engel Aloisius darauf mit im Bild sein würde. Der `Kofferraum´ wurde wieder verschlossen, nun würde alles auf dem Trabanten verbleiben. Nach ein paar Minuten bemerkte ich, dass die Anzugsversorgung mehr Energie zog als bei den letzten Ausstiegen! Weniger Sonnendirektbestrahlung! Der Anzug begann auch zu heizen. Aber kein Medium transportierte Wärmeenergie ab, so dass die Energie immer noch für fast vier Monate reichen würde, allerdings wären die Sauerstoffflaschen im Rückentornister dann schon längst alle! Sauerstoff hätten wir für höchstens einen Monat dabei, Wasser, trotz Aufbereitung ebenfalls für höchstens einen Monat. Georg richtete die Campingausrüstung videogerecht und so aus, dass wir sie trotz Aloisius und Maßkrug noch für den Einstieg nutzen können, ich stellte also den Maßkrug mit dem Bayernemblem in Richtung Kameralinse, setzte den Aloisius auf die Bank, so dass dieser mit einer Hand an den Maßkrug kam, es aussah, als lag sein Ellbogen trinktechnisch fest auf einem Tresen. Ich musste innerlich lachen, als ich diese Bild sah. Leopold würde begeistert sein, sicher sah er bereits Aufnahmen von hier. Georg hatte die Seile des Tisches und der Bänke abgebunden. Somit waren alle unsere Aufgaben, offizielle und inoffizielle, selbst gestellte und bestellte erfüllt!
„Was machen wir jetzt, wir haben noch ein paar Stunden, Georg!" „Was sollen wir machen? Wir zwei alleine auf dem Mond, auf dem größten Sandkasten im erdnahen Bereich?" Plötzlich legte der Freund wieder los! Er sprang so hoch er konnte, er hoppelte in Känguruschritten und jubelte, dass es wieder ansteckend wirkte. Er warf sich zu Boden, in Sichtrichtung des blauen Planeten und wühlte im Mondstaub. „Mondstaub! Mondstaub! Der Beginn der kosmischen Träume, Max! Von hier geht es in die Unendlichkeit! Zwischenstation!" Auch ich gab mich diesem Impuls hin und als ich so am Boden lag, Zentimeter vor mir der Mondstaub und darüber die entfernte Erde, bekam ich ein Frösteln trotz der laufenden Anzugheizung. „Georg! Sind wir Menschen schon so weit?" „Was meinst du?" „Sind wir schon reif genug für den Kosmos?" „Man kann nie vorher für etwas schon reif sein, wenn man nicht weiß für was man reif sein sollte. So wie wir in der Gesellschaft und in der Umwelt reiften, so werden wir Menschen auch erst *im* Kosmos reifen! Noch wissen wir nicht, was uns dort

alles erwarten wird, aber es wird gewaltig sein! Wir werden eine neue Explosion von Informationen verkraften müssen und wir werden uns verändern. Stark verändern! Die Menschheit wird sich splitten, je nach Kolonialplaneten jeweils angepasst verändern, irgendwann werden sich manche Kolonien nicht mehr an die Erde erinnern, vielleicht nur noch aus alten Kristallspeicherungen, aber der Impuls der Evolution wird weiter getragen, immer weiter hinaus, bis sich ein Kreis schließen wird! Alpha und Omega, der Anfang und das Ende. Aber wie es einem Kreis so entspricht, wird das Ende immer ein neuer Anfang sein. Kreislauf und Schwingungen; wie es unsere Entdeckung auch gezeigt hatte, das Universum besteht nur daraus. Auch wir. Wir sind aus dem Staub der Sterne entstanden und wir kehren zu den Sternen zurück! Eigentlich nichts anderes als eine Rückkehr, also wieder ein Kreislauf. Max! Nun genieße noch die paar Stunden mit diesen für Menschen ohnehin begrenztem Aufnahmevermögen, lass dein Gehirn Dopamin produzieren, dann freue dich auf deine Gabriella und ich werde mich auf meine Silvana freuen. Vom Mond zurück in die Arme und Betten unserer Frauen, sind das nicht verlockende Aussichten?" „Wie kannst du nur so schön philosophieren und dann wieder in so primitive Gedanken verfallen?" „Auch das ist Kreislauf, Max, auch das ist Kreislauf!" Und wir genossen noch diese Stunden, kegelten mit rundlichen Steinen oder spielten eine Art Boccia. Dabei lachten wir wie kleine Jungen, losgelassen und der Freude freier Lauf gelassen, wir sangen auch, allerdings auf einem separaten Funkkanal, der nicht von der Relaisstation weitergegeben wurde. Was hätten sich die von der Bodenstation wohl gedacht?

Um vierzehn Uhr zwanzig bückte ich mich noch einmal, sogar vor der Kamera und gab dem Mondboden einen symbolischen Kuss, nur der Helm ließ keinen direkten Kontakt zu. Es gab doch schon mal einen Papst, der diesem Drang nach all seinen Landungen und Reisen auf der Erde nachgegeben hatte. Nur ich murmelte dabei: „Bis irgendwann mal wieder, treuer Erdbegleiter, ich liebe dich, auch ohne Luft!" „Auf Max! Der Abschied wird nicht für ewig sein!" Vorsichtig stiegen wir die Bank und Tisch mit dem Aloisius und dem Maßkrug hinauf bis zur noch funktionierenden Sprosse, versicherten uns, dass wir alles heil gelassen hatten, dann traten wir durch die Luke in das Innere der MOONDUST, gaben dem Rechner den Befehl die Luke zu schließen und das Gasgemisch wieder auf atembare Bedingungen einzustellen. Ich war nun glücklich und ein wenig traurig zugleich, als ich den Mondanzug abstreifte. Georg befahl dem Sempex, nachdem wir in den Pilotensitzen festgeschnallt waren, dieser sollte den Topwafer aktivieren, „sanfter Drift heckwärts, etwa fünf Meter", er schaute mich an und erklärte weiter, „damit wir den Aloisius nicht umwerfen!" „Damit würde die Mission nicht mehr als gelungen gelten! Das darf nicht passieren!" Entfuhr es mir. Schon aktivierte Georg das Rückfahrt-Programm. Die Gondel hob weiter vom Mondboden ab und beschleunigte dann mit starken Werten, im luftleeren Raum absolut möglich. Die Landestützen wurden wieder eingefahren. Etwas mehr als vierhundert Kilometer über der Mondoberfläche drehte das Programm die Gondel und wir visierten als Ziel einen noch nicht erkennbaren Punkt über der Nordhalbkugel der Erde an, wieder so um die sechshundertzwanzig Kilometer Höhe, allerdings wieder `seitlich´ gelegen, falls die Schrittlänge wieder differenzieren würde! Der Sempex stellte fest: „Topwafersynchronisation! Kondensatoren werden geladen. Bodenwafer synchron. Soll Aktivierung der Ladungen den berechneten Korrekturwerten laut letzter Fahrt angepasst werden?" „Ja!" Wir beide antworteten. „Aktivierung wieder auf den roten Knopf legen!" Befahl Georg, dann zeigten wieder alle Anzeigen Grünwerte für die einzelnen Wafereinheiten und deren Synchronlauf. Noch ein wehmütiger Blick auf den Mond, dann knallte Georg die Faust auf den roten Gummiknopf. Wieder wurde es hell, komisch dunkel und wieder hell, aber so kurz, dass man kaum einen Eindruck behielt. Schon war alles wieder in einer Normalität, wir befanden uns über der Erde, über der Nordhalbkugel. „Abweichung ermitteln!" Georg zum Bordrechner. „Erdkoordinaten angepasst und Position ermittelt. Abweichung zu Soll zweihundertdrei Kilometer minus. Höhe über der Erdoberfläche sechshunderteinundneunzig Kilometer" „Waferaktivierung für Ausgleichsfahrt und Vertikalfahrt, Kompensation per Parabel. Ausführen! Programmziel wie Startpunkt nach erdgeografischen Daten." Damit würde uns der Autopilot trotz der Erdrotation um die Sonne und der Eigenrotation wieder nach Oberpfaffenhofen bringen. Nach einer weiteren Stunde und fast fünfundvierzig Minuten senkte sich die Mondgondel auf das Experimentiergelände hinab, die Landebeine wurden wieder ausgefahren und ein kleiner Leiterwagen kam uns entgegen, der die letzten Sprossen ersetzen sollte, um uns einen bequemen Ausstieg zu ermöglichen. Als die MOONDUST aufgesetzt hatte, der Topwafer abgeschaltet hatte, kam mir einem Schlag die Gravitation, also die Raumandrückkraft von dem irdischen, einen Gravo voll durch! Ich fühlte mich schwer und unbeweglich, als ich vom Pilotensitz aufstand, die Füße knickten weg, als sich die Luke öffnete und wir zum Ausstieg bereit waren. Georg jammerte ebenfalls: „Verdammt, so viel habe ich doch auf dem Mond nicht gegessen! Ich fühle mich dermaßen schlapp und schwer! Ist denn das normal?" „Scheinbar!" Mit etwas Mühe kletterten wir die Sprossen und die neue Leiter hinab, ein Jubel und ein Applaus begleitete uns dabei, zehn Meter weiter warteten unsere Frauen und als wir den Boden unter uns hatten, noch etwas hilfebedürftig dreinschauten, kamen sie aber auch schon zu uns gelaufen, umarmten und küssten uns, wie bei einem Wiedersehen von nach einem Jahr. Reporter hielten ihre Kameras in unsere Richtung, Ministerpräsident Weigel wartete, schüttelte bald unsere Hände und übergab einem jeden von uns eine Miniausgabe vom Engel Aloisius. „Ich sehe mir nur noch den Münchner im Himmel an! Der sitzt so schön gemütlich auf der Bank; ich danke euch herzlichst!" Die Kanzlerin Adelheid Jungschmidt wartete ebenfalls bereits und schüttelte uns ebenso stürmisch die Hände, wobei sie unsere jeweils beiden Hände nahm und mit ihren beiden diesen Begrüßungsakt beging! Die SPIRIT OF EUROPE stand bereits auf einer der Geländeerweiterungen, die in den letzten Wochen ja laufend stattgefunden hatten und wartete auf die Leiter und den Greifarm! Genau das wollte ich noch tun! Bevor ich diese Relikte an die Empfänger übergeben würde, sollten diese erst noch einmal von uns angefasst werden! Ich befahl der MOONDUST, den Stauraum zu öffnen, Gabriella und Silvana halfen, diese Teile hervorzuholen. Wieder standen die Vielzahl der Reporter auf und klatschten in Standing-Ovations. Ich hielt Armstrongs Leiter wie einen Triumpfpokal hoch, Georg ließ sich bei dem schwereren Greifer von Silvana helfen, es wird noch dauern, bis wir uns wieder an die irdischen Verhältnisse gewöhnt haben würden. Kameras blitzten, wieder sah die ganze Welt zu, aber wenigstens kein roter Teppich mehr! Es hatte sich scheinbar schon herumgesprochen, dass wir diese Bräuche nicht mehr haben wollten. Langsam gingen wir in Begleitung unserer Frauen in die Pressehalle, hier waren wieder neue Plätze entstanden, wieder mehr Reporter und Journalisten, die sich aber noch zurückhielten. Herr Prof. Dr. Joachim Albert Berger streckte uns ebenfalls die Hände entgegen und lächelte publikumswirksam. Er hatte schon ein Mikrofon angesteckt und fragte uns: „Habt ihr einen besonderen Wunsch für eure Wiederkehr auf dem Mutterplaneten?" Ich lachte lauthals los: „Ja! Bitte ein Weißbier und zwei Paar frische Weißwürste mit Brezel und süßen Senf!" Ein Lachen ging auch durch die Reihen der Pressemenschen, aber auch ein verständliches Nicken! Unglaublich, aber auf dem ersten Tisch wurde mein Wunsch sofort erfüllt! Scheinbar hatte man damit gerechnet! Auch Georgie ließ sich nicht lumpen und genoss diese Ankunftsbrotzeit vor der Weltpresse. Das Weißbier machte sich aber doch schnell bemerkbar, da unser Herz für die leicht geschwächten Muskeln momentan etwas stärker pumpen musste aber genauso schnell wurde dieses Bierchen auch abgebaut. Es sollte aber auch mehr als humorvolle Einlage verstanden werden, statt trockenen Interviews, die man sicher pauschal erwartet hätte. Ein bisschen Heimatverbundenheit wäre noch eine Zusatzerklärung gewesen. Auch wenn ich den gesamten Planeten Erde mittlerweile als meine Heimat betrachtete, gab es doch für die kleinen Dimensionen ebenso kleine Orientierungen. Unsere Frauen

waren bislang nicht von unserer Seite gewichen. Nun fragte mich Gabriella leise: „Na, wieder fit? Ein paar Fragen solltet ihr doch beantworten." „Sicher. Aber macht es kurz bitte!" Georg hatte aber alles verstanden und nickte eifrig und flehend, auch er hatte keine Lust, lange diesem Presserummel zu unterliegen.
Gabriella stand auf und wanderte zum Rednerpult:
„Einen schönen guten Abend, meine Damen und Herren, angesichts der Tatsache, dass unsere Mondfahrer sich geschwächt fühlen, bitte ich darum, diese Pressekonferenz auf fünf Punkte zu reduzieren. Ebenfalls bitte ich Herrn Patrick Georg Hunt um eine Koordination für die Fragensteller."
Patrick bedankte sich kurz für den Ballzuwurf, dann wanderten Georg und ich auch zu den Rednerpults, allerdings mussten und durften wir uns setzen. Der Stress der höheren Andrückkraft war uns auch scheinbar anzumerken. Zumindest sollte dies als Ausrede gelten und nicht das Weissbier!
Ein Mann, sichtlich aus dem Morgenland wurde für eine der fünf Fragen zugelassen. „Herr Ingenieur Rudolph, in früheren Interviews hatten Sie mehrmals darauf hingewiesen, dass Sie sich religionsneutral verhalten wollen. Warum hatten Sie dann einen Weihnachtsbaum auf den Mond installiert, der doch ein Zeichen der christlich-katholischen Religion ist?"
Wieder die alte Leier!
„Sicher, es war ausschließlich meine Idee mit diesem Weihnachtsbaum, aber meiner Ansicht und meines Wissens nach ist ein Weihnachtsbaum kein reines Religionssymbol! Dieser Brauch wurde in unseren Breiten erst ab dem sechzehnten Jahrhundert eingeführt. Damals gab es einen Überwuchs an Weichholz wie eben Tannenbäume und somit wurde mit dieser Methode diesem Überwuchs der Garaus gemacht. Die Kombination, dass der Weihnachtsbaum zu Heiligabend geschmückt sein sollte ist vielleicht der einzig religiöse Hintergrund, doch hatte ich auch schon erwähnt, ich wäre absolut dafür, alle Essenzen aller Religionen zu vereinen, die dem Frieden und der Freundschaft dienen! Genauso ein Tag ist dieser Heiligabend! Das Fest des Friedens und der Liebe, nur dafür steht mein symbolhafter Tannenbaum auf dem Mond, ich habe eine friedliche Essenz aus einem Religionspart extrahiert und hoffe, dass sich diese mit den Essenzen anderer Religionen vereinen wird! An die Religion selbst glaube ich nicht, ich bin Atheist! An die Notwendigkeit von Frieden und Freundschaft für alle irdischen Völker hingegen unbedingt! Ich wiederhole noch einmal: Es ist für mich unvorstellbar, nach dem ich auch dem Kosmos minimal näher gekommen war, dass es hier auf diesem Planeten Menschen gibt, die innerhalb von ein paar Sekunden im kosmischen Vergleich glauben zu wissen, wie alles entstand. Das ist Anmaßung! Aber wenn Ihre Hotelanlagen einmal auf dem Mond sind, dann kommen wir Sie besuchen

und wollen auch in der ersten Mondmoschee einer friedensdienlichen Zeremonie nachgehen!" Doch der Araber lächelte, ich dachte schon, er würde mir etwas an den Kopf schmeißen. „Ich bedanke mich Herr Rudolph! Mir war es nur wichtig, zu wissen, ob dieser Weihnachtsbaum nun in Bezug zu einer Religion gedacht war oder nicht." „Nein! Definitiv nein! Maximal etwas Tradition!" Hatte ich noch zu ergänzen gewusst. Der Araber winkte und nickte noch einmal freundlich, dann setzte er sich wieder.

Wieder ein Mann von einer Technikerzeitschrift: „Ist diese Art Raumfahrt nicht doch gefährlich, angesichts der Tatsache, dass sich Teile einer Landestütze auflösten? Könnte es nicht sein, dass sich bei Schritten von größerer relativer Distanz das gesamte Schiff auflösen wird?" Georg antwortete: „Diese Malheur entstand aus einem winzigen Berechnungsfehler! Auch deshalb, weil sich um das zu transportierenden Objekt ein Tachyonenwirbel bildete! Wir haben diese Daten noch nicht komplett analysiert, aber diese Wirkung zu beseitigen, dürfte absolut einfach zu sein. Diese Art Raumfahrt war bislang erfolgreicher, als jegliche andere Art von raketengestützter Raumfahrt! Die Sicherheit ist unvergleichlich höher als bisher. Auch hatte die Schifffahrt früher Probleme, aber als dann das erste Schiff sank, wurden trotzdem weitere gebaut! Ohnehin grenzt es fast an ein Wunder, dass wir diese neue Technologie schon so gut zu beherrschen gelernt hatten, ohne dass es zu größeren Problemen gekommen war. Wir haben die richtige Richtung eingeschlagen!"

„Danke Herr Ingenieur Verkaaik!"

„Was haben Sie gefühlt, als Sie neben der Eagle-Plattform von Armstrong und Aldrin standen?" Wollte eine Frau eines wissenschaftlichen Magazins wissen. Darauf wusste nun ich wieder eine Antwort: „Große Männer hinterlassen fühlbare Spuren! Ein Teil des Spirits, ein Teil des Geistes, ein Teil der gesamten Menschheit ist dort gespeichert und lodert in den Flammen der Freude, dass die Erde im Aufbruch zum Kosmos ist." Mit dieser Antwort war diese sachlich wirkende Frau sicher nicht voll zufrieden, aber sie bedankte sich trotzdem. Ein deutsches Boulevardblatt erkundigte sich: „Wie sieht die Zukunft des Mondes aus!" Wieder wollte der Georgie antworten, dazu rutschte er mit seinem Stuhl näher an das niedrig gestellte Pult, zog sich das Mikrofon noch mal heran und eröffnete: „Genau kann man das sicher nicht sagen, aber die Pläne Saudi-Arabiens werden sicher realisiert! Es werden kleine überkuppelte Ansiedlungen entstehen, Forscher werden auf dem Mond arbeiten, Krankenhäuser werden entstehen und Altenheime; so dass den Kranken und Alten ein passabler Lebensabend geboten werden kann, der sich aus der geringeren Andrückkraft erleichternd auf Knochen und Organe auswirken wird, somit auch die relative Lebensfrist bescheiden verlängert. Allerdings können solche Leute dann nie

mehr zurück, wenn sie sich einmal auf die Mondverhältnisse eingestellt haben werden. Eine Großbesiedelung wird aber nie stattfinden! Dazu würde sich unser Trabant auch kaum eignen, es fehlt einfach an zu vielem! Noch dazu, dass uns ja die neue Technik an andere Orte bringen kann, ohne relativ größeren Energieaufwand. Lediglich die kosmografische Nähe lockt den Menschen und den Abenteurer. Es wird Mondsportarten geben! Fußball in speziellen Raumanzügen, Golfplätze, Trampolin unter Kuppeln und derart. Und es wird vielleicht einmal Großcomputeranlagen auf oder im Mond geben, die keinen Witterungsverhältnissen ausgesetzt sein müssten. Auch Fabriken für unsere Wafer oder andere elektronische Bauteile könnten auf einer luftleeren Oberfläche Sinn machen. Innerhalb unseres Sonnensystems wird zuerst der Mars das Rennen gestalten, auch aus der Hinsicht, dass der Mars formbar sein dürfte. Dann kommen aber nur noch solare, andere Monde in Frage wie zum Beispiel die Jupitermonde Io, Kallisto, Ganymed und Europa, vorzüglich jedoch Ganymed! Die Saturnmonde sind schon wieder zu kalt, beziehungsweise werden von der Masse des Herrenplaneten und der herrschenden Andrückkraft dieses entsprechend gewalkt. Von den Uranusmonden und denen des Neptuns brauchen wir gar nicht sprechen! Dort können wir bestenfalls Gesteinsproben oder Rohstoffe holen, nach Möglichkeit mit unbemannten Robotschiffen. Die Ferne zur Sonne lässt nicht mehr zu. Zwischen Mars und Jupiter befindet sich der so genannte Asteroidengürtel! Dort könnten wir auch mit bemannten Schiffen oder Gondeln nach Rohstoffen suchen. Nachdem auch vermutet wird, dass diese Asteroiden sich aus einer Planetenkollision oder derart gebildet hatte, werden auch große Erzvorkommen vorhanden sein. Die Rohstoffversorgung der Erde *muss* bald umgestellt werden! Hier könnte für die Verhüttung wieder der irdische Mond in Frage kommen!"
„Ihre Antwort war mehr als ich erwartet hatte! Herzlichen Dank Herr Verkaaik!" „Bitteschön!" „Bitte nur noch eine Frage!" Gabriellas Auftreten war dermaßen selbstbewusst, dass ein Stocken in die Reihen der Reporter kam, doch wurde einem Chinesen die letzte Frage zugesprochen. Hier kam wieder ein IEP mit Übersetzercomputer zum Tragen. Der kleine Mann fragte sehr freundlich: „Wie weit ist ihre Marsmission bereits vorbereitet? Wie wir wissen, haben die Leute dort nun die große Hoffnung, bald zum Teil wichtige Lebensmittel, Wasser und Wasserdestillatoren zu bekommen, um dem Marsboden noch mehr Wasser abzugewinnen, Ebenfalls Lebensmittel aus dortigen Züchtungen, die aber einer Verarbeitung bedürfen. Einige Leute wollen zur Erde zurück, vorsätzlich diejenigen, die in Depressionen verfallen sind. Haben Sie einen Zeitplan? Auch wir von der chinesischen Raumfahrt haben uns jetzt auf Sie verlassen, da sich schon die

ganze Welt auf die neue Technik hoffnungsvoll umgestellt hatte." Ich sah den Joachim ins Gesicht, denn ich wusste nicht, wieweit es sich hierbei noch um Geheimnisse handelt, Joachim sprach leise mit dem Sebastian, der gewählte Vorstandvorsitzende mittlerweile des gesamten Airbus-World-Konzerns, dieser nickte kurz und dann setzte Joachim an:
„Die Marsgondel, bislang namenlos, wird etwa um den zweiundzwanzigsten Dezember hier nach Oberpfaffenhofen angeliefert. Hier werden wir noch die verschiedenen Waferkomplexe, also die TaWaPas gefertigt, aber dann nach Hamburg zur Montage gebracht, Antigravlifte, Steuerungswafer und deren auch mehr. Weiteres Interieur bauen wir wieder hier in Oberpfaffenhofen ein! Außerdem bauen wir auch die angepassten Container, werden mit dem notwenigen Material befüllt; die Marsgondel, wird wohl mit der MOONDUST nicht mehr viel gemeinsam haben, auch wesentlich größer und komfortabler sein, dürfte dann so zwischen dem sechsundzwanzigsten bis neunundzwanzigsten Dezember einsatzbereit sein! Die Fahrt zum Mars also noch 2093, wenn nichts dazwischenkommt. Andernfalls fahren wir mit der verbesserten MOONDUST einfach drei bis viermal, um genügend Überlebensnotwendiges überbringen zu können. Die MOONDUST wird vorläufig als eine Art Rettungsgondel in Bereitschaft verbleiben!" Ein Raunen ging wieder durch die Reporter und Journalisten! Diese klatschten begeistert und Gabriella stand auf, auch zum Zeichen, dass diese Pressekonferenz nun beendet war! Als der Lärm abklang, nahm sie noch einmal das Mikrofon: „Im Namen der TWC und der Airbus-World bedanke ich mich herzlich bei Ihnen, auch für Ihr Verständnis, diese gestressten Raumfahrer nun in die verdiente Entspannung zu entlassen. Arbeiten Sie am Frieden und an einer besseren Welt mit! Danke!"
Langsam räumte sich die Halle, wir diskutierten noch etwas mit Bastl und Yogi, auch mit dem Alex, dem Bernhard sowie mit Ralph Marco. Aber über die weiteren Entdeckungen sollten wir erst morgen sprechen. Zuviel ist zuviel, ich sehnte mich nach einem Bad im Pool, nach weiterer Hygiene und nach meiner Frau; dem Georg geht es sicher nicht anders. Also hatten wir uns zu verabschieden, schlenderten noch schwach in den Muskeln in unsere Wohncontainer und schon nach der Eingangstür auf dem Weg zum Pool verlor Gabriella langsam ein Kleidungsstück nach dem anderen, bis sie in Evas Kostüm vor mir in das Wasser sprang. Sie fuhr mir mit ihren Händen durch das Haar, walkte meine Muskeln und drückte mich ganz fest an sich. Langsam bekam ich wieder das Gefühl, ein Mensch, ein Mann zu sein. Diese Bestätigung erhielt ich nach meiner Zahnhygiene und Seifenwasserbenebelung, anschließend in diesem hochangenehmen Gelbett, welches Gabriella auf leichte Massage stellte und das Ganze mit bald einschläfernder Musik untermalen ließ. *Nur nicht übermütig werden, Nur*

nicht den Verstand verlieren, waren meine Gedanken, als ich in den Armen meiner Frau die Augen schloss und das Fenster zum Kosmos weit geöffnet sah. Vergiss nie von wo du kommst! Vergiss nie, andere haben prinzipiell die gleichen Rechte! Vergiss nie, wenn du einen Schritt machst, so soll dieser Schritt auch den anderen nutzen. Vergiss nie, täglich etwas für den Frieden zu tun. Dann verflüchtigten sich meine Gedanken in der Unendlichkeit und mich bemächtigte der Schlaf, ein Relikt aus der Urzeit unseres Mutterplaneten, wie Bernhard so diese Sache betrachtete.

8. Kapitel
Die Folgen einer rasanten Entwicklung: Wir sind nicht alleine!
Die Analyse eines erfolgreichen Testfluges.

Mit der SPIRIT OF EUROPE und dem französischen Präsidenten reisten wir, also Georg, Silvana, Gabriella, Yogi, Sebastian, noch ein paar Techniker zuerst nach Moskau und übergaben hochoffiziell den Greifarm des Lunar-Landers an einen Stab von Wissenschaftlern, voran allerdings der russische Präsident. Patrick war auch dabei. Wir folgten noch einer Einladung in das Bolschoitheater nach einem Bankett mit Krim-Sekt und russischen Spezialitäten, tags darauf besichtigten wir noch die TWC-Niederlassung neben den Tupulev-Werken. Der russische Präsident gab sich sehr freundlich und teilte mit, dass auch das russische Volk voll hinter der neuen Friedenswelle stehen würde, auch Kolonisationsgedanken schon im Volk zugrunde lagen. Erste Organisationen waren bereits gegründet, die nur noch auf eine Transportmöglichkeit nach einer kosmischen Sightseeing-Tour warteten. Direkt nach Moskau nahmen wir Kurs auf Amerika, New York. Dort wartete bereits der amerikanische Präsident Norman Hendric Floyd. Auch er schüttelte uns die Hände und freute sich sichtlich, übergab uns auch noch die Ehre, nachdem wir `in den Fußspuren´ der amerikanischen Volkshelden Armstrong und Aldrin gewandelt waren, diese Leiter der Eagle in die Hände der vorbereiteten Statuen zu legen. Diese `Hände´ waren mit Arretierungsvorrichtungen ausgestattet, so dass die Leiter nach dem `Einklinken´ nicht mehr gelöst werden konnte. Nur noch ein kleines Fleckchen Manhattan erinnerte an die Zeit von vor der großen Flut, als die Gletscher und das Polareis einen rasanten Schmelzprozess unterlagen. Der Rest von Manhattan sah fast aus wie ein modernes Venedig! Stelzenstrassen waren über den überfluteten Strassen errichtet worden; fast könnte man meinen, es wäre so geplant gewesen.

Gegen Ende November 2093 geschahen mehrere Ereignisse oder Folgeentdeckungen gleichzeitig. Wieder war es der Bernhard Schramm, der es schaffte, die Signale aus den modulierten Tachyonen zu entschlüsseln! Es handelte sich um mehrere Informationskanäle auf einmal. Bild, Ton wie für Fernsehen gemacht, Dabei tatsächlich auch eine Holoprojektion also dreidimensionale, digitale Informationen, für diese Signale eigens ein Holoprojektor mit schaltbarer Auflösung hergestellt wurde. Dabei erklärte Bernhard, dass die Übertragungen nicht in voller Auflösung wiedergegeben werden, da wir Menschen noch keinen Rechner besaßen, derartig hohen Informationsinhalt in fließende Bilder zu wandeln. Doch die digitale

Technik hatte den Vorteil, dass man auch immer ein paar Details überspringen könnte, ein Herunterregeln der einzelnen Pixel. Bernhard erklärte dies so: „Stellt euch ein Originalabbild der Erde vor! Ein Originalabbild wäre also genauso groß wie die Erde, damit also sinnlos, dieses eins zu eins wiederzugeben. Dann wird diese Auflösung hälftig reduziert, man bekommt ein Abbild von eins zu zwei; noch mal hälftig reduziert wären dann eins zu vier und so weiter. Wenn wir ein zehnmal fünfzehn Zentimeter-Bild in der Hand halten, dann wurde diese Wiedergabe schon um einen Millionenfaktor reduziert. Die Erde ist aber immer noch erkennbar. Erst wenn man dann zum Beispiel weitere Reduzierungen vornehmen würde, nehmen wir an ein zehnmal fünfzehn Millimeter-Bild, mit alter Auflösung, würde der Sinn der Bildinformationen nicht mehr geliefert, es wäre nichts mehr erkennbar. Die Außeririschen bedienen sich sicher auch dieser Technik entsprechend. Sie senden in sehr hoher Auflösung, wie dann empfangen wird, war Angelegenheit der Empfangswilligen! Theoretisch auf einer Großleinwand oder Riesenholoprojektion, oder über einen Logpuk auf dem Tisch, oder einer Projektoruhr am Handgelenk. Nachdem es aber auch digitale Signale waren, die eine Sprache übertrugen, wussten wir ja noch nicht, wie diese in der Originalfassung klangen. Signale wurden also über einen Synthesizer hörbar, doch damit war noch nichts anzufangen. Niemand verstand etwas. Als Strahlungsort, also als Ursprung dieser Emissionen konnte ein Sternensystem der Atlantiden ermittelt werden. Die Katalogbezeichnung nach Messier lautet M45, also die Plejaden, ein offener Sternhaufen, noch Teil unserer eigenen Galaxie. Aus dem Sternbild Stier kommt nun also die bislang deutlichste Nachricht von einer anderen Intelligenzform. Die Entfernung wurde mit rund 430 Lichtjahren ermittelt. Andere Signale wurden auch empfangen, aber dabei waren unsere `Tachyonenantennen´ noch nicht ausreichend ausgereift, um sauber zu dechiffrieren. Doch, nachdem nun mittlerweile ein ganzer Hochspezialistenstab an diesem Teilprojekt arbeitet, sind fast täglich Verbesserungen zu erwarten. Das Problem unserer Antennen war immer noch diese möglichst genaue Fokussierung! Bernhard hatte die Idee, jedem einzelnen Antennenelement eine Eigensteuerung zu ermöglichen, so dass ein angeschlossener Hochleistungsrechner diese Abermilliarden Nanoelemente für diese Fokussierung ansteuern kann. Dazu sollte aber besser eine Raumstation gebaut werden, in der dann so ein Tachyonenemissionszählerwafer installiert würde. Das Funktionsprinzip war eigentlich ganz einfach! Ein Sender besteht prinzipiell aus einem Nanoröhrengitter, welches die natürliche Strahlung der Tachyonen einfach durchdringen lässt! Doch dabei werden diese Tachyonen in der Menge teils gebremst oder noch etwas beschleunigt; dies geschieht wie bei dem Antrieb mit Materieresonanzfeldern, die auf Mischfrequenzen von Fluoratom-Eigenstrahlung basieren. Nach der Ankunft dieser fast unendlich schnellen Teilchen kann diese Modulation angemessen werden, im umgekehrten Prinzip, ähnlich wie man es bereits von der elektromagnetischen Trägerwelle her kannte, konnten diese Modulationen vom Empfangswafer wieder abgenommen und verarbeitet werden. Der Vorteil der Waferübertragung würde darin bestehen, dass es eigentlich keine ungewollte Streustrahlung mehr gibt! Eine Streuung entstünde nur, wenn die Antennenform anders gewählt wurde, also zum Beispiel ein Kugelwafer als Rundstrahler. Flachwafer sendeten oder empfingen direkt linear, wie ein Laser, nur eben millionenfach überlichtschnell. Tachyonen eben, die Teilchen, die der relativ ruhenden Masse das Gegenpod bieten. Ein Kugelwafersender wäre dann in gegebener Entfernung mangels Leistung und eben Rundstrahlverlust, abnehmend in der Viererpotenz zur Entfernung ohne entsprechende Filtermöglichkeiten vom kosmischen Hintergrundrauschen in größerer Distanz nicht mehr oder kaum mehr anmessbar. Daher sollten irgendwann für `irdische Sendekennungen´ Konkavwafer eingesetzt werden, deren Öffnungswinkel zum einen veränderbar sein sollten und bei Erkennung von Signalen entsprechend konvex für diese Fokussierung umgeformt werden können! Dafür galt es aber noch viel Geduld in Forschung dieser Richtung zu investieren. Aber der Anfang war gemacht und die ersten Signale außerirdischer Intelligenz konnten schon verzeichnet werden. Dazu noch in einer relativen Nähe! Nur 430 Lichtjahre, noch innerhalb unserer eigenen Galaxie! Und innerhalb dieser, unserer Galaxie auch noch sehr, sehr nah! Für kosmische Verhältnisse ein Katzensprung; für bis September 2093 gegebene Reisegeschwindigkeiten eine unüberwindbare Entfernung! Jetzt könnte eine irdische Abordnung sich schnell dorthin begeben, aber Bernhard warnte noch davor.

Wir wären als raumfahrende Intelligenzen noch zu jung, zu neu, zu unerfahren. Beobachten sollte die Devise der nächsten Zeit sein, Reisen besser zuerst zu Sternensystemen, von wo *keine* Signale kommen! Eben auch, um Kolonialplaneten zu finden, die der Menschheit Ausdehnung verschaffen kann. So sollten in nicht mehr allzu entfernter Zukunft die nächste kosmische Nachbarschaft erforscht werden, also der Rigel Kentaurus: Proxima Centauri, Alpha Centauri, in rund vier Komma vier Lichtjahren Entfernung, auch Beta Centauri, dann sicher bald das geheimnisumwitterte Wegasystem in knapp neunundzwanzig Lichtjahren Distanz! Dort könnte sich ein System mit sehr vielen Planeten befinden! Eine Riesensonne, ein Riesenfusionsreaktor. Zwanzig Planeten und mehr schienen als sehr wahrscheinlich. Von der Anzahl der Monde war noch keine Hypothese zu stellen möglich.

Die nunmehr fast entschlüsselten Signale zeigten nach der Farbskala, die Bernhard Schramm den einzelnen Daten zuwies, ein Planetensymbol, eine Welt, wenn die Farbzuweisung stimmen sollte, blau-grün, etwas weniger Wasseranteil als unsere Erde. Um diesen Planeten kreiste ein dreidimensionaler Schriftzug, der noch nicht entschlüsselt werden konnte. Es galt vorerst, diesen `Sender´ zu beobachten. Der Planet schien echt zu sein, die Schriftsymbole digital eingemischt. Nach ein paar Stunden wurde nun dieser Planet ausgeblendet und ein ganzes Sonnensystem dargestellt. Ein Sonnensystem mit vierzehn Planeten verschiedener Größen, dann noch dreiundzwanzig Monde. Ein Ring zwischen dem elften und zwölften Planeten wurde auch dargestellt. Dabei könnte es sich um einen Asteroidengürtel handeln, ähnlich dem des solaren Systems. Der Sonne wurde logischerweise schon einmal die Farbe Weißgelb zugewiesen, könnte in den Nuancen aber auch falsch sein. In dieser Darstellung blinkte der fünfte Planet schnell, der sechste etwas langsamer und der siebte ebenfalls noch etwas langsamer. Zwei der Monde hatten ebenfalls eine gleich bleibende Blinkfolge. Diese zweifelsohne digitale Animation sollte sicher die Wichtigkeit dieser Planeten im dortigen System darstellen. Dabei, so eine logische Schlussfolgerung, dürfte die Hauptwelt diejenige sein, die am schnellsten blinkt, dann entsprechend abgestuft, bis zu den Monden also jene Welten, die von diesen Intelligenzen dort nutzbar gemacht wurden.

Zwei Tage später kamen andere Bilder! Dieser Kanal wurde scheinbar auf eine Live-Übertragung geschaltet! Und es kamen – Nachrichten! Endlich die ersten Bilder von außerirdischen Intelligenzen! Haarlose, grazile Wesen, deren Größe noch nicht feststellbar war, Geschlechtszugehörigkeit ebenfalls nicht definierbar, waren also erkennbar. Relative Ähnlichkeiten zu Menschen aber sofort herausstechend! Hatte die Evolution eine prinzipielle Grundbasis für intelligente Lebensformen vorgesehen, oder war das hier ein Zufall? Zwei Beine, jedoch mit hochgestellten Fersen und Laufklumpen oder Schuhen für Zehenläufer, Kleidungsstücke waren erkennbar, scheinbar trug der Nachrichtensprecher einen Rock, dieser gestikulierte mit sehr langen Armen, dabei konnte man noch zwei kleinere Brustarme erkennen, die Schriftstücke hielten. Das Wesen sah mit der hochgestellten Ferse aus, als hätte es je ein Knie wie wir nach vorne knickbar und je eines nach hinten. Bei Bewegungen des Wesens war auch erkennbar, dass dieses, trotz der grazilen Erscheinung auch einen doch hohen Fettanteil hatte. Die Haut schlapperte etwas. Der Kopf saß auf einem relativ kurzen Hals, der so gar

nicht zu der lang gestreckten Form des übrigen Körpers passte. Augen waren zwei erkennbar, die aber sehr, sehr klein, doch weit auseinander gestellt wirkten. Ein lippenloser Mund, der ein scheinbares Dauerlächeln vermittelte, auch darüber ein Atmungsorgan, allerdings schien es sich hier um etwas wie eine Membrane zu handeln. Auf der Stirn war noch ein dunkles Oval zu erkennen. Entweder schuppenähnlich, eine Hautformation oder ein weiteres, noch undefinierbares Organ. Die braungelben Zähne dieser Wesen bestanden aus scheinbar drei Blöcken pro Kieferäquivalent! Je ein Schneideblock oben und unten, dann je zwei Kaublöcke. Dabei könnte auch geschlussfolgert werden, dass diese Wesen auch aus dem Naturell der Allesfresser entstammen. Nachdem der Planet sichtlich wasserärmer war als die Erde und wenn sich dieses Leben dort auch gebildet hatte, dann waren diese Kreaturen sicher begnadete Läufer! Jedenfalls handelte es sich hier um skelettstruktuiertes Wesen, wie auch ein Mensch es war. Sollte die Definition der Farbzuweisung vom Bernhard richtig sein, so hatte dieses Wesen eine mittelbraune Hautfarbe! Da würden sich aber unter anderem auch die Afrikaner freuen, wenn die zuerst entdeckten außerirdischen Intelligenzen ebenfalls braunhäutiger Rasse wären! Bernhard legte weitere seiner logischen Definitionen auf:
„Diese Wesen dürften so um die drei Meter groß sein. Ich habe anhand der Hautwellen, die bei Bewegungen entstehen, eine Schätzung vorgenommen. Die Haut dieser Wesen scheint sehr elastisch zu sein, ähnlich auch unserer Haut. Fettanteile erzeugen bei Bewegungen Schwankungen, die nach der Wellenform und der Eigenresonanz der wiederholten Welle eine bestimmte Größe schätzen lässt. Ich würde den Faktor auf plus/minus fünfzehn Prozent festlegen." Es folgten Bilder von mehreren Kugeln, die mit einem einzigen Fuß und Rasterteller auf einer ockergelben Fläche standen. Diese Kugeln hatten Aufschriften, die wiederum nicht definierbar waren. Bald hoben diese Kugeln ab, drifteten von dieser Fläche weg, es zeigte sich dann perspektivisch ein Planet, eben dieser Planet des dreidimensionalen Gesamtsymbols, eine Weißblende verhärtete den Verdacht, dass es sich bei den Kugeln um Raumgondeln handeln könnte, die ebenfalls sich des `distanzlosen Schrittes´ bedienten. Scheinbar war diese Methode die eben universelle Methode, die das Universum uns schenkte, um dessen Distanzen zu überwinden und andere forschende Intelligenzen konnten somit auch nur diese Möglichkeit in Anspruch nehmen. Oder gab es noch weitere Transportsysteme? Später senkten sich diese Kugeln auf eine Welt, allerdings eine Welt, die scheinbar zu neunzig Prozent von Wasser bedeckt war. Diese Definition der Farbe war sicher richtig. Ein sattes Blau, manchmal mit einem grünlichen Stich. Eine reine Inselwelt ohne nennenswerte Kontinente. Diese Kugeln landeten auf einer braunen Fläche.

Die Kugeln selbst waren Lichtgrau! Wieder die Frage der Farbzuweisung, jedoch mit hoher Wahrscheinlichkeit in diesem Ton. Der Tachyonenflimmereffekt konnte aber registriert werden! Sonnenreflexe konnten auch erkannt werden, also typische Kugelreflexe. Wie diese Wesen ihre Wafer auf Kugeln bringen konnten war uns noch ein großes Rätsel, denn so müsste es eine Kugel ja regelrecht zerreißen, wenn der Kondensator entladen würde. Zumindest nach unserer bisherigen Methode. Bernhard stellte eine Theorie auf: „Nach logischen Gesichtspunkten ist die Kugel die ideale Form für Raumfahrzeuge. In einem Universum, wo es kein Oben und kein Unten gibt, auch kein Links und kein Rechts, hat die Kugel Bestandsrecht. Ich vermute nun, dass diese Kugeln prinzipiell mit einer Art `Waferbedampfung´ versehen wurden, also entsprechenden Nanoelementen, die sich je nach Flugrichtung, ergo Fahrtrichtung einzeln synchronisieren." „Was?" So mein Einwand. „Gehen wir davon aus, dass so eine Kugel einen Durchmesser von – sagen wir mal – fünfzig Metern hat! Eine Nanobedampfung, die sich selbst ausrichtet, um diesen Effekt zu erzielen, den wir von unseren Tachyonenmaterieresonanzwaferkomplexen her kennen, müssten sich ja Myriaden von diesen kleinen Hornantennen flexibel und einzeln angesteuert synchronisieren lassen!" Bernhard sah mich aber hart an. Ohne eine Miene zu verziehen, belehrte er mich: „Das hier ist ein Volk, welches mit relativer Sicherheit diese Technologie bereits seit mindestens eintausend Jahren oder mehr absolut beherrscht. Auch die Computertechnologie dieses Volkes dürfte sich schon von festen Blöcken gelöst haben. Ein logischer Schritt wäre auch eine Kombination von intelligenten Computern und dieser Waferbeschichtung der Kugeln, eine selbst bildende Nanobeschichtung! Selbstbildende Computerzellen! Was hältst du davon?" Mir stockte der Atem! Das war ein extrem atemberaubender Gedanke! „Warum war dann dieses Volk noch nicht hier bei uns, Bernhard?" „Wo sollten sie denn anfangen zu suchen? Wir sendeten ihnen noch kein Signal und die Signale, die wir bislang sendeten, waren elektromagnetischer Struktur, damit also erst seit Marconi etwa einhundertfünfundneunzig Jahre unterwegs! Nicht einmal die Hälfte der Strecke hatten diese Wellen zu den Plejaden zurückgelegt! Wer weiß, ob diese Wesen überhaupt noch im elektromagnetischen Bereich suchen? Vielleicht hatten sie schon ausreichend Kontakte mit anderen Intelligenzen, so dass sie für `neue Bekanntschaften´ keinen oder wenig Sinn sehen. Ich erkenne eigentlich für diese Sendung hier prinzipiell nur eine Art Werbung!" „Jetzt haust du aber gewaltig auf den Putz! Für was sollen die denn werben?" „Entweder für Urlaub auf diesen von ihnen vorbereiteten Planeten, ein galaktisches Reiseunternehmen also, oder sie werben dafür, dass andere Intelligenzen in deren Imperium eintreten sollten!" „Eine galaktische Allianz, eine Union? Nicht einmal unwahrscheinlich, aber für mich noch viel zu fantastisch!" „Ich sagte bereits", der logische Freund in belehrendem Ton, „wir sollten unbedingt noch ein paar Jahre abwarten und beobachten, nicht dass es uns so geht wie in einem dieser Märchen von euch Basisunlogischen: Der Zauberlehrling!" Und Bernhard zitierte: „Ich rief die Geister und sie kamen, doch dann wurde ich sie nicht mehr los!" Ich hatte verstanden. Georg war angekommen und hatte die meisten Neuigkeiten mitbekommen. Er starrte ebenfalls fasziniert auf den Holoschirm mit dieser `Werbung´, dabei konnten wir wieder beobachten, wie ein weiteres Mal auf das Planetenlogo mit der umlaufenden Schrift umgeschaltet wurde. Noch einmal setzte Bernhard zu einer Erklärung an: „Ich empfehle dringendst zur weiteren Geheimhaltung dieser Neuigkeiten, die Gefahr bestünde, dass eine weltweite Diskussion entbrennen könnte, ob wir diesen Wesen eine Allianz anbieten oder nicht, vielleicht ist unser kosmisch gesehener Standort am Rand unserer Galaxie auch ein gutes Versteck? Sicher, die Plejaden sind auch noch Randzone, aber ein Volk, dass von unserem technischen Stand aus gesehen noch ein paar tausend Jahre Entwicklung weiter sind, sollten wir noch nicht um eine Allianz bitten, wir würden zu Brotträgern deklariert, Handlanger für eine mögliche kosmische Macht!" „Ich gebe dir uneingeschränkt Recht, Bernhard. Außerdem könnten sie dann unsere Patentrechte aberkennen, da sie diese Technik vor uns entdeckt hatten!" Georg wollte sicher einen kleinen Scherz zuwege bringen, doch dieser hatte keinen Effekt bewirkt. „Machen wir von den Entdeckungen einen Katalog! Wir haben ETI 1! Dann folgt ETI 2 und so weiter." „Was heißt ETI", wollte ich wissen. „Extra Terrestrial Intelligence." „Ah ja, logisch." Und Bernhard: „Wollte ich auch vorschlagen. Außerdem sollten wir Hochleistungscomputer anschließen, die diese Sprache langsam entschlüsseln. Immer wenn gleiche Bilder kommen und gleiche Wortlaute dazu, so können diese kombiniert werden. Ich bin sicher, dass wir in einem halben Jahr schon alles verstehen werden, was die Plejadis sagen." „Plejadis?" Echote ich? „Ja doch, erst einmal eine interne Bezeichnung für uns, bis wir wissen, wie sich dieses Volk selber nennt. Plejadis – von den Plejaden." „Ah, ja! Gut, verbleiben wir einmal so. Ich gehe davon aus, dass wir von diesen Wesen theoretisch in den nächsten dreihundertfünfzig Jahren nicht entdeckt werden." Schlussfolgerte ich. „Wieso?" Georg bohrte wissbegierig. „Weil ich nicht glaube, dass die Zweizimmerexperimente des Marconi mit elektromagnetischen Übertragungen schon so weit in den Raum getragen wurden, beziehungsweise dann in dieser Entfernung registriert werden könnten. Aber die ersten Kurzwellensendungen wie zum Beispiel die Musikübertragung und der Gesang Carusos in der Opera-Hall von Manaus von 1921, die betrachte ich schon als messbar stark. Nehmen wir dies als frühest möglichen Faktor. Jedenfalls bin ich für laufende Aufzeichnungen der tachyonenmodulierten Sendungen der Plejadis!" „Ist alles geschaltet!" Bestätigte mir Bernhard. „Außerdem arbeite ich an einer optisch-verbalen Dechiffriereinheit. Ein Transputer-Kollektiv mit Fuzzy-Logik! Funktioniert teilweise schon." „Ein Was baust du?" Echote ich. Doch nun lächelte auch der Georg, denn dieser als Experte hatte natürlich alles voll verstanden. Er erklärte für Bernhard: „Ich nehme an, dass dieses Transputer-Kollektiv, also Computer mit mehreren Prozessoreinheiten und wieder davon mehrere, die Bilder mit der jeweiligen Sprache vergleichen sollten, dabei per Fuzzy-Logik Zusammenhänge zwischen Lauten und Bildern zu erkennen haben, dabei dann langsam einen definierbaren Wortschatz zusammenstellen können. Artikel können dann ebenfalls nach deren Anwendung erkannt werden. Mit Anwachsen des Wortschatzes, wird eine Restdechiffrierung immer schneller und besser verständlich. Die Sprache wird abgespeichert und könnte uns dann einmal für einen Übersetzercomputer, also einen Translator zur Verfügung stehen, wenn wir uns einmal entschließen sollten, mit diesen Intelligenzen Kontakte aufzunehmen." „Haargenau!" Bestätigte der logische Freund. „Die ersten sprachlichen Algorithmen konnten bereits definiert werden. Wir sind wesentlich schneller als ich mit meiner Prognose von einem halben Jahr! Ich bin nun der Ansicht, dass dieses Volk einmal eine Sprachenumstellung erfahren hatte, Gewissermaßen eine wissenschaftlich herbeigeführte Spracherneuerung." Ich knurrte: „Ein kosmisches Esperanto? Wie kommst du darauf, Bernhard?" „Ganz einfach. Schau mal den Wortschreiber auf dem Schirm. Die häufigsten Wörter wie `und´ oder `wir´, `ich´, `ist´, sind am kürzesten! *Und* wird `ot´ gesprochen, *ich* wird `ud´, *wir* `ad´ und *ist* `pe´. Damit lässt sich mit weniger Wörtern mehr Information übermitteln, mit weniger Sätzen ein ganzer Sachverhalt erklären. Wirklich ähnlich unserem Esperanto! Über kurz oder lang, werden wir ein solches Schicksal auch auf uns nehmen müssen, wir werden auch einmal eine `terranische Einheitssprache´ brauchen, können uns dann aber auch einmal schon am Kosmos orientieren." „Dreh mal den Synthesizer auf, ich möchte mal `reinhören´", forderte ich Bernhard auf. Der Synthesizer war an einen Gestikremoter angeschlossen, also machte Bernhard nur eine kleine Handbewegung und es wurde die Sprache der Plejadis hörbar. „Hört sich an wie eine Mischung von Russisch und Latein, ich glaub ich verstehe sogar etwas!" So Georgs Kommentar. „Hahaha!" Machte ich. „Kosmopolyglott, wie?" Bernhard ließ noch mal die Aufzeichnung abfahren, als diese Kugeln von deren erster Welt starteten! Der Anteil der Synchrondarstellung des Sprechers mit der Sprachanalyse war bislang noch nicht sehr hoch, aber nachdem es sich um eine inhaltsvolle Sprache handelte, war also auch der

Informationsgehalt entsprechend. Bernhard folgerte: „Raumschiffe oder Raumgondeln heißen `Plogaan´. Nachdem bald eine einzelne dieser Kugeln in einem Ausschnitt zu sehen sein wird, ändert sich die Bezeichnung auf `Plogoon´, was bedeutet das?" Oho! Bernhard stellt Rätsel auf! Doch logischerweise antwortete ich ihm: „Singular und Plural!" „Erfasst und logisch! Ich sehe, bei dir ist noch lange nicht Hopfen und Malz verloren!" Nun beginnt er wieder seine Scherzversuche! Dieser Bernhard Schramm! Aber das Forscherfieber hatte ihn gepackt und die Genkorrigierten der ersten Generation haben fast alle mittlerweile und dank vielfältiger neuer Aufgaben ihre Depressionen ablegen können! Sie behaupteten, sie hätten eine `logische´ Weltdepression erfahren, weil der Planet immer weiter abstürzte, immer weniger Aussichten, eine Informationszelle zu bilden, die dem kosmischen Kollektiv nützlich sein könnte. Die Logiker verteidigen statt einer Religion das Kollektivkonzept, was mir auch besser behagt, als einer geschnitzten Figur zu huldigen. Auch die Theorie, dass sich das Universum mit seinen eigenen Informationen trägt, erscheint mir weitaus logischer, denn wie Bernhard schon einmal tiefstgreifend erläuterte, ist ja alles im Fluss! Wir können den Mikrokosmos am Makrokosmos erkennen und vergleichen und umgekehrt. Wer die Augen öffnet, erkennt den Kreislauf schon am Regen, der in Einzeltropfen fällt, zu einem großen Kollektiv wird und per Sonnenenergie in einem anderen Aggregatzustand diesem Kreislauf erneut zugeführt werden kann. Dabei bilden sich wieder Tropfen, äquivalent wieder einzelne Individuen, jedoch in neuer Konstellation, wie es bedeuten würde, dass auch wir immer neu zusammengestellt würden, eigentlich wäre dann ein jedes Wesen schon millionenfach und plus an anderen Konstellationen beteiligt gewesen. Tötet ein Mensch einen anderen, so tötet er immer auch einen Teil von sich selbst, denn nach kosmischen Gesetzen unterliegt Energie *nicht* auch gleich der gleichen Zeit. Aber diese Gedanken durchfuhren mich jetzt auch nur wegen der Tragweite der neuen Entdeckungen. Wir haben außerirdisches, intelligentes Leben entdeckt und nachgewiesen! Wir sind nun im Vorhof des Universums angekommen und wir sollten alles tun, um nicht zwischen die Räder in den Mühlen einer höhern kosmischen Macht zu geraten! Wenn sich der Mikrokosmos im Makrokosmos wiederholt, dann könnten sich auch irdische Bedingungen, alte Historie in kosmischen Zügen wiederholen! Mir graute, wenn ich an die dunklen Jahrhunderte der Menschheit dachte: Sklaverei, kapitalistischer Raubbau, Machtbesessenheit! Und dass sich diese Geschichten in einer anderen, tragischeren Ebene wiederholen könnten. Wir als Sklaven eines bereits kosmisch etablierten Volkes? Mir kam die Gänsehaut und ich schüttelte mich, wie bei einem Grippeanfall. Georg sah mich besorgt an und zitierte noch mal aus dem

Zauberlehrling: „... und die Geister, die ich rief, wurde ich nicht mehr los. ..." Mit feuchten Augen sah ich den Freund an. „Wir müssen höllisch aufpassen! Wir betreten Neuland! Aber Neuland, auf dem wir auch den Boden verlieren könnten!" „Jeder Planet hat zwei Seiten! Eine Helle und eine Dunkle. Solange sich der Planet dreht, besteht die Hoffnung wieder, in eine der Hellphasen zu geraten!" „Neue kosmische Philosophie, wie?" „Wir müssen uns umstellen!"

Anfang Dezember 2093. Wieder waren wir in dem vom Bernhard mittlerweile geleiteten Labor der ETI-Forschung. Forschung für **Extra-Terrestrial Intelligences**. Ralph Marco hatte dieses Ressort komplett an den überragenden Logiker abgegeben. Zwei weitere Logiker, ein Mann und eine Frau, hatten sich soweit etabliert, an diesem Projekt der strengsten Geheimhaltung mitarbeiten zu können. Auch diese beiden hatten ihre Depressionen ablegen können! Sie arbeiten nun verbissen an der `kosmischen Kollektiverhaltung´. Sie hatten ihre Bestimmung gefunden. Anne-Marie Schramm und Markus Fuchs wurden uns vorgestellt. „Anne-Marie Schramm? Deine Frau Bernhard?" Ich war überrascht. „Nein, Max. Nicht meine Frau, wir hatten nur einen Kindervertrag. Das ist die Frau, mit der ich meine Kinder berechnete und dieser Vertrag sollte nur der Erdwartung dienen. Aber sie ist eine Kapazität in Sachen Logik. Darum wurde sie hierher eingeladen." „Und deshalb wurde sie von dir ausgewählt, eine genetische Allianz zur Kinderbildung zu gründen, um die Erdwartung durchzuführen oder zu sichern." „Exakt! Wie logisch du doch zu denken vermagst! Ich bin angenehm angehalten. Übrigens wurde der gemeinsame Name auch wegen der Kinder gewählt!" „Logisch!" Anne-Marie nickte mir mit stahlblauen, eiskalten Augen kurz zu, das war es dann auch schon mit der Begrüßung. Markus schien nicht ganz so logisch zu sein, doch er stellte sich mit additiv mehreren Worten vor: „Akademie für subatomare Forschung. Ich war über vier Jahre in Kiew, wurde zwischendurch aber wegen den Weltdepressionen behandelt, dann Planstelle Projekt Megafusion im Kanton Fashan, China. Seit der Entdeckung von Anwendungsmöglichkeiten der kosmischen Tachyonenstrahlung wurde dieses Projekt eingestellt. Die Chinesen waren ursprünglich ganz schön ungehalten, wollten sie doch der Welt einen Fusionsreaktor vorstellen, von denen vier Stück für die gesamte Weltversorgung von Energie genügt hätten. Genau genommen wollten die Chinesen den Weltenergiemarkt kontrollieren; Ihr habt diese Kalkulation zunichte gemacht!"

„Jetzt springt der Knopf auf", ich war gar nicht einmal so überrascht. „Darum waren die Chinesen so scharf auf unsere Entdeckungen von Anfang Oktober!" Markus sah mich aus großen Augen an: „Welcher Knopf springt

denn auf? Wieso sind Chinesen scharf?" Georg verfiel in ein schüttelndes Gelächter! Markus formulierte logisch: „Gelächter ist zu nichts nutze und verschmiert lediglich logische Erkenntnisse." Bernhard servierte jedoch einen guten Rat an seinen Kollegen der ersten Generation Genkorrigierter: „Markus, diese beiden Basisunlogischen haben die Tachyonenresonatoren, respektive Wafer und so weiter entwickelt, wir müssen dies akzeptieren und haben damit auch unsere Basis festigen können. Ihre unlogischen, unintellektuellen Ausbrüche sollten wir also nicht zu tief mit unseren Ansichten verurteilen!" „Ich werde mich entsprechend einstellen." Versprach er. Bernhard forderte uns auf, die ersten sprachlichen Übersetzungen der Nachrichten von den Plejadis mit zu verfolgen. Er schaltete eine Zusammenfassung von Aufzeichnungen auf Wiedergabe und erklärte dazu: „Es handelt sich nun um reine Nachrichtenaufzeichnungen, bei denen einer der Sprecher mit im Bild zu sehen ist. Das Symbol des Chorck-Imperiums blieb unverändert."
„Chorck-Imperium?" Echote Georg!
„Ja, bitte seht euch die Aufzeichnungen mit den Translator-Übersetzungen an. Alles dürfte selbsterklärend wirken." Wieder mit einer Handbewegung schaltete Bernhard auf Wiedergabe und es war wieder diese grazile Gestalt zu erkennen. Die alte Aufzeichnung, welche wir schon einmal sahen, nur jetzt mit Teilübersetzung aus dieser Sprache:

„ . . . Neuankömmlingen . . . Tachyonendimension willkommen. Nehmt Kontakt auf, wir Chorck bieten euch das Imperium des Glücks. Freier Handel, Urlaubswelten je nach . . . Bedürfnis, kalt, . . . feucht, . . . trocken, warm. Raumgondeln für . . . Abrechnung . . . Kontrolle durch Kalkulator und Spediden. Verwaltung der Eigenwelt wird sichergestellt und . . . reingehalten. Belebung von Nachbarwelten . . . setzt . . . Abbau für Industrie . . . Planetensystemkorrekturen . . . Sonnenaktivierung . . . Lebenszellenlaufzeiterhöhung auf bis zu 1200 Klataan, Nahrungssicherung ein Katt für Individuum jeden Ogoon. Gegenleistungskatalog . . . soziales Arbeitssystem! Kastenverordnung . . . gerecht . . . Plogoon Individualschwingungsorientiert . . . Besuchen . . . Chorck-System mit drei Wohnwelten und zwei Rehabilitierungsmonden . . . alles biologisch orientiert . . . Pflanzen . . . Chemie . . . Zellinjektoren . . . Wasserschüttler . . . Drogengestützte Reisepläne und Abschaltung der Sexualimpulse . . . kontrollierte Fortpflanzung. Provisionen für Kriegsteilnahme gegen Siliziumpatras . . . Ehrung . . . lebenslang auf Heilplaneten."

Bernhard nickte, als er erklärte: „Jetzt kommt die neue Aufzeichnung." Der Synthesizer wurde schon etwas flüssiger, es kam ein anderer

Nachrichtensprecher, erkennbar an einer etwas dunkleren Hautfarbe und einer etwas anderen Kopfform, auch das Muster des Organfilters, welcher scheinbar die Nase bildete, leicht anders angeordnet. Der Stirnfleck war ebenfalls etwas anders gezeichnet.

„ Neuankömmlinge in der Tachyonendimension! Nicht vergessen, euch sofort anzumelden! Das Gorck-Imperium bietet das beste Arbeitsverhältnis zu besten Gegenleistungen. Sprachinjektionen für alle Individuen mit fröhlicher (oder glücklicher) Erinnerungssequenz, Sicherung gegen Imperiumsfeinde . . . Freistellung von Transportgondeln gegen Handelsabrechnungen mit Bonussystem. Für Urlaub . . . Monde und . . . Kunstplaneten oder Naturplaneten. Die Imperiumsflotte besucht euch, . . . sofort melden! Aufnahme sicher. Schon sechs Völker unter glücklicher Chorck-Verwaltung: Kwin, Goofp, Nohamen, Yolosh, Zerter, Alalis! In Warteliste für Aufnahme in dreihundertfünfzig Klataan: Neros, Momoru und Oppats! Wir warten auf euch, wir bieten das größte Glück und die beste Verwaltung in diesem . . . Spiralarm. Technische Unterstützung und Kontrolle, Selepet-Computer zur Volksverwaltung und Volkssteuerung mit automatischer Programmdrogenausgabe. Abschaltung des natürlichen Sexualinstinktes mit Baustein zur berechneten Reaktivierung über Selepet zur Massenkontrolle. Das . . . berechnet . . . Lebensunwürdigkeit. Für . . . Sanftabfahrt . . . Pulsgericht. Wir haben an alles gedacht, wir bieten das Komplettprogramm. Meldet euch! Ein modulierter Tachyonenstrahl genügt! Wir schicken die Integrationsflotte. Glücksbringer . . . Medizingondel . . . ausreichend für ein Planetenvolk Klasse 3 bis 15. Glück für Eingeschlechtliche oder Zweigeschlechtliche, . . . Glück für Geschlechtswandler oder Skelettlose! Wir wünschen Ihnen viele Oxygene und Regen. Meldet euch!"

Es folgte - Musik! Die kugelförmigen Raumgondeln starteten und landeten auf scheinbaren Paradiesplaneten oder –monden. Tolle Vegetation war zu erkennen, palmenartige Pflanzen, in künstlicher Zusammenstellung, so der Eindruck. Mal eine Welt, die trocken zu sein schien, Mal eine Welt, die nur so dampfte. Auch ein Schneeplanet oder ein Schneemond wurde bildlich vorgestellt, dabei erklang eine fast unrhythmische psychedelische Musik, die immer von einer disharmonischen Welle begleitet wurde. Es hörte sich grässlich an, aber am Geschmack von Außerirdischen konnten wir uns noch nicht orientieren. Bernhard erklärte nun den Sachverhalt so logisch wie möglich: „Diese Chorck suchen also Mitgliedsvölker für ihr Imperium. Eine Klatoon, also ein Chorck-Jahr dürfte etwa eins Komma sechs Erdenjahre betragen, das war aus einer schematischen Simulation eines Planetenumlaufs erkennbar. Demnach könnten die Chorck ein Leben auf 1200 Klataan verlängern, also etwa auf 1920 irdische Jahre. Wenn wir einen

Mitgliedsantrag stellen würden, dann müssten wir noch 350 Klataan warten, bis wir zum Stamm dazugehören dürften. Das heißt also, wir hätten noch 560 Jahre in der Schlange zu stehen, um dann den Herren direkt zu dienen. Solange könnten wir ein Sklavendasein fristen, welches wir scheinbar drogengestützt als die Glückseligkeit selbst empfinden könnten. Unsere Technik würde sofort von den Chorck kontrolliert, besser, gegen die ihre ausgetauscht, dafür dürften wir dann Miete für Raumgondeln zahlen. Wie oft wir dann auf einem dieser Urlaubsmonde Urlaub genehmigt bekommen, wurde nicht erwähnt, wie lange auch nicht! Einzige logische Einrichtung ist die Kontrolle des Sexualinstinktes!" Ich sah den Bernhard erschüttert an, doch dieser meinte es ernst. Klar, war er doch auch dieser überragende Logiker und aus seinen Gesichtspunkten macht man nur dann einen sexuellen Akt, wenn etwas berechnet Einwandfreies dabei entstehen würde. Nun hatte ich wieder eine Richtung vorzugeben:
„Wir haben noch dreihundertfünfzig Jahre Zeit, meine Freunde! Doch lacht nicht! Das dürfte eine kurze Zeit für unsere Freiheit sein, wenn die Chorck einmal auf uns aufmerksam geworden sind und wir nicht ausreichend ein selbst etabliertes Imperium oder technische Voraussetzungen haben, dann werden wir nämlich gewaltintegriert! Die Geschichte wiederholt sich also. Ähnlich, wie die Indianer bei der Eroberung Amerikas integriert wurden, dann aber in Reservate abzuwandern hatten, würden wir von den Chorck oder anderen kosmischen Völkern dieses Standards integriert werden. Und folglich hätten uns dann in deren Reservate einzufügen. Lieber etwas kürzer leben, oder selber forschen, um unser Leben zu verlängern. Nun wissen wir ja schon, dass es möglich ist! Aber keine Integration in ein fragwürdiges Imperium, so meine Meinung!" Georg setzte meinen Monolog fort: „Diese Chorck suchen Söldner! Habt ihr nicht gesehen? Krieg gegen was war das wieder? Siliziumpatras? Die hatten sicher schon eine Invasion von diesen Siliziumwesen! Nun stehen sie in einem Dauerkrieg, Ich gehe davon aus, dass es sich um selbstrekonstruierbare, intelligente Konglomerate auf Siliziumstruktur geht, vielleicht sogar künstliche Intelligenzen, die aufgrund eines Computerunfalls einmal von einer fremden Rasse erzeugt wurden oder ein Kampfvirus in diesem Krieg! Ich schließe mich der Meinung an, weiter diesen Sender zu beobachten, noch andere zu suchen, aber in keinem Falle eine Meldung dorthin zu senden! Auch sollten wir vorläufig alles, was mit diesen Informationen zusammenhängt, der strengsten Geheimhaltung unterwerfen. Ich bin dafür, den Weltsicherheitsrat einzuberufen, aber nicht den Großen der Vereinten Nationen, sondern den der Exekutivstufe! Und ich empfehle: Weiterforschen, unseren Planeten sauber machen und sauber halten, Kolonien in kosmisch nahen Regionen zu gründen um die Menschheit mengenmäßig zu stärken; einen Einheitsplan und

Kolonialgrundgesetzte erschaffen, mit je einem versiegelten Geheimbrief für den Notfall bei einer Chorck-Entdeckung oder äquivalent! Dann müssten alle unsere Kolonien wieder fest zusammenstehen! Wir sollten zuerst ein eigenes Menschheitskolonial-Imperium gründen, so dass wir zu gegebener Zeit ausreichend Potential besitzen könnten, einer Chorck-Invasion oder wie auch immer, widerstehen zu können. Auch wir könnten ein Imperium nach humaner Struktur gründen, sollten wir andere Intelligenzen kennen lernen, die noch nicht so hochtrabende Pläne haben wie die Chorck! Wir haben auch Glück gehabt, dass wir noch nicht schon vor lauter Begeisterung begonnen hatten, selber tachyonenmodulierte Nachrichten zu versenden! Wir hatten Glück, dass wir noch kein kosmisches Leuchtfeuer installierten! Bleiben wir in diesem unscheinbaren Seitenarm unserer kleinen Galaxie noch etwas versteckt! Meiden wir erst einmal das galaktische Zentrum und wenn wir einmal Kontakt mit den Chorck aufnehmen wollen, so sollten wir zuerst mit einer Raumgondel mindestens zur kleinen magellanschen Wolke fahren, oder gleich nach Andromeda um von dort senden! Vielleicht werden dann wir als `Uninteressant´ eingestuft, da wir so vielleicht zu weit weg wären. Oder wir fahren einmal über Umwege zu den Chorck! Allerdings zuerst beispielsweise eben nach Andromeda. Die Chorck haben sicher eine Technik, ein ankommendes Schiff anhand der Tachyonenemissionen anzumessen und die Richtung, aus der es kam, zu bestimmen. Vielleicht sogar die Technik, aufgrund dieser Emissionen die Entfernung zu berechnen! Somit wäre bei einer Direktfahrt der solare Standort verraten! Also nie eine direkte Fahrt zu den Chorck und wenn, dann eine Fahrt mit einer Besatzung, die bereit wäre, bevor sie unseren kosmischen Standort verraten, die Gondel zu sprengen! Freiwillig zu sterben! Es sollten Raumgondeln gebaut werden, die zu Forschungszwecken das All bereisen, aber unter keinen Umständen die Position des solaren Systems verraten könnten! Der All-Tag beginnt härter als erwartet für die Menschen, so scheint mir!"

Alle hier in diesem Raum starrten betroffen zum schweigenden Holoprojektor, der nur ein Standby Symbol darstellte. Welch ein Tag! Die kosmische Uhr begann zu ticken! Wir haben den Aufbruch beschlossen und wir kennen bereits etwas von den Gefahren, die da draußen lauern. Aber sicher noch nicht alle! Die Kennung des Ralph Marco erschien am 2D-Display oberhalb des elektronischen Türschlosses. Mit einer Handbewegung öffnete Bernhard dem Erfinder der Athmosphärereiniger, dessen Aktion schon unwahrscheinliche Erfolge verzeichnen konnte. „Was schaut ihr denn so verdattert?" Wollte Ralph Marco wissen. „Wir sollten die Geister des Zauberlehrlings noch nicht rufen, denn wir wissen deren

Gesinnung noch nicht!" War mein etwas schlapper Kommentar. „Wieso?" „Wir müssen unserer Runde einen Geheimhaltungseid aufzwingen, ebenso dem Exekutivzirkel des Weltsicherheitsrates. Seid ihr alle damit einverstanden? Die Umstände verlangen dieses dringendst!" „Wir sind alle schon von der TWC vereidigt worden!" Stellte Markus logisch fest. „Aber wir brauchen einen weiteren Sicherheitseid für Geheimhaltung der Erdposition, ein Sendeverbot für Tachyonenemissionen in Richtungen, aus der schon Nachrichten kamen und kommen werden. Unsere Raumfahrt sollte sich auch langsam strukturieren, langsam aufbauen, zuerst zu kosmischen Nachbarn, dann langsam weiter, ausgenommen Discovery-Gondeln, also reine Entdeckerreisen, die wiederum einem Eid unterliegen, eher die Gondel zu sprengen, als die Erdposition zu verraten! Zumindest für die mindestens nächsten dreihundertfünfzig Jahre! Dann müssen wir so stark sein, dass wir uns auch schon kosmisch behaupten können! Das heißt aber: forschen, entdecken, experimentieren und viel arbeiten! Wir sollten einen technischen Vorsprung wie dieser bei den Gorck vorliegt, der möglicherweise schon über zweitausend Jahre beträgt, aufholen können! Umso mehr, umso schneller, desto besser!" Ralph Marco hatte scheinbar eine Nachricht für uns, aber er hielt sich noch zurück, nachdem ihm der Bernhard noch erklärte, was vorgefallen war. Georg indes blickte mich listig an: „Ich weiß was! Ich weiß, wie wir schneller an technischen Vorsprung kommen könnten!" „Hehe! Besserwisser", knurrte ich ihn aber hoffnungsvoll an, „wie sollte denn das vonstatten gehen?" Georg stützte seinen Kopf auf seine rechte Hand, deren folgender Ellbogen auf der Metallplatte des Labortisches leicht rutschte.

„Wir bauen Spionagegondeln! Forscher, die mit kleinen Gondeln auf Umwegen bei den Chorck vorbeischauen und vielleicht ein Spezialistenteam, welches imstande sein könnte, eine ihrer Raumgondeln zu stehlen! Oder sollten sich gewisse Spezialisten zuerst als ein imperiumsaufnahmebegeistertes Volk vorstellen oder hochstapelnd als Kriegsbeobachter eines anderen Imperiums! Beobachter der Vorgehensweise und der Erfolge gegen die Siliziumpatras. Vielleicht könnten wir auch einen Siliziumneutralisator oder einen Siliziumprogrammator konstruieren? Mit Silizium haben wir sehr viel Erfahrung, weil unsere Computer sehr, sehr lange auf dieser Basis arbeiteten! Ich stelle mir vor, dass nicht einmal die Chorck so lange Erfahrung mit diesen Strukturen hatten, oder die Siliziumpatras waren durch einen Computerunfall der Chorck entstanden, oder auch, dass sie Computer auf Siliziumbasis nicht lange nutzen konnten, weil eine Siliziumpatra-Invasion kam und sie mussten einen anderen Weg gehen!" Wie auf Befehl warf der Ralph Marco ein: „Nanoroboter für Umstrukturierung von Silizium

haben wir bereits! Also eine hypothetische Waffe gegen Siliziumpatras! Diese müsste nur noch zweckorientiert selektionell programmiert werden!" „Na wer sagt es denn!" Ich schlug mit der flachen Hand auf den Tisch, so dass es nur so knallte und alle reagierten, wie aus dem Schlaf gerissen!
„Wir hätten eine friedensbringende, unblutige Waffe, um bei den Chorck Respekt zu erhaschen! Auch könnten wir ihnen drohen, sollten diese meinen, uns zwangsintegrieren zu wollen. Wir könnten neue und noch schlimmere Siliziumpatras erzeugen, auch verschiedene!" Nun hatte ich aber noch einen weiteren flüchtigen Gedanken! „Ich könnte mir vorstellen, dass ein extraterrestrisches Intelligenzvolk, welches eine Entwicklung ähnlich unserer durchgemacht hatte, von den Chorck integriert werden sollte. Diese wollten sich aber keinem fremden Willen unterwerfen! Äquivalent wie wir dies sicher auch nicht wollen würden! Dabei hatten diese Chorck-Gegner auch schon eben diese Erfahrung der Siliziumrechner wie wir und stellten Nanoroboter her, die den früheren Chorck-Computern den Garaus machen sollten. Welche Formen diese Siliziumpatras nun angenommen haben wissen wir noch nicht! Aber ich empfehle, im Umkreis der Plejaden auf die Suche nach einem weiteren Volk zu gehen, Suche natürlich erst einmal per Tachyonenempfang! Wir werden Wesen finden, die den Chorck nicht wohl gesonnen zu sein scheinen. Das wären dann eher Verbündete für uns! Das ist die erste Aufgabe im kosmischen Entdecker- und Versteckspiel!" „Sehr gut, auch sehr logisch! Respekt Max! Respekt!" Bernhard Lobeshymne an mich. „Danke Bernhard! Bin ich in deinem Respektskreis der Logiker angenommen?" „Voll und ganz! So wie ich in deinem Kreis der Basisunlogischen", er probierte noch ein Lachen, „hahaha." Dabei fasste er sich aber wieder um den Mund, seine Lachmuskeln wurden wenig trainiert in letzter Zeit. Allerdings empfing er strafende Blicke von Anne-Marie und Markus! Zu den Beiden meinte er aber nur: „Trinkt mal ein Fläschchen Wein mit Max und Georg, dann könnt ihr in ein neues Forschungsgebiet eintreten: Die Witzlogik!" Ich konnte mich nicht mehr zurückhalten und lachte auf! Wie eine Befreiung von diesem Druck, der sich in mir gebildet hatte, angesichts dieser hypothetischen kosmischen Bedrohung. Als ich mich wieder unter Kontrolle hatte, fragte ich Ralph Marco: „Wegen was bist denn du eigentlich gekommen?" Marco tat so, als müsste er seine Gedanken erst wieder neu formulieren, dann deklarierte er: „Ich wollte euch von meinem neuen Experiment berichten: Mir ist es gelungen, ein Tachyon auf relativ Null zu bremsen und energetisch zu kapseln!" Das war ein Hammerschlag! Wir saßen alle mit offenem Mund da und mussten erst einmal tief Luft holen, diese Neuigkeit zu verarbeiten.

Folgend meinte Georg: „Damit ist der Vorsprung der Chorck von angenommenen zweitausend Jahren schon auf die Hälfte geschrumpft!" „Welchen Plan hast du?" Wollte Bernhard wissen. Ralph antwortete: „Computersysteme der höchsten Integrität zu bauen! Ein gekapseltes Tachyon besitzt im Gegenteil zu einem Schalter nicht den Bitzustand eins, sondern null. Ein flüchtiges Tachyon hätte somit den Zustand eins, da dieses im Fluss gemessen werden kann. Oder besser: ein flüchtiges Tachyon würde immer vom Nachstrom ersetzt, wobei ein gekapseltes Tachyon ein energetisches Vakuum erzeugt, es fließt kein Tachyon nach! Theoretisch könnte man damit einen Speicher mit Realvolumen von theoretisch Null bauen, wobei dies natürlich nicht ohne Mess-Struktur möglich sein könnte. Doch Speicherbausteine und Prozessoren würden um einen Faktor von mindestens zwei Millionen zu eins zu heutigen Computern verkleinert werden können. Nur die Signalabnehmer, die Schnittstellen hätten noch die größten Dimensionen. Doch vorsichtig bitte! Ich bin erst ganz am Anfang! Auch ließe sich wieder ein Dezimalcomputer realisieren, da das Sperrverhältnis des Tachyons innerhalb der energetischen Zelle verschiedene Werte annehmen kann! Je nach Kapselung beginnt ein Rotationsverhalten der Tachyonen! Dabei halten die Tachyonen gewisse Rotationenrhythmen immer stabil, bis sich das Kapselfeld weiter abschwächt. Die Natur der Tachyonen `springt´ gewissermaßen. Vielleicht auch deswegen der `volle Schritt´ nach einer synchronen Kondensatorkomplettentladung bei unseren Gondeln. Auch fast jedes andere Zahlenberechnungssystem könnte angewandt werden! Sollten wir schnell weiterforschen und entwickeln, so würde in frühestens vier Jahren der erste Tachyonenprozessor fertig gestellt sein! Ebenso Speicherbausteine nach diesem Prinzip!" Georg murmelte: „In vier Jahren? Noch ein wenig Weiterentwicklung, sagen wir bis zur nominellen Perfektion dann zehn Jahre? Dann haben wir immer noch dreihundertvierzig Jahre bis zur hypothetischen Chorck-Entdeckung! Wir schaffen es Leute! Wir schaffen es! Wir werden den Chorck erklären, wie wir leben wollen! Nicht diese werden uns ein Leben nach ihren Grundzügen diktieren! Ralph! Das war die beste Nachricht, seit ich im Mondkrater gebadet hatte!"
Die Hoffnung kam mit den Tachyonen! Auch die Angst kam mit den Tachyonen, nun bringen diese wieder Hoffnung!
Also wirkliche Bausteine des Universums!

Hamburg meldete die baldige Fertigstellung der Marsgondel! Neue Wege wurden beschritten, insbesondere nach der Analyse der Mondgondelfahrt und dieses Tachyonenwirbels, der um die MOONDUST durch eines der Tachyonenteleskope zu erkennen gewesen war. Das hatte eigentlich zu einer anderen Formgebung geführt! Die nun endgültige Form der Marsgondel sah einer etwas zusammengepressten Sanduhr ähnlich. Eine logische Konstruktion, wie sich Bernhard äußern konnte, von dem ja auch diese Formempfehlung kam. Der Wafer würde dreiundzwanzig Meter Durchmesser haben, die Oberseite der Gondel blieb bei achtzehn Meter. In Oberpfaffenhofen liefen die Nanoprinter auf Hochtouren, um die Waferkomplexe, die TaWaPas dafür herzustellen. Zwar hatte Hamburg auch schon lange eigene Nanoprinter, diese produzierten aber laufend die Bahnen, also die TaWaPas für die Airbusse und für die Steuerelemente. Auch Ersatzwafer waren nun generell geplant, sollten die fest installierten Wafer wirklich einmal ausfallen oder beschädigt werden.

Wir bekamen die Pläne der Marsgondel zu sehen, dabei galt es eine Idee Bernhards und Markus Fuchs zu integrieren, was bereits an Hamburg übermittelt wurde. Diese `Sanduhr´ konnte sich über dem Zielort aufklappen oder sogar trennen! Die Höhe einer halben `Sanduhr´ sollte dann bei sieben Metern fünfzig liegen. Also komplett fünfzehn Meter. Damit war das Gefährt breiter als hoch. Der Containerring kann Behälter fassen, die bis zu drei Meter und achtzig hoch waren, mit einem Durchmesser von knappen elf Metern. Ergo wären also zwei dieser Container transportierbar, je eine Gondelhälfte bekam so einen Behälter. Letztendlich sahen die Einheiten ähnlich aus wie Bongo-Trommeln. Damit waren auch die Landestützen besser zu integrieren! Diese konnten am halben Sanduhrhals schön ausgeklappt und teleskopisch ausgefahren werden. In Folge hatte man einen bequemen Platz, einen Container abzulegen und auch einzusehen. Ein runder oder vieleckiger Container könnte das nun sein. Insgesamt hatte also nicht nur der Topwafer sondern auch der Bodenwafer jeweils die zweite Funktion, als Schwebeeinheiten per Direktversorgung den Marsboden oder äquivalent anzusteuern, fast wie Zwillingsschiffe im starren Verbund oder nach Gegebenheit einzeln! Ein besseres Landeverhältnis konnte auch erreicht werden, die Cargofähigkeit per Volumen wurde dadurch ebenfalls erhöht! Nach einem Start und weit über den jeweiligen Planeten sollten sich die beiden Hälften wieder vereinen und als Komplettschiff mit Top- und Bodenwafer den Sprung oder den distanzlosen Schritt vollziehen. Logischer und vielseitiger geht es nun wirklich nicht mehr, solange wir noch keine gewölbten Wafer konstruieren können, wie auf den Bildern der Geheimzentrale und Einrichtung zur Beobachtung von ETI 1 zu sehen war, solange mussten wir eben unser System verwenden und reifen lassen. Zwar wussten wir nun, dass es solche Wafer gab, die sich auf Kugeln legen oder dort per Nanorobotern kurz Nanobots genannt, aufgebracht wurden, aber das große Geheimnis war nur noch: Wie! Anne-Marie Schramm war aber erheblich zuversichtlich, zumindest schon bald Wafer zu konstruieren, die durchsichtig wären oder sogar in Panzerglas eingesetzt werden könnten. Hochleistungshornantennen könnten im mikroskopischen Bereich weiter von der nächsten Zelle positioniert werden, so dass wesentlich mehr Zwischenraum verbleiben würde, was den Gesamtwafer somit optisch transparent macht. Noch war die Notwendigkeit dafür minimal.

Zwischendurch hatten die Variolifter die ganze Welt erobert! Diese umgebauten Variobusse integrierten sich in vollkommen überarbeitete Verkehrskontrollnetze, nur noch Privatfahrzeuge, Agrarmaschinen und ein paar Transporter bewegten sich auf Straßen.
Die Japaner meldeten schon erfolgreich die Versetzung ganzer Häuser, das wurde auch zu einem Wirtschaftsfaktor des Landes. Auch wurden Häuser, die lange unter Wasser standen, testweise aus der nassen Ummantelung befreit, angehoben und ein zusätzlicher `unterer Stock´, teilweise dann aber auch ein wasserresistenter Block eingefügt.
Venedig überrannte eine Renaissance! Die Italiener waren ganz versessen darauf, ihr Venedig wieder zu alter Blüte zu erwecken, dabei gingen die europäischen Südländer aber besonders schlau vor! Sie hoben die wichtigsten Bauten an, setzten eben auch schon wasserfeste Zwischengeschosse ein, denn es bestand auch noch die Hoffnung, dass sich in den nächsten Jahrzehnten wieder Gletscher bilden würden, auch dass das Polareis zurückkommen könnte und der Erwasserspiegel sich wieder setzen könnte. Somit könnte man mit diesen unteren Stockwerken wieder eine Nutzung eingehen.

Die Anden wurden mehrfach durchtunnelt! Chile bekam einen leichteren Zugang zu den Märkten Südamerikas. Auch die Variolifter bedienten sich dieser Tunnels, mussten sie nicht mehr über diese Berggipfel setzen und die Automatsteuerung vermied Gefahren bei der Nutzung. Die Molekularverdichter festigten bereits die Transamazonia, die immer wieder zusammengebrochene brasilianische Hauptstrasse im Zentrum Südamerikas, nur dass diese dermaßen stabilisiert wurde, so auch kein einziges Schlagloch mehr entstehen konnte. In Folge dessen bekamen auch diese Strassen ein `Profil´, ansonsten wären sie zu glatt, um befahren werden zu können.
Im Outback Australiens konnte mit einem riesigen Molekularverdichter eine hochgestellte Strasse quer über den halben Kontinent unter dieser Methode errichtet werden. Über der Erde fuhren die meisten Massentransporter nicht mehr auf den Strassen, sie fuhren in niedrigen, festgelegten und computergesteuerten Luftfahrtswegen, den Lowfloats, wie diese verständlich genannt wurden. Boing stellte ebenfalls eine neue Generation

Luftverkehrsfahrzeuge vor, Tupulev präsentierte den bislang größten Lufttransporter aller Zeiten, acht TaWaPas waren auf vier Auslegern angebracht! In Deutschland wimmelte es von Saudis. Diese vergaben einen Auftrag nach dem anderen für den Bau des Mondhotels, unter Anderem vergaben diese ebenfalls einen Auftrag für ein Mondschiff. Dieses Mondschiff enthalte sich dabei dem distanzlosen Schritt, wird sich spezifisch dem Erdtrabanten absolut gemächlich nähern. Das Besondere an diesem Auftrag war wieder eine Eigenheit der reichen Saudis, sie wollten eine Sonderkonstruktion, welche durchgehend Schwerkraft, also Raumandrückkraft für die Passagiere zur Verfügung stellt, von der Erde zum Mond, dann während der Fahrt langsam auf ein Sechstel reduziert. Die gesamte Konstruktion sah also vor, ein Langschiff zu bauen, welches auch Ausleger besitzt, die mit den Packs bestückt werden, dann sollte aber der Rumpfboden mit einem Bodenwafer bedeckt sein. Dieser etwas minimal aktiv geschaltet, verlieh dem Passagier eine künstliche Schwerkraft und um diese für die Fahrt transporttechnisch neutralisieren zu können, waren nur die Ausleger etwas höher zu versorgen! Also Rumpf-Ausleger-Gegensteuerung! Absolut machbar und als Idee für künftige Passagierraumgondeln voll verwendbar!

Schon dieses Langschiff sollte wie ein Hotel ausgestattet werden! Schleusensysteme für ein künftiges Andocken an der Hotelkuppel auf dem Mond liefen bereits im Testbetrieb. Die Saudis gaben bereits zu verstehen, wenn das erste Mondschiff erfolgreich in Betrieb gehen würde, dass sofort ein Nachfolger bestellt wird! Es sollte in den nächsten zwei Jahren aber eine Flotte von sechs Schiffen für drei Hotelkuppeln eingesetzt werden. Wabensysteme für diese Hotelkuppeln wurden auch getestet. Ein neuer Makrolonverbundsstoff hatte das Rennen für den Auftrag gewonnen. Das Makrolongrundmaterial stammt wieder aus Deutschland, die Verbundsmaterialien und die Sonnenfiltertechnik aus Russland. Auch wurden diese Waben und die Polymerverstrebungen in Russland gefertigt. Die Fundamentbohrer auf Waferbasis wurden in Kanada hergestellt, dabei bedienen sich diese Bohrer dem Prinzip der Dübelsetzung mit den Molekularverdichtern. So sollte jede Hotelkuppel sechsundneunzig Fundamentdübel bekommen, die jeweils fünfundfünfzig Meter in den Mondboden reichen, auch leicht schräg eingebracht werden. Schließlich mussten diese ja auch eine Kuppel mit dem Atmosphäreinnendruck am Mondboden halten können. Auch die Cargotransporter werden nicht mit der Technik ausgestattet, die einen `Schritt´ erlauben würde. Langsame Cargos würden es sein, die Gebäudeelemente zum Mond bringen sollten, unbemannte Transporter, bestehend eigentlich nur aus einem

Stabilisierungsgerüst, einem Topwafer, Steuerwafer und Computersteuerungen.
Australien meldete eine Abnahme des Ozonloches von achtundzwanzig Prozent. Dort wurde Ralph Marco Freeman als Held gefeiert, schließlich war er auch australischer Abstammung! In seinem Ahnenkatalog war sogar eine Aborigine verzeichnet. Eine Sportlerin! Diese Merkmale waren ihm kaum noch anzusehen, außerdem war es Mode geworden sich mit den Ureinwohnern komplett zu versöhnen und familiär zu integrieren. Es wurde schon berechnet, dass die Zahl von Hautkrebspatienten in den nächsten zwei Jahren schon um über sechzig Prozent zurückgehen könnte.

Äthiopien konnte mit einem Wasserlifter, einer Spezialkonstruktion eines Antigravliftes, welcher Wasser transportierte, dieses kostbare Nass billigst ins Land bringen und viele Gegenden fruchtbar machen. Ein neues System machte die Meerwasserentsalzung einfach. Eine Tachyonenzyklonschleuder trennte im Kaltverfahren die Salzbestandteile aus dem Wasser, wobei Minerale erhalten blieben, das Wasser war fast keimfrei gefiltert und schmeckte wie feines Mineralwasser.
Die Technik wurde und wird immer menschlicher und friedlicher.
Die planetenweite Friedenswelle war noch nicht einmal am Höhepunkt angelangt! Auch eine Welle der Nachbarschaftshilfe hatte sich in den einzelnen Ländern niedergeschlagen. Palästina und Israel rissen ihre Grenzmauern nieder und die alten Verwandten, auch wenn es nur noch aus Dokumenten bekannte Grade gab, lagen sich in den Armen.
Israel plante, einen eigenen Kolonialplaneten suchen zu lassen oder selbst einmal zu suchen, wenn die Zeit dafür reif sein wird. Sie fanden sogar einen Satz in ihren alten Schriften aus dem Bereich um Qumran, der besagen sollte, dass das alte Volk der Juden nach der Verbannung auf den Tag zu warten hat, an dem sie ihre eigene Welt besitzen werden. Vorher wurde dieser Satz allerdings so interpretierte, dass sie mit ihren Lehren die Welt besitzen sollten. Gleiche Grundsätze waren auch in den anderen Staaten grundsteinbildend. Es gab eine Aufbruchsstimmung sondergleichen!
Alle Neuigkeiten aus Oberpfaffenhofen wurden sofort im weltweiten Fernsehen übertragen und diskutiert. Die Hälfte der Menschheit begann plötzlich alte Zukunftsromane auszugraben und mit der jetzigen wirklichen Welt zu vergleichen, ebenso waren für diese Menschen neue Träume entstanden. Blühende Landschaften sollten es werden. Die Observatorien suchten bereits mit profisorischen Tachyontelekopen nach neuen Sonnensystemen mit Planeten, welche in einer Biosphäre liegen könnten, dabei gab es schon einen vielversprechenden Katalog, zumindest für eine Erkundungsflotte gäbe es schon viel zu tun. Es wurde besonders darauf

geachtet, dass diese Observatorien keine Aktivteleskope bekamen, die unter Umständen ein Signal abgeben könnten. Eine Sendemöglichkeit der Geräte war vom TWC aus chipversiegelt!
Die Entdeckung durch die Chorck wäre zwar immer noch ein Zufall, doch solche Zufälle geschehen eben öfters als statistisch! Und meistens in einer Zeit, in der man sicher am wenigsten darauf vorbereitet wäre.

Die Tachyonenmaterieresonanzwaferpakete, kurz die TaWaPas für die Marsgondel wurden in Oberpfaffenhofen abgeholt, sie sollten in Hamburg an das Fahrzeug angebracht werden.
Die drei Steuerungswaferkugeln pro Hälfte (!) waren dort schon angefertigt worden. Wieder nach vier Tagen wurde auch Bernhard Schramm mit dem Markus nach Hamburg beordert, er sollte sich bewährt um die Software kümmern! Auch weil er die besten Simulationen fuhr, was bedeutet, das nach seinen Simulationen sich das Fahrzeug selber auch immer so verhalten hatte wie in dieser.
Die neue Herausforderung war nun der Klappmechanismus dieser beiden Hälften, so dass die Gondelhälften also entweder im eingeklappten Verbund zu steuern waren, einzeln gefahren werden konnten, aber auch sich selbstständig wieder verbinden konnten! Ohne Neuverbund konnte kaum ein Rückflug stattfinden oder nur unter höheren Schwierigkeiten mit der Anbringung von Ersatzwafern. Die Amerikaner waren erpicht darauf, uns Marsanzüge zu liefern! Sie hatten die größte Erfahrung in der Fertigung solcher, es sollten sich um besonders leichte Exemplare handeln, die man nur wie einen Arbeitsoverall zu spüren hat, so meinte zumindest der Chef der National Space Alliance aus Amerika. Der Helm konnte gegen eine Blase getauscht werden, auf dem Mars gab es ja eine Atmosphäre, nur war der atmosphärische Druck relativ gering. Auf dem roten Planeten würde der Druck und Anzugdruck langsam reduziert und dafür der Atemsauerstoff erhöht. So sollte man sich dort besser in solchen einfacheren Anzügen bewegen können. Auch Außenmikrofone und Lautsprecher hatten diese Spezialkleider! Es gab ein Medium, welches den Schall transportiert. Der Mars hatte eine Atmosphäre, wenn auch für Menschen giftig! Die Marsgondel selbst wurde noch mit allerlei Sicherheitseinrichtungen ausgestattet, darunter auch ein Ankersystem welches die beiden Teilgondeln fest am Marsboden zu verzurren hätte , sollte einer der gefürchteten Marstürme auftreten. Bereits zum Marsflug planten die Techniker, einen Satelliten im Marsorbit auszugesetzen, der eine Tachyonenantenne auf die Erde richtet, einen Satelliten im Erdorbit mit Tachyonenantenne in Richtung Mars, wir also folglich in `Live- Kontakt´ mit der Bodenstation der Erde treten konnten. Diese vollduplexfähige Kommunikationseinheit sollte den

Marsianern überlassen werden. Der Down- und Uplink zu den Satelliten erfolgt aber in herkömmlicher Übertragungstechnik per elektromagnetische Funkwellen.

Vier Vieleck-Container wurden in einer weiteren neuen Halle gebaut. Die DLR und die TWC kauften laufend Grundstücke hinzu, um den Bedarf zu decken. Hier stand schon eine Hallenstadt und weil die Mondfahrt von hier aus gestartet wurde, nannte die halbe Welt diese Region bereits `Cape Bavaria´. Zwei dieser Container für die Twin-Marsgondel standen bereits im Freilager und wurden befüllt, einer dieser Container besaß eine Luftschleuse und Fenster, weitere Nutzung auch als Unterkunft. Aufblasbare Treibhäuser wurden auch verpackt, diese sollten weiter an diesen Container angesetzt werden, so dass Leute der Marsbasis nach Druckanpassung einige Zeit im relativen Freien zubringen könnten. Neue Pflanzensetzlinge kamen in Hydroboxen an, wurden aber noch zwischengelagert. Ansonsten wurden Wasserboxen angekarrt, Getränkegrundstoffe, die nach Belieben gemischt und zugesetzt werden können, Grundnahrungsmittel, dabei sehr viele Sojaprodukte übrigens aus Brasilien gestiftet, Medikamente, Vitaminkonzentrate, Nahrungsriegel mit beruhigenden Substanzen. Nahrungsergänzungsmittel, Diagnosecomputer, Hochdruckinjektoren und Sanitärartikel wie Aktivzahnbürsten, PH-neutrale Seifen und Shampoos, Spiele, Spielkarten, Dominosteine und Musikwiedergabeeinrichtungen.

Weiter wurden auch Holo-Fernsehprojektoren verpackt, denn über die Tachyonenantennen schalteten sich künftig immer ein Nachrichten- und ein Spielfilmkanal auf. Bald wird es Mars-Live geben! Im Duplexverfahren obendrein! Also interaktiv, ohne dieser Zeitverzögerung von rund zweimal zehn Minuten wie bei den elektromagnetischen Sendungen bisher. Neue Tachyonenteleskope, mit chipcodierter Sendesperre versteht sich und weitere Laboreinrichtungen sollten ebenfalls Bestandteile dieses Transportes werden. Videoaufzeichnungen der Nachrichten der Welt natürlich ebenso, denn die größte Erfindungsserie der Neuzeit, die Entdeckung der Materieresonanzfrequenz, die Bestätigung, dass Materie nicht von den jeweiligen Körpern angezogen wird, sondern vom Raum angedrückt wurde, hatten die Marsianer zwar schon erfahren, aber das gesamte Drumherum, und die Folgen, war noch nicht detailliert in deren Informationsschatz übergegangen.

Der 21. Dezember 2093. Bernhard und Markus kamen früh morgens aus Hamburg zurück! Sofort suchten sie mich auf, ich war noch im Wohncontainer, aber schon wach. Gabriella lag in ihrem Satinhemdchen neben mir, sie schlief noch. Ich stand langsam und vorsichtig auf um sie nicht zu wecken, zog mir einen Morgenmantel über, öffnete die Türe mechanisch. Bernhard schien aufgeregt, was mich wunderte, denn solche Logiker waren normalerweise auch stoisch ruhig. „He Max! Ich weiß jetzt wirklich was Glück ist!" „Wie ist dir dann dieses Glück denn widerfahren?" Der erste Testschwebeflug mit der Marsgondel, es war wie im Traum! Diese Gondel kannst du mit dem kleinen Finger manövrieren, obwohl sie um ein Vielfaches größer ist als die MOONDUST. Mir ist eine Softwarekonstellation gelungen, die keine Wünsche mehr offen lässt. Nur die Trennung und das Docken der zwei Einheiten im freien Raum muss noch getestet werden. Doch wir können auch innerhalb der Atmosphäre trennen und docken, zu diesem Zweck hatten wir noch ein separat schaltbares Wafermodul eigentlich achtern angebracht, so dass bei einer oberflächennahen Dockung oder Trennung die Gondel oder Gondelteile nicht abstürzen." „Dein Glück war also die Feinfunktion deiner Arbeiten?" „Genau!" „ Wenn du dann dabei Glück empfindest, dann muss schon ein Übermeisterwerk gelungen sein, dass du eine Dopamin-Überproduktion erhalten hattest, in einem Körper, der diese Substanzen eigentlich gar nicht kennt." „Ich hatte ein Kribbeln im Bauch, Max! Aber stell dir vor! Ich hatte gerade Nahrung aufgenommen und keinen Hunger; auch keinen Durst. Ich konnte mir nicht erklären, wo das Kribbeln her kam!" „Ah? Ja? Mensch Bernhard, ich glaube deine Hormonmühle springt an! Es kommt der Tag, da wirst du auch einmal einen Sexualakt mit einer Frau begehen, nicht wegen Kinderplanung, sondern nur wegen Spaß und Freude!" Nun blickte Bernhard etwas verstört und der Markus arg böse. Bernhard fragte mich scheinbar urernst: „Warum sollte man so viel körperliche kinetische Energie aufwenden, einen Sexualakt zu inszenieren, wenn es sich nicht um Kinderplanung handelt? Ich weiß, dass ihr Basisunlogischen das so macht, aber auch deswegen seid ihr ja die Basisunlogischen!" „Äh, ja Bernhard. Gut. Also wann kommt dann die Marsgondel hierher?" „Laut Sebastian, er will das Ding selber hierher bringen, sollte der Zeitplan eingehalten werden und die Gondel kommt morgen, spätestens übermorgen hierher. Eher morgen gegen Abend. „Warum klappt denn in letzter Zeit alles wie am Schnürchen?" Fragte ich den Markus und dieser sah mich fragend an: „Von welchem Schnürchen sprichst du? Und was klappt da?" „Ach nur eine Redensform von uns Basisunlogischen!" Doch Bernhard wusste eine Erklärung: „Die ganze Welt sieht nach Deutschland! Der Begriff `Made in Germany´ hat einen neuen Qualitätssiegelwert bekommen. Alle Deutschen ziehen nun an einem Strang, ja machen sogar freiwillig Überstunden, um Projekte zu verfeinern und rechtzeitig fertig zu stellen. Es gibt einen neuen Nationalstolz, der aber nicht mit dem rassistischen Stolz der dunklen Jahre um den ersten und zweiten Weltkrieg zu vergleichen ist, sondern man ist stolz, der Nation anzugehören, die der Welt die Fenster und Türen öffnet und eine Revolution des Friedens in Gang gebracht hatte. Jeder Deutsche glaubt heute auch daran, dass das, was er macht und was er arbeitet, wichtig ist!" Ich ließ mir diese Worte durch den Kopf gehen und fand dabei, dass dies und die Friedenswelle eigentlich ausreichend Lohn für unsere Forschungsarbeiten gewesen wären. Aber schließlich zahlte auch ich gute Summen in den Fond meiner Frau ein. Geld macht nie glücklich, aber es beruhigt ungemein, wenn man immer soviel hat, dass man das gerade kaufen kann was man braucht und nach Bedarfskalkulation auch haben möchte. Nochmal fragte mich der Bernhard, aber ganz leise: „Max, komm mit! Ich habe eine Nachricht von Anne-Marie von hier nach Hamburg erhalten, dabei nannte sie ein Codewort, was nur ich verstehen konnte." Mir schwante etwas! „Moment Bernhard! Ich muss nur schnell noch zur Hygiene!" „Gut ich bin im ETI-Labor!" „Klar!"

„Maxilein! Ich bin hier!" Gabriella war aufgewacht. „Tut mir leid, Liebste, aber es gibt Neuigkeiten im Labor. Muss nur noch schnell meine Morgentoilette absolvieren, aber später bin ich für dich da, mit höchster Konzentration!" „Versprochen?" „Versprochen." Meine Frau drehte sich noch einmal im Gelbett und dabei rutschte ihr das Satinkleidchen hoch, so dass ich diesen beneidenswerten Körper präsentiert bekam. Instinktiv blieb ich stehen und rang mit mir selbst. Doch ich war in dieser Beziehung dermaßen glücklich, auch weil ich eine so extrem gute Frau ehelichen durfte, die obendrein noch einen Körper besaß, der sich mit denen von Modemodels messen konnte. Also huschte ich doch durch die Hygieneabteilung und startete ein Eilprogramm. Nach etwas über zehn Minuten kleidete ich mich auch schon an, nachdem mir der Wäscheserver eine Kombination gegeben hatte, die der Temperatur entsprach. Es hatte nur noch sieben Grad plus! Der kälteste Dezembertag seit unzähligen Jahren! Hatten die Atmosphärereiniger schon solche offensichtlichen Effekte erzielt? Auch das wäre ein Wahnsinnserfolg. Mit einer Mikrofaserjacke und in einer leichten Thermohose lief ich zum Labor, schaute in den Eyescanner und wartete, bis mein Brustchip abgefragt wurde. Darauf betrat ich die Sicherheitsschleuse, das Außentor schwang zu und nachdem nur ich registriert wurde, schwang auch das Innentor auf. Bernhard saß vor mehreren Monitoren, teils 2D, teils 3D, auch Markus und Anne-Marie betrachteten die Anzeigen. Anne-Marie eröffnete die Mitteilung von Neuigkeiten: „Wir hatten bislang von den Chorck eindeutige Signale empfangen, die wir schon soweit entschlüsseln konnten, dass wir große Teile davon verstanden hatten. Das Chorck-Imperium hat sechs

Fremdmitglieder, es sind also schon sieben Völker, plus drei Völker, die in der möglichen Warteschleife stehen, sind also genau zehn außerirdische Intelligenzen, die wir als Mindestmaß anzunehmen haben. Nun haben wir ein schwaches Signal fokussieren können; aufpassen! Ich lasse die Aufzeichnung ablaufen!" Anne-Marie winkte ihrem Projektor und es zeigte sich ein Symbol mit einer Art Messer und folgender sprachlicher Mitteilung:
„. . . eine Automatensendung aus orbitlosen Wandersatelliten. Vereinigen . . . wichtig . . . keine . . . Gruppe Heimattreu . . . Diktatur der Chorck-Sekte mit drogengesteuerten Individuen. Sollen Krieg für chemisches Glück . . . Tod . . . Lüge! Vereinen . . . unserer Untergrundorganisation . . . Befreiung der Heimat . . . im Digitalkanal Baupläne und Programme für Siliziumpatras . . . einzig wirksame Waffe gegen . . . Unterdrücker . . . abtrünniges Brudervolk . . . nicht genügend Gondeln . . . gerechte Hilfe."

Das Bild änderte sich und es erschien – ein Chorck! Aber einer der wesentlich heller aussah und auch sonst irgendwie verändert wirkte. Dieser Chorck sprach wieder, aber der Übersetzungscomputer war noch viel zu langsam, um synchron zu übersetzen:

„. . . Rebellenstation mit Code . . . Spenden und Hilfe . . . unser System zurück. Weitere Wandersatelliten in Abständen von fünfundzwanzig Ogoon . . . Gefahr . . ."
Dann riss diese Aufzeichnung komplett ab. „Was sollen wir denn davon halten?" Ich fragte, aber ich selber gab dabei schon die Antwort: „Das kann doch nur eine Aufzeichnung von einer Untergrundorganisation und Rebellen sein, die gegen die Chorck vorgehen! Bernhard, ist das die gleiche Sprache?" „Sprachähnlichkeit laut Stimmprozessor vierundsiebzig Prozent!" „Von wo kam diese Sendung?" „Ebenfalls von den Plejaden, allerdings Bruchteile einer Bogensekunde mehr nach galaktisch Ost und minimale Plusverschiebung von der galaktischen Rotationsebene nach `oben´, also Richtung Andromeda." „Eigentlich alles klar! Was wir . . . ," Der Türmelder pfiff. Das Symbol Georgs wurde dargestellt und wir warteten, bis der Freund eingetreten war. Dieser schien fröhlich gelaunt zu sein, denn er fragte gleich los: „Das ist nicht schön von dir, Max!" „Was denn, Schlafmütze?" „Du kommst schon so früh hierher, um mit den Chorck ein interaktives Schachprogramm zu fahren, meinst du, du hättest überhaupt eine Chance?" „Bevor ich mit denen ein Schachprogramm starte, teste ich meine Chancen erst einmal. Wir hatten ein Mensch-Ärgere-Dich-Nicht-Programm laufen!" „Da verlierst du sowieso!" Meinte Georg. „Wieso denn das?" „Ganz einfach: du bist ein Mensch und musst dich dann doch

irgendwann ärgern, aber die Chorck sind keine Menschen!" „Deswegen sind diese wahrscheinlich auch so unmenschlich!" „Wiese unmenschlich?" „Weil sie im Krieg mit einem Brudervolk stehen!" „Habe ich es mir doch gedacht! Also fliegen wir doch zu den Chorck und klopfen ihnen einmal gehörig auf die Finger!" „Da musst du aber schnell sein, denn sonst pieksen sie dich gleich mit einer Söldnerdroge in den Hintern und du freust dich wahnsinnig, deren Soldat sein zu dürfen!" „Aua! Ist es wirklich so schlimm?" Markus winkte diesen Disput ab und meinte: „Alleine der Aufwand an kinetischer, körperlicher Energie wäre für fakturierte Gespräche besser angebracht als für so ein unlogisches, inhaltsloses Mutmaßen. Trotzdem, basisunlogischer Kollege Georg: Hier noch mal diese Aufzeichnung, extra für dich: Ab . . . jetzt!" Georg setzte sich langsam neben mich. Er schaut gespannt ETI-Television, dabei öffnete er langsam den Mund und diesen immer weiter, bis dieser `Filmriss´ kam.

„Aua!" Machte der Freund. „Die Chorck haben nun ihren Brüdern den schönen Wandersatelliten abgeschossen! Ich glaube, ich mag die Chorck doch nicht! Da fliegen wir aber lieber woanders hin, nicht wahr, Max? Gibt ja noch andere Spiralarme in unserer Galaxis. Müssen ja nicht unbedingt Palmen in den Plejaden sein. Ein kleiner Kugelsternhaufen im schneller rotierendem Zentrum tut es dann aber auch, aber wenigstens eine Liegewiese mit Sonnenschirm neben dem Privatlandeplatz sollte es bei diesem Preis schon werden!" Nun war Bernhard wieder so weit, einen Witz zu versuchen: „Georg! Sag mir wo du heute Nacht warst!" „Heute Nacht?" Georg gähnte herzhaft, als er an die Nacht erinnert wurde, dann ergänzte er mit feuchten Augen: „Ganz einfach! Ich war in, ah, bei meiner Frau im Bett! Wo denn sonst?" Doch Bernhard schmunzelte unbeholfen. „Ich dachte fast schon, du hättest dich mit der MOONDUST fortgemacht und dich mit den Chorck verbündet, dabei deren Drogen schon bekommen, hahaha – ah, aua." Georg sah den Bernhard mit großen Augen an, der Markus und die Anne-Marie starrten geradezu geschockt zu ihrem Logiker-Kollegen, der sich den Mund hielt, aber doch noch etwas vom Restlachen durchkam. „Mmmh-hmmhmm – ah – aua." „Weiterüben, Bernhard! Weiterüben!" „Jetzt aber!" Bellte Anne-Marie böse. „Geht raus, wenn ihr das Lachen üben müsst!" Bei soviel harter Betonung wurden wir aber doch alle schnellstens ernst. „Vorschläge?" Forderte Markus. „Ja!" Ich wusste was wir tun sollten. „Wir sollten in den Aufzeichnungen des Wandersatelliten den Kanal der Baupläne suchen und versuchen, diese Baupläne und Programme zu entschlüsseln! Das würde unserem Verständnis für fremde Rassen förderlich sein! Aber in diesen Konflikt eingreifen? Nein, dazu sind wir wirklich zu unerfahren. Sollte es gelingen, diese Programme für uns umschreiben zu können, sollten Hochleistungsrechner einmal

Sicherheitssimulationen fahren, nicht dass wir hier lebende Siliziumbrocken züchten, die unsere Computer fressen oder sonst was anstellen. Außerdem sollten wir alle weiteren oder künftige Wandersatelliten suchen, möglichst mit einem speziellen Automatiksucher, und – einfach alles aufzeichnen und archivieren! Dabei aber unentdeckt bleiben! Wir können und sollten uns noch nicht einmischen! Absolut nicht. Nicht einmal Asyl können wir den Rebellen anbieten, schon mal weil wir nicht wissen, wie viele Rebellen es gibt!" „Akzeptiert!" Echoten Markus und Bernhard. Der nicht mehr ganz so logische Freund suchte in den Breitbandaufzeichnungen nach einem Datenstream und wurde fündig. „Dezimalcomputersystem. Die sind uns schon um einiges voraus! Halt! Jetzt kommt ein – Moment mal – ja! Ein Hexadezimalsystem und hier! Ein Binärsystem!" „Klar! Die Rebellen wollen diese Programme universal verbreiten und wenn schon Siliziumbasis im Spiel ist, dann auch letztendlich das Binärsystem oder um ganze Blöcke auf einmal programmieren zu können, eben das Hexadezimalsystem.
Also, lassen wir unsere besten Computer zur Analyse dran! Von Eins bis Null wissen wir schon auf Chorckisch, aber was steht für A bis F bei Hexadezimal?" „Die hatten eigene Symbole dafür verwendet, keine Buchstaben, soviel wir schon entschlüsselt hatten. Die numerische Reihenfolge ist bereits bekannt", schloss Markus. Anne-Marie kommentierte: „Da werden unsere Computer aber lange schwitzen, bis weit ins neue Jahr!" Ich starrte diese Frau an und sie zog eine Flasche roten Burgunder von unter dem Schreibtisch hervor, dabei versuchte sie zu lächeln, was ihr aber arg misslang. „Trinken wir auf die überraschenden Erfolge unserer basisunlogischen Freunde. Scheinbar hat der Witz und das manchmal undefinierbare Verhalten doch ein Rückschluss-System, welches es für uns zu erforschen gibt!" Georg sah gierig auf den Burgunder und schaffte Gläser vom Getränkeserver heran: „Mensch Annerl! Das ist aber eine Überraschung! Ein Smiliegesicht steht dir besser als ein Faltenrock, das wird dich bei den Männern begehrenswert machen! Vorher sahst du aus wie die verklemmte Tante Trude aus Buxdehude!" Doch da war die Annerl aber noch nicht ganz einverstanden: „Dass sich ja keiner untersteht, Befruchtungsgedanken zu machen bevor er nicht sein Genpotential vermessen hat lassen und mir beste Prognosen vorweisen könnte! Sollte ich neun Monate durchstehen müssen, um einen Basisunlogischen zu gebären? Lieber würde ich Großmelkanlagen für Kängurus in Australien programmieren!" „Äh, ja dann, Anne-Marie. Prost!" Georg war doch etwas durcheinander mit dieser Antwort. Er wollte nicht mehr in diesem Gespräch weiter verfahren. „Suchen wir einen Abschluss für diese Angelegenheit heute. Was war Bestand und was ist neuer Bestand?" Meine Forderung. Schnell antwortete Georgie: „Wir haben ETI 2 zu katalogisieren. Dabei

handelt es sich aber um ein Brudervolk der Chorck, also könnten wir auch ETI 1A und ETI 1B als Bezeichnung nehmen. Doch nachdem wir nicht wissen, wie stark sich theoretisch viele galaktische Völker aus einem Urvolk entwickelt hatten, bleiben wir am besten bei der Durchnummerierung und setzen im Katalog Fußnoten hinzu." Bernhard, Markus und Anne-Marie nickten bestätigend, so stand Georg auf, nachdem nun doch einige Stunden vergangen waren und sich auch Hunger meldete. Auch ich wollte wieder nach Hause, in meinen Container, noch etwas ausruhen, denn wenn morgen die Marsgondel kommt, dann sollte und wollte ich lange Dienst machen! Wir verabschiedeten uns schon im Stehen, also genau genommen als die Burgunderflasche so noch geleert wurde, es freute sich auch meine Gabriella, dass ich doch relativ früh zurück war. Sie hatte mit mir etwas vor, da sie immer noch ihr Satinkleidchen trug und mich in Richtung Pool schubste, dabei dem Hausrechner einen Musikwunsch äußerte! Ich ließ mir alles gefallen.

Dienstag der 22. Dezember 2093. Meine Gabriella machte sich fertig um als offizielle Pressesprecherin der TWC zur Verfügung zu stehen. Zuerst stand sie mit Sebastian in Kontakt, um Wissenswertes über die Marsgondel zu erfahren und auch, was der Presse so alles mitgeteilt werden durfte. Wieder versammelten sich Menschen der verschiedenen Agenturen in und um der Pressehalle auf dem Gelände. Alles fieberte dem Erscheinen dieses neuen Raumfahrtgefährtes entgegen. Besser gesagt: auf das Erscheinen von zwei Hälften oder einer riesigen Zweier-Bongotrommel, denn Sebastian ließ wissen, dass er die Fahrt im ausgeklappten Verbund machen wollte. Also beide Hälften zwar nicht direkt verbunden, nicht ganz getrennt, eben durch die Halterungen aneinandergefesselt. Wir sollten dann später eine Orbitalfahrt wagen und die ersten Andocktests durchführen. Wie selbstverständlich wurden Georg und ich als die Piloten behandelt, niemand wollte uns diese Plätze streitig machen. Dabei könnten wir die eine Hälfte computergesteuert dirigieren, oder einer von uns nimmt in der Pilotenkanzel der B-Gondel Platz! Doch die Andocksteuerung erfolgte ohnehin ausschließlich per Programm. Meine Frau verließ nach einem dicken Kuss den Wohncontainer in einem modischen schillernden Kunststoff-Overall mit angebrachtem Emblem, der sie als die Pressesprecherin der TWC deklarierte. Diese Ausweisung hätte es eigentlich nicht mehr gebraucht, denn sie gehörte bereits zu den berühmtesten Frauen dieser Erde. Auch Silvana konnte ich bemerken, als sie aus dem Wohncontainer in der Nachbarschaft huschte. Sie sollte meine Gabriella bei derer Tätigkeit unterstützen.

Das vorläufige Programm sah zwei kurz hintereinander folgende Marsflüge voraus. Nachdem immer nur zwei Container transportiert werden konnten, wir bereits vier Container hatten, also zwei Fertige und zwei davon fast fertig, könnten für den zweiten Flug auch zwei weitere Personen mit an Bord genommen werden. Georg und ich waren die Risikoträger, allerdings gab es nach Bernhard kaum mehr ein Risiko, auch dieses Problem der Tachyonenwirbel war mit der besonderen Formgebung der Mars-Twin-Gondel gelöst, zumindest vorläufig. Markus und Bernhard waren überzeugt, sollte es uns eines Tages gelingen, das Wafersystem der Chorck zu kopieren, würde sich auch dieses Problem von selbst eliminieren, da dann die Kugelform schon bessere Gegebenheiten bereit zu stellen imstande war. Wie Bernhard passend einmal leise sagte: „Das Universum drückt alles irgendwann einmal zu einer Kugel! Wir sollten uns dem nicht entgegenstellen." Nur stellte uns der Wafer, der also zumindest eine Halbkugelform zu haben hatte, aber elementar gesehen alle Nanohornantennen exakt parallel nach einer Richtung ausgerichtet sein müssen, noch vor Konstruktionsschwierigkeiten. Die Kugelform an sich war ja überaus logisch, auch die Form, wie sie diese Chorck-Schiffe hatten. Diese hatte Markus genauestens studiert und dabei Computerskizzen plotten lassen. Dazu hatte er einen 3D-Plotter genutzt und wir besaßen schon ein Modell eines dieser Schiffe. Es fiel auf, dass, was ich bislang übersehen hatte, die Kugeln unten abgeplattet waren, also diese Ebene Fläche zugleich das eine Landebein und Landeteller darstellte. An dem Landeteller waren `Warzen´ zu erkennen, die sicher eine Niveauregulierung innehatten, um mit etwas unebenen Landeflächen zu recht zu kommen. Das einzige Teleskoplandebein zwischen Landeteller und dem Schiff war demnach auch ein Lift oder Aufzug. Wie dieser jedoch innen betrieben wurde, war nicht bekannt, aber es war anzunehmen, dass diese Chorck sich ebenfalls einer Wafertechnologie wie nachgerüstet in Hochhäusern New Yorks und mittlerweile an vielen anderen Orten der Welt, per Antigravlift, bedienten. Ich träumte bereits davon, so bald wie möglich den technischen Standard der Chorck zu erreichen, um im bekannten Universum hypothetischen Gegnern Paroli bieten zu können und wir uns nicht mehr zu verstecken brauchten. Doch sollten diese und weitere Erkenntnisse äußerster Geheimhaltung unterliegen bleiben! Auch das Modell des Chorck-Schiffes war unter strengstem Verschluss. Nicht einmal Patrick ahnte etwas von diesem Geheimlabor, naja, vielleicht ahnte er schon etwas, nur hatte er soviel Freiraum gestattet bekommen, so dass er schon aus Höflichkeit nicht weiterbohren wollte. Er war von unserer Friedfertigkeit vollkommen überzeugt, auch konnte er seinen Erfolg an der weltweiten Friedenswelle begreifen und er wusste, nun war vorläufig Schluss mit seinen

Kompetenzen! Wenn es Weiteres mitzuteilen gab, so würden wir ihn zur Audienz laden. Wer weiß ob dies nicht schon bald der Fall sein könnte? Viel früher als wir es uns vorzustellen hatten oder uns lieb sein würde?
Ich sah vom Fenster aus, wie meine Frau sich schon hinter dem Pressepult probesetzte. Ich spürte ihre Aura bis hierher! Sie strahlte eine Gelassenheit, eine positive Welle aus, wie es nur Gokk-Töchter der Vollendung emittieren konnten. Die ersten Reporter riefen ihr von den Absperrungen her zu und Gabriella forderte diese zu mehr Geduld auf.
„Bitte lassen Sie sich etwas Zeit, viele Fragen sind überflüssig, wenn Sie der Landung der Twin-Gondel beiwohnen können!" Doch manche Reporter wollten einfach nicht aufhören und als die Frage kam, wie die Marsgondel wohl heißen würde, so antwortete sie kurz: „Es liegen Vorschläge vor, auch eine Abstimmung über das Worldlog wurde ausgegeben, wir werden den Namen bei Votumsschluss um 18:00 Uhr bekannt geben! Ich kann dazu nur sagen, es gibt Favoriten, einen Moment mal, bitte . . ." Gabriella schaute in die Votumsseite des Worldlog und las vor: „Favorit zur Zeit in der weltweiten Abstimmung ist: TWINSTAR, gefolgt von TWINMART, dann ROMAN-HERO, weil ja der Mars der Kriegsgott der Römer war, dann weiter: SOLARCLIPPER, MARSSTAUB, PEACEBRINGER, SIAMESICHE GONDEL, naja, SOLARSPRINTER, ENTERPRISE, das erinnert mich an was! War das nicht eine schöne Fernsehserie am Anfang der so genannten Neuzeit? Dann stehen gute Neuvorschläge, allerdings mit geringem Votum: „SPACEGOD, SPACEANGEL, SPACEDEVIL – na ich bitte doch! FLIEGENDER HOLLÄNDER – da ist was dran! Dann: HUMAN-HOPE, schön! Weiter: KOANISQUATSI, oh! Ein indianisches Wort! Hat etwas mit Fluss oder Vergänglichkeit zu tun. Wir wollen aber weniger schnell vergänglich sein; Ah ja, hier die griechische Version: PHANTA REI, alles im Fluss. SPACEBUS, auch gut. Aber wer will, kann sich diese Seite ja selbst aufrufen, Sie haben alle freien Zugang eben zu dieser Seite; bitte bedienen Sie sich an den Terminals!" Es war auch zu erkennen, dass viele dieser Reporter sich sofort eifrig an diesen Terminals zu schaffen machten. Gabriella wusste, dass Sebastian etwas früher als angekündigt erscheinen wird! Darum machte ich mich auch fertig, meldete mich per IEP bei dem Freund Georg, ob dieser auch schon so weit wäre, um uns alsbald zu dieser Gruppe hinzu gesellen könnten.
Langsam spazierten Georg und ich in die Pressehalle und nahmen fast unbemerkt neben unseren Frauen Platz. Scheinbar hatten unsere Frauen doch die fesselnderen Ausstrahlungen! Als wir erkannt wurden war uns ein sich langsam steigender Applaus sicher. Die Leute ehrten unsere Mondmission, auch überhaupt unsere Forschungsarbeiten. Wir begrüßten die Anwesenden über ein simples Mikrofon, zuerst Georg, dann ich und

dieser Applaus klang langsam ab. Alle waren gut und warm gekleidet! Es hatte früh zuerst nur vier Grad plus, momentan jedoch wieder um die sieben Grad. Der Himmel gab sich mäßig gnädig; es regnete zeitweise wie Bindfäden, unterbrochen von ein paar Aufhellungen aus Wolkenlöchern und es roch – frisch! Nicht so faulig als es die letzten Jahre roch, als der übersäuerte Regen noch die Luftschmutzteilchen zu Boden wusch.

Auch das wurde scheinbar von den intelligenten Reportern registriert, da ich öfters den Namen Freeman und Bezeichnungen wie Aircleaners aufschnappte.

Es wurden Mineralwasser und Imbisse für alle zur Verfügung gestellt, jedes Päckchen war in einer goldfarben berandeten Kunststofffolie verpackt, natürlich durfte der Zentralaufdruck TWC nicht fehlen. Rundherum waren die angeschlossenen Companys erwähnt! Also Airbus-Hamburg, Airbus-Toulouse, Airbus-China, Airbus-New Darwin, diese unter einem EADS-Symbol, weiter Tupulev, Boing, MD-Douglas, Cessna-Light-Clipper, Ford, VW, Audi, Benz, Volvo, Smart-Personal-Clipper, diese hatten die Ringtaxisysteme vom Bernhard übernommen und fertigten Marktversionen für jedermann. Die TWC war ein börsenloser Weltkonzern geworden. Viele Reporter studierten diese Verpackungen und als sie sie entfernten, kam wieder in mehreren Sprachen ein Aufdruck zum Vorschein: Einer für alle, alle für einen. Aber alle für den Frieden! Dieser Aufdruck brachte manche davon ab, sofort in die Leckereien zu beißen. Aber es war Freude, was es in den Gesichtern der Nachrichtenschreiber zu erkennen gab, auch kleine, positive Diskussionen entbrannten.

Plötzlich wurde es still! Sehr still! Fast unbemerkt erschien eine doppelte Bongotrommel etwa dreißig Meter über der Freifläche vor der Pressehalle. Die Marsgondel war aufgeklappt, aber wie angekündigt im Verbund und senkte sich herab wie damals diese Doppelrotorenhelikopter, nur absolut geräuschlos! An beiden Gondelhälften wurden die Landstelzen ausgefahren. Genau! Das war das System! Zuerst fuhren Teleskope aus Rohrverdickungen von den Schmalteilen der Gondeln weg, diese spreizten sich dann nach außen, geführt von weiteren Teleskopstangen! Und aus den Bodenkontaktflächen schoben Spreizstäbe ab! Es wirkte so, als hätten die Gondeln Krähenfüße bekommen! Und genauso setzten der Gondelverbund auf dem Boden auf, federte in den Teleskopen leicht ein und kam zur Ruhe. Wieder die bewährte Fünfbeintechnik pro Gondel konnte ich erkennen. Verstohlen sah ich zu meinen Freund Georg, dieser erlag der Faszination fast völlig und auch als ich Silvana und Gabriella observierte, erkannte ich ebensolche Faszination in deren Augen. Natürlich war auch ich sehr überrascht, so schön waren dieses Bild und die Vorstellung, unseren vierten solaren Planeten bald damit zu besuchen. Aus einer der Gondelhälften

klappte fast ganz oben, also an der schräg nach unten verjüngenden Rundung, knapp unter den Waferkomplexen eine Luke nach außen aufwärts, diese fuhr noch ein Stück aus und Sebastian erschien winkend! Bernhard war bereits im Kommen und er – er lächelte! Wirklich, ich konnte es fast nicht glauben! Er lächelte in Richtung Sebastian! Und dann winkte er auch noch. Weiter geschah etwas, was der Gruppe der Reporter und Journalisten ein langgezogenes `Ohhhh´ entlockte! Sebastian stürzte sich scheinbar aus der Luke, wurde aber von unsichtbaren Fesseln gehalten und begann langsam abwärts zu schweben, bis er den Boden unter sich hatte. Darum also das befreiende Lächeln Bernhards! Schließlich war er der Erfinder dieser Waferzellensteuerung, die ein objektbemessenes Tachyonenfeld aufbaute, sodass man in dieser Antigraveinheit auf- und abwärts schweben konnte. Diese Wafer waren in der ausfahrbaren Luke untergebracht und die besondere Form der Marsgondel begünstigte auch noch deren Unterbringung in dieser! Bernhard setzte sich bald neben mich und ich fragte ihn, als er immer noch ein seichtes Lächeln auf den Lippen hatte, wie er wohl zu Diesem gekommen sei. Dabei erhöhte er sogar den Schmunzelfaktor und bekannte: „Ich habe ganz einfach meine fast allabendliche Rotweinration auf eine unkonventionelle Menge erhöht und eine erhöhte Dopaminkonzentration in meinem Körper anmessen können. Haben Rotweine noch andere Wirkstoffe, als die uns bislang bekannten?" „Das war sicher der unkonventionelle Geist des Weines!" „Weine haben Geister?" „Das sagten auch schon die Alten. Gute und böse Geister! Man muss schön filtern können und bewusst die Weine genießen, so bleiben die Bösen dann in der Flasche!" Bernhard wurde wieder ernst: „Ich habe die alten Flaschen aber noch nicht entsorgt, habe sie auch offen gelassen. Wenn ich das gewusst hätte, dann hätte ich diese versiegelt, das keiner der bösen Geister mehr entkommen könnte, um andere Weine zu verseuchen!" „Aber Bernhard, dass sind Redensweisen oder immer Geister, die im eigenen Bewusstsein entstehen, während des Weingenusses.
Die Dopaminproduktion erzeugt auch diese imaginären Wesenheiten. Im Endeffekt müssen wir nur mit uns selbst im Reinen sein, dann kommen wir auch mit unseren Geistern zu recht, verstehst du?" „Ich glaube ja. In vino veritas. Im Wein liegt die Wahrheit." „Das auch, mein Freund. Und noch viel mehr! Schauen wir mal, was der Sebastian zu berichten hat."

Der Vorstandsvorsitzende der TWC schritt berechtigt stolzen Schrittes in unsere Richtung, blieb hinter einem Pult und vor einem bequemen Sessel stehen, dabei sprach er deutlich in das Mikrofon: „Es ist mir eine große Ehre, das erste Raumfahrzeug der neuen Generation, welches ausschließlich schon für multiple Zwecke gebaut wurde, vorzustellen. Die Namensgebung werden wir nach 18:00 Uhr, nach Ende der Votumszeit auf unserer Seite des Worldlogs, vornehmen. Nachdem dies ein Projekt der ganzen Menschheit ist, hat auch die gesamte Weltbevölkerung das Recht, dabei mitzuwirken!" Nun setzte sich Sebastian und forderte die Reporter auf: „Ihre Fragen bitte, meine Damen und Herren!" Momentan war es aber noch still, niemand hatte mit einem so schnellen Aufruf gerechnet, jeder stand noch unter der Magie dieser Erscheinung. Patrick lächelte schon von Weitem, aber er wollte nicht der Erste sein, der Fragen stellte, er winkte höflichst der chinesischen Delegation, bei der auch ein Politiker unter den Reportern war. Diese Männer traten aus dem Halbrund der anderen Journalisten heraus und versammelten sich in der Hallenmitte, dort, wo also eines der fest installierten Mikrofone aus einem Pult ragte. Der Politiker aktivierte den automatischen Übersetzer, damit er in seiner landeseigenen Sprache reden konnte, der Translatorcomputer würde für uns verständlich umsetzen, wer nicht Deutsch verstand, konnte sein IEP zuschalten, um in seiner Sprache zuhören zu können. Etwas indigniert begann der kleine Mann aus dem Reich der Mitte mit seiner Eröffnung:

„Als Sprecher des chinesischen Außenministeriums habe ich folgenden Auftrag erhalten: Unsere Raumfahrtbehörde hat ein Missgeschick zu verzeichnen gehabt, welches erst vor kurzem aufgeklärt werden konnte. Der Marscontainer, der auf dem Marspol abgestürzt war, hatte Antriebseinheiten der deutschen DLR mit der Softwaresteuerung des Fraunhofer-Instituts. Wir hatten Regressansprüche geltend gemacht, da wir, die chinesische Regierung die Meinung vertraten, dass die genutzten Antriebseinheiten auch die Originaleinheiten waren. Nun hatte sich herausgestellt, dass unsere Ingenieure ohne unser Wissen einen Testlauf dieser Einheiten schalteten und dabei zu dem Schluss gekommen waren, es könnten Unregelmäßigkeiten entstehen! Dabei haben diese Ingenieure auch diese Antriebseinheiten gegen Eigenproduktionen ausgewechselt, um so sicher wie möglich zu gehen und Komplikationen zu vermeiden! Leider hatten diese Eigenproduktionen nicht den Bestand, wie es zu wünschen gewesen wäre. Ich versichere Ihnen allen, es handelte sich hierbei um ein Missverständnis unsererseits und bitte um entsprechende Entschuldigung im Namen der Regierung der Volksrepublik. Die Regressanzeige am globalen Gerichtshof wurde bereits annulliert! Ich darf noch mal um Verständnis bitten und auch die Bereitschaft der Regierung untermauern, an diesen und künftigen Projekten gerne teilzunehmen und folglich auch zu unterstützen! Auch der Mars gehört allen Menschen! Dies war nun mein offizieller Vortrag im Auftrag der Chinesischen Regierung! Ich bitte um Annahme der offiziellen Entschuldigung, die aufgrund eines Missverständnisses und unsererseits irrtümlichen Beschuldigungen notwendig wurde!"

Ich glaubte mich verhört zu haben, aber der Fall war vollkommen klar: Die Chinesen wussten, dass wir bald auf dem Mars nach dem Containerwrack suchen werden. Als der Versorgungscontainer abstürzte, wussten auch die Mittelasiaten noch nicht, dass wir bald imstande sein würden, eine derartige Lüge aufzudecken! Auch aus diesem Grund versuchten sie, per Spionage an unsere Technologie zu kommen, um eine selbst Marsfahrt zu unternehmen, die verräterischen Spuren zu verwischen! Der Plan misslang mit der ersten Patentrechtsverhandlung und somit waren sie gezwungen, in Warteposition zu gehen! Sie hätten sicher nie einen Testflug zum Mond unternommen sondern hätten erst die Spuren auf dem Mars entsorgt! Infolge dessen war ihnen die Zeit davongelaufen und jetzt versuchen sie ganz einfach, sich so elegant wie möglich aus der Affäre zu ziehen. Rückzug nach vorne oder Angriff nach hinten in die eigenen Reihen! Bevor sie sich in der ganzen Welt blamieren und als Lügner abstempeln lassen müssten, haben sie mit der Reporter-Delegation einen politischen Sprecher eingeschleust, der den Sachverhalt als Missverständnis schildern musste. Diplomatisch gesehen richtig, moralisch aber sehr verwerflich. Doch spielte Moral in den letzten Jahrhunderten chinesischer Geschichte eine große Rolle? Eigentlich in der gesamten Weltgeschichte nicht. Das soll sich nun mit Abschluss dieser Pressekonferenz ändern! Die Würde des Menschen soll zur höchsten Priorität reifen! Wie es einem reifenden raumfahrenden Volk gebührt! Dafür werde ich mich einsetzten! Gabriella sah mich an und lächelte.

Auch sie hatte zwischen den Zeilen die Wahrheit erkannt, sowie Georg, Sebastian und sogar Bernhard, der lustig mit den Augen rollte! Der Chinese stand immer noch in der Hallenmitte, er machte den Eindruck, als belasteten ihn ein paar Tonnen Marsschrott, allerdings hatte er seinen Sprecherplatz für einen `echten´ Reporter freigemacht. Gabriella stand auf und alles wurde wieder still, die zischelnden Diskussionen der einzelnen Reporter verstummten. „Ich bedanke mich im Namen der TWC, der DLR und des Fraunhofer Instituts für diese Ausführungen, Herr Mang Zo Chun.

In der Zeit der Industrialisierung unseres Planeten gab es immer wieder Missverständnisse im Zuge der Weiterforschung und den Verbesserungsversuchen! Beispielsweise möchte ich dabei erwähnen, dass Thomas A. Edison, zwar die Glühbirne erfand, aber jahrzehntelang den Gleichstrom verteidigte, ein Fehler, den er am Abend seines Lebens dann zugegeben hatte. Später konnte man den Wechselstrom nicht mehr wegdenken, war es auch einfacher, Überlandleitungen damit zu versorgen und mit dieser Technik mehr Effektivität zu gewinnen. Der Glühbirne war es letztlich egal, sie leuchtete mit Gleichstrom oder Wechselstrom! Die Welt war dankbar, überhaupt Energie zu haben. Als Sprecherin der TWC und den angeschlossenen Gesellschaften erkenne ich Ihre Entschuldigung öffentlich an, bedanke mich herzlichst für die Annullierung des Regress-Verfahrens und sichere Ihnen unsere Bereitschaft für weiterführende und sich weiter intensivierende Zusammenarbeit zu. Nachdem die Bergung von Wrackteilen des Versorgungscontainers zu unserem Programm gehört, werden wir diese natürlich durchführen, werden dann aber auch diese Teile der chinesischen Kommandohoheit zur weiteren Untersuchung überlassen!"

`*Das war ein harter aber gerechter Wink mit dem Zaunpfahl´*, durchzuckte es mich! Die Chinesen sollten schon merken, mit wem sie es zu tun haben! Und sie sollen sich dem Einheitswillen aller Menschen beugen müssen! Herr Mang Zo Chun begann verstehend zu lächeln, er war sichtlich froh, mit kaum einem blauen Auge davongekommen zu sein, er verbeugte sich dreimal tief vor Gabriella, dann verbeugte er sich noch mal dreimal in drei Richtungen, auch vor den Reportern, trat noch mal zum Mikrofon und setzte eine Schlusserklärung in den Raum: „Es ist immer schwierig, ein Missverständnis einzugestehen, noch dazu wenn es tatsächlich in den eigenen Reihen entstand. Doch waren wir sicher, dass wir das Verständnis der TWC bekommen, so offensichtlich auch ebenso missliche Umstände dazu geführt hatten. Wer soll ein technisches Problem wohl besser verstehen, als die Inhaber einer neuen Technik! Ich habe Ihnen im Namen der chinesischen Regierung zu danken! Im Übrigen habe ich speziell für Sie, Frau Gabriella Rudolph eine Nachricht des chinesischen Volkes zu überbringen: Das offizielle Gokk-Kloster in Peking wird zu Ihrem Geburtstag am 13. Februar 2094, Ihrer Zeitrechnung, auf *Gabriella-Rudolph-Gokk-Institut* umbenannt! Sie gelten als die erfolgreichste Absolventin dieser Lehren. Des Weiteren bitte ich, kurz Ihnen näher kommen zu dürfen!" Ein Raunen ging durch die Reihen. Gabriella stand wieder auf und erklärte: „Bitteschön!" Um diesem Chinesen nicht noch mehr Unterwürfigkeit abzuverlangen, schritt meine Frau aus und kam ihm, auch aus diplomatischen Gründen entgegen. Dabei hatte sie aber ein Nadelmikrofon angesteckt, welches mit den Translatoren-Rechnern zusammengeschaltet war. Der kleine Mann erkannte den diplomatischen Zug, den meine Frau absolvierte und lächelte dankend, verbeugte sich noch weitere Male vor ihr und überreichte Gabriella eine Urkunde: „Kraft meines mir verliehenen Amtes erkläre ich Sie zur Ehrenbürgerin der Volksrepublik China mit weit reichenden Privilegien. Die chinesische Regierung lädt Sie offiziell zu einer Chinarundreise mit Führung ein, dabei werden Sie ebenfalls in Gokk-Instituten Halt machen. Hiermit möchte unsere Regierung auch unseren weltoffenen Charakter klar legen, auch bezüglich der Umstände, dass eine nichtchinesische Frau ihren Namen in China

gefestigt hat und in die Geschichte der Gokk-Lehren eingehen kann!"
Gabriella tat das absolut Richtige! Sie nahm die Urkunde mit beiden
Händen gleichzeitig entgegen, ein chinesisches Zeichen von Ehrerbietung,
dann kniete sie kurz mit einem Knie nieder und verbeugte sich vor Herrn
Mang Zo Chun, war aber schnell wieder auf den Beinen, sie überragte den
kleinen Mann um einen halben Kopf, doch dieser konnte sie nur noch
anlächeln, war ihm doch seine Mission von Gabriella wesentlich erleichtert
worden. Ich kannte meine Frau schon gut genug! Sie würde dieser
Angelegenheit noch einen gebührenden Abschluss verpassen und ich sollte
Recht behalten! Gabriella eröffnete dem befreiten Männlein:
„Ich hatte vor noch nicht allzu langer Zeit in Brasilien einen Gabriella-
Rudolph-Hilfs-Fonds gegründet. Mittlerweile wurden auch in anderen
Ländern derartige Niederlassungen eröffnet. Ich stelle nun offiziell den
Antrag an die chinesische Regierung, eine weitere dieser Niederlassungen
zuerst in Peking eröffnen zu dürfen, ein Gabriella-Rudolph-Hilfs-Fond, der
sich auch offiziell um Menschenrechtsfragen kümmern darf! Sind Sie mit
ausreichenden Kompetenzen ausgestattet, diesem Antrag zuzustimmen?"
Herr Mang Zo Chun begann leicht zu stottern, dann sagte er schnell: „Ich
weiß nicht ob meine Kompetenzen dazu ausreichen – einen Moment bitte!"
Er horchte in sich hinein, auch er hatte ein IEP und die chinesische
Regierung verfolgte ohnehin diese Pressekonferenz Live, eiligst schien er
eine Nachricht erhalten zu haben: „Ich habe soeben diese Kompetenz
bestätigt bekommen! Ihrer Aktion wird stattgegeben, auch wird Ihre
Niederlassung von unserer Regierung gefördert und unser Innenminister
wird sich persönlich als Schirmherr der Niederlassung in Peking zur
Verfügung stellen!" Ein unglaublicher Wandel der Volksrepublik! Und
unglaubliche Zugeständnisse als Dank, dass ihnen eine globale Blamage
erspart blieb! Rundum standen die Leute von den Rängen auf und gaben
Beifall, der sich rhythmisch und im Volumen steigerte. Standing-Ovations
waren bald an der Tagesordnung, doch dieses Mal schien es, als bekämen
die Chinesen diese Ehrerbietung geliefert. Diese neue Denken und die
Friedenswelle schwappte nun also auch auf das Reich der Mitte über!
Endlich ein Positiv-Virus, auf den die Menschen lange zu warten hatten.
Noch einmal kniete sich Gabriella kurz nieder, nahm dann die Hand des
Mannes nach europäischer Art, wobei sie die Ehrenurkunde in die
Armbeugen legte, damit nicht der Eindruck entstünde, sie würde diese
achtlos behandeln. Dann nahm sie die Rolle wieder in beide Hände und
hielt diese für kurze Zeit an ihre Stirn! Dabei schloss sie auch die Augen für
ein paar Sekunden. Das war die absolut höchste Ehrerbietung, die sie nun
diesen Chinesen machen konnte! Das bedeutete die Aufnahme dieser Ehren
in ihren Geist und die Menschen in der Halle hatten den letzten Beifall noch

nicht beendet, da brauste schon der nächste auf! Herr Mang Zo Chun bestätigte:
„Ich bin nun auch im Herz ein Deutscher und sie auch eine Chinesin!"
Gabriella antwortete:
„Und wir alle sind Erdbewohner! Wir alle sind Terraner! Wir entstammen alle den gleichen Urzellen und wir werden die nächsten Wege gemeinsam gehen, darf ich Sie, Herr Mang Zo Chun darum bitten, es sich zu überlegen, ob sie meinen Hilfs-Fond Peking und später im weiteren China nach humanrechtlichen Grundzügen leiten wollen? Sie haben das erforderliche Auftreten und die erforderliche Diplomatie, Bezahlung würde aus meiner Privatkasse erfolgen, also nicht von Spendengeldern! Dazu müssten Sie dann aber auch meine persönliche Freundschaft akzeptieren!"

Herr Mang Zo Chun sah meine Frau aus weit aufgerissenen Augen an und musste erst noch ein paar Mal schlucken, doch dann hatte er sich auch schon entschieden: „Das ist ein weiteres Zeichen für Weltfrieden! Ich will daran Teil haben! Auch wenn ich der Präsident wäre, würde ich meine Ämter niederlegen und ihrem Wunsch folgen." Der große, kleine Mann aus China entsprach den höchsten Ehrerbietungen überhaupt, er kniete sich zu Boden, und berührte mit der Stirn die Halbstiefelchen Gabriellas, dann stand er wieder auf und fasste sich mit beiden Händen an die Brust, wobei er weitere drei kleine Verbeugungen andeutete. „Freund Zo Chun?" Forderte meine Frau. „Freund Gabriella Rudolph!" Bestätigte der Ehrenmann, wobei er bei dieser Bestätigung auf `Freund´ bedacht war, um die Geschlechterneutralität zu bewahren. Der Applaus riss nun nicht mehr ab! Die Welt war Zeuge einer einmaligen Botschaft geworden! Auf diese Art und Weise wurde Diplomatie und menschliche Annäherung auf absolut höchster Ebene betrieben. Um ein Weiteres verbeugten sich Gabriella und Zo Chun noch Mal zueinander und gingen jeweils einen Schritt zurück.
Der Beifall verebbte erst nach einigen Minuten. Dabei erging sicherlich ein sehr großer Anteil an die Adresse des Chinesen. Dieser hatten mit einem schwierig umschriebenen Eingeständnis hohe Sympathien eingefahren!
Sie also werden sich sicher hüten, weiter Spionage zu betreiben, vor allem nicht im Bereich der TWC oder deren Mitgliedern. „Vielleicht", so dachte ich laut vor mich hin, „brauchen wir noch die Spionage-Erfahrungen der Chinesen, sollten wir doch einmal ein Chorck-Schiff stibitzen wollen?" Georg wurde auf mich aufmerksam. „Was willst du stibitzen?" „Oh! Ich habe nur laut gedacht!" „Ha! Ich hab´s gehört! Aber Ruhe! Das ist nicht für die Öffentlichkeit bestimmt! Gabriella war auf ihrem Platz zurückgekehrt und forderte einen weiteren Pressevertreter auf, vorzutreten. Es dauerte eine geraume Zeit, bis sich jemand meldete, Frau Romana Guerdes aus Spanien:

„Es ist mir schon fast unheimlich, solchen Presseeinladungen nachzukommen, denn jedes Mal wird dann Geschichte geschrieben!" Vereinzeltes Gelächter erklang, diese Frau fuhr fort: „Was die Menschen sicher am meisten interessiert, ist die Frage, ab wann wird Raumfahrt gesellschaftsfähig? Ab wann können wir mit Privatraumjachten zu den Planeten fliegen? Ab wann wird der Kolonisierungsgedanke neue Früchte tragen?" Diese Frage ließ alle hier erst einmal wieder verstummen. Gabriella fasste sich ebenfalls, sie stand noch unter dem Eindruck dieser Ehrbezeugungen, sie atmete tief durch und beantwortete brav die Fragen so weit sie konnte: „Eine gesellschaftsfähige Raumfahrt wird es sicher bald geben! Dazu müssen noch Sicherheitssysteme entwickelt werden, Lizenzen verteilt und Fahrtkorridore festgelegt, in denen die computergesteuerten Gondeln dirigiert werden. Nicht jeder kann sofort eine Raumgondel steuern. Sicherheit ist oberstes Gebot! Privatraumjachten? Ja, diese wird es sicher auch bald geben, doch müssen diese sich ebenfalls dann an Fahrtkorridore halten und internationalen Geboten hörig sein. Einem wirren Surfen durch das Sonnensystem sollten wir eine Absage erteilen, denn dann würde die restliche Raumfahrt nur gefährdet. Außerdem könnte niemand noch Abenteurer retten, wenn sie einmal Landeversuche auf der Venus oder Merkur versuchen würden. Die Rettungsleute selbst würden in Lebensgefahr geraten. Der Kolonisationsgedanke, von dem Sie sprechen wird der erste sein, an dem gearbeitet wird. Mit den Tachyonenteleskopen wurden schon hoffnungsvolle Ziele auserkoren! Nur arbeiten die Teleskope noch sehr gron, doch können wir schon täglich Verbesserungen vorweisen. Hypothetische, kolonisierbare Welten müssten dann nur noch von Discovery-Einheiten mit Spezialisten angeflogen werden, die Atmosphärezusammensetzung jeweils analysiert, Virenforscher haben dann noch Atteste zu erstellen. Weiter muss geklärt werden, ob diese Welten nicht von eigenen Intelligenzen beansprucht werden, denn jedes Intelligenzwesen hat ein Heimatrecht, dieses Grundrecht sollte in noch zu erstellenden Statuten auch ein Hauptbestand sein, dann, sollte eine Welt zur Kolonisierung freigegeben werden, wird dies im Worldlog veröffentlicht und Interessierte können dann ihre Anträge stellen, ob sie der jeweiligen Kolonie angehörig sein wollen. Dabei haben die Kolonisten eigene Statuten zu generieren, die eine künftige Erdverbundenheit garantieren, trotz relativer Unabhängigkeit. Auch die Menschenrechtsfragen sollten dann unumstößlich verfasst sein! Doch wir werden sicher viele Welten finden, die bewohnbar sind, oder bewohnbar gemacht werden können! Da sind wir uns mittlerweile absolut sicher! In jedem Falle finden wir mehr, als wir uns noch vor drei Monaten hätten erträumen können! Ich bin ebenso sicher, dass die erste Kolonie schon in spätestens zwei Jahren aufbrechen könnte!"

„Herzlichen Dank, Frau Rudolph!" Ein weiterer Reporter schickte sich an, eine Frage zu stellen, da ertönte ein Gong! Sebastian stand auf und verkündete: „Meine Damen und Herren, es ist genau 18:00 Uhr. Nun können wir die Abstimmung für den Namen der Marsgondel bekannt geben. Die Votumsseite im Worldlog wurde soeben geschlossen. Diese weltdiplomatische Abstimmung hat den Namen TWINSTAR für unser Projekt ermittelt! Ich bedanke mich bei allen, die sich dieser Seite zugeschaltet hatten und geduldig mit uns ausharrten!" Wieder rauschte Beifall auf, dieser galt nun aber der Technik, die vor der Pressehalle sich schon geraume Zeit präsentierte. „Wir haben noch vor, die selbstverständlichen Piloten zu bitten, mit der TWINSTAR ein Abkoppelungsmanöver zu starten, ebenso ein anschließendes Andockmanöver zu fahren. Ein kurzer `Schritt´ in den Mondorbit und zurück sollte die Waferfunktionen vollends testen. Die HAMBURG und die SPIRIT OF EUROPE stehen der Weltpresse zur Verfügung, um diese Tests dokumentieren zu können!" Das war nun wieder eine von den Überraschungen, deren Auswirkungen Sebastian sichtlich genoss. Die Damen und Herren Reporter strömten in Richtung der Wafer-Clipper und gingen an Bord. Patrick wählte diesmal die SPIRIT OF EUROPE. Er wurde von den französischen und ansonsten allen Kollegen regelrecht hofiert, auch wussten alle, dass der gebürtige Schotte, wohnhaft in Südtirol, doch schon seit einiger Zeit hier auf dem DLR-TWC-Gelände, unser Vertrauen und damit erhebliche Vorrechte genoss. Georg und ich spazierten zu der TWINSTAR, wir wurden ganz dicht von unseren Frauen verfolgt! „Was soll den das, Mädchen?" Erstaunte sich Georg. Silvana ungewohnt fordernd: „Diese Technik ist dermaßen sicher, auch laut euren Angaben, wir sind also dabei! Sollten die Pressesprecherin und deren Sekretärin nicht wenigstens einen dieser kleinen ` Schritte´ mitmachen dürfen? Wir sollten auch näher Bescheid wissen, sodass bei der nächsten Konferenz auch authentischere Kommentare abgegeben werden können!" Auch Gabriella lächelte fordernd: „Und der Sebastian weiß Bescheid! Außerdem hatten wir schon ein paar Stunden am Simulator verbracht. Das heißt: Wenn ihr beiden einmal nicht mehr weiterwißt! Fragt uns!" Ich sah meiner Frau in die Augen und sie lachte mit diesen! Aber so schön forsch, dass ich deshalb wieder lachen musste. „Hiermit bleibt uns auch nichts anderes übrig, als dass jedes Paar sein eigenes Modul besetzt, oder?" „So sollten wir es in diesem Falle halten", meinte Georg und stellte sich vor das B-Modul und seine Silvana harrte neben ihm, bis sich was tat. Ich ging ein paar Schritte weiter zum A-Modul, dabei schlang Gabriella mir die Arme um die Hüften und beteuerte: „Ich bin ja so aufgeregt! Ein kurzer Blick auf den Mond! Aus der Nähe! Ich liebe dich!" Die Sempex-Rechner mit den Fluglizenzen waren aktiv, hatten

Spracherkennung wie bei der MOONDUST und waren auch schon auf unsere Stimmen programmiert. Sie konnten akustisch, über Funk oder über einen Code zu bestimmten Funktionen aufgerufen werden. Doch nun war der akustische Weg der Einfachste. Wie Georg beim B-Modul, befahl ich: „TWINSTAR, A-Modul, Luke öffnen und ausfahren, zwei Personen für Testfahrt. Aktivierung des Antigravliftes bei Betreten des Fokussierungs-Bereichs! Alles weitere war Programmsache, denn der Rechner wusste, auch nach Fuzzy-Logik, dass, wenn zwei Personen hineinwollten, er den Lift nach `aufwärts´ zu polen hatte. Nachdem ich nun in den Aktivbereich des Liftes trat, spürte ich mich schon schwerelos und wurde langsam nach oben getragen! Eine saubere, perfekte Programmierung! Gabriella folgte mir sofort, als hätte sie Angst, ich würde ihr doch noch davonfahren. Ein Blick zur B-Gondel bestätigte, dass Silvana und Georg schon an Bord waren. Ein komisches Gefühl, von diesem Wafer von oben so abgeschirmt zu werden, dass die Tachyonen uns nach oben schoben. Ein Wanderfeld erzeugte den Seitenschub, der uns in die Gondel verfrachtete. Eine Haltestange maß das Ende des Transportfeldes und wir gewannen unsere Schwere zurück, mussten uns aber kurz festhalten. Das Gondelinnere sah exakt aus wie im Simulator, so gesehen kannten wir uns bereits genauestens aus hier. Doch die Echtheit des Gondelinneren faszinierte mich und Gabriella scheinbar nicht weniger. Wir hatten ungewöhnlich viel Platz! Wie in einem kleinen Luxushäuschen! Richtige großzügige Zimmer und einen wesentlich besseren Hygienebereich! Jegliche Ausstattung war grundlegend für vier Personen gedacht, wohlgemerkt vier Personen pro Modul! Multifunktionselemente könnten die Passagieranzahl ohne Weiteres erhöhen. Dieses Raumfahrzeug sollte nach den Marsmissionen kein passives Dasein fristen müssen, so wie die MOONDUST nur noch als Rettungsgondel gedacht war, bis entsprechende Gondeln für solche Zwecke gebaut werden. Doch gab es auch schon Kaufangebote für die MOONDUST! Vielleicht wird sie zur ersten Privatraumjacht?

Die TWINSTAR würde lange im Einsatz bleiben, schon auch deshalb, da es eigentlich keine antriebsbezogenen, mechanischen Teile mehr gab, Eine Gebrauchsabnutzung somit kaum stattfinden wird! Das erste universelle Raumfahrzeug der Menschheitsgeschichte, auch für extrasolare Fahrten und wahrscheinlich auch für erste extrasolare Forschungen. Entfernungen waren nun relativ unkritisch. Die TWINSTAR hatte ja auch alles doppelt! Jedes Modul besaß identische Sempex-Rechner im Vierer-Sicherheitverbund und jeweils zwei unabhängig arbeitende terrestrische, lunare, martale und allgemein astrale Navigationseinheiten! Das gesamte bekannte Universum war einprogrammiert und konnte für Standortbestimmungen intelligent eingesetzt werden. Wir nahmen Platz, Gabriella setzte sich auf den

Copilotensessel und neben uns aktivierte sich eine Holowand, die das Bild des B-Moduls mit Georg und Silvana neben uns projizierte, genauso, als säßen die beiden auch entsprechend neben uns! Beide Module konnten von jeweils einem Modul aus synchron gesteuert werden. Der Sempex-Rechner bestätigte den Lukenschluss und die Startfreigabe, er war auch der Fluglizenzträger! Ich wollte wieder den Programmstart des Testfluges über den roten Gummiknopf freigeben, also befahl ich der Computereinheit: „Testprogramm TWINSTAR, Part eins von fünf, Start über Gummischalter!" „Darf Gummischalter mit rotem Aktivierungsknopf gleichgestellt werden?" Wollte der Sempex wissen. „Ja. Bestätigt!" Es fuhren pro Gondel kleine Schubladen vor den Sitzen aus, die je Person ein Flüssigmedikament in Saugfläschchen bereitstellten. Medikamente gegen die Raumkrankheit bei Schwerelosigkeit oder besser Raumandruckneutralität. Meine Copilotin nahm dieses zu ihr, ich zögerte, denn ich unterlag diesem Effekt mittlerweile weniger, aber nahm dann diese Dosis doch zu mir. „Bereit! Aktivierung bitte zweimal betätigen; einmal für die Grundaktivierung der Wafer und einmal mit einer Sicherheitspause von zwei Sekunden für den Startvorgang, kein Start ohne Gurtmeldung." Meldete die TWINSTAR-Steuerung. Ich lächelte zu meiner Gabriella, wir legten die strammen Gurte an, Georg und Silvana sahen uns von der rechten Seite her über die Holoübertragung an, sie beide entsprechend uns dann auf der linken Seite als Holoprojektion, meiner Frau eröffnete ich: „Ach, Schatz, sei doch so lieb und drück da mal drauf", ich deutete auf den roten Knopf. Sie hatte ein undefinierbares Lächeln auf, nahm mich mit dem linken Arm um den Hals, drückte mir einen Kuss auf die Wange und mit der rechten Hand dann diesen Knopf. Wir wurden schwerelos. Mit einer majestätischen Handbewegung holte sie langsam aus, so dass mehr als zwei Sekunden vergingen, dann knallte ihre Hand das zweite Mal auf den Auslöser. Die TWINSTAR löste sich absolut lautlos vom Boden, der Verbund gewann zuerst langsam an Höhe, dann immer schneller und nach Verringerung der Atmosphärendichte erhöhte sich das Tempo noch etwas, bis die Wafer fast auf null gefahren wurden um uns von der Raumandrückkraft abbremsen zu lassen und einen relativen Stillstand über der Erdoberfläche bekamen. In diesmal zweihundertachtzig Kilometern Höhe aktivierten sich die Wafer soweit wieder, dass dieser Stillstand gehalten wurde. Über die optischen Sucher wurden dann auch die HAMBURG und die SPIRIT OF EUROPE ausgemacht. Sebastian meldete sich von der SPIRIT OF EUROPE und Joachim von der HAMBURG. Beide bestätigten Sichtkontakt. Sebastian in seinem Element: „Schließt doch mal den Verbund als Gegentaktstufe, wir filmen alles!" „Wird gemacht!" Meine Antwort und folgend der Befehl an den Sempex:

TWINSTAR-Dockung vollziehen, bereitmachen für `Sprung-Sequenz´, nach weiterer kurzer Fahrt auf sechshundert Kilometer Erddistanz!" Ein kleiner Ruck durchfuhr die TWINSTAR, Energie wurde auf die Steuerungswafer umgelegt, damit diese Bewegung nicht die Lage des Fahrzeuges wirr beeinflusst. Das Fahrzeug koppelte und man hörte deutlich die Verschlussbolzen einrasten. Hiermit war nun der Georg und die Silvana `unter uns´ und standen gewissermaßen, in Relation zu uns `kopf´. Um dies auch optisch zu präsentieren, legte sich die Holoprojektion der beiden um neunzig Grad nach unten; es waren eigentlich einhundertachtzig Grad, aber für unsere optische Kontrolle waren die neunzig Grad ausreichend. Weitere neunzig Grad würden ja bedeuten, dass sie im Boden zu verschwinden hätten. Aber das sah so lustig aus! Sie `lagen´ neben uns! Doch wie in einem kompletten Raum. So schlimm war der Effekt dennoch nicht, denn wir unterlagen der Schwerelosigkeit und so könnte es dann auch eben sein, wären wir nur in einem Raum. Gabriella schaute etwas ängstlich und ihr war scheinbar nicht allzu wohl. Diese Schwereneutralität machte ihr etwas zu schaffen. Joachim reif begeistert: „Eure Sanduhr ist perfekt! Ein schönes Spielzeug habt ihr aber da!" „Und ein Perfektes", gab Georg noch zu verlauten. Sebastian: „Los, ihr vier, zeigt was das Vehikel drauf hat! Wir filmen auch schon mit Hochgeschwindigkeitskameras!" Also befahl ich dem Sempex: „Erddistanz auf sechshundert Kilometer erhöhen!" Wir entfernten uns von den beiden Clippern, wohl wissen, dass wir von deren Optiken genauestens verfolgt werden. Dann meldete ich dem Rechner: „Testflugprogramm, Part zwei!" Der Waferkomplex über mir und Gabriella wurde synchronisiert, der andere Wafer, der nun als Bodenwafer funktionierte synchronisierte sich ebenfalls, der dann in einem extremen Bruchteil einer Sekunde das künstliche Universum zu blockieren hat, welches von unserem Topwafer erzeugt wurde. Nachdem alle Kontrollen der Synchronisation auf Grün standen, hieb ich wieder auf den Gummiknopf! Gabriella hielt die Luft an und Silvana, so hatte es den Eindruck, ebenfalls. Es wurde wieder sehr schnell heller, wieder der Eindruck, als wenn eine `transparente´ Dunkelheit einträte, wieder heller und – wir waren etwa dreihundert Kilometer über der Mondoberfläche. Der Empfänger schaltete sich automatisch auf zwei Kanäle an und die Reporter an Bord der HAMBURG und der SPIRIT OF EUROPE klatschten begeistert Beifall. „Sprunganalyse!" Befahl ich dem Sempex. „Kontrollsequenz eins, Funktionen Modul eins, keine Intoleranzen; Kontrollsequenz zwei, Funktionen Modul zwei, keine Intoleranzen; Kontrollsequenz drei, Verschlusseinheiten, keine Intoleranzen; Kontrollsequenz vier, Waferkomplex Modul eins, keine Intoleranzen; Kontrollsequenz fünf, Waferkomplex Modul zwei, keine Intoleranzen;

Kontrollsequenz sechs, Oberflächenbeschaffenheit, keine Intoleranzen; Kontrollsequenz sieben, Gesamtintegrität, keine Intoleranzen; Kontrollsequenz acht, Sprungabweichung zu vorausberechneten Koordinaten: Vier Radiuskilometer." Diese Kontrollsequenzen dienten auch dazu, zu erfahren, ob sich wieder irgendwo ein Tachyonenwirbel gebildet hätte und der Integrität oder der Funktion des Schiffes einen Schaden bescherte, aber scheinbar hatte diese Form der Sanduhr etwas für sich! Wer weiß? Vielleicht war diese Form besser, zumindest für bestimmte Zwecke als die Chorck-Kugeln? Die Sprungabweichung war in besten Toleranzen! „Abdockvorgang einleiten, zuerst aber im Parallelverbund bleiben!" Mit diesem Befehl richtete sich auch die Holoprojektion von Silvana und Georg wieder auf. Nun konnten wir alle vier wunderschön die Mondoberfläche beobachten. Gabriella bekam glasige Augen, sie konnte ihre Blicke nicht mehr von der geheimnisvollen Oberfläche des Erdtrabanten lösen. Georgs Silvana schien es ebenso zu gehen, dabei war es auch erhebend, mit einem dermaßen komfortablen Fahrzeug hier zu sein! Zwei fliegende Luxusvillen im Vergleiche zur MOONDUST! Mit Georg hatte ich vereinbart, eigenverantwortlich überm Mond eine Komplettabdockung vorzunehmen. Diese sollte zwar über der Erde geschehen, aber Georg wollte mit seiner Silvana selber ein paar Kreise über dem Erdtrabanten ziehen, genauso wie ich mit meiner Gabriella. Joachim und Sebastian würden sicher verständlich dafür eingestellt sein. Zumindest hofften wir das! „Komplettabdockung! Umstellung auf Handsteuerung!" Der Sempex reklamierte sofort: „Testprogramm sieht Rückfahrt vor und Komplettabdockung sechshundert Kilometer über der Erdoberfläche!" „Programmänderung in Piloteneigenverantwortung: Komplettabdockung, jetzt!" Der Sempex gehorchte und löste die Schwungklammern, dabei fuhren diese überdimensionalen Halbkreisscharniere nach der Lösung in das Oberdeck ein. Es flogen zwei Bongotrommeln einzeln über der Mondoberfläche dahin. Ich hörte noch auf unserer TWINSTAR-eigenen Frequenz ein „Juchuuuh" vom Georg und dieser begann sein B-Modul auf die Mondoberfläche `fallen´ zu lassen, dann aber rechtzeitig in fünfzig Kilometern Höhe abzufangen und in Richtung des alten Landeplatzes zu fliegen, auch ich folgte ihm mit Handsteuerung und Gabriella geriet in Ekstase bei diesem Erlebnis! „Da schau! Ein Riesenkrater und da, ein bizarrer Felsen, der passt so ganz und gar nicht in diese Landschaft! Habt ihr da nicht auch Gold gefunden oder wenigstens Silber? Hier glitzert alles so schön! Ach! Ist das herrlich! Das Leben ist neu erfunden! Oh! Dort drüben! Schau! Die Erde, nein wie schön und zerbrechlich. Ist das da unten die Eagle?" Sie schaute durch den Navigationssucher. Sie hatte tatsächlich die Eagle ausgemacht. „Genau! Dich kann ich ja künftig als meinen

Navigator beschäftigen! Du bist eben eine Schau, mein schönes Weib!" „Danke, liebster aller Astronauten!" Langsam beruhigte sie sich. Georg mahnte an: „Wir sollten nicht übertreiben, Max. Was hältst du von einer Wiedervereinigung?" „Müssen wir wohl auch wieder. Also los!" Wir stiegen wieder auf etwas über zweihundert Kilometer Höhe in Bezug zur Mondoberfläche, schalteten die Automatiksequenz der Komplettandockung ein. Die beiden Sempex-Verbunde taten das Übrige: Sie synchronisierten die Module, ließen diese langsam aufeinander zu driften, dann fuhren die Bogenscharniere wieder aus und verriegelten. „Verbundkoppelung!" bestätigte der Sempex akustisch. Ein Summen war im Boden spürbar, als die Module zusammengezogen wurden und die Holoprojektion vom B-Modul wieder auf neunzig Grad lag. Weiter meldete der Sempex: „Komplettkoppelung. Sprungbereit." Die Holoprojektionen klappten damit wieder ganz nach oben. Ich hatte nur noch zu erklären: „Rückfahrt nach Programm." Alles andere hatte der Rechner in seiner Datenbank. Die TWINSTAR drehte sich mit der Topwaferseite zur Erde gerichtet, beziehungsweise etwas `darüber´, wegen den Sprungtoleranzen, dann leuchteten die Synchronisationslampen auf, auch die des Bodenwafers und der `distanzlose Schritt´ wurde aktiviert! Wieder hell, ein transparentes, verwischtes Dunkel und wieder ein Hell, es klarten sich die Verhältnisse erneut auf `normal´, schon standen wir mit sieben Kilometer Toleranz wieder etwa sechshundert Kilometer über der Erdoberfläche. Sofort meldete sich Sebastian: „Hat es Programmkomplikationen gegeben? Die Komplettrennung der beiden Module war doch über dem Mond gar nicht vorgesehen?" Georg erklärte schnell: „Das war das Unterprogramm für schnelle situationsbedingte Programmumstellungen! Auch dies hatten wir zu testen. Dabei kam es dann aber programmgemäß zu einer simulationsprogrammierten Programmänderung für Fallprogramme! Dies kann ich aber als ein erfolgreiches Manöver bezeichnen."
„Ah ja! Hahaha! Macht ihr jetzt dann noch mal eine Komplettrennung? Wir wollten etwas für unsere Nahaufnahmen!" „Für euch tun wir doch alles!" Schmetterte ich in das Mikrofon und befahl dem Sempex diese Trennung! Georg meinte: „Wir landen einzeln! Wir müssen ja sowieso die Container aufnehmen, dazu sollte aber auch die modulare Unabhängigkeit hergestellt werden, denn wir stülpen uns ja über diese Container! He Sebastian und Joachim! Einverstanden für modulare Einzelaktionen?" Zuerst der Sebastian: „Ihr macht ja sowieso, was ihr wollt! Warum nicht? Joachim?" Es raschelte am Mikrofon, als Joachim dieses an sich heranzog: „Nachdem bei künftigen Missionen die Piloten ohnehin wieder mehr selbstverantwortlich handeln müssen, können wir auch diesen Programmteil testen!" Darauf spielte er auch auf unsere Ausrede der

Komplettentkoppelung überm Mond an! „Verstanden! Wir sehen uns am Stammtisch! Juhuuh!" Dieser Georg! Wie ein kleiner Junge, wenn er selber am Steuer sitzt! Aber ich erlaubte mit auch ein „Hollaröduljö" und ging auf Vertikalflug in die Nachtzone unserer Welt über. Eigentlich müsste die Sonne hier bald wieder aufgehen! Die Reporter würden wohl nichts mehr fragen wollen!
Ich hatte dem Freund einen Vorsprung überlassen. Nach uns senkten sich auch die beiden Clipper. Das B-Modul fuhr die fünf Landebeine aus, diese spreizten sich und es kamen wieder diese `Krähenfüsse´ zum Vorschein. Übrigens hatten diese Krähenfüße noch ein dichtes Netz bekommen. Dann setzte das B-Modul sanft federnd auf dem Heimatboden auf, keine zwei Minuten später und nur einen Meter weiter weg, als bei der Verbundlandung ließ ich das A-Modul ebenso sanft aufsetzen. Nach weiteren sieben und acht Minuten waren auch die beiden Clipper wieder sicher auf dem Boden von Cape Bavaria, Oberpfaffenhofen, angekommen. Die Reporter strömten aber scheinbar munter aus den Rümpfen und klatschten, was die Häute der Hände hergaben! Patrick war zu uns gelaufen, als wir uns von den Antigravfeldern zu Boden transportieren ließen. Gabriella gab noch ein: „Ach! Fester Boden!" von ihr, auch die Silvana knickte erst einmal etwas ein, doch die Mädels fingen sich schnell! So lange waren sie den geänderten Bedingungen ja nicht ausgesetzt, sodass keine destruktiven Effekte oder Muskelschwäche auftraten. Patrick schüttelte uns die Hände. „Die Leute waren begeistert! Ich verstehe mittlerweile soviel von dieser Technik, dass ich sagen kann, der Wirbeleffekt war fast verschwunden oder er zog sich etwas breiter und wurde auch wegen der gewählten Form der TWINSTAR unschädlich. Dieses Raumschiff wird den Menschheitsgeist ins Universum tragen! Dieser Start ist gewiss! Jetzt gibt es kein Zurück mehr, Freunde. Fernweh haben die Leute, aber ein Fernweh für Entfernungen, die noch nie so gesehen wurden. Los! Macht euch zum ersten Marsflug am Sonntag oder Montag bereit! Dann macht bald den Zweiten! Die Menschen sehen dies als Startschuss zur kommerziellen Raumfahrt! Auch die Araber! Von denen waren ja einige an Bord! Im Übrigen wurden die Bilder dieses Tests auch zum Mars gesandt, hatte mir Joachim mitgeteilt. Allerdings noch mit der zehnminütigen Verzögerung. Die Antwort müsste bald kommen, wir werden sie aufzeichnen." „Patrick! Gibt es noch Fragen der Reporter an uns?" Wollte Gabriella wissen. „Hm, ich weiß nicht! Aber ich glaube nicht, denn die Bilder sagten mehr als man mit Worten irgendwie ausdrücken könnte!" „Ich fühle mich wie eine mit Adrenalin gefüllte Bombe! Ich werde nach diesem Erlebnis wohl kaum schlafen können. Ich möchte alle Reporter einladen, in der Konferenzhalle noch mit uns auf das Ereignis anzustoßen! Bitte teile das mit! Die Rechnung

übernehme ich, besonders meinen neuen Freund Herr Mang Zo Chun möchte ich mit einem Glas Reiswein überraschen und diese Freundschaft vertiefen. Für die Araber stelle bitte alkoholfreien Champagner zur Verfügung! Hilft du uns?" „Das ist eine Selbstverständlichkeit für mich!" Patrick eilte davon, allen Reportern von dieser Einladung zu berichten. Diese jubelten fast ekstatisch und liefen in die Halle. Patrick bestellte vom Getränkeserver und es kam bald eine Reklamation!
Die Araber kamen zu meiner Frau und beschwerten sich humorvoll: „Frau Rudolph, wir bitten Sie! Warum alkoholfreien Champagner für uns? Das ist doch ungerecht!" Gabriella war äußerst erstaunt! „Ich dachte, euer Grundglaube verbietet Euch Alkoholgenuss?"
Einer der Araber, der sich als Sprecher avancierte, antwortete mit einem hämischen Grinsen: „Aber Frau Rudolph! Schauen sie in den Himmel, aus dem Sie gerade gekommen sind!" Gabriella schaute in den Himmel und fragte: „Was ist denn da Besonderes? Ich sehe nichts außer Dunkelheit!" Der Araber grinste noch breiter unter seinem karierten Kopftuch hervor, seine Kollegen grinsten ebenso. „Genau das ist es Frau Rudolph! Genau das! Die Dunkelheit, verstehen Sie? In der Dunkelheit sieht auch Allah nicht! Geben Sie uns doch bitte echten Champagner!" Damit hatten die Araber, die die hochtrabendsten Pläne der bisherigen Raumfahrt verfolgten, die Lacher an deren Seite! Ein Gläserklirren erfolgte zwischen diesen unzähligen Nationen, es war eine Atmosphäre des Wohlgefühls, die irdischen Grenzen schienen nun endgültig zu verwischen, die Nationen ehrten und achteten sich gegeneinander, sogar mehr! Einer bewunderte den anderen! Herr Mang Zo Chun kam unterwürfig wirkend zu uns vier, er hielt ein Tablett mit fünf Reisweinschalen in der Hand. „Bitte erweisen Sie Vier mir die Ehre, nach europäischer Tradition und chinesischem Reiswein, zum Zeichen der Überwindung letzter Hürden, anstoßen zu dürfen!" Gabriella nahm sich als erste eine Schale, wir standen natürlich in keinster Weise zurück! Schon prosteten wir uns europäisch zu, doch nickten wir kurz, weil dies Zo Chun auch instinktiv so machte. Wir leerten diese Schalen und der kleine, hochsympathische Chinese eilte mit dem Tablett davon um neu zu befüllen. Dabei kamen wieder die Araber und Munir Mohammed Saltret fragte leicht beschwippst: „Was habt ihr denn da Gutes?" „Chinesischen Reiswein! Unser Freund Zo Chun hatte diesen serviert!" „Ohhh! Müssen wir noch schnell probieren", er zwinkerte abwechseln mit beiden Augen, „bevor es wieder hell wird und Allah sich erzürnt!" Das war die Probe für Herrn Mang Zo Chun, er musste oft laufen, um den Durst der Araber stillen zu können. Sie schwärmten mehr vom Reiswein, als vom Champagner oder Weißbier! Es dauerte nicht mehr lange, dann lagen sich der Chinese und die Araber in den Armen! Mehrere je vierschläuchige Wasserpfeifen wurden

entzunden und auch der Mann aus dem Reich der Mitte zog an einem Schlauch, bis er dermaßen blass wurde, dass Gabriella ihm ein Aufbaupräparat brachte! Nachdem es ihm wieder besser ging, wollte er wieder an einer Wasserpfeifenrunde teilnehmen! „Langsam, Freund Zo Chun! Deine körperlichen Konditionen haben keine Gewöhnung für solche Sachen! Langsam!" Er nickte eifrig, sog nur noch halb so stark, trotzdem quoll ihm der Rauch aus dem Mund und aus der Nase, fast meinte man, auch aus den Ohren! Nach einer weiteren Runde Reiswein rülpste der kleine Mann und entschuldigte sich tausendmal für seine körperliche Unvollkommenheit! Doch die Araber klopften ihm auf die Schulter, betonten, dass es kein Problem wäre, wenn sich ein Körper bedankt, dann lagen sie sich wieder in den Armen, lachten und scherzten, nur so dass es eine Freude war! Frieden ist so einfach! Aber so kompliziert herbeizuführen! Jetzt war er aber scheinbar manifestiert in den Köpfen angekommen.
Bernhard, Anne-Marie und Markus sahen entsetzt in diese Partyrunde der `Basisunlogischen´! Obwohl sie nun schon Einiges gewohnt waren, aber eine internationale Fete wie diese, das konnten sie sich noch nicht erklären.

Diese Party dauerte noch bis Mittag! Auch als es schon hell wurde, wollten die Araber nicht auf Reiswein verzichten! Munir jammerte zwar zu Gabriella: „Allah wird mich strafen, aber ich werde die Strafe ertragen!" Gabriella wusste die passende Antwort: „Allah wird mit dir und mit deinen Freunden eine Ausnahme machen! Seht euch um! Wie viele Nationen sind hier versammelt?" „Einhundert?" „Genau Einhunderteinundzwanzig! Seht doch, wie friedlich die Stimmung ist! Ihr unterhaltet euch mit Chinesen, Deutsche mit Engländern und Franzosen, Israelis mit Palästinensern und Syrern! Russen mit Amerikanern und Kubanern und Mexikanern. Brasilianer mit Chilenen und Belizern, lass es hell bleiben, dass Allah dies sieht! Er wird euch für diesen Frieden belohnen, er wird euren Mondstädten einen Segen geben!" „Sie sprechen wie von Allah berufen, Frau Rudolph! Ich werde mich für einen ersten Fond ihrer Kette auf dem Mond einsetzten. Nicht das er dort benötigt würde, aber es fahren reiche Leute nach dort und wenn diese dort Filme und Berichte von hilfebedürftigen Menschen sehen, kann die Kreditkarte sofort einen Betrag an die irdische Verwaltung verbuchen!" „Das nenne ich ein tolle Idee Munir! Ich zähle auf Sie, Freund!" „Wir zählten auch auf Sie und Sie haben nicht enttäuscht, wir, weniger ich werde Sie enttäuschen, sie Friedensrose mit den diamantenen Blüten und dem goldenen Stiel!" Nun verfiel der Araber wieder in die blumige Art der Sprache seiner Heimat. War das schön! So viele Kulturen finden Verständnis, finden Ergänzungen, finden Zukunft! Plötzlich passt

alles zusammen wie ein Puzzle! In einem Gesamtinstinkt scheint sich die Menschheit für den kosmischen Sprung vorzubereiten! Nicht mehr jeder für sich in einem Konkurrenzsystem, alle zusammen werden diese Schritte wagen und wenn ich an die zwar noch nicht aktuelle Bedrohung von den Plejaden denke, dann erscheint diese Entwicklung gerade noch als rechtzeitig! Sebastian und Joachim lagen sich ebenfalls in den Armen und freuten sich über diese Bilder hier! Der einzige der jetzt noch Reportagen machte, war – Patrick! Er ließ diese Friedensbilder um die Welt gehen! Und in der Welt werden diese Bilder Anklang finden, Nachahmer!
Das war einer der wichtigsten Tage in dieser Zeit!
Die Betonung von Frieden und Freundschaft in Bild und in Ton und wenn jemand der Meinung sein sollte, von Frieden wurde schon zuviel gesprochen, dann müsste ich darauf beharren: Von Frieden kann man gar nicht zuviel sprechen und nicht zuviel dafür handeln!

9. Kapitel
Die Rettung der ersten extraterrestrischen Planetenbasis.

Der Exekutivrat, ausgewählte Persönlichkeiten aus dem Weltsicherheitsrat waren unserer Einladung gefolgt und durften vereidigt die Aufnahmen von den Chorck betrachten. Dabei wurde Bernhard betätigt. Äußerste Geheimhaltungsstufe aber weitere Beobachtungen und Aufzeichnungen wurden so beschlossen! Ebenso wurde geboten, keine Kontaktaufnahmen zu versuchen!

Ein schönes Weihnachtsfest aus rein traditionellen Gründen hatten wir begangen. FreedomForWorld-TV übertrug in allen Sendungen unseren Weihnachtsbaum auf dem Mond, immer im Bild mit eingeblendet! Es gab sogar Menschen, die nur diesen Mondbaum über die Projektoren in deren Wohnzimmer holten! Auch meine Gabriella wurde zu einer Weihnachtsansprache geladen, dabei wollte sie ebenfalls das Bild vom Mond und dem Bäumchen hinter ihr eingeblendet wissen. Schon gab es Leute, die vorschlugen, die Zeitrechnung zu ändern. Sie wollten das Jahr Null starten! Null nach den ersten kosmischen Schritten, doch diese Umstellung wurde von keinem Politiker und von keinem Wissenschaftler für gut gehalten. Alleine die Computerumstellungen hätten eine kleine Katastrophe hervor beschwören können. Diese Feiertage waren still, nur die Nanoprinter zischelten entsprechend ihren Programmen in den verschiedenen Hallen. Diese Waferkomplexe waren schon Mangelware geworden, nachdem jeder und alle ihre Vehikel auf diese Betriebsart umstellen wollen. Aber auch auf allen anderen Kontinenten zischelten Nanoprinter! TWC-Saudi-Arabien produzierte bereits die ersten Cargotransporter für die Mond-Hotelanlagen. Auch ein Molekularverdichter sollte auf dem Erdtrabanten in Einsatz gehen, einen schweren Fundamentring für die Kuppel zu ziehen, dieser sollte dann auch mit den Molekulardübeln druckfest verankert werden. Darauf konnte dann die Kuppel entstehen. Die Hotels, Banken, Casinos, Krankenhaus und andere Gebäude wie separate Wohnblöcke und Büros bekamen ein Moduldesign, also die Vorfertigung schon auf der Erde, auf dem Mond brauchten diese nur nach einem Stecksystem elementar verbunden werden. Nach einem groben Zusammenbau konnte logischerweise die Kuppel aufgesetzt werden, mit Atemluft befüllt um so an den Innenausstattungen weiter zu machen. Die ersten Solarsurfer waren in diesen Tagen unterwegs; ausgesuchte Personen, hauptsächlich ehemalige Astronauten, Kosmonauten und Taikonauten, die eine Allgemeintauglichkeit von Anzügen und Surfwafern bestätigen sollten, beziehungsweise auch Verbesserungen vorzuschlagen hätten! Dabei war ein solares Navigationssystem und Registrationssystem im Ideenpool der Tester. Schließlich sollte man schon wissen, wo gerade so ein Surfer unterwegs wäre. Auch ein Notfallprogramm war zu integrieren, automatische Melder, wenn Konflikte oder Probleme vorlägen. Diese Leute waren von den neuen Möglichkeiten dermaßen fasziniert, dass sie sich schon in unfreiwillige Gefahren begaben. Auch eine weitere Wirtschaftssparte bekam neue Impulse. Das eigentlich weniger Schöne, welches die Folge des Lebens darstellte: Der Tod. Bestattungsinstitute hatten die Auftragsbücher gefüllt von letzten Willen zeitlich Gesegneter, die unbedingt eine All-Bestattung haben wollten. Die derzeitigen bereits Abgelebten, welche sich dafür bereits eintragen ließen, lagen auf Eis. Es wurden spezielle Transportsärge konstruiert, die dann mit einem Transporter in das All zu hieven wären, wenn dieser einmal fertig ist. Dabei beschlossen die Regierungschefs indes, welche Regelungen die All-Bestattungen erfahren sollten, denn ein wildes Durcheinander im erdnahen Weltraum konnte sich logischerweise niemand mehr erlauben! Kollisionsgefahren mit dem bald startenden Massenverkehr! Eines der Programme sieht weiter vor, diese Särge um die äußeren Planeten des Sonnensystems in einen Orbit zu befördern oder auch zum Beispiel auf Pluto abzusetzen. Man stelle sich vor! Das Solarsystem bekommt einen Friedhofsplaneten! Ein weiteres Programm sieht vor, eine definierte, künftig in den Raumnavigationsstraßen festgeschriebene Fahrtstrecke in den intergalaktischen Leerraum zu belegen. Wahrscheinlich wird aber Beides angenommen, denn wer sich zu Lebzeiten wünscht, nach dem Ableben unendlich zu reisen, wird eine Möglichkeit bekommen, wer sich wünscht, wirklich in (fast) ewiger Ruhe ausharren zu dürfen, der wird auch mit Pluto oder Uranus zufrieden sein können. Schließlich dürften nach den Niederschriften und den Auftragsausführungen wohl kaum mehr Reklamationen eintreffen!

Am Montag den 28. Dezember wurden die letzten beiden Container, die genau in die Laderäume der TWINSTAR passten, fertig gestellt! Einige Techniker arbeiteten sogar freiwillig auch die Feiertage, allerdings waren die Fertigungsstrassen ohnehin hoch automatisiert, so dass es außer ein paar Kontrollen kaum mehr Tätigkeiten gab. Containerbautechnik war ja schon seit Jahrzehnten um nicht zu sagen oder zu übertreiben, seit Jahrhunderten bekannt! Jedenfalls wurden heutzutage eigentlich nur noch die Fertigungsrechner mit den Angaben verbal gefüttert, ein Detailplan abgerufen, das Rohmaterial bereitgestellt und schon konnte man zusehen, wie etwas entstand. Ein Nebenprodukt dieser Materieresonanzwafer waren die ersten erfolgreich getesteten Kaltschweißanlagen nicht nur für Metall.

Dabei wurde der Molekularverbund an der Schweißstelle teilneutralisiert also teildesintegriert, die entsprechende Fläche oder Kante des damit zu verbindenden Materials mit einem Waferintervallhammer zu einem Verbund gebracht und so reintegriert! Das Ergebnis war eine Schweißstelle, die härter und dauerhafter war, als das eigentliche Material selbst. Auch gab es keine Nebenerscheinungen wie Verwerfungen durch Hitzeeinwirkung. Bernhard Schramm bezeichnete dies als die „natürliche basisorientierte Materialbehandlung und -verarbeitung".
In Brasilien wollten die Karnevalstruppen ihre Trieletricos, diese Lastwagen, die mit kompletten Musikgruppen darauf durch die Strassen ziehen, auch auf Schwebefahrzeuge umstellen, dies wurde vorläufig noch abgelehnt, denn, sollte eines dieser Fahrzeug höher schweben und Menschen darunter kommen, so würden diese ja andruckneutralisiert, eventuell sogar umhergeschleudert.
Das also blieb beim Alten! Nur die Antriebseinheiten waren nun elektrisch und von Tachyonengeneratoren betrieben. Eine Lehre, die sich schon durch die Jahrhunderte zog! Bewährtes erhalten, umweltverträglich verbessern, aber dem Neuen trotzdem zugetan sein. Allerdings stellen die brasilianischen Polizeitruppen diese neuen Ringtaxis in den Dienst! Diese neuen Schwebeeinheiten erlaubten der Polizei einen wesentlich schnelleren Zugriff auf eventuelle Streitzellen und würden auch besser abschrecken, sollten doch wieder irgendwelche Eierdiebe ihren Sportarten nachgehen wollen. Die wichtigsten Straßen in Brasilien waren aber nun ohnehin mit den Molekularverdichtern in einen nie da gewesenen und obendrein sehr resistenten Zustand gebracht worden. Schon aus diesem Grund würde wohl der nächste Karneval ein Riesenerfolg werden.

Die ersten zwei Container wurden weiter beladen. Sie waren fast zum Bersten voll. Auch der dritte Container stand fertig vor der Halle, war auch schon mit Gegenständen befüllt, allerdings weniger mit Lebensmittel, denn es würden ja die erste Lieferung einmal reichen! Wir sollten zweimal kurz hintereinander zum Mars gehen, was mit dieser Technologie auch kein Problem mehr bildete. Von bald an würde sich sicher mindestens ein Wochenverkehr einpendeln. Der Wohn-, Forschungs-, und Bürocontainer sollte beim zweiten Flug eingeklinkt werden. Gegen späten Nachmittag forderte Sebastian uns auf, die ersten beiden Container in die TWINSTAR-Module zu schaffen. Die Aufnahme der Container konnte mit einem Programm ablaufen, was ebenfalls von Bernhard verfeinert wurde. Dementsprechend begaben wir uns in die Module und ließen diese langsam abheben, die Landebeine einklappen und einfahren, wir steuerten diese genau über die aufzunehmenden Container und ich gab dem Sempex vom

A-Modul aus den Befehl zur automatischen Containeraufnahme. Das Modul drehte sich etwas, korrigierte den Standort minimal, senkte sich dann auf das aufzunehmende Behältnis bis dieses komplett im Teilring der `halben Sanduhr´ verschwunden war. Es waren nur noch die automatischen Arretierungen zu hören, schon war alles ein fester Verbund. Georg glückte das Manöver mit dem B-Modul ebenso und um diesen Verbund wieder zu komplettieren, sollte sich die TWINSTAR auch einem bekannten Manöver hingeben. Dazu steuerten wir die beiden Module auf fünfzig Meter Höhe und gaben der Automatsteuerung die entsprechenden Befehle, die diesen `offenen Verbund´ herbeizuführen hatte. Nachdem diese Kurvenscharniere angebunden hatten, Georg wieder in voller Größe rechts von mir in der Holoprojektion zu sehen war, ließen wir die TWINSTAR langsam zum Boden zurückschweben und auf die Landebeine stellen. Kurz darauf beförderten uns die Antigravlifte, deren Waferzellen in der Schiffsluke eingebaut waren, zu Boden. Georg lächelte schon sehr animiert! „Morgen packen wir es an, Max!" „Irgendwann müssen wir wohl; was heißt müssen? Wir dürfen. Die größte aller Ehren der Neuzeit." Als wir zur Pressehalle schlenderten, wo Sebastian und Joachim, Patrick und unsere Frauen warteten, schlang Georgie einen Arm um mich und bekannte: „Kannst du dir wohl nicht mehr vorstellen, so zu leben, wie es noch vor ein paar Monaten war? Die stillen Wissenschaftler, Forscher, die auf der Strasse in den Massen untergingen, die niemand erkannt hatte?" „Hm, vorstellen kann ich es mir schon noch, aber wir haben uns dieser Aufgabe gestellt und ebenso freudig angenommen. Nicht die jetzige Berühmtheit animiert mich. Die gesteckten Ziele animieren mich mehr! Und die reale Aussicht auf Weltfrieden, die Aussicht, dass der Mensch auf der Leiter der Evolution weiterkommt. Nicht das vorläufige Ende, welches sicher schon mehreren Intelligenzen widerfahren war, hinnehmen muss. Wenn Bernhard oder die Logiker Recht haben, dass wir mit unseren Tätigkeiten unserem eigenen Kollektiv dienlich sein können, um uns selbst zu erhalten, dann habe ich auch das Gefühl, das Richtige zu tun. Immer mehr glaube ich, dass hier ein Fünkchen Wahrheit oder mehr dran ist. Schon Sidarrtha, der Prophet im Buddhismus hatte schon erkannt: Nicht das Ziel ist das Ziel, der Weg ist das Ziel. Buddhismus ist genau genommen keine Religion, sondern eine Lehre, auch Verhaltenslehre mit Lebensanweisungen aufgrund von notwendigen Erfahrungen und Maßnahmen. Hier sehe ich die häufigsten Parallelen zur größtmöglichen Wahrscheinlichkeit." „Ich stimme dir zu. Auch ich habe die Darlegung Bernhards genossen. Es ist einfach eine Grunderfahrung, wenn man die Kombinationen von absoluten Logikern ebenso logisch serviert bekommt. Im Zuge dieser knallharten Gedankengänge könnte man die restlichen bildlich dirigierten Schöpfungsgeschichten als reine Fantasy

abtun, hätten diese sich nicht bedauerlicherweise schon dermaßen im Volksbewusstsein eingebrannt. Dabei liegen die Wahrheiten fast auf dem Tisch, man müsste sie nur erkennen! Die Wiederholung des Makrokosmos im Mikrokosmos, das Spiel der Elemente, die Relativität, die Energiegesetze! Alles was wir für eine gesunde Ethik brauchen würden, wird schon von der Natur vorgeführt. Nur aus der Nahrungskette können wir nur bedingt austreten. Hier zeigt sich die Natur einmal zu brutal!"
„Deswegen müssen wir aber auch nicht wieder zu Kannibalen werden! Diese Verkettung hatte es nur gegeben, um zu stärken! Die Stärkeren hatten in diesem System zur Arterhaltung beigetragen, die Schwächeren anderer Lebensformen waren diesem zum Opfer gefallen, was aber heute, nach dem Verstehen der Genetik nicht mehr so notwendig erscheint. Zumindest nicht mehr für die Menschen. Und für den Menschen gab es dann die zweigleisigen Überlebensstrategien. Die körperliche Kraft und die Anwendung des Geistes. So war die Entwicklung von Waffen für die einfachere Jagd nur ein logischer Schritt. Waffen aber gegen die eigene Art zu erheben, war und ist eigentlich ein Absurdum! Der Kampf ging in die nächste Runde zur persönlichen Bereicherung. Käme die Kollektivtheorie in Frage, diese Theorie hat aber auch einen logischen Fundus, kann diesem die Existenz nur gesichert werden, wenn sich die Vernunft ausbreiten wird, das gegenseitige Verständnis, ethische Grundregeln, die alle voranstellen sollten. Schließlich wird immer ein Teil von mir, dir, uns auch ein Teil von den anderen sein und umgekehrt. Wir sind das Kollektiv, nur in der momentanen Existenzform getrennt, individuell existierend! Faszinierende Gedanken, nicht wahr?" Wir waren bereits an unserem `Stammtisch´ angekommen und Gabriella wollte wissen, was wohl unsere `faszinierenden Gedanken´ waren!
„Glaubt ihr vielleicht, ihr würdet ein paar schöne Marshexen finden, wenn ihr dort landen werdet?" „Ja freilich! Wir würden uns mit diesen Damen dann auch befassen, aber nur zu Studienzwecken versteht sich", scherzte Georg. Gabriella wollte noch etwas entgegnen, da schnitt ihr Joachim das Wort ab. „Unser Plan für morgen sieht einen Start um 10:20 Uhr vor. Ist euch das so recht, Max, Georg?" Ich antwortete für uns beide: „Hm, ja ist recht, halb zehn bin ich mit dem Frühstück fertig, Zahnbürste einpacken, ein Lunchpäckchen zubereiten, Frühschoppen machen wir, wenn wir wieder hier sind, ja Joachim; ist recht!" „Da bin ich aber froh, dass unser Zeitplan mit dem euren übereinstimmt!" „Ihr habt ja auch schon gelernt, Zeitpläne zu erstellen, die für unsereinen akzeptabel sind! Respekt, Respekt!" Georg wollte noch Folgendes wissen: „Sollen wir nun noch eine Antriebseinheit von dem Containerwrack abmontieren? Wie werden wir diese verstauen?" Nun war Sebastian an der Reihe, obwohl dies eigentlich eine Angelegenheit

der DLR wäre, aber nachdem Airbus und DLR in der TWC eingegangen waren, stellte sich Dr. Dr. Sebastian Brochov dieser Angelegenheit ebenso, als ginge es um seine ureigensten Belange. „Selbstverständlich solltet ihr eine Antriebseinheit bergen! Wir haben auch zugesagt, dass die Chinesen diese zu `Studienzwecken´ bekommen sollten und wir erledigen, was wir angekündigt hatten! Zuerst macht aber bitte eine Serie von Fotos mit Wasserzeichen, damit ausreichend authentische Beweise vorliegen werden. Man weiß nie, was noch mal kommt! Nehmt genügend Desintegratormesser mit, verschiedene Pulsatorflächen für alle Fälle. Für die Unterbringung habt ihr dann einen, eigentlich zwei leere Container. Zutritt bekommt ihr über die Schubschleuse in einem unteren Ring von den jeweiligen Modulen der TWINSTAR. Jetzt zeigt sich die überlegene Formgebung dieses Fahrzeuges! Ihr könnt im Beladungsmodus die Landebeine spreizen, ohne sie auszufahren. Damit habt ihr bodennahen Zugang!"
„Nehmt aber keine von den Marshexen mit! Verstanden!" Gabriella mit einem witzigen Lächeln um die Mundwinkel.
„Nur zu Studienzwecken", warf ich ein. Dabei lachte Silvana und gab meiner Frau mitunter einen Rat, dem ich nicht abgeneigt war. „Wir müssen unseren Männern eben in kommender Nacht ausreichend Aktion abverlangen, so dass diese für die nächsten Tage keinen weiteren Bedarf mehr melden können!" „Dafür bin ich grundsätzlich!" Georg mit einem breiten Grinsen im Gesicht. „Das befreit von `unlogischem Gedankengut´, wenn ich den Bernhard zitieren darf und wir können uns voll und ganz den eigentlichen Aufgaben hingeben! Das sehe ich auch als die ideale Ergänzung von euch, unseren Frauen, projektgebunden uns auf diese Fahrt vorzubereiten. Ich habe erkannt, wie ihr doch unvoreingenommen mitarbeiten könnt! Lob! Lob!" Hierzu lachte Sebastian: „Also los, verschwindet in euren Wohncontainern und lasst euch von euren Frauen auf die Reise morgen vorbereiten! Ruht euch dann noch entsprechend aus, es wir ein weiterer großer Tag!" „Von wegen dann ausruhen! Wenn wir unseren Frauen mehr Zeit geben, dann wollen diese auch diese Zeit uneingeschränkt für sich haben. Männer waren eigentlich immer versklavt! Den Frauen untertan!" Gabriella legte den Kopf schief, zeigte ihr süßestes Lächeln und deklarierte: „Niemand hat freiwillige Versklavung verboten! Aber was notwendig ist wird auch so ausgeführt! Ihr habt gehört?" Beide Damen standen auf, als wenn es ein Signal gegeben hätte. „Ab nach Hause, ins Bett! Flugvorbereitung dann Ausruhen. Marsch, Marsch!" Doch wie angekündigt, ließen wir dies freiwillig mit uns geschehen, Sebastian, Joachim und Patrick lächelten tiefgründig, als uns unsere Frauen zu den jeweiligen Containern `schoben´. Es schadete sicher auch nicht, noch ein

paar Stunden gut zu entspannen, auch im Pool zu baden und den Dingen entgegenzusehen, die so kommen werden.
Zuhause gab sich meine Gokk-Schülerin weniger dominant. Sie wusste auch so sich ihrer weiblichen Waffen zu bedienen, dass jener Ablauf wie von selbst sich ereignete. Wieder gab mir meine Frau das tiefe Gefühl von echter Liebe und Bewunderung. Eben, was ein Mann braucht, der kreativ und produktiv zu bleiben hat!

Dienstag der 29. Dezember 2093. Erst einmal diese Fahrt und dann zwei Tage Marsaufenthalt. Sollte es mein Schicksal sein, dass ich den Beginn meines Geburtstages auf dem Mars verbringen sollte? Oder sollte es ein Schicksalsdeut sein, der mir zeigt, wie die Zukunft um mich beschaffen sein wird? Jedenfalls gab es keine Kleidungszwänge mehr für den Aufenthalt an Bord der TWINSTAR. Lediglich mussten alle Taschen von Hosen oder Hemden mit Verschlüssen versehen sein, damit sich in der relativen Schwerelosigkeit nichts daraus lösen konnte und unter Umständen dann irgendwie verloren gehen. So ließ ich mir nach einem ausgedehnten Bad im Pool mit meiner Gattin und nach der Hygienezelle einen einfachen Lycra-Hausanzug geben, wollte aber mit einer ebenso einfachen, bequemen Kunstleinen-Jeans einem feinen Mikrofaserhemd und einer Mikrofaserjacke die Reise tätigen. Den Hausanzug dachte ich mehr für die Schlafkoje oder Freizeit in der Basis zu nutzen. Dieser ließ sich auch unter dem notwendigen Oberflächenanzug für den Mars tragen. Der Oberflächenanzug hatte nur noch die Gasgemischversorgung und den Temperaturausgleich zu besorgen. Kommunikation natürlich auch, wobei schon Außenlautsprecher und Außenmikrofone die gesamte Angelegenheit vereinfachen würden, doch weil die Marsatmosphäre dünner war als die irdische, würden auch Schallwellen nicht allzu weit getragen werden. Im Mannschaftsraum der Marsbasis herrschten ohnehin bis auf die Raumandrückkraft fast irdische Verhältnisse. Schon bei der zweiten Fahrt zum Mars durften wir unseren neuen Container auch testen, der aber dann auf dem Mars zu verbleiben hatte. Angeschlossen über einen Halbbogen mit den anderen Containern der Marsbasis.
Darin waren alle Steuerungen der neuen Tachyonenübertragungsanlage eingebaut. Also Duplex-Kontakt in Echtzeit mit dem Mutterplaneten. Doch die Grundversorgung geht nun einmal vor und deshalb hatten wir alle beschlossen, die Kontakt-Möglichkeiten erst beim zweiten Besuch zu erweitern, ergo der Technikcontainer erst später. Als ich an Gabriellas Seite aus dem Wohncontainer spazierte, folgte auch Georg mit seiner Silvana. Er hatte auch aus dem Fenster gesehen und nur auf mich gewartet, denn alleine wollte er noch nicht vorgehen, es war wieder eine Menge an Reportern

eingetroffen. Glücklicherweise hatten wir heute keine weiteren Verpflichtungen mehr, irgendwelche Fragen zu beantworten. Gabriella und Silvana würden aber diesem Schicksal nicht entfliehen können, wenn wir erst einmal weg sein würden. Georg hatte noch ein paar Päckchen vorbereitet, die er höchstpersönlich in die Marsgondel verlud! Dazu nutzte er schon die Automatikaufnahme des Antigravliftes in der Gondelluke! „He Georgie! Was nimmst denn du da wieder alles mit?" „Nur das Notwendigste, was man so auf Marsflüge mitnimmt." „Was ist denn da das Notwendigste? Ich habe da noch nicht so viel Erfahrung!" „Ach, lass dich einfach überraschen." Nun gut. Ich wusste, dass Georg mit seinen Überraschungen einfach nicht herausrücken will, aber ich konnte mir in etwa schon denken, was er da mitnimmt. Als wir selbst gegen 10:00 Uhr an Bord gehen wollten, kamen Sebastian, Joachim und Patrick noch zu uns. Unsere Frauen standen an unserer Seite, beiden waren gemischte Gefühle anzusehen. Die drei Männer, die mehr nun aus privatem Ansinnen uns verabschieden wollten, reichten uns die Hände und wünschten uns auch viel Glück und `good landing´. Nach jeweils mehreren festen Umarmungen traten unsere Damen einen Schritt zurück und wir ließen uns von den Antigravliften, also von den Balancewafern erfassen und schwebten nach oben bis uns das Horizontalfeld erfasste und in die Schleuse bugsierte. Dort blieben wir noch stehen, also Georg im B-Modul und ich in `meinem´ A-Modul, winkten noch einmal fernsehwirksam, schon gaben wir auch den Befehl für den Lukenverschluss der Doppelschleusen. Solange die TWINSTAR im Verbund war, egal ob dies der offene oder geschlossene Verbund war, oblag die Hauptsteuerkontrolle dem A-Modul. Georg ließ mir wissen, dass er seine Sachen noch zu fixieren hatte, meldete sich dann aber bald noch mal um mitzuteilen, dass er dem Start entgegensehen konnte. Ich aktivierte die Sempex-Rechner stimmgesteuert aus dem Standby-Betrieb, auch die Hologrammwiedergabe des Piloten des B-Moduls, dann zeigten alle Kontrollen Grünwerte und der Sempex bestätigte ein Komplettprogramm mit den navigatorischen Daten zum Mars. Ich legte die Startinitiierung wieder auf `meinen´ roten Knopf, ich wartete genau, bis die Borduhr 10:20 Uhr anzeigte, dann drückte ich diesen fest. Die TWINSTAR hob elegant im Verbund vom Boden ab, die Fernsehkameras folgten uns noch einige Zeit, bis wir nicht mehr zu erfassen waren. Nicht die HAMBURG, nicht die SPIRIT OF EUROPE hatte sich mehr aufgemacht, unseren `Sprung´ festzuhalten. Wozu auch? Alle Daten waren schon mehrfach gespeichert, es sollte sich nichts mehr ereignen, was dem nicht entspräche. Und der Austritt aus unserem künstlichen Universum, welches sich unter dem Tachyonenzwang aufbauen würde, könnte kein irdisches Teleskop mehr auf die Schnelle erfassen. Vor allem kein herkömmliches

Teleskop, welches auf rein optischer Basis arbeitet. Nur dass wir dieses Mal sofort bis über sechshundert Kilometer steigen wollten, es gab ja kein weiteres Zusammentreffen mehr! Scheinbar wurde nun die Raumfahrt oder die Fahrten mit den Wafern wirklich langsam Gewohnheitssache. Alle Länder hatten genügend zu tun, um dieser raschen Umstellung Herr zu werden! Dieses Mal hatten die Brasilianer ihre Chance wirklich erfasst, sie waren die Zweiten, die in diese Technik eingestiegen waren und können enormen Wachstum im Bruttosozialprodukt vorweisen. Was einem so alles durch den Kopf geht, wenn man sich auf so eine Reise begibt! Langsam stiegen wir durch die Wolken immer höher, etwas Wind rüttelte an der TWINSTAR, doch wurde dieser automatisch mittels dem Sempex über die Wafer kompensiert. Ebenso langsam wurde es über uns immer dunkler, bis wir die letzten Atmosphäreschichten verließen und im freien Raum waren. „Es wird ernst, mein Freund!" „Georg lächelte mich von der Holowiedergabe her an, als säße er rechts von mir. „Es wird immer ernster, habe ich das Gefühl, alter Kumpel. Aber wie sagte der Herr Stern, der bei Schindler in Krakau arbeitete? Wer ein Leben rettet, rettet eine ganze Welt. Wir können dies nun mit relativ einfachen und sicheren Mitteln bewerkstelligen!" Georg nickte, er zog noch einmal an der Gurtfeststellung, da er sich etwas vom Sitz gehoben hatte, doch waren wir auch schon in einer Höhe von über sechshundert Kilometern angekommen. „Schließen wir die Sanduhr, Georg? Bist du bereit?" „Sicher doch. Du hast die Gesamtsteuerung über." Als ich dem Sempex den Befehl für den geschlossenen Verbund gab, klappte die Projektion Georgs wieder um neunzig Grad gegen Boden. An dieses Bild musste man sich erst einmal gewöhnen, aber es war eine gute Lösung, wusste man sofort den Zustand über den Verbund der TWINSTAR-Module, außer den kleinen Anzeigen über dem Pilotensitz. Der Sempex berechnete die Navigationsdaten und meldete ein Bereitschaftssignal. Schon schaltete ich auf Rasterbildwiedergabe, um zu erkennen, ob sich in der Flugrichtung irgendeine Materie befinden würde. Auch der Sempex-Rechner wurde für diese Beobachtung hinzugeschaltet und meldete freie Fahrt. Diese Kontrolle wäre ohnehin nur am Anfang und am Ende des `distanzlosen Schrittes´ notwendig, denn, steht das künstliche, zwangserstellte Universum erst einmal, kann man auch theoretisch durch Materie hindurch fliegen, doch Vorsicht war schon immer besser als Nachsicht! Nun gab ich der Sempexsteuerung nur noch den Befehl, den Start wieder auf meinen Knopf zu legen, wenn die Wafersynchronisation erfolgt war und die Flächenkondensatoren ausreichend der Sprungkoordinaten aufgeladen waren. Mit einem simplen „Bereit, entsprechend der vorliegenden Koordinaten." Der Mars war zwar nicht im idealen Entfernungsverhältnis zur Erde, aber wie gesagt, Entfernungen waren nun absolut nicht mehr ausschlaggebend! Ich sah zur Projektion meines Freundes, diese wirkte so lustig vom Boden her und Georg sah mich an, er meinte: „Du liegst mir auch zu Füßen, Max, allerdings zu meiner Linken!" „Da siehst du wieder, wie ich Freundschaften halte! Du liegst zu meiner Rechten!" Ich lachte, als ich wieder den Knopf betätigte. Wir hatten das Gefühl, als dauerte diese Reise etwas länger, was sicher eine Gedankenreflexion war, denn uns war größere Entfernung bewußt, aber der Zeitraum der `Dunkeltransparenz´ war etwas anders! Diese Transparenz reichte kurzzeitig bis zur absoluten Tiefstschwärze, aber auch innerhalb der Gondel! Obwohl es keinen technischen Ausfall gegeben hatte. Fast wäre ich erschrocken, als sich unsere TWINSTAR drehte und plötzlich der rote Planet unter uns erschien! „Sprungweite innerhalb der Toleranzen!" Meldete der Sempex-Rechner. „Abweichung zum Sollwert?" Wollte ich wissen. „Eintausendeinhundertdreißig Radiuskilometer, plus in zwei Ebenen." „He Georg! Für dass, das wir in einem ungünstigen Entfernungsverhältnis zum Mars standen, also rund 110 Millionen Kilometer statt der günstigsten 78 Millionen, wir haben einen Schritt gemacht, der etwa dreihundertsiebzig Mal weiter war, als der Schritt zum Erdtrabanten, in diesem Verhältnis ist die Toleranz bedeutungslos! Wir werden immer besser!" „Jaja, Mensch Max! Schau dir das an! Diese Kugel ist ja schon total verrostet! Der Mars ist ja wirklich rot-orange! Ein purer Wahnsinn! Jetzt weiß ich nicht mehr, was ist schöner? Der wilde Mond oder dieser, unser vierter Planet? Das Universum lädt zum zweiten Akt! Vorhang auf!" Aber auch ich sah gebannt auf diese Gerölloberfläche hinunter. Besser gesagt, die Oberfläche wirkte schon aus dieser Höhe wie mit Geröll übersät. Die Distanz zur Oberfläche wurde mit knapp eintausendvierhundert Kilometern angezeigt. Der Sempex schaltete bereits auf Marskoordinaten um. Auf unseren Frontscheiben wurden zwei Punkte eingeblendet, die mit unseren Blickwinkeln wanderten. Einmal der berechnete Aufschlagort des verunglückten, unbemannten Marscontainers und einmal die marsäquatoriale Basis, die wir zuerst anzusteuern hätten. Die Basis befand sich logischerweise in den wärmeren Gefilden der bislang noch lebensfeindlichen Welt. Zuerst erklärte der Sempex also wieder, dass alles mit der TWINSTAR in Ordnung wäre. Kein Sensor konnte einen Schaden oder irgendwelche Fehlfunktionen feststellen! „Offener Verbund!" Befahl ich dem Steuerrechner und Georg klappte langsam wieder nach oben, bis er breit grinsend wieder optisch richtig neben mir saß. Die TWINSTAR hatte also wieder die Form der doppelten Bongotrommeln angenommen, in diesem Zustand wollten wir auch beide Container nah an der Basis absetzten, so dass diese dort sicher über einen Faltzugang entladen werden können. Unsere TWINSTAR sollte etwas zurücksetzen und die

Bordrechner aktiv bleiben, so die Anweisungen der Kontrollstation der DLR. Befürchtete man etwa eine Sabotage? War kaum mehr vorstellbar, aber auch die geringsten Bedenken sollten in Betracht gezogen werden. Die Leute hier in der Marsbasis lagen möglicherweise unter langem Psychodruck, dem sie in den letzten Wochen anreicherten, vielleicht aggressiv geworden und nun kamen zwei Ventile, an denen man diesen Druck ablassen könnte! Wir waren in jedem Falle vorbereitet. Ich schaltete die Funkverbindung mit der programmierten Frequenz zur Marsbasis und lies ein Erkennungssignal senden. Es dauerte aber fast drei Minuten, bis der Empfänger eine Gegenkennung gab. Die Antennen mussten ausgerichtet werden, die Frequenz war so hoch, dass eine Quasisichtverbindung verfügbar sein musste. Doch diese war verfügbar. Kurz nachdem sich unsere Parabolantennen eingependelt hatten, meldete sich der stellvertretende Kommandant, ein Amerikaner. Der Kommandant war ein Chinese und ich wurde schon skeptisch, weil sich dieser nicht an den Transceiver bemühte. „Ich darf Sie herzlich begrüßen, Herr Rudolph und Herr Verkaaik, ich bin der stellvertretende Kommandant James Thomas Shelter, bitte leiten Sie den Landeanflug ein, wir haben schon ein paar Kranke hier, die unbedingt Vitamin- und Mineralpräparate benötigen. Ich glaubte persönlich fast an ein Märchen, als uns die irdische Entwicklung geschildert wurde. Nun sind Sie aber hier, es ist nicht zu fassen. Schon der US-Präsident persönlich hatte uns Ihre Ankunft angekündigt. Haben Sie die Koordinaten oder schalten Sie auf Leitstrahl um?" Man merkte zwischen den Worten und des Bildes im Holo, dass der Computer auf der Basis übersetzte. Ich nahm den Dialog an: „Mr. Shelter, es ist uns eine Freude, auch zu melden, dass wir diese benötigten Waren an Bord haben und wir sind in weniger als vierzig Minuten bei Ihnen. Leitstrahl bitte beibehalten, wir setzen auf Koordinatenvergleich mit den Borddaten. Bis gleich! Wir schalten also auf automatische Landung!" James hatte ein sympathisches Gesicht, wirkte nur sehr, sehr gestresst. Irgendetwas war vorgefallen! Die Enge in der Marsbasis vielleicht? Der Psychodruck? Bald würden wir es wissen. Die Funkanlage stellte auf Leitstrahlempfang um, dann flüsterte Georg über den Intrakom: „Der sah eben aus, als wenn die Leute dort sich schon seit einiger Zeit mehrmals geprügelt hätten!" Das war es! Georg hatte es erkannt! Verbannt in gewissen räumlichen Grenzen ohne die Möglichkeit, sich für einige Zeit ins Freie zu begeben und dann noch mit der Hiobsbotschaft des abgestürzten Containers! Das hat diese Menschen an den Rand der Verzweiflung gebracht! Sie hatten sich sicher geprügelt! Der Urinstinkt des räumlichen Zugewinns, der größeren Höhle für sich und die seinen hatte sich erneut entfacht! Es kam Angst auf und die Vernunft schaltete ab. „Wir müssen dafür sorgen, dass die Leute dort unten erst

einmal Beruhigungsmittel einnehmen, nicht dass sie unsere TWINSTAR entern wollen! Wenn der erste Container zum Entladen bereit steht, dann soll dieser James Shelter die Medicalbox nehmen und solche Ruhigsteller verteilen! Diese Riegel mit den Präperaten. "
In einer leichten Parabel näherten wir uns dem roten Planeten. Langsam verlor dieser optisch die Kugelform und nach langen Minuten der Erwartung, kam auch die Marsbasis in Sicht. Wie das Pentagon, nur aus Blech, Isolierungen und Kunststoff und mit angebauten, externen Containereinheiten die über eine Art ausfahrbare Gangway miteinander verbunden waren. Es standen einige Fahrzeuge herum, doch Räderspuren konnten wir nicht erkennen. Es gab Stürme in der letzten Zeit und keiner begab sich noch zu Außenmissionen, da die Sauerstoffvorräte und Energiezellen schon knapp geworden waren. Zwar wurde ein Großteil des Sauerstoffs schon auf dem Mars erzeugt, doch diese Produktion reichte noch nicht an den tatsächlichen Bedarf heran. Die Sinkgeschwindigkeit verlangsamte sich zunehmend, dann entschlossen wir uns, die TWINSTAR doch zu trennen, damit wir die Container separat und gleichzeitig an freien Schleusen des Pentagons absetzen konnten. Der Bordrechner erklärte zwar, dass das Programm eine Komplettabkoppelung nicht vorsah, aber ich bestätigte die Programmänderung, auch Georg bestätigte, damit war die Urprogrammpriorität überstimmt. Diese Faltzugänge oder Gangways von der Basis konnten bis fünf Meter ausgefahren werden, doch schafften wir eine Platzierung im Abstand von etwas knapp über zwei Metern. Näher konnten wir auch nicht heranschweben, denn die Wölbung der TWINSTAR-Module nach weiter oben verhinderte dies, war aber ohnehin irrelevant. Zu den Vieleck-Container wurden wurde die Arretierungen gelöst und wir schwebten etwas höher, entfernten uns so um die fünfzig Meter von der Basishauptschleuse, ließen die Landebeine ausfahren und ausklappen. Dann schalteten wir die Wafer ab. Sofort machte sich die Gravitation des Mars bemerkbar. „Mehr als der Mond und weniger als die Erde! Es kommen mehr Tachyonen von unten durch als beim Mama-Planeten, nicht wahr?" Meldete Georg. „Das hast du richtig erkannt!" Windmesser erkannten Strömungen von nicht einmal dreißig Stundenkilometern. Wir gaben den jeweiligen Sempex-Rechnern den Befehl, bei Bedarf die Sicherheitsanker der Landestützen einzusetzen, das wären Bohrer, die sich noch mal zwei Meter in den Boden eingruben, sollte noch mehr Sturm entstehen, dann könnten Ankerharpunen abgeschossen werden. Doch der Marswetterbericht, der über den Basisrechner an uns übermittelt wurde, sagte keine größere Änderung voraus. Es war schon zu erkennen, wie sich diese Gangways an die von uns abgestellten Container schoben! „Dann wollen wir mal unsere Freunde vom Mars besuchen." Ich

konnte an der Holoübertragung schon feststellen, dass sich Georgie mit dem Marsanzug beschäftigte. Ich schaltete noch eine Verbindung zur Basis: „Herr James Thomas Shelter, bitte um Bestätigung!" Es dauerte und es kam keine Verbindung zustande. Erst nach weiteren Rufen, nach dem vierten Mal meldete sich James Shelter schwer schnaufend: „Ich bitte Sie, die momentan vorherrschenden Zustände zu entschuldigen, aber wir haben ein paar, äh, Kompetenzprobleme zu lösen." „Befehlen sie sofort die Medicalbox aus dem Container an Schleuse B zu öffnen! Es sind Fruchtriegel mit Vitaminen und Nährstoffen drinnen, die unter anderem auch nervenberuhigende Stoffe beinhalten. Scheinbar wurde von der DLR schon ein solcher Zustand bedacht!" Shelter lächelte dankbar: „Eine sehr gute Idee", er rief scheinbar einem Kollegen, „B-Schleuse zuerst Adam! Eine Medicalbox und Zwangsverteilung an die Aggressoren! Entschuldigen Sie bitte, Herr Rudolph und Herr Verkaaik, aber Sie sind gerade noch rechtzeitig gekommen! Eine Woche später und ich wäre ohne Anzug davongelaufen!" „Wir kommen zur Hauptschleuse! Bestehen Gefahren?" „Ich habe noch eine Sicherheitsmannschaft unter meiner Kontrolle. Sie bekommen ab Schleuse ein Geleit!" „Ist es so schlimm?" Fragte Georg. Shelter sah uns über den Holoschirm traurig an. „Jetzt nicht mehr. Jetzt nicht mehr." Gerade sah ich noch, wie wahrscheinlich dieser Adam in unkompletter Kleidung durch die transparente Gangway zum Container ging und die Medicalbox mit den Riegeln holte, schnell begann ich auch damit, den Anzug anzuziehen. Ein paar Server vom Mittelteil der TWINSTAR, Modul A halfen mir dabei. Zwanzig Minuten später gab mir der Sempex grünes Licht für den Ausstieg, nachdem er die Kontrollen des Anzuges abgefragt hatte. Georg testete den anzuginternen Funk, ich hörte ihn einwandfrei. „Also Freund Max, auf in das rote Abenteuer!" „Du könntest es sicher nicht mit so wenigen Worten besser beschreiben! Auch nicht mit mehr!" Zuerst gab ich einen Digitalstream an den Sender, der der Bodenstation in Oberpfaffenhofen mitteilt, dass wir am Ziel angekommen waren. Ich ging in die Schleusenkammer, wusste, dass Georg desgleichen tun würde; die Innenschleuse schloss sich und die Außenluke klappte nach oben auf. Dabei aktivierte sich der Antigravlift und ich wurde in den Programmsog gezogen, der mich zuerst unter die Klappe beförderte, dann war ich wieder für kurze Zeit schwerelos, bis ich den Marsboden betrat. Georg war bereits angekommen, und schaute in diesem gelben Anzug zu mir herüber. Ich konnte sein Gesicht deutlich erkennen, es war früher Marsnachmittag, die etwas kleiner wirkende Sonne strahlte ihm direkt in das Gesicht. Unsere Sonne wirkte deshalb kleiner, da der Mars auch um 78 Millionen Kilometer weiter davon weg war, als die Erde. Nachdem der Mars längere Tage und Nächte, als eine langsamere

Rotationsgeschwindigkeit hatte, würden wir wohl, wenn wir am Abend zurückkommen wollten, auch länger schlafen oder ansonsten etwas tun. Ich hatte ein ungutes Gefühl, in der Basis zu nächtigen. Irgendetwas sträubte sich in mir dagegen! Nun versuchten wir unsere ersten Gehversuche auf dem roten Planeten. Es war insgesamt einfacher als mit den noch klobigeren Anzügen für den Mond, denn diese Spezialkleidung hier war dünner, es muss nicht mehr soviel Druck gehalten werden, Die Umlaufheizung konnte mit einem Gas betrieben werden, nicht mehr mit Kühlflüssigkeit und der Helm hatte auch nicht mehr dieses Riesenvolumen. Keine Mehrschichtgläser waren mehr nötig, da ohnehin geringere UV-Strahlung den Mars überhaupt erreichte. Wir gingen also zur Hauptschleuse der Marsbasis, dabei bemerkte ich ein spürbares Knirschen unter dem Profil meiner Stiefel! Ich dachte im ersten Moment an ein Gehen auf Schnee! Der Marsboden hatte eine Konsistenz wie – Schnee! Zeitweise kamen uns wieder ein paar harte Steinchen unter die weichen Sohlen, doch als wir uns der Schleuse näherten, waren auch diese verschwunden, die Mannschaft hatte gewissermaßen `sauber´ gemacht. Georg blickte noch einmal zu mir, dann betätigte er den Außenschalter für diese Hauptschleuse, dabei meinte er: „Mal sehen, ob uns die Hausherren freundlich gesinnt sind!" „Ich hoffe nur, Kaffee und Kuchen sind schon fertig!" Wir traten ein und warteten auf den Gasaustausch und die Druckregulierung, dann schwang die Innenschleuse auf. Zwölf Mann erwarteten uns in schmutziger, abgetragener Kleidung. Als Erster begrüßte uns der Amerikaner. „Noch einmal: Herzlich willkommen auf der Marsbasis `Drachenflucht´, der von den Chinesen gewählte Name. Ich bin James." James sprach Englisch und ein Puk übersetzte, doch Georg erwiderte seinen Gruß in Englisch, auch ich setzte mich über den Puk hinweg. Dann meinte ich: „James, Sie müssen uns erzählen, was hier vorgefallen ist! Danach versuchen wir, vernünftige Lösungen zu finden." Dies teilte ich noch mit dem Außenlautsprecher mit, trotz geöffneten Visir, doch schon nahm Georg den Helm ab und ich tat es ihm gleich. Die anderen elf Männer schienen uns vor etwas abschirmen zu wollen und ich sah weiter in den teils künstlich beleuchteten Raum und teils vom Mars her einfallendem orangenen Licht. Als sich meine Augen an diese Lichtverhältnisse gewöhnten, hörte ich auch schon ein paar Chinesen kreischen. Diese waren aber so undeutlich, dass kein Puk imstande war, zu übersetzen. „Kommen Sie bitte mit in den amerikanischen Administrationsbereich!" Wir folgten James, der sich nach rechts wandte, wir also den Gemeinschaftsbereich verließen. Dabei bemerkte ich Zerstörungen von nicht unerheblichen Ausmaßen. Funktionsmöbel waren verbogen, Elektronische Geräte waren auf einem Haufen geschichtet worden, Drähte hingen davon heraus, es sah aus wie nach einer Schlacht!

Die Männer hatten alle schmutzige Kleidung an! Wieder riefen die Chinesen durcheinander und sahen uns mit hasserfüllten, blitzenden Augen an! Dabei wurden so manche Wortfetzen von einem Puk übersetzt, nur hörte ich immer wieder etwas wie „Deutsche Saboteure!" Momentan verstand ich die Welt nicht mehr, aber nicht nur weil ich auf dem Mars war. Auch Georg schüttelte den Kopf, sagte aber nichts. Wir folgten einfach James! Nachdem dieser mit uns in den amerikanischen Bereich gelangt war, die Sicherheitstüre einer Leichtbauweise verschloss, atmete dieser erst einmal tief durch, dann schoben wir einige Stühle an einen Metalltisch, um uns niederzulassen. Unsere Steuercomputer der Anzüge schalteten auf Standby, wir wollten uns dieser aber noch nicht ganz entledigen. Dann begann James zu erzählen, nachdem er der Einfachheit halber einen Puk auf dem Tisch aktivierte: „Als die Meldung von der Erde kam, dass der Transporter mit den Versorgungscontainern abgestürzt war, zog natürlich eine tiefe Enttäuschung hier in der Basis `Drachenflucht´ ein. Im Übrigen heißt die Basis nach unserer Art `Adlernest´, frei nach Armstrongs Mondlandefähre Eagle. Wir mussten das Notprogramm starten. Also kein Wasser mehr für Wäschewaschen, die Wassergewinnung aus dem Marsboden war zu ineffizient für unsere Besatzung von über sechzig Leuten. Man könnte auch sagen, diese Wassergewinnungsanlagen wurden als Stiefkind betrachtet, denn, wäre nach Plan vorgegangen worden, dann müsste sie schon heute ausreichend produzieren. Auch wurden die Wasserrecyclingsanlagen auf Notbetrieb umgestellt, wiederum auch um Energie einzusparen. Vor drei Wochen kam es zum Eklat! Die Chinesen waren scheinbar dieser psychischen Herausforderung nicht mehr gewachsen und begannen, unsere Vorräte zu stehlen. Dabei hausten sie wie die Kung-Fu-Kämpfer und wir wurden anfangs noch davon überrascht, bis wir begonnen hatten, uns besser zu organisieren. Wir mussten Wachen einteilen, die sofort Alarm gaben, wenn sich jemand an unseren Vorräten zu schaffen machte. Die Chinesen waren öfters draußen unterwegs, bis sich auch herausstellte, dass sie unsere Fahrzeuge um die Notpakete erleichterten. Als ich dann auch nach draußen ging, erkannte ich den chinesischen Kommandanten Soi Hinan Watang, als er sich gerade an unserem Explorer zu schaffen machte. Er war dabei, den Wassertank zu entleeren und die Energiezellen auszubauen. Das Konzentratnahrungspaket hatte er bereits zur Seite gestellt. Ich wollte ihn zur Rede stellen, da sprang er mich an und verpasste mir einen Fußtritt, der mein Funkgerät zerstörte. Noch wollte ich über Außenlautsprecher mit ihm reden, doch Soi war nicht mehr zu bremsen. Er hatte ein Allzweckwerkzeug liegen gelassen und als er wieder auf mich zusprang, rollte ich zu Seite und warf ihm dieses Werkzeug an den Kopf! Dabei schlug ein ausgeklappter Bolzen durch sein Helmvisier.

Nachdem aber Soi sich so stark aufgeregt hatte, litt er auch schon unter Atemnot, die Dekompression tat das Letzte, als ich ihn noch bis zur Schleuse zerrte, und ihm eine Sauerstoffmaske ansetzte, war es schon zu spät. Der Sauerstoffgehalt der Marsatmosphäre reicht noch nicht aus, um mit diesem relativ kleinen Lungenvolumen von Menschen atmen zu können. Nur in der Nähe von Blaualgenplantagen gab es schon Erfolge, aber nur mit einem Tibeter, der ein wesentlich größeres Lungenvolumen aufbieten kann! Er war im irdischen Himalaja in viertausend Metern Höhe geboren.

Wir haben Soi auf der anderen Seite der Basis vor der leichten Anhöhe beigesetzt. Langsam erhöhten sich dann die Aggressionen der Chinesen, es wurde uns vorgeworfen, dass wir planten, die Asiaten zu töten, um die Vorräte für uns zu beanspruchen. Das war wirklich absurd, denn wir hörten schon von der Erde, dass ein Rettungsprogramm gestartet war, auch von einer neuen Erfindung und von neuer Technik! Die Chinesen meinten aber nur, dass unsere deutschen Freunde sich einen Schabernack erlauben würden, denn so eine Technik, um innerhalb von ein paar Stunden zum Mars zu reisen, würde in den nächsten Jahrhunderten nicht entwickelt werden können. Langsam entwickelte sich auch die Theorie, dass die Deutschen schlechte Antriebseinheiten für die Containerschiffe bauen, egal, ob diese dann die Reise durchstehen könnten, nur um von den Chinesen abzukassieren!"

Jetzt musste ich aber erst einmal Luftholen und James unterbrechen! „Das ist ja infam! Wir hatten schon lange den Verdacht, dass die Chinesen uns alles abkupfern, unsere Antriebseinheiten abmontieren und nachbauen. Als das Containerschiff abstürzte, wollten sie uns am globalen Gerichtshof regresspflichtig machen. Wir hatten natürlich noch keinen Beweis, dass unsere Systeme kopiert wurden, aber wir sollen auch zum Marspol fahren um dort eben diese Beweise einholen! Hat sich aber fast erübrigt!" „Wiese erübrigt?" Wollte James wissen. Georg sprang mit weiterer Erklärung ein: „Was habt ihr von der Erde zur Aufklärung dieser Vorgänge erfahren?" „Nicht viel. Die Funkanlagen wurden bei einer Schlägerei im Gemeinschaftsraum fast zerstört. Wir konnten die wichtigsten Anlagen retten oder wieder in Funktion setzen." „Habt ihr nicht die Pressemitteilungen vom 22. Dezember überspielt bekommen? Da hat sich ein Beauftragter zu diesen Vorfällen geäußert und sich wegen dieses `Versehens´ weltöffentlich entschuldigt!" „Nein! Genau an diesem Tage war die Anlage nicht vollkommen in Betrieb!" „Dann wundert mich nichts mehr. Haben die Chinesen nicht gemeldet, dass sie vor der Weltöffentlichkeit zugegeben hatten, dass sich `versehentlich´ ein paar deren Ingenieure an den Antriebseinheiten zu schaffen machten und diese gegen `fehlerfreie´ Einheiten austauschen wollten? Die Originale lagern wahrscheinlich noch in China in einem Tiefbunker!" „Wir haben nur noch unsere Sende- Empfangsanlage. Die chinesische Anlage wurde von diesen selbst zerschlagen, als sie sich selbst massakrieren wollten!" „Dann haben diese Leute auch nicht davon erfahren. Warum diese Information nicht ein weiteres Mal an euch gesandt wurde, um es den Chinesen mitzuteilen wundert mich aber auch!" Musste ich zur Sache äußern. Doch James verbesserte: „Wir hatten auch die Funkanlage in Notbetrieb eingeteilt, um Energie zu sparen. Wir laufen bereits jetzt schon über die seltsamen kleinen Energiezellen, die in euren Containern eingelagert waren. Diese werden aber sicher nicht allzu lange halten." „Wieso? Das sind die neuen Resonatorzellen auf Tachyonenwaferbasis. Die bringen ein Hundertfaches von dem, was eure alten Zellen brachten", warf ich hintergründig lächelnd ein. „Wie bitte? Wie soll denn das gehen", erkundigte sich James. „Die neue, irdische Technik! Ich sehe, ihr habt sehr viel nicht mitbekommen!" Der Türsummer erklang und wir sahen gespannt, wer eintreten würde. Ein schlaksiger Mann, ich nahm an, es war dieser, der schon durch die Gangway in unseren Container gelangte, erschien. Adam wurde uns vorgestellt. Er war frisch angekleidet und hatte einen Satz Kleidung für James mitgebracht. Auch einige Konzentratriegel und angereichertes Mineralwasser. Das waren auch Artikel aus unseren Containern! „Die Chinesen haben sich wieder etwas beruhigt", erklärte er, „wir haben ihnen von diesen Fruchtriegeln zu essen gegeben. Was ist denn da für ein Teufelszeug enthalten? Die sind ja jetzt so fromm wie die kleinen Lämmer von der Farm meiner Oma in Texas!" „Ein Mittel gegen Klaustrophobie kombiniert mit gengesteuerten Regulatoren der Gleichgewichtsbüschel im Innenohr, also auch gegen Raumkrankheit. Dann ist noch hochkonzentriertes Baldrian enthalten." Wusste Georg zu informieren. „Wenn alles ruhig ist, dann machen wir einen runden Tisch im Gemeinschaftsbereich, Adam. Was ich nun erfahren habe, rundet das Bild ähnlich ab, wie wir schon vermutet haben." James zu Adam. Adam nickte kurz und war schon verschwunden. Sicher erkannte er, wie wichtig nun dieser runde Tisch sein würde. Zumindest von der Versorgung her, war die Basis aber schon gerettet!

Ich sah aus dem Fenster der amerikanischen Marsadministration, Ich konnte die TWINSTAR-Module gerade noch am linken Fensterrand sehen, als sich eine kleine Windhose zwischen der Basis und den Modulen bildete. Diese wanderte langsam zum linken Rand und von rechts kam schon die nächste! „James! Wie sieht es mit den Sturmwarnungen aus? Wird der Wettersatellit, der um den Mars kreist, überhaupt noch abgefragt?" „Und dies, Max, ist der tägliche Überlebenskampf gewesen, solange wir noch Außenexpeditionen unternahmen. Glücklicherweise sitzen wir hier am Rand des Schleudergebirges, ein äquatorial naher Höhenzug, der diese Region vor den schnellen Winden schützt! Aus diesem Grund wurde auch hier die Basis errichtet. Doch keine Angst. Durch die relativ geringe Atmosphäredichte bekommen auch schnelle Winde nicht die Druckkraft der irdischen Stürme. Der Satellit wird aber zeitweise noch empfangen. Sozusagen im Notbetrieb! Doch nun möchte ich einmal erfahren, was war auf der Erde konkret geschehen, so dass ihr innerhalb von ein paar Stunden hierher fahren könnt?" „Weißt du was James?" Georg wollte sicher nicht alles mehrfach erzählen. „Das erklären wir dann, wenn der runde Tisch zusammenfindet." „Ist OK, Freunde. Ich darf euch doch sicher so bezeichnen, nachdem ihr uns gerettet habt!" „Wir bitten darum!"

Wieder sah ich aus dem Fenster und mich faszinierte diese Planetenoberfläche. Rot-orange, auch die Atmosphäre zog sich bis in die Gelbtöne. Ein blauer Himmel würde sicher noch lange brauchen um sich zu entwickeln. Die Sonne etwas kleiner, doch langsam entdeckte ich einen der Marsmonde. Nach meinen Informationen müsste es Deimos sein. „Deimos?" Fragte ich James und dieser nickte. „Passt gar nicht in das Bild eines Mondbetrachters. Er wirkt so nah!" „Das ist er auch! Deimos ist nur gute dreiundzwanzigtausend Kilometer vom Mars entfernt. Schaut mal, wie schnell der ist!" Wir sahen erneut aus dem Fenster. Tatsächlich! Er war schon ein ganzes Stück gestiegen! Ich wusste zwar von diesen `schnellen´ Monden, aber wenn man sie von deren Eigenplaneten betrachten konnte, ergab sich ein doch viel realeres Bild! James forderte uns auf: „Schaut mal aus diesem Fenster, gleich kommt Phobos!" Nicht lange hatten wir zu warten, da erschien er auch schon. „Der ist ja doppelt so schnell wie Deimos!" Wunderte sich Georg und James verbesserte: „Dreimal so schnell, auch weil er viel näher ist, braucht er eine noch schnellere Umlaufzeit!" „Ich erinnere mich. Phobos ist ja nur neuntausend Kilometer weg!" Georg blickte mich an, so dass ich langsam nach Humor suchte. „Für dich und mich und unsere Mountainbikes immer noch zu weit, Georgie!" „Ha!" Machte Georg. „Wir kleben an den Frontscheinwerfer einfach einen kleinen Wafer und schon kann es losgehen!" James wirkte irritiert und wir beruhigten ihn, wir würden am runden Tisch weitere Erklärungen, auch bezüglich der neuen Technik abgeben. Noch mal sahen wir aus den Fenstern und Phobos war fast schon wieder verschwunden, wobei Deimos noch zu sehen war. Adam kam herein und teilte uns mit, dass die Chinesen mit dem runden Tisch einverstanden wären. Wahrscheinlich auch wegen des hohen Fruchtriegelkonsums! Baldrian hat doch seine Wirkung und das Mittel gegen Platzangst ebenso! Also suchten wir den Gemeinschaftsraum auf und die Chinesen hockten alle mittig vor den auf einen Kreis zusammen geschobenen Aluminiumtischen. Somit mussten sich die Amerikaner auf links und rechts verteilen. Ich sah auf den vordersten der Chinesen, der wahrscheinlich sich schon seit längerem bemühte, die Kommandohoheit des Soi übernehmen zu dürfen oder können. Trotz der Fruchtriegel blitzte es in seinen Augen feindselig. „Mich würde interessieren, warum sich die Deutschen in Saboteure verwandelt hatten!" Begann er angriffslustig. „Genau zu diesem Zweck einer Klarlegung der Ereignisse haben wir diesen runden Tisch einberufen. Zum Ersten weise ich den Vorwurf der Sabotage energisch zurück!" Ich sah Minjko Akido Yamashi streng in die Augen, wie sich der selbsternannte neue Kommandant aggressiv vorgestellt hatte. Dabei stand er halb von seinen Stuhl auf, so als wollte er mich in den nächsten Sekunden anspringen! *Dieser falsche Ninja braucht eine Überdosis Fruchtriegel!* Dachte ich bei mir. Dann eröffnete ich die Erklärungen. Die Puks übersetzten flüssig, Alle hatten ein Fläschchen vitamin- und mineralangereichertes Wasser vor sich, auch die Luft roch schon wesentlich besser als vorher. Es waren neue Mischtanks und neue Filter an der Basis angeschlossen. Ich erzählte von den ersten Ideen, die ich mit meinem Freund Georg im Oktoberfest hatte, von der Startidee, von den Experimenten, dann übernahm Georg die Erzählung und erklärte seinen Part von den neuen, schnellen Nanoprintern, von unseren Experimenten mit dem kleinen Wafer, der ein Loch in die Erde schlug, vom nächsten Wafer, der in die Unendlichkeit geschickt wurde. Dann von den Nachrichten und wann wir erfuhren, dass der Marscontainertransporter abgestürzt war. Von den Spionageversuchen der Franzosen und der Chinesen, wobei Minjko aufsprang und „Lüge! Lüge", schrie! James forderte ihn scharf zur Ruhe auf und wir erklärten Minjko, dass wir Videomaterial mit Wasserzeichen, also fälschungsgesicherte Filme dabei hätten, die einige Vorgänge auf unserem Mutterplaneten erklären könnten. Ich setzte noch hinzu, dass sich die Friedensbewegung der irdischen Völker auch schon im großen China manifestierte hatte. Damit wurde er etwas ruhiger. Georg erzählte von der TERRANIC, von dem Prozess vor dem Gremium des globalen Gerichtshofes, des Versuchs der Chinesen, diese Erfindung selbst als Patent zu melden und dessen Scheitern. Wieder blitzte es aus den Augen Minjkos und von anderen, allerdings müde wirkenden Chinesen. Wir erwähnten den Plan der DLR, des Fraunhofer-Instituts, Airbus-Hamburg und der neu gegründeten TWC, bald eine Marsgondel zu bauen. Anschließend erwähnte Georg noch die Bereitschaft der TWC, auch Airbus-China mit den Wafern zu versorgen, wieder der Versuch diesen Nanoprintern in die Programme zu sehen, wobei der Chinese in der ersten Reihe fast schon wieder aufspringen wollte. Ich erzählte von der technischen, aber friedlichen Revolution, von den Atmosphärereinigern, den Tunnelbohrern, den Desintegratorenmessern, wobei ich eines aus meinem Anzug holte, aufstand und ein paar von den defekten Geräten mühelos zerschnitt. Nun bekam aber Minjko sehr große Augen und ein Hauch des Glaubens und der Erkenntnis, schien ihn heimgesucht zu haben. Ich erzählte von den umgebauten Variobussen, die jetzt Variolifter heißen, erzählte auch, dass wir der Ansicht waren, diese Variolifter wären ein Versuchsstadium für Tachyonenwafer und würden bald eingemottet, dabei eroberten sie mittlerweile schon ganz Brasilien und auch die Welt! Georg schilderte bildlich Vorträge vom neuen Brückenbau auf der Erde, dass die Brücken in einem Stück an Land gefertigt werden, dann von Tachyonenkränen über die jeweiligen Flüsse auf zwei Podeste gestellt würden, von den Anden, die mittlerweile mehrfach durchbohrt waren, von unserer Mondfahrt, von der SPIRIT OF EUROPE, von der chinesischen LANGER SCHRITT, von Boing und Tupulev, die mittlerweile auch Mitglieder in der TWC geworden sind, von der Planung bis zur Realisierung der TWINSTAR und vom 22. Dezember, als die offizielle chinesische Entschuldigung dieser Missverständnisse weltweit zu hören und zu sehen war. Mit diesen Worten legte er einen Speicherkristall an die Schnittstelle eines Logpuks, welchen James zur Verfügung stellte.

Das digitale Wasserzeichen erschien in der Holoprojektion, damit war wohl jedem Anwesenden klar, dass es sich um authentisches Filmmaterial handelte. Das war die Pressekonferenz in Oberpfaffenhofen und es dauerte etwas, bis der Auftritt von Herrn Mang Zo Chun zu betrachten war. Minjko starrte erst ungläubig in die Projektion, doch hatte die Aufzeichnung auch die Aussagen in chinesischer Sprache, in einem klassischen Hindu, berücksichtigt. Langsam wässerten sich die Augen aller anwesenden Chinesen, besonders des Minjko. Als er die Erklärung Zo Chuns vernahm, sackte er regelrecht in den Sessel ein und begann – zu weinen! Auch die anderen Chinesen fühlten sich in ihren Ehren gekränkt und wischten sich Tränen aus den Augen. Alle verfolgten noch das Ehrenritual zwischen Zo Chun und meiner Gabriella, schon blitzte wieder hoffnungsvoller aus den Gesichtern der marsseits exponierten Mittelasiaten, als Gabriella mit Zo Chun diesen einzigartigen Freundschaftsschluss vereinbarte. Die Anwesenden konnten nun erkennen, dass sich auf der Erde einiges getan hatte! In so kurzer Zeit! Es dauerte noch eine knappe halbe Stunde, dann fasste sich Minjko wieder einigermaßen, stand auf und kam langsam auf uns zu. Der Puk übersetzte: „Ich habe erkannt, dass ich einem Irrglauben unterlag. Ich bitte mein anfängliches Verhalten vielmals zu entschuldigen, es ist eines Angehörigen meiner Sippe nicht würdig, solches Verhalten zu äußern. Im Übrigen ist Mang Zo Chun ein Großonkel von mir, wir stammen aus dem gleichen Kanton." Minjko verneigte sich, um seiner

Entschuldigung mehr Ausdruck zu verleihen. Georg fand die Gesten sehr beeindruckend und zupfte an seiner psychologischen Saite: „Minjko, wir erkannten auch große Probleme, die euch hier heimgesucht hatten. Der Psychodruck in dieser noch lebensfeindlichen Umgebung stellte euch vor fast unlösbare Probleme, die natürlich mit der Nachricht des Absturzes vom Versorgungscontainer einen Höhepunkt erlitten. Genau genommen gibt es nichts zu entschuldigen, denn eure Handlungsweise ist rein menschlicher Natur, auch wenn das Ergebnis doch etwas erschüttert. Viel mehr ist uns daran gelegen, dass ihr euch jetzt gegenseitig aussöhnt! Ihr, die Bewohner der `Drachenflucht´! James hatte wahrscheinlich am meisten zu ertragen, . . ." James lächelte, „. . . gut dass mein Valiumvorrat ausgereicht hatte, . . ." „. . . so hat er die Notordnung aufrecht erhalten können. Minjko, wenn jemand eine förmlich Entschuldigung verdient hat, dann James!" Minjko sah zu Georg, dann sah er zu mir und schon wieder zu James. „Georg hat Recht, James. Ich habe vor der Verhandlung gerichtet und das war meiner unwürdig. Ich wäre bereit, es mit meinem Tod zu sühnen!" James konnte seit langem wieder richtig nett lächeln, das war ihm anzusehen. Er forderte seinen chinesischen Kollegen auf: „Minjko! Du hast gehört, was sich auf der Erde alles getan hatte. Dort ist eine Friedenswelle losgetreten worden, die der gesamten Menschheit Hoffnung beschert. Ich schlage vor, wir schließen uns dieser an oder sollen wir paar Gestalten hier auf der Marshoffnung alten Urinstinkten fröhnen? Was geschehen war, war uns eine Lehre, die sich nicht mehr wiederholen sollte. Außerdem wird nun das Marsprojekt mit noch mehr Energie weiterverfolgt! Wie ich auch erfahren konnte, sollen bald mehrere Gondeln wie die TWINSTAR gebaut werden und ein regelrechter Pendelbetrieb entstehen! Die längste Zeit der relativen Einsamkeit ist auch vorbei! Auch die Europäer, allen voran die Deutschen kommen bald und bauen mit uns an einer friedlichen Nutzung des roten Planeten. Und die kriegsgeläuterten Deutschen wissen sehr wohl, welch kostbares Gut der Frieden ist! Schließen wir uns also an!" Minjko sah den um einen halben Kopf größeren James an, der aufgestanden war und in die Runde der Chinesen blickte. Als sein Blick wieder auf Minjko haftete, reichte ihm der Chinese beide Hände! James ergriff sie, dann zog er Minjko an sich und dieser fiel ihm schluchzend an die Brust. James umarmte ihn und dieser erwiderte, indem er seine Arme um die Rippen James´ schlug. Auch im Rund um die Tische bewegten sich die Menschen und die Amerikaner mischten sich mit den Chinesen, reichten sich auch die Hände und umarmten sich. Die schwere Last auf den Seelen der Basisbewohner war abgefallen, nun konnte es nur noch weitergehen. Georg fragte James: „Machst du mal die Tür auf? Ich muss noch was holen!" James sah ihn rätselnd an, doch Georg verriet sein Geheimnis nicht! Er setzte seinen Helm auf, bestellte einen Elektrowagen und verschwand in der Schleuse, als die Anzugversorgung grünes Licht gab. Wir sahen aus einem Fenster, wie Georg zum B-Modul der TWINSTAR mit dem Elektrowagen hinter sich spazierte. Er ließ sich vom Antigravlift hoch tragen, nach kaum einer Minute kamen zwei Kisten zum Vorschein, die ebenfalls über den Antigravlift nach unten befördert wurden. In Folge wurde Georg wieder nach unten befördert. Er hievte die beiden Kisten unter Mühe auf den Elektrowagen und das Anzugmikrofon übertrug sein plagendes Schnaufen, was er aber auch künstlich forcierte! Mit diesem Wagen erreichte er wieder die Schleuse und nach dem Druckausgleich schwang die Innenschleuse erneut auf. Georg entledigte sich wieder seines Helmes und ein spitzbübisches Grinsen kam zum Vorschein. Er öffnete die erste Kiste und servierte den Marsianern? Bier in Büchsen! Eine riesige Kiste voll von bayrischem Bier! Ein Jubel erklang in der Marsbasis, was sicher seit vielen Wochen nicht mehr zu hören gewesen war! „Sag mal Georg? Hast du vielleicht zwei Kisten Bier mitgebracht?" „Nein Max! In der anderen Kiste sind vakuumverpackte Weißwürste, noch ein paar Büchsen Weißbier und süßer Senf. Halt! Ein paar Laibe Bauernbrot habe ich auch noch dabei! Los James! Heiz den Sonnenofen an! Wir machen die Weißwürste warm!" Dann stimmte Georg noch ein Liedchen an: „Ja Brotzeit, ja Brotzeit – die Brotzeit ist die schönste Zeit." Ich schüttelte den Kopf, James versuchte, einen Laib Bauernbrot zu schneiden, diesen nahm aber ich an mich und teilte ihn in gut dicke Scheiben auf, sogar Butter hatte Georg noch in den Kisten versteckt! Das hätte sich wirklich niemand träumen lassen; bayrische Brotzeit am Marsäquator! Einer der Amerikaner begann mit einer Stabkamera zu filmen! Auch das noch! Auch dieser Tag wird in die Geschichte eingehen. Die Friedenswelle schwappt nun hoffentlich auf den Mars über. Weiter holte Georg noch etwas Eingerolltes aus der zweiten Box. „Überraschung!" Verkündete er froh gelaunt, auch da er erkannte, dass sich die Allgemeinlaune gehoben hatte und sich im oberen Bereich fixierte! Die Chinesen schienen schon etwas zu ahnen, so sehr fixierten sie diese Rollen. „Echter Reiswein aus Shanghai!" Jubelte der Freund und zog eine dieser Flaschen aus der Papprolle. Der chinesische Jubel war nicht mehr perfekter zu machen und so endete der erste Tag auf dem Mars mit einem unnachahmbaren Fest. Einem Fest, welches der Psyche dieser Menschen enorm gut tat! James führte uns noch in die basisinterne Hospitalabteilung, in der noch zwei Chinesen und ein Amerikaner lagen. „Könnt ihr diese drei mit zur Erde nehmen? Unsere Mittel hier sind fast ausgeschöpft. Diese Leute sind psychisch und physisch am Ende! Wir nennen es mittlerweile: Die Marskrankheit." „Das ist wohl die einzige Möglichkeit, den Armen zu helfen und das sind auch kein Probleme für uns!" So machte ich den dreien

Hoffnung und trotz der Infusionen jubelten sie verhalten. Ein wenig Weißwurst und Bauernbrot wurde aber den Bettlägerigen serviert und diese Aktion wirkte wie ein Wunder, nachdem sie auch ein Schlückchen Bier probieren durften. Sogar der Marstag neigte sich schon dem Ende zu und wir äußerten unseren Willen, zu den Modulen der TWINSTAR zurückkehren zu wollen. Zwar wollte uns die Basismannschaft der `Drachenflucht´ eigentlich nicht gehen lassen, aber wir versprachen, in etwa zehn Stunden zurück zu sein. Dann würde noch Marsnacht sein, doch nach mitteleuropäischer Zeit schon der dreißigste Dezember 2093! Wir setzten uns die Helme wieder auf und waren nach dem Anzugcheck auch schon in der Schleuse verschwunden.

Marsdämmerung! Die Sonne strahlte in einem wahnsinnig tiefen Rot über dem Horizont, der Himmel sah aus, als wollte er eiskalt brennen! Die Steine des kleinen Geröllfeldes bis zur TWINSTAR zogen lange schmierige Schatten und unsere Module erschienen in einem Rot-Gold, an den Fensterblöcken spiegelte sich dieser Sonnenuntergang, der von dem erneuten Phobosaufgang begleitet wurde. Im Anzug konnte ein leises Summen der Umwälzanlage erhört werden. Es war kalt, die Marsnacht sollte frisch werden! Wann wird sich wohl der Mensch an den Mars angepasst haben? Oder, wann wird der Mensch den Mars angepasst haben? Macht das einen Sinn? Mich durchzuckte die Erinnerung an die Simulationen und die Bilder von den Plejaden! Die Chorck hatten auch andere Planeten ihres reicheren Sonnensystems bewohnbar gemacht, also war dieser Weg einer der Möglichen.

Langsam transportierten uns die Antigravlifte zur Schleuse empor, Georgie betrat wieder das B-Modul und ich `mein´ A-Modul. Ich stellte den Pilotensitz auf Bequemstellung und suchte nach einem Digitalstream, der von der Erde übertragen sein sollte. Eine geraffte Nachricht lag vor. Ich schaltete per Kopplungssignal auch den Empfänger auf dem B-Modul zu, Georg würde sicher mit auf eine Nachricht von der Erde warten. Dann kam die Entschlüsselung, es lag also so ein Stream vor! Jochim, Sebastian und Patrick hatten eine Aufnahme für uns eingespielt: „Eroberer der roten Welt! Wir hoffen, ihr habt dem römischen Kriegsgott die Zähne gezeigt und ihn besänftigt", ich war überrascht, denn diese drei wussten sicher nicht, wie weit sie mit dieser Aussage ins Schwarze getroffen hatten, "wir hoffen es geht euch den Umständen entsprechend gut, wünschen noch eine gute Marsnacht, bis übermorgen!" Dann traten die drei Herren zurück und machten unseren Frauen Platz. Zuerst meldete sich Silvana: „Hallo Georgie, hallo Max! Ich habe schon wahnsinnige Sehnsucht nach meinem lieben Ehemann! Doch erfüllt diesen Auftrag sorgfältig und kommt gesund und heil wieder! Gute Nacht, geliebter Mann, gute Nacht geschätzter Freund!"

Silvana rückte etwas zu Seite um Gabriella Vortritt zu lassen. „Hallo Max, Freund Georg! Ich verzehre mich ebenfalls vor Sehnsucht nach meinen Mann, aber erkenne die Notwendigkeit dieses Unternehmens, ich freue mich besonders, dass auch mit dieser Aktion die Bereitschaft aller Völker hier auf der Erde zu Frieden und noch mehr Verständnis ansteigt. Schließe mich in deine Träume ein, Max! Ich liebe dich von ganzem Herzen, und bis in den subatomaren Bereich meines Körpers. Kommt gesund wieder nach Hause und erledigt euren Auftrag pflichtbewusst! Gute Nacht Liebster! Gute Nacht Freund des Herzens!" Dann war der Stream zu Ende. Wir verfassten noch einen gemeinsamen Rückstream, nur als Empfangsbestätigung, der dann anschließend noch übermittelt werden sollte. Ich unterhielt mich noch etwas mit Georgie über die Holoprojektoren, es war auch fast so, als würden wir nebeneinander sitzen. Dann meinte Georgie: „Auch der Mars macht müde, Max. Ich sehne mich nach einer Dusche und nach dem Bett. Irgendwie komme ich gar nicht mehr nach, diese immer neuen Eindrücke zu verarbeiten. Gestern noch auf dem Mond, heute auf dem Mars, dann morgen? Und übermorgen?" Er ließ den Rest unausgesprochen. „Eine immer schnellere Entwicklung hat uns überrannt. Bald müssen wir uns der Technik anpassen, um Schritt halten zu können. Also gut, Georg. Beenden wir die Bildkoppelung. Ich wünsche dir auch eine gute Nacht, mein Freund!" Georg lächelte wieder spitzbübisch. „Ich habe noch ein Fläschchen gebunkert!" Und er zeigte mir eine Flasche Reiswein per Übertragung. „Das ist aber gemein! Warum hast du mir nicht auch eine Flasche abgetreten?" „Hättest du sie dir geholt?" Dann lachte ich aber: „Nein Georg! Schau, ich habe einen Spätburgunder hier, den fülle ich in zwei Gläser und stoße mit meiner Gabriella an! Dabei werde ich dann aber wohl das Glas meiner Frau mir ebenfalls zu Gemüte führen! Sie sollte doch nicht so viel trinken." Georg verzog sein Gesicht und schloss die Übertragung mit: „Schau mal wie gemein du zu mir bist! Hätte ich keinen Reiswein gebunkert, dann hättest du mich jetzt ausgelacht!" „Aber Georg! Das würde ich nie mit meinem besten Freund machen! Schau mal in dein Mitteldepot in der Ballonpresskammer nach!" Georg schaute weg, stand kurz auf und öffnete die Klappe am beschriebenen Ort. Schon war er zurück im Pilotensitz, der ebenfalls in Bequemstellung geschaltet war, er hielt ebenfalls eine Flasche Spätburgunder in der Hand. „Danke Max, das zeugt von deinem Großmut und deiner Weltoffenheit, dass du den kleinen, armen Holländern auch etwas vergönnst! Aber der Reiswein ist schon offen, doch könnte ich anschließend, ja ich muss anschließend fast noch einen Schluck hiervon zu mir nehmen! Das bin ich der Einmaligkeit der Situation fast schon schuldig!" „Halte es, wie du es halten willst, mein Freund. Aber armer Holländer? Nein! Urbayer möchte ich dich bezeichnen!" „Kultur und

Abstammung. Aber die Welt wird immer gleicher, die Unterschiede verwischen. Schon hier sind wir nicht mehr berechtigt, regional unterschiedlich zu definieren! Wir sind wirklich zu dem Volk der Terraner vereint! Lass uns das morgen beim Frühstücksstream an die Bodenstation melden. Sprechen wir eine Erkenntnis aus: Die forschenden Terraner und die terranischen Pioniere vom Mars grüßen das gesamte und sich einigende terranische Volk des Heimatplaneten! Wir haben die Erkenntnis erfahren, dass wir ein Volk von interessanten Untergruppierungen geworden sind, die nicht gegenseitig zu kämpfen haben, sondern füreinander! Und zwar für Frieden und eine gemeinsame Zukunft, für die Verbesserung der Lebensqualitäten und gegenseitige Achtung. Unsere Unterschiede sollten ergänzen und nicht teilen, separieren. Das soll unsere Nachricht sein und wenn diese Message von den Menschen verstanden wird, dann sollten wir auch keine Angst mehr vor der Zukunft haben! Die Zeit kennt nur eine Richtung: Vorwärts! Das ist die einzige Richtung die uns fix vorgegeben wurde, der wir nicht entfliehen können, also halten wir Schritt und beteiligen wir uns daran. Das wäre mein Wunsch an alle für das neue Jahr!" „Georg! Das habe ich aufgezeichnet! Das hast du auch sehr schön gesagt und diese Aufzeichnung werde ich morgen im Stream einbinden! Ich hänge noch mein Schlusswort an!" „Bandit!" Es lachte der Freund und schaltete die Übertragung ab. Noch leerte ich mein Glas, beschäftigte mich anschließend mit `Gabriellas Glas´, bald fühlte ich eine wohlige Schwere, trotz der geringeren Raumandrückkraft! Ich dachte an meine wunderbare Frau und war sicher, sie würde auch in diesem Moment an mich denken! Einhundertzehn Millionen Kilometer Entfernung zu meiner Liebe und ich fühlte mich ihr so nah! In Gedanken. Die Liebe war also doch etwas Einmaliges im Universum! Etwas, das Grenzen sprengen konnte! Etwas, das nicht an die verschiedenen Orte gebunden war, etwas, was schneller war als selbst die Tachyonen! Mit diesen Gedanken wanderte ich in die Hygienezelle, die schon fast so komfortabel war, wie zuhause im luxuriösen Wohncontainer! Noch etwas feucht ging ich zum Schlaf- und Freizeitdeck, aber im Gegensatz zur MOONDUST, ein Stockwerk tiefer. Dort suchte ich das großzügige Flüssigschaumbett auf, welches den Komfort eines Gelbettes haben sollte. Auf die Gurte konnte ich aber verzichten. Als ich mich gedankenvoll niederlegte, schaltete sich plötzlich ein Aktivfotorahmen ein, leuchtete golden in dieser relativen Dunkelheit und das Bild meiner Frau erschien! „Schlaf gut mein lieber Ehemann, in meinem Herz wohnst du ganz nah, auch wenn du Millionen Kilometer entfernt weilst. Ich liebe dich! Ich liebe dich! Ich liebe dich!" Dann folgte noch ein langer Kusston und das Bild änderte sich kurz auf einen Kussmund, der dann einem süßen Lächeln wich! Wirklich! Gabriella war mir nah! Ganz nah!

Ich glitt mit schönen Gedanken in einen schönen Traum in die erste Nacht auf dem Mars. Dabei überlegte ich noch mit auflösenden Gedanken, wie Gabriella wohl diesen Aktivfotorahmen an Bord gebracht hatte . . .

30. Dezember 2093 mitteleuropäische Zeitrechnung.
Bericht Georg Verkaaik:
Mich weckte ein Summen oder Pfeifen. Zuerst wusste ich gar nicht so recht, wo ich mich befand! Mit meiner linken Hand fasste ich um mich und wollte Silvana umarmen, da wurde mir langsam klar, dass ich mich auf dem Mars befand! Vielleicht war der Spätburgunder, den Max mir wohl gesonnen in der B-Gondel versteckte, nicht sonderlich kompatibel zum chinesischen Reiswein? Na sei´s drum. Es war immer noch Nacht auf dem Mars, doch nach unserer persönlichen und erdregionalen Zeitrechnung war es schon fast halb zehn, ein Mittwoch wie ich mich erinnerte. Morgen würde mein Freund Max auch noch Geburtstag feiern müssen! Davon die Hälfte auf dem Mars und die andere Hälfte wieder auf der Erde! Das war eine Premiere! Er würde somit vierunddreißig Lenze zählen. Der Holoprojektor im oberen Steuerdeck summte, das Steuerdeck war nun im Gegensatz zur MOONDUST über dem Schlaf- und Wohndeck angebracht. Auch dies war der besonderen Form der TWINSTAR wegen so gestaltet. Erst beim nächsten Intervall des Summtons war ich in meinem leichten Hausanzug oben angekommen und schaltete die Funkmodulkopplung an. Schon erschien mein Freund und Kollege als Holoprojektion links neben mir. „Guten Morgen Reisschnapsnase!" „Reiswein!" Verbesserte ich. „Willst du den Rückstream noch einmal sehen, bevor ich ihn sende?" „Nein, ich bin damit einverstanden, nur dass diese Aufnahme mich im Hausanzug zeigt ist mir nicht ganz recht, aber soll mir auch gefallen." „Ich habe den Ausschnitt verkleinert, so dass nur der Brustbereich zu sehen ist. So sieht das Oberteil aus wie ein Satinhemd von einem Geschäftsreisenden. Das Glas Reiswein ist nur ganz kurz zu erkennen!" „Na gut!" „Ich hatte Verbindung mit James. Er berichtet von einer Aktivität der Chinesen, zwecks Wiedergutmachung der Schäden und von tausend Entschuldigungen! Dabei erzählte ich von unserem Stream, den wir an die Erde senden werden. Auch habe ich ihm die Aufnahme gezeigt! Sofort stellte er sich mit Minjko vor eine Aufnahmeeinheit und ergänzte den Stream um mehrere Minuten. Ich überspiele diesen Zusatz von den Beiden. Aufgepasst!" Zuerst kam das digitale Wasserzeichen, dann erschienen die Gesichter der beiden `Marsianer´. James begann zu sprechen: „ . . . der Mitteilung von Herrn Ingenieur Georg Verkaaik und Herrn Ingenieur Maximilian Rudolph an die Terraner, alle Bewohner des Mutterplaneten, kann ich mich in diesem Sinne nur voll und ganz anschließen! Leider gab es Komplikationen hier in der

Marsbasis, die nicht zuletzt wegen des abgestürzten Containerschiffes zustande kamen. Unsere Freunde Max und Georg, ja, alle hier in dieser Basis bezeichnen diese beiden außerordentlichen Menschen nun stolz als Freunde, brachten überlebensnotwendiges Material, Kleidung, Nahrung, Medizin, Wasser, Energiezellen, Instrumente und vieles andere mehr! Was aber das Schönste war, was diese Beiden zu uns brachten, war die Nachricht, welche Entwicklung auf unserem Mutterplaneten stattgefunden hatte! Der Bericht dieser Friedenswelle, die sich auf dem schönen blauen Planeten ausbreitet, war die seit Jahrtausenden beste Nachricht und wir haben die Botschaft verstanden. Damit hat die Friedenswelle auch den Mars erreicht!" James nickte zu Minjko und dieser ergriff das Wort. „Ungeachtet politischer Systeme, die ohnehin in den individuellen Nationalstatus versinken, habe auch ich diese Botschaft erhalten und verstanden. Wir Terraner, ob auf der Erde lebend oder den Nachbarplaneten erforschend, haben nun eine gemeinsame Aufgabe bekommen. Eine Aufgabe die nicht mehr aus dem Gedankengut eines einzelnen Menschen entsprang, sondern uns die Evolution diktierte! Aber nicht mit Gewalt diktierte! Die Evolution sagte uns: Gehen wir? Gehen wir zusammen? Gehen wir zusammen in eine gute Zukunft? Und mit diesem Verständnis reichten wir der Herausforderung die Hand! Imaginär und real! Auch hier in der Basis `Drachenflucht´. Wir haben vernommen, dass der Mars nun nicht mehr von einzelnen Völkergruppen beansprucht wird, sondern dass dieser vierte solare Planet einem einzigen Volk gehört! Uns Terranern! Ich weiß, die westliche Welt beginnt übermorgen ein neues Jahr. Losgelöst von eigenem Zeitdenken, wir Chinesen brauchen ja noch einige Zeit um in ein neues Jahr einzutreten, wünsche ich allen Menschen auf unserem Mutterplaneten ein frohes, gesundes und friedliches neues Jahr! Beteiligt euch am Frieden! Jeden Tag ein kleines Stück bringt uns näher und schweißt uns so zusammen, wie es ein raumfahrendes Volk verstehen muss. Auch hier gibt es nicht mehr Chinesen, Amerikaner, Holländer und Deutsche! Hier gibt es ausschließlich Terraner! Passt auf den blauen Planeten auf! Dankt ihm für die Nahrung die er euch gibt. Dieses Defizit ist uns hier mittlerweile bestens bekannt! Ein besonderer Dank gilt unbekannterweise Herrn Ralph Marco Freeman für die Entwicklung dieser Atmosphärereiniger!" Im Anschluß winkten beide Männer Arm in Arm, der Amerikaner James und der Chinese Minjko, die Aufzeichnung zoomte zurück und die gesamte Belegschaft der Basis `Drachenflucht´ oder `Adlernest´ winkte in einer Einigkeit, die das Herz berührte, vor allem, wenn man die Bilder vom Vortag noch vor Augen hatte. „Klasse!" Sagte ich zu meinem Freund Max. „Wenn der hundertste Affe kreischt, dann wird die Botschaft auch verstanden." „Wie?" Ich wusste nicht, ob Max mich verstanden hatte, also versuchte ich zu erklären:

„Kennst du die Forschung über die getrennten Affengruppen? Eine Gruppe Affen auf einem Kontinent hatten den Gebrauch von langen Knochen als Werkzeug oder Schlagwaffe entdeckt. Zuerst waren dies Einzelgänger, bis sich immer mehr Affen diese Entdeckung zunutze machten. Dann ab einer bestimmten Menge schwappte diese Erfahrung . . ." „. . . auch auf andere Kontinente über! Auch andere Affen hatte diese Möglichkeit entdeckt, ohne aber vorher die Affen des vorherigen Kontinents gesehen zu haben! Ja, Georg. Ich habe darüber gelesen! Und ich habe nichts dagegen, wenn wir Menschen es den Affen gleichtun, aber nur zum Zwecke der friedlichen Weltrevolution, der Völkerangleichung, zur Förderung des Weltverständnisses! Achtung Georg! Ich stelle den Stream auf Sendung. Ich lasse ihn dreimal laufen, dass er auch übereinander gelegt und Bitfehler korrigiert werden könnten, also mit bester Qualität in Oberpfaffenhofen wiedergegeben wird!" „Mach das, mein Gutester!" Mich suchte ein seltsames Gefühl der Einsamkeit heim, ein irgendwie beklemmendes Gefühl in dieser Gegend, aber auch das Brennen, zu erkennen und zu forschen! Mehr über den Kosmos zu erfahren, mehr über die Bestimmungen der Intelligenzen in diesem Universum. Nachdenklich war ich wieder im Unterdeck angekommen und bewegte mich der Hygienezelle zu. Nach einem ausgedehnten Duschgang fühlte ich mich aber wesentlich wohler und fragte den Freund, wie weit er nun schon wäre. „Ich ziehe gerade den Marsanzug an!" Also schlüpfte ich auch in diese technische Notwendigkeit, Max gab mir zu verstehen, dass er nun aussteigen würde. Ich bestätigte. Nachdem die Innenschleuse wieder geschlossen war, der Druckausgleich hergestellt wurde, öffnete sich folglich die Außenluke nach oben und der Antigrav aktivierte sich. Max wartete schon auf mich, er versuchte ein paar dieser Kängurusprünge, die wir noch auf dem Mond als notwendig erachteten, hier aber nicht mehr so richtig funktionieren wollten. Also gingen wir ganz normal durch die Marsnacht in Richtung `Drachenflucht´! Nur zwei Scheinwerferstrahlen der TWINSTAR begleiteten uns. Das Außenschott war offen, also hatte schon jemand bemerkt, dass wir im Kommen waren. Wir stellten uns hinter die Schrittmarke und betätigten den Schließhebel. Nachdem der Gasaustausch stattgefunden hatte, der Druck auf irdisches Niveau geklettert war, schwangen die Schleusenschotte innen auf. Wir nahmen die Helme ab. Minjko und James begrüßten uns allen voran und es brandete wieder ein Applaus auf! Ich konnte erkennen, dass die Amerikaner ihre Empfangsanlage im Gemeinschaftsbereich der Basis aufgebaut hatten, so dass auch die Chinesen an den irdischen Nachrichten und den `Wetterbildern´ vom Marssatelliten teilhaben konnten. Es war eine gänzlich andere Atmosphäre entstanden! Nicht nur wegen der besseren, frischeren Luft, auch die verschiedenen Charismen der Menschen hier bildeten indes eine Einheit! Im hintersten Winkel lief ein Holoprojektor, der chinesische Landschaften simulierte. Ein Wasserfall, chinesische Pandabären die spielten, eine gute Surroundanlage gab dieser Idylle noch einen guten, nicht überladenen Ton. Minjko erklärte: Viele haben heute Nacht gearbeitet und aufgeräumt, die Spuren der letzten Unverständnisse beseitigt. Eure Energiezellen laufen bereits ununterbrochen, doch die Füllstandsanzeige geht überhaupt nicht zurück! Technische Wunderwerke! Schon alleine dies beweist diese enormen Veränderungen, die der Erde und seinen Terranern widerfahren ist!" Ich dankte den beiden für diesen netten Empfang, dankte auch der restlichen Belegschaft. Dann nahm ich Minjko zur Seite und fragte ihn vertraulich: „Minjko. Sollen wir den Leichnam Soi´s mit zur Erde nehmen, was war sein Wunsch?" Minjko schaute mich sehr traurig an, dann erinnerte er sich: „Soi war trotz seiner Ungehaltenheit ein guter Mann. Als er zur Basis kam, sagte er zu mir: `Eher will ich sterben als wieder zur Erde zurückzukehren! Ich habe mich für den Mars entschieden, egal was kommen mag. Auch im Tode will ich ein Pionier sein! ´ Das hatte er mir gesagt und ich weiß, dass seine Seele hier wohnt! Auch bin ich mir sicher, dass jetzt, wo ihr hier seid, er aus seiner Dimension uns anlächelt! Er wollte immer am Projekt Mars Anteil haben. Nun hat er einen Anteil bekommen, der zwar nicht geplant war, aber dessen Möglichkeit er sich immer schon gestellt hatte. Soi würde euch beide lieben, da bin ich mir sicher!" „Danke, Freund Minjko, danke." James hatte etwas von dieser Unterhaltung mitbekommen und äußerte sich auch dazu: „Minjko! Auch ich habe erkannt, wie man in verfahrenen Situationen zu Handlungen gezwungen wird, die man nicht tun sollte. Aber ich habe unter Notwehr gehandelt, unter Affekt. Wäre es möglich, eine Situation zweimal durchzuleben, würde ich eine andere Möglichkeit suchen, einträglich für uns beide. Ich muss mit dieser Erinnerung leben und dies ist und wird sehr hart für mich!" Minjko nahm James dieses Mal aus seiner Initiative heraus um den Hals, dabei dehnte er sich wie ein Gummibaum. „James! Ich habe es erkannt und ich habe einen Traum in meinem Traumfänger erhalten. Soi hatte mit mir in diesem Traum gesprochen und er lässt mitteilen, dass er glücklich ist! Er ist stolz darauf, dass du James, weiteres Unheil vermeiden konntest, bis Max und Georg kamen. Er sagte, das erste der großen Menschheitsabenteuer wird nun doch noch ein Erfolg und er war daran beteiligt! Und das war der Sinn seines Lebens!" James war sichtlich gerührt, egal ob er von Traumfängern etwas hielt oder nicht. Wieder umarmte er Minjko und ihm kam auch ein Schluchzen aus, er dachte sicher auch an Soi, mit dem er eigentlich ein sehr gutes Auskommen hatte und der jetzt im Marsboden verscharrt war. „Künftig soll der Tod immer nur noch eine

einzige Chance bekommen: Die Allerallerletzte! Wenn die letzte Alternative schon Abschied lange genommen hat!"
Die automatischen Getränkeausgaben funktionierten wieder, ich tastete mir eine Cola und es kam ein Becher voll von diesem angenehmen Getränk. Von Wein oder Bier würden wir heute Abstand nehmen, denn morgen sollte es erst einmal zur Erde zurückgehen, dabei würden wir nach Aufnahme der weiteren Container sofort wieder hierher zurückkehren! „Gebt uns noch eine Wunschliste mit! Sachen die ihr schon lange entbehrt hattet, aber seid bescheiden, bitte! Ich muss diese Waren dann vom TWC erbetteln, beziehungsweise ich muss betteln, diese mitnehmen zu dürfen. Meine zwei Kisten dort", ich deutete zu den fast leeren Boxen der Bierbüchsen und Reisweinflaschen, Weißwürste und so weiter, „habe ich als `persönlichen Bestand´ an Bord gebracht!" Nachdem wieder die Puks alles übersetzt hatten lachte die Mannschaft herzhaft. James meinte: „Es gibt noch keine Zollbehörde auf dem Mars, aber du bekommst die Mehrwertsteuer auf der Erde zurück, denn die Artikel waren sicher und beweisbar ausgeführt worden!" Jetzt hatte James die Lacher auf seiner Seite! Minjko und James teilten uns mit, dass ein Mars-Rover einsatzbereit gemacht wurde, wir sollten die beiden zu den Blaualgenplantagen begleiten. Dieser Einladung wollten wir natürlich mit Begeisterung folgen und ich fragte zurück: „Auf was warten wir noch? Auf geht´s!" Die beiden Marsianer zogen sich ähnliche Marsanzüge wie die unseren an, ließen aber die Helme geöffnet, denn dieser Mars-Rover befand sich im Maschinenblock des Gebäudes und konnte daher unter Luftverhältnissen bestiegen werden. Auch dieses Fahrzeug hatte nun neue Energiezellen aus unserem Paket bekommen, neue Luftmischer und Wassertanks. Wir stiegen in die Blockkanzel mit der Rundumverglasung des Rovers, eigentlich waren sechs Sitze vorhanden, schon schloss sich das Schott zur Basis, die Luft wurde abgesaugt bis ein Fast-Vakuum entstanden war, so wurde langsam Marsatmosphäre eingelassen. Das Außenschott schwang auf und wieder war es ein anderes Gefühl, den neuen, anbrechenden Marstag zu begrüßen. Der Rover rollte los, ein Summen begleitete die Antriebsmotoren und das Fahrzeug federte sanft ein, als es die Rampe zum Marsboden hin verließ. Sechs Multizellenräder besaß das Vehikel! James saß am Steuer und unterhielt sich über den Bordpuk mit Minjko. Wie bei einer Unimog-Rally sprang der Wagen über buckeliges Gelände. Minjko erklärte derweil: „Wir haben für die Basisunterstützung auch Plantagen in den Heckcontainern, doch einer der großen Versuche unserer Mission ist die wilde Bepflanzung des roten Planeten. Dieser soll bald eine sauerstoffangereicherte Atmosphäre erhalten, die von angepassten Menschen geatmet werden kann. Dabei soll auch der Ausstoß von Treibhausgasen angeregt werden, um die Sonnenwärme halten

zu können. Alles in Allem könnte mit dem Bodenwasser, was sich zwangsweise einmal verflüssigen wird, eine weitreichende Vegetation angelegt werden. Unsere Blaualgenzüchtungen dringen schon mit harten Wurzeln tief in den Marsboden ein und schmelzen durch die Energie der Photosynthese aus den übergroßen Blättern immer wieder Wasserteilchen ab. Dieses Wasser ernährt die Pflanzen! Noch sterben die Algen relativ schnell, aber nicht mehr so schnell wie am Anfang! Es konnte bereits eine gesunde Humusbildung nachgewiesen werden. Dort vorne ist die erste Großplantage!" Minjko deutete auf einen Fleck, den ich erst als irgendeinen großen Schatten definieren wollte. In der fahlen aufgehenden Sonne fehlte aber das Blaugrün der Algen, ich konnte nur ein Schwarz registrieren. James fordert uns noch auf: „Helme schließen! Fahrchips durch den Prüfer ziehen, der Marsexpress bucht dankend und umgehend von ihrem Konto ab!" „Hahaha", machte Max, aber er schloss seinen Helm wie auch ich und die Kontrollen wechselten auf eine Grünanzeige. Ebenso bei dem Piloten und seinem Co. Die Seitentüre kippte nach unten, welche auch als Ausstiegstreppe funktionierte. Schnell schaltete ich die Akustikwandler ein, also Schallübertragung per Mikrofone und Lautsprecher. Ein steter Wind pfiff, aber wirklich nicht allzu störend. Hinter einer Bergwand breitete sich die Plantage aus, diese war von einer `Atmosphärenfolie´ bedeckt, die sich leicht aufblähte! James fuhr mit den Erklärungen fort: „Der Sauerstoff, der hier von den Algen erzeugt wird, erzeugt auch einen leichten Überdruck innerhalb der Atmosphärenfolie. Diese doppelte Folie bewirkt in erster Linie, dass die biologisch erzeugte Wärme der Photosynthese in diesem Feld erhalten bleibt. Das begünstigt wieder die Wasseraufnahme der Pflanzung. Der Sauerstoff wandert aber im Endeffekt in die Atmosphäre des roten Erdnachbarn ab. Schließlich entnehmen dann diese Algen der marseigenen Gasmischung die umwandelbaren Stoffe, es entsteht wieder Sauerstoff. Diese Plantage wuchs seit der ersten Pflanzung schon um das vierhundertfache!" „Was? Schon vierhundertfach? Das ist aber enorm!" Begeisterte sich Max. „Wie lange dauert das dann bis der Mars mit atembarer Luft versehen sein wird?" Wieder stellte sich James der Frage: „Noch Jahrhunderte! Nach diesem aktuellen Prinzip, denn die Setzlinge waren immer wieder Mangelware. Das Problem war die Versorgung von der Erde her mit diesen Gewächsen! Wir hätten wesentlich mehr pflanzen können, als wir Nachschub bekamen." „Dieses Problem wird sich mindern! Wenn die ersten Marsgondeln in Dauereinsatz gehen werden, dann bekommt ihr so viele Pflanzen, dass ihr sie nicht mehr so schnell pflanzen könnt!" So stellte ich fest. Minjko winkte und wir kamen an seine Seite. Er öffnete einen Klettverschluss an der Atmosphärenfolie und wir konnten die Plantage betreten. Dahinter machte Minjko etwas Sonderbares: Er stellte sich etwas abseits und regelte den Druck seines Anzuges ganz langsam auf Marsdruck! Dabei begann er heftig und extrem lungenfüllend zu atmen. Nach etwa einer Viertelstunde öffnete er den Druckhelm seines Anzuges und atmete in langen Zügen extrem tief ein und entsprechend aus! Reif bildete sich an seinen Bartstoppeln und an seinen Nasenflügeln. Ich las an meinem Luftanalysator hier unter der Atmosphärefolie einen Sauerstoffgehalt von acht Prozent. Langsam drehte ich mich zu Max und dieser regelte bereits auch an seinem Anzug und begann mit den lungenblähenden Atemübungen. Schon musste ich natürlich auch an meinen Kontrollen Hand anlegen, auch James war schon mit diesem Prozess beschäftigt. Bald standen wir ohne Druckhelm mit geröteten Augen auf der Marsoberfläche und atmeten – Marsluft! Zwar noch sehr einfach und leicht schwindelerregend, da der Luftdruck ebenso fehlte wie ein ausreichender Sauerstoffanteil, aber nun war es absolut vorstellbar, dass es einmal marsangepasste Menschen geben wird, Menschen mit Riesenlungen, vielleicht genkorrigiert? Mit einer Brise aus der Anzugsversorgung konnte um den Nasenbereich der Sauerstoffanteil immer wieder kurz erhöht werden, damit wir nicht ohnmächtig wurden. Max wandte sich zu mir und sprach langsam oder zumindest versuchte er dies, dabei kam er aber in einen leichten Hustenanfall, den er mit einem Sauerstoffschub vom Anzug schnell stoppen konnte. Aber er probierte es erneut und seine Stimme klang dünn und heiser: „He Georgie! Das reicht aber noch nicht für eine Zigarre auf dem Mars, oder?" Nun musste ich lachen, dabei wurde mir aber schon etwas schwarz vor den Augen und Max drehte den Anzugsauerstoff auf, bis ich wieder klar sehen konnte. Minjko winkte wieder und er schritt langsam in dieser Plantage voran, alle folgten ihm. Ich glaubte nach einer kleinen Kurve meinen Augen nicht trauen zu können! Da standen ein paar Kiefernbäume! Es roch auch nach Nadelbaum! Bald klappten wir den Druckhelm wieder auf den Anzugring, erhöhten den Sauerstoffanteil der Anzugversorgung und stellten fast den Druck einer irdischen Atmosphäre wieder langsam her. James erklärte im Anschluss: „Diese Kiefern sind natürlich ebenfalls genkorrigiert beziehungsweise genstabilisiert. Sie sind extrem robust und bekommen ein Holz wie ein Bonsai. Feinstrukturiert und widerstandsfähig. Doch auch ich erkenne, unsere Arbeit bislang macht nun wieder Sinn! Blöd, dass es diesen bedauerlichen Zwischenfall gegeben hatte." Ich sah mich weiter um. Es waren sogar Kunststoffparkbänke aufgestellt worden. Mittlerweile war es ein schöner Marsvormittag geworden; nach unserer Heimatzeit aber später Abend, beginnende Nacht. Bei so vielen interessanten Sachen verging die Zeit scheinbar wie im Flug! Jetzt hatte ich den Eindruck gewonnen, dass wir Menschen alles erreichen könnten, wenn wir nur fest daran glaubten und uns von den Vorhaben nicht abbringen lassen würden. Vielleicht nicht in einer Generation auch nicht in zwei, aber in der Gesamtheit! Also doch das Kollektiv, welches uns führt? Oder wir, die das Kollektiv über die Generationen hinaus führen? Immer mehr überrollte mich die Logik oder die logischen Darlegungen Bernhards. Wir wanderten langsam wieder der `offenen´ Marsoberfläche entgegen und ich sah in den gelb-orangenfarbenen Marshimmel. Vor mir konnte ich Deimos erkennen und hinter mir, etwas seitlich Phobos, die Marsmonde. Es gab noch ein paar andere Himmelskörper. James erkannte meinen Blick zum Himmel und erriet, was ich dachte: „Es gibt noch die Mars-Trojaner, Kleinstmonde und manchmal kann man große Brocken aus dem Asteroidengürtel erkennen, allerdings nur bei klaren Marsatmosphärenverhältnissen." Das war mir bekannt, aber wenn man sie nicht alltäglich zu sehen bekam, dann wollte man diese schon etwas länger beobachten.

Im Rover angekommen, konnten wir auf ein einmaliges Erlebnis zurückblicken. Auch an die ersten Erfolge, wie Menschen dem Mars etwas Lebendiges gaben. Oder wieder gaben? Hatte der Mars nicht vielleicht in der solaren Frühzeit schon einmal Leben beherbergt? Bislang waren außer ein paar eisenfressenden Mikroben keine Nachweise diesbezüglich gefunden worden, aber der Mensch war nun einmal so neugierig, um auch diesen Fragen auf den Grund zu gehen. Und dabei ist es auch nicht wichtig, alles zu wissen! Nur immer genügend! Den persönlichen Wissensschatz einmal als ausreichend zu betrachten, wäre ein Rücksturz. Man lernt und muss weiterlernen. Neugierde und Evolution. War nicht dies jenes Gespann, welches sich gegenseitig ergänzt? Der Weg ohne Ziel, weil der Weg immer das Ziel war und ist? Und wir waren unterwegs und werden unterwegs bleiben. Gesteckte Ziele haben nur so lange Wert, bis man sie erreicht hat, aber wollen wir dann verharren? Sicher nicht! Dann sucht man sich ein neues Ziel oder es bildet sich ein neues Ziel. Aber wieder ein Ziel, welches sich als ein Stück eines neuen Weges darstellt.

Auch ich will andere Sonnen sehen! Auch ich will, wie die Frau meines Freundes schon einmal erwähnt hatte, in einem See auf einem anderen Planeten, unter einer fremden Sonne baden. Auch ich will mehr vom Universum wissen. Alles? Nein. Das geht nicht. Aber das Kollektiv sättigen, mit den höchstmöglichen Erfahrungen, die meine Existenz sammeln können würde. Wieder fand ich eine Parallele in mir selbst: Meine oder eine Geburt, der erste Schrei! Wie der Urknall unseres Kosmos. Dann die Expansion, mein Wachstum. Das Bilden von Sterneninseln, mein Lernen und die Bildung neuralgischer Netze. Die Novae, Sternimplosionen, das Zellensterben und Erneuerungen. Irgendwann der Tod.

„Wo bist du gerade?" Schreckte mich mein Freund Max aus meinen Gedanken. „Ich weiß es nicht genau, aber ich sah den Urknall und meine Geburt. Alles hat irgendwie etwas Gemeinsames." „Das Kollektiv?" „Das auch. Ich sehe immer mehr die Notwendigkeit der Logik, aber ohne dass ich so steif und humorlos sein möchte wie die Genkorrigierten der ersten Generation." „Also eine gesunde Mischung?" „Genau! Alles ist gut gemischt in einem besseren Zustand! Auch die Völker der Erde. Das ist ja schon ein Grundsatz der Genetik!" „Wahr gesprochen, Freund Georg." James hatte unser Gespräch verfolgt und staunte: „Ihr habt Kontakt mit Genkorrigierten der ersten Generation?" Dann mussten wir natürlich auch ausführlicher vom Bernhard erzählen und von anderen dieser Geschöpfe, die nun wieder einen Sinn in deren Leben gefunden hatten. James war sichtlich gerührt, auch Minjko staunte. Dann erklärte Max: „Wir reisen morgen, kommen aber in ein paar Tagen wieder und bringen euch ja den Tachyonenmodulator. Damit bekommt ihr dann ein einwandfreies Live-Duplex-Fernsehen und die Nachrichten topaktuell!"

Zurück in der Basis `Drachenflucht´. Dieser Name hatte sich besser etabliert wie `Adlernest´. Auch James selbst nutzte diese Bezeichnung immer häufiger, vielleicht auch aus dem Grund, da Minjko keine Kommandohoheit mehr beanspruchte. Vielleicht aus Gram, was auf der Erde geschehen war, aber auch James beruhigte ihn und er wollte die Organisationen gleichberechtigt mit ihm gestalten. Das Projekt Mars und das Projekt Terraforming sollten neue Impulse bekommen. Mehr Transporte, mehr Pflanzungen, irgendwann mehr Leute und weitere Anbauten an der Basis. Dann sicher einmal freie Marssiedlungen mit genetisch angepassten Menschen, die ersten freien Geburten . . .
Wir verabschiedeten uns für ein weiteres Mal, wollten zu unseren Modulen zurückkehren und wieder ausschlafen. Morgen, nach unserer Zeitrechnung sollten wir unbedingt noch einmal zur Basis kommen forderte uns James auf! Bevor wir eine Antriebseinheit aus dem Containertransporterwrack bergen. Wir versprachen dies fest und sicher, schlossen wieder die Helme, warteten auf die Grünwerte der Funktionen und verließen die Basis. Die Männer sahen uns durch die Fenster nach, bis wir in der geteilten TWINSTAR verschwunden waren. Max schaltete über das A-Modul meinen Empfänger hoch und aktivierte den Stream, die Aufzeichnung, die wieder von der Erde eingetroffen war. Wieder freuten sich Joachim und Sebastian über unsere Berichte und dass sich auch auf der `Drachenflucht´ die Umstände normalisiert hatten. Bernhard ließ grüßen und meldete, einen absolut edlen Wein entdeckt zu haben, der dem Körper auch vulkanische Mineralien spendete und den er in etwas mehr Dosen zu sich nahm, aber

natürlich unter strenger logischer Kalkulation! Ein seltener Wein! Nur über Beziehungen zu besorgen! `Vinho do Fogo´, ein Wein von dem kapverdischen Archipel, von der Vulkaninsel Fogo! Der Wein reift dort in einer Höhe von eintausendsiebenhundert Metern und wird nur in relativ geringen Mengen produziert. „Aber ein Tropfen", schwärmte Bernhard, „man spürt die Kraft der Elemente und riecht den Urknall!" Leider konnten wir nicht direkt antworten, da schon dieses Signal über zehn Minuten unterwegs war und unsere Antwort dann ebenso. Bis davon wieder eine Erwiderung käme, also über zwanzig Minuten. Bald würde sich dies aber ändern! Bald!

Nun, nach diesen sauerstoffarmen Momenten und anstrengendem Tag, also der Tag sollte nach unserer irdische Zeitrechnung bemessen werden, denn hier auf dem Mars sahen wir einem schönen, den Umständen entsprechenden warmen Mittag entgegen, wollten wir unserem Körperrhythmus folgen und eine Ruhepause einlegen. Auch ich nahm ein zeitcodiertes Schlafmittel ein, damit ich das Wallen in meiner Brust, ein Zeichen hoher Aufregung und Adrenalinausstößen, unterdrücken beziehungsweise annullieren könnte. Ich ließ mir so ein Mittel vom Server überreichen, welches auch überschüssiges Adrenalin neutralisiert. Schließlich erledigte ich noch die Hygienedurchgänge und legte mich nieder. Max würde sicher dementsprechend handeln. Warum wir während des Aufenthaltes hier nicht in einem Modul schliefen, wusste ich nicht so genau, Platz wäre entsprechend, auch die Schlafgelegenheiten, aber irgendwie wollte ich auch der Kommandant von einem eigenen Schiffchen sein, nachdem ich schon dementsprechend an der Entwicklung, Forschung und Entdeckung beteiligt war. Als ich mein Flüssigschaumbett erreicht hatte, sah ich noch auf die Fotos meiner Silvana und wusste, sie würde nun auch an mich denken. Wir hatten mit unseren Frauen Glück gehabt! Der Max ebenso wie ich mit meiner rassigen Schönen. Schon spürte ich das Schlafmittel, wie es meinen Körper und Geist in eine tolle Müdigkeit versetzte, da hörte ich nur noch das Summen des Marswindes, welcher in Böen an der Gondel zerrte. Wäre die Gondel nun umgefallen, ich hätte mich nicht mehr einsetzen können! Doch der Sempex-Computer, der ja vierfach vorhanden war, würde doch sicher die Anker schießen, zuerst die Bohrer und dann . . . dann musste ich aber auch schon eingeschlafen sein.

Dieses Mal wurde Max von mit geweckt! „He Max! Hattest du noch einen Spätburgunder gebunkert, weil du nicht aufstehen kannst?" „Wie spät ist es denn?" „Nach welcher Zeit fragst du? Nach Marszeit ist es fünfundzwanzig Uhr und vierzig Minuten!" „Nein, erst wenn ich hier selber ein Wochenendhäuschen habe, will ich die Marszeit wissen!" „Also haben wir acht Uhr vierzig! Herzlichen Glückwunsch zu deinem vierunddreißigsten Geburtstag! Zum Geburtstag viel Glück, zum Geburtstag viel Glück . . ." „Was? Ach ja! Mir ist, als hätte ich ihn verschlafen! Da, . . . Moment mal, es liegt wieder ein Stream vor, ich spiele ihn ein!" Auf dem Holoschirm erschienen natürlich Joachim und Sebastian, Ralph Marco, Bernhard, Markus, Anne-Marie, einige Techniker, der Florian sogar, dann natürlich unsere Frauen! Nacheinander wünschten sie dem Max alles Gute zum Geburtstag; Gabriella verharrte noch etwas länger vor der Aufnahmeeinheit und gab eine anhaltende Liebeserklärung preis, gefolgt von einem Kuss direkt auf die Aufnahmelinse. Sofort danach erschien Patrick, wünschte ebenfalls alles Gute und erklärte, es würde noch ein Stream eines treuen, dankbaren Freundes eingespielt, der unbedingt auch einen Geburtstagsgruß loswerden wollte. Es kam ein Umschaltzeichen, es erschien die Fahne Brasiliens und João Paulo Bizera da Silva im Bild. João lächelte, er kam wirkungsvoll von hinter seinem Schreibtisch in Richtung Aufnahmeeinheit, setzte sich dann aber von vorne auf die Oberfläche des Büromöbels, die Fahnen Brasiliens und Deutschlands hinter sich. „Es ist mir eine sehr große Ehre, meine Freunde auf dem Mars zu begrüßen, eine Ehre im Namen des dankbaren brasilianischen Volkes dem Herrn Ingenieur Maximilian Rudolph alles Gute zu seinem jungen vierunddreißigsten Lebensjubiläum zu gratulieren. Wie ich eingangs erwähnt habe, ist das gesamte brasilianische Volk dafür dankbar, dass ihr Beide und eure Frauen euch so fürsorglich für uns Südamerikaner bemüht hatten! Schon um euch zu zeigen, welch treue Freunde ihr alle mit uns gewonnen habt, ein paar Zahlen aus unseren Statistiken: Rückgang von Überfällen in den großen Städten, sechsundachtzig Prozent! Rückgang von Morden oder Totschlägen, dreiundneunzig Prozent. Abnahme der Arbeitslosigkeit seit Produktionsbeginn von Wafern und Fahrzeugumbauten, Straßenbau, Tunnelbau, Wasserreinigung im Land um mehr als zwei Drittel! Wenn dies so weitergeht, werden wir im Laufe des neuen Jahres fast eine Vollbeschäftigung melden können! Zunahme von europäischen Tourismus, auch mit Linienmaschinen landeseigener Fahrzeuge, die schon mit den Wafern ausgerüstet wurden, zweihundertvierundvierzig Prozent, zu Karneval wird ein weiterer Zuwachs erwartet! Deutsche Touristen werden hier gefeiert, als wenn es sich um Brüder und Schwestern aus den eigenen Familien handeln würde! Herr Dr. Dr. Sebastian Brochov hatte nun bereits angekündigt, einige Produktionen von Deutschland hier nach Brasilien zu verlagern, da Deutschland mittlerweile unter Arbeitermangel und Kapazitätsmangel leidet! Die nächste TWINSTAR wird noch in Hamburg gebaut, von da an sollten die Marsversorger in Camaçari produziert werden! Die Modellreihe wird nun auch den Namen TWINSTAR behalten, also als

Modellname, dann werden aber eigene Namen vergeben! Schon in drei bis vier Wochen wird der Pendelverkehr eingerichtet, Brasilien baut eigene Container, auch welche, die an die Basis angedockt werden und dort als Unterkünfte und Labors betrieben werden. Es sollen erst einmal zwölf TWINSTARS gebaut werden! Brasilien hat indessen auch einen Partnervertrag mit den Deutschen und Europäern, den Chinesen und den Vereinigten Staaten unterzeichnet, um am Projekt Mars mitzuwirken! Dabei haben unsere Wissenschaftler schon ein weiteres Projekt vorgestellt: `AMAZONIEN II´, ein langfristiger Plan, mit den wilden Urwaldpflanzen und einem genprogrammierten Stabilisierungsserum einen Regenwald auf dem vierten Planeten hoch zu züchten! Ein ehrgeiziges Vorhaben, welches Zeit braucht, aber auch viel Zeit einsparen können würde, sollte Terraforming das Ziel sein. Im Übrigen: Es werden fast wöchentlich Gokk-Klöster eröffnet! Unsere brasilianischen Frauen wollen ihren Idolen nacheifern: Gabriella und Silvana. Ich hoffe, euch bald wieder persönlich treffen zu dürfen, noch einmal alles Gute zum Geburtstag, Freund Max! Seid sicher, das brasilianische Volk hier vertritt meine Meinung! Und ich spreche als treu ergebener Freund! Eine gute Heimfahrt!" João winkte, der Stream endete. Max gab noch die Empfangsbestätigung, schon würden wir uns noch auf den letzten vorläufigen Besuch der `Drachenflucht´ vorbereiten. Nach den üblichen Hygienemaßnahmen schlüpften wir in unsere Anzüge, jeder konnte ja den anderen per Holoprojektor beobachten, und verließen die Module. Fast gleichzeitig hatten wir den Marsboden unter uns. Seltsam! Plötzlich hatte ich nicht mehr das Gefühl, auf einem lebensfeindlichen Planeten zu stehen! Etwas hatte sich verändert, sicher in meinem Innersten, aber sinnbildlich wieder für Hoffnung und Aufbruch stehend! Auch dass der Mars bald stärker besiedelt werden würde, und dass viele Menschen nun offen an den Mars dachten und diesen nicht mehr als unerreichbar definierten, machte enorm viel aus. `Der hundertste Affe´ durchzuckte es mich! Wenn sich ausreichend Viele mit dem gleichen Gedanken befassen, dann erhöhen sich die Möglichkeiten und Ängste werden getilgt! Wird so auch das Kollektiv versorgt? Das Universum mit den Informationen gefüllt, die es in der Gesamtheit allen Wissens und Informationen zu diesem macht? Wir als Lieferanten? Lieferanten für uns selbst?

Irgendwie fröhlich spazierten wir zur `Drachenflucht´ und konnten Minjko neben James am Fenster sehen. Nachdem sich die Außenschleuse schon öffnete, wußten wir, dass die Mannschaft auf uns wartete. Nach der Markierungslinie schloss sich das Schott auch schon und nach dem Gasaustausch und dem Druckausgleich öffnete die Innenschleuse. „Happy birthday to you, happy birthday to you, happy birthday, dear Max, happy birthday to you!" Max wurde aufs Herzlichste begrüßt! Alle wollten seine Hand schütteln und auf dem ersten, vorgerückten Tisch stand eine Geburtstagstorte und ein dazu gestellter Kaffeeautomat. Meinen Freund Max kullerten die Tränen der Rührung über die Wangen, als er den Druckhelm abgenommen hatte. „Danke Freunde, danke! Das hätte ich nun nicht erwartet!" James umarmte zuerst ihn, dann kam er aber auch zu mir und grüßte. Auch Minjko umarmte den Freund Max, dann kamen alle dieser Belegschaft der Basis und schüttelten uns die Hände. Irgendwie waren anscheinend jetzt mehr Frauen zu sehen! Ich dachte es mir schon, dass die Damen dieser Mission nach den ersten Streitigkeiten sich mehr in den Privatkojen versteckt hatten und das Trauma erst jetzt langsam abgelegt hatten. Doch wirkten diese schon wieder relativ stabil! Frauen waren belastbar! Eine dieser Frauen, eine Chinesin fiel dem Max und mir um den Hals. Minjko stellte sie uns vor: „Freunde, das ist die Vertragsfrau von Soi. Sie ist glücklich, dass der Psychodruck von der `Drachenflucht´ gewichen war, aber leidet noch schwer unter dem Verlust ihres Mannes!" „Das kann ich gut verstehen!" Tröstete ich dieses kleine, zierliche Mädchen, so wie sie wirkte. Doch Sorah-Mae war schon vierzig Jahre alt. „Dein Mann war ein Pionier! Er hatte einen Weg eingeschlagen und diesen beschritten, er hatte ein Ziel vor Augen und dafür viele Funktionen erfüllt! In der Geschichte des Mars geht er ein wie Kolumbus für die Erde. Jetzt mache dich fertig, seinen Auftrag weiterzuführen und dein Mann lebt in dir weiter! Er wird auch in den anderen weiterleben, die wissen, wie falsch diese Auseinandersetzungen waren. Aber jeder Fehler, der als solcher erkannt wird, war dann fast kein Fehler mehr, es war eine Erkenntnis und ein Pflasterstein für einen besseren Weg!" Sorah-Mae wischte sich noch ein paar Tränen aus den Augen und begann schon etwas zu lächeln. Sie hatte schöne, dunkle Mandelaugen, glattes, leichtes Haar, wirkte insgesamt etwas arg mager. Doch strahlte sie eine gefestigte Persönlichkeit aus. Der Puk auf dem Tisch der Torte übersetzte: „Ich danke Ihnen Herr Verkaaik, auch für ihre schönen Worte, doch mehr für die Stabilisierung der `Drachenflucht´. Ich weiß, dass ich einen Mann verloren habe, Freunde und neue Zukunft gewonnen. Der Geist versteht und lernt, aber die Seele will noch etwas weinen!" So umarmte sie mich noch einmal, wandte sie sich zum Max und umarmte diesen auch ein weiteres Mal. Ein weiterer Wischer über die tränennassen Wangen und sie lachte schon! „Kaffee? Mit Milch und Zucker?" Fragte Sorah-Mae. „Ja, sehr gerne!" Ich sah zu Max, da dieser fast mit mir im Canon sprach. Hatten doch viele hier aus dem neuen Bestand der Containerinhalte eine Torte gebacken und wollten diese servieren. Es wurden auch vierunddreißig Kerzen sichtbar, die aber nicht tropften. James verriet sein Geheimnis: „Kerzen mit einer Flammensimulation aus

Leuchtdioden! Wie echt nicht wahr? Max, blase sie doch einmal aus!" Max sah ihn an, dann dachte er es sich schon, dass diese Kunstkerzen Sensoren haben würden, einmal ein Flackern zu simulieren, auch um bei einer stärkeren Bö ein Abschalten zu initiieren. So war es auch! Max blies aber auch noch den halben Bestand von Puderzucker von der Torte, welcher sich langsamer auf der Tischoberfläche legte als auf Mutter Erde, eine Folge des vorhandenen Luftmediums und der geringeren Raumandrückkraft. Doch nach zehn Sekunden schalteten die Kerzen auf Buntblinkbetrieb um und die Mannschaft klatschte. Es wurde ein LogPuk für Musik bereitgestellt, dann tranken wir erstklassigen Kaffee, welcher in verschiedenen Variationen vom Automaten hergestellt wurde, der wiederum von Sorah-Mae professionell programmiert war. Es ging der Torte dran! Zwischenzeitlich wurden aber auch die drei Patienten aus der Krankenstation samt den Betten hierher gerollt, diese machten schon einen wesentlich besseren Eindruck. Auch sollten sie jeder ein Stück Torte in Empfang nehmen dürfen. Diese zwei Chinesen und der Amerikaner wurden auch auf Pritschen umgebettet, welche mit einem isolierten und beheizbaren Druckzelt umschlossen werden können. Diese drei würden also die Reise zurück zur Erde mit uns antreten. Mit einem kleinen Umweg zum Marspol, wegen Aufnahme von Teilen des Containerwracks.

Minjko und James setzten sich dann neben uns an den Tisch, nahmen ein jeder noch einen Cappuccino, mit der Tasse in der Hand erzählte James: „Wir werden noch mal von euch besucht, nicht wahr? Dann kommen auch schon bald die ersten Anbauten für die `Drachenflucht´, es kommen Brasilianer, kommen auch ein paar schöne Brasilianerinnen?" Ich hatte verstanden. James hatte den Stream auch aufgenommen, der an uns gesandt wurde. Max antwortete ihm: „Die Menschen der Erde haben sich fast schon vollkommen geeint. Ob es nun ein Brasilianer ist oder ein Amerikaner oder, ach egal was! Ich brauche ja nicht alle Völker der Erde aufzählen, alle haben das Recht an der Zukunft teilzuhaben! Und Zukunft ist immer ab jetzt! Die gleiche Gesinnung und die gleichen Ziele machen alle zu gleichen Freunden. Andere Gesinnungen können wieder unter bestimmten Voraussetzungen ihre eigenen Pläne verfolgen! Es wird bereits an Grundgesetzen für Kolonien gearbeitet, die alle, die solche Wege einleiten wollen, auch zu befolgen hätten. Das sollte einem Menschheitsimperium einmal zugrunde liegen. Auch wenn wir außerirdisches, intelligentes Leben finden sollten! Auch dann sollten Menschen immer wieder zusammenstehen." Minjko und James fragten gleichzeitig: „Gibt es außeririsches Leben? Gibt es Zeichen? Wurde etwas entdeckt?" `Jetzt galt es viel zu sagen und nichts zu verraten!´ Somit antwortete ich den Beiden: „Es gibt gewisse Anzeichen, die auf der Erde noch untersucht werden. Es gab gewisse Signale, die über neue Tachyonenantennen eingefangen wurden. Diese Teiltechnik muss noch sehr verfeinert werden, doch überholen die Tatsachen langsam den Glauben und diese werden sich sicher bald zu einer Gewissheit formen. Noch steckt die hypothetische Katze in der Kiste und niemand weiß, ob die Katze auch in der Kiste ist! Aber sie wird sicher bald miauen und wenn wir nachsehen werden, dann sollten wir feststellen, dass es viele Kisten mit vielen Katzen geben wird!" James, der sich auch schon viel mit der Quantentheorie befasst hatte, lächelte wissend und erklärte: „Ich nehme an, gerade ein leises Miauen gehört zu haben. Danke Freunde; ich weiß Bescheid!" Oho! Ein schlaues Kerlchen, musste ich feststellen.

Nun sollten wir uns auch langsam Verabschieden. Wir schlossen unsere Druckhelme, gingen zur Schleuse. Minjko, James und Sorah-Mae wollten uns bis zu den Modulen begleiten, die drei Patienten auf den Pritschen mit den Druckzelten dorthin zu bringen. Diese wurden noch festgeschnallt, eine Autonomversorgung geschaltet, dann blähten sich die Druckzelte auf. Erst in der Schleuse bekamen diese ein pralles Volumen, als die Luftmischung ausgetauscht wurde und der geringere Druck der Marsatmosphäre sie umgab. Das Außenschott schwang auf und wir hatten schon freie Sicht zu unseren Gondeln. Max sollte die zwei Chinesen aufnehmen und ich den Amerikaner. Befehle an den jeweiligen Bordrechner und die Patienten wurden von den Antigravliften an Bord gehievt. Max erledigte diese in schneller Reihenfolge, schon wurden auch wir selber an Bord genommen. Diese Patienten wurden noch mit den Pritschen auf der jeweiligen Brücke verankert, wir teilten ihnen mit, dass sie während der kurzen Flugzeit schwerelos sein würden, darum auch die Gurte zu verbleiben hätten. Nachdem ein Container leer war, wollte ich diesen an Bord des B-Moduls nehmen. Wir leiteten die Startsequenz ein, die Wafer wurden aktiviert und ich schwebte mit der B-Gondel zur Basis, senkte mich über den leeren Container und dieser verschwand im Ringbereich der halben, unteren ˋSanduhr´. Die Motoren der Arretierung summten und das Summen übertrug sich auf das ganze Modul. Es gab es eine mehrfaches „Klack, klack, klack!" Der Container war fixiert. Ich konnte den Freund Max wieder über die Holoprojektion sehen, wir wollten im ˋoffenen Verbund´ fliegen, also bekam der Steuerrechner den entsprechenden Befehl und wir bildeten wieder eine ˋdoppelte Bongotrommel´. Ich hörte den Freund, als er dem Rechner befahl, die Koordinaten des abgestürzten Containers aufzurufen. Der Sempex bestätigte das Teilprogramm und nahm moderat Fahrt auf. Es wurde fast schon wieder Marsnacht, doch dort, wo der Absturz stattgefunden hatte, sollte es noch hell sein. Die Helligkeit einer polaren Gegend in dessen Sommerzeit! Die TWINSTAR stieg lediglich auf vierzig

Kilometer Höhe, hier waren nur noch feinste Atmosphärefladen vorhanden und nach eineinhalb Stunden markierte der Rechner schon die Absturzstelle über die Frontfenster der Module. Langsam senkte sich unser offener Verbund, dieses Mal aber sollte das B-Modul die Hauptaktion vollziehen. Wir kamen wieder tiefer und tiefer, aber bislang war von dem Wrack nichts zu sehen! Erst als die Distanzanzeige nur noch vierhundert Meter meldete, erkannten wir ein graues Gerüst, welches halb im Marsboden steckte. Ein kleiner Krater hatte sich gebildet und umliegende Teile des irdischen Gefährtes waren von den aufgewirbelten Erdmassen und Staub und Steinchen bedeckt! „Schau mal Georg! Da liegt eine komplette Antriebseinheit! Links vom Krater! Die ist von einem Heckteil und brach komplett ab! Die saubere Düse vorne zeugt davon, dass kein Bremsschub schaltete! Die Rückdüse ist kohlig! Ha! Dieses Teil können wir komplett aufnehmen! Das passt gerade in deinen großen Aschenbecher!" Dieser Max! Wollte er mich schon wieder erinnern, dass ich ja schon seit einiger Zeit nicht mehr rauchte, ich wollte aber nur das Modul geruchsfrei halten. Rauchverbot gab es keines. „Wenn ich meine große Zigarrenkiste dabeigehabt hätte, dann wäre der Aschenbecher aber voll und du könntest dir deine alte Schubdüse an ein Landebein anbinden!" „Das sage ich aber deiner Silvana, mein Lieber! Dass du nur immer ans Rauchen denkst!" „Ich denke ja nicht immer nur ans Rauchen, Max! Du tust mir unrecht! Ich denke an ein frisches Weißbierchen, ein paar Weißwürste und an ein paar gute Brezeln! Dies Alles natürlich im gemeinsamen Verzehr mit meiner Frau, und wenn du brav bist, und nichts aussagst, dann binde ich dich in diese Gedanken mit ein!" „Einverstanden!" Wusste Max mitzuteilen, Er eröffnete somit seine Version: „Wir fliegen ja schon die nächsten Tage noch mal. Dann versorgst du uns ja wieder mit Geheimpaketen. Es wird ohnehin eine Überraschung geben!" Welche Überraschung? Ich dachte nach, scheinbar wusste Max mehr als ich. „Verrätst du mir, um was es geht?" „Hm, aber leise und du sagst es noch niemanden!" „Versprochen!" „Beim nächsten Flug können wir zwei Personen unserer Wahl mitnehmen, nachdem Raumfahrt nun kommerziell werden wird und das tagtägliche Zähneputzen mehr Gefahren birgt, als solche Sprüngchen! Klar, mein Freund?" „Die zwei Begleiter stehen doch schon fest oder?" „Auch klar! Mach dich fertig, öffne die Halbrundtore für den Containerzugang im Jungwulst der B-Gondel. Gib die Seilwinde frei und dann komm runter, OK?" „Logisch, Chef des solaren Abschleppdienstes!" Ich dachte es mir schon, dass wir beim nächsten Marsbesuch unsere Damen mitnehmen dürften. Ich freute mich aber trotzdem, dies bestätigt bekommen zu haben. Es gäbe aber auch keine Probleme mehr, die Technik stand, sie funktionierte; auch bei einer Havarie würde bald die nächsten Gondeln einsatzbereit sein, so dass wir aus

Raumnot gerettet werden könnten! Nur ein weiterer Satz Anzüge sollten pro Modul an Bord gebracht werden müssen. Doch auch dies unterlag gewissermaßen einem Testprogramm, die Zukunft würde sicher auch Hochzeitsreisen mit einer Trauung auf dem Mars oder Mond oder bald woanders bereithalten. Was jetzt bald möglich sein wird, kann dies die Fantasie eines Menschen überhaupt erahnen?

Die Gondeln setzten im offenen Verbund nur mit gespreizten Landebeinen, also diese nicht ganz ausgefahren, auf. Damit lag der Jungwulst auch der B-Gondel fast auf dem Boden auf. Die Halbrundtore standen schon offen, ein Polymerseil mit einem Universalhaken hang bereit am Innencontainerschott. Nach fast einer Viertelstunde standen wir wieder auf dem Marsboden. Aber hier waren die Gegebenheiten anders! Der Boden knirschte mehr als in der Äquatorgegend, die Anzugheizung lief stärker! Die Sonne stand knapp über dem Horizont, wo sie lange, insgesamt eins Komma fünfundachtzig Mal länger verbleiben würde, als an einem Pol der Erde. Ein Marsjahr war um soviel länger, damit auch der Mitternachtssonneneffekt. Fast sechshundertsiebenundachtzig Tage dauerte eine Umkreisung vom Mars um das Zentralgestirn.
Hier wirkte die Sonne aber seltsamerweise wieder größer!
Die Zusammensetzung der Marsatmosphäre begünstigte aus diesem Blickwinkel einen Lupeneffekt. Es war windstill, hier fast genau am Marspol. Scheinbar sahen wir ein noch intensiveres Rot oder es handelte sich um einen optischen Effekt, da die Sonne durch eine breitere Gasschicht zu strahlen hatte, auch durch die weitere Entfernung als reiner Infrarotstrahler degradiert wurde. Das gesamte Lichtspektrum kam nicht mehr durch, wesentlich weniger als in der Äquatorialzone. Max zog den Haken hinter sich her und war über diesen kleinen Kraterrand gestiegen. Schon dort war sein begehrtes Trümmerstück bald zu sehen. Ich ging gute zwanzig Schritte hinter ihm, doch schon hatte er den Haken um diese Antriebseinheit geschlungen. „TWINSTAR! Einspulen für Bergung!" Befahl Max dem Sempex. Das Seil straffte sich und das Trümmerstück stellte sich auf die Kante, drehte sich seitlich und kippte, so dass die Antriebseinheit selbst nun eine Rille in den Marsboden furchte. Ein Zittern durchlief die B-Gondel, als das Stück über den Kraterrand `sprang´, doch waren noch gute hundert Meter zu ziehen. Doch die Blechwandung, das Teil an dem die Antriebseinheit angebolzt war, hatte doch etwas größere Ausmaße, als geschätzt, ganz würden wir dieses Stück nicht durch die Halbrundtore des Jungwulstes und durch die Containerluke bringen! Kurzerhand schnitt Max an der linken Seite mit dem Desintegratormesser einen halben Meter ab und ich wollte an der rechten Seite etwa einen

Dreiviertelmeter kürzen. Als ich die Winde wieder in Bewegung setzte und das Trümmerstück vollends in den Container zog, ragte nur noch ein Rest von zwanzig Zentimeter aus der Öffnung. Diesen beschnitten wir ebenso, legten noch eine Sicherheitsverankerung an, diese spannte sich und zog das Trümmerstück an die Decke im Container. Max war neugierig genug, um den Transportbehälter auch zu betreten und sich nun die Antriebseinheit genauer anzusehen! Ich meldete dem Sempex den Bedarf von Licht und die leuchtenden Seitenwände aktivierten sich. Ich fuhr mit meinen beiden Händen über die Mischkammer der Antriebseinheit, der rote Staub fiel ab und die Bezeichnung des Containers kam zum Vorschein. „USVC-343" las ich vor, doch dann schon die Überraschung: „Chinesische Schriftzeichen, darunter aber eine englische Übersetzung!" Meldete Max. „Kolonialstelle Drachenflucht der Volksrepublik China." Übersetzte ich. Und der endgültige, letzte Beweis: Die Schubdüsen hatten eine etwas andere Form und Farbe von der Metalllegierung her, es war eine Ätzung im blanken Metall zu sehen: `Made in China´. Ich fotografierte mit unserer Digitalkamera, stellte auf Wasserzeichenbetrieb um, damit die Fotos unfälschbar gespeichert wurden, nahm auch Details auf, so verließen wir den Container und begaben uns in unsere Module. Mein amerikanischer Patient fragte mich mit großen Augen: „Was ist denn passiert? Das Modul hatte gewackelt und gezittert!" „Wir haben das Trümmerstück geborgen!" „Und? War es so wie ihr vermutet hattet?" „Ja! Ganz genau so!" „Hat das noch Folgen?" Ich lächelte und schüttelte den Kopf. „Nur noch Folgen für die Chinesen, die sich der Blamage bewusst werden müssen. Aber für alle Menschen auf der Erde eigentlich generell nicht mehr, denn dadurch wird der überhebliche Anspruch einer einzelnen Macht, was den Mars betrifft, annulliert. Eigentlich war es gut so!" Paul, so wie dieser Amerikaner hieß, nickte und starrte zur Decke in der Zentrale des B-Moduls. „War es die Technik, die die Menschen gleich macht?" „Zuerst war es die Technik, die die Menschen trennte, jetzt macht sie die Menschen gleich! Immer wenn sich mehr Menschen der gleichen Technik bedienen können, schafft diese wieder ein bestimmtes Niveau. Und dieses Mal kommt ein weiterer Faktor hinzu!" „Welcher?" Paul sah mich aus den Augenwinkeln an. „Zuerst ahnten viele, dass der große Weg einmal beginnen wird, doch lag der Zeitpunkt noch in unendlicher Ferne; jetzt wissen wir, dass wir schon unterwegs sind. Jetzt!" Wieder nickte Paul und lächelte, als sich Max schon vom A-Modul meldete. „Ich fahre die Wafer in Bereitschaft. Bitte anschnallen, sonst verbiegst du dir die Zigarre, alter Kumpel!" „Noch rauche ich nicht, aber daheim wirst du mich nicht mehr halten können!" „Ich rauche dann eine mit!" „Das sage ich aber deiner Gabriella!" „Gut, ich werde vor ihr rauchen." Schnell sah ich noch zu Paul, ob er auch sicher arretiert und angegurtet war, dann schwang ich mich in meinen Pilotensessel, links das Holo vom Max, schnallte mich an und Max blickte fragend zu mir. Ich nickte nur. Schon waren die universellen Druckkräfte neutralisiert. Langsam hob die TWINSTAR vom Marspol ab und stieg immer schneller werdend in den Marshimmel, dessen orangener Farbton bald dem beruhigenden, klaren Schwarz des intersolaren Weltraumes wich. Ich hörte, wie Max dem Sempex die Programmdaten abverlangte, dann teilte er mir nur noch mit: „Achtung Georgie! Wir klappen zusammen!" Kurz darauf hatten wir den geschlossenen Verbund auch wieder vollzogen und die Projektion vom Freund war um neunzig Grad gekippt. Erneut vernahmen wir die Motoren, die beide Module fest verklammerten, dann hörte ich Max: „Waferkomplexe synchronisiert, Grünbereich, Kondensatoren werden geladen. Achtung! `Schritt´ steht bevor!" Fast ein Lichtblitz, der einem seltsam transparenten Dunkel wich und wieder ein Lichtschwall, ein weiteres Mal sahen wir auch schon das noch mehr beruhigende Blau unserer Heimatwelt unter uns. „Sprungtoleranzen bei sechseinhalb Kilometer! Ein neuer Rekord!" Jubelte der Freund. Ich sah nach Paul, der ungläubig zum Frontfenster schaute. Er jammerte: „Um Himmels Willen! Ich war fast neun Monate unterwegs gewesen, als ich zum Mars ging! Ich kann das gar nicht glauben! Was war das für ein Licht? Wie viel Zeit ist vergangen?" „Das Licht ist ein Effekt des natürlichen Universums. In dem Moment, wenn sich das gezogene, künstliche Universum bildet, welches durch den geblockten Topwafer entsteht, dann `scheint´ das natürlich Universum noch durch und es kommt zu eben diesem Lichteffekt, weil sich die Lichtquellen komprimieren. Nachdem wir aber auch so gedehnt werden, aber nur im eigenen Miniuniversum, entsteht diese offene Transparenz, in der uns eigentlich keine Lichtteilchen mehr treffen können, da wir so unendlich lange und unendlich dünn geworden sind. Weiter zerfällt aber das kleine Universum wieder und das große, natürlich Universum `stülpt´ sich quasi wieder um uns! Der Rückkehreffekt ist dann der, dass sich die normalen Verhältnisse wieder einstellen, nur umgekehrt und woanders. Wie ein Gummiring, der von A nach B gespannt wird, dann bei A gelöst sich um B stabilisiert. Dabei hatte er immer die gleiche Masse, immer das gleiche Volumen, nur in einer Dimension gedehnt. Das ist das Geheimnis, welches das Universum für uns aufgehoben hatte, uns zum Geschenk machte. Vielleicht auch im Auftrag des Kollektives, also im eigenen Auftrag, genauso wie die DNS entstand. Das Programm der selbst erhaltenden Notwendigkeiten!" Paul hatte sicher nicht alles verstanden, aber er nickte. „He Georg!" Max meldete sich vom A-Modul. „Hat dein Passagier auch gestaunt?" „Ja doch." „Weißt du was Lian hier mir gerade gesagt hatte?" „Woher soll ich . . ." Doch Max ließ mich ja eh nicht ausreden. „Er sagte: Früher haben uns die Russen mehr geschätzt als gefürchtet! Diese meinten: Schickt man einen Deutschen mit einer leeren Kaffeebüchse in den Wald, dann kommt er nach kurzer Zeit mit einer Lokomotive zurück. Er hat dies nun erweitert: Schickt man einen Deutschen mit einem verrosteten Fingerhut in ein Labor, dann kommt er mit einem Raumschiff zurück! Hahaha, gut was?" „Lobe ihn, vergiss aber nicht, dass auch er einer der Pioniere im Auftrag der Menschheit war! Wir stellen auf allgemeine Betrachtungsweise um, so wie es sich für ein raumfahrendes Volk gehört!" „Ist ja klar und logisch, Freund! Achtung Abdocken auf offenen Verbund der TWINSTAR!" „OK!" Die Motoren summten, ein seltsames Masseträgheitsgefühl entstand in der Magengegend, durch diese Viertelkreisdrehun pro Modul, schon klappten auch die Holoprojektionen wieder vertikal. „Wir landen im offenen Verbund!" Meldete Max weiter. Die Zwillingsmarsgondel stürzte der Erdoberfläche entgegen.

Ein wunderschöner, später, sonniger aber kalter Sylvesternachmittag erwartete uns schon, als wir kurze Zeit später in `Cape Bavaria´, den gehärteten Belag unseres Experimentiergeländes in Oberpfaffenhofen betraten. Natürlich waren unsere Frauen die Ersten, die uns zu dieser Rettungsaktion beglückwünschten. Die `Langer Schritt´ stand abseits und eine Delegation von Chinesen wollten das Wrackteil so schnell wie möglich dorthin verfrachten. Sicherheitshalber hatten Joachim und Sebastian aber den obersten Richter des globalen Gerichtshofes bestellt, der aber öffentlich nicht erwähnt wurde, sozusagen inkognito als Besucher in Oberpfaffenhofen war. Doch, so wie es das Interesse von vielen Leuten will, spazierte dieser auch in den Container des B-Moduls und fotografierte mit einer geeichten Amtskamera. Auch als das Trümmerstück mit einem Waferkran ausgeladen wurde, noch einmal fernsehgerecht gedreht und gewendet worden war, klickten die Digitalkameras mit einem Blitzlichtgewitter. Im Anschluss erst wurde die Steuerung des Waferkranes an die chinesische Delegation übergeben. Sofort wurden die beiden chinesischen Patienten ausgeladen und befragt, ob sie imstande wären, mit der `langer Schritt´ weiterzureisen. Sie bejahten diese Frage, wollten sich aber noch einmal persönlich bei uns bedanken. Schon war Patrick schon an unserer Seite, er führte wieder seine praktische Allroundstabkamara mit und machte noch ein kurzes Interview. Diese private Atmosphäre trog gewaltig, denn alles wurde live per FreedomForWorld-TV übertragen. Diese Chinesen dankten und dankten, waren glücklich, im Freien wieder durchatmen zu können. Der Amerikaner Paul sollte aber erst einmal ein paar Tage in der Uniklinik in München verweilen, er sollte mit der neuen Präsidentenmaschine abgeholt werden. Wieder so eine Riesen-Boing, größer als die 991-DT; mit Tachyonenwaferzellen ausgerüstet, versteht sich ja schon von selbst!

Sylvester 2093. Ein aufregendes Jahr geht zu Ende! Ein Jahr, an dem das letzte Viertel für diese Aufregung sorgte, drei Monate in etwa, die die Welt veränderte. Gabriella ließ ihren Max gar nicht mehr los! Silvana klammerte sich an mich und wir spürten die neue Welthoffnung schon jetzt an diesem Abend. Wieder etwas schien anders zu sein. Es waren viele Reporter hier eingeladen, diese spazierten, natürlich noch etwas kontrolliert hier auf dem Gelände herum, zuerst gratulierten sie uns zu dieser gelungenen Rettungsaktion, stellten fröhlich ein paar Fragen, aber störten nicht mehr so aufdringlich, wie dies früher einmal der Fall war. Sie bekamen auch schon Berichte vom Mars direkt von Minjko und James Thomas Shelter übertragen, die ihre tragische Geschichte aber sehr echt und unbeschönigt schilderten, uns dabei lobten wie die Götterboten! Sie bezeichneten uns als Freunde der gesamten Menschen und schlossen mit dem Wunsch, uns bald wieder zu sehen und mit dem Wunsch für ein glückliches neues Jahr für alle Erdbewohner, alle Terraner. Auch Minjko schloss sich Diesem an, aber er vermerkte ein weiteres Mal, dass `sein´ Jahr sich noch nicht tauschen ließ! Auch er bemerkte, dass nun die Planeten einander näher waren oder überhaupt wir alle den Sternen plötzlich so nah sein würden. Ein neues Zeitalter hatte begonnen, aber auch das Zeitalter von einer viel wichtigeren Tatsache: Das Zeitalter des Weltverständnisses!

Wir feierten in die Nacht hinein bis die Getränkeserver keinen Champagner mehr liefern konnten, ich paffte wegen des zeitlichen Defizits eine Zigarre nach der anderen, worauf mich der Freund immer wieder aufmerksam machte. Meine Silvana beklagte sich aber nicht. Auf Großprojektoren wurden die `Live-Bilder´ vom Mond gezeigt! Immer noch der blinkende Weihnachtsbaum, die Fahnen daneben und die Weltfahne `wehte´ immer noch. Diesen Effekt bereitete nur dieser Pendelmotor im kleinen Fahnenmast, der sich hin und her drehte, somit diesen Eindruck erweckte. Der Campingtisch mit der Aloisiuspuppe und dem bayrischen Maßkrug vor ihm von der anderen Aufnahmeeinheit. Auch die Erde mit dem dunklen Teil über Europa war sehr schön zu erkennen.
Mitternacht! Ein Jahreswechsel sondergleichen. Waferbatterien schwebten auf und bildeten die Plattform für Feuerwerke und Lasershows hoch im Himmel. Joachim, Sebastian, Florian fielen uns um die Hälse, waren auch schon etwas champagnerbetört, Bernhard gratulierte schon viel besser lächelnd mit Anne-Marie an der Hand. Nur Markus schaute etwas hölzern. Dabei gab mir und meiner Frau dieser Logiker je ein Glas vom `Vinho do

Fogo´. Dieser war wirklich ein Gedicht! Auch Max und Gabriella bekamen je ein Glas, schon wurde vereinbart, bald Nachschub davon zu besorgen, Aber persönlich!

Vor der Montagehalle der Vieleckcontainer, die für die Modellserie TWINSTAR hergestellt wurden, standen auch schon weitere dieser und warteten auf den Einsatz. Schon größtenteils beladen hätten wir die Frachten dann eigentlich übermorgen, den 03. Januar 2094 nur noch zu übernehmen. Also dieser Laborcontainer mit Wohnecke für TWC-Deutschland/Europa und ein weiterer, der wieder Versorgungsgüter beinhaltete. Schon wurden aber noch mehr dieser Mehrzweckcontainer gebaut. Alleine die Chinesen bestellten vier Stück! Dies schien in der Tat etwas nach Wiedergutmachung zu riechen!
Meine Gedanken gehörten ab sofort meiner Frau. Zwei Tage, dann wollte ich auch mit ihr diesen zweiten Marseinsatz begehen, so wie es mir mein Freund Max verraten hatte. Diese Reise würde, obwohl offiziell gelistet, als erste Privatreise mit wirtschaftlichen Bestellungen gewertet. Damit war der Reiseunternehmer Airbus, der Wissenschaftsträger die Fraunhofer und das DLR. Die Besteller waren Amerikaner und Chinesen vom Mars, die verantwortlichen Organe der Transporte wieder Amerikaner und die Chinesen auf der Erde. Wir waren eigentlich nur noch Piloten oder Chauffeure! Die Frau meines Freundes Gabriella und meine Gattin hatten die offizielle Aufgabe, für die TWC zu sprechen, welche hiermit ebenso offiziell am Marsprogramm Anteil nimmt. Die nächsten Marsgondeln waren bereits im Bau, es sollten andere Piloten oder Chauffeure diesen Pendelverkehr belegen. Die Brasilianer sollten bereits ab März dabei sein.

Die ersten Bauarbeiter für diese Hotelanlagen der Saudis bereiteten sich schon auf ihren Einsatz vor. Im Januar schon würde ausreichend Material auf dem Mond stehen, dass mit der Zusammensetzung begonnen werden konnte. Wieder waren überwiegend Deutsche damit beauftragt! Nicht dass es sich hier um eine Herausstellung handeln sollte, aber es gab nun einmal mittlerweile im Lande so viele von diesen Leuten, die schon als Zulieferer für die TWC arbeiten, so dass in diesem technischen Bereich eben auch hierzulande die meiste Erfahrung vorgewiesen werden konnte. Genau genommen waren es immer schon deutsche Ingenieure, die bei schwierigen und schwierigsten Bauunternehmungen die Welt bereisten und ihr Können beweisen konnten. Nun war es eben auch nicht anders. Die Dimensionen haben sich nur etwas gestreckt!
Die Chinesen, welche mit der `Langer Schritt´ gekommen waren, hatten etwas mitgefeiert, brachen aber nun nach Hause auf. Dieser schöne Gleiter

hob geräuschlos von der mittlerweile offiziellen Landefreifläche der DLR/TWC in Oberpfaffenhofen ab und glitt elegant in Steigfahrt bis in den luftleeren Raum hinauf. Was geht in diesen eigentlich lieben, meist kleinen Asiaten so vor. Diese Blamage, die vor der Endwirkung gerade noch einmal abgewendet werden konnte, die politischen Folgen auf einer Welt, die sich im Aufbruch befindet. Auch China würde Kompetenzen abgeben müssen, wenn erst einmal die Weltföderation ausgerufen wird! Fast alle Länder sind sich schon einig, dass nur Dieser, der einzig logische und jetzt notwendige Schritt sein kann! Ein offener Staatenbund mit einer demokratischen Direktive. Ein Dreißigjahresplan gewährt den Einzelstaaten eine grobe Anpassung auf die wichtigsten Grundgesetze. Initiatoren waren unter anderem das Exekutivkomitee des Weltsicherheitsrates, diese Leute wussten nun am Besten, um was es wirklich geht; nämlich die gesamte Vorbereitung auf das Zusammentreffen mit außerirdischen Intelligenzen. Dabei könnte es ja auch um die Verteidigung menschlicher Ideale gehen. Denn wenn uns die Chorck erst einmal entdeckt haben würden, bevor wir imstande wären, auch zu deren Angeboten `nein´ zu sagen, gäbe es sofort eine Zwangsintegration in deren Imperium. Davon durfte die Welt aber noch nicht erfahren! Das wäre zu gefährlich! Wenn bald die ersten Privatfahrzeuge die näheren kosmischen Regionen bereisen, dann steigt auch die Gefahr von eventuellen Verrätern, Waffenhändlern oder Informationsverkäufern. Die Plejaden müssen fürs Erste gemieden werden. Nur vereidigte Unternehmen könnten wir einmal dorthin schicken oder auch wie Bernhard schon immer besser mit seinem neuen Lächeln prognostizierte: „Wir sollten denen auf Umwegen so ein Kügelchen stibitzen!" Das wäre natürlich der Hammer! Also zuerst weiterhin deren Sendungen aufzeichnen, die Sprache erlernen und speichern, auch deren Schriftzeichen. Die Computer dieser Wesen kennenlernen, in dieser Folge wäre es möglich, mit Hilfe entsprechender Hochleistungsrechner auch die bordeigenen Sicherheitssysteme der Chorck-Schiffe zu überlisten! Eher nicht! Am meisten verspreche ich mir von dem Brudervolk der Chork und deren Sendungen. Daraus werden wir lernen!

„So, Freund Max. Ich rauche noch eine gute Cochiba und nehme noch ein Glas von Bernhards Wein, dann werde ich mit meiner Silvana den privaten Schritt ins neue Jahr begehen. Direkt in den Wohncontainer!" „Dann musst du mich auf eines deiner Räucherstäbchen einladen, denn dieses neue Jahr hat den Wert, mit etwas Luxus gefeiert zu werden. Außerdem gehe ich davon aus, dass du mir eine Cochiba ohne Abbuchung überlässt!" „Aber nur heute!" Schmunzelte ich. Doch Max erwiderte nichts mehr, er zündete sich die Zigarre an, nahm noch ein Glas Wein entgegen, welches Bernhard ihm reichte. Anne-Marie füllte also ein Glas für mich! „Anne! Welche Ehre, von dir ein Glas Edelwein entgegen zu nehmen. Ich bedanke mich in tiefster Hochachtung!" Anne-Marie schmunzelte nun schon etwas. „Es hat in unseren Untersuchungen tatsächlich Ergebnisse gegeben, die zu erkennen lassen, dass wir `Säugetiere´ eine gewisse Menge von Humor und Unlogik pro Tag brauchen. Noch fällt es mir schwer, zu begreifen, warum! Aber an der Erkenntnis kann nicht mehr gerüttelt werden, die Dopaminproduktion erweitert auch den Kreativsektor in unseren Gehirnen. Wir dürfen nur nicht vergessen, dann wieder auf `logisch´ umzuschalten." „Da habe ich aber keine Bedenken, dass ihr das einmal vergessen könntet!" Hatte ich dem entgegenzusetzen. Max murmelte: „Nein, wirklich nicht. Können die nie vergessen." Anne-Marie schaute erst böse, dann verzog sie aber den Mund zu einem echten Lächeln, zumindest wenn man wusste, was diese Grimasse sein sollte. „Prost, ihr Weltraumgondoliere!" Wusste sie uns zu animieren und wir fielen in ein allgemeines „Prost" ein. Ein Blick zum Bernhard ließ aber erkennen, dass er nach seiner wissenschaftlich berechneten Menge an täglichem Wein schon etwas überdosiert hatte! Nachdem ihn der Max darauf ansprach, meinte er nur: „Ich hatte die Dosis vom 31. Dezember mit der Dosis vom ersten Januar direkt verbunden! Der Mathematiker beginnt aber mit einer Zählung von Null an. Also hatte ich für diesen imaginären nullten Januar noch eine Extradosis eingenommen. Jetzt habt ihr es aber, nicht wahr? Überraschung gelungen? Hahaha!" Ich schaute zum Max, der zu mir, dann zu Gabriella, erneut fielen wir aber für den lieben Bernhard auch noch in einen Lachanfall. Die Cochiba gab die letzten Wölkchen her, nachdem ich den Wein noch ein wenig im Glas schwenkte und dessen herrliche Farbe betrachtete, meinte Max: „Abendrot auf dem Mars?" „Ja, auch dies, aber noch ist die Erde schöner." Ich stand auf, meine Silvana an der Hand und wünschte eine gute Nacht. Auch Max hatte seine Gabriella an der Hand und – auch unser Bernhard seine Anne-Marie. Diese musste ihn allerdings leicht führen, denn der Logiker hatte schon ein paar Problemchen mit einer einfachen Geraden bekommen! Wir hörten ihn noch, als er die Anne-Marie aufforderte: „He, Anne, wir könnten doch einmal was komplett Unlogisches versuchen, was meinst du, wenn wir . . ." Doch da unterbrach ihn seine Anne-Marie forsch: „Kommt ja gar nicht in Frage! Jetzt fängst du auch schon an wie diese Basisunlogischen und möchtest vielleicht kinetische Energien vergeuden! Aber naja, haben wir noch etwas von diesen guten Rotwein zuhause?" „Haben wir Anne, haben wir!" „Naja, Bernhard. Meinst du, dass dies dann auch für den weiteren Hormonhaushalt gut sein könnte?" „Das werde ich dir morgen messtechnisch beweisen!" „Also gut, mein lieber Bitjongleur, dann soll es halt mal so sein. Zu wissenschaftlichen Zwecken wohlgemerkt, verstanden?" „Rein wissenschaftlich liebe Anne, rein wissenschaftlich!"

Kurz darauf waren diese beiden aber nicht mehr zu hören aber wir hatten ausreichend zu schmunzeln! „Gute Nacht also ihr ewigen Turteltauben", rief ich den Freunden nach. Auch Silvana winkte wirklich müde und hauchte ein weiteres „Gute Nacht." „Bis später", ließ Max noch vernehmen, dann waren wir in unseren zur Heimat gewordenen Wohncontainern verschwunden. Silvana sprang trotz ihrer Müdigkeit noch in den Pool, wurde dabei aber wieder frischer und als ich mich in das klare Wasser stürzte, schwamm sie auf mich zu und umarmte mich, küsste mich, als wären wir schon lange nicht mehr zusammen gewesen. Sie schloss dabei die Augen und lies sich gehen. Dagegen hatte ich nichts, aber auch gar nichts einzuwenden.

10. Kapitel
**Das zweite Mal zum Mars, der Beginn einer Routine.
Ein kleiner Abstecher bringt die große Erkenntnis.
Was erwartet uns in der relativen Unendlichkeit? Wie relativ ist Unendlichkeit überhaupt?**

Bericht Maximilian Rudolph:
Dieser erste Januar im neuen Jahr 2094 wurde zu einem Tag wie ich sie eigentlich nicht mochte. Zuerst wurde hineingefeiert, dann suchte man die Ruhestätte auf, fiel in einen tiefen Schlaf, aber da aus dem Rhythmus gerissen, nicht sonderlich lange und wenn man beschließt, aufzustehen, zog sich die Müdigkeit noch unendlich dahin. Zuerst entschied ich mich für einen starken Kaffee, da der frühe Nachmittag mich begrüßte. Gabriella schlief noch, allerdings auch sehr unruhig. Also ein Sprung in den Pool. Das war zweifelsohne eine gute Idee und als ich die ersten Runden geschwommen war, stand auch meine Frau am Beckenrand und machte ein zerknittertes Gesicht. „Deine Haut braucht Feuchtigkeit, mein Schatz!" Hatte ich ihr zugerufen und schon ließ sie sich, ohne eine Miene zu verziehen, langsam in den Pool fallen. Dabei hatte sie ihre Körperhaltung nicht verändert, so dass es gehörig platschte. Sie mimte den bewusstlosen Schiffsbrüchigen, aber ich war ja da und konnte sie retten.
„Genieße das Wasser, Liebste, denn übermorgen fährst du dann das erste Mal mit. Dort haben wir aber nur die Ultraschallneblerduschen! Zwar müssen wir nicht enorm Wasser sparen, doch sollten wir auch den Marsianern gegenüber nicht zu viel angeben!" Gabriella umschlang mich mit Händen und Füßen, so dass wir kurzzeitig untergingen. Als auch ihr die Luft ausging, löste sie die Klammer und war mit kurzen Zügen an der Wasseroberfläche. Ich folgte und sie prustete: „Hättest du mich vielleicht ertrinken lassen?" „Dann wäre ich mit dir ertrunken. Einerseits ein trauriges Schicksal, andererseits, in deinen Armen wäre der Tod nicht mehr so schlimm!" Gabriella schleuderte ihr nasses Haar zurück, welches nass um so vieles dunkler wirkte, mit ihren magischen Augen sah sie mich durchdringend an: „Ich dachte bislang immer noch an einen kleinen Scherz, als Sebastian sagte, er hätte für Silvana und mich schon Tickets bestellt, euch bei der zweiten Marsfahrt begleiten zu dürfen." „Ich zuerst auch, aber nachdem diese Fahrten nun kommerziell ablaufen, der Stichtag ist heute, handelt es sich nicht mehr um rein wissenschaftliche Reisen. Diese werden extra künftig deklariert. Es wurde bereits eine fixe Fahrtroute zum Mars festgeschrieben, welche die DLR innerhalb der TWC nutzen kann. Du bist die offizielle Pressesprecherin, Silvana deine Sekretärin und eure Aufgabe

wird sein, auf der Marsbasis mit den dortigen Vertretern über einen Kooperationsvertrag zu verhandeln. Dabei ist ein Andocken von TWC-Containern und Labors und so weiter an die dortige Basis das Grundsatzgespräch. Sicher könnten wir eine eigene Marsbasis woanders aufstellen, aber das steht nicht mehr im Sinne des neuen Menschheitsgedankens und des Gesamtheitsdenkens. Dieses Gespräch wird aber eine reine Formsache sein, hatte mir Joachim geflüstert. Das Kind braucht einen Namen.

Wir zogen uns langsam aus dem Pool zurück, genossen noch eine Behandlung in der Hygienezelle, ich war aber noch nicht ganz so frisch, darum bestellte ich kurzerhand vom Medicalserver ein Aktivanat. Jenes Produkt schmeckte grausam. Gabriella lachte, als ich das Gesicht verzog. Sie bestellte vom Küchenserver ein mageres Gericht, welches wirklich den Umständen entsprechend geraten war, ein Brunch. Etwas fettarme Wurst, eingelegte Gurkenscheiben, Sojakügelchen in saurer Senftunke, Vollkornbrot, ein Multivitaminsaft und noch einmal, aber milden Kaffee. „Noch ein Glas Sekt zum Abschluss", wollte meine Elfe wissen. „Brr! Nein, da warten wir wohl noch etwas. Wir wollen noch nach draußen gehen und mit den Leuten über diesen ersten wirtschaftlichen Einsatz sprechen, ja?" „Sicher doch! Sebastian und Joachim hatten darum gebeten."

Um fünfzehn Uhr trafen wir uns in der Pressehalle `am Stammtisch´. Ein paar Reporter hatten Dauereinsatz, doch als welche ein Interview wollten, winkte Sebastian kurz ab. „Einsatzbesprechung", betonte er. Die Beladungsvorgänge des einen Containers waren trotz des Feiertages in vollem Gang. Auch der Laborcontainer wurde mit hauptsächlich technischen Geräten beladen, um den Platz zu nutzen. Gewicht spielte so gut wie keine Rolle mehr. „Das Reiseprogramm sieht vor, dass ihr die ersten Tachyonenmodulatoren für Duplex-Sendungen als erstes aktiviert, so dass dann die Verhandlungen mit der Basis live zur Erde übertragen werden können. Das Ergebnis der Verhandlungen ist zwar schon klar, aber die Sache sollte eine runde Form bekommen. Unser erster Laborcontainer darf dann aber auch von allen dort genutzt werden. Freier Zugang sozusagen als Dank für den Kooperationswillen. Weitere Container werden folgen und anschließend kommen auch die Brasilianer nach, die unbedingt und mehrmals betonten, dass sie ihren Part in jedem Falle unter engster Zusammenarbeit mit uns beibehalten wollen." „Verständlich!" Gab Gabriella als Kommentar hinzu. Bernhard gesellte sich des Weiteren auch zu uns. Er eröffnete: „Der Antennenpositionierer für die Tachyonenantenne, einfach ausgedrückt, hat von mir ein Sicherheitsprogramm bekommen. Sollte diese zufällig in eine bestimmte Richtung gestellt sein, so wird ein Defekt simuliert, der sich dann aber überraschend wieder selbst behebt!"

Dabei sah er um sich, ob niemand zuhören würde. Doch wir haben verstanden. Ein Sicherheitsprogramm gegen die Chorck! „Die Wahrscheinlichkeit, dass diese Sicherheitsschaltung zum Einsatz kommt ist jedoch gleich null." Wusste Bernhard zu ergänzen. Aber er hatte Recht. Man konnte nicht vorsichtig genug sein! Dieses Gespräch verlief dann allerdings mehr und mehr ins Belanglose, alles wirkte nun schon fast als Routine. Seltsam. Ist ein Weg schon einmal bereitet, ein zweites Mal beschritten, schon wurde dieser zur Gewohnheit.

Der zweite Januar 2093, ein Samstag. Die Beladung der Container war abgeschlossen. Es passte nun absolut nichts mehr hinein! Auch der Laborcontainer mit den Wohnzellen war gefüllt, die Mannschaft der `Drachenflucht´ würde wohl mindestens zwei Stunden an unserer Seite ausräumen helfen müssen, damit wir die Duplex-Sendeeinheit in Betrieb nehmen können würden. Bernhard kam mit einer Multibox bis vor das A-Modul der TWINSTAR. Er winkte mich zu ihm heran. „Ein persönliches Geschenk von mir und Anne-Marie an die Basisbesatzung und natürlich an euch, wenn ihr dort seid." „Was ist drin?" Bernhard fuhr sich nur mit der Zunge über die Lippen und verriet: „Was Gutes!" Ich konnte es mir schon fast denken! Hatte doch der Logiker, wenn man ihn noch so bezeichnen könnte, Bestände von Weinen aufgekauft. Also dürfte in der Box eine Auswahl von Weinen enthalten sein! Wir verfrachteten diese Box also im A-Modul, dort brachte ich diese direkt in das `Schlafzimmer´, also in das untere Deck. Wir hatten diesbezüglich mehr Freiraum zum Handeln, nachdem wir ja auch einen Eid abgelegt hatten, außerdem ohnehin das Gelände der DLR/TWC schon lange nicht mehr auf dem Strassenweg verließen. Bernhard forderte mich, als ich gerade an Bord des TWINSTAR-Moduls war auf, doch mit ihm in das Labor für Empfang tachyonenmodulierter Sendungen zu gehen. „Gibt es etwas Neues?" „Ja und nein. Aber etwas Interessantes!" Wir vereinbarten gegen Abend dort ein Treffen. Auch Georg sollte dabei sein.

Abends also im Labor. Bernhard schaltete alle Sicherheitsanlagen hoch und teilte uns folgendes mit: „Die Sendungen der Chorck wiederholen sich oft, die Zwischeneinblendungen wechseln immer wieder, sagen aber auch immer nur das Gleiche aus. Wir konnten einen weiteren Wandersatelliten der Rebellen ausmachen, die Rebellen nennen sich die Chonorck! Diese Namensgebung stellt die Abstammung eigentlich ein weiteres Mal klar. Aber wir konnten schon eine Simulation der Siliziumpatras erzeugen. Ein paar Einzelheiten fehlen sicher noch, aber schaut mal!" Bernhard gab einem Großrechnerverbund einen Wink zur Befehlsschnittstelle und in einer

Simulation wurde ein winziger Käfer sichtbar. Begleitend begann er mit einer interessanten Erklärung: „Das sind kleine Roboter oder besser ausgedrückt: Androiden! Allerdings können sich diese Maschinenwesen aus einfachem Silizium selbst rekonstruieren, also zum Beispiel wenn sie über einen Strand laufen würden, wäre schon genügend Rohmaterial vorhanden, dass sie innerhalb von ein paar Tagen einen Multiplikationsfaktor von sagen wir geschätzt etwa fünftausend anzielen könnten. Sie bedienen sich ähnlich unseren Desintegratoren kleinen Waferfeldern, um reines Silizium aus Sand und Gestein herauszulösen. Schon beginnt eine Gruppierungsarbeit und innerhalb weniger Sekunden entsteht ein neuer Patra! Sie programmieren sich gegenseitig mit einem Grundprogramm und einem Erfahrungsprogramm. Das stellte sich heraus, da dieses Grundprogramm von den Chonorck ebenfalls übermittelt wurde. Feinste Programmierarbeit übrigens! Allerdings fahren diese Patras Programme im Dezimalsystem, also dürften diese biomassengestützten Gehirne schon die Technik der gekapselten Tachyonen beherrschen, so wie Ralph Marco erklärte. Alleine diese Baupläne, wenn einmal voll entschlüsselt, sind mehr als alles Gold der Erde wert. Für uns! Ich vermute nun, dass diese Patras, wenn einmal auf einem Raumschiff oder einer Raumgondel sich erst bei Aktivierung von Waferemissionen einschalten. Deren Aufgabe ist mehr defensiv. Sie sollten die Raumfahrt der Chorck lahm legen. Dabei ist klar, dass es wahrscheinlich die Masse der Patras immer in der Nähe der Rebellen geben würde, um die Invasion der Chorck abzuhalten. Diese Patras sind übrigens bedingt raumflugtauglich! Im Orbit von Planeten ausgesetzt, warten sie nur auf einen Wirtskörper, also zum Beispiel eine Raumgondel, dann wird diese befallen. Nun aber der Gipfel dieser Story! Wir kennen ein Gegenmittel!" „Was?" Entfuhr es mir! „Ein Gegenmittel! Hilft uns denn das etwas? Damit würden wir ja nur die Rebellen schwächen!" „Weiterdenken! Weiterdenken", forderte Bernhard auf. „Die Patras übertragen ihre Informationen der Grundprogramme ständig. Wir geben diesen zum Beispiel eine `Programminfusion´, so dass sie unsere Schiffe oder Gondeln einmal in Ruhe lassen würden, aber Schiffe von den Chorck angreifen könnten! Versteht ihr? Wir können unser Sonnensystem vor den Chorck schützen, selber aber ungehindert passieren!" „Wie soll das gehen", wollte nun Georgie gebannt erfahren. „Wenn Silizium desintegriert wird, beziehungsweise teildesintegriert, so dass es zu weiteren Patras verarbeitet werden kann, dann entstehen?" Alles schaute den Bernhard fragend an, so dass er die Lösung selbst verriet: „Ähnlich wie bei den Atmosphäresaugern entstehen Pentagonscheibchen im Nanobereich. Wir produzieren diese Pentagonscheibchen mit Teilprogrammen nach unserem Dafürhalten und unseren Bedürfnissen. Diese werden von den Patras direkt `gefressen´ und sie bekommen Stück für Stück unser eigenes Programm, ohne das diese es selbst registrieren würden! Wir könnten auch die Auslöschung der Patras programmieren, also, dass sich diese nicht mehr selbst rekonstruieren könnten! Ab einem programmierten Zeitpunkt. Das sollten wir allerdings nicht machen, wir sollten diese Patras studieren und einmal zu unseren Gunsten einsetzen." Wir staunten nicht schlecht, was der Bernhard hier so alles herausgefunden hatte. Nun wollte ich aber etwas Grundsätzliches wissen: „Warum sind die Chorck noch nicht auf diese Idee gekommen?" „Das kann ich nicht direkt beantworten, sondern nur vermuten. Vielleicht hatte die Welt der Chorck eine bessere Regenerierungskraft, dass diese nie in den Gedanken verfielen, Atmosphärereiniger zu konstruieren und keine Kohlenstoffpentagone herausholen konnten. Vielleicht hatten diese auch nur diese Möglichkeit übersehen oder was noch eine Möglichkeit wäre, die Technik, der sich die Chorck und die Chonorck bedienen, stammt gar nicht von diesen, sondern von anderen, vielleicht aus irgend einem Grund unterdrückten Volk! Diese hoffen auf Auflösung der Unterdrückung durch die Rebellen oder zumindest Linderung, bauen weiter für ihre Herren, um Loyalität zu demonstrieren, aber lösen das Geheimnis der Patras bewusst nicht auf! Wieder müssen wir in neuen Zeitdimensionen denken. Ein kosmopolitischer Konflikt kann nicht so schnell gelöst werden, wie diese Konflikte, wie wir sie von unserer Planetengebundenheit her kennen! Wer weiß, wie lange sich diese Rebellion schon hinzieht." Georg schaute auf die Simulation und bemerkte, dass dieser Käfer sich schon fast selbstständig machte. Bernhard fasste noch einmal zusammen: „Wir müssen sogar die Energieversorgung komplett von dem Rechnerverbund lösen, da sich dieses Patrabewußtsein ansonsten manifestieren könnte. Genau genommen verhält sich das Grundprogramm wie ein Computervirus oder ein so genanntes `Trojan Horse´, ein resistentes trojanisches Pferd, welches einen programmierten Selbsterhaltungstrieb besitzt. Sogar den Abschaltimpuls für die Stromversorgung hatten wir programmintern geändert! Der Impuls besagt nun: Speichererweiterung, damit dieses Grundprogramm uns noch abschalten lässt! Ansonsten würde es sich schon wehren. „Himmel und Hölle!" Entfuhr es mir! „Nur höllisch aufpassen, dass da nichts entfleucht! Nicht dass wir den Makrokosmos erobern und im Mikrokosmos zugrunde gehen!" „Richtig", bestätigte der Bernhard. Darum bauen wir ein siliziumloses Gehäuse mit Ätzbomben für die Versuchsaufbauten, also die Rechnerverbünde und einer Stromversorgung, die einen Polungstausch vornehmen kann, für den Ernstfall. Dabei schalte ich aber auf einen Rotationspolungstausch, damit nicht diese Pseudointelligenzen sich darauf einstellen können. Aber wir müssen uns diesen Siliziumpatras widmen, dies ist unsere Lebensversicherung!" Da hatte er zweifelsohne Recht. „Die

Gefahr ist sicher noch lange nicht akut!" Stellte Georg fest und er sinnierte weiter: „Aber eine Gefahr, die erkannt wurde, ist nur noch eine halbe Gefahr und eine Gefahr, für die es schon Gegenmaßnahmen gibt, bevor diese in Bedrohungsstellung geht, ist so gut wie keine Gefahr mehr!" Bernhard brachte ein anerkennendes Lächeln zustande. „Wir brauchen tatsächlich gar nicht mehr so lange, dann erheben wir uns in den Stand der Chorck! Diese werden von ihren Konflikten in Schach gehalten, diese konnten schon lange nicht mehr weiterforschen, wenn sie überhaupt forschten und dies nicht andere für sie taten und tun. Wir überspringen Jahrhunderte deren Entwicklung. Unsere Entwicklung in dieser Richtung hatte einen riesigen Schub bekommen, den wir Menschen nun auch nutzen und uns nicht zurücklehnen. Vielleicht haben wir deswegen immer überlebt, weil bei Gefahr die Produktivität, der Ehrgeiz und die Kreativität gestiegen waren. Diese Informationen bringen wir nun im Kosmos mit ein und diese Eigenschaften werden uns auf unserem Wege hoffentlich lange und künftig untereinander friedlich begleiten. Dass wir eines schönen Tages mit den Chorck zusammentreffen werden oder mit einem anderen Volk dieser Kategorie, das ist für mich absolut sicher. Die Frage ist nicht ob, sondern wann! Unsere kosmische Position, genau genommen zwischen zwei Spiralarmen unserer Galaxie in der Randzone schützt uns mehr als sie uns gefährdet. Aber wenn unsere Emissionen einmal mehr an Reichweite gewonnen haben, dann müssen wir vorbereitet sein!" „Mit Menschen wie dir, lieber Bernhard, werden wir auch vorbereitet sein!" Ich lobte den Logiker und dieser brachte wieder ein Lächeln zustande. „Ein Lob in Ehre gesprochen, verstand ich auch schon vor dem ersten Glas Rotwein!" Musste er noch verraten, dann lösten wir diese Runde wieder auf, ansonsten würden wir uns ja schon zuviel mit einer Gefahr befassen, die noch weit entfernt war. Das hieße aber auch, dass sie in unseren Köpfen schon nah sein würde und daraus eine Gefahr der eigenartigen Version entstünde. Verfolgungswahn sollte wirklich nicht entstehen. Doch das Bild des Käfers wollte nicht vor meinem inneren Auge verschwinden. Also dachte ich an meine Gabriella und konzentrierte mich auf sie. Langsam gelang mir dieser Austausch, wollte aber vor dem gemeinsamen Abenteuer noch den großen, irdischen Freiraum genießen. Als ich das Labor verließ, traute ich meinen Augen kaum! Es schneite! Zwar nur leicht und in winzigen Flocken, aber es schneite! Seit Jahrzehnten hatten wir in unseren Breiten keinen Schnee mehr gehabt und nun schienen die ersten Resultate der Atmosphärereiniger vorzuliegen! Auch schon nach so kurzer Zeit des Einsatzes! Die Reporter, die noch hier waren, filmten mehr bereits die Schneeflocken, als alles andere, einer davon sammelte den Schnee von mehreren Quadratmetern, um einen Schneeball zu formen, den er dann stolz vor seine Aufnahmegeräte hielt, dabei übertrieb er schon gehörig, als er prophezeite: „Im nächsten Winter werden sicher neue Skigebiete erschlossen, alte reaktiviert. Der Wintersport wird in diesen Breiten wieder einziehen!" Na, wer weiß? Vielleicht sollte er sogar Recht behalten? Ich winkte Georg noch zu, der sich ebenfalls auf den Start mit Ruhe vorbereiten wollte, kurz darauf waren ich wieder bei meiner Gabriella und er bei seiner Silvana. Ein selbst auferlegtes Alkoholverbot wegen des morgigen Tages forderte dann den Genuss von nur einem alkoholfreien Weißbier und Vitaminsäften. Doch gegen eine weitere Entspannung im Pool sprach nichts und meine Gabriella freute sich auf den Einsatz wie ein kleines Kind, dem man ein Picknick am Strand zugesagt hatte. Sie tollte im Pool, tauchte und schwamm wie ein Fisch. Sie kam heran, küsste mich, umarmte mich, dann tauchte sie wieder ab und wiederholte ihre Begeisterung. Todmüde fielen wir noch lange vor Mitternacht in unser Gelbett; keine Musik mehr, keine Massageprogramme, nichts mehr!

Die TWINSTAR hatte unter Leitung vom Bernhard die Container bereits automatisch aufgenommen und eingeklinkt. Diese gigantische Bongotrommel würde nun wieder für einige Tage unsere Heimat sein, einmalig in der Geschichte, dass sich zwei Ehepaare in den Raum aufmachen würden. Aber was war in dieser Zeit, nach der Entdeckung dieser Transportmöglichkeit noch vom alten Schlag? Nichts mehr. Gabriella hatte die leichte Bordkombination angezogen! Sie sah ungemein sexy darin aus. „Hoffentlich fallen die Marsianer nicht in diesen Aggressionszustand zurück und wollen dich mir entreißen!" Befürchtete ich halb scherzhaft, halb ernst. „Ich behalte dort den Marsanzug an, nehme nur den Helm ab." Besänftigte meine Frau mich. Auch ich hatte die bequeme Bordkombination angekleidet, aber an Bord befand sich auch Allgemeinkleidung, die wir dort benützen könnten, wenn wir uns einmal in unserem Labor befänden. Wir verließen unser irdisches Zuhause, es war empfindlich kalt geworden. Etwas Schnee fiel noch, die Temperaturen waren aber bei minus drei Grad, worüber sich viele Menschen freuten, vor allem die Alten, die sich teilweise auch noch an Schnee erinnern konnten. Diese wussten aber auch noch von lange vor der großen Flut! Trotz der Kälte warteten wir noch, bis Silvana und Georg aus dem Wohncontainer kamen und Silvana schüttelte sich: „Brr! Ich weiß nicht, ob ich nach der Rückkehr nicht doch die Einladung vom João annehmen werde. Das ist mir eindeutig zu kalt!" „Auf dem Mars ist es genauso kalt! Und das am Äquator", klärte meine Gabriella auf, Silvana sah sie mit großen dunklen Augen an und drehte sich zu ihrem Georg: „Du Schatzi, wollen wir nicht woanders hinfahren, wo es wärmer ist?" „Ich habe mit James und Minjko vereinbart, dass sie die Heizung aufdrehen, wenn wir mit euch kommen!" „Ah, dann! Danke!" Langsam wollte ich aber auch an Bord gehen, denn auch mir wurde es langsam zu kühl. Sebastian und Joachim waren noch angelaufen um sich zu verabschieden. „Es liegt letztendlich kein fester Zeitplan fest! Ihr könnt selber variieren, wie lange es euch beliebt, auf dem Mars zu bleiben, ihr könnt auch noch ein paar Nahaufnahmen von Deimos und Phobos machen!" Georg antwortete: „Weil wir immer so ökologisch waren, dürfen wir nun auch das Dienstfahrzeug ein wenig privat nutzen, ist es so?" „Haargenau", lachte Sebastian. Ich setzte hinzu: „Nachdem wir auch von der Technik ein wenig Ahnung haben, wird uns sogar das Vertrauen des Steuers überlassen!" „Aber nur, weil die Fluglizenz die Steuerrechner innehaben!" Schon wusste ich meine Gegenfrage: „Wie wird eigentlich die Dreimeilenzone für Raumfahrt definiert? Ab welchem Abstand erübrigen sich solche Voraussetzungen?" Sebastian stutzte, er schaute hilfesuchend zu Joachim, auch dieser wusste davon noch nichts. Aber er sprang für Sebastian ein: „Ihr seid die Pioniere und nach Erfahrungswerten wird sich wohl bald ein Gremium mit diesen Fragen beschäftigen. Aber ich nehme an, dass ein Rat der Weltföderation bald Beschlüsse fassen wird, der Regelungen bis hin zum Kuipergürtel beinhaltet. Also unser gesamtes Sonnensystem umfassen wird. Wir bekommen eine `solare Verfassung´" „Toll!" Wusste ich noch zu antworten. „Also dann, Mädels! Schaut, dass ihr an Bord geht und das Deck schrubbt!" „Das hättest du wohl gerne", lachte meine Gabriella, stellte sich aber sofort unter die aufgeklappte Luke, damit sie von dem Tachyonenwaferfeld erfasst werden konnte und dieses sie an Bord von Modul A transportierte. Wir verabschiedeten uns, fast so normal, als würden wir nur einen kleinen Ausflug machen und ich war auch schon in der Erfassungszone, Silvana zusammen mit dem Georg ebenfalls, aber bei Modul B. Wir ließen die Luken schließen, die Innenschotte öffneten sich und es war angenehm temperiert in unserer TWINSTAR. Gabriellas Marsanzug war neben meinem in einer Wandhalterung und an einer Schnittstelle angeschlossen, welche für dauernde Wartung und Kontrolle über die Bordrechner sorgte. Die gleichen Einrichtungen waren in dem fast identischen B-Modul vorhanden.

Gabriella fand schnell ihren Platz auf dem Copilotensessel, sie fuhr die Holoprojektoren hoch, schon waren auch Georg und Silvana zu unseren Rechten zu erkennen. Diese beiden waren gerade dabei sich anzuschnallen, schon fuhren die kleinen Schübe mit den Medikamenten aus, die gegen die Raumkrankheit halfen. Wir nahmen alles zu uns, was die TWINSTAR bereitete, schon waren wir eigentlich startklar.

Der übliche Ablauf: Die Anzeigen zeigten auch die Gurtkontrolle an, welche schon die ersten Grünwerte hatte, dann wurden die Wafer synchronisiert, langsam hochgefahren und die TWINSTAR hob ebenso langsam vom Boden ab. Gabriella schaute wieder aus dem Fenster, wie sich dieses tolle Gefährt in den Himmel schob, durch die ersten Wolken hindurch, bis bald die Erdrundung erkennbar war und der Himmel sich immer schwärzer färbte. Meine Frau fieberte nur so vor Erwartung, auch Silvana meldete: „Jetzt fühle ich mich zum ersten Mal so richtig bei der TWC integriert! Jetzt ereilt ich auch das Fieber für solche Unternehmen!" Gabriella entgegnete: „Wir haben die Möglichkeiten bekommen, weil wir das Glück hatten, außerordentliche Männer kennen zu lernen. Keine Machos, denen außer fortpflanzungstechnischen Absichten nichts anderes im Geist umherschwirrte; wir haben Männer, die den Kopf nutzen und die schönste Nebenbeschäftigung genießen, um wieder den Kopf nutzen zu können. Das ist das höchste Glück für eine Frau wie mich!" „Auch für mich", bekannte Silvana. Dann war wieder Gesprächspause. Wir hatten die Höhe für den Komplettverbund erreicht. Es bildete sich wieder ein komisches Gefühl im Magen, als die beiden Module nach unten hin zusammenschwenkten, dann durchzitterte die sanfte Andockwelle unsere Module und die Projektionen aus den jeweiligen Modulen `lag´ wieder zu neunzig Grad versetzt am Boden. Der Sempex richtete die TWINSTAR wieder aus und gab die Kontrolle auf den Gummiknopf, als alle Werte im Grünbereich lagen. Georg schaute mich vom Boden her an, dann wollte ich aber auch nicht mehr lange warten und betätigte den Schalter. Lichtfülle! Gabriella hatte schon die Augen weit aufgerissen, dann diese dunkle Transparenz, in der sich scheinbar eine matte Scheibe bildete, das müsste der Resteindruck des noch erkennbaren Teils des Kosmos sein, also wenn wir uns dehnen, würde sich unser Außenraum optisch für uns stauchen müssen, aber diese Eindrücke waren dermaßen kurz, vor allem, weil sich der Raum wieder mit Licht füllte, bevor ein Normalzustand einkehrte. „Wow!" Kam aus dem offenen Mund Gabriellas. „Der Weltraum ist wunderschön, ich glaube ich sah die Tachyonen, die uns geschoben hatten! Auch diese wurden riesig, nachdem wir dünn waren. Wir hatten ganz kurz ein eigenes Universum, Leute! Aber eines, welches von unserem Universum mit Genehmigung erstellt wurde!" Ich schaute meine unglaubliche Frau an: „In dir steckt ein großes Stück Reinkarnation aus dem kosmischen Kollektiv, wie?" Doch Gabriella blieb sachlich. „Unter logischen Gesichtspunkten pflichte ich den Theorien der Genkorrigierten der ersten Generation bei. Diese Theorie hat einen Fundus, der nicht von der Hand zu weisen ist. Reinkarnation ist auch für mich eine Selbstverständlichkeit, nur nicht, wie die Meisten hoffen, als komplettes

Ego, sondern in jeweils neuer Zusammensetzung. Aber lassen wir das, wir haben vorerst per Ego zu handeln!" Die TWINSTAR drehte sich über der Marsoberfläche und zeigte nun dessen Oberfläche seitlich. Ich gab dem Sempex den Audiobefehl, den offenen Verbund herzustellen, damit waren wir auch in einer Sichtlinie zur Marsoberfläche. Wieder entfuhr meiner Frau ein „Wow!" Schon ergänzte sie ihren Eindruck: „Es ist alles so klar und deutlich! So detailliert!" „Das ändert sich mit weiterer Annäherung. Auf der Oberfläche haben wir dann ähnliche Sichtverhältnisse wie auf der Erde, lediglich fehlt noch Wasserdampf und Luftdichte. Auch das einfallende Licht wirkt gänzlich anders. Die Korrosion des Planeten tut sein Übliches dazu. Alles ist rot und orange." „Am Marspol ist es dann noch schlimmer!" Ergänzte der Freund aus dem B-Modul. Auch Silvana starrte der Marsoberfläche entgegen. Schließlich schaltete ich den Kanal zu Basis und James lachte schon erwartungsvoll aus der Projektion: „Bald geht es wohl rund hier auf diesem Planeten! Ihr macht nun schon Familienurlaub?" „Fehlen nur noch die Kinderchen, aber wer weiß? Wenn euer großer Sandkasten auch mal mit Luft gefüllt sein wird, dann könnten wir uns an einen Kindervertrag trauen." So wagte ich auch dies auszusagen und meine Gabriella sah mich erwartungsvoll an. Sie hatte es bislang vermieden, mit mir über Kinder zu sprechen, aber trotz bester Gokk-Lehre, der Urwunsch in einer Frau würde das Kinderprogramm irgendwann einmal aufrufen. Ich schluckte schnell, dieses Gespräch würde ich aber nicht hier führen wollen! „Und James? Seid ihr auch brav gewesen, nicht gestritten?" „Haha! Wie hattet ihr erklärt? Der hundertste Affe? Die Friedenswelle ist auch hier im wogen und Minjko und ich sind zu den besten Freunden geworden. Die chinesische Regierung hat eine Anordnung durchgegeben, die besagt, dass für die `Drachenflucht´ politische Neutralität gilt, aber weiterhin als föderative Kolonie der Weltföderation gelten sollte!" „Wow!" Das kam nun von mir selbst! Die Chinesen hatten nun voll eingeschwenkt! Klasse! Sie werden erwachsen. „Und die Amerikaner?" Bohrte ich nach. „Wir?" Es klang wie ein Echo. „Wir wollen nicht noch mehr Anschluss verpassen, sonst überholen uns die Brasilianer bald. Aber nein. So wie wir die Sache verstehen, wird alles bald ein Menschheitsprojekt sein. Keine Individualprojekte mehr. Alle für einen, einer für Alle! Aber nun macht, dass ihr runter kommt! Wir freuen uns schon unglaublich auf eure Frauen! Aber: Besonders unsere Frauen hier freuen sich enorm." „Gut! Wir sind gleich da. Unseren Laborcontainer sollten wir rechts vom Haupteingang platzieren, so dass zu den Plantagen ein kurzer Weg sein würde. Die Brasilianer möchten dann bald an diesen andocken. Also Labor an B und Warencontainer an F, an G steht ja noch unser alter Container. Ist der schon leer? Den sollten wir dann nämlich wieder mitnehmen!" „Der ist leer und besenrein!" „Gut, also bis gleich!" Die TWINSTAR war bereits in einer Parabelfahrt, die wir aber bald unterbrechen werden, wenn Korrekturen notwendig würden. Ich schaute noch die Kontrollen an und der Sempex gab Angaben auf das Display, ich wollte keine unnötigen Sprachausgaben haben. Die Angaben über die Sprungabweichung lag bei unglaublichen vier Kilometern! Nur noch vier Kilometer! Das Lernprogramm dieser Rechnereinheiten war auch vorzüglich. Mit jeder Abweichung berechneten diese feinste Korrekturen, aber irgendwann würde wohl einmal Schluss sein, denn, es dürften auch andere Einflüsse einmal für gewisse Abweichungen sorgen. Gabriella sah starr und mit offenem Mund aus dem Fenster. Die Rundung des roten Planeten wich langsam einem geraden Horizont, der Atmosphäreeinfluss trübte dieses kristallklare Bild etwas, doch hatte der Mars nun doch etwas Häusliches. Nur die kleinere Sonne machte irgendwie traurig. Genau das schien der Gedanke von Gabriella gewesen sein! „Würden wir zur Venus oder zum Merkur fahren, dann wäre die Sonne größer, aber sie würde uns verbrennen, nicht wahr?" „Dann wären wir der Sage des Ikarus nahe!" Folgerte Georg und Silvana ergänzte: „Er näherte sich der Sonne, weil er immer höher fliegen wollte, bis er der Sonne zu nahe kam und diese die mit Wachs angeklebten Federn so erhitzte, dass sie sich lösten und Ikarus zur Erde zurückstürzte. Das ist aber eine Sage aus einer Zeit, in der die Leute nicht wussten, dass es in planetengebundenen größeren Höhen kälter war. Außerdem sollte diese Sage nur eines aussagen: begib dich nicht in Höhen, die du nicht mehr überblicken und halten kannst, ob gesellschaftlich oder politisch." „Besser wir orientieren uns an unseren technischen Möglichkeiten. Auch die Zeit der Erkenntnisse hat sich gewandelt. Alles versuchen und alles unternehmen, dabei ausreichend Vorsicht walten lassen und nicht überheblich werden." Schloss Georg mit dieser Philosophie. „Georg! Wir trennen den offenen Verbund, setzen die Container ab, dann landen wir kurz vor der Hauptschleuse. OK?" „Einverstanden." Die Rundscharniere entkoppelten, ich flog die Schleuse B an, Georg drehte das TWINSTAR-Modul so, dass er seinen Container schön an F abstellen konnte. Die Gangways fuhren aus, als wir wieder abhoben, um uns vor die Hauptschleuse, also Schleuse A dieses Pentagons, was die riesige Basis bildete, zu stellen. Dabei hatten die beiden Module nun einen etwas größeren Abstand voneinander, als beim letzten Mal, dafür waren wir näher am Haupteingang. Als die Wafer heruntergeschaltet wurden und uns die Marsgravitation in den Bann zog, standen auch schon die Verbindungen zu unseren abgestellten Einheiten. Langsam zogen wir unsere Anzüge an. Ich half meiner Gabriella, die noch etwas unbedarft hantierte, sie musste noch eine Mütze anlegen, damit ihr die Haare nicht zwischen die Dichtungen geraten würden oder diese dann innerhalb des Helmes Kanäle verstopften. Eine Gefahr diesbezüglich läge bei den kleinen Abluftfiltern. Auch Silvana, die wir wieder vertikal rechts in der Projektion betrachten konnten, brauchte so eine Mütze. Ich rief den Minjko, er sollte doch bitte einen Elektrowagen kommen lassen, auch dieser Wunsch wurde sofort erfüllt. Ich schob Bernhards Kiste in das Antigravfeld, so dass diese langsam hinunterschwebte. Das Feld modulierte kurz über dem Boden einen Versatz in der Strahlung, so dass sich die Kiste neben das eigentliche Landefeld legte und dieses für uns wieder frei war. Bis wir zur Marsoberfläche kamen, war der Wagen auch schon da. Unter diesen geringen Gravitationsverhältnissen hoben wir lediglich diese Kiste auf den Wagen und spazierten zur Hauptschleuse. Wieder gab meine Frau ihre Freude preis: „Das knirscht so schön unter den Fußsohlen! Ich spüre jedes Steinchen! Auch der Mars ist wunderschön! Ich bin glücklich, ich möchte alle Planeten kennenlernen, alle Sonnen sehen und auf allen Monden spielen. Ich möchte das Universum studieren, wissen wie viele Lebensformen es gibt. Ich möchte dies zu einer meiner Aufgaben machen." „Eines nach dem anderen, meine Liebste! Und vergiss nicht! Auch ich bin ein Teil des Universums!" „Dich werde ich immer neu studieren!" Schon waren wir an der Hauptschleuse angekommen und das Außenschott öffnete sich. Wir traten wieder bis hinter die Sicherheitslinie, auch der Elektrowagen hatte noch Platz, das Schott konnte sich wieder schließen. Die Mikrofone übertrugen ein Zischen wegen des Gasaustauschens, das Innenschott gab dann den Blick auf die versammelte Mannschaft frei, die geschlossen im Gemeinschaftsraum war. Der Jubel dieser galt nun unseren Damen, die sich der Helme und der Mützen entledigten, das Haar ausschüttelten und sofort begehrenswerte Blicke, vorwiegend von den Amerikanern ernteten. Tische waren so geschoben, dass wir alle Platz finden würden. Der Kaffeeautomat war in Bereitschaft und Sorah-Mae gesellte sich sofort zu unseren Lebensgefährtinnen. Diese verstanden sich schon auf Anhieb! Minjko starrte die Kiste an, die wir mitgebracht hatten, dazu erklärte ich: „Diese ist vom Bernhard. Ein schöner Gruß von ihm! Irgendwann kommt er auch einmal vorbei." Schon öffnete ich die Box und es kamen verschiedene Weinflaschen zum Vorschein. `Vinho do Fogo´ in rot, rosé und weiß, Spätburgunder und chinesischer Reiswein! Auch in Sachen Diplomatie konnte man sich auf den Logiker verlassen! Ein erneuter Jubel schallte durch die Basis, als die ersten Flaschen auf den Tischen standen. Es kam noch eine Karte vom Bernhard ans Marstageslicht. Diese lag doch tief und kam mit den letzten Weinflaschen vom Boden der Box. Bernhard hatte sogar handschriftlich eine Botschaft verfasst, eher ein langer Brief und ich wollte ihn mit der stets logischen Betonung vorlesen:

„Meine Freunde auf der Oberfläche des Mars. Ich bin ein Wissenschaftler, der Max und Georg dankbar ist. Nicht weil diese eine Erfindung gemacht haben, in diese ich mich einhakte, sondern weil diese beiden Menschen die kosmische Aura präsentieren. Das sind Menschen, die dazu bestimmt waren, das Fenster zum Kosmos aufzustoßen! Diese Aktion kam sehr früh für das Menschengeschlecht, rechtzeitig für die Erde und zu spät für viele, die ihr Leben für einen falschen Idealismus ließen. Aber alles hat seine Zeit und die neue Zeit für die Menschheit ist angebrochen. Nehmen wir es so, wie es kam. Der Aufbruchswille und der Gedanke, dass es noch so viel Platz geben wird, hat die Erde geeinigt. So gut wie geeinigt. Seit etwas über zwei Monaten wurde unser Heimatplanet von einer Welle des Friedens und der Freundschaft erfasst, die uns wissen lassen muss: Wir sind Eins! Wir gehören zusammen. Ein Evolutionsschritt, auch des Geistes. Ich als einer der Genkorrigierten der ersten Generation erkenne es! Wenn ich einmal etwas erkenne, dann hat dies auch einen Hintergrund. Und ich bin sicher, ihr spürt es auch. Wieder zehn Milliarden Menschen auf der Erde. Zehn Milliarden ist eine Schlüsselzahl! Zehn Milliarden bedeutet eigentlich: Gemeinschaftsbewusstsein. Der wache Geist hat zu denken und zu handeln und nur wenn der wache Geist in die Ferne blickt, wird er sich fragen: Was gibt es dort zu erkennen, zu forschen, welcher Weg wird sich öffnen? Ihr befindet euch auf dem Mars. Das ist ein enormer Schritt, vor Allem für speziell euch, die noch in einem mehrmonatigen Flug diese Pioniertat geschafft hatten. Nun ist dieser Schritt in den Möglichkeiten, die offen sind, sehr klein geworden. Wir haben uns entschieden! Wir Menschen! Egal welcher Rasse oder welchen technischen Vorsprungs. Wir gehen in Richtung Ursprung zurück! Kreislauf! Und genau das ist der Vortrieb! Weil wir in diesem Kreislauf leben. Der Mars bleibt nur eine Zwischenstation. Es folgen weitere Planeten, Systeme, Galaxien. Vielleicht Kontakte mit anderen Lebensformen. Der Mikrokosmos zeigt uns Chaos, der Makrokosmos hinkt keinesfalls hinterher! Öffnet den Geist und genießt euer individuelles Leben! Lebt in der Gemeinschaft in dem Bewusstsein, dass jeder ein Teil von euch selbst ist. Besinnt euch auf euer Ego, haltet Regeln für ein Zusammenleben ein und achtet eure Nachbarn, auch wenn diese noch nicht so weit sind. Ein glückliches neues Jahr und kosmische Energie aus dem Kollektiv und zurück, wünscht euch, Bernhard Schramm."

Stille! Viele hatten zu überdenken, was ein Logiker nun mitgeteilt hatte. Langsam begannen einige der Marsmannschaft zu klatschen. Es war ein andächtiges Klatschen, denn der Inhalt der Botschaft war zwar schwer, aber von einer Zeitperson geschrieben. Von Bernhard Schramm, der vorher schon seine Dimensionen durchlebte und nun selber in neue Dimensionen

eintrat. Bernhard, den auch wir unterschätzt hatten und als `menschlichen Computer´ abtaten. Vielleicht war er näher an der Wahrheit wie alle anderen?
Ich hatte das Gefühl, diesen Leuten eine Abkürzung präsentieren zu müssen: „Wer hat einen Korkenzieher in der Tasche? Bernhard schickt nicht Wein, dass wir diesen anstarren. Ein Sprecher der Mars-Agraringenieure gab die Antwort: „Aufmachen!" Ian, wie der Sprecher der Techniker hieß, wollte wissen, wann dieser Bernhard den Mars besuchen würde. Ich teilte ihm mit: „Bald! Es gibt keine Sonderfahrtslizenzen mehr. Die Raumfahrt wurde kommerzialisiert. Und Bernhard wartet nur auf die Fertigstellung der nächsten Gondeln! Aber er hat auch einen harten Job auf dem Mutterplaneten. Den will er ja auch beibehalten!" Ian tat so, als ob er verstand. Langsam stieg die Stimmung in der Marsbasis. Komisch! Die Amerikaner tranken Reiswein und die Chinesen probierten die anderen Weine, die für sie exotisch waren.

James meldete, dass unser Laborcontainer ausgeräumt war. Wir konnten uns daran machen, den neuen Sender zu aktivieren. Momentan würde man einen Duplex-Betrieb mit der Erde nur halten können, wenn eine so genannte Quasisichtverbindung zum Satelliten im Erdorbit bestehen würde. Die Größe des Antennenwafers war so berechnet, dass nicht zuviel von den Modulationen das Sonnensystem verlassen könnte. Mit einem noch größeren Waferelement wäre es sich möglich gewesen, auch durch den Planeten hindurch zu senden, darauf wurde aus bekannten Gründen verzichtet. Bei den nächsten Flügen werden wieder Satelliten gesetzt, die im elektromagnetischen Bereich vom Mars empfangen und umsetzten, dann zum Erdorbit den Tachyonenstrahl senden. Von da an kann dann eine Dauerverbindung verbleiben.
Wir zogen also in den Laborcontainer um. Fast wäre es eng geworden, doch blieben einige Leute in der Gangway stehen. Minjko und James waren die Gesprächspartner für Gabriella und Silvana, sie setzten sich also entsprechend an den Konferenztisch. Nachdem Georg die Anlage aktivierte, sah man durch die Dachluken, wie sich eine unscheinbare, dünne Scheibe aufstellte und in Richtung Erde drehte, auch automatisch nachführte. Der dazugehörige Holoprojektor sprang an und zeigte die Symbole der TWC, Airbus, vom Fraunhofer Institut und des DLR. Es erschienen anschließend Joachim, Sebastian und der Bernhard. „Einen herzlichen guten Tag, der Besatzung der `Drachenflucht´, wünschen wir von der Bodenstation in Oberpfaffenhofen!" Dabei war der Logiker schon mal etwas vorlaut: „Wie war die Überraschung? Hat diese gereicht?" Georg musste lachen: „Wie berechnet, nehme ich an!" Auch James und Minjko stimmten mit in das

unbeschwerte Lachen ein. Daraufhin übernahm Joachim das Wort: „Wir haben Ihnen zwei Pressesprecherinnen und Verhandlungsbevollmächtigte der TWC gesandt. Es geht also um die Sache der Eingliederung unserer Company, also auch im Sinne einer kommenden Weltföderation, in die Marsbasis. Verhandlungen dieser Art wurden schon hier auf der Erde geführt, nun stehen noch die Bereitschaften des amerikanischen und chinesischen Teils der Marsadministrationen aus. Ich darf darum bitten, das Wort an Frau Gabriella Rudolph zu übergeben, Bitte, Frau Rudolph!" Meine Gabriella! Sie saß in einem Hochlehner, in diesem gelben Marsanzug ohne Druckhelm, ihr Haar hing teilweise über den Dichtring, was sie aber sehr interessant machte. Dann eröffnete sie die Verhandlungen: „Im Auftrag der TWC und der angehörigen Firmen beantrage ich offiziell die Aufnahme dieser, in Privatbeteiligung, an der administrativen Aufteilung der Marshoheiten als gleichberechtigtes Mitglied teilnehmen zu dürfen. Die TWC verpflichtet sich ebenso, einen für alle Beteiligten nutzbaren Pendelverkehr einzurichten und auch Materialtransporte in gegenseitiger Abrechnung zu übernehmen. Bereitstellungen technologischer Einrichtungen sind ebenfalls vorgesehen. Auch eine Erweiterung der Basis, der Plantagen oder auch Neuplantagen würden von der TWC gefördert. Auch das Projekt AMAZONIEN II, ausgehend von der TWC-Brasil ist Bestandteil des Antrages. Ich lege Herrn James Thomas Shelter und Herrn Minjko Akido Yamashi jeweils einen Vertrag mit den gesamten Ausführungen vor und bitte diese Herren, sich den Inhalt genau vor Augen zu führen. Diese Verträge entsprechen vom Sinn denen, welche auf der Erde bereits unterzeichnet wurden." Damit zog Gabriella zwei dicke Umschläge aus ihrer Aktentasche, übergab den mit der aufgeklebten amerikanischen Flagge an James und den mit der chinesischen an Minjko. Beide öffneten die Umschläge und begannen den Inhalt zu studieren, allerdings relativ schnell, da zogen sie wortlos je einen Kugelschreiber! Sie unterschrieben sofort! Die Mannschaft der Basis applaudierte seriös, auch über die Übertragung von der Erde hörte man Applaus. Im Hintergrund der Holoprojektion konnten wir auch unseren Freund Patrick erkennen, der mit einem guten Equipment für FreedomForWorld-TV berichtete. James sagte noch zu Gabriella: „Die Aussichten, die sich durch die Beteiligung der TWC am Marsprojekt ergeben, hätten es eigentlich schon notwendig gemacht, dass wir zu beantragen hätten, dass die TWC zu uns käme!" Auch Minjko gab seinen Anteil hinzu: „Ein weiterer Schulterschluss dieser Menschheit der Erde wurde auf dem Mars unternommen. Wenn dies kein geschichtsträchtiger Moment ist, dann weiß ich es nicht mehr! Willkommen hier auf dem Mars! TWC und angeschlossene Unternehmen!" Noch einmal ein Applaus, schon konnte der Marsalltag beginnen. Das ging aber schnell, aber ich wunderte mich dabei wenig, denn eigentlich war dies ein schon vorgesehener Akt. Joachim meldete noch: „Ich bedanke mich bei den beiden Administratoren der `Drachenflucht´, ich sehe gerade, dass wir noch ein maximales Sendefenster von zweiundzwanzig Minuten haben, dann wird die Erde unter dem Marshorizont verschwinden. Mit den nächsten Lieferungen der TWC wird eine satellitengestützte Dauerverbindung möglich werden. Ich bedanke mich besonders bei Herrn James Thomas Shelter und Herrn Minjko Akido Yamashi, bei unserer Sprecherin Frau Gabriella Rudolph und Frau Silvana Verkaaik, sowie bei allen Beteiligten und der gesamten Besatzung der Marsbasis. Wir wünschen noch einen schönen Marsnachmittag und Marsabend. Ich möchte noch darauf hinweisen, wenn es gerade ein Sende- und Empfangsfenster gibt, dann erscheint das Symbol der TWC Oberpfaffenhofen in der Projektion. Wir schalten Sie sofort bei Bedarf an gewünschte Institutionen weiter. Bis bald und auf Wiedersehen!" „Danke Ihnen allen, auch die Erde geht in Ihrer Region dem Abend entgegen, wir wünschen also ebenfalls einen guten Abend und eine gute Nacht! Bis bald!" Das Schlusswort sprach Silvana und Minjko mit James schlossen sich an.

Nun war dieser offizielle Teil erledigt! Die TWC hatte ihre Anteile am Marsprojekt bekommen. Jetzt konnte es wieder privat werden. James und Minjko fragten an: „Wollen nicht eure Frauen auch die Plantage sehen? Machen wir einen Ausflug?" Gabriella sprang auf! „Ja klar!" Schon holten sie und Silvana ihre Druckhelme und Haarmützen. Zu sechst eilten wir in den Hangar des Rovers, kletterten in diesen und nach der Schleusenprozedur summte das Vielzweckfahrzeug schon über den Marsboden. Gabriella stand auch schon bald zwischen den Pflanzungen. Minjko zeigte wieder das freie Atmen, da zögerte Gabriella aber noch, aber sie probierte auch das! Dabei nahm sie aber immer wieder eine Sauerstoffdusche aus dem Anzugsvorrat. Silvana wurde fast ohnmächtig, als sie es auch testete und wir stellten ihren Anzugsdruck wieder langsam her. Nach dem Verlassen der Plantage, hatten wir erneut einen Sonnenuntergang mit beiden Monden, der die Landschaft blutrot färbte! „Ein Wahnsinn!" Gab Gabriella wieder von sich. „Man stelle sich vor: Solche Sonnenuntergänge gab es nun schon seit Äonen, erst jetzt sind wir in der Lage, diese auch sehen zu können!"

Zurück in der Basis gab es noch viel zu reden, zu besprechen, Freundschaften wurden fester und bestätigt, dann wollten wir aber in die Module, um uns auf die erste Marsnacht mit unseren Frauen vorzubereiten. Die Administratoren verpflichteten uns aber, das Frühstück wieder in der

`Drachenflucht´ einzunehmen und wir sagten zu. Bald waren Silvana und Georg im B-Modul verschwunden, ich mit meiner Gabriella dann auch im A-Modul. Meine unglaubliche Frau entledigte sich des Marsanzuges, lief nur noch in Unterwäsche herum, schaltete die Außenscheinwerfer rückseits des Moduls ein, so dass wir die Marsoberfläche durch die Heckluken erkennen konnten. Nach einer kleinen Mahlzeit begaben wir uns in die Hygienezelle und mein Mädchen hüpfte vor Freude im Nassbereich. Ihr machte die geringe Gravitation Freude, auch das Spiel der Wassertropfen auf ihrem Körper. Bald richtete sie das Bett im Unterdeck, dabei leuchtete es durch die eine Luke des Unterdecks magisch rot, der Raum bekam etwas Unwirkliches. „Komm, mein Mann im Mond, mein Mann im Mars und mein Mann im All. Jetzt werden die Dimensionen erst einmal wieder beschränkt! Auf zwei Meter zwanzig mal zwei Meter zwanzig!" Damit sprang sie in das Schaumbett, federte mehr zurück als auf dem Mutterplaneten unter ähnlichen Verhältnissen, schon begann wieder eine der unvergleichlichsten Nächte, die ich je erlebt hatte. Auch bei diesem Ambiente! Wäre es denn ein Wunder gewesen?

Das Frühstück in der `Drachenflucht´ war reichhaltig, allerdings aus unseren gelieferten Vorräten zubereitet. Noch war Marsnacht, doch sollten wir bei Sonnenaufgang aufbrechen. Ein naher Vorbeiflug an Phobos und Deimos, den Marsmonden wollte noch dokumentiert werden. Irgendwie fiel uns der Abschied auch schwer, denn wir hatten uns unter diesen härteren Umständen auch schneller und besser kennengelernt.
Nach diesem guten Morgenmahl, nach irdischer Zeitrechnung von Mitteleuropa versteht sich, aktivierten wir unsere Anzugversorgung, verabschiedeten uns von diesen Pionieren der alten Raumfahrt, setzten die Druckhelme auf und gingen in die Schleuse. Schon wie gewohnt warteten wir auf das Schließen der Schotte und den Gasaustausch. Während dessen wurde noch fleißig gewunken. Unsere Frauen hatten Eindruck hinterlassen! Nun schwangen die Außenschotte ein vorläufiges, letztes Mal auf und wir hatten wieder diese orangerote Wüste vor uns. Etwas nachdenklich marschierten wir vier zu unseren Modulen der TWINSTAR. Der Antigravlift beförderte wieder je zwei Personen in je ein Modul und ich aktivierte die Anlagen über den Sempex. Nachdem wir alle angeschnallt waren und die letzten Kontrollen grünes Licht gaben, klinkten wir noch einmal die geleerten Container ein, ließen die Module aufsteigen und wieder in einen offenen Verbund gehen. Gabriella sah aus dem Frontfenster, als wenn sie eine Heimat verließe. Silvana und Georg waren auch schweigsam, also musste ich das Wort ergreifen. „Sehen wir uns den nächsten der beiden Hunde zuerst an, dann den anderen? Einverstanden?"

„Hunde?" Echote Georg über die Projektion. „Hunde. Deimos und Phobos waren bei den Römern zwei Hunde, die dem Kriegsgott Mars dienlich waren!" „Ah ja. Also los. Aber irgendwie schade, dass unsere Reise schon so gut wie zu Ende ist", schloss Georg und Silvana pflichtete ihm bei. „Können wir uns denn nicht noch etwas Interessantes anschauen?" Ich wollte sehen, wie mein Scherz ankommen würde: „Was denn? Hier gibt es noch keine Einkaufsstrasse!" Silvana schaute böse über die Projektion, „das meinte ich nicht. Einen schönen Mond, ein großer Asteroid, vielleicht auch einer mit einer Goldader oder so . . ."
„Mal sehen, ich habe da so eine Idee! Also, erst einmal zu Phobos und zwar in zeitechter Fahrt ohne Sprung. Dieser `kleine Hund´ ist ja so nah." Nach ein paar Stunden Flugzeit im offenen Verbund waren wir auch schon knapp über der Oberfläche des Zwergmondes. Dieser hatte ein gänzlich anderes Aussehen wie der irdische Trabant. Mehr Linien und Furchen, außerdem reflektierte er auch das Licht seines Planetenherren, des Mars, welches ohnehin auch schon eine Reflektion war und er schien leicht zu fluoreszieren. In nur zwanzig Kilometern Höhe umrundeten wir diesen Himmelskörper, machten dabei noch eine Menge von tollen Fotos. „Nächster Halt: Deimos!" Sprach ich in das Mikrofon in Anlehnung an die alten Durchsagen der ersten Variobusse im Linienverkehr. Daraufhin gab ich dem Sempex auch den Befehl, den zweiten Marsmond anzusteuern. Wieder ein paar Stunden später hatten wir auch ihn erreicht und studierten diesen. Etwas größer, weniger Linien und nicht so farbig wie Phobos. „Ehrlich gesagt Leute, interessieren mich diese Monde kaum!" Musste ich loswerden. „Vom Mars aus hatten sie wenigstens den optischen Effekt gebracht, der den Mars zu einer Idylle werden lassen könnte, aber hier aus der Nähe? Nein danke. Ich bin dafür, dass wir in einen Orbit um Deimos schwenken und uns erst einmal ausschlafen! Wir hatten bislang noch nie in der Schwerelosigkeit geschlafen! Auch das will ich wissen, wie das ist! Anschließend würde ich vorschlagen, wir unternehmen noch irgendetwas. Überlegt euch etwas, Silvana, Georg!" „Wir sind fast mit allem einverstanden, Max! Also gut! Einmal eine Nacht in der Nullandruckzone, im Orbit um Deimos. Das hat es wenigstens noch nie gegeben!" „Ich schalte auf Autopilot!" Als der Sempex die Angaben bestätigte, lösten wir auch schon die Gurte und erfreuten uns am Schweben! Auch dafür war die TWINSTAR vorbereitet. Es konnten noch weitere Stangen und Halterungen ausgefahren werden, aufgespannte Schlafsäcke zierten dann das Schaumbett, welches auch mit breiten elastischen Gurten versehen war, um uns zu fixieren. Die Hygienezelle schaltete auf Nullgravitationsbetrieb um, also wurde dann auch die Feuchtigkeit wieder abgesaugt, bevor die Tür sich öffnen ließ. „Klasse! Schwerelosigkeit im Schlafzimmer! Das ist mal ganz

was anderes, als unser Pool zuhause, nicht wahr, Liebster?" Gabriella jauchzte vor Freude und versuchte zu `schwimmen´, doch sie konnte ohne an eine Stange zu fassen, keinen Vortrieb erzeugen. Doch diese Aktionen machten sie müde und bald waren wir in den Schlafsäcken verschwunden. Die Gurte vermittelten einen kleinen Eindruck von Gravitation, auch wenn es mehr Einbildung sein sollte.

„Guten Morgen Deimos, Phobos, Max und Gabriella!" Schallte es von der Brücke. Langsam schlüpften wir auch aus diesen Säcken und ich begab mich in den Aufnahmebereich der Modulübertragung. „He Georg! Warum stehst du schon so früh auf?" „Aufstehen ist gut. Kannst du vielleicht stehen?" „Nein, natürlich nicht. Was gibt es denn?" „Ich habe eine Idee, was wir noch machen könnten, aber nehmt erst einmal ein Frühstück zu euch. Wir sind gerade mittendrin!" Um diesen Satz zu betonen, biss Georg und Silvana je in ein Sandwich, das langsam aus einer elastischen Tüte gepresst wurde. Bröselfrei versteht sich ebenso. Gabriella suchte schwebend die Hygienezelle auf und als sie diese lachend verlassen hatte, hantelte ich mich hinein, aber nicht ohne zu fragen, warum sie lachen musste. „Der Flüssigkeitssauger der Toilette! Da habt ihr Männer es wieder einfacher. Bei uns Frauen muss nachgetrocknet und nachpoliert werden!" „Ha! Ist schon klar! Das hätte ich dann, äh, also wenn das nicht funktioniert hätte, dann hätte ich, wie soll ich sagen? Hätte ja ich polieren kö. . . Nun, ja – ist ja auch egal! Bis gleich!" Es dauerte nicht lange und ich befand mich auch am Server für die Nahrungsausgabe. Gut genährt zogen wir uns zu den Sitzen und schnallten uns dort fest. Silvana und Georg warteten bereits auf uns, wie wir über die Holoprojektoren feststellen konnten. „Du hast eine Idee Georg? Teile sie uns doch bitte mit!" Georg grinste breit: „Was haben wir alles für Daten in den Sempex-Rechnern?"

„Ja, unser Sonnensystem ist komplett in dauernder Aktualisierung der Umlaufdaten abrufbereit. Ansonsten auch die nähere Umgebung der zwei Spiralarme, galaktisch gesehen, willst du vielleicht . . ." Doch Georg unterbrach mich schnell. „Unsere nächsten Sonnensystem sind gespeichert oder?" „Das sind sie! Proxima Centauri, Alpha und Beta Centauri. Du meinst, wir könnten schnell mal dort vorbeischauen?" „Klar doch! Die Technik für so einen `Schritt´ haben wir. Die Zeit spielt keine Rolle. Erstens haben wir Zeit, zweitens brauchen wir nicht viel davon. Also?" „Was sagt Silvana?" Wollte ich herausfinden. Sie antwortete selbst: „Wenn wir nicht anfangen, solche Schritte zu unternehmen, dann tut es ein anderer. Ich bin dafür!" Ich wollte Gabriella fragen, doch diese winkte ab und forderte mich auf: „Hol doch endlich die Koordinaten aus dem Sempex und programmiere einen `distanzlosen Schritt´! Oder sollen wir im Orbit des Deimos bleiben,

bis du einen Vollbart hast?" „Eigentlich wollte ich ja auch . . ., ja eigentlich – also, warum nicht?"
Ich schaltete auf dem Tastenfeld auf Wiedergabe einer Simulation des näheren galaktischen Umfeldes um, dann forderte ich den Rechner auf: „Markiere Alpha Centauri - Proxima auf der Anzeige!" Da kam die Formation des Kreuz des Südens und am langen Schenkel seitlich blinkte ein Stern in der Projektion. Ich ließ die TWINSTAR so drehen, dass wir schon in diese Richtung sahen, dabei lag das Kreuz des Südens aus unserer jetzigen Perspektive etwas schief, aber Proxima Centauri wäre dann unten rechts platziert. „Entfernung knapp 4,23 Lichtjahre! Meint ihr wirklich, dass wir . . ." Wieder wurde ich unterbrochen, dieses Mal aber von den anderen drei im Chor: „Ja" „Also gut. TWINSTAR! Geschlossenen Verbund herstellen!" Die Module verbanden sich wieder und wir hatten wieder dieses laue Gefühl im Magen, nachdem wir in dieser Drehung gefangen waren. Anschließend stand aber der Verbund. „Ladungskapazität für die Scheibenkondensatoren berechnen, Distanz zu Proxima Centauri mit einem Sicherheitsabstand vor und über dem System nach galaktisch Nord. Vorbereiten für die Ausführung." Der Sempex reklamierte: „Für solche Distanzen liegen keine Erfahrungswerte vor, bitte Absicht bestätigen!" „Bestätigt und freigegeben!" Die TWINSTAR drehte sich noch etwas, dann kletterten die Grünanzeigen wieder, bis die Werte für einen diesartigen `Schritt´ erreicht waren. „Kondensatoren geladen, Ausführung über den roten Knopf! - Ab . . . jetzt!" Meldete der Rechner und ich schaute noch einmal in die Runde, alle nickten entschlossen, dann klatschte ich mit der Hand auf den Auslöser!
Ein weiteres Mal diese Lichtmauer, die wir durchbrachen, intensiver! Die Dunkeltransparenzphase dauerte nun etwas länger, ich konnte plötzlich einen glimmenden Ring um uns herum erkennen, der sich dehnte, zusammenfiel und wieder zu einer Lichtmauer wurde, welche an Strahlung auch ebenso schnell verblasste. Seitlich unter uns, was ja relativ war, aber so der subjektive Eindruck lässt mich die Situation eben auch so beschreiben, konnte ich eine kleine, rote, aber sehr helle Sonne erkennen. Das war also die Sonne Proxima Centauri. Zwei weitere helle Punkte waren ebenfalls sichtbar, diese drei Sonnen mit Alpha und Alpha Centauri - Beta standen relativ nah zusammen. „TWINSTAR! Schematische Ortung über Topwafer erstellen und berechnen, welche Planeten von diesem System sich in einer Biosphäre befinden!" Die TWINSTAR drehte sich, so dass der Topwafer des Modul A eine Echtzeitortung durchführen konnte. Dann kam die Analyse: „Zwergsternsystem mit vier Planeten und drei Monden. Zweiter Planet befindet sich in einem Abstand zu Sonne, welcher unter Umständen für biologisches Leben geeignet wäre." „Einen weiteren Sprung

mit Sicherheitsabstand zum zweiten Planeten berechnen!" Der Sempex brauchte keine zwei Sekunden für diese Kalkulation. „Kondensatoren laden und sofort durchschalten!" Nachdem die Werte wieder per Anzeigen grün leuchteten, schaltete der Sempex sofort und nach diesen kurzen optischen Effekten, hatten wir `über´ uns eine Planetensichel. Georg sah die Sichel unter sich. Eine Welt mit einer Atmosphäre! „Offenen Verbund herstellen!" Die Gondel klappte wieder auseinander, blieb aber an den Rundscharnieren parallel. „Handsteuerung!" Nun konnte ich mit dem Joystick optisch die Erkundungsfahrt unternehmen. Ich ließ den Verbund ebenso parallel in die Gashülle dieses Planeten eintauchen, der Sempex liefert dazu die Daten: „Dieser Planet entspricht einer Erdmasse von 0,89, Lufthülle hat einen Sauerstoffanteil von vierzehn Prozent. Hohe vulkanische Tätigkeit. Luftfeuchtigkeit achtundachtzig Prozent. Hoher CO^2 – Gehalt. Planetenoberfläche besteht zu fünfundfünfzig Prozent aus Wasser. Eigenrotation neunzehn Stunden und vier Minuten. Umlauf um die Sonne einhundertvierundachtzig Tage. Dreiachsendrehung. Nach der Datenbank vergleichbar mit der Erde von vor 300 Millionen Jahren ungeachtet der Rotationen." Eine Urwelt also! „Na Georg? Wollen wir in den Methansümpfen ein wenig baden gehen?" „Hast du eine säurebeständige Badehose dabei? Aber lassen wir das. Fliegen wir aber einmal schnell rundum und einmal tief runter. Ich möchte sehen, wie unsere Heimat vor so langer Zeit ausgesehen hatte. Diese Welt wird sicher einmal Leben tragen, vielleicht auch jetzt schon, wenn auch nur in äußerst primitiver Form." „Ich mache Aufnahmen!" Verkündete Gabriella eifrig. „Warum ist hier alles so rot?" Wollte sie aber wissen. „Diese Sonne ist ein roter Zwerg und strahlt mehr im langwelligen Bereich. Prinzipiell aber sehr romantisch, nicht wahr?" Sie antwortete nicht weiter. Ich steuerte die TWINSTAR schräg über den Planetenäquator, suchte eine kältere Zone in einer Polgegend. Nun steuerte ich hinunter bis schon die ersten Details erkennbar wurden. Nur noch einen Kilometer über der Oberfläche stellte ich die Steuerung auf einen Ruhepunkt zum Relativboden. „Durchschnittstemperatur siebenundsechzig Grad Celsius. Schon auch wegen der Nähe zum kleinen Zentralgestirn. Poltemperatur an jetziger Stelle achtundvierzig Grad. Pflanzliches Leben an den Polen." Die nächste Analyse dauerte etwas, dann ergänzte der Sempex: „Tierische Lebensbestände im Wasserbereich festgestellt!" „Ungemütlich. Ich mag es zwar warm, aber so warm nun auch wieder nicht. Aber die Ursuppe kocht hier", hatte Georg zu vermelden. „Kommen wir in 300 Millionen Jahren wieder", schmunzelte Silvana. „Also, was nun? Ewas anderes oder nach Hause?" Erkundigte ich mich, aber ich kannte die Antwort schon! „Alpha-Alpha. Also erste Sonne!" Georg im Forscherfieber und im Entdeckerehrgeiz! Nun lenkte ich die

TWINSTAR wieder über diese Welt hinauf in eine sichere Distanz und ließ den Sempex wieder arbeiten. „Distanz zu Alpha Centauri - Hauptsystem mit einer Sicherheitszone berechnen. Komplettverbund herstellen. Entsprechende Kondensatorladung und ab!" „Bitte definieren sie die letzten beiden Wörter!" Dieser Computer! „Aktion ausführen!" Definierte ich also. Die TWINSTAR bildete wieder die Sanduhrform, die Anzeigen wechselten nacheinander auf Grün. Schon wurde der nächste `Schritt´ eingeleitet. An die optischen Effekte hatten wir uns nun schon fast gewöhnt, trotzdem war es immer ein neues Schauspiel, wenn man bedenkt, was abläuft. Ein Schritt von etwa 0,8 Lichtjahren. Dieses Mal hatten wir nur noch einen Sonnenabstand von sechs Millionen Kilometer. Ein guter Sprung! „Wir wären fast in der Röhre des Ofens gelandet!" Meldete ich meinem Freund, doch der beschwichtigte: „Der seitliche Versatz hätte eine Minimaldistanz von vier Millionen Kilometer ergeben. Wir sind weiterhin im grünen Bereich! Lass das System mal vermessen!" Der Sempex drehte die TWINSTAR und nutzte dabei den Topwafer wieder als Orterantenne. Nach einigen Drehungen zeichnete sich schon eine Simulation im Holoprojektor ab. „Die Sonne ist etwas größer als unsere Sonne. Ein Elfplanetensystem mit drei Zwergplaneten am Rande. Auch ein Asteroidengürtel ist vorhanden. Drei Planeten haben Ringe, Hier liegen zwei Welten in dem Biosphärenbereich. Und zwar die Nummer drei und vier, wie bei uns Erde und Mars. Wobei der vierte Planet näher an dieser Sonne liegt, als der Mars an der Unseren! Auch Monde kämen in Frage. Keine künstlichen Radio- und Tachyonenemissionen!" Nahm ich die Informationen der Projektion auf. „Überfliegen wir diese zwei Welten kurz", strahlte das Entdeckerherz Georgs, „aber ich möchte noch zu Alpha Centauri - Beta, damit wir schon einmal alle unsere nächsten kosmischen Nachbarn kennen!" „Wie du meinst, nun sind wir ja schon einmal hier!" Im offenen Verbund erfüllte ich den Wunsch meines Freundes. Die dritte Welt hatte nur eine Zweiachsendrehung, einen hohen Sauerstoffanteil, pflanzliches Leben in Hülle und Fülle. Das Wasservorkommen aber nur bei knapp vierzig Prozent. „Ein besiedlungsfähiger Planet ohne Jahreszeiten." Stellte Georg fest. „Die Menschen können schon einmal die Koffer packen!" Meinte meine Frau. „Hier gibt es afrikanische Verhältnisse." Nach einem Überflug steuerten wir noch den vierten Begleiter dieser Sonne an. Die Daten flossen ein und wir konnten eine relativ kalte Welt erkennen. Die Analyse des Sempexrechners: „Planet mit hohem Sauerstoffanteil, eingeschränkt pflanzliches Leben im Äquatorialbereich. Durchschnittstemperatur bei plus zwei Grad, Dreiachsendrehung, vier Monde, Wasservorkommen sechzig Prozent, davon wieder achtzig Prozent im Aggregatszustand Eis. Gravitation 1,13 in Bezug zur Erdgravitation." Ich hatte entsprechend der

Daten zu ergänzen: „Absolut erdähnlich, liegt aber wegen des Eises trotzdem etwas zu weit von der Sonne. Könnte auch besiedelt werden! Sibirische Verhältnisse, die Gravitation würde uns anfangs zu schaffen machen. Sehr romantisch: Die vier Monde in relativ geringen Abstand, könnten aber Probleme machen, wenn alle vier Monde in eine Serienkonstellation ankommen; Springfluten und enorme Überschwemmungen. Wenn diese riesigen Waferfolien einmal einen Einsatz bekommen sollten, dann könnten wir die zwei nächsten Monde entfernen und diese Welt würde sehr stabil werden!" Gabriella schaute mich mit ihren Goldaugen durchdringend an. „Da lässt man ihn im nächstgelegenen Kosmos etwas herumschnüffeln, schon will er wieder umbauen! Und das gleich mit ganzen Sonnensystemen!" Aber Georg gab mir recht: „Solche Verfahrensweisen müssen wir irgendwann einmal in Betracht ziehen! Ich bin sicher, dass die Chorck auch schon in deren Planetensystem Veränderungen vollzogen hatten, ansonsten hätten diese nicht so viele bewohnbare Welten und Monde. Wenn wir erst einmal das Wegasystem erkunden, da bin ich mir sicher, da gibt es viel Arbeit, Leute! Ein Riesensystem, ihr werde noch staunen!" Dann fragte noch Silvana: „Wo schlafen wir? Ich werde langsam müde und ich möchte unter Schwerkraft schlafen. Nullandrückkraft ist zwar hin und wieder schön, aber wenn ich die Matratze unter mir spüren kann, dann ist mir wohler!" Schon antwortete der in einen Feuereifer gefallene Georg. „Alpha Centauri - Beta! Ich will Beta sehen! Irgendwas sagt mir, dass dies ein besonderes Planetensystem sein wird." „Sind ja nur noch null Komma fünf Lichtjahre, in einem Querversatz zu unserer Heimatposition!" Deutete ich die errechneten Schrittdaten. „Auf was warten wir noch?" Ich stellte den Komplettverbund wieder her, ohne den ein solcher Schritt nicht möglich wäre, wieder gab ich dem Rechner entsprechende Befehle und dieser führte den Schritt entsprechend meiner Angaben aus. Hell, Dunkeltransparenz, hell, schon sahen wir wieder eine Sonne. Distanz vierzehn Millionen Kilometer zu dieser. „Systemvermessung!" Ordnete ich dem Sempex an. Mehrmals drehte sich die TWINSTAR auch um mehrere Achsen, doch konnte über den Topwafer das Sonnensystem in Echtzeit vermessen werden. Wieder zeigte er die gewonnenen Daten per Projektion. „Oh! Interessant! Ein Sonne, etwas kleiner als Sol, minimal höherer Rotanteil. Sieben Planeten und drei Zwergplaneten. Der zweite Planet hat zwei Monde und liegt in einer fast vollkommenen Biosphäre, auch hat er eine Achsneigung von der Planetenrotation acht Grad versetzt zum Sonnenumlauf! Es gibt Jahreszeiten! Fast wie unsere Erde! Abstand zweiter Planet zur Sonne sieben Lichtminuten! Ein Jahr hier hat genau 350 Tage! Dein Gefühl hat dich nicht getäuscht Georg! Oder hast du einen Onkel hier, der dich angerufen hatte?" „Nur ein paar gute Freunde, Max. Los jetzt! Ich will dort landen!" Ich berechnete noch einen kleinen Schritt über den Sempex und dieser führte seine Aufgabe aus. „Achthundert Kilometer zur Planetenoberfläche!" Erkannte ich auf den Anzeigen nach dem `Schritt´. Schon öffnete ich den Komplettverbund der TWINSTAR zum bewährten Teilverbund und wir konnten langsam der Planetenoberfläche entgegen gleiten. Die Daten dieser Welt flossen ein: „Durchschnittstemperatur sechs Komma acht Grad, ein Planetentag dauert sechsundzwanzig Stunden und vierzehn Minuten. Sauerstoffgehalt fünfunddreißig Prozent. Stickstoff, Ozon, Helium und andere Edelgase vorhanden. Planet verfügt über ein starkes Magnetfeld. Wasservorkommen einundsiebzig Prozent, Gravitation null Komma achtundneunzig, üppiges pflanzliches Leben, tierisches Leben noch nicht im Detail definiert, aber reichlich vorhanden. Wir landen in einer Dämmerzone, so dass wir auch schön schlafen können!" Wir durchflogen einen Schleier von Kumuluswolken, flogen über eine Savanne mit spärlichem Pflanzenbewuchs weiter Richtung Planetnord. In einer leicht gebirgigen und teilbewaldeten Gegend konnten wir einen großen See ausmachen. Es war auch dichteste Vegetation in Form von Gräsern und Farnen vorhanden. „Dort landen wir!" Rief Georg und dieser dehnte sich in seinem Pilotensessel, dass die Gurte nachregelten. „Aua", knurrte er, gab aber dann Ruhe. Er starrte gebannt auf die Region, auf die üppige Vegetation, die einen starken Blaucharakter aufwies. Die letzten zwei Kilometer senkte sich die TWINSTAR fast rein vertikal, schon fuhren die Landebeine aus und spreizten sich. „Gelandet!" Bemerkte Silvana fast unbeherrscht! „Luke öffnen! Ich will im See baden!" „Langsam, langsam! Ich teste die Atmosphäre noch auf Giftstoffe und Sporen oder Viren!" Georg lies diese Prozedur anlaufen, dann meinte er: „Ein Restrisiko bleibt immer, aber es scheint so, als hätten wir eine Traumwelt gefunden!" Wir öffneten also die Luken der Module, alle Schotte auf einmal, so dass wir schon einen `Live-Blick´ erhaschen konnten. Ein Duft der betörte, floss durch unsere Nasen. Süßlich und frisch! Daraus könnte man neue Parfums kreieren! Diese leicht rötliche Sonne stand noch für gute eineinhalb Stunden über dem Horizont und tauchte das sich uns präsentierende Bild in einen goldenen Schimmer. Leichte Wellen bemusterten den See in einem sich laufend ändernden Verhältnis. Das Blaugrüne Gras lag uns zu Füßen. Wir waren im Begriff, auszusteigen, der Antigravlift transportierte uns nach unten. Nun waren vier Menschen aus einem anderen Sonnensystem auf einer Welt gelandet, die sich als Paradies darbot! Das Gras wirkte wie ein dickes Polster. Langsam gingen wir an den Rand des Sees und das Ufer wurde von Kieselsteinen gebildet, die von silbrigen Fäden durchzogen waren. Schon konnten wir Fischwesen im See sehen, breite Flunder, die sich im Wasser beschleunigten, um dann wie ein flacher Stein über die Oberfläche des Wassers zu gleiten und, ja, Insekten jagten! Rot-Grau war die Hautzeichnung dieser Fische, die ein sehr breites Maul hatten und eine trichterförmige Zunge ausfuhren, an deren die Minilibellen kleben blieben, die diese als Nahrung einnahmen „Ich teste einmal das Wasser." Meine Gabriella! Doch Silvana war auch nicht mehr zu halten. Unsere Frauen zogen die Bordkombinationen aus und sprangen im Evaskostüm in das klare, frische Nass. Bevor wir etwas einwenden konnten, auf eventuelle Gefahren hinweisen, waren beide Mädchen schon kopfüber im See verschwunden. Ich sah zum Georg und dieser zu mir. Ohne weitere Worte entledigten auch wir uns der Kombinationen und stürzten uns in das feuchte Paradies. Gabriella schwamm wieder zu mir und umarmte mich: „Weißt du noch? Ich sagte doch einmal, ich möchte mit dir in einem See auf einer anderen Welt baden gehen. Dass dieser mein Wunsch schon so schnell in Erfüllung gehen konnte, das war mir damals noch nicht so klar!" „Scheinbar bekommst du immer alles, was du dir wünschst!" „Werde nicht garstig! Ich bin auch schon glücklich, wenn ich bei dir sein kann, aber es gibt immer eine Steigerungsform, die man anzustreben hat! Es sollte aber immer mit dir sein, wenn möglich!" „Auch richtig!" Wir planschten vergnügt in diesem herrlichen, etwas kalten aber frischen See, beobachteten die Umgebung, es waren dicke und kurzstämmige Bäume zu sehen, die einen unwahrscheinlich geraden Wuchs zu haben schienen. Die Vegetation wurde von einem Blaustich dominiert, aber es gab Farne mit gelben Blatträndern, rote und weiße Blumen und ein paar violette Schlingpflanzen. Die ersten affenähnlichen Tiere waren am Rand des nächstgelegenen Wäldchens zu erkennen. Meist in Dreiergruppen zogen sie umher und schauten neugierig aus weit auseinander gestellten Augen zu uns herüber. Die Schädel dieser Makakenart schienen mittig geteilt, so als könnte man davon ausgehen, dass auch diese Wesen zwei Gehirnhälften haben. Diese Affen waren spärlich bepelzt und deren Haut schimmerte in einem Schmutzigweiß, manchmal auch in einem Ockergelb. Immer wieder Dreiergruppen und manchmal dann aber auch fünf, sechs und sieben! Aber das waren scheinbar Makakenjunge, denn sie waren wesentlich kleiner. Ansonsten immer Dreiergruppen! Fledermausähnliche Flugtiere mit transparenten, großflächigen Flügeln schwirrten über uns hinweg und nun sprang mich auch noch so ein Fisch an, der sich mit seiner Trichterzunge an mich klebte. Nachdem ich scheinbar doch zu groß für ihn war, löste er den Zungenmuskel und fiel wieder ab. Langsam verzog sich diese schöne fremde Sonne unter den Horizont, die TWINSTAR schaltete zwei Scheinwerfer an, so dass wir noch etwas im Wasser verbleiben konnten. Die Insekten nahmen nun aber zu und manche leuchteten, Damit kamen auch diese Flunderfische vermehrt zum Einsatz, sie konnten ihre Opfer scheinbar besser erkennen. Wir sollten nun doch besser dem nassen Element weichen, um diese Natur noch nicht zu stark zu stören, bevor wir mehr davon wissen. „Ein Paradies für irdische Biologen", wusste Silvana. „Da hast du uneingeschränkt Recht!" Bestätigte Georg. „Gehen wir etwas essen und dann schlafen, vier Sonnensysteme hintereinander, dass schafft, kann ich euch sagen, das schafft!" Und um dieser Feststellung mehr Härte zu geben, gähnte ich noch herzhaft. Es löste sich das erste lockere Gelächter und wir erklommen das steinige Ufer, nahmen nur die Bordkombinationen in die Hände, verschwanden mit einem allgemeinen „Gute Nacht" in unseren Modulen. Ich hatte einen gesegneten Hunger, auch mein Frau, doch fragte sie: „Meinst du ob diese Flunderfische genießbar sind?" „Diese müssten wir auch zuerst analysieren, aber ich denke doch ja! Leben entsteht unter ähnlichen Bedingungen immer ähnlich. Abweichungen der jeweiligen Natur und Umgebung angepasst sind selbstverständlich. Zumindest auf Sauerstoffplaneten. Es könnte noch generell andere Lebensformen geben. Aber diese Fische hier? Fische sind für alle da! Willst du morgen fischen gehen?" „Nein noch nicht! Wir müssen ja wieder einmal nach Hause. Aber wir kommen doch sicher hierher zurück und werden diese Welt genauer unter die Lupe nehmen, oder?" Auch davon bin ich absolut überzeugt! Also gehen wir erst einmal ausschlafen." Nach einem kurzen Aufenthalt in der Hygienezelle rollten wir uns auch schon glücklich in unserem Schaumbett zusammen. Unter Gravitationseinfluss oder unter Raumandrückkraft, versteht sich. Eine traumlose Nacht zog über uns her. Diese vielen Eindrücke der letzten Zeit machten einen Traum überflüssig oder bildeten den Traumersatz. Ich konnte mich nicht erinnern, wann ich das letzte Mal dermaßen gut geschlafen hatte.

Diese Sonne Alpha Centauri - Beta schien bereits seit einiger Zeit durch die Heckluke der TWINSTAR, als wir den restlichen Schlaf abschüttelten. Mit einer warmen Seele sahen wir diesem Tag entgegen, auch sollten wir doch nach Hause fahren, Bericht erstatten und einen offiziellen Forschungsauftrag für diese Welten und Systeme erbeten.
Ein kurzes Frühstück, wir wollten noch einmal im See baden, anschließend nach Hause fahren. Nachdem uns Silvana den erneuten Ausstieg bestätigte, trafen wir uns auch schon vor der TWINSTAR.
Diese Sonne hier war schön und verteilte eine warme, leicht rötliche Lichtatmosphäre, auch wenn sie höher stand. Unsere Augen würden sich aber daran gewöhnen und irgendwann sich an diese Farbverhältnisse anpassen. Nun konnten wir auch noch andere Tiere entdecken, aber seltsam: Die meisten Tiere immer in Dreiergruppen oder dann mehr, mit deren Jungen. Es gab schwanzlose Minikängurus, kleine, scheue Landkraken,

Würmer, ein paar Rieseninsekten denen wir aber aus dem Weg gingen. Man wusste ja nie! Doch ein weiteres Bad im See musste noch sein! Dann sollte es nach Hause gehen. Wir schwammen etwas weiter hinaus und um eine Biegung, plötzlich entdeckten wir ein nicht kleines Boot! In diesem Boot saß ein Wesen, dieses Wesen wirkte vertrauenswürdig, etwas plump und erinnerte ein wenig an einen Elefanten! Zwei Arme, zwei Beine, klein und mit einem dicklichen Bauch versehen. Auch die Hautfarbe wirkte grau und die Beschaffenheit erinnerte ein weiteres Mal an einen Dickhäuter. Damit waren aber diese Ähnlichkeiten vorbei, der Rest wirkte absolut humanoid! Die Augen standen ähnlich weit auseinander wie bei den beobachteten Makaken, der Schädel wirkte nicht ganz so arg gespalten. Die Nase schien aber ein kleiner beweglicher Rüssel zu sein oder wirkte einfach nur so. Und dieses Wesen fing Fische! Verschiedene Werkzeuge waren an Bord des Bootes, Kescher waren erkennbar, aber momentan angelte dieser extraterrestrische Zeitgenosse! Jetzt konnten wir erst erkennen, dass an einer Hügelkette eine Menge von Hütten standen! Von oben weniger erkennbar, denn die Dächer waren mit Pflanzen gedeckt, doch die Seitenansicht verriet: Hier waren auch Steine und sonstige sehr helle Materialien oder Farben als Baumaterial verwendet worden. Als wir sanft kehrt machen wollten, hatte uns aber diese Wesen schon entdeckt und rief mit einer tiefen, angenehmen Bassstimme: „Schmorren? Kronken? Florren?" Der sympathische Alien ruderte uns nach, dachte er vielleicht, wir wären ein guter Fang für ihn?

Er rief weiter: „Schmorren! Molekunakedansbedarrenestahuit!" Es hörte sich an wie ein Fluch, weil ihm die Beute zu entwischen schien, dann rief ihm Gabriella entgegen: „Schmorren! Wir wollen nichts von dir! Wir fahren jetzt nach Hause, kommen aber wieder vorbei! In Frieden, hörst du? Du bist so ein lieber netter Kerl, ich will nicht mit dir streiten!" Nun ruderte er langsamer und sah uns aus weit geöffneten Augen an. Das Wesen hatte nun also auch die TWINSTAR gesehen, da er mit seinen Augen umherwanderte. Er oder sie schien uns zu studieren. Wir gingen langsam bis zu den Lenden aus dem Wasser, wir waren nackt, eine seltsame Situation um den ersten Kontakt mit einem Außerirdischen herzustellen. Aber er oder sie schien unwahrscheinlich intelligent zu sein, denn er deutete auf uns, abwechselnd auf alle vier, dann deutete er auf sich und das Dorf. „Oichoschen!" Damit bedeutete er oder sie wahrscheinlich wie sie sich zu nennen pflegten. Gabriella hatte den Part der Sprecherin schon einmal ausgeübt, nun fuhr sie auch damit fort. Sie deutete auf uns vier und sagte: „Menschen!" Der Fremde: „Ouin! Menschen! Ouin!" Seine Aussprache war fast perfekt! Dann deutete Gabriella abwechseln auf uns und auf sich selber. „Max, Georg, Silvana, Gabriella!" Der Oichosche wiederholte: „Masch, Cheorch,

Schilbana, Chabriella!" Er deutete auf sich und ließ verlauten: „Norsch Anch." Dann deutete er auf sein Boot und auf die TWINSTAR. „Genau, das ist unser Boot!" Rief Gabriella. „TWINSTAR!" Und Norsch wiederholte: „Tschwinschtarr!" Wieder versuchte Gabriella diesem lieben Wesen verstehen zu machen, dass wir nun wegfahren wollten, aber wiederkommen. Sie deutete auf die TWINSTAR, zog eine Vertikale nach oben, dann deutete sie auf die Sonne, zeichnete zehnmal einen Kreis in die Luft und zog wieder eine Vertikale, aber dieses Mal von oben nach unten, wieder auf den Standort der Gondel. „Oiun! Olateren maredchan." Wir winkten Norsch, dieser winkte auch, er brachte sogar ein Lächeln zustande, dabei wurden Knochenleisten als Kauwerkzeuge erkennbar, schon ruderte er, ja wahrscheinlich ein Er, zurück. Wir schauten, dass wir in die TWINSTAR kamen. Nun hatten wir alles erlebt, was man sich nur noch so wünschen konnte! Auch einen friedlichen ersten Kontakt mit einer außerirdischen Intelligenz, auch wenn der Entwicklungsstand sicher noch äquivalent dem frühen Mittelalter glich. Nach einer Vorbereitungszeit von vielleicht zwanzig Minuten schwebte die TWINSTAR schon in den Himmel. Hinter der Bucht konnten wir aber Norsch immer noch in seinem Boot sehen, er hatte absichtlich gewartet. Der Oichosche starrte uns hinterher und die Aufnahmekamera gab sein Bild mit Zoom wider. Er schien zu zögern, doch dann winkte er wieder! Das Boot schwankte dabei. Er winkte noch lange! Dann verlor ihn auch die Zoomkamera. Bald waren wir wieder im planetennahen Weltraum. Ergriffen unterhielt ich mich mit Georg über die Projektoren. „Dürfen wir es uns überhaupt erlauben, in die Entwicklung einer anderen Rasse einzugreifen?" „Ich nehme an, die Chorck hätten sich diese Frage nicht gestellt. Nachdem wir die ersten in diesen Raumquadranten sind, die keiner Distanzbeschränkung mehr unterliegen und wir unbedingt Verbündete für die Zukunft brauchen, fände ich es schon gerechtfertigt, wenn wir den Oichoschen einen Pakt auf absolut friedlicher Basis anbieten würden. Entwicklungshilfe sollte aber moderat ausfallen. Das haben wir ohnehin mit dem Joachim, Sebastian, Bernhard und gegebenenfalls mit dem Exekutivzirkel des Weltsicherheitsrates zu besprechen. Wir haben Aufnahmen und können anhand der Reaktion von Norsch erkennen, dass es sich um friedliebende Wesen handelt." „Gut! Rückreise, Achtung Sempex! Rückreisedaten erstellen: Ziel: Erde mit Sicherheitsabstand!" Der Rechner bestätigte, die TWINSTAR formte sich wieder zu einer `Sanduhr´, richtete sich aus und es kam eine Helligkeit mit der dunklen Transparenz mit diesem nach außen flüchtenden Ring, der sich dann aber wieder zusammenzog und wieder in einer Helligkeit endete, die auch wieder verblasste.

„Distanz zur Erde: Vierzehntausend Kilometer." Meldete der Sempex trocken. Ich befahl ihm, den Nachhausekurs erdseits zu berechnen und anzusteuern. Die Toleranzen, die nun entstanden waren, ergaben sich auch wegen diesen Distanzen, die wir zurückgelegt hatten! Dabei erhöhte der Sempex den Sicherheitsabstand immer automatisch, allerdings konnten wir uns nicht beklagen! Er leistete vorzügliche Arbeit in Sachen Raumnavigation. Nach fast vier Stunden stand die TWINSTAR wieder im Heimathafen, in Oberpfaffenhofen. Joachim, Bernhard und Sebastian kamen anspaziert und wollten zum zweiten Einsatz gratulieren und für den Erfolg der TWC-Mission. Dann fragte Joachim: „Wie sehen die Marsmonde aus? Sind sie schön?" Georg antwortet ihm: „Sehr schön, aber leblos. Der Mars wird aber irgendwann leben und zu einem Boden für Menschen werden!"
Später saßen wir noch in der Pressehalle zusammen. Momentan befanden sich keine Reporter mehr hier. Joachim stand auf und wollte sich ausruhen, nachdem es schon dunkel wurde. Sebastian und Bernhard waren außer uns noch am Tisch, dann drückte ihn doch eine Frage: „Ihr habt doch sicher einen Abstecher gemacht, ganz inoffiziell versteht sich! Nur mal so unter uns. Wo wart ihr denn?" Wir kamen langsam ins Lächeln. Der Sebastian kannte uns schon zu gut! Ich erläuterte gelassen: „Wir wollten noch nicht nach Hause, da wir unsere Verhandlungen auf dem Mars so schnell und erfolgreich durchführen konnten." „Verständlich." „Dann haben wir auf die Tankanzeige geschaut und diese stand noch auf fast voll!" „Sehr rücksichtsvoll!" „Na! Haben wir uns gedacht, was liegt näher als Proxima!" Proxima bedeutet auch: Nächste!" „Also waren wir in Proxima Centauri! Dann waren wir aber schon so nahe an Alpha, so dass wir da auch noch schnell vorbeischauten." „Liegt ja so günstig!" „So ist es, aber diese Welten dort müssen noch etwas abkühlen oder sich erwärmen! Heiß und stickig! Oder die weiter Entfernte kalt. Nichts für einen Europäer, eher für Südländer und Indios, oder eben Eskimos." „Dafür haben wir sicher schon Reservierungen!" „Also lag wieder nichts näher, als die Beta-Sonne des Trios!" „Liegt auch auf der Hand! Aber richtig, es heißt nicht Beta-Centauri, sondern Alpha-Centauri – Beta, also die B-Sonne oder zweite Sonne von Alpha. Denn Beta-Centauri selbst ist viel, viel weiter weg als das Trigestirn Alpha-Centauri!" Der Sebastian mit seinen Kommentaren. Er wollte zeigen, dass er Bescheid wusste! Bernhard schwieg, aber hatte die Ohren auf vollste Bandbreite geschaltet. „Eine traumhafte Sonne, leichter Rotstich, etwas kleiner als Sol, der zweite Planet mit drei Achsen und Jahreszeiten. Makaken die immer im Dreierverbund umhertanzten. Flunderfische in einem glasklaren See, Vögel mit transparenten Flügeln, kurze dickstämmige Bäume, blaugrünes Gras . . ." Sebastian unterbrach

mich. „Haben die Einheimischen euch zum Abendessen eingeladen?" „Hm, Sebastian. Es gab in der Tat intelligentes Leben dort. Wir trafen einen Fischer, als wir im See badeten. Norsch und die Wesen nennen sich Oichoschen. Sein oder ihr Boot, das Geschlecht konnten und wollten wir auf die Schnelle nicht feststellen, war guter Bauart, relativ groß und Norsch bediente sich Fischerwerkzeugen wie Kescher und Angel. Auch ein Netz war am Boot zu erkennen. Kommt bitte mit in das Labor, wir wollen ETI III katalogisieren! Dann zeige ich euch die Aufnahmen!"

Wir wanderten in das Geheimlabor, ich steckte den Kristallspeicher der TWINSTAR an die Schnittstelle eines Großrechners, schon erschien in der Holoprojektion der Anflug an die Planeten von Proxima, ich zeigte die Planetenaufnahmen, dann von Alpha mit dieser Urwelt, weitere Ausschnitte von anderen Welten und von den Daten, spektrometrische Analysen der Lichtverhältnisse, dann die Sonne Beta und der zweite Planet. Der See, die Fische und andere Tiere. Der Abschied, der von der automatischen Kamera aufgezeichnet wurde, aber ich hatte die Aufnahmen nur freigegeben, solange wir noch bis zu den Lenden im Wasser waren. Die letzten Bilder waren unter Anderem auch diese, als Norsch noch winkte und die TWINSTAR aufstieg.

Sebastian wirkte sehr nachdenklich, dann murmelte er: „Traumhaft! Einmal diese saubere Welt und zum zweiten unsere friedlichen Nachbarn, die wir bislang kaum erahnen konnten. Nun wissen wir wesentlich mehr! Wissenschaftler hatten früher vermutet, dass Alpha Centauri Intelligenzen hervorgebracht haben könnte. Nun ist es Beta!" Hier musste ich intervenieren: „Die Lebensformel, die einmal unter ungünstigsten Verhältnissen und wegen fehlender Erfahrungen erstellt wurde, gilt nicht! Ich bin sicher, das Universum sprüht nur so vor Leben. Auch Alpha Centauri – Alpha wird Leben in intelligenter Form hervorbringen, aber in dieser relativen Nähe zu unserem System ist nun die Beta-Sonne oder dieses System einfach schon weiter!"
Sebastian ließ sich nicht beirren: „Wir bereiten eine Expedition vor, um zu erkennen, ob wir mit diesen, wie heißen diese Wesen wieder?" „Oichoschen!" „Mit diesen Oichoschen einen Bund schließen können. Wir stellen Regelungen auf, wie diese Kontakte auszusehen haben. Eine Planeteneroberung kommt nicht in Frage! Wir werden die dunkle Geschichte der Erde nicht ins All tragen. Computereinsatz für Sprachanalyse. Normalerweise sollten man sich überhaupt nicht in die Angelegenheiten anderer Völker auf anderen Planeten einmischen, aber Beta ist nun einmal so nah und wir werden in ein paar Jahrzehnten oder

Jahrhunderten Verbündete brauchen. Hier müssen wir uns einmischen, aber wir werden dies in einer absolut humanen Form erledigen. Auch so dass die Oichoschen davon langsam profitieren. Lasst uns sorgfältig planen! Lasst uns eine weitere Mission dorthin unternehmen, es sollte aber noch immer eine geheime Mission bleiben!"

„Das sehen wir genauso", bestätigte Georg, „wenn ich vorschlagen dürfte, ein bewährtes Team steht für solche Expeditionen bereits zur Verfügung!"

„Auch das ist registriert", lachte Sebastian, „euch wird wohl so schnell keiner an Erfahrung überholen können!"

Wir trennten uns für diesen Abend, mit diesen Eindrücken, die wir nun in unsere Wohncontainer mitnahmen, noch einmal durch diese Aufnahmen aufgewühlt, gab es viel zu denken und zu planen. Auch Georg winkte nur kurz und machte eine beeindruckte Miene. Silvana zwang sich zu einem leisen „Gute Nacht", welches wir erwiderten.

Wortlos zogen wir noch ein paar Runden im Pool unseres Wohncontainers in Oberpfaffenhofen und ich konnte in der Miene meiner Gabriella erkennen, dass sie gedanklich im See des zweiten Planeten von Beta Centauri badete. Ein wenig mit Norsch sprach und ihm winkte. Jetzt hatte endgültig eine Entwicklung begonnen, die sich nicht mehr stoppen lassen würde. Vier Komma vier Lichtjahre entfernt lebten scheinbar Freunde, vierhundertunddreißig Lichtjahre entfernt wahrscheinlich potentielle Feinde! Oder zumindest gab es dort Gefahren. Die Menschen hatten noch Zeit, relativ viel Zeit! Nur wenn diese Zeit vorbei sein würde und wir sie nicht genutzt hatten, dann würde es einfach zuwenig Zeit gewesen sein. Dann wären wir auch selbst schuld, da schon Einiges bekannt war. Doch wieder Eines war sicher! Diese Friedenswelle, die unseren Mutterplaneten heimgesucht hatte, müssen wir auch mit in den Kosmos tragen!

Gabriella verhakte sich später im Bett mit mir zu einem fast unlösbaren Knoten. Bald schlief sie ein und ich war mir sicher, auch in ihrem Traum badete sie mit mir im See auf Beta zwei. Sie träumte von einer Rückkehr dorthin, die schon als sicher galt. Auch ich gab mich daraufhin meinen Träumen hin und dieser Traum einte uns wieder mehr! Ein Traum oder die Wahrscheinlichkeit einer Wirklichkeit? Dann sah ich Norsch, als er, oder sie, oder es, uns noch einmal zuwinkte.

ENDE

Schlusswort:

Mit dieser Geschichte möchte ich nicht nur Fantasien erzeugen, sondern Wahrscheinlichkeiten aufdecken, Notwendigkeiten schildern, die für den Menschen gut wären und wiederum die Notwendigkeit unterstreichen, dass Frieden und der Wille dazu für uns Menschen unerlässlich sind!
Zuerst müssen wir uns einig sein, bevor wir neue Ufer erklimmen.
Keine Rasse hatte von irgendeinem Gott ein Vorzugsrecht erhalten, Unterschiede einzelner Individuen sind schon schlimm genug!
Ein Mensch hat einen stabilen, gesunden Körper, der andere ist von schwachen Genen gezeichnet. Ein Mensch kann aufgrund seiner Kompetenzen helfen, ein anderer würde solche Hilfe unbedingt benötigen.

Raffgier und Raubtierkapitalismus ist die neue Sucht in der momentanen Gesellschaft der jetzigen Zeit, doch hat jemand im Überfluss, folgt auch bald der Überdruss und wahre Zufriedenheit entsteht nur in unserer Seele, wenn auch die Mitmenschen etwas Zufriedenheit bestätigen können.
Es gibt die Notwendigkeit, etwas zu geben, auch wenn man selber dabei verliert! Doch verliert man gewissermaßen nicht so viel, wie es einem andern helfen könnte!

Nicht dass ich sagen will: „Öffnet eure Geldbörsen und schüttet diese vor den Armen aus!" Dieser Weg wäre ebenso falsch, denn jeder muss sich seine Stellung in der Gesellschaft schon selber erarbeiten! Starthilfe, dann Hilfe zur Selbsthilfe!

Absichtlich habe ich auch die Weltreligionen im Roman etwas aufs Korn genommen, da diese, so wie sie heute noch gepredigt werden, immer nur die eigenen Gruppen ansprechen, die sich für jeweils eine dieser Religionen entschieden haben. Schon wird den jeweiligen Gläubigen das Paradies geheißen! Denen der anderen Religionen größtenteils aber verwehrt! (Beispiel: Erbsünde und das Gegenmittel Taufe) Dabei werden aber die anderen Religionen zwischen den Zeilen der Predigten auch noch abgewertet.
Und genau das ist falsch! (Du sollst keine anderen Götter neben mir haben) Manche Menschen brauchen den imaginären Handlauf einer Religion um durchs Leben zu schreiten, andere weniger. Das bildliche Denken und die Wunschvorstellungen, alles begreifbar machen zu wollen, hatten letztendlich aus gewissen Geschehnissen Religionen erzeugt. Das ist eine Phase des Menschseins oder es ist das Menschsein schlechthin. Es sollte

aber auch keine Religion den Weltanspruch ausrufen! Religionen sollten hinten anstehen, deren ethische oder überhaupt gesellschaftsverträglichen Werte dürfen dabei aber jederzeit in den Vordergrund!

Auch hat meiner Ansicht Religion in der Politik überhaupt nichts zu suchen! Eine religiöse Bezeichnung im Kürzel einer politischen Partei betrachte ich als ein Schmücken mit fremden Federn. Das erinnert mich stark an die Zeit, als keiner zum König gekrönt werden konnte, wenn der Papst nicht die Zustimmung gab!

Doch unsere Blicke richten sich nun endlich weiter nach draußen, unsere Blicke durchdringen auch schon das noch geschlossene Fenster zum Kosmos ein wenig und ich bin sicher: In irgendeiner Art und Weise wird es uns gelingen, dieses Fenster zu öffnen!

Mit dieser Geschichte erzählte ich eine Möglichkeit, wie das Universum uns den Zutritt genehmigen könnte. Eine Möglichkeit, der ich einen hohen Wahrscheinlichkeitsgehalt gebe, nicht im Detail! Oder in den technischen Feinheiten! Nur über den Weg, der das Ziel sein soll.

Aber was für einen Sinn würde die Evolution denn haben, wenn wir nicht hinaus könnten um unserem Ausbreitungstrieb und Forscherdrang nachzugeben? Erhielten wir diese Dränge nicht dafür, für was dann? Wenn die Rohstoffe der Erde aufgebraucht sind und der Rückfall eintreten sollte? Einen zweiten Anlauf würde es dann nicht mehr geben können! Wer könnte noch einmal ein Auto erfinden, wenn kein Benzin, respektive Erdöl mehr da ist?

Einfach zu erklären: Das war alles Schöpfung! Ohne sich um ein `Davor´ zu kümmern, ist mir zu profan.

Vielleicht kommt es doch einmal zu einer Vereinigung in einem Kollektiv?
Oder gibt es dieses nicht vielleicht schon?
Und hätte es dieses nicht schon immer gegeben?

Dann könnten wir auch sicher sein, nicht umsonst gelebt zu haben, wenn wir auf unsere Jahre zurückblicken müssen, beim großen Abschied.

Ich wünsche Ihnen ein gesundes und langes Leben, gute und hilfsbereite Nachbarn, einen klaren Verstand, gute Urteilsfähigkeit, sauberes Wasser, reine Luft, einen fruchtbaren Garten und ein offenes Herz für alles was lebt.

Vergessen Sie nicht, in klaren Nächten öfters in den Himmel zu blicken, werden sie sich bewusst, nur einen Bruchteil davon zu sehen, was wirklich existiert, wenn dann einmal auch noch die passende Technik kommt, die uns in die Richtung befördert, in die wir blicken, dann sind wir auch irgendwann wirklich den Sternen plötzlich so nah!

Ihr Franz X. Geiger